KAPITEL

1 Grundlagen aus Anatomie und Physiologie

1.1 Anatomie des Respirationstrakts

Definition

Als **Respirationstrakt** wird die Gesamtheit von Atemwegen und Lunge bezeichnet.

Zum **Atmungssystem** *(Respirationssystem)* gehören alle anatomischen Strukturen des Körpers, die an der Atmung beteiligt sind, also neben Atemwegen und Lunge auch Teile des zentralen Nervensystems, z. B. die Medulla oblongata (verlängertes Mark, Sitz des Atemzentrums) und Nerven (etwa der N. phrenikus oder die Interkostalnerven), sowie Muskeln, z. B. das Zwerchfell.

1.1.1 Obere und untere Atemwege

Die **oberen Atemwege** beginnen an den beiden Nasenlöchern und umfassen die Nasenhöhle, den *Pharynx* (Rachen) und den *Larynx* (Kehlkopf, ➤ unten). Die Nasenhöhle ist mit gefäßreicher Schleimhaut ausgekleidet, die bei Verletzungen stark bluten kann. Dies ist insbesondere bei der nasalen Intubation von Bedeutung (➤ 4.2.5). Unterhalb des Larynx beginnen die **unteren Atemwege,** zu denen die Trachea, die Bronchien und die Bronchiolen (zusammen als *Tracheobronchialbaum* bezeichnet) gehören.

Larynx

Der **Larynx** erfüllt zwei wichtige Funktionen:

- Zum einen kreuzen sich im Larynx Luft- und Speiseweg. Die am Kehlkopfeingang lokalisierte *Epiglottis* (Kehldeckel) legt sich beim Schlucken über den Kehlkopfeingang und verschließt ihn dadurch. Damit wird gewährleistet, dass Speisebrei vom Rachen in den *Ösophagus* (Speiseröhre) gelangt und nicht in die unteren Luftwege.
- Zum anderen erfolgt im Larynx die Stimmbildung. Die Larynxschleimhaut bildet zwei waagrecht übereinanderliegende Faltenpaare: die oben liegenden Taschenfalten und die darunter liegenden *Stimmlippen.* Die Stimmlippen enthalten die *Stimmbänder* und *Stimmmuskeln.* Als *Stimmritze* wird die Öffnung zwischen den Stimmlippen bezeichnet. Abhängig von der Stellung und Spannung der Stimmlippen entstehen Töne mit unterschiedlicher Frequenz. Der gesamte Stimmapparat, manchmal aber auch nur die Stimmritze, wird als *Glottis* bezeichnet.

> Bei oro- oder nasotrachealer Intubation (➤ 4.2) liegt der Tubus in der Stimmritze. Die betroffenen Patienten können daher *nicht* sprechen. Erwacht ein intubierter Patient erstmals (z. B. nach einem Unfallereignis) und bemerkt, dass er nicht sprechen kann, beunruhigt ihn dies oft ausgesprochen stark. Dann ist es wichtig, dass die Pflegenden ihm erklären, dass dies am Tubus liegt und nur vorübergehend so sein wird. Ggf. bieten die Pflegenden dem Patienten ein seinen Fähigkeiten angemessenes Kommunikationshilfsmittel an, z. B. eine Schreibtafel (➤ 8.8.1). Tracheotomierte Patienten können mit Hilfe spezieller Trachealkanülen bzw. Kanülenaufsätzen sprechen (➤ 4.3.2).

Laryngospasmus ➤ 4.2.11
Glottisödem ➤ 4.2.11

Trachea und Bronchien

Die **Trachea** (Luftröhre) beginnt unterhalb des Kehlkopfs. Sie ist ca. 10 – 12 cm lang und aus 16 – 20 hinten offenen Knorpelspangen aufgebaut, deren Enden durch Bindegewebsmembranen mit Muskelzügen verbunden sind. Untereinander sind die Knorpelspangen durch Bänder verbunden, das Lumen der Trachea ist mit Schleimhaut ausgekleidet. An ihrem unteren Ende gabelt sich die Trachea in den rechten und linken *Hauptbronchus.* Diese Teilungsstelle (*Bifurcatio tracheae,* auch kurz *Bifurkation* genannt) liegt ungefähr auf Höhe des 4. Brustwirbelkörpers. Zwischen den Abgängen der beiden Hauptbronchien liegt die *Carina*, ein keilartig nach innen ragendes Knorpelstück, das insbesondere bei der Bronchoskopie (➤ 8.7.4) gut sichtbar ist.

Die Hauptbronchien zweigen sich jeweils wenige Zentimeter hinter der Bifurkation weiter auf in die *Lappenbronchien* und diese wiederum in die *Segmentbronchien.* So entstehen vergleichbar den Ästen eines Baumes (daher auch die Bezeichnung Tracheobronchial*baum*) immer kleinere *Bronchien* und schließlich *Bronchiolen*, an deren Ende sich die *Alveolen* (Lungenbläschen) befinden. Während die Wand der Hauptbronchien noch ähnlich aufgebaut ist wie die Trachea (mit Knorpelspangen, Schleimhaut, Flimmerepithel und bindegewebig-

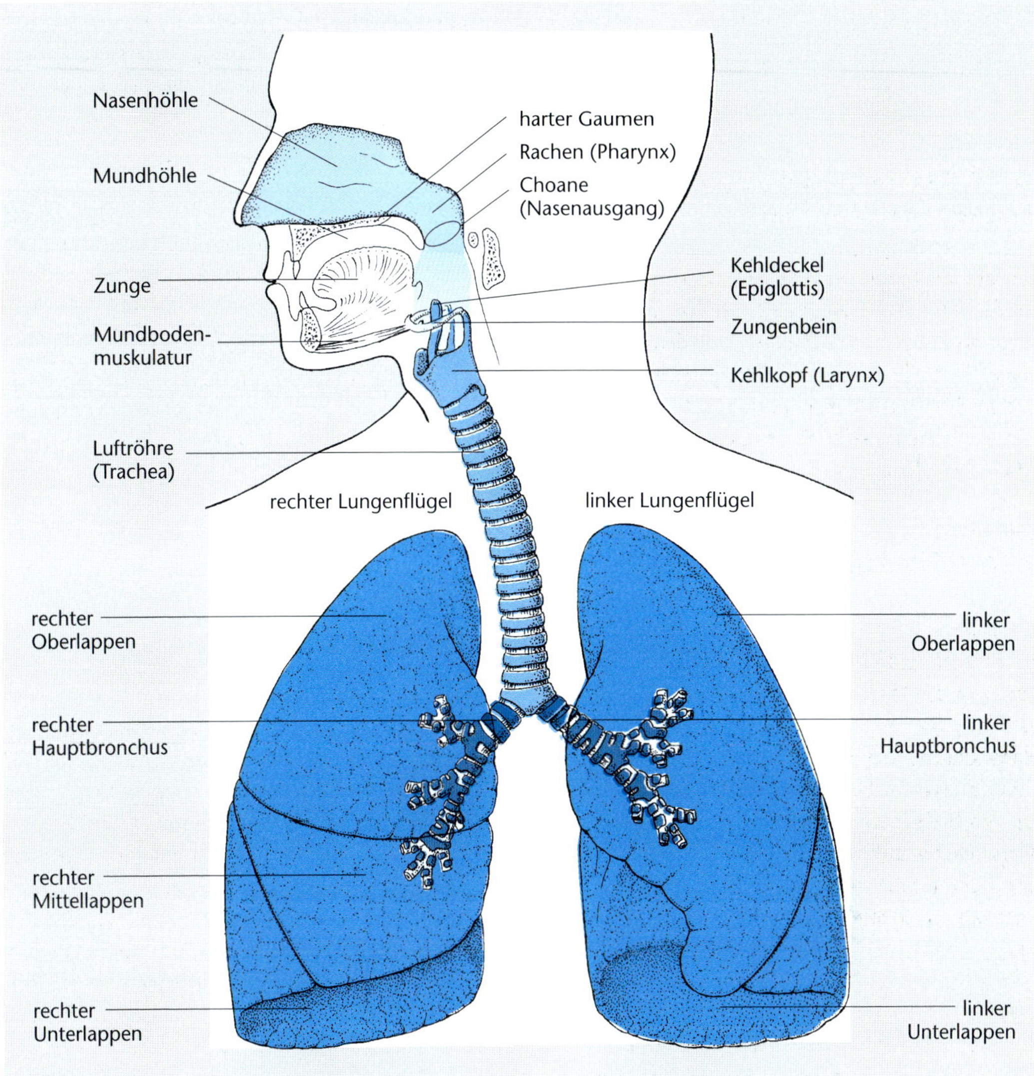

Abb. 1.1 Das Atmungssystem – Übersicht. [A400-190]

muskulärer Rückwand), wird die Form der Knorpelspangen ab den Lappenbronchien unregelmäßig. In den tiefer gelegenen Bronchien finden sich statt Knorpelspangen nur noch Knorpelplatten. Die Bronchiolen schließlich haben keine knorpeligen Stützstrukturen mehr. Stattdessen findet sich in der Wand der Bronchiolen reichlich glatte Muskulatur.

Die Atemwege sind an ihrer Oberfläche von **Flimmerepithel**, d. h. dicht aneinanderliegenden, feinsten und hochbeweglichen Härchen (Zilien), überzogen. Das Flimmerepithel ist von schleimbildenden Becherzellen durchsetzt. Diese bilden täglich ca. 100 ml sterilen, farblosen und viskösen Schleim (bei bakteriellen Infektionen ist der Schleim zäher und evtl. eitrig). An diesem Schleim bleiben auch feinste Staubpartikel „kleben". Das Flimmerepithel transportiert Schleim samt Staubpartikel Richtung Rachen, von wo aus er verschluckt oder ausgespuckt wird, und verhindert so eine Verschmutzung der Alveolen *(mukoziliäre Clearance)*.

1.1.2 Lunge und Pleura

Lungenlappen und Lungensegmente

Die beiden Lungenflügel füllen den Brustkorb nahezu vollständig aus. Lediglich das Herz, die großen Gefäße und der Ösophagus sind zwischen den Lungenflügeln eingebettet. An ihrem unteren Ende liegen die Lungenflügel unmittelbar dem Zwerchfell (Diaphragma) auf. Die Lungenspitzen reichen jeweils bis in die Schlüsselbeingrube. Vorne, seitlich und hinten liegen die Lungenflügel dicht an den Rippen. Die Innenflächen der Lungenflügel begrenzen das Mediastinum (Mittelfellraum). Wegen der Lage des Herzens zur linken Brustkorbseite hin ist der linke Lungenflügel etwa ein Viertel kleiner als der rechte.

Die Lungenflügel bestehen aus insgesamt 5 **Lungenlappen** (Ober-, Mittel- und Unterlappen rechts, Ober- und Unterlappen links). Die einzelnen Lungenlappen unterteilen sich weiter in **Lungensegmente,** die jeweils eine Funktionseinheit darstellen, d. h. jedes Lungensegment verfügt über einen Segmentbronchus sowie eine Arterie und eine Vene. Aufgrund dieses anatomischen Aufbaus ist es möglich, einzelne Lungensegmente chirurgisch zu entfernen, ohne das umliegende Lungengewebe zu schädigen.

Alveolen und alveolokapilläre Membran

An ihren Enden gehen die feinsten Bronchiolen in die Alveolargänge über, um die herum traubenförmig dicht beieinander die einseitig offenen **Alveolen** *(Lungenbläschen)* liegen.

Durch den bläschenartigen Aufbau der Alveolen entsteht eine enorm große innere Oberfläche, die *Gasaustauschfläche*, die sich beim Erwachsenen auf etwa 100 m^2 ausdehnt.

Die Alveolaroberfläche ist mit einem hauchdünnen Lipoproteinfilm, dem **Surfactant** (auch *Antiatelektasenfaktor* oder *Oberflächenfaktor*) überzogen, der die Oberflächenspannung reduziert und so ein Kollabieren der Alveolen insbesondere während der Exspiration vermeidet. Eine weitere Funktion des Surfactant ist der Schleimtransport aus den Alveolen. Die Wände der Alveolen sind hauchzart und von einem Netz feinster Kapillaren des Lungenkreislaufs umsponnen. Die Grenzschicht zwischen Alveole und Lungenkapillare heißt **alveolokapilläre Membran.** Sie besteht aus dem Surfactant, dem Alveolarepithel, der Basalmembran und dem Kapillarendothel. An der alveolokapillären Membran findet der **Gasaustausch** statt: Sauerstoff diffundiert aus den Alveolen in die Kapillaren, Kohlendioxid diffundiert aus den Kapillaren in die Alveolen.

Pleura

Jeder Lungenflügel ist von der hauchdünnen *Pleura viszeralis* überzogen, die, nur durch den haarfeinen *Pleuraspalt* getrennt, der *Pleura parietalis* anliegt, die die Brusthöhle auskleidet und sowohl Zwerchfell als auch Mediastinum bedeckt. Beide Pleurablätter werden zusammen als *Pleura* bezeichnet.

Im Pleuraspalt befinden sich wenige Milliliter seröse Flüssigkeit. Dadurch können die Pleurablätter und mit ihnen die beiden Lungenflügel reibungslos im Brustkorb gleiten.

> Eine **Pleuritis** (Entzündung der Pleurablätter, häufig Folge einer *Pneumonie* ➤ 2.3.1) vermindert die Gleitfähigkeit der Pleura. Die Pleurablätter reiben dann aneinander, wodurch die Interkostalnerven gereizt und die Atmung extrem schmerzhaft werden kann.
> Beim **Pleuraerguss** (z. B. infolge einer lokalen Entzündung, einer Linksherzinsuffizienz oder als Mitreaktion bei Lungen- oder Pleuratumoren) sammelt sich Flüssigkeit im Pleuraspalt. Je größer das Ergussvolumen ist, desto stärker ist die Ausdehnung der Lunge und damit die Atmung eingeschränkt. Evtl. ist dann eine Pleurapunktion erforderlich, um die überschüssige Flüssigkeit abzusaugen.

Im Pleuraspalt herrscht normalerweise ein leichter Unterdruck von -4 bis -8 mbar, der atemabhängig schwankt (**intrapleuraler Druck** bei Spontanatmung ➤ Abb. 1.2). Gelangt Luft in den Pleuraspalt

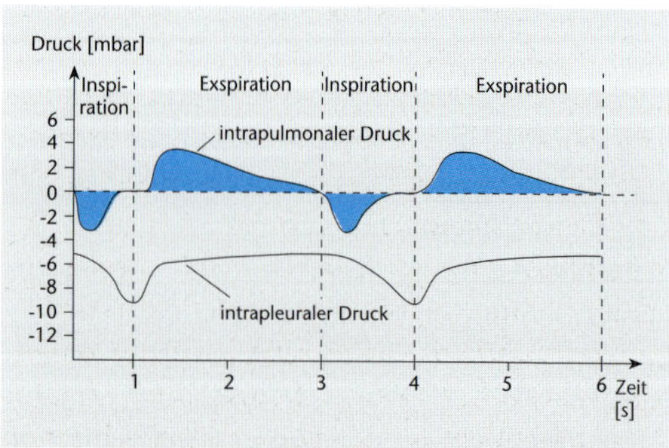

Abb. 1.2 Verlauf von intrapulmonalem und intrapleuralem Druck während Spontanatmung.

(*Pneumothorax,* z. B. durch die Ruptur von einzelnen Alveolen oder durch eine Verletzung) wird dieser Unterdruck aufgehoben; der betroffene Lungenflügel kollabiert aufgrund seiner Eigenelastizität und kann nicht mehr am Gasaustausch teilnehmen.

1.1.3 Steuerung der Atmung

Verschiedene Regelmechanismen sorgen dafür, dass sich die Atmung den jeweiligen Erfordernissen des Organismus anpasst und gleichzeitig der pO_2-, pCO_2- und pH-Wert im Blut im Normbereich gehalten werden (➤ 1.2.2 und ➤ 1.3). Das **Atemzentrum** besteht aus *in-* und *exspiratorischen Neuronen,* die getrennt voneinander in der Medulla oblongata (verlängertes Mark unmittelbar oberhalb des Halsrückenmarks), im Pons (Brücke) und in den Cervicalsegmenten C1 und C2 liegen. Diese werden im rhythmischen Wechsel aktiviert und senden ihrerseits Impulse zu den Atemmuskeln und Atemhilfsmuskeln.

Über verschiedene Mechanismen gelangen Impulse zum Atemzentrum, das dann die Atmung entsprechend den Erfordernissen anpasst:

- **Pulmonale Reflexe.** Dehnungsrezeptoren in der Lunge werden bei zunehmender Dehnung der Alveolarwand erregt und senden dann über den N. vagus Impulse an das Exspirationszentrum und aktivieren dieses. Dadurch wird die Exspiration ausgelöst und damit die Tiefe der Einatmung begrenzt. Dieser Mechanismus *(Lungendehnungsreflex* oder *Hering-Breuer-Reflex)* ist wichtig für die Ökonomisierung der Atemarbeit (zu tiefe Atemzüge erhöhen die Atemarbeit überproportional. Atemarbeit ➤ 1.2.1). Des Weiteren bewirkt eine starke Verkleinerung der Lungenflügel reflektorisch eine verstärkte Inspirationsbewegung und Rezeptoren in der Brustwand, die den Dehnungszustand der Interkostalmuskeln (Zwischenrippenmuskeln) ermitteln, wirken auf das Atemzentrum ein.
- **Chemorezeptoren** registrieren Veränderungen des pO_2, des pCO_2 und des pH-Wertes. Steigt der Sauerstoffbedarf des Organismus, z. B. bei körperlicher Arbeit oder Muskelzittern (Shivering), sinkt der pO_2 ab und der pCO_2 steigt durch den vermehrten Zellstoffwechsel an. Der erhöhte pCO_2 führt zum Anstieg der H^+-Ionenkonzentration (➤ 1.3), dadurch sinkt der pH-Wert des Blutes (Azidose). Die Chemorezeptoren registrieren diese Änderungen und aktivieren das Atemzentrum, das daraufhin die Atmung intensiviert (vertieft und beschleunigt).

> Steigerung der Atemtätigkeit bei:
> - ↑ pCO_2
> - ↓ pH-Wert
> - ↓ pO_2.
>
> Umgekehrt *hemmen* ein hoher pO_2 bzw. pH-Wert und ein unter die Norm abgefallener pCO_2 die Atmung.

Es werden periphere und zentrale Chemorezeptoren unterschieden. Die peripheren Chemorezeptoren liegen am Aortenbogen und beidseits an den Teilungsstellen der A. carotis communis. Periphere Chemorezeptoren sind insbesondere für das Registrieren eines absinkenden pO_2 und die entsprechende O_2-Antwort (Steigerung der Atemtätigkeit bei erniedrigtem pO_2) verantwortlich. Zentrale Chemorezeptoren finden sich an der ventralen Oberfläche der Medulla oblongata. Sie registrieren vor allem erhöhte pCO_2-Werte sowie erniedrigte pH-Werte (Azidose) und sind für die entsprechende Reaktion auf CO_2- bzw. pH-Veränderungen verantwortlich (Intensivieren der Atmung bei erhöhtem pCO_2 bzw. erniedrigtem pH-Wert).

> Bei bestehender chronisch-obstruktiver Lungenerkrankung (kurz COPD, ➤ 2.3.2) ist der pCO_2 im Blut chronisch erhöht. Die Chemorezeptoren „gewöhnen" sich an diesen Zustand und werden unempfindlich gegenüber hohen pCO_2-Werten. Eine Steigerung des Atemantriebs erfolgt bei diesen Patienten nur noch über niedrige pO_2-Werte. Erhalten die Betroffenen zu viel Sauerstoff, etwa über eine Maske oder eine Nasensonde, so entfällt dieser Atemanreiz und es droht eine lebensbedrohliche Atemdepression. Der Patient trübt dann zunehmend ein (CO_2-Narkose) bis es zuletzt zum Atemstillstand kommt.
>
> Um dies zu vermeiden wird bei Patienten mit chronisch-obstruktiver Lungenerkrankung die Sauerstoffzufuhr i. d. R. sehr niedrig dosiert, um den Atemanreiz zu erhalten. Spontan atmende Patienten erhalten aus demselben Grund trotz niedrigem pO_2 evtl. überhaupt keinen zusätzlichen Sauerstoff. Eine wichtige Ausnahme von dieser Regel ist der akute Asthmaanfall mit (drohender) Hypoxämie; die betroffenen Patienten erhalten 8–10 l Sauerstoff.

- Auch **unspezifische Reize** können die Atmung beeinflussen:
  - Kälte-Wärme-Reize regen die Atmung an, z. B. Wechselduschen
  - Bestimme Berührungen und Bewegungen können die Atmung vertiefen. Dies macht man sich z. B. mit atemstimulierenden Einreibungen zu Nutze
  - Ein Anstieg und auch ein leichtes Abfallen der Körpertemperatur stimulieren die Atmung ebenfalls. Erst eine schwere Unterkühlung hemmt die Atmung
  - Schmerzen, Stress und Angst steigern die Atmung, insbesondere thorakale oder abdominelle Schmerzen können jedoch zu einer unerwünschten Schonatmung (hochfrequente, oberflächliche Atmung) führen
  - Die Hormone Adrenalin und Progesteron (Schwangerschaftshormon) stimulieren die Atmung.

1.2 Physiologie der Atmung

Die Atmung ermöglicht den Gasaustausch zwischen dem Blut und der umgebenden Atmosphäre. Zum einen nimmt das durch die Lunge strömende Blut den für den Zellstoffwechsel notwendigen Sauerstoff auf, zum anderen gibt es Kohlendioxid ab. Dieser pulmonale Gasaustausch wird durch das Zusammenspiel der drei Faktoren **Ventilation** (Belüftung der Alveolen), **Diffusion** (Gasaustausch zwischen Alveole und Lungenkapillare) und **Perfusion** (Lungendurchblutung) bestimmt.

1.2.1 Ventilation

Definition

Ventilation (lat. Belüftung): Transport von Luft durch die Atemwege in die Lunge hinein und wieder heraus.

Atemmechanik

Zu Beginn der Inspiration sind der Druck in der Lunge *(intrapulmonaler Druck,* ➤Abb. 1.2*)* und der Atmosphärendruck (Druck der Umgebungsluft) identisch, d. h. der intrapulmonale Druck liegt bei null (der intrapulmonale Druck bezieht sich immer auf den Atmosphärendruck). Die **Inspiration** beginnt mit der Kontraktion der Inspirationsmuskeln, vor allem des Zwerchfells, aber auch der äußeren Interkostalmuskeln. Dadurch weitet sich der Brustkorb und mit ihm die Lunge. In der Folge sinkt der intrapulmonale Druck etwas unter den Atmosphärendruck ab, was dazu führt, dass Luft in die Lunge einströmt. Die Inspiration endet, sobald sich die Inspirationsmuskeln nicht mehr weiter kontrahieren. Dann strömt keine Luft mehr in die Lunge, der intrapulmonale Druck und der Druck der Umgebungsluft sind wieder gleich.

Die **Exspiration** beginnt damit, dass die Inspirationsmuskeln erschlaffen. Auf Grund ihrer Eigenelastizität ziehen sich Lunge und Brustkorb zusammen, dadurch steigt der intrapulmonale Druck über den Atmosphärendruck an und die Luft strömt infolgedessen aus der Lunge. Am Ende der Exspiration fällt der intrapulmonale Druck wieder auf den Atmosphärendruck ab.

Während die Inspiration ein *aktiver* Vorgang ist, erfolgt die Exspiration weitgehend *passiv*, d. h. ohne Muskelarbeit. Nur bei stark forcierter Atmung bzw. verschiedenen Lungenerkrankungen, z. B. Einengungen der Atemwege (Atemwegsobstruktion), unterstützen die Bauch- und inneren Interkostalmuskeln die Ausatmung aktiv.

Bauch- und Brustatmung

Bei der **Bauchatmung** (auch *abdominelle Atmung* oder *Zwerchfellatmung*) erfolgt die Inspiration überwiegend durch die Kontraktion des Zwerchfells, bei der **Brustatmung** (auch *thorakale* oder *Kostalatmung*) kommt die Inspiration vor allem durch die Kontraktion der äußeren Interkostalmuskeln zustande. Bei Männern ist überwiegend eine Bauchatmung, bei Frauen überwiegend eine Brustatmung zu beobachten.

Bei starken Schmerzen im Bauch- oder Brustraum, etwa nach Verletzungen oder operativen Eingriffen, ist bei den Betroffenen oft eine Brustatmung (bei Schmerzen im Bauchraum) oder eine Bauchatmung (bei Schmerzen im Brustraum) als **Schonatmung** zu beobachten.

Auxiliaratmung

Die Auxiliaratmung ist eine forcierte Atmung, die bei starker Atemnot des Patienten zu beobachten ist. Dabei kommt auch die Atemhilfsmuskulatur zum Einsatz.

Bei der Auxiliaratmung versucht der Patient, möglichst aufrecht zu sitzen und sich seitlich mit den Armen abzustützen. Schulter- und Halsmuskulatur sind angespannt, dadurch ist der Kopf gerade oder leicht nach hinten geneigt. Meist zeigen Mimik und Körperhaltung des Patienten starke Anspannung und massive Angst.

Atemwegswiderstände

Bei der Atmung müssen *elastische Widerstände* und *Strömungswiderstände* überwunden werden.

Compliance

Lunge und Thorax sind elastisch, d. h. sie dehnen sich, wenn eine Kraft auf sie einwirkt, und sie ziehen sich wieder zusammen, sobald die einwirkende Kraft nachlässt. Der elastische Widerstand bestimmt die *Compliance* (Volumendehnbarkeit) des Atemapparates.

Die **Compliance (C)** gibt an, wie viel Volumen der Lunge bei einem bestimmten Druck zugeführt werden kann oder anders ausgedrückt, wie groß die Volumenzunahme bei einer Drucksteigerung ist. Demzufolge wird die Compliance gemessen in Volumen pro Druck:

$$C = \frac{\Delta V}{\Delta p} \text{[l/mbar]}$$

Der **Normalwert** für die Compliance liegt beim gesunden Erwachsenen bei 70–100 ml/mbar, d. h. wenn 1 l Luft eingeatmet wurde, steigt der intrapulmonale Druck um 10–14 mbar an bzw. umgekehrt wenn der intrapulmonale Druck um 1 mbar ansteigt (oder angehoben wird), nimmt das Lungenvolumen um 70–100 ml zu.

Kann ein großes Volumen bei nur geringem Druck in die Lunge gelangen, ist die Compliance gut (hoch). Bei schlechter (niedriger) Compliance muss dagegen für das gleiche Volumen ein höherer Druck aufgewendet werden.

Die Compliance der Lunge verschlechtert sich beispielsweise bei Einlagerung von Wasser (Lungenödem) oder bei bindegewebigen Veränderungen des Parenchyms (z. B. beim Lungenemphysem). Die Compliance des Thorax ist beispielsweise vermindert bei Thoraxwanddeformitäten (z. B. bei schwerer Skoliose). Beim ARDS (➤ 2.3.6) kann die Compliance beispielsweise auf 30 ml/mbar reduziert sein.

Je geringer die Compliance desto größer die Atemarbeit!
Bei geringer Compliance muss der Patient mehr Atemarbeit leisten, um die „steife" Lunge mittels Muskelarbeit zu entfalten.

Resistance

Die **Resistance (R,** *Atemwegswiderstand)* wirkt der Luftströmung während der Ein- und Ausatmung entgegen. Um den Atemwegswiderstand zu überwinden, muss während der Atmung ein Druckgefälle zwischen Alveolen und Umgebung aufgebaut werden. Das Verhältnis zwischen dieser Druckdifferenz und dem Atemgasfluss ($\dot{V}$, Flow) ergibt die Resistance:

$$R = \frac{\Delta p}{\Delta \dot{V}} \text{[mbar/(l/sec.)]}$$

Beim beatmeten Patienten (unter volumenkontrollierter Beatmung, ➤ 5.3.1) errechnet sich die Resistance wie folgt:

$$R_{effektiv} = \frac{p_{peak} - p_{plateau}}{\dot{V}} \text{[mbar/(l/sec.)]}$$

Der **Normalwert** für die Resistance liegt beim gesunden Erwachsenen bei 1–3 mbar/(l/sec.), beim lungengesunden intubierten Erwachsenen steigt sie auf 4–6 mbar/(l/sec.) an.

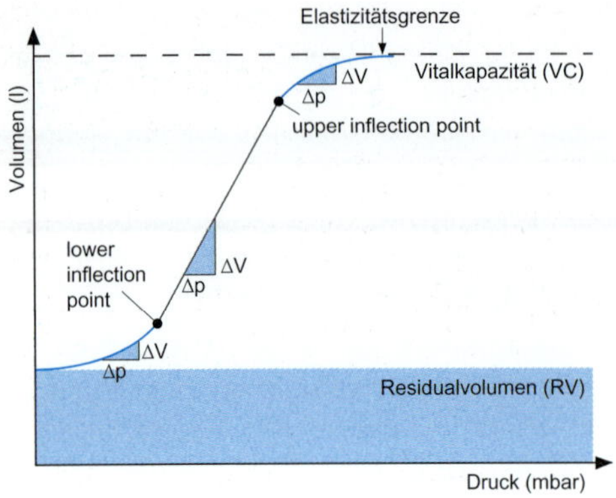

Abb. 1.3 Die **Ruhedehnungskurve der Lunge** (*Druck-Volumen-Diagramm* oder *pV-Kurve*) verläuft in charakteristischer S-Form. Drei Kurvenabschnitte werden unterschieden:

- Im unteren flachen Kurvenabschnitt wird eine hohe Druckdifferenz benötigt, um der Lunge ein relativ geringes Volumen zuzuführen.
- Im mittleren steilen Abschnitt verläuft die Kurve nahezu linear; hier reicht eine kleine Druckdifferenz zur Zufuhr eines relativ großen Volumens.
- Im oberen flachen Kurvenabschnitt kann durch eine weitere Zunahme des Drucks kaum noch Volumen zugeführt werden. Wird die Elastizitätsgrenze erreicht, droht eine Überdehnung der Lunge mit der Gefahr eines pulmonalen Barotraumas / Volotraumas (➤ 5.7.1).

Die beiden Knickpunkte der Ruhedehnungskurve werden als **inflection points** bezeichnet (unterer bzw. *lower inflection point* und oberer bzw. *upper inflection point*, auch *deflection point*). Im steilen mittleren Kurvenabschnitt ist die Atemarbeit deutlich geringer als in den flachen Kurvenabschnitten unter- bzw. oberhalb der inflection points. Bei maschinell beatmeten Patienten sollte der PEEP oberhalb es unteren inflection points und der Inspirationsdruck unterhalb des oberen inflection points eingestellt sein, d. h. beide Beatmungsparameter sollten sich innerhalb des mittleren linearen Kurvenabschnitts befinden (➤ 5.8.1 Beatmung bei ARDS).

Bei gleichmäßiger (laminarer) Luftströmung verhält sich der Atemwegswiderstand direkt proportional zur Länge der Atemwege und umgekehrt proportional zum Durchmesser der Atemwege, d. h. die Weite der Atemwege (bzw. des Tubus oder der Trachealkanüle) ist der wichtigste, die Resistance bestimmende Faktor. Ist das Lumen der Atemwege beispielsweise um 15% eingeengt, verdoppelt sich der Atemwegswiderstand, halbiert sich der Durchmesser der Atemwege, steigt der Widerstand auf das 16-fache an. Dies kann beispielsweise durch Schwellungen der Bronchialschleimhaut, Bronchokonstriktion, Schleim oder Fremdkörper in den Atemwegen bedingt sein.

Bei turbulenter Luftströmung (Bildung von Wirbeln in den Atemwegen) ist zur Überwindung des Strömungswiderstandes eine höhere Druckdifferenz erforderlich. Turbulente Luftströmungen entstehen bei sehr hohem Gasfluss sowie an Verzweigungen und an Engstellen der Atemwege.

Lungenvolumina und -kapazitäten

Der maximal mögliche Gasgehalt der Lunge wird in einzelne **statische Lungenvolumina** unterteilt. Diese werden – mit Ausnahme des Residualvolumens – während langsamer Atmung spirometrisch gemessen.

Lungenvolumina:

- *Tidalvolumen (volume tidal, kurz V_T)*, auch Atemzugvolumen (AZV) oder Atemhubvolumen: Luftmenge, die pro Atemzug eingeatmet wird
- *Inspiratorisches Reservevolumen (IRV)*: Luftmenge, die nach einer normalen Inspiration zusätzlich eingeatmet werden kann
- *Exspiratorisches Reservevolumen (ERV)*: Luftmenge, die nach einer normalen Exspiration zusätzlich ausgeatmet werden kann
- *Residualvolumen (RV)*: Luftmenge, die nach einer maximalen Exspiration in der Lunge verbleibt.

Die **Lungenkapazitäten** setzen sich jeweils aus verschiedenen Lungenvolumina zusammen:

- **Inspiratorische Kapazität (IC) = V_T + IRV**, d. h. Luftmenge, die nach einer normalen Exspiration maximal eingeatmet werden kann
- **Vitalkapazität (VC) = IRV + V_T + ERV**, d. h. Luftmenge, die maximal ein- bzw. ausgeatmet werden kann
- **Totale Lungenkapazität (TLC) = VC + RV**, d. h. Luftmenge, welche die Lunge maximal fassen kann
- **Funktionelle Residualkapazität (FRC) = ERV + RV**, d. h. Luftmenge, die nach einer normalen Ausatmung in der Lunge verbleibt.

Lungenvolumina und -kapazitäten sind abhängig von Alter, Geschlecht, Körpergröße und Körpergewicht.

Dynamische Lungenvolumina werden bei forcierter Ausatmung, d. h. schnellstmöglicher Ausatmung nach maximaler Einatmung, gemessen:

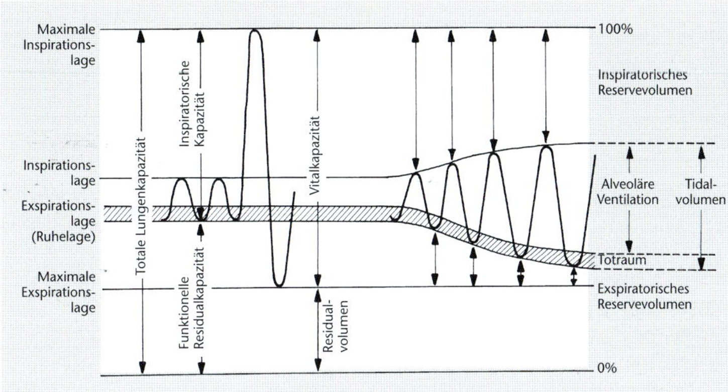

Normwerte eines Lungengesunden (♂, 25 Jahre, 75 kg, 180 cm)	
Lungenvolumen bzw.- kapazität	**Wert in ml**
Tidalvolumen (TV)	400
Inspiratorisches Reservevolumen (IRV)	3200
Exspiratorisches Reservevolumen (ERV)	1200
Residualvolumen (RV)	1500
Inspiratorische Kapazität (IC)	3600
Vitakapazität (VC)	4800
Funktionelles Residualkapazität (FRC)	2700
Totale Lungenkapazität (TLC)	6300

Abb. 1.4 Lungenvolumina und -kapazitäten, alveoläre Ventilation und Totraum. Die rechte Spalte enthält Normwerte eines gesunden jungen Mannes. Alveoläre Ventilation und Totraum ➤ Text.

- Forcierte Vitalkapazität (FVC): Luftmenge, die nach maximaler Einatmung schnellstmöglich ausgeatmet werden kann
- Exspiratorische Einsekundenkapazität (Forciertes exspiratorisches Volumen, kurz FEV1): Luftmenge, die bei forcierter Ausatmung während der ersten Sekunde ausgeatmet wird
- Der Tiffeneau-Wert ist eine errechnete Größe aus FEV1/FVC.

Alveoläre Ventilation und Totraum

Das *Atemminutenvolumen* (AMV) errechnet sich aus dem Tidalvolumen (V_T) und der Atemfrequenz (f):

$$AMV = V_T \times f \text{ [l/Min.]}$$

Ein gesunder Erwachsener atmet in Ruhe etwa 400 – 500 ml pro Atemzug ein (V_T ca. 7 ml/kgKG), die Atemfrequenz liegt dabei zwischen 12 – 20/Min. Daraus ergibt sich ein AMV von 4800 – 8000 ml.

Totraum

Bei jedem Atemzug füllt ein Teil der eingeatmeten Luftmenge die Luftwege (Nase, Rachen, Trachea, Bronchien), ohne die Alveolen zu erreichen, d. h. diese Luftmenge nimmt nicht am Gasaustausch teil. Dieser Anteil des Tidalvolumens heißt **anatomischer Totraum**. Der anatomische Totraum beträgt normalerweise 2 ml/kg Körpergewicht, d. h. bei einem 75 kg schweren Erwachsenen liegt er bei ca. 150 ml.

Pathologische Zustände, etwa eine Lungenembolie, können dazu führen, dass Alveolarbereiche zwar belüftet (ventiliert), aber nicht durchblutet (perfundiert) werden. Die in diesen Alveolarbereich eingeatmete Luftmenge kann nicht am Gasaustausch teilnehmen, da keine Diffusion stattfinden kann, und wird als **alveolärer Totraum** bezeichnet.

Anatomischer und alveolärer Totraum ergeben zusammen den gesamten Totraum *(volume deadspace, kurz VD)*, der als **funktioneller** oder **physiologischer Totraum** bezeichnet wird.

Alveoläre Ventilation

Die **alveoläre Ventilation,** d. h. die tatsächlich am Gasaustausch teilnehmende Luftmenge, errechnet sich aus der Differenz zwischen Tidalvolumen (V_T) und funktionellem Totraum (VD). Sie ist eine entscheidende Größe dafür, ob die Atmung eines Patienten ausreichend (suffizient) ist oder nicht!

Alveoläre Ventilation =
Tidalvolumen-funktioneller Totraum

1

Bei oberflächlicher und schneller Atmung ist die alveoläre Ventilation geringer als bei tiefer und langsamer Atmung.
- Atmet ein Patient oberflächlich und schnell, etwa wegen Schmerzen oder Atemnot, kann das Atemminutenvolumen zwar konstant bleiben, das Totraumvolumen nimmt jedoch zu und die alveoläre Ventilation ab (➢ Tab. 1.1). Kann der Patient das Tidalvolumen nicht steigern, muss er extrem hochfrequent atmen, um dieselbe alveoläre Ventilation zu erreichen (unterste Zeile in ➢ Tab. 1.1). Dies kann zur Dekompensation führen, wenn der Patient die dazu notwendige enorme Atemarbeit nicht mehr leisten kann
- Atmet ein Patient bei gleichbleibendem Atemminutenvolumen langsam und tief, verringert sich das Totraumvolumen und die alveoläre Ventilation nimmt zu.

VD/VT-Verhältnis

Das Verhältnis des Totraumvolumens (volume deadspace, kurz VD) zum Atemzugvolumen (volume tidal, kurz VT) heißt **VD/VT-Verhältnis** oder *Totraumquotient*. Es liegt normalerweise bei etwa 0,3, d. h. das Totraumvolumen beträgt etwa 30% des Atemzugvolumens, und lässt sich nach der Bohrgleichung errechnen:

$$VD/VT = \frac{p_aCO_2 - p_ECO_2}{p_aCO_2}$$

Steigt der Totraumquotient auf Werte ≥ 0,5 an (d. h. max. 50% des Tidalvolumens nehmen tatsächlich am Gasaustausch teil), so reicht die alveoläre Ventilation i. d. R. nicht mehr aus, um das anfallende Kohlendioxid in ausreichendem Maß abzuatmen. Es kommt zur CO_2-Retention (der pCO_2-Wert im Blut steigt an). Ab einem VD/VT-Verhältnis ≥ 0,6 ist eine Spontanatmung i. d. R. nicht mehr möglich, da der Patient das durch die vermehrte Atemarbeit anfallende Kohlendioxid nicht mehr abatmen kann.

Atemarbeit

Definition

▮▮ Als **Atemarbeit** *(work of breathing*, kurz *WOB)* wird die Arbeit der Atemmuskulatur bezeichnet, die diese erbringen muss, um Widerstände zu überwinden, die der Atmung entgegenwirken. ▮▮

Unter **Spontanatmung** setzt sich die Atemarbeit aus den *elastischen Widerständen* (Kräfte, die der Lungenexpansion entgegenwirken, ➢ Compliance) und den *resistiven Widerständen* (Strömungswiderstände in den Atemwegen, ➢ Resistance) zusammen. Beide sind normalerweise nur während der Inspiration wirksam, da die Exspiration passiv erfolgt. In manchen Fällen müssen aber auch während der Exspiration Widerstände überwunden werden, z. B. bei forcierter Exspiration.

Beim **intubierten bzw. tracheotomierten Patienten** erhöhen verschiedene Faktoren die Atemarbeit **zusätzlich** (Ausnahme: Kontrolliert beatmete Patienten; hier übernimmt der Respirator die gesamte Atemarbeit):

- Endotrachealtubus bzw. Trachealkanüle bewirken zusätzliche Strömungswiderstände, d. h. sie erhöhen die Resistance (➢ Automatische Tubuskompensation ➢ 6.3)
- Baut sich unter der Beatmung ein intrinsic PEEP auf (➢ 5.2.4), muss auch dieser überwunden werden.

Tab. 1.1 Je schneller und oberflächlicher ein Patient atmet, desto mehr steigt das Totraumvolumen und sinkt die alveoläre Ventilation, d. h. die Atmung wird immer ineffektiver. Kann das Tidalvolumen nicht gesteigert werden, ist eine normale alveoläre Ventilation nur durch eine enorm schnelle Atmung möglich, die mit einer hohen Atemarbeit verbunden ist.

Atemfrequenz (f)	Tidalvolumen (V_T)	Atemminutenvolumen (AMV)	Totraum		Alveoläre Ventilation	
			pro Atemzug	pro Minute	pro Atemzug	pro Minute
15	400 ml	6,0 l	150 ml	2,25 l	250 ml	3,75 l
20	300 ml	6,0 l	150 ml	3,0 l	150 ml	3,0 l
24	250 ml	6,0 l	150 ml	3,6 l	100 ml	2,4 l
36	250 ml	9,0 l	150 ml	5,4 l	100 ml	3,6 l

Die Erhöhung der Atemarbeit beim intubierten bzw. tracheotomierten Patienten ist insbesondere während der Entwöhnung (weaning, ➤ 5.11) bedeutsam.

Kann ein Patient die erforderliche Atemarbeit nicht mehr leisten, kommt es zur **respiratorischen Erschöpfung**, d. h. die Atemmuskulatur kann die Pumpleistung nicht mehr erbringen, die für eine ausreichende alveoläre Ventilation notwendig ist (daher auch die Bezeichnung *pulmonales Pumpversagen*). In der Blutgasanalyse finden sich die Zeichen einer respiratorischen Globalinsuffizienz (➤ 2.4.2). In dieser Situation muss dem Patienten die Atemarbeit ganz oder teilweise durch einen Respirator abgenommen werden, bis sich die ursächliche Erkrankung gebessert hat.

1.2.2 Diffusion

Definition

Diffusion: Rein passiver Transport von Teilchen (Ionen, Moleküle) vom Ort höherer zum Ort niedrigerer (Teilchen-)Konzentration bis zum Konzentrationsausgleich.

Partialdrücke

Die Einatemluft ist ein Gasgemisch, das überwiegend aus Stickstoff (ca. 79%) und Sauerstoff (ca. 20,9%) besteht. Jedes der im Gasgemisch enthaltenen Gase übt entsprechend seinem prozentualen Anteil einen **Partialdruck** (Teildruck) aus.

Der Partialdruck eines Gases errechnet sich aus dem Gesamtluftdruck (760 mmHg auf Meereshöhe), dem Wasserdampfdruck (nach Passage der oberen Luftwege ist die Atemluft zu 100% mit Wasserdampf gesättigt, dadurch entsteht ein Druck von ca. 47 mmHg) und dem prozentualen Anteil des Gases:

$$\text{Partialdruck} = (\text{Gesamtluftdruck} - \text{Wasserdampfdruck}) \times \text{Gaskonzentration}$$

Entsprechend errechnet sich der Sauerstoffpartialdruck bei Raumluft:

$p_IO_2 = (760 - 47) \times 0{,}209 = 150$ mmHg

Der Partialdruck des Sauerstoffs in der Inspirationsluft (p_IO_2) beträgt ca. 150 mmHg. In der Alveole sinkt der Sauerstoffpartialdruck (p_AO_2) durch Mischung mit der dort vorhandenen Residualluft (➤ Lungenvolumina) auf etwa 100 mmHg ab. Der arterielle Sauerstoffpartialdruck (p_aO_2) beträgt noch ca. 90 mmHg, da durch verschiedene Shuntmechanismen (Shunt ➤ 2.2.4) sauerstoffarmes Blut zum sauerstoffreichen Blut zugemischt wird. Nachdem der Sauerstoff aus dem Blut ins Gewebe abgegeben wurde, liegt der Sauerstoffpartialdruck des gemischt-venösen Blutes ($p_{\bar{v}}O_2$) bei etwa 40 mmHg.

Das **Partialdruckgefälle** zwischen Alveole und Lungenkapillare und umgekehrt zwischen Lungenkapillare und Alveole ist die treibende Kraft für den Gasaustausch. So diffundieren Sauerstoffmoleküle aus der Alveole (Ort hoher Konzentration) durch die alveolokapilläre Membran in die Lungenkapillare (Ort niedriger Konzentration) und CO_2-Moleküle aus der Lungenkapillare (Ort hoher Konzentration) in die Alveole (Ort niedriger Konzentration).

Die Differenz zwischen dem Sauerstoffpartialdruck in der Alveole und dem in der Arterie heißt **Alveoloarterielle Sauerstoffpartialdruck-Differenz** (kurz $AaDO_2$). Sie errechnet sich aus dem alveolären pO_2 und dem arteriellen pO_2:

$$AaDO_2 = p_AO_2 - p_aO_2$$

Beim Lungengesunden liegt die $AaDO_2$ unter Raumluftatmung bei 5 – 10 mmHg, bei Atmung von 100%

Tab. 1.2 Ungefährer Partialdruck (in mmHg) von Sauerstoff und Kohlendioxid im Verlauf des Gasaustausches bei Raumluftatmung.

Gas	Inspirationsluft	Alveolarluft	Arterielles Blut	Venöses Blut	Exspirationsluft
Sauerstoff (O_2)	p_IO_2 ca. 150	p_AO_2 ca. 100	p_aO_2 ca. 90	p_vO_2 ca. 40	p_EO_2 ca. 115
Kohlendioxid (CO_2)	p_ICO_2 ca. 0,03	p_ACO_2 ca. 40	p_aCO_2 ca. 40	p_vCO_2 ca. 46	p_ECO_2 ca. 30

Sauerstoff (F_iO_2 1,0) bei 20 – 35 mmHg. Diese Differenz entspricht dem physiologischen Shuntanteil von 3 – 5% (Shunt ➤ 2.2.4). Nimmt der pulmonale Rechts-Links-Shunt zu, z. B. weil durch Atelektasen Lungenbezirke zwar durchblutet, aber nicht belüftet sind, steigt das intrapulmonale Shuntvolumen und die $AaDO_2$ nimmt zu.

Diffusionsfläche und Diffusionsstrecke

Die Diffusion von Sauerstoff und Kohlendioxid an der alveolokapillären Membran wird in erster Linie vom Partialdruckgefälle bestimmt. Weitere, die Diffusion beeinflussende Faktoren sind die **Diffusionsfläche** und die **Diffusionsstrecke:**

- Die Diffusionsfläche ist die zur Verfügung stehende *Gasaustauschfläche* (➤ 1.1.2). Ein Lungenemphysem (blasiger Umbau der Lunge durch Zerstörung der Alveolarsepten und terminalen Bronchioli, ➤ 2.3.2) beispielsweise kann die Diffusionsfläche erheblich reduzieren
- Die Diffusionsstrecke entspricht der Dicke der alveolokapillären Membran. Diese ist normalerweise sehr dünn (0,1 – 1 µm), so dass der alveoläre Sauerstoffpartialdruck fast vollständig ins Kapillarblut übertragen wird. Einige Lungenerkrankungen können dazu führen, dass sich die Diffusionsstrecke verlängert, etwa ein Lungenödem oder eine Lungenfibrose.

> Kohlendioxid (CO_2) diffundiert etwa 20mal leichter durch die alveolokapilläre Membran als Sauerstoff. Daher treten bei respiratorischer Insuffizienz (➤ Kapitel 2) i. d. R. zuerst verminderte pO_2-Werte und erst bei weiterer Verschlechterung erhöhte pCO_2-Werte auf.

1.2.3 Perfusion

Definition

Perfusion (lat.): Durchströmung, hier Durchblutung des Kapillarstrombetts der Lunge. Entspricht normalerweise dem Herzminutenvolumen, d. h. die Lunge eines Erwachsenen in Ruhe wird mit ca. 5 – 6 l Blut/Min. durchströmt.

Sauerstofftransport

Das Blut, das die Lunge durchströmt, nimmt pro Minute etwa 250 ml Sauerstoff auf und transportiert ihn zu den Zellen. Der weitaus größte Teil des Sauerstoffs (ca. 98%) wird chemisch an Hämoglobin gebunden. Nur etwa 2% werden physikalisch gelöst im Blut transportiert.

Sauerstoffbindungskapazität

1 g Hämoglobin kann maximal 1,34 ml Sauerstoff binden (Hüfner-Zahl). Aus der Hämoglobinkonzentration ergibt sich damit die **maximale Sauerstoffbindungskapazität** des Blutes (Hämoglobinkonzentration in g/l x 1,34). So liegt beispielsweise bei einer Hämoglobinkonzentration von 130 g/l (13 g/dl) die maximale Sauerstoffbindungskapazität bei 130 x 1,34 = 174 ml O_2 pro Liter Blut.

Beeinträchtigt wird die Sauerstoffbindungskapazität des Blutes beispielsweise durch Azidose, Hyperkapnie und Fieber (➤ auch Sauerstoffbindungskurve). Umgekehrt verstärken eine Alkalose, eine Hypokapnie oder eine leichte Unterkühlung die Sauerstoffbindungskapazität.

> Die **Sauerstoffsättigung** (➤ 8.2.3) gibt an, wie viel Prozent des Gesamthämoglobins mit Sauerstoff „beladen" (gesättigt, oxygeniert) sind. Die arterielle Sauerstoffsättigung (S_aO_2) liegt bei Raumluftatmung normalerweise bei 95 – 98%.

Ein geringer Anteil des in der Lunge ins Blut aufgenommenen Sauerstoffs wird im Blut physikalisch gelöst. Wie hoch dieser Sauerstoffanteil ist, hängt hauptsächlich vom arteriellen Sauerstoffpartialdruck ab: Pro mmHg Sauerstoffpartialdruck werden 0,003 ml Sauerstoff physikalisch gelöst, d. h. bei einem p_aO_2 von 100 mmHg werden 0,3 ml Sauerstoff physikalisch im Blut gelöst. Das Beispiel zeigt, dass sich der Gesamtsauerstoffgehalt des Blutes durch Steigerung des Anteils an physikalisch gelöstem Sauerstoff nur unwesentlich beeinflussen lässt und daher im klinischen Alltag kaum Bedeutung hat. Ausnahme ist die *hyperbare Oxygenation* in der Überdruckkammer.

Der **Gesamtsauerstoffgehalt des arteriellen Blutes** (C_aO_2, C = Content) errechnet sich aus dem chemisch gebundenen Sauerstoff (max. O_2-Bindungskapazität [Hämoglobingehalt in g/l x 1,34] x Sauerstoffsättigung) plus dem physikalisch gelösten Sauerstoff (0,003 x p_aO_2).

Sauerstoffbindungskurve

Die Sauerstoffbindungskurve *(Sauerstoffdissoziationskurve)* zeigt den Zusammenhang von arteriellem Sauerstoffpartialdruck (p_aO_2) und Sauerstoffsättigung des Blutes. Die Kurve verläuft S-förmig und weist typische Merkmale auf:

- Im unteren Bereich (Bereich niedriger p_aO_2-Werte) verläuft die Kurve sehr steil, d. h. eine geringfügige Zunahme des p_aO_2 führt zu einer relativ starken Steigerung der Sauerstoffsättigung und umgekehrt
- Im oberen Bereich (Bereich hoher p_aO_2-Werte) verläuft die Kurve flach, d. h. Steigerungen des p_aO_2 erhöhen die Sauerstoffsättigung nur wenig. Umgekehrt sinkt die Sauerstoffsättigung bei sinkenden p_aO_2-Werten nur geringfügig.

Unter bestimmten Voraussetzungen kann sich der Kurvenverlauf nach rechts oder links verschieben:

- Eine **Rechtsverschiebung der Sauerstoffbindungskurve** entsteht z. B. durch Fieber, Azidose (pH ↓) oder Hyperkapnie (pCO_2 ↑). Die Rechtsverschiebung hat zur Folge, dass der aufgenommene Sauerstoff schlechter an das Hämoglobin gebunden, aber leichter an die sauerstoffverbrauchende Zelle abgegeben wird

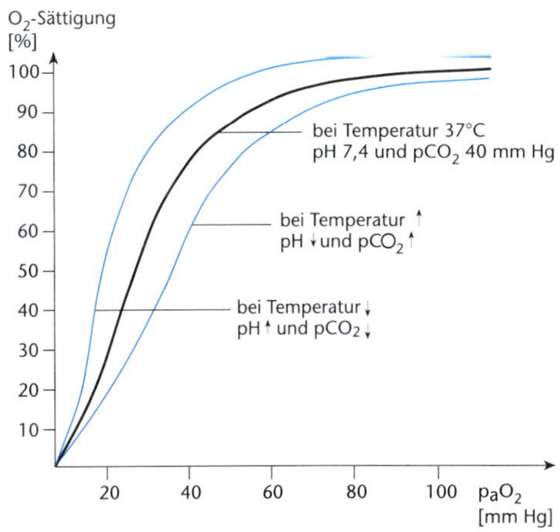

Abb. 1.5 Sauerstoffbindungskurve. Die dicke Linie zeigt den normalen Kurvenverlauf, die blauen Linien eine Rechts- bzw. Linksverschiebung der Kurve (➤ Text).

- Eine **Linksverschiebung der Sauerstoffbindungskurve** entsteht z. B. durch Unterkühlung, Alkalose (pH ↑) oder Hypokapnie (pCO_2 ↓). Folge der Linksverschiebung ist eine bessere (schnellere und stärkere) Bindung von Sauerstoff an Hämoglobin und eine erschwerte Abgabe des Sauerstoffs an die Zellen.

Insgesamt beeinträchtigt eine Azidose die Sauerstoffversorgung des Gewebes weniger stark als eine Alkalose, da bei Azidose die Sauerstoffabgabe an die Zelle erleichtert ist. Zudem ist die Wirkung von Katecholaminen bei Azidose besser als bei Alkalose. Aus diesen Gründen wird bei einer Reanimation eher eine leichte Azidose als eine Alkalose toleriert.

Sauerstofftransportkapazität

Die Sauerstofftransportkapazität, d. h. die Sauerstoffmenge, die pro Zeiteinheit transportiert wird, errechnet sich aus dem Gesamtsauerstoffgehalt des arteriellen Blutes (C_aO_2) und dem Herzzeitvolumen (HZV):

$$O_2\text{-Transportkapazität} = C_aO_2 \times HZV$$

Für die Versorgung des Organismus mit Sauerstoff ist nicht nur die Sauerstoffkonzentration maßgebend. Auch der Hämoglobingehalt des Blutes und das Herzzeitvolumen können die Sauerstoffversorgung verbessern oder verschlechtern.

Sauerstoffausschöpfung

An den Körperzellen löst sich der Sauerstoff vom Hämoglobin und diffundiert in die Zelle. Auch hier ist das Partialdruckgefälle die treibende Kraft. Die **Sauerstoffausschöpfung** gibt an, wie viel Sauerstoff an das Gewebe abgegeben wurde. Durchschnittlich liegt die Sauerstoffausschöpfung bei 25%, zwischen den verschiedenen Organen gibt es jedoch erhebliche Schwankungen, z. B. ca. 7% an den Nieren und ca. 60% am Herzen. Bei den Skelettmuskeln beträgt die Sauerstoffausschöpfung in Ruhe etwa 30%, bei extremer Belastung steigt sie auf ca. 80% an.

CO_2-Transport

Der Organismus produziert in Ruhe ca. 150 ml CO_2/Min. Dieses wird im Blut auf drei verschiedene Weisen transportiert:

- Etwa 80% des CO_2 wird in Form von Bikarbonat transportiert. Dazu diffundieren die CO_2-Moleküle in die Erythrozyten hinein und bilden dort zusammen mit H_2O Kohlensäure. Diese wiederum zerfällt in Bikarbonat (Hydrogenkarbonat, HCO_3^-) und H^+-Ionen:
  $CO_2 + H_2O \leftrightarrow H_2CO_3 \leftrightarrow HCO_3^- + H^+$
  In der Lunge findet diese Reaktion in umgekehrter Reihenfolge statt, und das dabei frei werdende CO_2 wird abgeatmet. Das Enzym Karboanhydrase beschleunigt diese chemische Reaktion
- Etwa 10% des CO_2 werden chemisch an Hämoglobin gebunden
- Etwa 10% werden physikalisch im Blut gelöst.

In der Lunge wird das Kohlendioxid nicht komplett abgeatmet, da ein gewisser Kohlendioxidgehalt im Blut notwendig ist, um den Säure-Basen-Haushalt (➤ 1.3) ausgeglichen zu halten.

1.2.4 Ventilations-Perfusionsverhältnis

Beim Lungengesunden stehen die Ventilation (gemeint ist hier die alveoläre Ventilation, ➤ 1.2.1) und die Perfusion in einem bestimmten Verhältnis zueinander. Das **Ventilations-Perfusionsverhältnis** ist der Quotient aus alveolärer Ventilation (in l/Min.) und Perfusion (in l/Min.) und beträgt beim Lungengesunden in Ruhe 0,8 (einer alveolären Ventilation von 4 l/Min. steht eine Perfusion von ca. 5 l/Min. gegenüber; 4 : 5 = 0,8).

$$\dot{V}/\dot{Q} = \frac{\text{Ventilation}_{\text{Alveolär}}\ [\text{l/Min.}]}{\text{Perfusion}\ [\text{l/Min.}]}$$

Dieses optimale Ventilations-Perfusionsverhältnis herrscht jedoch nicht überall in der Lunge, sondern ist in den oben liegenden Lungenabschnitten höher und in den unteren Lungenabschnitten geringer als der Optimalwert, der nur in den mittleren Lungenabschnitten zu finden ist.

Der Organismus verfügt über Systeme, die es ermöglichen, die Lungendurchblutung der Belüftung anzupassen. Ein wichtiges System ist der **alveolokapilläre Reflex** *(hypoxische pulmonale Vasokonstriktion,* kurz HPV, auch Euler-Liljestrand-Reflex): In minderbelüfteten Lungenabschnitten kommt es reflektorisch zur Verengung der zugehörigen Kapillaren (Vasokonstriktion). Auf diese Weise wird das Blut in besser belüftete Lungenabschnitte umgeleitet, d. h. es fließt nicht „ungenutzt" an schlecht oder gar nicht belüfteten Alveolen vorbei.

Störungen des Ventilations/Perfusionsverhältnisses nennt man *Verteilungsstörungen* (➤ 2.2.4).

1.3 Atmung und Säure-Basen-Haushalt

Definition

Säure-Basen-Haushalt: Sammelbezeichnung für alle Regulierungsvorgänge im Organismus, die dazu dienen, den für den Organismus optimalen pH-Wert (Maß für die Konzentration der Wasserstoffionen) von 7,4 (± 0,04) aufrecht zu erhalten.

Alle Stoffwechselvorgänge und die elektrophysiologischen Vorgänge an den erregbaren Membranen sind pH-abhängig, d. h. sie funktionieren nur dann optimal, wenn der pH-Wert des Blutes im Normbereich liegt.

Bei den Stoffwechselvorgängen entstehen ständig Wasserstoffionen (H^+-Ionen). Um den pH-Wert konstant innerhalb der engen Grenzen von 7,36 – 7,44 halten zu können, verfügt der Organismus über eine Reihe von Regulationsmechanismen. Dazu gehören die *Puffersysteme, renale* und *respiratorische Regulationsvorgänge.* Damit ist die Lunge und deren Funktion wesentlich an der Konstanthaltung eines physiologischen Blut-pH-Wertes beteiligt.

1.3.1 Regulationsmechanismen zur Konstanthaltung des Blut-pH

Puffersysteme

Definition

Puffersysteme bestehen aus einer schwachen Säure, die H^+-Ionen freisetzen, und einer Base, die H^+-Ionen aufnehmen kann. Dadurch sind Puffersysteme in der Lage, pH-Schwankungen des Blutes innerhalb bestimmter Grenzen auszugleichen.

Zu den Puffersystemen, die pH-Schwankungen abfangen können, gehören:

- Das Bikarbonatpuffersystem
- Proteinpuffer (Plasmaproteine und Hämoglobin)
- Phospatpuffer.

Proteinpuffer und Phosphatpuffer werden zusammenfassend als *Nicht-Bikarbonat-Puffer* (kurz *NBP*) bezeichnet.

Das wichtigste Puffersystem ist das **Bikarbonatpuffersystem,** das etwa zwei Drittel der gesamten Pufferkapazität des Blutes ausmacht.

Überschüssige H^+-Ionen werden von der Pufferbase HCO_3^- (Bikarbonat) abgefangen. Zusammen bilden sie die Puffersäure H_2CO_3 (Kohlensäure). Diese wiederum zerfällt in H_2O und CO_2. Letzteres wird über die Lunge abgeatmet. Bei einem Mangel an H^+-Ionen wird die Abatmung von CO_2 reduziert. Es entsteht vermehrt Kohlensäure, die H^+-Ionen abgibt.

Respiratorische und renale Regulationsmechanismen

Eine erhöhte Konzentration von H^+-Ionen (↓ pH-Wert) im Blut führt direkt und indirekt über den entstehenden hohen pCO_2 zu einer **Stimulation des Atemzentrums.** Dies führt zur *Hyperventilation* (vertiefte Atmung, dadurch Steigerung der alveolären Ventilation), wodurch das überschüssige CO_2 abgeatmet wird. Umgekehrt hat ein erhöhter pH-Wert (verminderte H^+-Ionenkonzentration) eine *Hypoventilation* zur Folge.

Die **Nieren** können saure Stoffe aus dem Körper eliminieren, in dem sie H^+-Ionen im Austausch gegen Na^+-Ionen oder Bikarbonat mit dem Urin ausscheiden. Zudem können Wasserstoffionen in den Nieren an Ammoniak (NH_3, aus dem Aminosäurestoffwechsel) gebunden werden. Das so entstehende

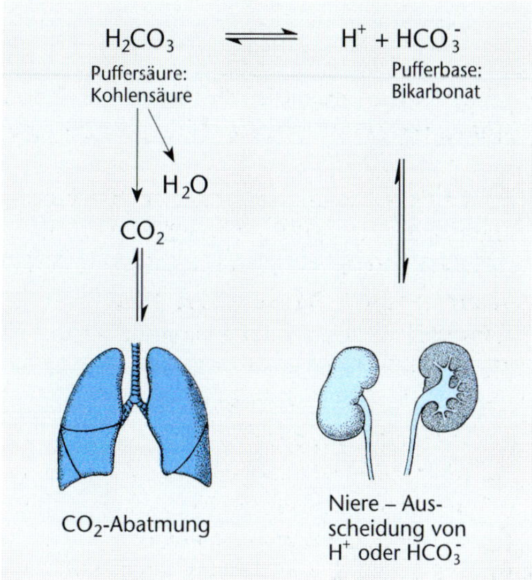

Abb. 1.6 Das Bikarbonatpuffersystem. [A400]

Ammonium (NH_4) wird ebenfalls mit dem Urin ausgeschieden. Schließlich können die Nieren Wasserstoffionen auch an Phosphat binden und damit ausscheiden.

Die Atmung reagiert innerhalb weniger Minuten auf Veränderungen des pH-Wertes. Die Nieren dagegen reagieren langsamer und langanhaltender. Die renalen Regulationsvorgänge stellen sich erst nach Stunden bis Tagen in vollem Umfang auf die Veränderungen des pH-Wertes ein.

1.3.2 Störungen des Säure-Basen-Gleichgewichts

Sind die Regulationsmechanismen des Organismus überfordert, kann der pH-Wert des Blutes nicht mehr konstant gehalten werden. Ist der pH-Wert erniedrigt (↑ Konzentration von H^+-Ionen), liegt eine **Azidose** vor; ist der pH-Wert erhöht (↓ Konzentration von H^+-Ionen), handelt es sich um eine **Alkalose.** In beiden Fällen können respiratorische oder metabolische Störungen ursächlich sein. In manchen Fällen liegt eine kombinierte Störung zu Grunde.

Respiratorisch bedingte Störungen des Säure-Basen-Gleichgewichts zeigen sich primär in einem veränderten p_aCO_2, **metabolisch** bedingte Störungen des Säure-Basen-Gleichgewichts in einer veränderten Bikarbonatkonzentration.

Azidose

Definition

Azidose: Störung im Säure-Basen-Haushalt mit Abfall des pH-Wertes im Blut unter 7,36. Nach dem zeitlichen Verlauf unterschieden in *akute* und *chronische,* nach der Ursache unterschieden in *respiratorische* und *metabolische Azidosen.* Durch physiologische Gegenregulation kann die Störung kompensiert und der pH-Wert normalisiert werden (vollständig kompensierte Azidose).

Respiratorische Azidose

Eine **respiratorische Azidose** entsteht, wenn CO_2 nicht ausreichend abgeatmet werden kann, etwa auf Grund einer Lungenfunktionsstörung (➤ 2.1) oder einer Atemdepression (z. B. bei Opiatüberhang). Der p_aCO_2 im Blut steigt an, dadurch erhöht sich die H^+-Ionenkonzentration und der pH-Wert fällt ab. **Kompensatorisch** reagiert zunächst der Bikarbonatpuffer, nach einigen Stunden beginnt außerdem die Niere damit, vermehrt H^+-Ionen auszuscheiden. Die renalen Regulationsmechanismen funktionieren allerdings erst nach etwa 3 – 4 Tagen in vollem Umfang. Daher können sie bei einer akuten respiratorischen Azidose kaum wirksam werden. Eine akute respiratorische Azidose kann deshalb rasch bedrohliche Ausmaße annehmen und akut dekompensieren, wenn die Kapazität der Puffersysteme erschöpft ist. Bei einer chronischen respiratorischen Azidose dagegen kann die renale Kompensation so vollständig sein, dass das vermehrt anfallende CO_2 durch Bikarbonatretention ausgeglichen wird, d. h. der pH-Wert liegt dann noch im Normbereich (*metabolisch kompensierte respiratorische Azidose* ➤ Tab. 1.3).

Klinisch sind bei den betroffenen Patienten wegen der i. d. R. zu Grunde liegenden Lungenfunktionsstörung die **Symptome** der respiratorischen Insuffizienz zu beobachten (➤ 2.4). Die **Therapie** besteht in der Behandlung der (meist pulmonalen) Grunderkrankung sowie – bei akuter respiratorischer Azidose oder akuter Dekompensation einer chronischen respiratorischen Azidose – der umgehenden Senkung des p_aCO_2 durch Verbesserung der alveolären Ventilation, ggf. durch maschinelle Beatmung bzw. beim beatmeten Patienten durch Anpassen der Beatmungsparameter und/oder der Beatmungsform.

Metabolische Azidose

Eine **metabolische Azidose** liegt vor, wenn die Ursache für die erhöhte H^+-Ionenkonzentration im Stoffwechsel liegt. Häufige Ursachen für metabolische Azidosen beim Intensivpatienten sind:

- *Laktatazidose.* Laktat (Milchsäure) entsteht, wenn Glucose *anaerob* abgebaut wird. Wichtigste Ursache dafür ist eine Gewebshypoxie, z. B. im Schock oder bei schwersten Lungenfunktionsstörungen
- Akutes oder chronisches *Nierenversagen* mit nachfolgender Verminderung der renalen H^+-Ionen-Ausscheidung
- *Ketoazidose.* Hierbei entstehen auf Grund einer gesteigerten Lipolyse (Verbrennung von Fett) die sauren Ketonkörper. Ursächlich ist häufig ein Insulinmangel (diabetische Ketoazidose)
- *Intoxikationen,* z. B. mit Salizylaten, Methanol oder Ethylenglykol
- Starker *Bikarbonatverlust,* etwa bei massiver Diarrhö oder über ein Ileostoma.

Die Anhäufung saurer Stoffe im Blut bewirkt eine Steigerung des Atemantriebs. So wird vermehrt CO_2 (und damit H^+-Ionen) abgeatmet. Später setzen dann auch die renalen Kompensationsmechanismen ein, und die Niere scheidet vermehrt H^+-Ionen aus. Gelingt es, durch diese Mechanismen die Störung auszugleichen und den pH-Wert wieder zu normalisieren, liegt eine *(respiratorisch) kompensierte metabolische Azidose* vor.

Klinisch zeigen sich neben den **Symptomen** der Grunderkrankung (z. B. Schockzeichen bei Laktatazidose, Zeichen der Hyperglykämie bei der diabetischen Ketoazidose oder Zeichen der Niereninsuffizienz) meist auch eine Hyperventilation zur CO_2-Abatmung (Kussmaul-Atmung) sowie zerebrale Auswirkungen (Verwirrtheit, Muskelschwäche, zunehmende Bewusstseinseintrübung) und kardiovaskuläre Folgeerscheinungen (Tachykardie und ventrikuläre Herzrhythmusstörungen, Blutdruckabfall, später Bradykardie). Die klinischen Symptome sind umso stärker ausgeprägt, je rascher und stärker der pH-Wert abfällt.

Die **Therapie** besteht vorrangig in der Behandlung der Grunderkrankung. Ist diese rasch beeinflussbar, gleicht sich die Azidose meist spontan aus.

Ansonsten ist bei extrem niedrigen pH-Werten eine medikamentöse Pufferung erforderlich. Diese erfolgt i. d. R. mit 8,4%igem Natriumbikarbonat ($NaHCO_3^-$) nach folgendem Schema:

$$\text{Negativer BE} \times \text{kg KG} \times 0{,}3 = \text{mmol } NaHCO_3^-$$

Von der so errechneten Menge wird zunächst die Hälfte verabreicht (um eine Überkorrektur zu vermeiden, die entstehen kann, wenn medikamentös gepuffert wird und gleichzeitig die körpereigenen Regulationsmechanismen „anlaufen“). Dann erfolgt eine Blutgasanalyse. Von den Ergebnissen der BGA hängt es ab, ob nochmals Pufferlösung gegeben werden muss.

Natriumbikarbonat und Katecholamine dürfen *nicht* gemischt oder gleichzeitig über einen gemeinsamen Venenzugang verabreicht werden, da es ansonsten zu einem unkontrollierbaren Wirkungsverlust der Katecholamine kommt.
Wegen der hohen Osmolarität von 2000 mosm/l muss die 8,4%ige Natriumbikarbonatlösung über einen zentralvenösen Katheter verabreicht werden.

In seltenen Fällen (insbesondere bei Hypernatriämie) wird statt Natriumbikarbonat natriumfreier THAM-Puffer (Trometamol, Tris-Puffer) verwendet.

Achtung: Eine zu rasche und/oder übermäßige Pufferung der Azidose kann zu Herzrhythmusstörungen durch Hypokaliämie führen (K^+-Ionen, die zuvor im Austausch mit H^+-Ionen vom Intra- in den Extrazellulärraum gewandert sind, wandern zurück in den Intrazellulärraum. Dadurch sinkt der Kaliumspiegel im Blut). Bei Überkorrektur der Azidose wird darüber hinaus Kalium zusammen mit dem überschüssigen Bikarbonat über die Niere ausgeschieden.

Alkalose

Definition

Alkalose: Störung im Säure-Basen-Haushalt mit Anstieg des pH-Wertes im Blut über 7,44. Nach dem zeitlichen Verlauf unterschieden in *akute* und *chronische,* nach der Ursache unterschieden in *respiratorische* und *metabolische Alkalosen.* Durch physiologische Gegenregulation kann die Störung kompensiert und der pH-Wert im Normbereich gehalten werden (kompensierte Alkalose).

Respiratorische Alkalose

Der **respiratorischen Alkalose** liegt eine *alveoläre Hyperventilation* zu Grunde. Dabei atmet der Patient vermehrt CO_2 ab, dadurch sinkt die H^+-Ionenkonzentration und der pH-Wert steigt an. Mögliche Ursachen für die alveoläre Hyperventilation sind eine psychisch oder hirnorganisch bedingte Atemstimulation (z. B. bei extremer Angst, Schädel-Hirn-Trauma, Tumoren oder Entzündungen des ZNS) sowie eine akute Hypoxie („Bedarfshyperventilation“, z. B. bei einer Lungenembolie). Die alveoläre Hyperventilation kann auch therapeutisch gewollt sein, etwa bei einer kontrollierten Hyperventilation zur Senkung des Hirndrucks oder durch eine Fehleinstellung des Respirators bedingt sein (z. B. zu hohes Atemzugvolumen, ➤ 1.2.1).

Klinisch stehen die **Symptome** der auslösenden Grunderkrankung im Vordergrund. Beim nicht beatmeten Patienten mit psychogen bedingter Hyperventilation ist eventuell eine *Hyperventilationstetanie* mit typischer Pfötchenstellung der Hände zu beobachten. Diese entsteht durch die Abnahme der Kalziumionen im Blut (relativer Mangel an Ca^{++} durch Fehlverteilung in Folge der pH-Wert Verschiebung).

Die **Therapie** besteht in der Behandlung der zu Grunde liegenden Erkrankung. Ggf. ist eine Sedierung zur Dämpfung des gesteigerten Atemantriebs erforderlich.

Metabolische Alkalose

Metabolische Alkalosen entstehen meist durch *Säureverlust* aus dem Gastrointestinaltrakt (z. B. Verlust von saurem Magensaft durch massives Erbrechen oder über eine Magensonde), im Gefolge einer Diuretikatherapie oder eines schweren Kaliummangels. Auch eine *übermäßige Zufuhr von Bikarbonat* (➤ 1.3.1) kann eine metabolische Alkalose verursachen. Metabolische Alkalosen werden vom Körper zunächst respiratorisch kompensiert: Der Patient atmet weniger CO_2 ab (kompensatorische Hypoventilation), dadurch steigen der p_aCO_2 und die

H^+-Ionenkonzentration, der pH-Wert sinkt. Klinisch stehen neben den **Symptomen** der Grunderkrankung meist auch Symptome der begleitenden Hypokaliämie im Vordergrund (mit dem Verlust von saurem Magensaft geht auch ein hoher Kaliumverlust einher; des Weiteren ist eine Hypokaliämie wichtige Nebenwirkung einer Diuretikabehandlung).

Die **Therapie** besteht in der Substitution von Kalium und Chlorid (der Säureverlust geht meist mit einem Chloridverlust einher). Ggf. müssen Diuretika reduziert, umgesetzt (auf kaliumsparende Präparate) oder abgesetzt werden. Selten ist eine Pufferung mit Salzsäure, Arginin- oder Lysinhydrochlorid erforderlich.

Die meist zusammen mit der metabolischen Alkalose auftretende Hypokaliämie kann Herzrhythmusstörungen hervorrufen, die insbesondere bei kardialen Vorerkrankungen rasch lebensbedrohlich werden können.

Tab. 1.3 Normwerte und Störungen des Säure-Basen-Gleichgewichts. ↔ = normal, ↑ = über die Norm erhöht, ↓ = unter die Norm erniedrigt, (↑) (↓) = nur geringfügig erhöht bzw. vermindert.

Störung			Respiratorisches System	Metabolisches System	
		pH	p_aCO_2 (mmHg)	SBC (Standard Bikarbonat) (mmol/l)	BE (base excess) (mmol/l)
Normwerte		7,36 – 7,44	35 – 45	22 – 26	-3 – +3
Respiratorische Azidose	Nicht kompensiert	↓	↑	↔	↔
	Teilweise kompensiert	(↓)	↑	(↑)	(↑)
	Vollständig kompensiert	↔	↑	↑	↑
Respiratorische Alkalose	Nicht kompensiert	↑	↓	↔	↔
	Teilweise kompensiert	(↑)	↓	(↓)	(↓)
	Vollständig kompensiert	↔	↓	↓	↓
Metabolische Azidose	Nicht kompensiert	↓	↔	↓	↓
	Teilweise kompensiert	(↓)	(↓)	↓	↓
	Vollständig kompensiert	↔	↓	↓	↓
Metabolische Alkalose	Nicht kompensiert	↑	↔	↑	↑
	Teilweise kompensiert	(↑)	(↑)	↑	↑
	Vollständig kompensiert	↔	↑	↑	↑

Bei vollständig kompensierten Störungen ist der pH durch physiologische Gegenregulation (Puffersysteme, respiratorische und renale Kompensationsmechanismen) wieder im Normbereich, pCO_2, Bikarbonat und BE sind jedoch verändert.

Faustregel: **M**etabolisch **M**iteinander → Bei nicht kompensierten metabolischen Störungen verändern sich pH, Bikarbonat und pCO_2 stets gleichsinnig.

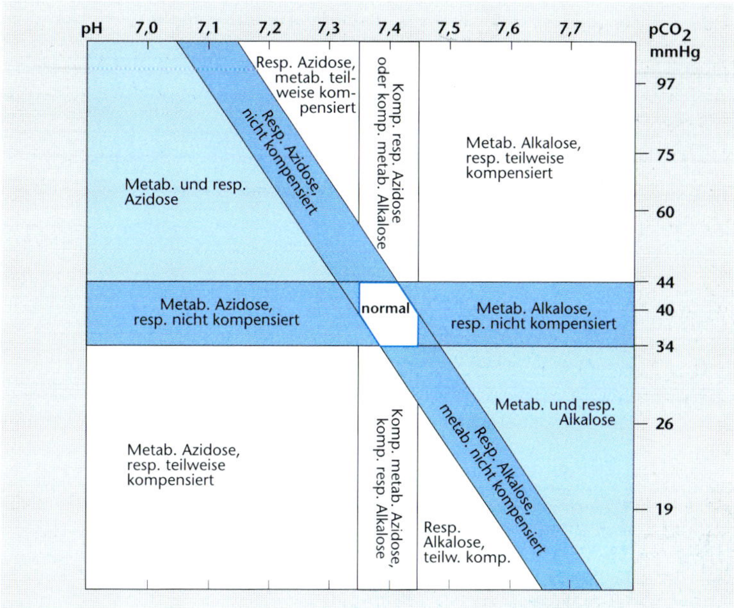

Abb. 1.7 Säure-Basen-Normogramm. Der pH-Wert und der pCO_2 lassen Rückschlüsse auf die Art der Störung sowie den Grad der Kompensation zu. [A300-190]

Tab. 1.4 Fünf Fragen zur Interpretation des pH-, p_aCO_2 und SBC/BE-Wertes. Der p_aO_2-Wert aus der Blutgasanalyse ist für die Beurteilung des Säure-Basen-Haushalts *nicht* relevant, jedoch entscheidend für die Oxygenierung und die Beurteilung einer respiratorischen Insuffizienz (➤ Kap. 2).

1. Wie hoch ist der pH-Wert? Liegt eine Azidose oder eine Alkalose vor?	
pH-Wert	Interpretation
7,36 – 7,44	• Säure-Basen-Haushalt ist ausgeglichen oder • primäre Störung wurde vollständig kompensiert, z. B. metabolisch kompensierte respiratorische Azidose (➤ Frage 4)
< 7,36	Der pH-Wert ist erniedrigt → **Azidose**
> 7,44	Der pH-Wert ist erhöht → **Alkalose**
2. Wie hoch ist der p_aCO_2? Liegt eine respiratorische Störung vor?	
p_aCO_2	Interpretation
35 – 45 mmHg	Wert im Normbereich, keine primäre Störung der CO_2-Elimination
< 35 mmHg	Der p_aCO_2 Wert ist erniedrigt → **Hyperventilation.** Damit ist noch nicht geklärt, ob es sich um eine primäre respiratorische Störung handelt (respiratorische Alkalose) oder eine respiratorische Kompensation als Antwort auf eine primär metabolische Störung (➤ Frage 4)
> 45 mmHg	Der p_aCO_2 Wert ist erhöht → **Hypoventilation.** Damit ist noch nicht geklärt, ob es sich um eine primäre respiratorische Störung handelt (respiratorische Azidose) oder eine respiratorische Kompensation als Antwort auf eine primär metabolische Störung (➤ Frage 4)

Tab. 1.4 *(Fortsetzung)* Fünf Fragen zur Interpretation des pH-, p_aCO_2 und SBC/BE-Wertes. Der p_aO_2-Wert aus der Blutgasanalyse ist für die Beurteilung des Säure-Basen-Haushalts *nicht* relevant, jedoch entscheidend für die Oxygenierung und die Beurteilung einer respiratorischen Insuffizienz (➤ Kap.2).

3. Wie hoch sind SBC / BE? Liegt eine metabolische Störung vor?	
SBC / BE	Interpretation
SBC 22 – 26 mmol/l BE –3 - +3 mmol/l	Werte im Normbereich, keine Störung im metabolischen System
SBC < 22 mmol/l BE < -3 mmol/l	Die Werte sind erniedrigt. Es liegt entweder eine primäre metabolische Störung vor (metabolische Azidose) oder eine primäre respiratorische Störung, die metabolisch kompensiert wird (metabolisch kompensierte respiratorische Alkalose; ➤ Frage 4)
SBC > 26 mmol/l BE > +3 mmol/l	Die Werte sind erhöht. Es liegt entweder eine primäre metabolische Störung vor (metabolische Alkalose) oder eine primäre respiratorische Störung, die metabolisch kompensiert wird (metabolisch kompensierte respiratorische Azidose; ➤ Frage 4)
4. Liegt eine teilweise oder vollständige Kompensation vor (d. h. der Organismus reagiert auf eine primäre Störung – Azidose oder Alkalose im respiratorischen oder metabolischen System – im jeweils anderen System gegenläufig, um die pH-Veränderung auszugleichen)? Welches System primär gestört ist bzw. in welchem System die Kompensation erfolgt, kann aus einer einzelnen BGA nicht interpretiert werden, hier muss das klinische Bild bzw. der Verlauf mehrerer BGAs betrachtet werden.	
Werte	Interpretation
p_aCO_2 > 45 mmHg SBC > 26 / BE > +3 mmol/l pH < 7,36 oder > 7,44 pH 7,36 - 7,44	Das respiratorische System liegt im Bereich einer Azidose, das metabolische System im Bereich der Alkalose. Der Organismus versucht, die Störung zu kompensieren. Die Kompensation ist noch unvollständig, da der pH-Wert noch nicht im Normbereich liegt. Der pH-Wert liegt im Normbereich, d. h. die Kompensation ist vollständig.
p_aCO_2 < 35 mmHg SBC < 22 / BE < -3 mmol/l pH < 7,36 oder > 7,44 pH 7,36 - 7,44	Das respiratorische System liegt im Bereich einer Alkalose, das metabolische System im Bereich der Azidose. Der Organismus versucht, die Störung zu kompensieren. Die Kompensation ist noch unvollständig, da der pH-Wert noch nicht im Normbereich liegt. Der pH-Wert liegt im Normbereich, d. h. die Kompensation ist vollständig.
5. Liegt eine kombinierte Störung vor (beide Systeme im Bereich der Alkalose oder Azidose)? Hinweis: Kombinierte Störungen sind selten!	
Werte	Interpretation
p_aCO_2 > 45 mmHg SBC < 22 / BE < -3 mmol/l pH < 7,36	Sowohl das respiratorische als auch das metabolische System liegen im Bereich einer Azidose, der pH-Wert ist entsprechend sauer. Diese Kombination kann beispielsweise auftreten bei Herzstillstand und nachfolgender cardiopulmonaler Reanimation (respiratorische Azidose aufgrund der Hyperkapnie, metabolische Azidose infolge Laktatazidose).
p_aCO_2 < 35 mmHg SBC > 26 / BE > +3 mmol/l pH > 7,44	Sowohl das respiratorische als auch das metabolische System liegen im Bereich einer Alkalose, der pH-Wert ist entsprechend alkalisch. Diese Kombination kann beispielsweise auftreten bei Erkrankung/Therapie mit massivem Verlust von Magensäure (metabolische Alkalose) und gleichzeitiger Hyperventilationstetanie (respiratorische Alkalose).

KAPITEL

2 Respiratorische Insuffizienz

2.1 Definition und Einteilung

Definition

▮▮ **Respiratorische Insuffizienz** *(Ateminsuffizienz):* Störung der Atmung mit Unfähigkeit des Atmungssystems, die arteriellen Blutgase im Normbereich zu halten. Nach dem zeitlichen Verlauf unterschieden in **akute** und **chronische respiratorische Insuffizienz,** nach dem Ausmaß der Störung unterschieden in **Partial-** und **Globalinsuffizienz.** ▮▮

Respiratorische Partial- und Globalinsuffizienz

Eine **respiratorische Partialinsuffizienz** *(respiratorische Insuffizienz Typ I)* liegt vor, wenn der arterielle pO_2 unter 70 mmHg (bei Raumluftatmung) abfällt *(Hypoxämie).* Der p_aCO_2 ist dabei normal *(Normokapnie)* oder – bei Patienten die kompensatorisch hyperventilieren – leicht erniedrigt *(Hypokapnie).* Diese Form der respiratorischen Insuffizienz wird auch als **hypoxische** oder **oxygenatorische Insuffizienz** bezeichnet.

Bei der **Globalinsuffizienz (hyperkapnische respiratorische Insuffizienz**, auch *respiratorische Insuffizienz Typ II, ventilatorische Insuffizienz* oder *ventilatorisches Pumpversagen)* ist **zusätzlich** in Folge mangelnder CO_2-Abatmung der p_aCO_2 im arteriellen Blut erhöht *(Hyperkapnie).* Eine Globalinsuffizienz entsteht häufig dann, wenn sich bei bereits bestehender Partialinsuffizienz die Lungenfunktion weiter verschlechtert. Sie kann bei bestimmten Erkrankungen aber auch direkt, d. h. ohne vorherige Partialinsuffizienz entstehen, z. B. bei Atemdepression in Folge einer Intoxikation.

Die Unterscheidung in respiratorische Partial- und Globalinsuffizienz erfolgt anhand der Blutgasanalyse (➤ 2.4.2). Die Differenzierung ist entscheidend für die Therapie der respiratorischen Insuffizienz.

Partialinsuffizienz: *Hypoxämie* und *Normo-* oder *Hypokapnie:* $p_aO_2 < 70$ mmHg (bei Raumluft), p_aCO_2 normal oder etwas erniedrigt.
Globalinsuffizienz: *Hypoxämie* und *Hyperkapnie:* $p_aO_2 < 70$ mmHg (bei Raumluft), $p_aCO_2 > 45$ mmHg.

Die **akute respiratorische Insuffizienz** entwickelt sich rasch, eventuell innerhalb weniger Minuten, beispielsweise bei einem Schädel-Hirn- oder einem Thoraxtrauma. Die **chronische respiratorische Insuffizienz** dagegen entwickelt sich langsam über einen längeren Zeitraum hinweg. Ihr liegen meist chronische Erkrankungen der Atmungsorgane zu Grunde, beispielsweise ein Lungenemphysem. Daher ist die chronische respiratorische Insuffizienz meist das Endstadium einer chronischen Lungenerkrankung.

Die respiratorische Insuffizienz – insbesondere die akute respiratorische Insuffizienz (kurz ARI) und die akute Dekompensation einer chronischen Lungenerkrankung – ist ein zentrales Problem in der Intensivmedizin und eine der wichtigsten Ursachen dafür, dass ein Patient intensivmedizinisch behandelt und maschinell beatmet werden muss.

2.2 Ursachen einer respiratorischen Insuffizienz

Für den pulmonalen Gasaustausch sind die Funktion und das Zusammenspiel der drei Faktoren **Ventilation** (Belüftung der Alveolen), **Diffusion** (Gasaustausch zwischen Alveole und Lungenkapillare) und **Perfusion** (Lungendurchblutung) entscheidend (➤ 1.2.). Erkrankungen können dazu führen, dass ein einzelner Faktor oder mehrere gleichzeitig gestört sind. Entsprechend werden Ventilations-, Diffusions- und Perfusionsstörungen sowie Störungen des Ventilations-Perfusionsverhältnis (Verteilungsstörungen) unterschieden.

2.2.1 Ventilationsstörungen

Bei **Ventilationsstörungen** ist die Lunge nicht ausreichend belüftet. Es kommt zur **alveolären Hypoventilation** (alveoläre Ventilation ➤ 1.2.1).

Die Ursachen für eine alveoläre Hypoventilation sind vielfältig und können eingeteilt werden in Störungen bei gesundem Lungenparenchym (Beeinträchtigung des Atemantriebs oder der Atemmuskulatur) und Störungen in Folge einer obstruktiven oder restriktiven Lungenerkrankung.

Zentrale Atemdepression und peripher-neuromuskuläre Störungen

Häufige **Ursachen** für eine **zentrale Atemdepression** sind:

- *Erhöhter Hirndruck*, z. B. infolge eines Schädel-Hirn-Traumas, eines Hirnödems oder eines Hirntumors
- *Entzündliche Erkrankungen des Gehirns*, z. B. ein Hirnabszess oder eine Enzephalitis
- *Hirninfarkt*
- *Medikamentenwirkungen* (auch Intoxikationen), z. B. von Sedativa und Opioiden
- *Schlafapnoesyndrom*
- *Eklampsie*.

Bei den **peripher-neuromuskulären Störungen** kann der Atemimpuls nicht vom Atemzentrum zur Atemmuskulatur übertragen werden. Mögliche Ursachen dafür sind z. B.:

- *Hohe Querschnittslähmung* (ab C4 aufwärts; hier entspringt der Plexus cervicalis, dessen wichtigster Nerv – der N. phrenicus – das Zwerchfell innerviert)
- *Entzündliche Veränderungen peripherer Nerven,* z. B. bei Polyneuritis (Entzündung und Degeneration peripherer Nerven), Polyradikulitis (Polyneuritis mit Entzündung der Spinalnervenwurzeln), Poliomyelitis (epidemische spinale Kinderlähmung) oder Guillain-Barré-Syndrom (ursächlich ungeklärte Entzündung der peripheren Nerven und Spinalganglien mit Sensibilitätsstörungen, rasch aufsteigenden Lähmungen und vegetativen Störungen)
- *Toxinwirkung,* z. B. Botulismus oder Tetanus
- *Myasthenia gravis* (Autoimmunerkrankung mit Bildung von Autoantikörpern, welche die Azetylcholinrezeptoren der motorischen Endplatte blockieren)
- *Muskelrelaxanzien.*

Obstruktive und restriktive Ventilationsstörungen

Bei **obstruktiven Ventilationsstörungen** ist der endobronchiale Strömungswiderstand (Resistance

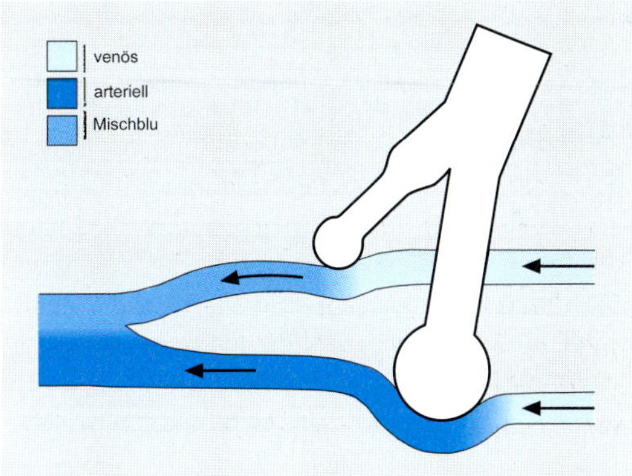

Abb. 2.1 Ventilationsstörung bei Atemwegsobstruktion (schematische Darstellung). Das Blut, das am minderbelüfteten Alveolarabschnitt vorbei fließt, kann sich nur unzureichend mit Sauerstoff sättigen.

➤ 1.2.1) erhöht, z. B. in Folge eines Asthma bronchiale oder einer chronischen Bronchitis. Dadurch kommt es zu einer ungleichmäßigen Belüftung der Alveolen, d. h. manche Lungenabschnitte werden besser, manche schlechter belüftet, und zu einer zunehmenden Lungenüberblähung.

Bei **restriktiven Ventilationsstörungen** ist die Dehnbarkeit von Lunge und Thorax (Compliance ➤ 1.2.1) vermindert. Mögliche Ursachen sind z. B. ein Pleuraerguss, eine Lungenfibrose, ausgedehnte Pleuraschwarten, ein Pneumo- oder Hämatothorax (➤ 2.3.4), ein ARDS (➤ 2.3.6) oder eine ausgeprägte Thoraxdeformität, z. B. eine Kyphoskoliose.

Bei **Atelektasen** sind einzelne Lungenbereiche nicht belüftet (➤ Verteilungsstörungen).

2.2.2 Diffusionsstörungen

Bei einer **Diffusionsstörung** ist die *Diffusionskapazität* der Lunge (Maß für die Diffusion von O_2 und CO_2 durch die alveolokapilläre Membran) vermindert. In aller Regel ist nur die Diffusion von Sauerstoff gestört, da Kohlendioxid sehr viel leichter (ca. 20-mal besser) durch die alveolokapilläre Membran diffundieren kann. Ursache ist in den meisten Fällen eine Verlängerung der Diffusionsstrecke (➤ unten), seltener eine Verminderung der gesamten Gasaustauschfläche mit Verkürzung der Kontaktzeit.

2

Verlängerung der Diffusionsstrecke

Eine **Verlängerung der Diffusionsstrecke** *(alveolokapillärer Block)* liegt vor, wenn die normalerweise sehr dünne alveolokapilläre Membran (➤ 1.1.2) verdickt ist. Trotz hoher Partialdruckdifferenz kann dann nicht ausreichend Sauerstoff in die Kapillare diffundieren. Häufigste Ursache hierfür ist ein Lungenödem, etwa infolge einer Linksherzinsuffizienz. Seltener ist eine interstitielle Pneumonie oder eine Lungenfibrose (bindegewebiger Umbau des Lungenparenchyms) ursächlich.

Eine wichtige Ursache für eine Verlängerung der Diffusionsstrecke ist das **ARDS** (➤ 2.3.6).

Verkürzung der Kontaktzeit

Erkrankungen, die mit einer **Verminderung der gesamten Gasaustauschfläche** einhergehen, z. B. ein Lungenemphysem oder eine Lungenfibrose, können dazu führen, dass das Kapillarstrombett der Lunge abnimmt. Daraus resultiert dann eine beschleunigte Strömungsgeschwindigkeit des Blutes im Lungenkreislauf, d. h. die *Kontaktzeit* des einzelnen Erythrozyten an der alveolokapillären Membran ist verkürzt. Die Sauerstoffsättigung des Blutes nimmt daher ab.

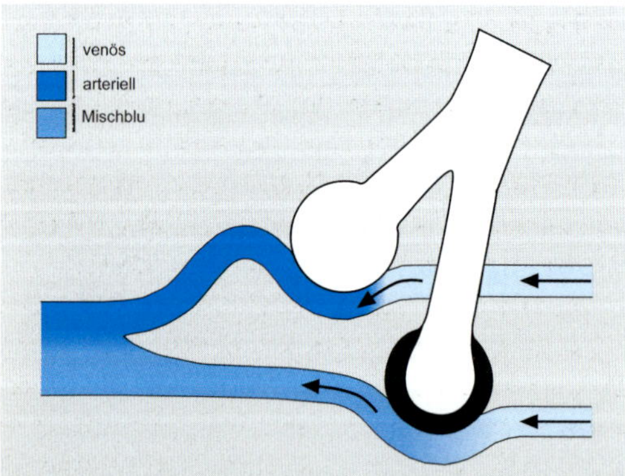

Abb. 2.2 Diffusionsstörung bei alveolokapillärem Block (Verdickung der alveolokapillären Membran). Je dicker die alveolokapilläre Membran, desto schlechter können O_2 und CO_2 hindurch diffundieren.

2.2.3 Perfusionsstörungen

Bei einer **Perfusionsstörung** ist die Lungendurchblutung vermindert mit der Folge, dass die Alveolen zwar belüftet, aber nur schlecht oder gar nicht durchblutet sind, also kaum oder gar nicht am Gasaustausch teilnehmen. So entsteht die **alveoläre Totraumventilation** (Totraum auch ➤ 1.2.1), d. h. die Belüftung nicht perfundierter Lungenabschnitte. Mögliche Ursachen für Perfusionstörungen sind eine Lungenembolie, Kompression von Lungenkapillaren durch sehr hohen Beatmungsdruck oder ein Abfall des Herzzeitvolumens (etwa in Folge einer Rechtsherzinsuffizienz oder eines massiven Volumenmangels).

2.2.4 Störungen des Ventilations-Perfusionsverhältnis

Störungen des Ventilations-Perfusionsverhältnis *(Verteilungsstörungen)* liegen vor, wenn das physiologische Verhältnis von Lungenbelüftung und -durchblutung (auch ➤ 1.2.3) über- oder unterschritten wird. Im Extremfall ist das Ventilations-Perfusionsverhältnis 0 (bei Totalatelektase der gesamten Lunge) oder unendlich (bei völliger Unterbrechung der Lungendurchblutung).

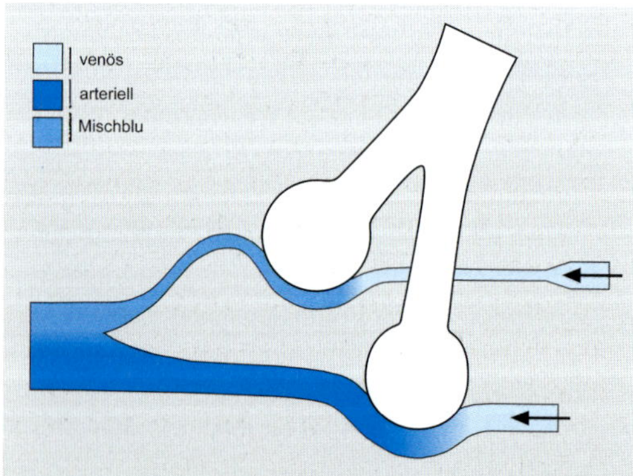

Abb. 2.3 Perfusionsstörung und alveoläre Totraumventilation (schematische Darstellung). Der oben liegende Lungenabschnitt ist zwar belüftet, aber kaum durchblutet.

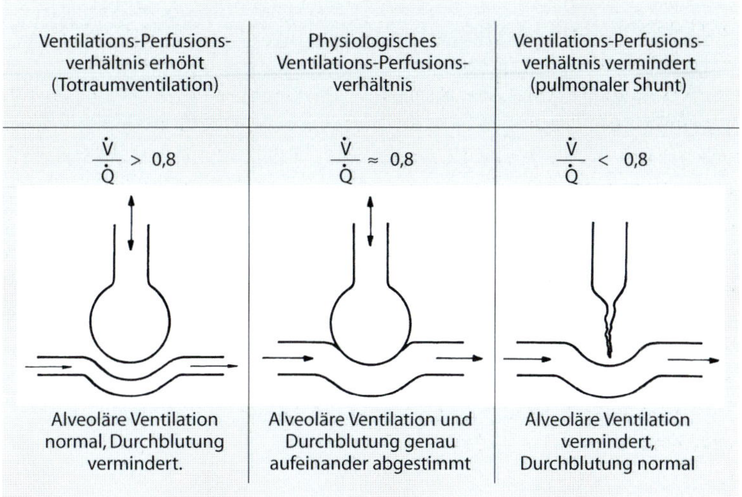

Abb. 2.4 Das physiologische Ventilations-Perfusionsverhältnis und Verteilungsstörungen (Störungen des Ventilations-Perfusionsverhältnis). Die Ventilation wird mit $\dot{V}$ bezeichnet, die Perfusion mit $\dot{Q}$

Atelektasen

Atelektasen sind nicht belüftete Lungenabschnitte, in denen die Alveolen kollabiert sind, d. h. die Alveolarwände liegen aneinander. Atelektasen werden anhand ihres Entstehungsmechanismus, ihrer Lage in der Lunge und ihrer Ausdehnung unterschieden.

- Bei Erwachsenen werden **Obturations**(Verstopfungs-)**atelektasen** von **Kompressionsatelektasen** unterschieden. Obturationsatelektasen entstehen durch Verlegung der Atemwege mit Schleim, Blut oder Fremdkörpern und nachfolgender Resorption der Luft aus den betroffenen Alveolen. Bei Kompressionsatelektasen führt Druck von außen auf die Atemwege (etwa durch einen Erguss, große Emphysemblase, Zwerchfellhochstand oder Tumor) dazu, dass die abhängigen (d. h. hinter dem betroffenen Bronchialabschnitt liegenden) Alveolen nicht mehr belüftet werden
- Sind plattenförmige Lungenbezirke atelektatisch verändert, spricht man von **Plattenatelektasen.** Diese liegen meist in den basalen Lungensegmenten und verlaufen horizontal oder schräg. Bei **Segmentatelektasen** ist ein Segmentbronchus, bei **Lappenatelektasen** ein Lappenbronchus verschlossen. Extremform ist die **Totalatelektase,** bei der ein Lungenflügel überhaupt nicht belüftet ist. Dies kann beispielsweise auch Folge einer einseitigen Intubation sein (➤ 4.2.10).

Mikroatelektasen sind kleinste Atelektasen, die häufig durch intra- und postoperative Hypoventilation entstehen, und die sich im Gegensatz zu den anderen Formen von Atelektasen im Röntgenbild lediglich durch einen Zwerchfellhochstand zeigen. Alle anderen radiologischen Zeichen einer Atelektase fehlen.

Pulmonaler Rechts-Links-Shunt

Werden einzelne Lungenbereiche nicht ausreichend belüftet, so kann sich das an diesen Bereichen vorbeifließende Kapillarblut kaum oder gar nicht mit Sauerstoff sättigen, d. h. es fließt „ungenutzt" an den Alveolen vorbei. So entsteht ein **pulmonaler Rechts-Links-Shunt** *(Shunt = Nebenschluss, Kurzschlussverbindung):* Blut fließt vom rechten zum linken Herzen, ohne am Gasaustausch teilzunehmen.

Das schlecht sauerstoffgesättigte Blut aus den minderbelüfteten Lungenabschnitten fließt nach Passage des Kapillarstrombetts mit dem gut sauerstoffgesättigten restlichen Blut in den Lungenvenen zusammen. Dadurch sinkt der Sauerstoffpartialdruck im Blut insgesamt ab.

Ein Maß für den pulmonalen Rechts-Links-Shunt ist die alveolo-arterielle Sauerstoffpartialdruck-Differenz (kurz $AaDO_2$, ➤ 1.2.2) oder – falls der Luftdruck nicht bekannt ist – der Oxygenierungsindex (Horrowitz-Index), der aus dem arteriellen Sauerstoffpartialdruck und der inspiratorischen Sauerstoffkonzentration errechnet wird:

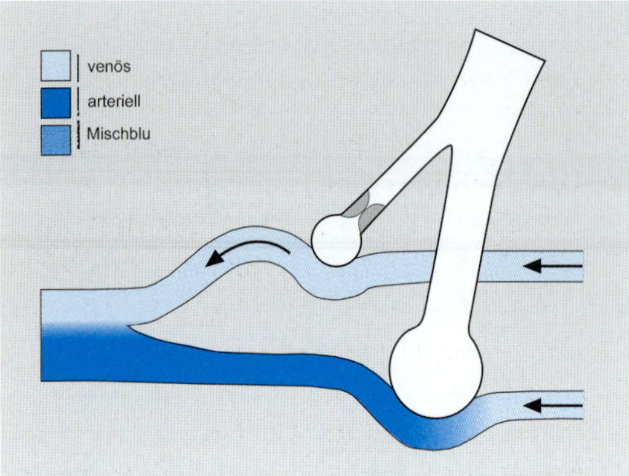

Abb. 2.5 Intrapulmonaler Recht-Links-Shunt (schematische Darstellung). Das Blut, das am nicht belüfteten Lungenabschnitt vorbeifließt, nimmt nicht am Gasaustausch teil. Dadurch verringert sich die Sauerstoffsättigung.

$$\text{Oxygenierungsindex} = \frac{P_aO_2}{F_IO_2}$$

Der Normalwert des Oxygenierungsindex liegt bei > 450, er gilt als pathologisch, wenn er unter 350 abfällt (Oczenski, 2003).

2.3 Respiratorische Insuffizienz: Häufige Erkrankungen von Lunge und Thorax

Zahlreiche Erkrankungen und Verletzungen von Lunge und/oder Brustkorb können zur respiratorischen Insuffizienz führen. Die auf der Intensivstation häufig anzutreffenden Erkrankungen und Verletzungen sind hier jeweils im Überblick dargestellt. Detaillierte Informationen zu den einzelnen Erkrankungen oder Verletzungen entnehmen Sie bitte der entsprechenden Fachliteratur.

2.3.1 Pneumonie

Definition

Pneumonie: Entzündung des Lungenparenchyms, meist durch Bakterien, Pilze oder Viren (infektiöse Pneumonie), seltener allergisch, chemisch oder physikalisch bedingt (nicht-infektiöse Pneumonie).

Pneumonien werden anhand von Krankheitsentstehung, Befallstyp und klinischem Verlauf eingeteilt in:

- **Primäre** (d. h. als eigenständige Erkrankung auftretende) und **sekundäre** (d. h. als Komplikation einer anderen Erkrankung auftretende) **Pneumonien**
- **Bronchopneumonien** (Entzündung betrifft die Bronchiolen und das umliegende Gewebe), **Lobärpneumonien** (Entzündung betrifft einen Lungenlappen), **interstitielle Pneumonie** (häufigste Form, Entzündung betrifft vor allem das Lungeninterstitium) und **Pleuropneumonie** (Entzündung betrifft nicht nur die Lunge, sondern auch die Pleura)
- **Typische Pneumonie** mit akut einsetzenden Symptomen und atypische Pneumonie mit langsam einsetzenden und weniger stark ausgeprägten Symptomen
- **Ambulant** („zu Hause“, ohne stationären Aufenthalt erworbene) und **nosokomiale** (im Krankenhaus erworbene) **Pneumonie.**

Prädisponierende Faktoren für eine nosokomiale Pneumonie in der Intensivmedizin

Besonders gefährdet für eine nosokomiale Pneumonie sind Patienten, die folgende Kriterien aufweisen:

- Hohes Lebensalter
- Vorbestehende schwere Grunderkrankung, die mit einer Einschränkung der Immunabwehr und/oder einer Eintrübung des Bewusstseins einhergeht
- Vorerkrankung des Respirationstrakts
- Z. n. thorakalen und/oder abdominellen operativen Eingriffen
- Intubation und maschinelle Beatmung.

Die **nosokomiale Pneumonie** ist eine häufige Komplikation des Patienten auf der Intensivstation. Besonders gefährdet sind intubierte und beatmete Patienten, und zwar umso mehr, je länger die Intubation bzw. Beatmung andauert und je invasiver die Beatmung gewählt werden muss. Man geht heute davon aus, dass ca. 24 Stunden nach der Intubation eine Kolonisation der Atemwege stattgefunden hat und etwa 15 – 25% aller beatmeten Patienten während der Beatmungstherapie an einer Pneumonie erkranken *(Beatmungspneumonie*, auch *Respirator-* oder *Ventilatorassoziierte Pneumonie*, kurz *VAP)*.

Beatmungspneumonie, Ätiologie und Prävention ➤ 5.7.1

Symptome und Diagnostik

Die typische Pneumonie zeigt sich durch rasch einsetzendes hohes Fieber, Schüttelfrost, Husten (später mit eitrigem Trachealsekret, das evtl. durch Blutbeimengungen rötlich-braun gefärbt ist) und atemabhängige Schmerzen (bei begleitender Pleuritis). Bei der körperlichen Untersuchung sind Rasselgeräusche und Bronchialatmen auskultierbar, der Klopfschall über dem betroffenen Lungenabschnitt ist gedämpft. Bei der atypischen Pneumonie setzen die Symptome langsam ein, das Allgemeinbefinden des Patienten ist insgesamt weniger stark beeinträchtigt. Abhängig von Ausmaß und Schwere der Pneumonie treten die Zeichen der respiratorischen Insuffizienz hinzu (➤ 2.3).

Die **Diagnostik** umfasst Röntgen-Thorax (Verschattungen?), Blutgasanalyse (➤ 2.4.2), Blutbild (Leukozytose?), BSG und CRP sowie Erregernachweis (z. B. in Trachealsekret oder Pleurapunktat).

Intensivtherapie und -pflege

Neben der Behandlung der eventuell bestehenden respiratorischen Insuffizienz (➤ 2.5) steht die Antibiotikatherapie (meist zunächst kalkuliert, nach Erregeridentifizierung dann gezielt) im Vordergrund. Dazu kommen Maßnahmen zur Unterstützung der Atmung und zur Sekretlösung und -entleerung einschließlich Lagerungstherapie (➤ 8.3) sowie ggf. Maßnahmen zur Fiebersenkung, z. B. Waschungen, Wadenwickel und/oder Gabe von Antipyretika.

2.3.2 COPD und Asthma bronchiale

Definition

COPD *(chronic obstructive pulmonary diseases, chronisch obstruktive Atemwegserkrankungen* oder *chronic obstructive lung disease*, kurz **COLD**): Sammelbegriff für chronisch-entzündliche Erkrankungen der Atemwege und der Lunge, die mit einer Atemwegsobstruktion einhergehen:

- Chronisch obstruktive Bronchitis
- Obstruktives Lungenemphysem.

Asthma bronchiale: Anfallsweise auftretende, mit Dyspnoe einhergehende reversible Atemwegsobstruktion. Schwerstform **Status asthmaticus:** Schwerer, über Stunden bis Tage anhaltender Asthmaanfall mit starker, im Verlauf weiter zunehmender Atemwegsobstruktion.

Manche Autoren zählen auch das Asthma bronchiale zu den chronisch obstruktiven Lungenerkrankungen. Zwar haben beide Erkrankungen viele Gemeinsamkeiten (v. a. die von entzündlichen Veränderungen begleitete Atemwegsobstruktion), es existieren jedoch auch zahlreiche Unterschiede:

- Eine COPD tritt meist erst in fortgeschrittenem Lebensalter auf, i. d. R. sind die Patienten mindestens 40 Jahre alt, während vom Asthma bronchiale oft schon Kinder betroffen sind
- COPD-Patienten sind überwiegend langjährige Raucher, Patienten mit Asthma bronchiale sind überwiegend Nichtraucher
- Beim Asthma bronchiale tritt die Atemwegsobstruktion intermittierend auf (Dyspnoe anfallsartig, auch nachts) und ist unterschiedlich stark ausgeprägt. Das Asthma bronchiale ist häufig allergisch bedingt, der Verlauf der Erkrankung ist variabel. Bei chronisch-obstruktiven Lungenerkrankungen persistiert die Atemwegsobstruktion (d. h. sie ist ständig vorhanden), die Belastungsdyspnoe tritt praktisch nur tagsüber auf und ist – abgesehen von infektbedingten Verschlimmerungen der Erkrankung – immer ungefähr gleich stark ausgeprägt. Allergien sind selten, insgesamt verläuft die Erkrankung progredient (fortschreitend).

In der Intensivmedizin sind vor allem die akute Dekompensation einer COPD und der Status asthmaticus mit daraus folgender akuter respiratorischer Insuffizienz von Bedeutung.

Pathophysiologie

Bei der **COPD** führen meist exogene Noxen (überwiegend Nikotin) zu einer entzündlichen Einengung der Bronchiolen. Durch die andauernde Einengung der Atemwege kann ein *Lungenemphysem* entstehen: Die Lunge wird überbläht, es kommt zu einer Zerstörung der Alveolen, d. h. die Alveolaroberfläche und das Kapillarstrombett gehen verloren, und es entstehen Hohlräume, die über relativ wenig Gasaustauschfläche verfügen. Die Zerstörung des Lungengewebes beim Lungenemphysem ist irreversibel (unumkehrbar). Im Endstadium der Erkrankung kommt es durch die Veränderungen zur respiratorischen Globalinsuffizienz (➤ 2.1) und zur *pulmonalen Hypertension* (mittlerer arterieller Druck in der Pulmonalarterie > 20 mmHg) mit Rechtsherzbelastung bis hin zum *Cor pulmonale.*

In sehr seltenen Fällen ist das Lungenemphysem durch einen angeborenen Mangel an Alpha-1-Antitrypsin (körpereigener Eiweißkörper) bedingt.

Beim **Asthmatiker** sind die Atemwege überempfindlich und reagieren sehr sensibel auf Umweltreize (bronchiale Hyperreagibilität). Allergene, Infekte, körperliche Anstrengung, psychische Faktoren oder bestimmte Medikamente, z. B. Azetylsalizylsäure, können eine Entzündung der Bronchialschleimhaut auslösen, die dann zur Atemwegsobstruktion führt: Der Atemwegswiderstand (Resistance ➤ 1.2.1) nimmt zu, dadurch steigen beim schweren Asthmaanfall die FRC und die TLC (➤ 1.2.1) an. Da die Atemwegsobstruktion i. d. R. nicht gleichmäßig über die Lunge verteilt ist, kommt es zu Störungen des Ventilations-Perfusionsverhältnis (➤ 1.2.4).

Symptome, Befund und Diagnostik

Die Symptome und postbronchodilatorisch gemessenen FEV_1 variieren abhängig vom Schweregrad der **COPD:**

- *Leichtgradige COPD* (Schweregrad I)
  - Atemwegsobstruktion ohne signifikante FEV_1-Verminderung
  - Chronischer Husten und meist Auswurf
  - Häufig noch keine Dyspnoe
- *Mittelgradige COPD* (Schweregrad II)
  - Atemwegsobstruktion mit moderater FEV_1-Verminderung
  - Meistens mit Zunahme der chronischen Symptome, besonders Belastungsdyspnoe
- *Schwere COPD* (Schweregrad III)
  - Höhergradige FEV_1-Verminderung
  - Dyspnoe, die jedoch i. d. R. nicht mit dem Schweregrad der Lungenfunktionseinschränkung korreliert
- *Sehr schwere COPD* (Schweregrad IV)
  - Spätstadium mit gehäuften, lebensbedrohlichen Exazerbationen wie arterielle Hypoxämie, Hyperkapnie, Cor pulmonale als Zeichen der Rechtsherzinsuffizienz.

(Vogelmaier et al, 2007).

Typisches Symptom des **Asthma bronchiale** ist die anfallsartig auftretende Dyspnoe, wobei der Grad der Atemnot und die Häufigkeit der Asthmaanfälle variieren. Im Atemnotanfall sind pfeifende, giemende und brummende Atemgeräusche hör- oder auskultierbar. Typischerweise sitzt der Patient während des Asthmaanfalls aufrecht mit vorn übergebeugtem Oberkörper und hustet am Ende des Anfalls zähen, glasigen Schleim ab. Häufig setzt der Betroffene die Atemhilfsmuskeln ein. Abhängig von der Schwere des Asthmaanfalls zeigen sich die Zeichen der respiratorischen Insuffizienz (➤ 2.4).

Beim Status asthmaticus ist die Klinik i. d. R. eindeutig, insbesondere wenn ein Asthma bronchiale bekannt ist. Wichtig für die Ursachenklärung, die Schweregradeinschätzung und die Behandlungsplanung sind die folgenden **diagnostischen Maßnahmen:**

- *Röntgen-Thorax* (tiefstehendes Zwerchfell und Fassthorax bei Lungenemphysem, Zeichen einer Pneumonie?)
- *Blutgasanalyse* (➤ 2.4.2). Zeigt das Ausmaß der respiratorischen Insuffizienz
- *Laboruntersuchungen.* Blutbild (Polyglobulie als Zeichen einer chronischen Hypoxie? Leukozytose?), CRP, evtl. Sputumuntersuchungen
- *EKG* (Zeichen der Rechtsherzbelastung?)
- Insbesondere bei COPD: *Lungenfunktionsprüfung.* Richtungsweisend ist vor allem die exspiratorische Einsekundenkapazität (kurz FEV1,

➤ 1.2.1), die Rückschlüsse auf den Schweregrad der Obstruktion zulässt. Das Residualvolumen, die funktionelle Residualkapazität und die Totalkapazität sind erhöht (➤ 1.2.1). Wichtig ist es, nicht nur die ermittelten Werte und deren Abweichung von der Norm zu betrachten, sondern auch (bei mehreren Lungenfunktionsprüfungen im Verlauf der Erkrankung) deren Tendenz. Ggf. *Bodyplethysmographie* zur Ermittlung weiterer Lungenfunktionswerte, z. B. Atemwegswiderstand, Residualvolumen oder Diffusionskapazität.

Bei V. a. allergisch bedingtes Asthma kann dann im anfallsfreien Intervall eine Allergieaustestung erfolgen.

Intensivtherapie und -pflege

Therapie der respiratorischen Insuffizienz ➤ 2.5

Die Intensivtherapie und -pflege umfasst:

- Sauerstoffgabe. Wegen der Gefahr einer CO_2-Narkose (➤ 1.1.3) insbesondere COPD-Patienten genau beobachten (zunehmende Eintrübung?), Sauerstoff vorsichtig dosieren (anfangs meist nur 0,5 – 1 l/Min.) und Therapieverlauf mittels Blutgasanalysen kontrollieren
- Gabe von Bronchospasmolytika (führen zur Erschlaffung der Bronchialmuskulatur) und Glukokortikoide (wirken entzündungshemmend) sowie ggf. Sekretolytika
- Ggf. Antibiotikabehandlung
- Unterstützung der Sekretolyse durch ausreichende Flüssigkeitszufuhr (Vorsicht bei Herzinsuffizienz bzw. begleitendem Cor pulmonale), Atemgymnastik und Lagerungsdrainagen soweit möglich (Arztrücksprache)
- Ggf. Sedierung bei Panikattacken oder extremer Unruhe
- Ggf. Maskenbeatmung (➤ 5.4) und maschinelle Beatmung (Indikationen ➤ 5.1.1).

2.3.3 Thoraxtrauma

Definition

II **Thoraxtrauma:** Unfallbedingte Verletzung thorakaler Strukturen (Brustwand, Tracheo-Bronchialsystem, Lungenparenchym, Pleura, Zwerchfell, Herz, thorakale Gefäße und Ösophagus).

Bei etwa 10% aller Unfallverletzten findet sich ein Thoraxtrauma, polytraumatisierte Patienten haben zu über 50% auch ein Thoraxtrauma. In ca. 90% der Fälle handelt es sich um ein geschlossenes Thoraxtrauma, nur bei ca. 10% liegen offene Thoraxverletzungen vor. Ursache ist meist eine stumpfe Gewalteinwirkung, z. B. Anprall an Gurt oder Lenkrad, Sturz aus großer Höhe, Tritt oder Schlag vor den Brustkorb. Selten sind spitze, penetrierende Gewalteinwirkungen ursächlich, z. B. Messerstiche, Schuss- oder Pfählungsverletzung. **II**

Häufige Thoraxverletzungen, die intensivmedizinisch behandelt werden müssen, sind der Pneumo- und Hämatothorax, die Rippenserienfraktur mit instabilem Thorax und die Lungenkontusion. Relativ selten sind Bronchus- und Trachealrupturen (meist mit Blutungen in das Tracheo-Bronchialsystem), Gefäßverletzungen (z. B. Aortenruptur), Zwerchfellrisse sowie Verletzungen des Herzens (z. B. Herzkontusion).

Pneumothorax und Hämatothorax ➤ 2.3.4

Symptome, Befund und Diagnostik bei V. a. Thoraxtrauma

Der Unfallhergang, Prellmarken und sichtbare Verletzungen sowie nicht-seitengleiche oder paradoxe Atembewegungen weisen auf ein Thoraxtrauma hin. Abhängig vom Verletzungsausmaß hat der Patient mehr oder weniger starke Schmerzen und meist auch eine unterschiedlich stark ausgeprägte Schonatmung. Der Patient mit schwerem Thoraxtrauma leidet unter Atemnot und zeigt – abhängig vom Ausmaß des Thoraxtraumas und evtl. vorbestehender kardiopulmonaler Erkrankungen – die Zeichen einer respiratorischen Insuffizienz (➤ 2.4). Mittels Palpation, Perkussion und Auskultation prüft der Arzt Brustkorb und Lunge auf pathologische Veränderungen hin.

Die Diagnostik bei V. a. Thoraxtrauma umfasst:

- Röntgen-Thorax
- CT oder MRT des Thorax
- EKG
- Echokardiographie
- Angiographie bei V. a. Verletzungen thorakaler Gefäße
- Bronchoskopie bei V. a. Verletzungen des Tracheobronchialsystems.

Eine gründliche körperliche Untersuchung sowie ggf. weiterführende diagnostische Maßnahmen dienen dem Ausschluss bzw. der Diagnostik weiterer Verletzungen.

Rippenserienfraktur mit instabilem Thorax

Bei der Rippenserienfraktur sind mindestens drei nebeneinander liegende Rippen gebrochen. Ist dabei jeweils ein Stück der Rippe herausgebrochen (Doppelfraktur der Rippe), kann ein **instabiler Thorax** entstehen mit **paradoxer Atmung:** Der „lose" Brustwandbereich über den Frakturen bewegt sich bei der Inspiration nach innen, bei der Exspiration nach außen (Dreschflegelbewegung, daher auch die Bezeichnung *Dreschflegel-Thorax* oder *flail-chest*). Dadurch pendelt Luft innerhalb des von der Verletzung betroffenen Lungenflügels (Pendelluft).

Die Therapie ist meist konservativ durch Analgesie (häufig thorakaler Periduralkatheter in Kombination mit systemischer Analgesie), Physiotherapie und engmaschiger Kontrolle der Blutgase. Bei massiven Störungen des Gasaustausches muss der Patient über Maske oder Tubus und mit PEEP (➤ 5.2.4) beatmet werden (dadurch „innere Schienung" der Fraktur). Nur selten ist eine operative Stabilisierung der Frakturen mittels Plattenosteosynthese erforderlich.

Ein instabiler Thorax entsteht i. d. R. nur durch sehr große Gewalteinwirkung. Daher liegen in vielen Fällen auch schwere intrathorakale Begleitverletzungen und evtl. auch intraabdominelle Verletzungen vor.

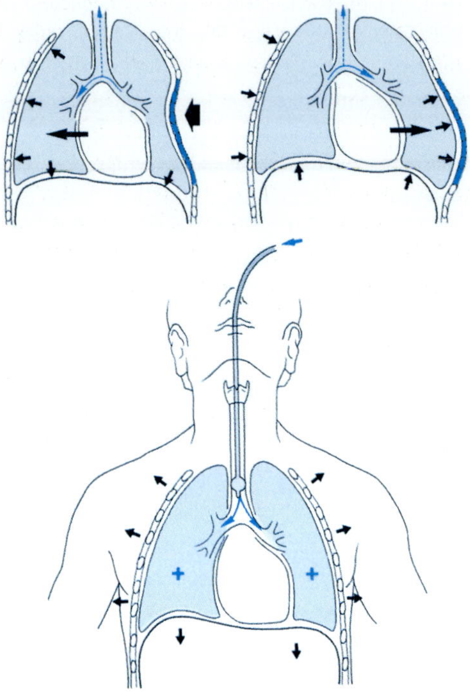

Abb. 2.6 Paradoxe Atmung bei instabilem Thorax. Oben links: Während der Inspiration bewegt sich das instabile Thoraxsegment nach innen, während der Exspiration nach außen (oben rechts). Unten: Die maschinelle Beatmung mit PEEP bewirkt eine Stabilisierung („innere Schienung") der verletzten Thoraxwand. [S103]

Lungenkontusion

Bei der **Lungenkontusion** (Lungenprellung) sind Teile des Lungenparenchyms durch die Thoraxkompression geschädigt. Es kommt zu Einblutungen in das Lungenparenchym, bei schweren Formen mit nachfolgendem interstitiellem und intraalveolären Ödem im geschädigten Lungenbereich und evtl. auch darüber hinaus. Dadurch entstehen Mikroatelektasen, wodurch der Rechts-Links-Shunt zunimmt (➤ 2.2.4); die Compliance der Lunge und die FRC (➤ 1.2.1) nehmen durch die Flüssigkeitseinlagerungen ab.

Unterschieden werden die **einfache Lungenkontusion,** bei der das Röntgenbild des Thorax zwar Verschattungen zeigt, der Patient aber gar keine oder nur geringfügige Zeichen einer respiratorischen Insuffizienz zeigt und die Blutgasanalyse unauffällig ist, und die **schwere Lungenkontusion** (Lungenkontusion mit respiratorischer Insuffizienz), bei der die klinischen Zeichen der respiratorischen Insuffizienz ausgeprägt sind und die Blutgasanalyse entsprechend pathologisch verändert ist.

Das im Röntgenbild sichtbare Ausmaß der Lungenkontusion korreliert nicht immer mit der Schwere der Lungenfunktionsstörung. Häufig beeinträchtigen ausgedehnte Kontusionsherde in der Lunge den Gasaustausch nur gering bzw. ist umgekehrt der Gasaustausch massiv beeinträchtigt bei scheinbar nur geringen Kontusionsherden.

Die Therapie ist i. d. R. konservativ. Liegt ein begleitender Hämatopneumothorax vor, entspricht die Behandlung den in ➤ 2.3.4 beschriebenen Grundsätzen. Bei leichter Lungenkontusion genügen evtl. Sauerstoffgabe und Analgesie. Bei schwerer Lungenkontusion ist i. d. R. rasch eine maschinelle Beatmung mit PEEP erforderlich, etwa bei gleichzeitiger Thoraxwandinstabilität, initial bestehender respiratorischer Globalinsuffizienz oder sich im Verlauf verschlechternder Lungenfunktion. Operative Eingriffe sind nur selten erforderlich, etwa bei massiven persistierenden Blutungen. Eine konsequente Lagerungstherapie dient der Atelektasen-Wiedereröffnung („Rekrutierung") sowie der Mobilisation und Reduktion des Bronchialsekrets und des interstitiellen Lungenödems. Bei den häufig polytraumatisierten Patienten ist eine konventionelle Lagerungstherapie im Intensivpflegebett oft kontraindiziert, z. B. wegen Schädel-Hirn- oder Wirbelsäulenverletzungen. In diesen Fällen ist dann oft eine kinetische Therapie in einem Spezialbett angezeigt (z. B. im Rotorest®-Bett, ➤ 8.6.5).

2.3.4 Pneumothorax und Hämatothorax

Definition

Pneumothorax: Luftansammlung im Pleuraspalt mit partiellem oder komplettem Kollaps des betroffenen Lungenflügels.
Hämatothorax: Ansammlung von Blut im Pleuraspalt. Evtl. liegt gleichzeitig ein Pneumothorax vor **(Hämatopneumothorax).** Meist verletzungsbedingt als Folge eines stumpfen oder penetrierenden Thoraxtraumas.

Pathophysiologie

Aufgrund ihrer Eigenelastizität hat die Lunge das Bestreben sich zusammen zu ziehen. Da die Flüssigkeit im Pleuraspalt jedoch nicht dehnbar ist, haftet die Lunge an der Innenwand des Brustkorbs, d. h. sie dehnt sich während der Inspiration aus und wird während der Exspiration etwas kleiner (auch ➤ 1.2). Dieses System wird durch einen Pneumo- oder Hämatothorax gestört: Der Unterdruck im Pleuraspalt wird aufgehoben und die Lunge kollabiert ganz oder teilweise.

Ätiologie und Einteilung

Dem **Pneumothorax** können ganz verschiedenartige Ursachen zu Grunde liegen:

- Beim **idiopathischen Pneumothorax** entsteht durch bislang ungeklärte Ursachen ein Riss im Lungengewebe
- Der **iatrogene Pneumothorax** entsteht im Rahmen einer diagnostischen oder therapeutischen Maßnahme (z. B. Legen eines ZVK)
- Dem **symptomatischen Spontanpneumothorax** liegt eine Lungenerkrankung zu Grunde, z. B. eine COPD, eine Tuberkulose oder ein Bronchialkarzinom
- Ein **traumatischer Pneumothorax** entsteht durch ein stumpfes Thoraxtrauma (z. B. mit Einriss der viszeralen Pleura, Rippenfrakturen mit Anspießung der Pleura durch Frakturfragmente oder Tracheobronchialverletzungen) oder penetrierende Verletzungen der Thoraxwand (z. B. Stich-, Schuss- oder Pfählungsverletzungen). Unterschieden werden:
  - **Offener Pneumothorax** mit offener Verbindung entweder zwischen Außenwelt und Pleuraspalt (offener äußerer Pneumothorax) oder zwischen Tracheobronchialsystem und Pleuraspalt (offener innerer Pneumothorax). Die Luft tritt jeweils während der Inspiration in den Pleuraspalt ein und bei der Exspiration wieder aus. Der Lungenflügel der betroffenen Seite kollabiert völlig und es kommt zum *Mediastinalflattern* (auch *Mediastinalpendeln*), d. h. das Mediastinum wird mit jeder Inspiration zur gesunden Seite hin verlagert
  - **Geschlossener Pneumothorax.** Dieser entsteht, wenn sich die Lufteintrittspforte bei einem offenen Pneumothorax verschließt
  - **Spannungspneumothorax.** Dabei entsteht ein Ventilmechanismus an der Lufteintrittspforte (daher auch die Bezeichnung *Ventilpneumothorax*): Während der Inspiration öffnet sich das Leck in der Pleura und Luft tritt in den Pleuraspalt ein. Bei der Exspiration verschließt sich das Leck, d. h. die Luft kann nicht aus dem Pleuraraum entweichen. Mit der nächsten Inspiration tritt dann erneut Luft in die Pleurahöhle ein usw. Dadurch steigt der Druck in der Pleurahöhle kontinuierlich an, wodurch das Mediastinum (und damit auch das Herz

und die großen Gefäße) und evtl. auch die Trachea und der Kehlkopf zur gesunden Seite hin gedrängt werden. Es kommt zur Dyspnoe, Tachykardie und Hypotonie mit zunehmenden Schocksymptomen durch Kompression der großen Gefäße; der Patient ist in akuter Lebensgefahr.

Kommt es unter maschineller Beatmung zum Spannungspneumothorax, wird bei jeder Inspiration Luft in die Pleurahöhle gepresst. Der Patient zeigt zunächst die Zeichen der Hypovolämie (Tachykardie, Hypotonie) bei gleichzeitig stark erhöhtem ZVD und gerät rasch in einen Kreislaufschock. Bei volumenkontrollierter Beatmung steigt der Beatmungsdruck massiv an, bei druckkontrollierter Beatmung nimmt das Tidalvolumen rasch ab, so dass der Patient innerhalb kürzester Zeit kaum noch beatmet werden kann.

Ein **Hämatothorax** entsteht meist verletzungsbedingt, selten in Folge einer Pleuraerkrankung (z. B. Pleurakarzinose).

Symptome, Befund und Diagnostik

Typische **Symptome und Befunde** sind thorakale Schmerzen, Husten, Dyspnoe, Tachypnoe, verminderte Atembewegungen der betroffenen Thoraxseite und – insbesondere bei Spannungspneumothorax und beim massiven Hämatothorax – Zeichen des Kreislaufschocks. Beim Spannungspneumothorax sind darüber hinaus evtl. eine Zyanose sowie eine Einflussstauung (ZVD-Erhöhung) und ein überblähter Thorax mit aufgehobenen Atemexkursionen sichtbar. Die Atemgeräusche sind abgeschwächt oder aufgehoben, der Klopfschall ist hypersonor, evtl. sind asymmetrische Atembewegungen und ein Hautemphysem sicht- bzw. tastbar. Nicht selten ist ein Pneumo- oder Hämatothorax auch asymptomatisch.

Die **Diagnostik** umfasst:

- Anamnese (Unfallhergang? Vorangegangene diagnostische oder therapeutische Maßnahmen, z. B. Pleurapunktion?)
- Körperliche Untersuchung (Klopfschall? Atemgeräusche? Thoraxexkursionen? Zeichen der Hypovolämie?)
- Röntgen-Thorax (im Stehen in Exspiration, bei V. a. Hämatothorax evtl. auch in Seitenlage), ggf. zusätzlich Sonographie des Thorax und/oder CT-Thorax
- Blutgasanalyse (Zeichen der respiratorischen Insuffizienz?).

Intensivtherapie und -pflege

Beim **Pneumothorax** ist i. d. R. die Anlage einer Thorax-Saugdrainage indiziert, entweder als *Bülau-Drainage* (Punktion des 4. – 6. ICR in der vorderen oder mittleren Axillarlinie) zum Absaugen von Luft und Sekret oder als *Monaldi-Drainage* (Punktion des 2. –3. ICR medioclaviculär) zum reinen Absaugen von Luft. Darunter sollte sich die Lunge wieder vollständig ausdehnen.

Zusätzlich erhält der Patienten bei Bedarf Analgetika und evtl. auch Antitussiva nach Arztanordnung. Lediglich bei kleinem Pneumothorax („Mantelpneumothorax") kann evtl. auf die Drainagebehandlung verzichtet werden, wenn der Patient *nicht* beatmet werden muss. Eine Operation mit Verschluss des Luftlecks oder Entfernung des luftlecktragenden Lungenareals ist angezeigt bei Rezidiv-Pneumothorax, persistierender Luftfistel und unvollständiger Ausdehnung der Lunge trotz Drainagenbehandlung.

Notfall! Erstmaßnahmen bei V. a. Spannungspneumothorax

Lebensrettende Sofortmaßnahme ist die umgehende Entlastungspunktion, die (aus Zeitgründen) meist ohne vorherige Röntgenaufnahme des Thorax erfolgen muss. Der Arzt punktiert die betroffene Lungenseite im 2. oder 3. ICR medioclavicular mit einer dicken Kanüle oder führt an derselben Stelle eine Inzision mit Skalpell und Schere durch. Beides bewirkt eine Überführung des Spannungs- in einen offenen Pneumothorax: Der Druck in der Pleurahöhle lässt nach, dadurch wandert das Mediastinum zurück in seine Ausgangslage und die gesunde Lunge kann sich wieder entfalten. Zur endgültigen Versorgung erhält der Patient dann eine Thorax-Saugdrainage.

Auch ein **Hämatothorax** wird primär mit einer Thorax-Saugdrainage behandelt. Zudem wird der Volumenverlust durch Infusionstherapie ausgeglichen, ggf. ist eine Schockbehandlung notwendig. Bei massivem Hämatothorax oder anhaltend hohen Blutverlusten (Blutverlust initial > 1500 ml oder > 200 ml/h) ist eine Operation erforderlich.

Insgesamt können etwa 80% der Thoraxverletzungen konservativ behandelt werden.

2.3.5 Lungenembolie

Definition

Lungenembolie: Verlegung der arteriellen Lungenstrombahn durch Einschwemmung eines Thrombus, selten von Fett, Luft, Fruchtwasser oder Gewebeteilen. Meist sind die Lungenunterlappen betroffen (rechts häufiger als links). Bei etwa 10% der Betroffenen kommt es innerhalb von 1 – 2 Tagen zum **Lungeninfarkt** (Untergang von Lungenparenchym).

Häufig liegt der Lungenembolie eine (evtl. noch nicht erkannte) Phlebothrombose der Bein- und Beckenvenen zu Grunde. Dabei löst sich ein Thrombus aus dem erkrankten Blutgefäß und wird mit dem Blutstrom in die Lungenstrombahn eingeschwemmt. Selten stammen die Thromben aus dem rechten Herzen oder dem Einstrombereich der oberen Hohlvene.

Ursachen für die sehr seltene **Fettembolie** sind zumeist Knochentraumen (durch Frakturen oder operative Eingriffe), seltener sind eine kardiopulmonale Reanimation oder ausgedehnte Weichteilverletzungen ursächlich für die Fettembolie.

Pathophysiologie

Durch die Verlegung der Lungenstrombahn werden die betroffenen Lungenabschnitte ventiliert (belüftet), aber nicht perfundiert (durchblutet): Es kommt zur Totraumventilation (➤ 2.2.3) mit Dyspnoe.

Weiter kommt es durch die Verlegung der Lungenstrombahn zu einer akuten Widerstandserhöhung im Lungenkreislauf. Lungengesunde können eine pulmonalarterielle Obstruktion von bis zu 50% i. d. R. tolerieren, d. h. es tritt keine wesentliche Erhöhung des pulmonalarteriellen Druckes auf. Ansonsten muss bei Lungengefäßobstruktionen > 50% mit pulmonaler Hypertonie und akutem *Cor pulmonale* (Dilatation und Insuffizienz des rechten Ventrikels auf Grund einer akuten Drucksteigerung im Lungenkreislauf) gerechnet werden. Bei vorbestehenden kardiopulmonalen Erkrankungen können schon kleinere Embolien massive Steigerungen des Druckes in der Pulmonalarterie (PAP) verursachen.

Symptome und Befunde

Die Symptome und Befunde einer Lungenembolie sind wesentlich vom Ausmaß der Lungengefäßobstruktion abhängig. Tab. 2.1 zeigt die vier Schweregrade einer Lungenembolie sowie die entsprechenden Symptome und Leitbefunde.

Zusätzlich sind oft auch Symptome der Grunderkrankung vorhanden, also z. B. Zeichen einer Phlebothrombose (Beinschwellung, Beinschmerzen).

Beim beatmeten Patienten weist eine plötzlich auftretende, anderweitig nicht erklärbare Hypoxämie, evtl. begleitet von Tachykardie, Blutdruckabfall und akuter pulmonaler Hypertonie, auf eine Lungenembolie hin.

Tab. 2.1 Schweregradeinteilung der Lungenembolie.

	I (klein)	II (submassiv)	III (massiv)	IV (fulminant)
Gefäßverschluss	Periphere Äste	Segmentarterien	Ein Pulmonalarterienast	Pulmonalarterienhauptstamm oder mehrere Lappenarterien
Klinik	Leichte Dyspnoe und thorakale Schmerzen	Akute Dyspnoe, Tachypnoe, Tachykardie, thorakale Schmerzen	Akute schwere Dyspnoe, thorakale Schmerzen, Zyanose, Unruhe, Synkope	Wie Grad III, zusätzlich Schocksymptomatik, evtl. Herzkreislaufstillstand
RR	Normal	Leicht erniedrigt	Stark erniedrigt	Schock
Pulmonalarteriendruck (PAP)	Normal	15 – 25 mmHg	25 – 30 mmHg	> 30 mmHg
p_aO_2	≥ 80 mmHg	< 80 mmHg	< 70 mmHg	< 60 mmHg

Diagnostik

Die Diagnostik bei V. a. Lungenembolie umfasst:

- *Blutgasanalyse* (zeigt Ausmaß der respiratorischen Insuffizienz, ➤ 2.4.2). Achtung: Eine unauffällige Blutgasanalyse schließt eine Lungenembolie *nicht* aus!
- *EKG* (Zeichen der Rechtsherzbelastung?)
- *Röntgen-Thorax* (meist nicht pathologisch, zum Ausschluss anderer pulmonaler Ursachen geeignet)
- *Echokardiographie* (Dilatation bzw. Zeichen der akuten Belastung des rechten Ventrikels? Evtl. direkter Thrombusnachweis mittels transösophagealer Echokardiographie = TEE)
- *Angio-CT* (Computertomographie mit Kontrastmittelgabe) der Lunge. Diese hat die *Lungenszintigraphie* zurückgedrängt, die bisher i. d. R. als diagnostisch entscheidend galt (bei unauffälligem Befund ist eine Lungenembolie mit großer Wahrscheinlichkeit auszuschließen)
- *Pulmonalisangiographie* (heute Methode der Wahl bei unklarem Befund der Szintigraphie und geplanter Lysetherapie).

Dazu kommen je nach vermuteter Ursache weitere Untersuchungen, z. B. Doppler- und Duplexsonographie der Beinvenen zum Thrombosenachweis.

Intensivtherapie und -pflege

Die Behandlung hat zum Ziel, ein weiteres Wachstum des Embolus zu verhindern, seine Auflösung zu beschleunigen und Rezidive zu vermeiden:

- Ruhigstellung (absolute Bettruhe)
- Atemerleichternde Lagerung. Patienten mit erhöhtem Oberkörper lagern, bei Schocksymptomen zusätzlich Beine auf Herzniveau anheben
- Schmerztherapie, evtl. mit Opioiden, ggf. auch Sedierung
- Sauerstoffgabe zur Behandlung der Hypoxämie
- Ggf. Intubation und Beatmung
- Abhängig vom Schweregrad:
  - Heparinbolus und danach Vollheparinisierung bei Lungenembolie Grad I und II
  - Lysetherapie mit Alteplase (rt-PA = rekombinante Tissue-type-plasminogen-Aktivator, Actilyse®) mittels Bolus und anschließender Infusion bei massiver Lungenembolie mit hämodynamischer Instabilität. Urokinase (Plasminogen-Aktivator) oder Streptokinase (Plasminogen-Aktivator) können für diese Indikation ebenfalls noch eingesetzt werden
- Ggf. Schockbehandlung mit kreislaufwirksamen Medikamenten, z. B. Dobutamin, Adrenalin oder Noradrenalin
- Bei Patienten mit Lungenembolie Schweregrad III oder IV *und* absoluter Kontraindikation für Lysetherapie evtl. *Fragmentierung des Embolus* über spezielle Pulmonaliskatheter oder thoraxchirurgische *pulmonale Embolektomie* (*Pulmonalisembolektomie* oder *Trendelenburg-Operation).*

Kavafilter (mechanische Netzfilter) sind relativ selten indiziert zur **Prophylaxe rezidivierender Lungenembolien** bei Patienten mit Rezidiv-Lungenembolie trotz durchgeführter Antikoagulation oder Vorliegen von Kontraindikationen für eine Antikoagulation. Des Weiteren werden sie eingesetzt bei Beinvenenthrombose mit frei flottierendem Thrombus und Kontraindikationen für eine Thrombolyse oder eine Thrombektomie, um eine Lungenembolie zu verhindern. Kavakatheter werden im Rahmen einer Angiographie entweder über die V. femoralis communis oder retrograd über die V. jugularis interna eingeführt und unterhalb der Nierenvenen platziert.

2.3.6 ARDS

Definition

▮ **ARDS** *(Acute oder Adult Respiratory Distress Syndrome,* auch *akutes Lungenversagen, Schocklunge, Atemnotsyndrom des Erwachsenen):* Syndrom einer akuten schweren Gasaustauschstörung unterschiedlicher Genese. Oft Komplikation schwerer systemischer Erkrankungen oder schwerer Traumen. ▮

Pathophysiologie

Unterschiedliche Krankheitszustände können ein ARDS auslösen. Dabei wird unterschieden zwischen direkten (pulmonalen) und indirekten (nicht-pulmonalen, systemischen) Ursachen (➤ Tab. 2.2).

Beim ARDS löst die ursächliche Erkrankung/Verletzung bestimmte Veränderungen an der Lunge aus. Der Verlauf lässt sich in eine *exsudative* und eine *proliferative Phase* gliedern:

Tab. 2.2 Ursachen für ein ARDS.

Direkte (pulmonale) Ursachen	Indirekte (nicht-pulmonale, systemische) Ursachen
• Aspiration • Diffuse pulmonale Infektionen • Lungenkontusion • Beinahe-Ertrinken • Inhalation toxischer Gase	• Sepsis und SIRS • Polytrauma • Akute schwere Pankreatitis • Massivtransfusion (selten) • Operation mit kardiopulmonalem Bypass (selten)

- **Exsudative Phase.** Durch die Stimulation von Phagozyten werden verschiedenste Mediatoren freigesetzt, die an der Lunge eine **Zunahme der Permeabilität** (Durchlässigkeit) des Kapillar- und Alveolarendothels sowie eine **Vasokonstriktion** mit nachfolgender pulmonaler Hypertonie verursachen. Durch die Permeabilitätsstörung entwickelt sich zunächst ein **interstitielles**, später dann ein **alveoläres Lungenödem.** Dadurch kommt es zur Zerstörung des Surfactant und zum Alveolarkollaps (Atelektasen ➤ 2.2.4) mit intrapulmonalem Rechts-Links-Shunt, die FRC und die Compliance der Lunge nehmen ab
- **Proliferative Phase:** Infolge der Entzündungsreaktionen entstehen hyaline Membranen, die die Alveolarmembran verlegen. In den Lungenkapillaren finden sich Mikrothromben. Im weiteren Verlauf kommt es zum zunehmenden bindegewebigen Umbau der Lunge mit interstitieller Fibrose (dadurch nimmt die Compliance weiter ab).

Diese Veränderungen sind nicht gleichmäßig über die Lunge verteilt, d. h. es können beim ARDS gesunde Lungenareale neben krankhaft veränderten bestehen. Nach Gattinoni gibt es in der ARDS-Lunge **drei Zonen,** die nebeneinander existieren können:

- *Zone H* („healthy"). Dies sind gesunde Lungenareale mit normaler Compliance und FRC sowie normalem Ventilations-Perfusionsverhältnis
- *Zone R* („recruitable"). Dabei handelt es sich um Lungenareale mit Atelektasen, die durch Erhöhung des Atemzugvolumens und/oder PEEP eröffnet und damit wieder für den Gasaustausch genutzt werden können (rekrutierbare Lungenareale)

Tab. 2.3 Stadien des ARDS.

Stadium	Kriterien
I	Auslösendes Ereignis, ansonsten keine klinischen Symptome
II	Hyperventilation, BGA: Hypoxämie, respiratorische Alkalose. Rö-Thorax unauffällig
III	Tachypnoe, Zeichen der Hyperkapnie, BGA: respiratorische Globalinsuffizienz. Rö-Thorax: interstitielles Lungenödem (häufig erst beginnende Veränderungen)
IV	Häufig therapieresistente Hypoxie (infolge Rechts-Links-Shunt), Koma, Schock, hypoxisches Herzversagen

- *Zone D* („diseased"). Dies sind zerstörte Lungenareale die nicht mehr am Gasaustausch teilnehmen können.

Symptome, Befund und Diagnostik

Am Anfang steht die auslösende Erkrankung/Verletzung mit all ihren Symptomen. Innerhalb kurzer Zeit (etwa 12 bis 24 Stunden) entwickeln sich die Zeichen einer Hypoxämie (➤ 2.4.1). Diese nehmen im weiteren Verlauf zu und die Symptome der Hyperkapnie treten hinzu. Auskultatorisch sind feinblasige Rasselgeräusche zu hören.

Die **Diagnostik** umfasst:

- *Anamnese* (ARDS-Auslöser?)
- *BGA* (zeigt Ausmaß der respiratorischen Insuffizienz)
- *Röntgen-Thorax* (anfänglich Zeichen eines interstitiellen Lungenödems, später typischerweise „weiße Lunge")
- Evtl. Messung des *PCWP* (pulmonalkapillärer Verschlussdruck) zum Ausschluss eines kardial (mit)bedingten Lungenödems.

Diagnosekriterien des ARDS:

- Auslösendes Ereignis in der Anamnese, akuter Krankheitsbeginn
- p_aO_2/F_iO_2 (Oxigenierungsindex) ≤ 200 mmHg oder p_aO_2 < 75 mmHg bei F_iO_2 > 0,5 und PEEP > 5 mbar
- Bilaterale diffuse Verschattung im Röntgen-Thorax
- Keine Hinweise auf kardial bedingtes Lungenödem, PCWP ≤ 18 mm Hg.

Abgrenzung ARDS – ALI
ARDS und **ALI** (*acute lung injury*, d. h. akute Lungenschädigung) unterscheiden sich in der Schwere der Gasaustauschstörung: Liegt der Quotient $p_aO_2/F_i\,O_2$ zwischen 200 – 300 mmHg, handelt es sich um ein ALI, bei $p_aO_2/F_i\,O_2 \leq 200$ mmHg um ein ARDS. Alle anderen Diagnosekriterien sowie die Therapie und Pflege sind gleich.

Intensivtherapie und -pflege

Im Mittelpunkt der Intensivtherapie und -pflege beim ARDS steht die Verbesserung des pulmonalen Gasaustausches und die Bilanzierung des Flüssigkeitshaushalts.

- **Verbesserung des pulmonalen Gasaustausches.** Um eine ausreichende Oxygenierung aufrechterhalten zu können, müssen Patienten mit ARDS i. d. R. frühzeitig maschinell beatmet werden. Wesentlich ist die Anwendung eines PEEP (➤ 5.2.4), um die rekrutierbaren Lungenareale wieder zu eröffnen und damit den Rechts-Links-Shunt zu vermindern. Ziel ist es, mit Sauerstoffkonzentrationen unter 50% eine ausreichende Oxygenierung zu erreichen und hohe Beatmungsdrücke (> 35 mmHg) zu vermeiden (evtl. *permissive Hyperkapnie*, d. h. Tolerieren sehr hoher pCO_2-Werte ➤ 7.6). Frühzeitige und konsequente **Lagerungstherapie** (Seiten- und insbesondere Bauchlagerung, ggf. Anwendung spezieller Betten zur kinetischen Therapie) verbessert das Ventilations-Perfusionsverhältnis (bessere Ventilation gut durchbluteter Lungenabschnitte). In schwersten Fällen ist evtl. eine extrakorporale CO_2-Elimination (ECMO ➤ 7.1.1) indiziert. Außerdem sind in ausgewählten Fällen die Anwendung von Stickstoffmonoxid zur Verminderung der pulmonalen Vasokonstriktion (➤ 7.3), die intratracheale Surfactant-Applikation (➤ 7.2) sowie die partielle Flüssigkeitsbeatmung (➤ 7.5) zur Behandlung des ARDS möglich. Beatmung bei ARDS ➤ 5.8.1
- **Bilanzierung des Flüssigkeitshaushalts.** Flüssigkeitsüberlastungen verstärken das Lungenödem und müssen deshalb vermieden bzw. zügig behandelt werden. Der ZVD soll niedrig gehalten und der Patient insgesamt ausgeglichen bis leicht negativ bilanziert werden. Bei Niereninsuffizienz sind frühzeitig Nierenersatzverfahren indiziert, z. B. Hämofiltration
- **Weitere wichtige Maßnahmen** sind die Stabilisierung des Kreislaufs (ggf. mit Katecholamintherapie), Behandlung bestehender Infektionen (ggf. chirurgische Sanierung, z. B. bei Peritonitis) sowie die Behandlung der auslösenden Erkrankung.

2.4 Leitsymptome und Diagnostik der respiratorischen Insuffizienz

2.4.1 Leitsymptome der respiratorischen Insuffizienz

Die respiratorische Insuffizienz geht mit einer *Hypoxämie* ($p_aO_2 < 70$ mmHg bei Raumluftatmung) und – sofern eine respiratorische Globalinsuffizienz vorliegt – auch mit einer *Hyperkapnie* ($p_aCO_2 > 45$ mmHg) einher. Sowohl die Hypoxämie als auch die Hyperkapnie führen zu typischen Veränderungen, die jedoch etwa infolge einer Sedierung und evtl. auch Muskelrelaxierung überdeckt und daher kaum beobachtbar sein können.

Neben den typischen Leitsymptomen der respiratorischen Insuffizienz liegen immer auch mehr oder weniger ausgeprägt die Symptome der Grunderkrankung vor, z. B. Fieber und typische feuchte Rasselgeräusche bei Pneumonie, Atemgeräusche (Giemen, Brummen) bei chronisch obstruktiven Atemwegserkrankungen oder Schocksymptome bei akuter Linksherzdekompensation oder schwerer Lungenembolie.

Symptome der Hypoxämie

Fällt der Sauerstoffgehalt des arteriellen Blutes ab, versucht der Organismus zunächst, dies zu kompensieren, um die Sauerstoffversorgung der lebenswichtigen Organe aufrecht zu erhalten. Dies geschieht durch:

- Steigerung der Atemtätigkeit (Steuerung der Atmung ➤ 1.1.3), insbesondere der Atemfrequenz. Es kommt zur Tachypnoe (Atemfrequenz > 35), die – je weiter sie zunimmt – mit einer immer oberflächlicheren Atmung einhergeht (Tidalvolumina werden geringer)

- Stimulation des Sympathikus. Dadurch kommt es zu Tachykardie, Hypertonie und Steigerung des Herzzeitvolumens (HZV). Gehirn, Herz und Lunge werden dadurch zwar besser durchblutet (und damit besser mit Sauerstoff versorgt), gleichzeitig steigt aber mit der Herzfrequenz auch der Sauerstoffbedarf des Herzmuskels (myokardialer O_2-Bedarf), weshalb eine Tachykardie insbesondere bei vorbestehenden Herzerkrankungen ungünstig ist. Die Durchblutung von Haut, Schleimhaut und Verdauungsorganen dagegen nimmt ab.

Sind diese Kompensationsmöglichkeiten ausgeschöpft, etwa bei schwerer und langanhaltender Hypoxämie oder bei pulmonalen und/oder kardialen Vorerkrankungen, kommt es im Spätstadium der Hypoxämie zu Bradykardie, Hypotonie und Abfall des HZV.

Zerebrale und vegetative Veränderungen

Patienten mit Hypoxämie zeigen meist typische zerebrale und vegetative Veränderungen. Häufig sind die Betroffenen unruhig, desorientiert und/oder sehr erregt. Oft schwitzen sie sehr stark. Selten sind sie schläfrig, dies ist eher typisch für die Hyperkapnie (unten).

Diese Symptome sind jedoch unspezifisch und können in dieser Kombination beispielsweise auch bei Erkrankungen des Gehirns, hohem Fieber oder einem Alkoholentzugsdelir auftreten. Deshalb ist es wichtig, beim Auftreten der genannten Symptome zuerst eine Hypoxämie auszuschließen und ggf. zu behandeln, bevor der betroffene Patient Sedativa erhält, da eine (unerkannte) Hypoxämie dadurch verstärkt werden kann.

Dyspnoe

Definition

Dyspnoe: Erschwerte Atmung mit subjektiv empfundenem Gefühl der Atemnot.

Eine Hypoxämie geht sehr häufig – jedoch nicht immer! – mit einer Dyspnoe einher. Dabei ist die Atemarbeit meist sichtbar verstärkt: Der Patient atmet hochfrequent, oberflächlich und setzt die Atemhilfsmuskulatur ein. Patienten mit schwerer Dyspnoe sitzen typischerweise – sofern ihnen dies möglich ist – aufrecht im Bett und ringen nach Luft. Meist signalisieren die weit aufgerissenen Augen und der ängstliche Gesichtsausdruck das Ausmaß der Angst und Panik, das die Betroffenen durchleben.

> Beim intubierten oder tracheotomierten Patienten weisen Schwitzen, starke Atembemühungen, ein angstvoller, angestrengter Gesichtsausdruck, ein geöffneter Mund und Nasenflügeln auf Atemnot hin.

Unterschieden wird die *Belastungsdyspnoe*, die nur bei körperlicher Anstrengung auftritt, von der *Ruhedyspnoe*, einer Atemnot in Ruhe ohne körperliche Anstrengung.

Zyanose

Die **Zyanose** (bläulich-rote Färbung von Haut und Schleimhaut durch verminderten Sauerstoffgehalt des Blutes) ist ein spätes Zeichen der Hypoxämie. Sie tritt erst dann auf, wenn mehr als 50 g Hämoglobin pro Liter Blut in ungesättigter Form (reduziertes Hämoglobin) vorliegen (Sauerstoffsättigung ➤ 1.2.3). Häufig tritt die Zyanose begleitend mit einer Dyspnoe auf und verursacht beim Patienten Kopfschmerzen, Müdigkeit und Konzentrationsschwäche. Zudem frieren die Betroffenen typischerweise rasch.

> Bei Anämie mit Hb < 4,8 g/dl sowie bei Zyanid- oder Kohlenmonoxid (CO)-Vergiftung kommt es trotz massiver Hypoxämie *nicht* zur Zyanose.

Symptome der Hyperkapnie

Eine Hyperkapnie zeigt sich vor allem durch Schläfrigkeit und zunehmende **Bewusstseinseintrübung** bis hin zur CO_2-Narkose (➤ 1.1.3). Die Durchblutung des Gehirns nimmt zu, dadurch kann ein bereits erhöhter Hirndruck weiter steigen. Weitere klinische Symptome der Hyperkapnie sind:

- Gerötete Haut
- Schwitzen
- Hypertonie, Tachykardie, Herzrhythmusstörungen
- Muskelzuckungen und -krämpfe bei extremer Hyperkapnie.

Durch den erhöhten CO_2-Gehalt des Blutes kommt es zur Azidose (➤ 1.3.2), die wiederum eine Rechtsverschiebung der Sauerstoffbindungskurve (➤ 1.2.3) nach sich zieht. Dadurch sinkt bei gleichbleibendem p_aO_2 die arterielle Sauerstoffsättigung.

2.4.2 Blutgasanalyse

Die Symptome der respiratorischen Insuffizienz geben Hinweise auf Art und Ausmaß sowie eventuell auch auf die Ursache der Atemstörung. Eine sichere Diagnose lässt sich allerdings erst durch eine Blutgasanalyse stellen.

Definition

Blutgasanalyse *(kurz BGA)*: Bestimmung der Partialdrücke von p_aO_2 und p_aCO_2 im arteriellen oder Kapillarblut. Da die Blutgase und der Säure-Basen-Haushalt eng zusammenhängen und sich gegenseitig beeinflussen, werden im Rahmen der Blutgasanalyse auch der pH-Wert, das Standardbikarbonat (SBC) und die Basenabweichung (*base excess*, kurz BE, auch Basenüberschuss) mit bestimmt (➤ 1.3).

Der pH-Wert sowie p_aO_2 und p_aCO_2 werden gemessen. Standardbikarbonat, Basenabweichung und Sauerstoffsättigung werden aus den gemessenen Parametern errechnet.

Blutentnahme zur Blutgasanalyse ➤ 8.2.3

Normwerte der Blutgasanalyse

Normwerte der Blutgasanalyse ➤ Tab. 2.4

BGA aus Kapillarblut

Ob die Ergebnisse einer aus arterialisiertem Kapillarblut (i. d. R. aus hyperämisiertem Ohrläppchen) gewonnenen Blutgasanalyse genau genug und damit verwertbar sind, ist umstritten. Viele Studien bewerten die Differenz zwischen den Werten der kapillären BGA und denen der arteriellen BGA als akzeptabel (Wimpress/Vara/Brightling, 2005), andere Autoren gehen insbesondere bei den pO_2-Werten von nicht akzeptablen Differenzen aus (Fajac et al, 1998). **Mögliche Fehlerquellen** bei der Entnahme von Kapillarblut zur BGA sind vor allem eine ungenügende Arterialisierung des Blutes und der Einschluss von Luftbläschen in die Kapillare bei der Entnahme, was falsche pO_2-Werte zur Folge haben kann. Besteht zwischen dem in der BGA ermittelten Wert der Sauerstoffsättigung und dem per Pulsoxymetrie gemessenen Wert eine Differenz von mehr als zwei Prozentpunkten, ist von einem Fehler bei der BGA-Abnahme auszugehen.

Gemischtvenöse Sauerstoffsättigung und venöser Sauerstoffpartialdruck

Bei besonderer Fragestellung können mittels Blutgasanalyse darüber hinaus die gemischtvenöse Sauerstoffsättigung ($S\bar{v}O_2$, normal 40 – 70%) und der venöse Sauerstoffpartialdruck (p_vO_2, normal 40 – 52 mm Hg) bestimmt werden. Beide Werte lassen Rückschlüsse auf die Sauerstoffausschöpfung des Gewebes zu (➤ 1.2.3). Zur Bestimmung der gemischtvenösen Sauerstoffsättigung wird Blut aus der A. pulmonalis entnommen (hier befindet sich venöses Mischblut des gesamten Organismus). Der venöse Sauerstoffpartialdruck wird aus venösem Blut bestimmt und variiert abhängig davon, aus welcher Vene Blut entnommen wurde, da die Sauerstoffausschöpfung der einzelnen Gewebe unterschiedlich ist.

Veränderungen der Blutgasanalyse bei respiratorischer Insuffizienz

Bei der **respiratorischen Partialinsuffizienz** ist der pO_2 vermindert. Der pCO_2 ist dabei normal oder – wenn der Patient hyperventiliert, um den Sauerstoffgehalt zu steigern – etwas vermindert. Bei der **respiratorischen Globalinsuffizienz** ist der pO_2 vermindert und der pCO_2 erhöht, d. h. es entsteht eine respiratorische Azidose (➤ 1.3.2). Tritt diese rasch auf, kann der Organismus sie i. d. R. nicht oder nur teilweise kompensieren. Dann ist der pH-Wert erniedrigt. Entsteht die respiratorische Globalinsuffizienz langsam, etwa durch eine chronische Lungenerkrankung, kann der Organismus die Veränderung des Säure-Basen-Haushalts eventuell vollständig kompensieren. Dann ist der pH-Wert im Normbereich (Kompensationsmechanismen ➤ 1.3.1).

Tab. 2.4 Blutgasanalyse. Der pH, p_aO_2 und p_aCO_2 werden gemessen, S_aO_2, SBC und BE werden, bezogen auf Standardbedingungen (Körpertemperatur 37 °C, Hämoglobingehalt 15 g/dl, p_aCO_2 40 mmHg) errechnet (auch ➤ Tab. 1.3).

Parameter	Normwert im arteriellen bzw. Kapillarblut	Bewertung und Bemerkungen
pH (➤ 1.3)	7,36 – 7,44	↓ metabolische oder respiratorische *Azidose* (➤ 1.3.2), ↑ metabolische oder respiratorische *Alkalose* (➤ 1.3.2)
p_aO_2 (arterieller Sauerstoffpartialdruck)	70 – 100 mmHg (9,3 – 13,3 kPa)	↓ bei Hypoxämie Bei der Beurteilung der Sauerstoffsättigung muss immer auch der Hämoglobingehalt des Blutes berücksichtigt werden, da bei einem niedrigen Hb-Wert der Gesamtsauerstoffgehalt des Blutes (Sauerstoffbindungskapazität ➤ 1.2.3) trotz hoher Sättigung nicht ausreichend sein kann. p_aO_2 und S_aO_2 verändern sich stets gleichsinnig. Im Alter sind beide Werte physiologisch etwas niedriger.
S_aO_2 (Sauerstoffsättigung, auch O_{2sat} oder sO_2; ➤ 1.2.3)	95 – 97%	
p_aCO_2 (arterieller Kohlendioxidpartialdruck)	35 – 45 mmHg (4,7 – 6 kPa)	↓ bei respiratorischer Alkalose bzw. respiratorisch kompensierter metabolischer Azidose (➤ 1.3.2). ↑ bei respiratorischer Azidose bzw. bei respiratorisch kompensierter metabolischer Alkalose (➤ 1.3.2). Bei Schwangeren ist der p_aCO_2 physiologisch etwas erniedrigt.
SBC (Standard-Bikarbonat, auch $StHCO_3^-$)	22 – 26 mmol/l	↓ bei metabolischer Azidose bzw. bei metabolisch kompensierter respiratorischer Alkalose ↑ bei metabolischer Alkalose bzw. bei metabolisch kompensierter respiratorischer Azidose.
BE (base excess, Basenabweichung oder Basenüberschuss, d. h. Abweichung vom normalen Wert der Basen bzw. vom Referenzwert der Gesamtpufferbasen. Wichtig zur Beurteilung der nicht-atmungsbedingten Anteile bei Störungen im SBH).	-3 – +3 mmol/l	

2.4.3 Weitere Diagnostik bei respiratorischer Insuffizienz

Die weiteren diagnostischen Maßnahmen dienen dazu, Art und Ausmaß der zu Grunde liegenden Erkrankung zu diagnostizieren. In der Regel erfolgt die weitere Diagnostik erst nachdem bereits Therapiemaßnahmen vorgenommen wurden, z. B. Sauerstoffgabe, endotracheale Intubation und maschinelle Beatmung, welche die akute vitale Bedrohung des Patienten beseitigen sollen.

Die weiterführende Diagnostik umfasst:

- **Körperliche Untersuchung** mit Palpation (Tastuntersuchung) des Thorax, Auskultation (Abhören) und Perkussion (Abklopfen) der Lunge (Atemgeräusche?)
- **Röntgen-Thorax** (Zeichen für Pneumonie, Lungenödem, Pleuraerguss, Lungenüberblähung, Atelektase oder Pneumothorax?)
- **EKG** (Herzrhythmusstörungen? Akuter Myokardinfarkt? Zeichen der Rechtsherzbelastung?).

Die weitere Diagnostik ist dann abhängig von der Verdachtsdiagnose, z. B. mikrobiologischer Erregernachweis und Resistenzbestimmung bei Verdacht auf Pneumonie.

2.5 Therapie der respiratorischen Insuffizienz

Die **Initialtherapie bei akuter respiratorischer Insuffizienz** soll die akute Bedrohung für den Patienten beseitigen, seine Luftnot lindern und eventuelle Folgeschäden, etwa durch den Sauerstoffmangel, vermeiden.

Die Initialtherapie bei akuter respiratorischer Insuffizienz umfasst:

- Oberkörper hochlagern, ggf. Atemwege freimachen und freihalten (Maßnahmen ➤ 3.1)
- Bei Patienten mit erhaltener Spontanatmung **Sauerstoffgabe** über Nasensonde, -brille oder Sauerstoffmaske. Über die Nasensonde können bis zu 6 l O_2/Min. verabreicht werden, dies entspricht einer Sauerstoffkonzentration in der Einatemluft von 30 – 40%. Benötigt der Patient höhere Sauerstoffmengen (>6 l/Min), sollten diese über eine Sauerstoffmaske verabreicht werden, insbesondere wenn längerfristig Sauerstoff verabreicht wird. Damit kann die Sauerstoffkonzentration der Einatemluft auf bis zu 60% gesteigert werden. Sauerstoffmasken mit Nicht-Rückatemventil und Reservoirbeutel ermöglichen eine Sauerstoffkonzentration von annähernd 100%
- Bei hochgradiger respiratorischer Insuffizienz bzw. wenn die Spontanatmung bereits zum Erliegen kam, muss der Patient beatmet werden (Manuelle Beatmung ➤ 3.2, NIV 5.4, Intubation ➤ 4.2, Indikationen zur Beatmung ➤ 5.1.1).

Viele Patienten mit akuter respiratorischer Insuffizienz tolerieren eine Sauerstoffmaske nicht, da diese das Gefühl der Luftnot verschlimmern kann. In diesem Fall ordnet der Arzt dann evtl. kurzfristig höhere Sauerstoffdosierungen über die Nasensonde an. Erhalten Patienten mit chronischen Lungenerkrankungen Sauerstoff, überwachen die Pflegenden sie sehr genau, um eine Lähmung des Atemantriebs infolge der Sauerstoffgabe (erkennbar an einer zunehmenden Eintrübung, auch ➤ 1.1.3) frühzeitig erkennen zu können.

Die **weitere Behandlung** einschließlich der Auswahl der Beatmungsform ist dann abhängig von der Grunderkrankung, welche die respiratorische Insuffizienz verursacht hat.

KAPITEL

3 Allgemeine Maßnahmen bei respiratorischer Insuffizienz

3.1 Maßnahmen zum Freimachen und Freihalten der Atemwege

In manchen Fällen, insbesondere in der unmittelbar postoperativen Phase sowie bei bewusstseinseingetrübten oder bewusstlosen Patienten, ist eine Verlegung der Atemwege die Ursache für eine akute respiratorische Insuffizienz. Diese ist meist bedingt durch eine Sekretansammlung im Rachenraum oder in den Atemwegen und/oder ein Zurücksinken der Zunge (bei Bewusstlosen erschlafft die gesamte Skelettmuskulatur einschließlich der Zungenmuskulatur; liegt der Betroffene auf dem Rücken, sackt die Zunge der Schwerkraft folgend in den Rachenraum, wo sie den Kehlkopf verlegen kann).

Bei den betroffenen Patienten müssen die Atemwege rasch freigemacht und – abhängig vom Zustand des Patienten – kurz- oder längerfristig durch geeignete Maßnahmen freigehalten werden.

3.1.1 Freimachen der Atemwege

Ist ein Zurücksinken der Zunge die Ursache für eine Verlegung der Atemwege, können spezielle Lagerungstechniken bzw. Handgriffe eingesetzt werden, um die Atemwege wieder zu öffnen. Eine wichtige Technik ist der **Esmarch-Handgriff** (auch *Esmarch-Heiberg-Handgriff*): Der Kopf des Patienten ist leicht überstreckt, die Pflegende umgreift mit den Fingern beide Kieferwinkel, die Daumen liegen am Kinn des Patienten. Der Mund wird geöffnet und der Unterkiefer vorsichtig nach vorn gezogen, so dass die untere Zahnreihe *vor* der oberen liegt (➤ Abb. 3.1). Dadurch wird der Zungengrund von der Rachenhinterwand abgehoben und die Luftwege sind in diesem Bereich maximal weit offen. Zudem ermöglicht der Esmarch-Handgriff eine gute Einsicht in Mund und Rachen. Erbrochenes, Blut, Fremdkörper (auch lockere Zahnprothesen) oder Sekret können manuell entfernt oder abgesaugt werden.

Endotracheales Absaugen ➤ 8.7

Absaugen des Rachenraumes ➤ 8.4.2

Setzt unter Anwendung des Esmarch-Handgriffs wieder eine ausreichende Spontanatmung ein (Thorax hebt und senkt sich, exsp. Luftstrom spürbar, seitengleiche Atemgeräusche sind auskultierbar, Sauerstoffsättigung steigt wieder an, Zeichen der respiratorischen Insuffizienz bessern sich), kann der Griff langsam gelockert werden. Kommt es danach wieder zum Zurückfallen der Zunge, ist evtl. die Einlage eines Pharyngealtubus sinnvoll (➤ 3.1.2).

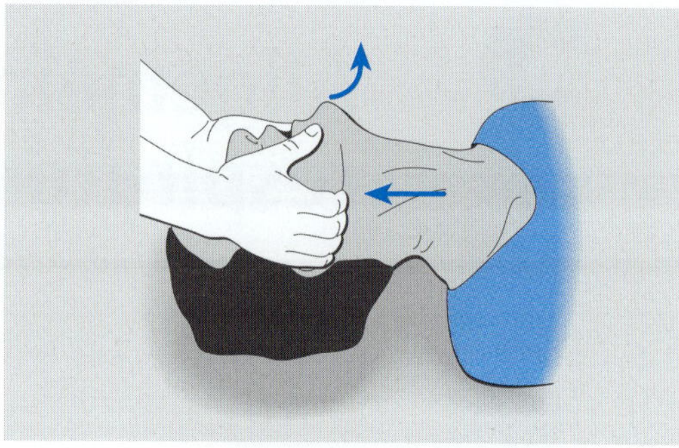

Abb. 3.1 Esmarch-Handgriff. [A300-106]

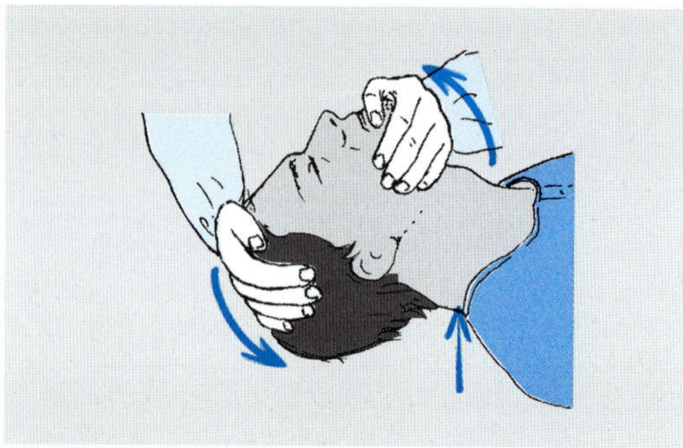

Abb. 3.2 Überstrecken des Kopfes zum Freimachen der Atemwege. [A400-190]

Eine weitere Möglichkeit zum Freimachen der Atemwege ist das einfache Überstrecken des Kopfes: Kinn anheben, eine Hand unter den Nacken des Patienten, die andere auf seine Stirn legen und den Kopf leicht überstrecken (➤ Abb. 3.2).

> Bei V. a. Verletzungen der Halswirbelsäule den Kopf nicht überstrecken!

3.1.2 Freihalten der Atemwege

Das Freihalten der Atemwege erfolgt abhängig von der Situation des Patienten durch die oben beschriebenen speziellen Handgriffe (Esmarch-Handgriff, Überstrecken des Kopfes), Einführen von Pharyngealtuben, Intubation (➤ 4.2) oder Tracheotomie (➤ 4.3).

Pharyngealtuben

Definition

Pharyngealtuben *(Rachentuben):* Gebogene Tuben aus Gummi oder Kunststoff, die über Mund *(Oropharyngealtuben)* oder Nase *(Nasopharyngealtuben)* in den Rachen eingeführt werden und die Atemwege freihalten, indem sie ein Zurücksinken der Zunge verhindern.

Oropharyngealtuben nach Guedel

Oropharyngealtuben nach Guedel **(Guedeltuben)** gibt es in verschiedenen Größen. Sie sind so geformt, dass sie – bei korrekt ausgewählter Größe – ein Zurücksinken der Zunge verhindern bzw. beheben können (korrekte Lage eines Guedeltubus ➤ Abb. 3.4). Die geeignete Größe wird durch Abmessen des Abstandes zwischen Mundwinkel und Ohrläppchen ermittelt. ➤ Tabelle 3.1 zeigt die gängigen Größen von Guedeltuben und die jeweils geeignete Patientengruppe. Die ➤ Abb. 3.5 ff zeigen das Einführen und die korrekte Lage eines Guedeltubus.

Einführen eines Guedeltubus

Im Bereich der Zahnreihen ist die Wand des Guedeltubus besonders fest. Dadurch ist gewährleistet, dass der Patient nicht durch Zusammenbeißen der Zähne das Lumen des Guedeltubus verschließen kann. Aus diesem Grund wird der Guedeltubus häufig auch als Beißschutz bei oral intubierten Patienten eingesetzt (ein Zubeißen des Endotrachealtubus ist dann nicht mehr möglich).

Über das Lumen des Guedeltubus kann der Rachenraum des Patienten abgesaugt werden. Bei der manuellen Beatmung mit Maske und Beutel bzw. bei der Mund-zu-Mund-Beatmung fließt die Atemluft auch über das Lumen des Guedeltubus.

Der **VBM-Guedeltubus** (Firma VBM Medizintechnik GmbH) unterscheidet sich von den herkömmlichen Guedeltuben durch zwei Merkmale: Das Lumen des Tubus ist seitlich offen (dies erleichtert das Absaugen über das Lumen und die Reinigung des Tubus) und an der Deckplatte befindet sich eine Aussparung zur Fixierung des Endotrachealtubus.

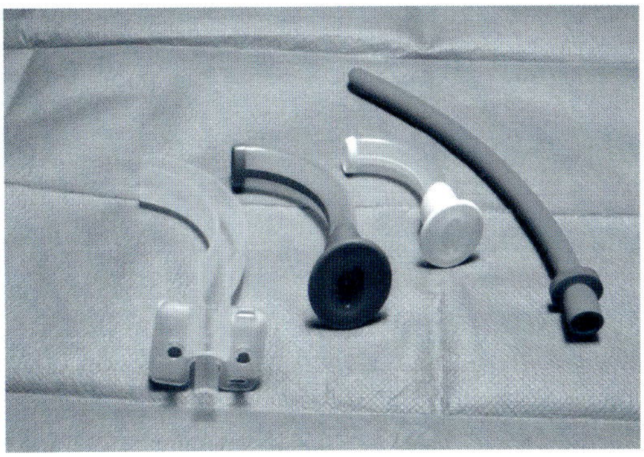

Abb. 3.3 Pharyngealtuben. Links ein VBM-Guedeltubus (➤ Text), in der Mitte zwei verschieden große Guedeltuben mit Farbmarkierung, rechts ein Wendl-Tubus (Nasopharyngealtubus). [M251]

Tab. 3.1 Wahl der Größe bei Guedeltuben. Manche Hersteller bieten Guedeltuben mit **Farbkodierung** an, d. h. Tuben einer bestimmten Größe sind mit einer Farbmarkierung versehen, die an der äußeren Platte sichtbar ist. Die Farbkodierungen der Herstellfirmen sind jedoch *uneinheitlich*, deshalb ist es wichtig, sich darüber zu informieren, welche Farbe welcher Größe entspricht.

Guedeltubus Größe	Geeignete Patientengruppe
000, 00	Früh- und Neugeborene, Säuglinge
0	Kleinkinder
1	Kinder
2	Jugendliche
3	Erwachsene (klein)
4	Erwachsene (normal)
5	Erwachsene (sehr groß – selten erforderlich)

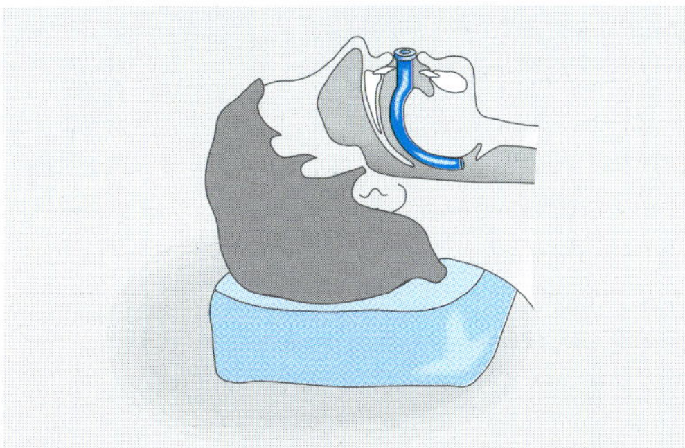

Abb. 3.4 Richtige Lage eines Guedeltubus (die Spitze muss ca. 1 cm oberhalb der Epiglottis liegen). [A300-157]

Einführen eines Guedeltubus (> Abb 3.5–3.8)

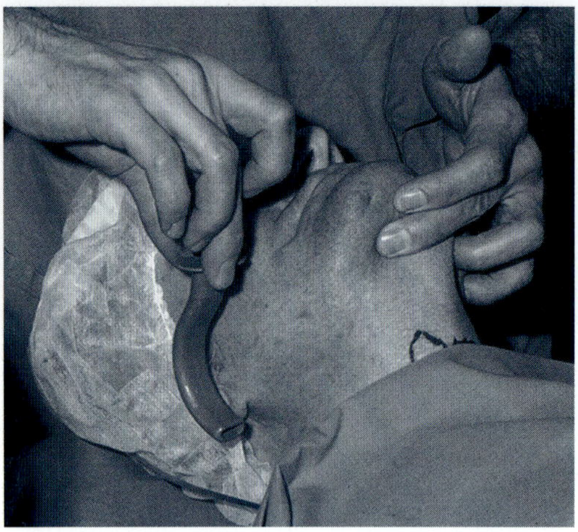

Abb. 3.5 Richtige Größe des Guedeltubus abschätzen (soll ungefähr vom Mundwinkel bis zum Ohrläppchen reichen). [K183]

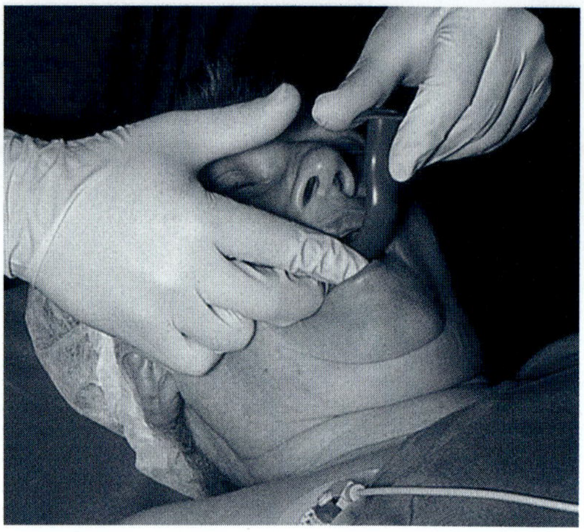

Abb. 3.6 Guedeltubus so in den Mund einführen, dass die distale Öffnung nach oben (in Richtung Nase) zeigt. [K183]

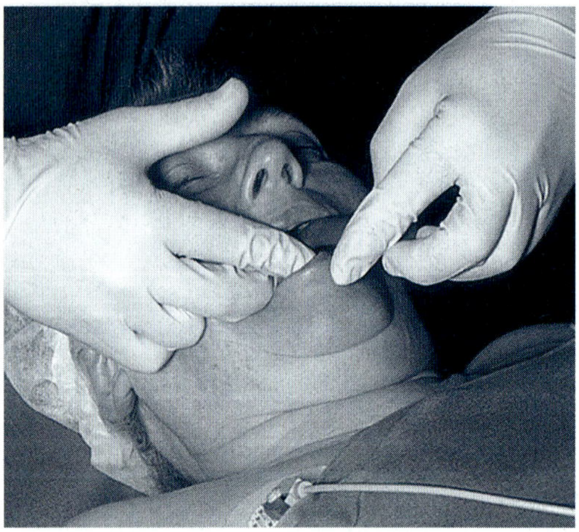

Abb. 3.7 Nach etwa ⅔ den Guedeltubus um 180° drehen und dabei in den Rachenraum vorschieben. [K183]

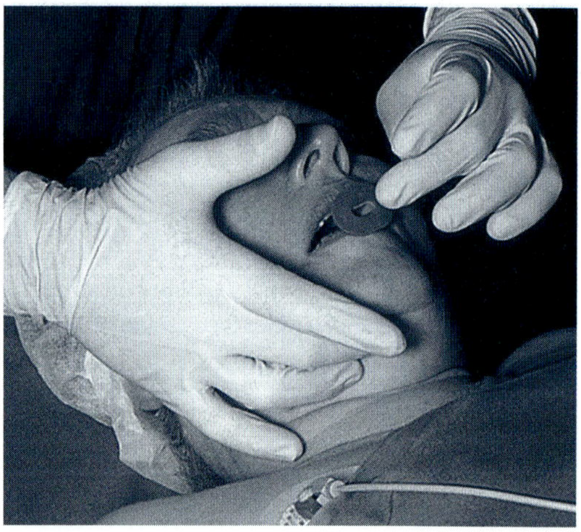

Abb. 3.8 Guedeltubus so weit einführen, dass die Platte vor den Lippen liegt. [K183]

Vorsicht!

- Der Guedeltubus kann durch Reizung an Zungengrund, Gaumen, Zäpfchen und Rachenhinterwand starken Würgereiz mit der Gefahr des Erbrechens auslösen. Deshalb beim Einführen darauf achten, dass die Schutzreflexe weitgehend erloschen sind
- Zu klein gewählte Guedeltuben können den Zungengrund gegen die Rachenhinterwand drücken und dadurch die Verlegung der Atemwege verstärken
- Zu groß gewählte Guedeltuben können den Kehldeckel auf den Kehlkopfeingang drücken und dadurch die Atemwege verschließen. Zudem können sie einen Laryngospasmus auslösen
- Bei längerer Liegedauer besteht die Gefahr von Druckulzera an Lippen/Zunge.

Sonderformen des Guedeltubus

Sonderformen des Guedeltubus ermöglichen eine Beatmung über den eingelegten Guedeltubus. Der **Safartubus** ist wie zwei in S-Form aneinandergefügte Guedeltuben aufgebaut. Durch das äußere Ansatzstück wird bei der Beatmung Luft in die Lunge des Patienten geblasen. Ein schildartiges Gummiteil in der Mitte des Tubus verschließt die Mundhöhle nach außen. Der **Göttinger-Tubus**® verfügt zusätzlich über einen Filter zum Schutz vor Infektionen. Eingeführt werden die beiden Tuben wie der Guedeltubus (➤ unten). Sobald über den Tubus beatmet wird, muss die Mundabdeckplatte dicht auf den Lippen liegen und die Nase des Patienten zugehalten werden.

Sowohl der Safar- als auch der Göttinger-Tubus® werden vorwiegend im Rettungsdienst und zur ersten Hilfe eingesetzt. Auf den Intensivstationen werden sie praktisch nicht benutzt, da hier im Notfall immer mit Beatmungsbeutel und -maske beatmet wird, um eine möglichst hohe inspiratorische Sauerstoffkonzentration zu erreichen (➤ 3.2.3).

Nasopharyngealtuben

Auch **Nasopharyngealtuben** *(Wendltuben)* bestehen aus Gummi oder Kunststoff und sind in verschiedenen Größen verfügbar. Sie sind relativ weich und flexibel. Die geeignete Tubuslänge wird durch Messung des Abstandes zwischen Nasenspitze und Ohrläppchen ermittelt.

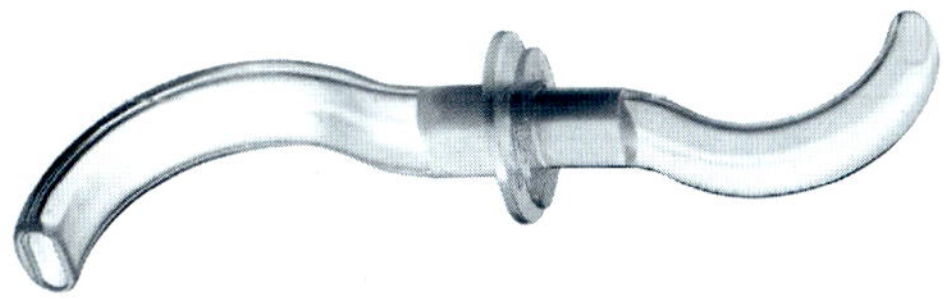

Abb. 3.9 Oropharyngealtubus nach Safar. [U139]

Einführen des Wendltubus:

- Passende Größe des Tubus auswählen (Kinder 20 – 24 Ch, Jugendliche 26 Ch, Erwachsene klein 28 Ch, mittel 30 Ch, groß 32 Ch). Wichtige Richtwerte: Der Wendltubus sollte nicht dicker sein als der Klein- bzw. Ringfinger des Patienten, die richtige Länge entspricht dem Abstand zwischen Nasenspitze und Ohrläppchen des Patienten
- Wendltubus mit Gleitgel (z. B. Xylocain-Gel®) bestreichen
- Nasenspitze etwas anheben
- Wendltubus vorsichtig senkrecht in den unteren Nasengang einführen und in den Rachen vorschieben. Dabei den Unterkiefer etwas anheben, damit der Zungengrund nicht zum Kehlkopf hin abgedrängt wird. Wendltubus unter Kontrolle der Atemgeräusche soweit vorschieben, bis eine freie Strömung der Atemluft über den Tubus fühl- und hörbar ist. Ggf. Lage des Wendltubus durch Zurückziehen korrigieren
- Ist beim Vorschieben des Wendltubus ein Widerstand zu spüren, den Tubus durch das andere Nasenloch einführen. Gelingt auch dies nicht ohne Widerstand, den nächstdünneren Tubus verwenden.

Im Gegensatz zu Guedeltuben werden Wendltuben auch von Patienten mit erhaltenen Schutzreflexen i. d. R. gut toleriert.
Trotz vorsichtigem Einführen kann es zu Verletzungen der Nasenschleimhaut kommen mit der **Gefahr** von Blutungen und einer pulmonalen Aspiration. Zu tief eingeführte Wendltuben (zu lange Tuben) können starken Würgereiz mit der Gefahr von Erbrechen und nachfolgender Aspiration sowie einen Laryngospasmus auslösen (➤ 4.2.11).
Bei der Übernahme eines Patienten mit liegendem Wendltubus muss die Durchgängigkeit überprüft werden, da es leicht zu Verkrustungen im Innenlumen kommen kann. Der Wendltubus muss mindestens einmal täglich gewechselt werden, bei Bedarf häufiger.

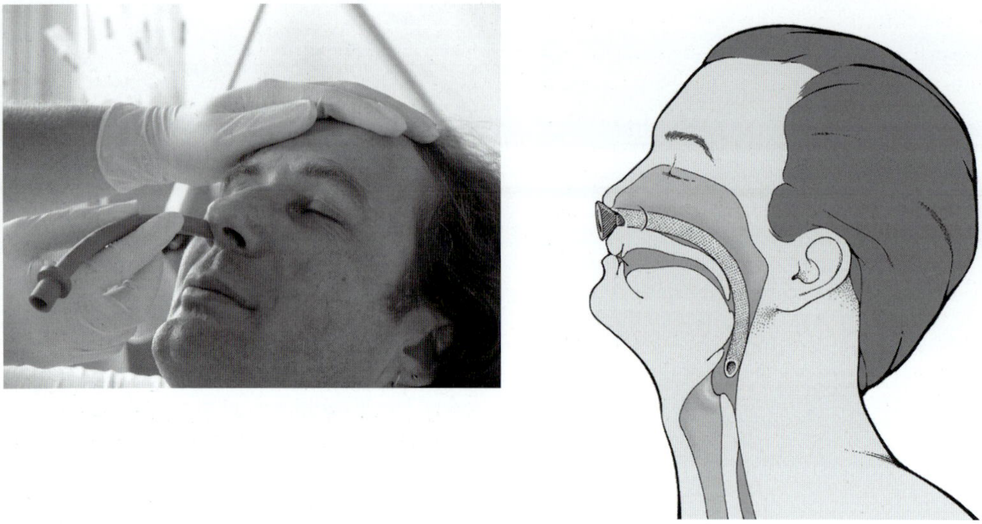

Abb. 3.10 Einführen (links) und richtige Lage (rechts) eines Wendltubus. [M251, R103]

3.2 Manuelle Beatmung

Bei der **manuellen Beatmung** (Beatmung „von Hand“) wird mit Hilfe eines Beatmungsbeutels Luft über eine Gesichtsmaske, eine Larynxmaske, einen Endotrachealtubus oder eine Trachealkanüle in die Lunge des Patienten geblasen. Im klinischen Sprachgebrauch wird der Begriff manuelle Beatmung überwiegend für die Beatmung mit Beatmungsbeutel und -maske verwendet.

Endotrachealtuben ➤ *4.2.2*
Trachealkanülen ➤ *4.3.2*

3.2.1 Beatmungsbeutel und Beatmungsmasken

Beatmungsbeutel

Beatmungsbeutel werden im klinischen Sprachgebrauch oft entsprechend des jeweiligen Herstellers benannt, z. B. Ambu-Beatmungbeutel (kurz Ambubeutel).

Beatmungsbeutel sind i. d. R. aus Kunststoff gefertigt. Die Beutel sind so aufgebaut, dass der Anwender mit einer Hand die Luft aus dem Beutel pressen kann. Nach dem Ausdrücken dehnen sich die Beutel von selbst vollständig aus und füllen sich dabei mit Luft. Beatmungsbeutel sind in verschiedenen Größen mit jeweils unterschiedlichen Hubvolumina verfügbar, z. B. Baby-Beutel mit ca. 200 ml Hubvolumen, Kinderbeutel mit ca. 350 ml Hubvolumen und Beutel für Erwachsene mit ca. 1000 ml Hubvolumen (die Hubvolumina variieren abhängig von der Herstellfirma). Bei den neueren **Kombibeuteln** ist der Beutel in verschiedene Segmente unterteilt. Mit diesen Beatmungsbeuteln können sowohl Kinder als auch Erwachsene mit den passenden Volumina beatmet werden (z. B. HanauLife® Beatmungsbeutel der Firma Wero-medical oder Combibag® Beatmungsbeutel der Firma Weinmann).

An einem Ende des Beatmungsbeutels ist ein Ansaugventil (Einwegventil) angebracht, über das nach Ausdrücken des Beutels Raumluft angesaugt wird oder an das ein O_2-Reservoirbeutel angeschlossen werden kann. Außerdem befindet sich hier ein Anschlussstutzen für den Sauerstoffschlauch. Am anderen Ende des Beatmungsbeutels ist das auswechselbare **Nicht-Rückatemventil** angebracht, das an die Gesichtsmaske, den Tubus oder die Trachealkanüle angeschlossen werden kann. Dieses Ventil gewährleistet, dass die Exspirationsluft des Patienten nicht zurück in den Beutel gelangen kann, sondern in die Umgebung abströmt. Die Atemventile von Beatmungsbeuteln für Säuglinge und Kinder sind immer mit Überdruckventilen ausgestattet, die einen zu hohen Beatmungsdruck verhindern. Bei Beatmungsbeuteln für Erwachsene gibt es Atemventile mit oder ohne Überdruckventil. So ist beispielsweise der Combibag® Beatmungsbeutel mit einem zweistufigen Sicherheitsventil ausgestattet, das den Beatmungsdruck wahlweise auf 20 mbar (für die Maskenbeatmung bzw. die Beatmung von Kindern) oder 60 mbar (für die Beatmung von Erwachsenen über Endotrachealtubus) begrenzt.

Meist besteht die Möglichkeit, an das Atemventil des Beatmungsbeutels ein PEEP-Ventil aufzusetzen oder am Ventil einen PEEP einzustellen. Dies ist vor allem bei der vorübergehenden manuellen Beatmung von Patienten wichtig, die mit PEEP beatmet werden (Beatmung mit PEEP ➤ 5.2.4).

Einweg-Beatmungsbeutel (z. B. Ambu SPUR II oder Laerdal The BAG™) kommen insbesondere im Rettungsdienst zum Einsatz bzw. sind dort sinnvoll, wo ein Beatmungsbeutel zwar bereitgehalten werden muss, jedoch in der Praxis selten eingesetzt wird.

An jedem Bett eines beatmeten Patienten muss jederzeit ein funktionsbereiter Beatmungsbeutel zur Verfügung stehen, um den Patienten im Bedarfsfall, z. B. bei technischen Defekten am Respirator, manuell beatmen zu können. Am Beatmungsbeutel besteht die Möglichkeit ein O_2-Reservoir anzubringen, so dass der Patient mit 100% Sauerstoff beatmet werden kann. Zu empfehlen ist, dass zusätzlich auch eine passende Beatmungsmaske bereit liegt, um im Fall einer unbeabsichtigten Extubation oder Dekanülierung eine Masken-Beutelbeatmung vornehmen zu können.

Auf vielen Intensivstationen wird an jedem Patientenbettplatz – auch bei nicht beatmeten Patienten – ein Beatmungsbeutel mit einer passenden Beatmungsmaske für den Notfall bereitgehalten. Wo dies nicht üblich ist, müssen Beatmungsbeutel und -masken in Reichweite bereit liegen.

Die Pflegenden vergewissern sich jeweils zu Schichtbeginn, dass Beatmungsbeutel und -masken vorhanden sind und überprüfen den Beatmungsbeutel auf seine Funktionsfähigkeit (erfolgt auf manchen Stationen vor dem Verpacken und Sterilisieren).

Funktionskontrolle

Um zu gewährleisten, dass der am Patientenbett bereitgehaltene Beatmungsbeutel funktionstüchtig ist, muss eine **Funktionskontrolle** durchgeführt werden. In den meisten Kliniken erfolgt dies, wenn der

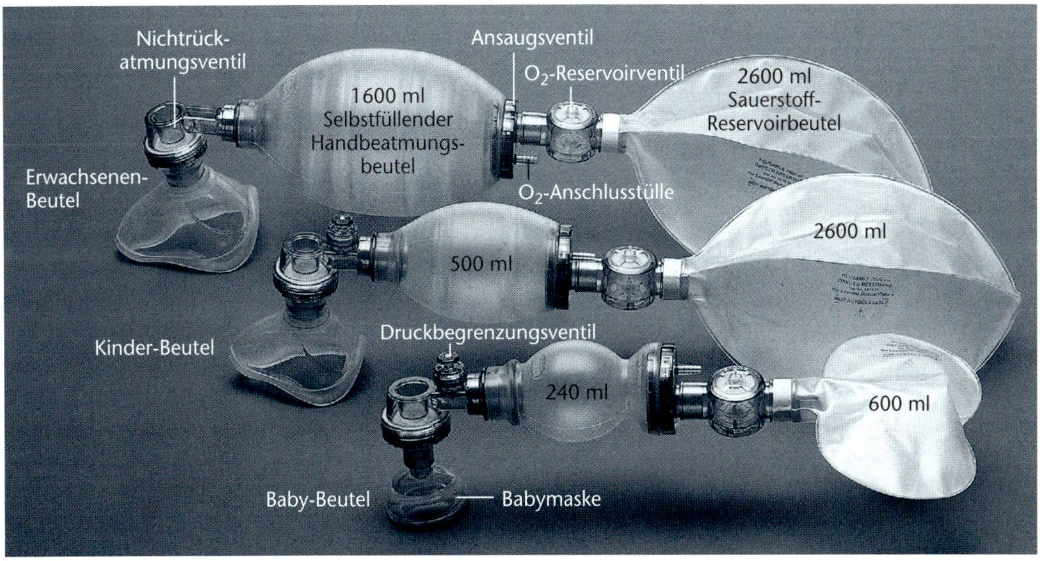

Abb. 3.11 Verschieden große Beatmungsbeutel, hier Beutel der Firma Laerdal für Säuglinge, Kinder und Erwachsene. Die Beatmungsbeutel sind jeweils mit einem Reservoirbeutel versehen, dadurch ist eine manuelle Beatmung mit höherer Sauerstoffkonzentration möglich (➤ Tab. 3.2). [V089]

Beutel gewechselt wird, d. h. wenn ein Beatmungsbeutel neu am Patientenbett deponiert wird, und zusätzlich meist auch jeweils zu Schichtbeginn.

Zur Funktionskontrolle gehört die Überprüfung von:

- Ansaugventil: Nach dem Ausdrücken des Beutels muss dieser sich selbst wieder entfalten. Beim Abdichten des Ansaugventils und des O_2-Stutzens darf er sich nicht selbst füllen. Beim Öffnen des O_2-Stutzens kann er sich langsam und beim Öffnen des Ansaugventils muss er sich schnell wieder füllen
- Nicht-Rückatemventil: Beim Ausdrücken des Beutels (bei angebrachter Testlunge am Ventilauslass) muss sich das Atemventil zur Testlunge hin öffnen. Die Testlunge muss sich langsam füllen. Während dem Ausdrücken der Testlunge muss das Ventil geschlossen bleiben
- Dichtigkeit des Beutels: Atemventil zuhalten, gleichzeitig den Beatmungsbeutel leicht zusammendrücken und prüfen, ob Luft aus dem Beutel verloren geht
- Druckbegrenzungsventil: Prüfung wie oben, jedoch den Beutel kräftig zusammendrücken. Dabei muss Luft aus dem Überdruckventil entweichen. Im Zweifelsfall Druckmanometer an den Ventilauslass anschließen und Beutel kräftig ausdrücken. Dabei muss das Manometer 35 – 45 cm-H_2O anzeigen.

Beatmungsmasken

Beatmungsmasken gibt es als Nasen- oder Gesichtsmasken. Für die manuelle Beatmung werden **Gesichtsmasken** verwendet. Diese umschließen Mund und Nase des Patienten. **Nasenmasken** umschließen nur die Nase und werden vor allem für die nicht-invasive Beatmung und für nasal-CPAP (Nasen-CPAP ➤ 5.3.5) verwendet. Detaillierte Informationen zu Aufbau und Anwendung von Nasenmasken finden sich in Kapitel 5.4.1.

Gesichtsmasken für die manuelle Beatmung bestehen aus Gummi oder Kunststoff (meist Silikon). Die Größen und Größenbezeichnungen der Masken variieren abhängig vom Hersteller (z. B. Rüsch® 1 – 3, Dräger® 1 – 4 und Ambu® 1 – 6). Bevorzugt werden Masken aus durchsichtigem Kunststoff verwendet. Dies hat den Vorteil, dass das Beschlagen der Maskeninnenwand (Maskendom) während der Exspiration beobachtbar ist und ein eventuelles Erbrechen während der Beatmung rasch bemerkt werden kann.

Gesichtsmasken für Erwachsene haben meist einen weichen, teils aufblasbaren Randwulst, der es ermöglicht, die Maske den Gesichtskonturen des Patienten anzupassen und sie gleichzeitig gegen die Außenwelt abzudichten (➤ Abb. 3.12). Alle Masken haben einen genormten Anschlussstutzen (22 mm ID), an den das Atemventil des Beatmungsbeutels bzw. die Beatmungsschläuche angeschlossen werden können. Meist verfügen diese Masken auch über Vorrichtungen zum Befestigen von *Haltebändern* (z. B. mit Häkchen versehene Ringe, die um den Anschlussstutzen gelegt werden). Damit können die Masken längerfristig (z. B. zum Masken-CPAP) so am Kopf des Patienten befestigt werden, dass Mund und Nase dicht umschlossen sind.

Tab. 3.2 Resu®-Beatmungsbeutel. Richtwerte der verschiedenen Beutelgrößen.

	Beatmungsbeutel für Erwachsene	Beatmungsbeutel für Kinder	Babybeutel
Gewicht des Patienten	> 30 kg	7 – 30 kg	< 7 kg
Rauminhalt des Beutels	1600 ml	500 ml	240 ml
Maximales Tidalvolumen	1000 ml	350 ml	205 ml
Volumen Reservoirbeutel	2600 ml	2600 ml	600 ml
Maximale Beatmungsfrequenz	96/Min.	196/Min.	197/Min.
Kompression mit	ganzer Hand	ganzer Hand	Daumen und 2 – 3 Finger
Der **Totraum der Patientenventile** beträgt **7 ml** bei allen Beutelgrößen			

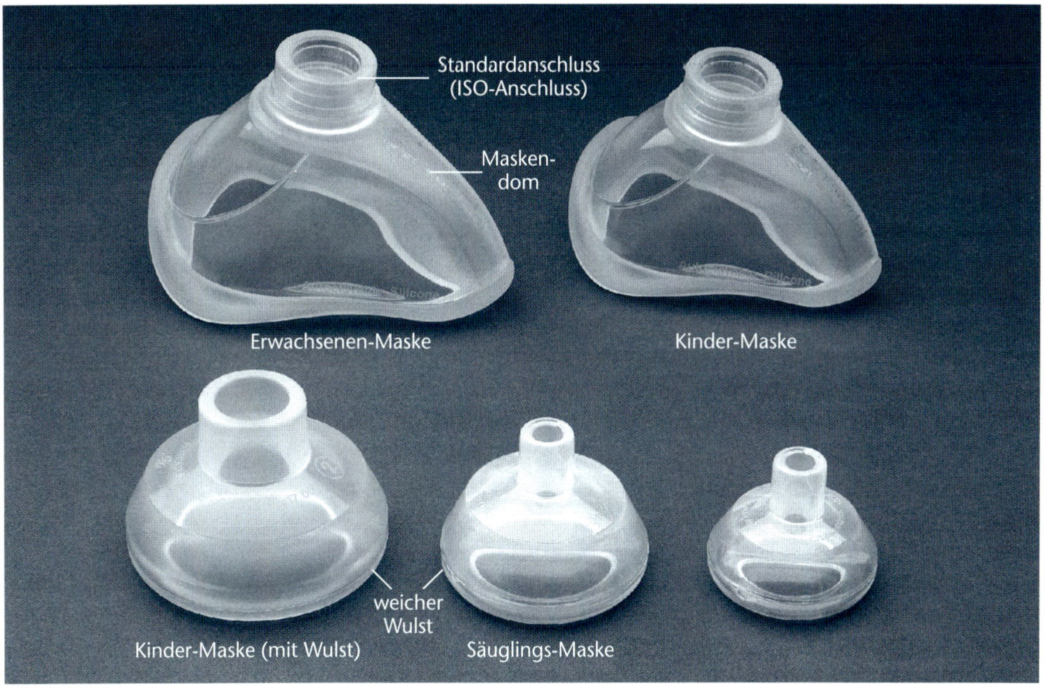

Abb. 3.12 Verschieden große Gesichtsmasken für Erwachsene, Kinder und Säuglinge. [V089]

Gesichtsmasken für Kinder: Für Früh- und Neugeborene, Säuglinge und Kleinkinder werden spezielle Masken mit minimalem Totraum bevorzugt (*Rendell-Baker-Masken*; Größen 0 – 3). Diese Masken passen sich der typischen kindlichen Gesichtskontur an. Alternativ stehen für kleine Kinder runde Masken mit weichem Wulst zur Verfügung.

> Bei der Maskenbeatmung erhöht sich der funktionelle Totraum (➤ 1.2.1) des Patienten um das Totraumvolumen der Maske (Luftmenge zwischen Innenwand der Maske und Gesicht des Patienten). Dies ist vor allem für kleine Kinder, Säuglinge und Neugeborene relevant. Daher werden bei diesen Patienten besondere Masken mit kleinstmöglichem Totraum verwendet.

3.2.2 Kuhn-System

Definition

Kuhn-System: Beatmungssystem ohne Ventile für die manuelle Beatmung insbesondere von Kindern bis etwa 20 kg Körpergewicht. Der Frischgasflow muss mindestes das 2,5 – 3-fache des Atemminutenvolumens des Patienten betragen.

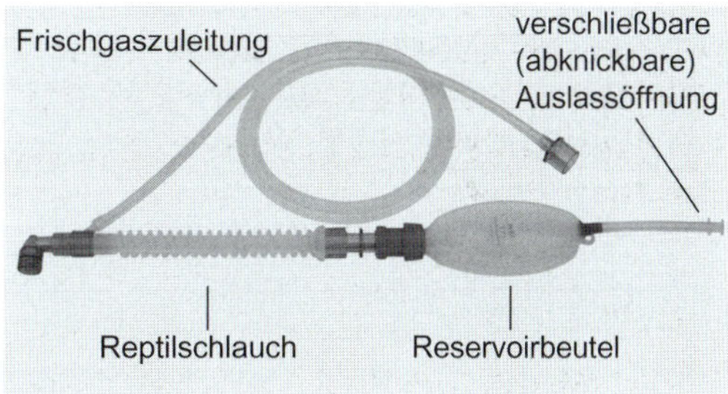

Abb. 3.13 Aufbau des Kuhn-Systems. [V348]

Abb. 3.13 zeigt den Aufbau des Kuhn-Systems.

Das Kuhn-System wird überwiegend zur manuellen Beatmung von Kindern bis ca. 20 kg Körpergewicht eingesetzt. Es können jedoch auch Patienten mit höherem Körpergewicht damit beatmet werden. Dann müssen größere Beutel (bis 2,3 l) verwendet werden. Das Kuhn-System kann auch zur Spontanatmung (z. B. bei der Narkoseeinleitung) verwendet werden. Dann wird die Maske dem Patienten lediglich vorgehalten und er atmet Luft aus dem

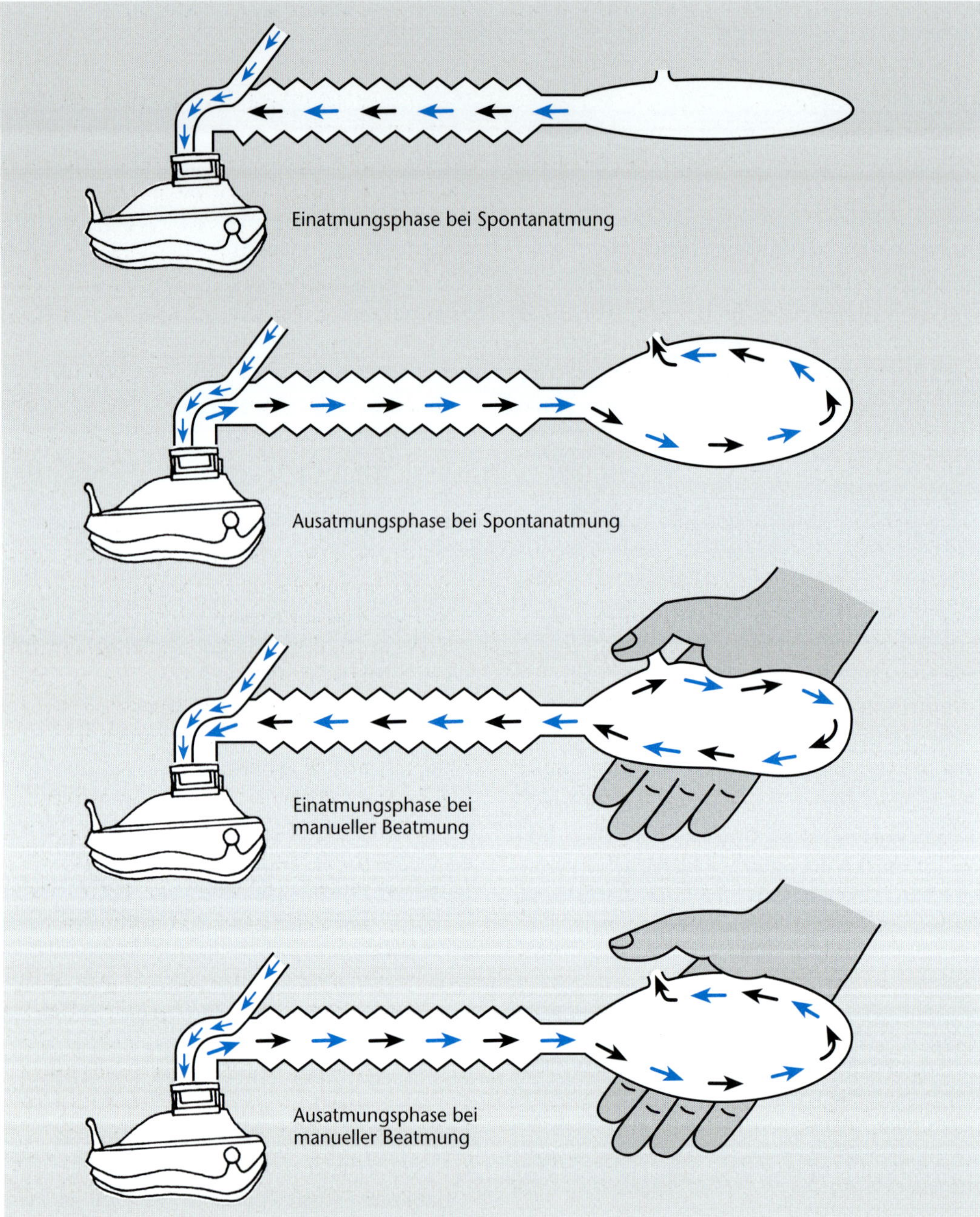

Abb. 3.14 Funktionsprinzip des Kuhn-Systems (blaue Pfeile = Frischgas, schwarze Pfeile = Ein- bzw. Ausatemluft). Bei der manuellen Beatmung strömt während der Exspiration die Ausatemluft des Patienten zusammen mit dem Frischgas in den Atembeutel. Über die Auslassöffnung im Atembeutel strömt ein Teil des Gemisches aus Exspirationsluft und Frischgas in die Umgebung. Während der Inspiration wird die Auslassöffnung verschlossen und der Atembeutel komprimiert. Dadurch gelangt Luft aus dem Atembeutel und Frischgas in die Lunge des Patienten.

Kuhn-System ein und auch in das System hinein aus.

Die **Vorteile** des Kuhn-Systems sind der einfache Aufbau, das geringe Gewicht, der geringe Atemwiderstand und der minimale Totraum (ca. 7 ml). Das System ist sterilisierbar (Angaben des Herstellers beachten).

Manuelle Beatmung mit dem Kuhn-System

Bei der manuellen Beatmung mit dem Kuhn-System wird die Auslassöffnung im Beatmungsbeutel während der Inspiration mit dem Daumen verschlossen (oder der Schlauch abgeknickt ➤ Abb. 3.13) und der Beutel entsprechend dem zu verabreichenden Volumen komprimiert. Während der Exspiration wird die Auslassöffnung freigegeben (Funktionsprinzip des Kuhn-Systems ➤ Abb. 3.14), wobei das Ausatemgas zusammen mit dem nachströmenden Frischgas wieder in den Atembeutel und teilweise aus der Öffnung im Beatmungsbeutel in die Raumluft entweicht. Beim Einsatz des Systems in der Anästhesie muss daher für die Narkosegasfortleitung gesorgt werden, sobald Inhalationsanästhetika verwendet werden (z. B. in Form eines Überbeutels, der an die Narkosegasabsaugung angeschlossen ist). Zusätzlich ist bei Narkosen mit dem Kuhn-System ein zusätzliches Atemgasmonitoring (CO_2-Messung) erforderlich.

Sobald der Anwender die Auslassöffnung des Beatmungsbeutels verschließt, steigt durch den Frischgasstrom der Druck im Kuhn-System und damit, da keine Ventile vorhanden sind, auch in der Lunge des Patienten an.

Spontanatmung über das Kuhn-System

Bei Spontanatmung über das Kuhn-System bleibt die Auslassöffnung im Beatmungsbeutel während In- und Exspiration immer offen. Während der Inspiration strömt Frischgas aus der Frischgasleitung über ein Rohr im Maskenkrümmer in die Maske. Bei der Exspiration fließt die ausgeatmete Luft zusammen mit frisch zuströmendem Gas über den Faltenschlauch in den Atembeutel und entweicht über die Auslassöffnung im Beatmungsbeutel.

3.2.3 Technik der manuellen Beatmung

Manuelle Beatmung mit Gesichtsmaske und Beatmungsbeutel

Zur manuellen Beatmung mit Gesichtsmaske und Beatmungsbeutel steht man am günstigsten hinter dem Kopf des Patienten, also am Kopfende des Patientenbettes. Zur manuellen Beatmung eines intubierten oder tracheotomierten Patienten ist dies nicht notwendig. Zur **Durchführung** der Masken-Beutel-Beatmung geht man wie folgt vor:

- Passenden Beatmungsbeutel (Erwachsenen-, Kinder- oder Babybeutel ➤ 3.2.1) falls erforderlich mit der Sauerstoffzufuhr bzw. einem Sauerstoff-Reservoirbeutel verbinden und Sauerstoffflow einstellen
- Passende Maske (diese muss Nase und Mund vollständig umschließen) fest mit dem Atemventil des Beatmungsbeutels verbinden (Masken- und Beutelachse stehen rechtwinklig zueinander)
- Sicherstellen, dass die oberen Atemwege des Patienten frei sind (kein Fremdkörper, z. B. zurückgerutschte Zahnprothese, im Mund-Rachen-Raum). Ggf. obere Atemwege freimachen
- Kopf lagern und Maske fixieren:
  - Den Kopf des Patienten leicht überstrecken („Schnüffelposition" oder verbesserte Jackson-Position, ➤ Abb. 4.19). Esmarch-Handgriff durchführen (➤ 3.1.1) und diesen mit Mittel-, Ring- und kleinem Finger der linken Hand halten
  - Mit der rechten Hand die Gesichtsmaske an der Nasenwurzel aufsetzen und nach unten klappen
  - Mit Daumen und Zeigefinger der linken Hand die Maske fest auf das Gesicht des Patienten halten. Daumen und Zeigefinger umfassen dabei den Maskenkonus C-förmig, daher wird dieser Griff auch *C-Griff* genannt (➤ Abb. 3.15)
- Patienten beatmen. Dazu mit der rechten Hand den Beatmungsbeutel rhythmisch komprimieren. Zwischen den Inspirationen auf genügend Zeit für die Ausatmung des Patienten und das wieder Befüllen des Beatmungsbeutels achten. Beatmungsfrequenz und -hubvolumen richten sich nach den patientenspezifischen Erfordernissen, entscheidend sind vor allem Alter und Körpergewicht des Patienten.

Tab. 3.3 Beispiele von erreichbaren O_2-Konzentrationen bei der manuellen Beatmung mit dem Ambu®-Mark IV-Beatmungsbeutel (Firma Ambu GmbH).

O_2-Flow (l/Min.)	Atemhubvolumen (ml) x Beatmungsfrequenz (pro Minute) O_2-Konzentration in %			
Beatmung ohne Reservoirbeutel				
	250 x 12	**600 x 12**	**750 x 12**	**1 000 x 12**
2	34	28	27	26
5	44	34	32	31
10	60	44	39	39
15	82	54	52	46
Beatmung mit Reservoirbeutel				
	250 x 12	**600 x 12**	**750 x 12**	**1 000 x 12**
2	74	43	38	34
5	100	76	65	57
10	100	100	100	87
15	100	100	100	100

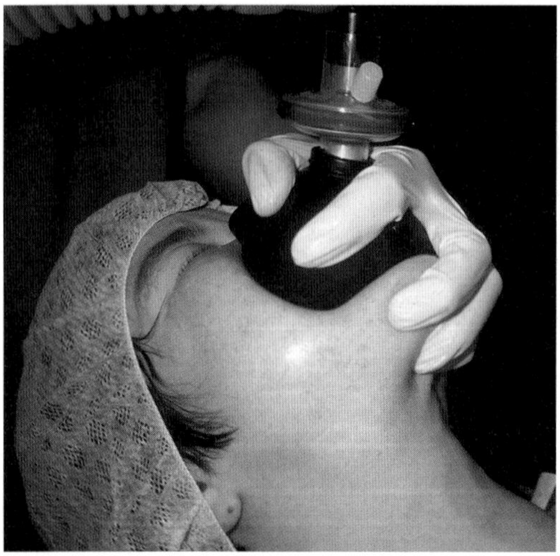

Abb. 3.15: Manuelle Beatmung mit Beatmungsbeutel und Gesichtsmaske. Der C-Griff (Daumen und Zeigefinger umgreifen den Maskenkonus C-förmig) ermöglicht es, die Maske längere Zeit dicht auf Mund und Nase des Patienten halten zu können. [M115]

Alle Pflegenden einer Intensivstation müssen die Technik der manuellen Beatmung erlernen und sicher beherrschen, um sie im Notfall unverzüglich einsetzen zu können.

Erreichbare O_2-Konzentration bei der manuellen Beatmung

Die erreichbare O_2-Konzentration bei der manuellen Beatmung mit Maske und Beatmungsbeutel ist abhängig vom eingestellten O_2-Flow, dem Atemhubvolumen, der Beatmungsfrequenz und einem evtl. zusätzlich eingesetzten Reservoirbeutel zur Beatmung. ➢ Tab. 3.3 zeigt beispielhaft die Sauerstoffkonzentration bei verschiedenen Atemhubvolumina und Beatmungsfrequenzen, jeweils mit und ohne Verwendung eines Reservoirbeutels.

Wirksamkeit der manuellen Beatmung kontrollieren

Während der manuellen Beatmung den Patienten beobachten. Für eine wirksame manuelle Beatmung sprechen folgende Kriterien:

- Der Thorax des Patienten hebt sich während der Inspiration und senkt sich während der Exspiration
- Die Maskenkuppel beschlägt während der Exspiration für kurze Zeit
- Das Nicht-Rückatemventil öffnet sich während der Inspiration und ist während der Exspiration verschlossen
- Sauerstoffsättigung bessert sich bzw. ist im Normbereich
- Gesicht und Lippen des Patienten sind rosig bzw. vorbestehende Zeichen einer respiratorischen Insuffizienz bessern sich.

In Ausnahmefällen wird zusätzlich eine BGA durchgeführt (Werte für pO_2 und pCO_2 sollten im Normbereich sein, ➤ 2.4.2).

Schwierigkeiten bei der manuellen Beatmung

- Bei hohem Beatmungsdruck Kopf etwas mehr überstrecken. Falls noch nicht erfolgt Guedeltubus einlegen
- Bei Undichtigkeit zwischen Maskenrand und Gesicht C-Griff lösen und Finger neu anlegen. Besteht Leck weiter, Maske neu auf dem Gesicht positionieren. Ggf. größere oder kleinere Maske verwenden
- Besonders schwierig ist die Masken-Beutel-Beatmung bei zahnlosen oder kachektischen Patienten. Hier die Maske ggf. mit beiden Händen halten (doppelter C-Griff, d. h. rechte Hand bildet spiegelbildliches C) und durch weitere Person Beatmung vornehmen lassen
- Bei schwerwiegenden Verletzungen oder Missbildungen im Gesichtsbereich ist eine manuelle Beatmung mit Gesichtsmaske evtl. unmöglich. Diese Patienten müssen dann ggf. notfallmäßig intubiert werden
- Eine **schwierige Maskenbeatmung** ist zu erwarten, wenn der Patient mind. 2 der folgenden Kriterien erfüllt:
  - Adipositas (BMI > 30 kg/m^2)
  - Fehlende Zähne
  - Vollbart
  - Lebensalter > 55 Jahre
  - Schnarchen in der Anamnese.

Achtung

- Bei der Masken-Beutel-Beatmung besteht **Aspirationsgefahr** durch Insufflation von Luft in den Magen, insbesondere wenn der Beatmungsdruck über 15 – 20 mbar ansteigt (dann ist der Ösophagusverschlussdruck überschritten). Die Masken-Beutel-Beatmung darf deshalb bei nicht-nüchternen Patienten (Kriterien ➤ 4.2.9) nur mit äußerster Vorsicht und nach Ausschöpfen aller Alternativen eingesetzt werden. Dann ist darauf zu achten, dass ein hoher Beatmungsdruck, große Tidalvolumina, eine rasche Inspiration und ein PEEP vermieden werden. War die manuelle Beatmung schwierig, sollte der Patient nach erfolgter Intubation eine Magensonde erhalten, um die eventuell insufflierte Luft wieder aus dem Magen entweichen zu lassen
- Vorsicht ist geboten bei Patienten mit
  - Frontobasaler Schädelfraktur wegen Gefahr der zerebralen Luftinsufflation
  - Laryngozele (Erweiterung einer Ausbuchtung im Kehlkopfraum) wegen Gefahr der vollständigen Verlegung der Atemwege auf Glottisebene
  - HWS-Erkrankungen oder -Verletzungen wegen Gefahr einer Rückenmarkschädigung beim Überstrecken des Kopfes
- Ist kein funktionsfähiger Beatmungsbeutel verfügbar, im Notfall ggf. mit einer Atemspende (Mund-zu-Mund oder Mund-zu-Nase) beginnen, bis ein geeigneter Beatmungsbeutel verfügbar ist.

Aufbereitung von Beatmungsbeuteln und Gesichtsmasken

Beatmungsbeutel einschließlich Nicht-Rückatemventil und Beatmungsmasken müssen nach Gebrauch entsprechend der jeweiligen Herstellerangaben aufbereitet werden. In welchen Zeitabständen die Beatmungsbeutel und -masken aufbereitet werden ist von Klinik zu Klinik sehr unterschiedlich. Häufig wird wie folgt vorgegangen:

- Werden zur manuellen Beatmung eines intubierten oder tracheotomierten Patienten Beatmungsfilter (➤ 5.6.3) verwendet (d. h. auf das Nicht-Rückatemventil wird ein Beatmungsfilter gesteckt, der dann bei der manuellen Beatmung zwischen Ventil und Tubus bzw. Trachealkanüle sitzt), muss lediglich der Beatmungsfilter nach Herstellerangaben (z. B. alle 24 Stunden) ausgewechselt werden. Beatmungsbeutel einschließlich Nicht-Rückatemventil werden meist einmal wöchentlich gewechselt bzw. spätestens dann, wenn sie beim Patienten nicht mehr benötigt werden
- Werden keine Beatmungsfilter verwendet, wird das Nicht-Rückatemventil alle 24 – 48 Stunden (in manchen Häusern auch nur einmal wöchentlich) bzw. bei Verschmutzung (z. B. mit Sekret) öfter gewechselt. Der Beatmungsbeutel wird meist einmal in der Woche gewechselt
- Gesichtsmasken werden meist alle 24 – 48 Stunden gewechselt (nur wenn sie benutzt werden. Falls sie nur vorsorglich, d. h. für den Notfall am Patientenbett liegen, ist ein regelmäßiger Wechsel nicht notwendig).

KAPITEL

4 Endotracheale Intubation und Tracheotomie

Definition

Bei der **Intubation** wird ein Endotrachealtubus entweder über den Mund (orale Intubation ➢ 4.2.5) oder über die Nase (nasale Intubation ➢ 4.2.5) i. d. R. unter Sicht durch den Kehlkopf hindurch in die Trachea vorgeschoben. Die Spitze des Endotrachealtubus samt dem Cuff (➢ 4.2.2), der den Tubus zur Trachealwand hin abdichtet, liegt unterhalb der Stimmritze.

Bei der **Tracheotomie** wird eine Trachealkanüle von außen durch die Haut hindurch in die Trachea eingeführt. Meist als *sekundäre Tracheotomie* (➢ 4.3), selten als *primäre Tracheotomie* (➢ 4.3). Das Tracheostoma (Verbindungsstelle zwischen Außenwelt und Trachea) liegt unterhalb des Kehlkopfes, d. h. die Trachealkanüle befindet sich im Gegensatz zum Endotrachealtubus *nicht* im Kehlkopf und zwischen den Stimmbändern. Die Trachealkanüle behindert den Patienten daher weniger stark beim Schlucken. Mit speziellen Trachealkanülen bzw. Kanülenaufsätzen kann der tracheotomierte Patient evtl. sprechen.

4.1 Indikationen zur endotrachealen Intubation und Tracheotomie

Häufigste Indikation für eine endotracheale Intubation oder Tracheotomie in der Intensivmedizin ist die Notwendigkeit einer maschinellen Beatmung, etwa wegen massiver respiratorischer Insuffizienz (➢ Kapitel 2). Daneben ist eine Intubation oder Tracheotomie indiziert zum Freihalten der Atemwege, etwa bei zunehmendem Ödem im Larynxbereich, sowie zum Schutz vor Aspiration bei fehlenden Schutzreflexen und zur Erleichterung des endotrachealen Absaugens.

Tab. 4.1 Indikationen, Vorteile und Nachteile von endotrachealer Intubation und Tracheotomie.

	Orale Intubation	Nasale Intubation	Tracheotomie
Indikationen (auch ➢ 4.1)	• Zugangsweg der Wahl bei Intubation im Notfall • Kurzdauernde Intubation (7 – 10 Tage)	• Verletzungen, Erkrankungen und OPs von Mund, Kiefer und Zähnen	• Langzeitbeatmung • Notfalltracheotomie (Koniotomie ➢ 4.3.5) bei Verlegungen der oberen Luftwege z. B. durch Ödem infolge Verletzungen • Bei Z. n. Laryngektomie
Vorteile	• Technisch relativ einfach und rasch durchführbar • Im Vergleich zur nasalen Intubation können kürzere und großlumigere Tuben verwendet werden (geringerer Strömungswiderstand, ➢ 1.2.1)	• Mundpflege einfach durchführbar • Sichere Tubusfixierung möglich • Wird vom wachen Patienten besser toleriert als oraler Tubus	• Mundpflege einfach durchführbar • Sichere Fixierung der Trachealkanüle möglich • Keine Larynxschäden • Wird vom wachen Patienten besser toleriert als Endotrachealtubus • Bei erhaltenen Schutzreflexen ist Essen und Trinken möglich, mit speziellen Kanülen oder Kanülenaufsätzen ist Sprechen möglich • Kleinerer Totraum • Großlumige Trachealkanülen möglich (geringer Strömungswiderstand, ➢ 1.2.1)
Nachteile	• Wird vom wachen Patienten schlechter toleriert als nasaler Tubus oder Trachealkanüle • Mundpflege ist schlechter durchführbar • Tubusfixierung ist schwieriger • Gefahr von Larynxschäden	• Technisch schwieriger und zeitaufwändiger als orale Intubation • Im Vergleich zur oralen Intubation sind längere Tuben mit geringerem Tubuslumen erforderlich (höherer Strömungswiderstand, ➢ 1.2.1) • Gefahren: Verletzungen der Nasenschleimhaut, Larynxschäden, **Sinusitis** (Entzündung der Nasennebenhöhlen)	• Invasiver Eingriff • Gefahren: Blutung, Infektion, Schleimhautläsion durch schlecht sitzende Trachealkanülen, evtl. mit nachfolgender Ausbildung narbiger Stenosen • Tracheomalazie (Erweichung der Knorpelspangen der Luftröhre als Folge einer Kompression) • Sichtbare Narbe

Wegen der Gefahr der Sinusitis (mögliche Sepsisquelle) wird nur sehr zurückhaltend nasal intubiert und alternativ ein oraler Tubus auch längerfristig belassen bzw. frühzeitig eine Tracheotomie vorgenommen.
Auch der optimale Zeitpunkt für eine sekundäre Tracheotomie ist umstritten. In manchen Kliniken wird – sobald eine längerfristige Beatmungsdauer absehbar ist – schon nach wenigen Tagen tracheotomiert, in anderen wird zunächst längerfristig über einen oralen bzw. nasalen Tubus beatmet.

Der günstigste Zeitpunkt für eine sekundäre Tracheotomie ist nach wie vor umstritten. Die *Consensus Conference of artificial Airways in Patients receiving mechanical Ventilation* der American Association for Respiratory Care empfiehlt folgendes Vorgehen:

- Wenn der künstliche Atemweg voraussichtlich weniger als 7 – 10 Tage erforderlich ist, sollte die translaryngeale Intubation bevorzugt werden
- Nach Ablauf von 7 Tagen soll eingeschätzt werden, ob der Patient innerhalb der nächsten 7 – 10 Tage extubiert werden kann. Ist dies voraussichtlich möglich, kann der Tubus belassen werden. Ist dies voraussichtlich nicht der Fall, sollte tracheotomiert werden
- Ist aller Wahrscheinlichkeit nach der künstliche Atemweg länger als 21 Tage erforderlich, sollte der Patient so früh wie möglich tracheotomiert werden
- Kann die Zeitdauer für den künstlichen Atemweg nicht eingeschätzt werden und besteht keine dringliche Indikation für eine frühe Tracheotomie, sollte täglich neu geprüft werden, ob eine Tracheotomie indiziert ist.

4.2 Orale und nasale Intubation

Definition

Orale Intubation: Intubation, bei der der Tubus unter Sicht (mittels Laryngoskop ➤ 4.2.1) in die Trachea vorgeschoben wird. Indiziert zur Beatmung im Notfall sowie zur Beatmung während einer Narkose, zur (kurzzeitigen) Beatmungstherapie und zu Untersuchungen.

Nasale Intubation: Intubation, bei der der Tubus über den unteren Nasengang in den Rachen und durch den Kehlkopf hindurch in die Trachea vorgeschoben wird. Indiziert zur längerfristigen Beatmungstherapie (umstritten) sowie zur Narkosebeatmung, wenn eine orale Intubation auf Grund der OP-Technik nicht möglich ist. Kontraindiziert bei Mittelgesichts- und Schädelbasisfrakturen sowie bei massiven Blutgerinnungsstörungen. Zwei Techniken:

- *Nasale Intubation unter Sicht.* Einstellen des Kehlkopfeingangs mittels Laryngoskop (➤ 4.2.1) und Vorschieben der Tubusspitze mittels Intubationszange (z. B. Magillzange ➤ 4.2.3)
- *Blinde nasale Intubation.* Voraussetzung ist, dass der Patient spontan atmet. Vorsichtiges Einführen des Tubus und Vorschieben jeweils während der Inspiration. Dabei auf das Atemgeräusch am Tubusansatz hören und Tubus bis zur entsprechenden Längenmarkierung in die Trachea vorschieben. Selten angewandte Technik.

Fiberoptische (bronchoskopische) Intubation ➤ 4.2.6

4.2.1 Laryngoskope

Laryngoskope dienen dem direkten Betrachten des Kehlkopfeingangs. Ein Laryngoskop besteht aus einem *Handgriff* und einem *Spatel:*

- Der **Handgriff** besteht aus Metall oder Kunststoff und ist außen rau oder geriffelt, um einen guten Halt zu gewährleisten und zu verhindern, dass er dem Anwender z. B. bei feuchten Händen aus der Hand rutscht. Am oberen Ende des Handgriffs befindet sich die Einrastvorrichtung für den Spatel. Im Inneren des Handgriffs befinden sich Batterien oder Akkus
- Der **Spatel** besteht ebenfalls meist aus Metall, selten aus Kunststoff. Bei den älteren Laryngoskopen befindet sich die Lichtquelle an der Spatelspitze (kleine Glühbirne). Bei den inzwischen überwiegend verwendeten **Fiberglaslaryngoskopen** (auch *Kaltlichtlaryngoskope* oder *Fiberoptiklaryngoskope*) befindet sich die Lichtquelle im Handgriff direkt unter der Gelenkstelle, und das

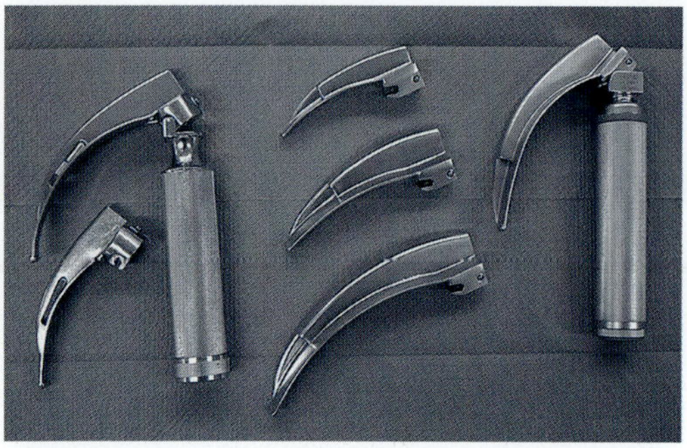

Abb. 4.1 Verschiedene gebräuchliche Laryngoskope. Links ein konventionelles Laryngoskop, rechts ein Fiberglaslaryngoskop (Kaltlichtlaryngoskop). [M251]

Licht wird von dort über Fiberglasbündel an die Spatelspitze weitergeleitet. Spatel gibt es in verschiedenen Formen und Größen für Kinder und Erwachsene.

Durch ein Scharniergelenk wird der Spatel fest mit dem Handgriff verbunden und eingerastet. Damit ist bei älteren Laryngoskopen die Licht- mit der Stromquelle verbunden, bei Fiberglaslaryngoskopen ist die Lichtweiterleitung hergestellt und das Laryngoskop ist funktionsbereit.

Wenn Laryngoskope nicht häufig im Gebrauch sind, ist der Einsatz von Batterien sicherer, da diese gegen Ende ihrer Betriebsdauer sichtbar an Leistung verlieren, erkennbar am zunehmend schwächer werdenden Licht. Akkus dagegen können plötzlich – schlimmstenfalls während der Intubation – ihren Dienst versagen, wenn sie über einen längeren Zeitraum nicht aufgeladen werden. Daher ist es bei Benutzung von akkubetriebenen Laryngoskopen wichtig, dass die Akkus in regelmäßigen Abständen neu aufgeladen werden.

Laryngoskopspatel

Laryngoskopspatel gibt es in verschiedenen Formen und Größen für Erwachsene und Kinder. Die verschiedenen Spatel sind jeweils nach ihren Konstrukteuren benannt, z. B. Macintosh-Spatel. Im Wesentlichen wird unterschieden zwischen *gebogenen* und *geraden* Spateln:

- **Gebogene Spatel** (z. B. nach Macintosh, Siker oder Mirror) sind gekrümmt und passen sich damit der Form der Zunge an. Gebogene Spatel werden so eingeführt, dass die Spatelspitze zwischen Zungengrund und Epiglottis (Kehldeckel) liegt. Durch Zug in Richtung des Handgriffs richtet sich die Epiglottis auf und die Stimmritze wird sichtbar. **Vorteile** des gebogenen Spatels sind: relativ viel Platz für den Tubus in der Mundhöhle, geringere Gefahr von Zahnschäden sowie von Quetschungen der Epiglottis. **Nachteil:** Bei kleinen Kindern ist das Aufrichten der (relativ langen) Epiglottis erschwert. Bei der Intubation von größeren Kindern und Erwachsenen werden i. d. R. gebogene Spatel verwendet
- **Gerade Spatel** (z. B. nach Miller, Jackson-Wisconsin oder Foregger) werden so eingeführt, dass die Epiglottis auf die Spatelspitze „aufgeladen" wird, d. h. die Spatelspitze drückt den Kehldeckel zum Zungengrund hin (➤ Abb. 4.2). Durch leichten Zug in Richtung des Handgriffs wird die Stimmritze sichtbar. Gerade Spatel werden überwiegend zur Intubation von Früh- und Neugeborenen sowie von kleinen Kindern verwendet, da damit die bei diesen Patienten relativ große Epiglottis leichter aufgerichtet werden kann und somit die Sicht auf die Stimmritze besser ist. Von **Vorteil** ist, dass der Tubus während des Einführens besser kontrolliert und insgesamt leichter eingeführt werden kann. **Nachteilig** sind die Gefahr der Schädigung der Schneidezähne sowie die Gefahr eines Glottisödems (insbesondere nach mehrfachem Aufladen der Epiglottis). Der Miller-Spatel ist gerade, lediglich die Spitze ist etwas gebogen. Im Gegensatz dazu ist der Jackson-Wisconsin-Spatel vollkommen gerade, wobei sich die Schienung für die Zunge zum distalen Ende hin verbreitert. Dieser Spatel kann nur eingesetzt werden, wenn sich der Mund ganz öffnen lässt.

Hebel-Laryngoskop nach McCoy®

Das **Hebel-Laryngoskop nach McCoy®** verfügt über einen speziellen Spatel, dessen Spitze beweglich ist. Sobald das Laryngoskop in die korrekte Position vorgeschoben ist, kann der Arzt über den außen angebrachten Hebel die Laryngoskopspitze anheben. Dadurch wird die Epiglottis angehoben und der Blick auf die Stimmritze wird frei (➤ Abb. 4.3). Das McCoy®-Laryngoskop wird vielfach eingesetzt bei Intubationsschwierigkeiten, etwa bei Patienten mit Struma oder mit kurzem, dickem Hals. In manchen Kliniken wird es wegen des Vorteils der geringeren Gefahr von Zahnschädigungen (falsches „Hebeln"

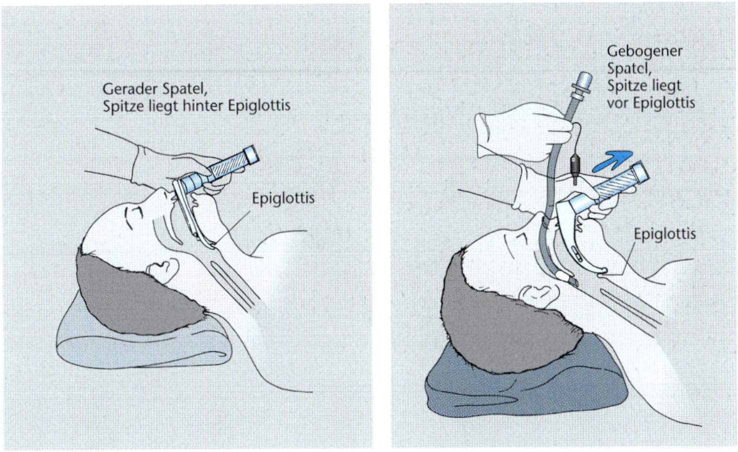

Abb. 4.2 Einstellen des Kehlkopfs mit Laryngoskop. Links mit geradem Spatel, rechts mit gebogenem Spatel. [L157, L190]

4

Tab. 4.2 Verschiedene Größen gebogener und gerader Spatel (hier *Macintosh*- und *Miller*-Spatel) sowie geeignete Patientengruppen.

Patientengruppe	Macintosh-Spatel		Miller-Spatel	
	Größe	Länge in cm	Größe	Länge in cm
Frühgeborene	–	–	Nr. 0	7,5
Neugeborene und Kleinkinder	Nr. 1	9	Nr. 1	10,2
Kinder	Nr. 2	10,8	Nr. 2	15,5
Erwachsene	Nr. 3	13	Nr. 3	19,5
Erwachsene (Überlänge)	Nr. 4	15,5	Nr. 4	20,5

wird vermieden) auch bei Routine-Intubationen verwendet.

Die Spatel für das Hebel-Laryngoskop nach McCoy® sind in vier verschiedenen Größen erhältlich.

Bullard-Laryngoskop®

Das **Bullard-Laryngoskop®** (➤ Abb. 4.4) ist eine Kombination aus normalem Kaltlicht-Handgriff und speziellem Spatel, der über eine Fiberglasoptik (vergleichbar der am Bronchoskop ➤ 8.7.4) sowie einen Arbeitskanal verfügt, über den gespült, abgesaugt, Sauerstoff verabreicht oder eine flexible Zange eingeführt werden kann.

Die fiberoptische Vorrichtung ermöglicht den (indirekten) Blick auf die Stimmritze. Mit der über den Arbeitskanal eingeführten flexiblen Zange kann der Tubus z. B. am Murphy-Auge gefasst und in den Kehlkopfeingang vorgeschoben werden.

Das Bullard-Laryngoskop® wird bei unerwartet schwieriger Intubation eingesetzt, wenn eine nasale fiberoptische Intubation nicht möglich ist. Die Intubation mit dem Bullard-Laryngoskop® ist technisch

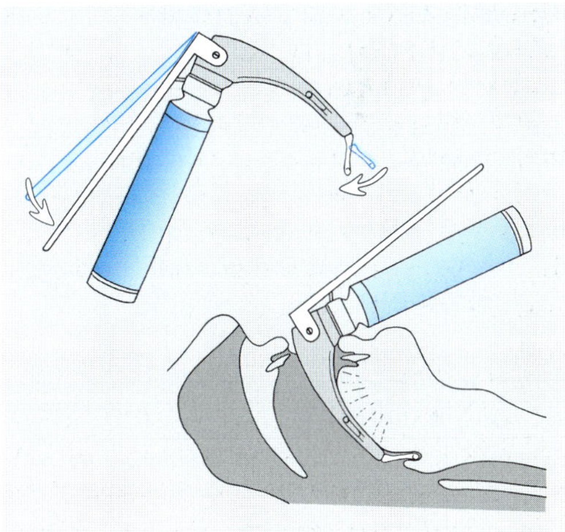

Abb. 4.3 Hebel-Laryngoskop nach McCoy®. [A300-157]

einfacher als die alternative orale fiberoptische Intubation, Voraussetzung ist jedoch Erfahrung im Umgang mit dem Gerät. Sie kann auch eingesetzt werden, wenn eine nur geringe Mundöffnung möglich ist oder eine eingeschränkte Beweglichkeit der HWS

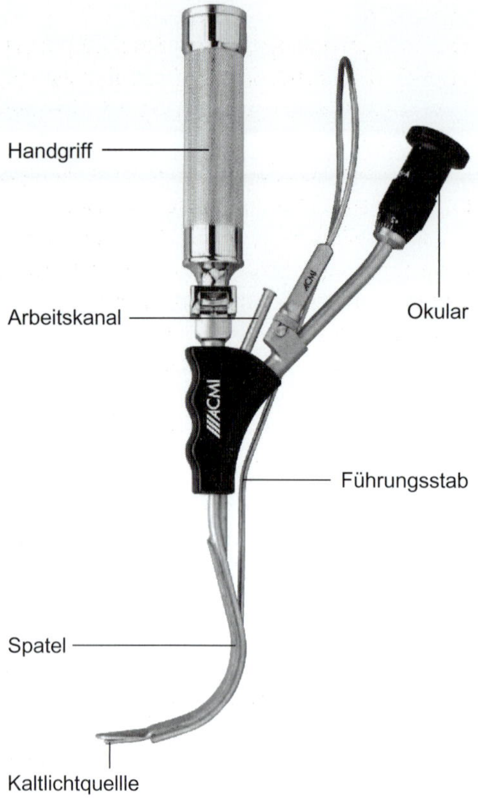

Abb. 4.4 Bullard-Laryngoskop®. [V453]

vorliegt bzw. der Kopf nicht überstreckt werden darf.

4.2.2 Endotrachealtuben

Aufbau eines Endotrachealtubus

Derzeit verwendete Endotrachealtuben bestehen überwiegend aus PVC (mit oder ohne Silikonbeimischung). Diese Tuben sind zum Einmalgebrauch bestimmt. Selten werden noch resterilisierbare Tuben aus Gummi, Latex oder reinem Silikon verwendet.

Ein Endotrachealtubus ist wie folgt aufgebaut:

- Am äußeren Ende jedes Tubus befindet sich ein *Norm-Konnektor* mit 15 mm Außendurchmesser nach ISO (➤ Tubuskennzeichnung). Damit ist es möglich, die unterschiedlich dicken Endotrachealtuben an die genormten Beatmungsschläuche, Beatmungsbeutel etc. anzuschließen
- Der Tubus ist mehr oder weniger stark gekrümmt, die Tubuswand ist formstabil (knickstabil) und besteht aus gewebefreundlichem, thermoplastischem Material, d. h. es wird bei Erwärmung etwas weicher. Dadurch passt sich der Tubus gut den anatomischen Strukturen an
- In der Regel ist die Tubuswand transparent. Dies hat den Vorteil, dass Sekretablagerungen und ein Beschlagen der Innenwand bei der Exspiration beobachtbar sind
- Die Innenwand des Tubus ist glatt, damit Führungsstäbe, Absaugkatheter oder Bronchoskope gut eingeführt und auch wieder entfernt werden können
- Oberhalb der Tubusspitze befindet sich der **Cuff** (Blockerballon), der dem Abdichten des Tubus zur Trachealwand hin dient (➤ Blockerballon [Cuff]). Zum Blocken des Cuffs wird Luft in die Cuffzuleitung gepumpt. Die Cuffzuleitung ist in die Tubuswand eingelassen und an ihrem äußeren Ende mit einem Ventil und einem Kontrollballon versehen. Ausnahme: Endotrachealtuben für Kinder bis ca. 8 Jahre haben keinen Cuff
- Oberhalb des Cuffs befindet sich bei einigen Tuben ein dicker schwarzer Markierungsring, der zur Orientierung für die korrekte Tubustiefe dient
- Manche Tuben bieten die Möglichkeit einer *subglottischen Sekretabsaugung*. Bei diesen Tuben ist ein zusätzliches Lumen in die Tubuswand eingelassen, das in einer Öffnung oberhalb des Cuffs endet. Außen endet dieses Lumen in einer separaten Zuleitung. Über diese kann das Sekret, das sich über dem Cuff (in der so genannten „Jammerecke") ansammelt, abgesaugt werden (➤ Abb. 4.12)
- Die Tubusspitze ist leicht abgeschrägt, dies erleichtert die Passage der Stimmritze. Zudem vergrößert dies die Öffnungsfläche und reduziert damit die Gefahr einer Verlegung der Tubusöffnung. Bei manchen Tuben befindet sich seitlich der Tubusspitze eine weitere Öffnung, das sog. *Murphy-Auge*, das die Öffnungsfläche weiter vergrößert (und damit die Gefahr einer Verlegung der Öffnungsfläche verringert) und die Belüftung der rechten oberen Lungenabschnitte verbessern soll.

Tubuskennzeichnung

Die derzeit gebräuchlichen Endotrachealtuben sind nach ISO (International Organisation for Standardisation) gekennzeichnet. Auf die Tubuswand aufgedruckt sind:

- Innendurchmesser (kurz ID) in Millimeter
- Tubusumfang in Charrière (kurz Ch, 1 Ch = 1 French, etwa 1/3 mm). Wird der Charrière-Wert durch 3 geteilt, ergibt sich der Wert für den Außendurchmesser (kurz AD) in Millimeter
- cm-Graduierung (gibt Auskunft über die Intubationstiefe)
- Hersteller
- Art der Anwendung: „Oral", „Nasal" oder „Oral/Nasal". Gibt an, wie der jeweilige Tubus einzusetzen ist (diese Beschreibung findet sich nicht auf allen Tuben).

Zusätzlich sind die Tuben mit je einem Röntgenstreifen versehen. Die Aufschrift „I.T." (Implantation Tested) oder „Z-79" ANSI (American National Standard Institute - Committee Z-79 on Anaesthesia Equipment of the USA Standards Institute) auf der Verpackung zeigt an, dass der Tubus getestet und frei von toxischen Substanzen ist.

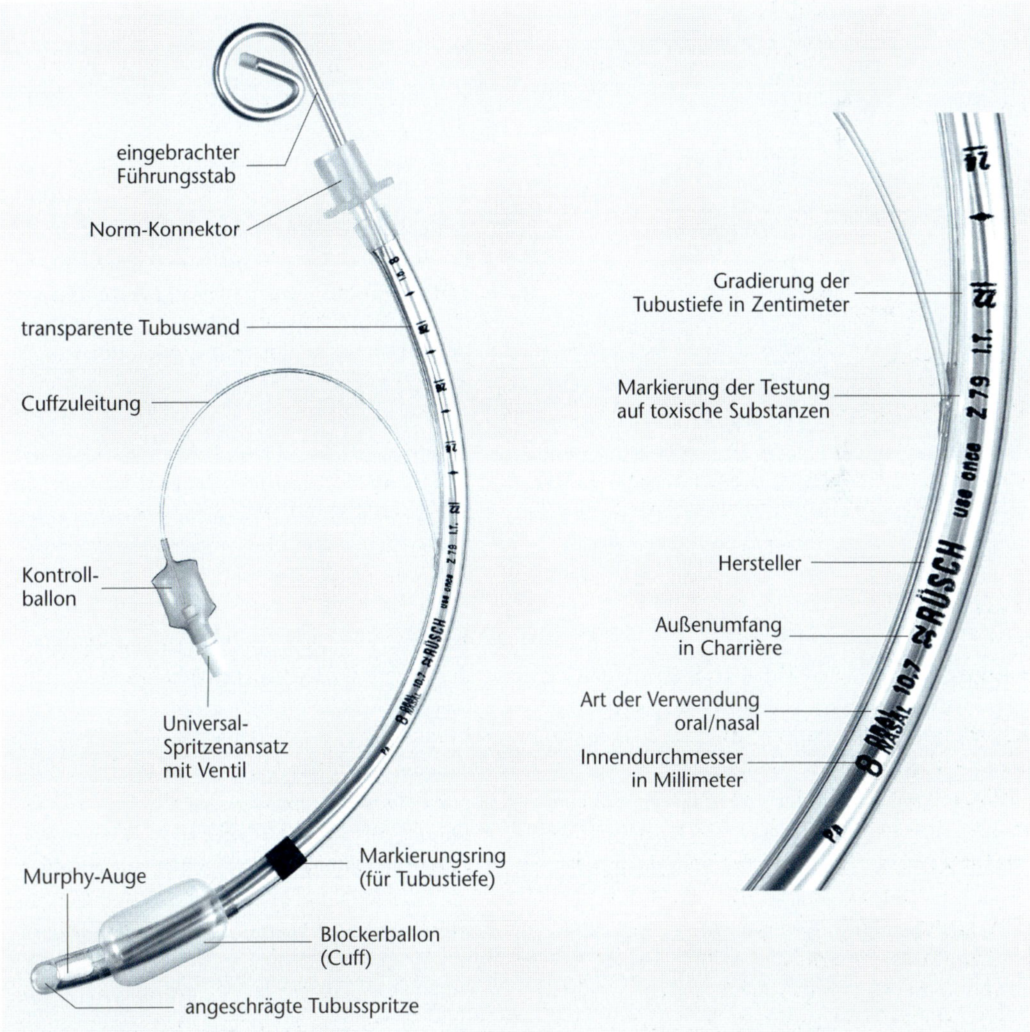

Abb. 4.5 Aufbau eines Endotrachealtubus mit „Murphy-Auge" (links) und Kennzeichnung des Endotrachealtubus (rechts). [U139]

Wichtige Größenangaben bei Endotrachealtuben sind der **Innendurchmesser** (kurz ID) in mm und der **Tubusumfang** in Charrière (kurz Ch).

- Für die **Intubation** ist es günstig, einen Endotrachealtubus mit möglichst geringem Tubusumfang (und damit geringem Außendurchmesser) zu verwenden, da damit die Passage durch den Kehlkopf erleichtert ist. Zudem ist bei Verwendung dünner Tuben die Gefahr von Stimmbandschädigungen und Intubationsverletzungen, z. B. der Nasenschleimhaut, sowie von Druckulzera durch den Tubus geringer
- Für die **Beatmung** ist es wichtig, einen Tubus mit möglichst großem Innendurchmesser zu verwenden, da der Strömungswiderstand des Tubus mit zunehmendem ID sinkt. Außerdem ist die Gefahr einer Tubusverlegung umso geringer, je größer der Innendurchmesser ist. Auch eine eventuelle Bronchoskopie ist einfacher durchführbar.

Abhängig von den Erfordernissen beim Patienten wählt der Arzt die geeignete Tubusgröße aus. Tab. 4.3 zeigt Richtwerte für die Auswahl der Tubusgröße.

Tab. 4.3 Richtwerte für die Auswahl der Tubusgröße.

Kinder	ID in mm	Charrière
Frühgeborene (< 2 kg)	2,5	12
< 6 Mon. (5 – 7 kg)	3 – 3,5	14 – 16
7 – 18 Mon. (7 – 11 kg)	3,5 – 4,0	16 – 18
2 – 4 Jahre (12 – 17 kg)	4,5 – 5,0	20 – 22
4 – 6 Jahre (17 – 22 kg)	5,0 – 5,5	22 – 24
6 – 10 Jahre	5,5 – 6,5	24 – 28
Größere Kinder u. Jugendliche	6,5 – 7,5	28 – 32
Erwachsene		
Frauen	7,5 – 8,5	32 – 36
Männer	8,0 – 9,5	34 – 40

Faustregel für die Bestimmung der Tubusgröße bei Kindern (2 – 14 Jahre):
- Innerer Durchmesser = (Alter : 4) + 4,5
- Charrière = Alter + 17

Gebräuchliche Tubusarten und -formen

Für die unterschiedlichsten Anforderungen in Anästhesie und Intensivmedizin wurden eine Fülle von Endotrachealtuben entwickelt, die sich bezüglich des Tubusmaterials, der Tubusform und der Art der Cuffblockung unterscheiden. Im Folgenden sind die Tuben beschrieben, die auf den Intensivstationen häufig zur Beatmungstherapie verwendet werden:

- **Magill-Tubus** (➤ Abb. 4.6). Tubus mit genormtem Krümmungsradius. Standardtubus für die orale oder nasale Intubation. Ist als Einweg- oder Mehrwegtubus erhältlich
- **Spiral-Tubus** (Woodbridge-Tubus ➤ Abb. 4.7). Tubus, in dessen Wand eine Metallspirale eingearbeitet ist. Dadurch ist der Tubus enorm flexibel und kann trotzdem nicht abknicken. Wegen der hohen Flexibilität ist zur Intubation ein Führungsstab erforderlich (➤ 4.2.3). Bei Spiraltuben aus Latex kann es leichter zu Cuffhernien kommen (➤ Blockerballon [Cuff])
- **Oxford-non-kinking-Tubus** (kurz *ONK-Tubus*, ➤ Abb. 4.8). Der ONK-Tubus ist rechtwinklig gekrümmt, verhältnismäßig starr und kann nicht abknicken. Er kann nur zur oralen Intubation verwendet werden. Durch die rechtwinklige Krümmung kann der Tubus nicht versehentlich zu tief eingeführt werden und eine einseitige Intubation ist damit praktisch ausgeschlossen
- **EDGAR-Tubus** (*Endobronchial Drug and Gas Application during Resuscitation,* d. h. endobronchiale Medikamenten- und Sauerstoffverabreichung während Reanimation, ➤ Abb. 4.9). Der Aufbau dieses Tubus entspricht dem des Magill-Tubus, zusätzlich ist ein dünner Schlauch in die Tubuswand eingearbeitet, der an der Tubusspitze endet und über den flüssige Medikamente direkt in die Trachea bzw. die großen Bronchien injiziert werden können
- **RAE-Tubus** *(Rind-Adair-Elwyn-Tubus).* Dieser Tubus ist so geformt, dass er sehr gut abgeleitet und fixiert werden kann. Der orale RAE-Tubus (➤ Abb. 4.10 links) ist so geformt, dass er gut am Kinn befestigt werden kann, der nasale RAE-Tubus (➤ Abb. 4.10 rechts) kann zur Stirn hin abgeleitet und dort fixiert werden
- **Fome-Cuff-Tubus** (➤ Abb. 4.11). Bei diesem Tubus besteht der Cuff aus schwammartigem, sehr weichem und gewebefreundlichem Polyurethangewebe, das sich auf Grund seiner Eigenelastizität in der Trachea entfaltet und dort nur einen relativ geringen Druck auf die Schleimhaut ausübt. Zur Intubation muss die Luft zuerst aus dem Cuff entfernt und die Cuffzuleitung abgeklemmt werden. Während der Beatmung kann die Cuff-

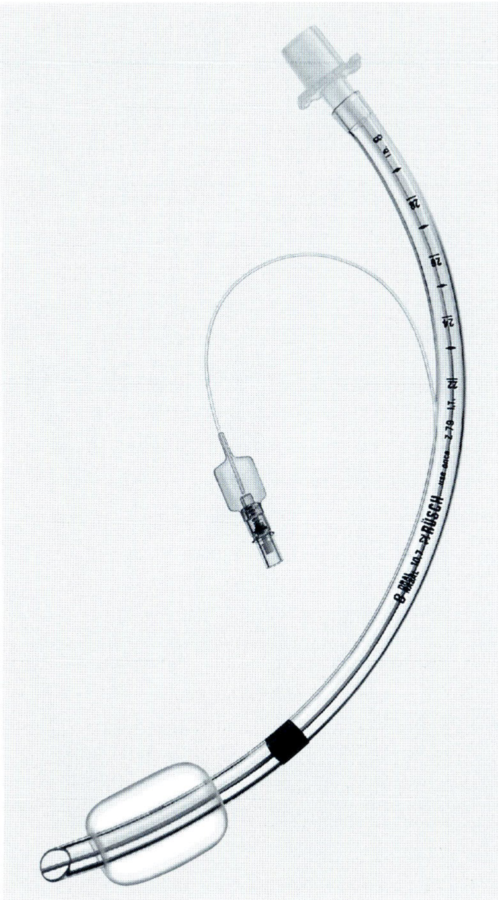

Abb. 4.6 Magill-Tubus. [U139]

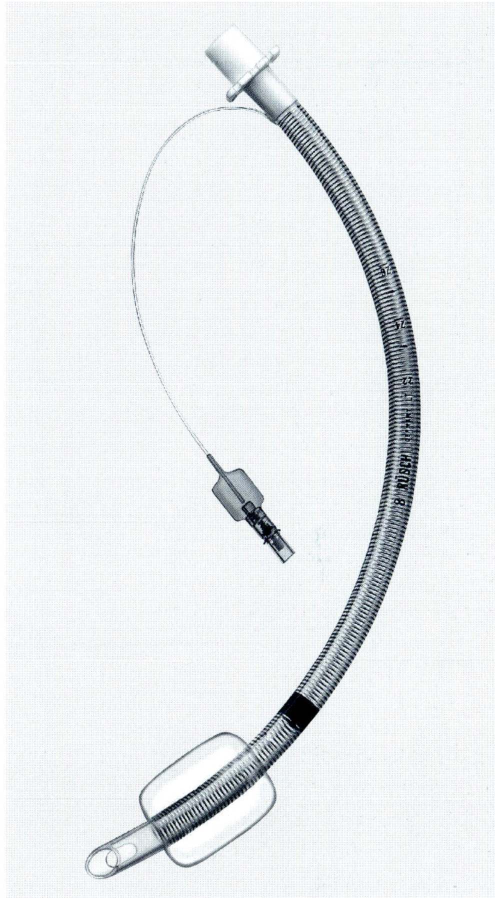

Abb. 4.7 Woodbridge-Tubus. [U139]

zuleitung mit einem speziellen, zwischen Tubus und Beatmungssystem eingefügten Konnektor verbunden werden. Dadurch wird der Cuff während der Inspiration zusätzlich geblockt und während der Exspiration entlastet

- **Hi-Lo®-Trachealtubus mit Lanz®-Ventil** (➤ Abb. 4.12, Hi-Lo = High volume-Low pressure, d. h. hohes Volumen, niedriger Druck). Dieser Tubus verfügt über ein spezielles Cuffsystem, das einen konstant niedrigen Cuffdruck von ca. 22 – 25 mmHg gewährleistet und damit die Gefahr von Schleimhautschäden der Trachea durch den Cuff minimiert. Ein in das System eingebautes Regelventil sorgt für einen zeitlich verzögerten, situationsangepassten Druckausgleich zwischen dem Cuff und dem relativ großen äußeren Kontrollballon. Die Funktion des Regelventils ist aller-

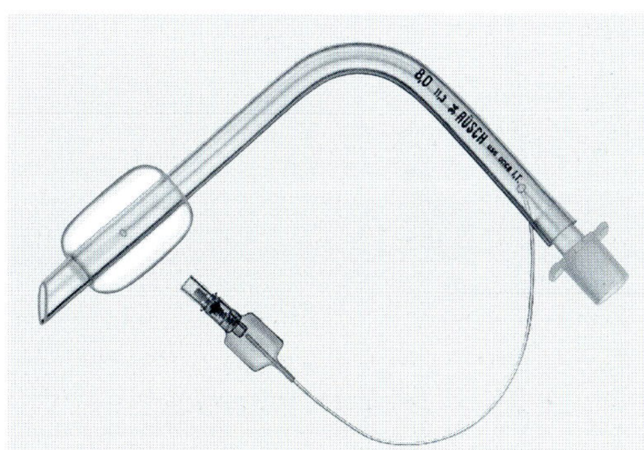

Abb. 4.8 Oxford-non-kinking-(ONK-)Tubus. [U139]

dings nur gewährleistet, wenn der Cuff zunächst mit ca. 40 ml Luft gefüllt wird. Die manuelle Cuffdruck-Messung ist nicht erforderlich; kontrolliert werden muss nur die Funktionsfähigkeit des Ventils. Wichtig: Die Blockerspritze oder das Cuffdruck-Messgerät dürfen nicht ständig mit dem Lanz®-Ventil konnektiert sein, da der Ventilmechanismus sonst nicht funktionieren kann

- **Doppellumentuben** (z. B. Carlens-, White- oder Robertshaw-Tubus, ➤ Abb. 4.13) dienen der Intubation eines Hauptbronchus und ermöglichen damit eine seitengetrennte Beatmung (➤ 5.5). Sie bestehen aus jeweils einem trachealen Lumen, das im unteren Drittel der Trachea endet, und einem bronchialen Lumen, dessen Ende im rechten oder linken Hauptbronchus liegt. Der Tubus verfügt über zwei Blockermanschetten (Cuffs): Einen *proximalen Cuff* (trachealer Cuff) in der Trachea und einen *distalen Cuff* (bronchialer Cuff) im Hauptbronchus. Der Doppellumentubus wird i. d. R. oral unter Sicht in die Trachea eingeführt

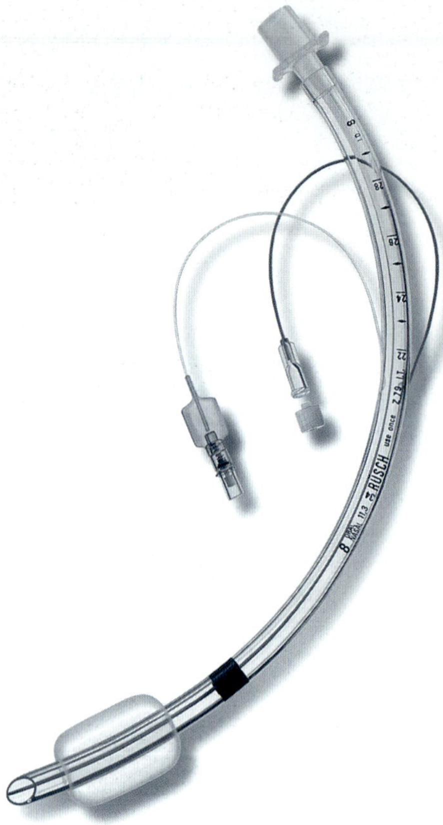

Abb. 4.9 EDGAR-Tubus. [U139]

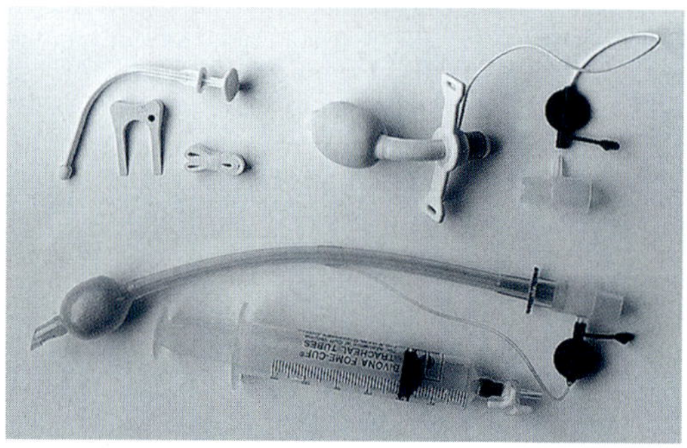

Abb. 4.11 Tuben mit Fome-Cuff. Oben: Trachealkanüle mit Fome-Cuff. Unten: Silikon-Endotrachealtubus mit Fome-Cuff. Über den zusätzlichen Konnektor ist der Cuff mit dem Beatmungssystem verbunden und damit dem jeweils herrschenden Beatmungsdruck ausgesetzt. Dadurch wird der Cuff bei maschineller Beatmung während der Inspiration stärker geblockt und während der Exspiration entlastet.

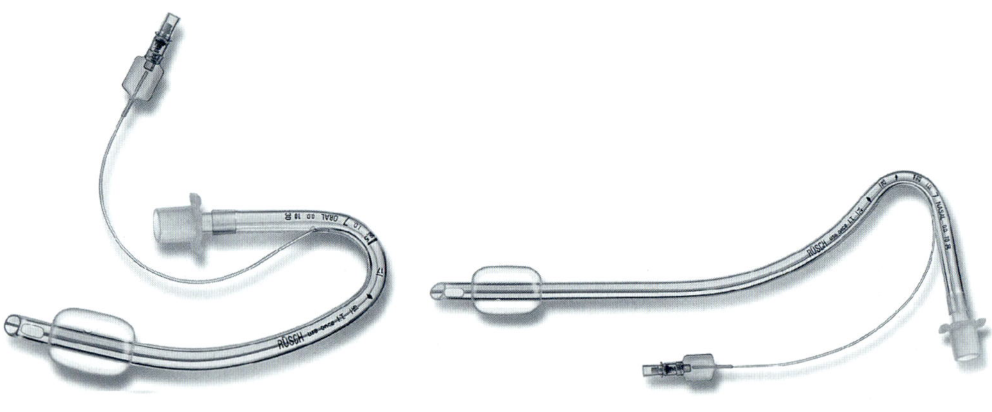

Abb. 4.10 RAE-Tubus. Links ein oraler, rechts ein nasaler RAE-Tubus. [U139]

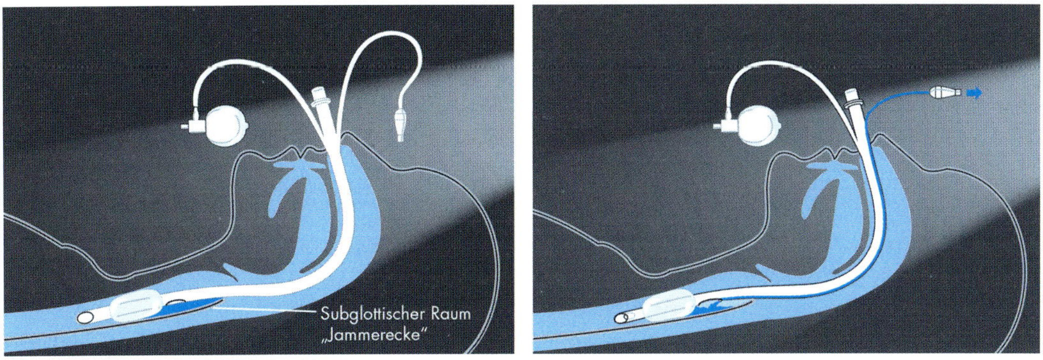

Abb. 4.12 Hi-lo-Evac/Lanz®-Trachealtubus mit der zusätzlichen Möglichkeit im subglottischen Raum („Jammerecke") abzusaugen. [V210-1]

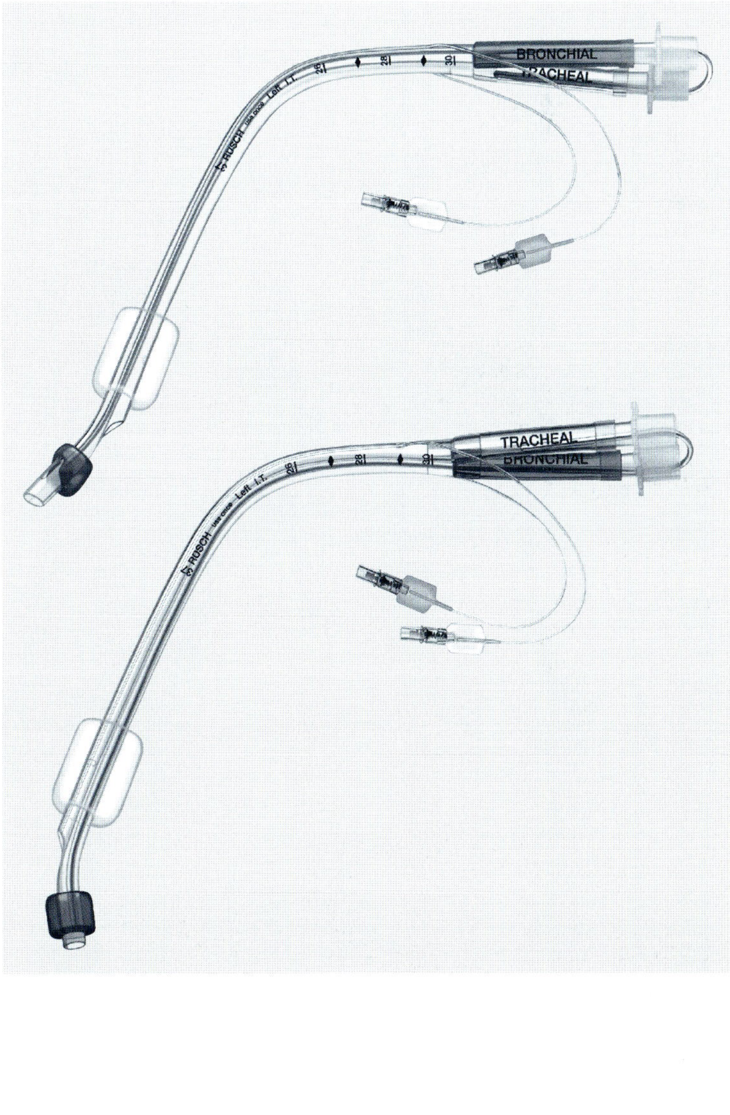

Abb. 4.13 Doppellumentuben Bronchopast, unten zur links- und oben zur rechtsseitigen bronchialen Intubation. [U139]

und blind in den entsprechenden Bronchus vorgeschoben. Die korrekte Lage wird durch Thoraxauskultation sowie ggf. durch Bronchoskopie überprüft (Blocken, Lagekontrolle und Komplikationen des Doppellumentubus ➤ 5.5.2).

Blockerballon (Cuff)

Der **Blockerballon** (**Cuff** oder *Blockermanschette*) wird über einen gesonderten Zuleitungsschlauch, der in oder auf der konkaven Seite der Tubuswand verläuft, mit Luft aufgeblasen. Am freien Ende des Zuleitungsschlauchs befindet sich der sog. Pilot- oder Kontrollballon (➤ Abb. 4.5). Mit Hilfe des Kontrollballons lässt sich überprüfen, ob der Cuff geblockt ist.

4

Der Cuff hat folgende **Funktionen:**

- Abdichten des Raumes zwischen Tubus und Trachealwand, so dass
  - keine Luft in Richtung Kehlkopf entweichen kann
  - eine Aspiration von Magensaft, Schleim, Blut, Erbrochenem etc. verhindert wird
- Fixierung des Tubus in der Mitte der Trachea.

> Der Cuff dichtet den Raum zwischen Tubus und Trachealwand nicht absolut ab. Daher sind Mikroaspirationen von Sekret aus dem Rachenraum trotz korrekt geblocktem, „dichtem" Cuff möglich.
> Neue Cuffmaterialien sollen dies verhindern (Mikrocuff, ➤ unten).

Hochdruckcuff und Niederdruckcuff

Grundsätzlich wird unterschieden zwischen dem Hochdruckcuff und dem Niederdruckcuff:

- Der **Hochdruckcuff** (Hochdruckballon) benötigt nur ein geringes Füllvolumen. Daher entsteht schnell ein hoher Cuffdruck (oft zwischen 80 und 150 mmHg) mit der Gefahr einer Schädigung der Trachealschleimhaut. Wegen dieses Risikos werden Tuben mit Hochdruckcuffs beim beatmungspflichtigen Intensivpatienten praktisch nicht eingesetzt
- Der **Niederdruckcuff** (Niederdruckballon, auch Hi-Lo-Cuff, d. h. High-volume-Low-pressure Cuff) benötigt ein größeres Füllvolumen, der Cuffdruck ist jedoch relativ niedrig und damit das Risiko für Schädigungen der Trachealschleimhaut vermindert. Zudem passen sich Niederdruckcuffs besser dem Querschnitt der Trachea an als Hochdruckcuffs. Für die Beatmung von Patienten auf Intensivstationen werden daher fast ausschließlich Tuben mit Niederdruckcuff verwendet.

> Der Druck im Blockerballon (*Cuffinnendruck* oder kurz *Cuffdruck*) entspricht dem auf die Trachealschleimhaut einwirkenden Druck. Ist der Cuffdruck über längere Zeit höher als der durchschnittliche kapillare Perfusionsdruck in der Trachealwand (ca. 35 mm Hg), kann es – insbesondere bei langzeitbeatmeten Patienten – zu Durchblutungsstörungen mit nachfolgenden teils irreversiblen Trachealschädigungen kommen, z. B. Ulzerationen der Schleimhaut und Schädigung der Knorpelstrukturen. Um dies zu vermeiden sollte der Cuffdruck möglichst unter 25 cm H_2O gehalten werden. Ist ein höherer Cuffdruck zum Abdichten des Cuffs erforderlich, ist der Tubus evtl. zu klein und muss gegen einen größeren ausgetauscht werden (Arztrücksprache).
> **Grundsätzlich gilt:** Den Cuff nur soweit blocken, dass er sicher dicht ist.

Cuffdruck-Kontrolle ➤ 8.4.1

Mikrocuff

Seit kurzem sind Endotrachealtuben auf dem Markt, deren Cuff aus einer ultradünnen Polyurethanfolie (Stärke ca. 6 bis 8 µm) mit nur sehr geringer Compliance besteht. Dadurch sollen Cuffstraßen (kleinste Kanälchen zwischen Cuff und Trachealwand, die durch Faltenbildung an der Cuffwand entstehen) auf ein Minimum reduziert werden. Sekret kann zwar noch in die oberen Öffnungen der minimalen Cuffstraßen eindringen, aber nicht mehr am Cuff entlang bis in die Trachea gelangen.

Ob die neuen Cuffs tatsächlich ein höheres Maß an Dichtigkeit und ein geringeres Risiko von Mikroaspirationen ermöglichen, muss erst noch in klinischen Studien untersucht werden.

Cuffhernie

Eine Cuffhernie ist eine seltene Komplikation, bei der sich der geblockte Cuff in der Trachea Richtung Lunge vorwölbt und die Tubusöffnung einengt oder

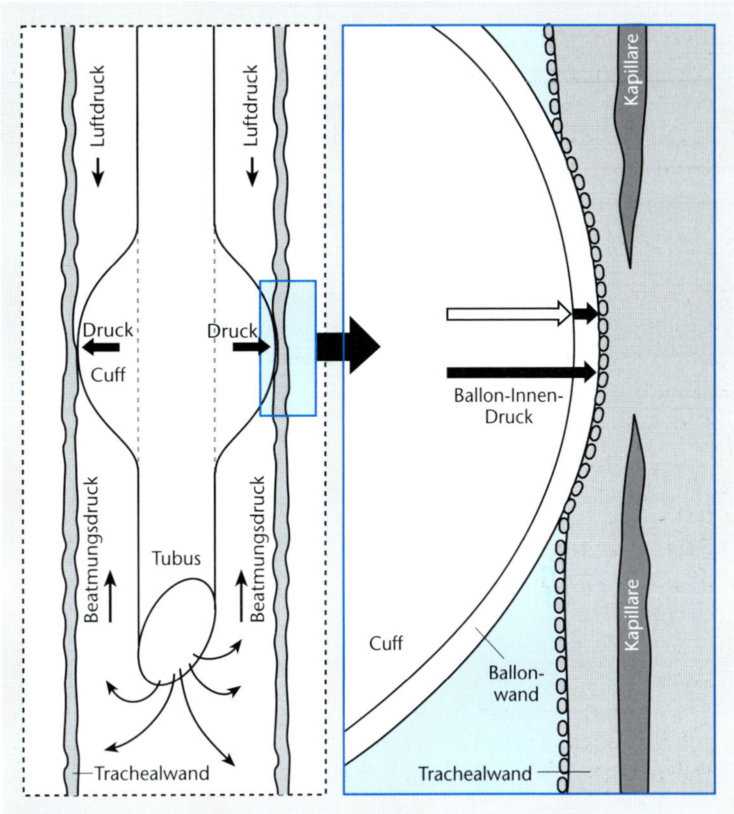

Abb. 4.14 Cuffdruck. Der Cuffdruck dieses Tubus ist höher als der kapillare Perfusionsdruck der Trachealschleimhaut. Dadurch ist die Durchblutung an der Kontaktfläche Cuff-Trachealwand unterbrochen und es können irreversible Schäden an der Trachealwand entstehen.

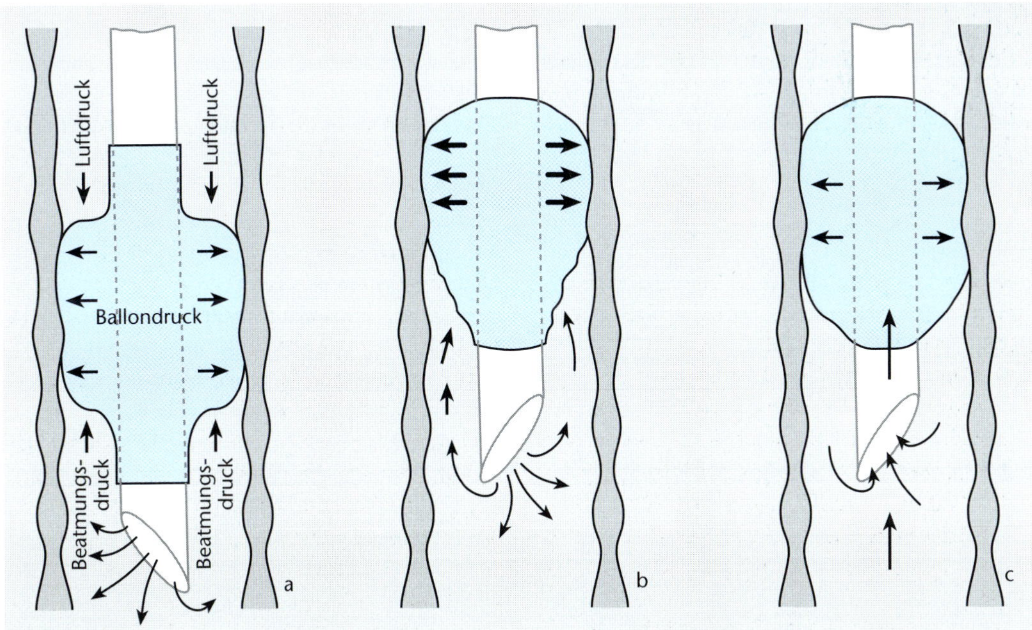

Abb. 4.15 a–c: Der Beatmungsdruck hat Auswirkungen auf den Cuffdruck: Während der Inspiration wird der Cuff durch den Beatmungsdruck komprimiert – und zwar umso mehr, je höher der inspiratorische Beatmungsdruck ist (a). Dadurch steigt der Cuffdruck während der Inspiration an (b) und fällt während der Exspiration ab (c).

verschließt. Dadurch kann während der Exspiration die Luft nur noch eingeschränkt oder – bei kompletter Verlegung des Tubuslumens – gar nicht mehr nach außen strömen. Der Beatmungsdruck steigt massiv an, die Atemhubvolumina sinken, der Allgemeinzustand des Patienten verschlechtert sich rasch (Schocksymptome).

Eine **Cuffhernie** ist eine seltene Ursache für eine Verlegung des Tubuslumens. Sehr viel häufiger sind eingedicktes Trachealsekret oder Blutgerinnsel ursächlich.

- Bei V. a. Verlegung des Tubuslumens durch Sekret oder Blut Patienten endotracheal absaugen, ggf. Bronchiallavage durchführen, um eingetrocknetes Sekret zu lösen (➤ 8.7.2)
- Bei V. a. Cuffhernie, wenn ein Absaugen nicht möglich ist, Tubus entblocken. Ist danach wieder eine Beatmung möglich, ist eine Cuffhernie wahrscheinlich und der Tubus muss gewechselt werden.

Bei kompletter Verlegung des Tubuslumens mit akuter Erstickungsgefahr sofort Arzt benachrichtigen und schnellstens Umintubation vorbereiten.

Cuffhernien entstehen insbesondere bei Verwendung von Latextuben.

Cuffdruck und Narkosebeatmung

Wird der Patient zu Narkosezwecken mit einem Sauerstoff-Lachgasgemisch (O_2/N_2O) beatmet und wurde der Cuff zuvor mit Raumluft geblockt, kommt es zur Lachgasdiffusion in den Cuff. Dadurch steigt der Cuffdruck an und muss daher während der Narkose regelmäßig überprüft und ggf. entlastet werden. Umgekehrt diffundiert das Lachgas nach Beendigung der Lachgaszufuhr wieder aus dem Cuff, der Cuffdruck sinkt ab und evtl. wird der Cuff undicht und muss nachgeblockt werden.

Cuffdruck-Kontrolle ➤ 8.4.1

4.2.3 Hilfsmittel zur Intubation

Führungsstab

Führungsstäbe (auch *Einführungsmandrin* oder *Stylet*) sind stabile, verformbare Metallstäbe, die i. d. R. kunststoffummantelt sind. Sehr selten werden noch reine Metallführungsstäbe verwendet. Führungsstäbe werden bei Bedarf zur oralen Intubation verwendet. Sie dienen dazu, einem Tubus mehr Stabilität zu verleihen (etwa dem extrem flexiblen Spiraltubus ➤ 4.2.2) bzw. dem Tubus bei schwierigen Intubationen eine bestimmte Form zu geben, etwa eine starke Krümmung (ideal ist die Form eines Hockeyschlägers).

Zur Intubation wird der Führungsstab so in den Tubus eingeführt, dass die Spitze des Führungsstabs *oberhalb* der Tubusöffnung endet, d. h. der Führungsstab darf *nicht* über die Tubusspitze hinausragen, um Verletzungen zu vermeiden. Um dies zu gewährleisten wird das oben aus dem Endotrachealtubus herausragende Ende des Führungsstabs umgebogen oder mit der an manchen Führungsstäben vorhandenen Arretiervorrichtung fixiert, so dass er während der Intubation nicht im Tubus nach vorn rutschen kann.

Den Führungsstab vor dem Einführen in den Tubus mit z. B. Xylocain-Gel gleitfähig machen, damit er nach der Intubation problemlos aus dem Tubus entfernt werden kann.

In Ausnahmefällen benutzt der Arzt den Führungsstab als Leitschiene zur Intubation. Dann lässt er die Spitze des Führungsstabes etwas über die Tubusöffnung herausragen, schiebt sie durch die Stimmritze hindurch etwas in die Trachea vor und führt dann den Tubus über den Führungsstab hinweg in die Trachea ein. Dieses Verfahren darf wegen der Verletzungsgefahr nicht mit Führungsstäben aus Metall, sondern nur mit kunststoffummantelten Führungsstäben vorgenommen werden.

Spezielle Einführungsmandrins sind ähnlich aufgebaut wie kunststoffummantelte Führungsstäbe, jedoch wesentlich länger (ca. 80 cm). Ihre abgerundete Spitze ist weich, so dass die Verletzungsgefahr gering ist. Ihr Einsatz ist indiziert, wenn die Stimmritze nicht einsehbar ist, weil die Epiglottis nicht aufgerichtet werden kann. Zur Intubation wird der Tubus auf den Einführungsmandrin aufgefädelt, dann wird der Einführungsmandrin eingeführt, die Epiglottis unterfahren und angehoben. Damit ist die Sicht auf die Stimmritze frei und der Tubus kann über den Einführungsmandrin hinweg in die Trachea vorgeschoben werden.

Tubuswechsler Umintubation *➤ 4.2.8*

Intubationszangen

Die Intubationszange dient dazu, bei der nasalen Intubation den Tubus unter Sicht im Rachen zu fassen und in die Trachea vorzuschieben (Durchführung nasale Intubation ➤ 4.2.5). Intubationszangen sind entsprechend den anatomischen Verhältnissen des Mund-Rachen-Raumes geformt, so dass sie bei der Intubation nicht die Sicht versperren.

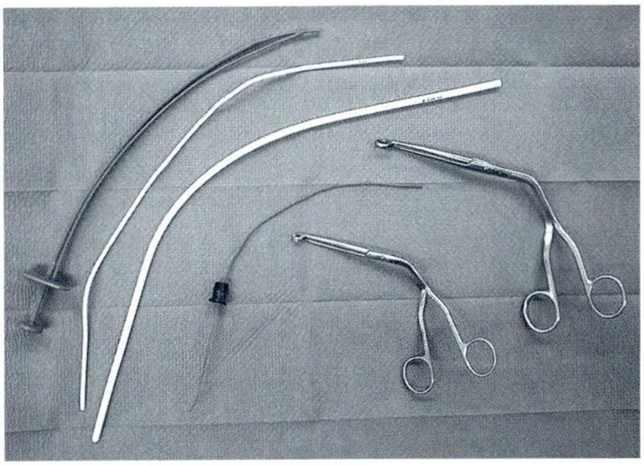

Abb. 4.16 Führungsstäbe (links) und Intubationszangen (rechts). [M251]

Um zu vermeiden, dass die geriffelten Zangenspitzen die dünne Wand des Cuffs beschädigen, fasst der Arzt die Tubusspitze mit der Intubationszange immer ober- oder unterhalb des Cuffs. In manchen Kliniken ist es auch üblich, die Zangenspitzen z. B. mit Pflaster abzukleben, um eine Beschädigung des Cuffs zu vermeiden. Sehr häufig wird die Intubationszange nach Magill eingesetzt.

Medikamente zur Intubation

Die Intubation wird im Regelfall mit einem **intravenösem Kurzanästhetikum** und einem **Muskelrelaxanz** durchgeführt. Der zusätzliche Einsatz von **Opioiden** ist angezeigt, wenn eine Reflexdämpfung und/oder Analgesie erreicht werden soll.

In Tabelle 4.4 sind gebräuchliche Hypnotika, Opioide und Muskelrelaxanzien zur Intubation sowie Anhaltswerte für die Dosierung der Medikamente aufgeführt. Im Einzelfall sind folgende Faktoren mitentscheidend für die Dosierung:

- Alter, Gewicht und körperlicher Zustand des Patienten sowie ggf. Gewöhnung
- Stärke des zu erwartenden Stimulus bzw. Schmerzes
- Interaktion mit anderen Medikamenten
- Psychologische und Umgebungsfaktoren, z. B. extreme Unruhe oder Angst.

Tab. 4.4 Gebräuchliche intravenöse Kurzanästhetika, Opioide und Muskelrelaxanzien zur Intubation. Gemeinsame Nebenwirkung von i. v. Kurzanästhetika und Opioiden ist die dosisabhängige Atemdepression und ein mehr oder weniger stark ausgeprägter Blutdruckabfall (Ausnahme: Etomidat hat nur geringe hämodynamisch bedeutsame Nebenwirkungen).

i. v. Kurzanästhetika		**Opioide**		**Muskelrelaxanzien**	
Substanz (Bsp. Handelsname)	*Dosierung mg/kg KG*	*Substanz (Bsp. Handelsname)*	*Dosierung µg/kg KG*	*Substanz (Bsp. Handelsname)*	*Dosierung mg/kg KG*
Thiopental (Trapanal®)	2 – 5	Fentanyl (Fentanyl®Janssen)	1 – 5	Atracurium (Tracrium®)	0,3 – 0,4
Methohexital (Brevimytal®)	1 – 3	Alfentanil (Rapifen®)	5 – 10	Cis-Atracurium (Nimbex®)	0,1
Etomidat (Hypnomidate®)	0,15 – 0,3	Sufentanil (Sufenta®)	0,3 – 1	Pancuronium (Pancuronium®)	0,08 – 0,12
Diazepam (Valium®)	0,2 – 1,0	Remifentanil (Ultiva®)	0,1 – 0,5	Alcuronium (Alloferin®)	0,25 – 0,3
Midazolam (Dormicum®)	0,15 – 0,3			Vecuronium (Norcuron®)	0,08 – 0,1
Flunitrazepam (Rohypnol®)	0,02			Mivacurium (Mivacron®)	0,2 – 0,25
Propofol (Disoprivan®)	1,5 – 2,5			Succinylcholin (Pantholax®)	0,5 – 1,5

Bei besonderer Indikationsstellung, z. B. bei massiver Aspirationsgefahr oder schwerer Beeinträchtigung der Herz-Kreislauf-Funktion kann eine Intubation auch in Lokalanästhesie (Xylocain®-Spray) oder Neuroleptanalgesie unter fortbestehender Spontanatmung des Patienten vorgenommen werden **(Wachintubation).** Hierfür scheint insbesondere Fentanyl gut geeignet; Husten- und Würgereflex werden gut unterdrückt, der Patient bleibt kooperativ und toleriert den Tubus.

Des Weiteren wird zur Intubation gelegentlich **Atropinsulfat** (Atropin®) verwendet. In der Dosierung von 0,3 – 0,6 mg i. v. oder i. m. ist es geeignet, die Speichelproduktion zu hemmen. Dies erleichtert die Darstellung der Atemwege, was insbesondere dann hilfreich ist, wenn wegen Intubationsschwierigkeiten fiberoptisch intubiert werden muss.

Da während der Intubation immer mit kardiovaskulären Nebenwirkungen bzw. Komplikationen gerechnet werden muss, sind grundsätzlich entsprechende **Notfallmedikamente** bereitzuhalten (z. B. Akrinor®, Suprarenin®).

4.2.4 Vorbereitung der Intubation

Vorbereitung des Materials

Zur oralen Intubation richten die Pflegenden folgende Materialien:

- Laryngoskop (➤ 4.2.1)
- Endotrachealtubus (geeignete Größe ➤ Tab. 4.3 plus jeweils den nächst größeren und den nächst kleineren Tubus) mit Norm-Konnektor
- Führungsstab (entsprechend dem I.D. des Tubus)
- Guedeltuben
- 10-ml Spritze oder Cuffdruckmesser zum Blocken des Cuffs
- Ggf. Klemme (wenn Tubus ohne Rückschlagventil an der Cuffzuleitung verwendet wird)
- Anästhesierendes Gleitgel (z. B. Xylocain-Gel)
- Material zur Tubusfixierung
- Beatmungsbeutel mit Maske und Sauerstoffanschluss (➤ 3.2.1)
- Funktionstüchtige Absauganlage und Absaugkatheter
- Anästhetika und Notfallmedikamente entsprechend Arztanordnung bzw. klinikinternen Richtlinien (Beispiele ➤ Tab. 4.4)
- Stethoskop, Einmalhandschuhe
- Zusätzlich zur **nasalen Intubation:** Intubationszange (z. B. nach Magill).

> Zur Intubation muss eine funktionstüchtige Absaugvorrichtung mit verschieden großen Absaugkathetern bereitstehen, um im Bedarfsfall unverzüglich Sekret aus dem Mund-Rachen-Raum absaugen und damit die Aspirationsgefahr minimieren zu können. Das Laryngoskop, der ausgewählte Endotrachealtubus sowie der Beatmungsbeutel und die Sauerstoffquelle werden vor Beginn der Intubation auf ihre Funktionsfähigkeit hin überprüft (Funktionsprüfung Laryngoskop ➤ unten, Endotrachealtubus ➤ unten, Beatmungsbeutel ➤ 3.2.1).

Funktionsprüfungen

Vor der Intubation müssen das Laryngoskop und der Cuff des ausgewählten Tubus auf ihre Funktionsfähigkeit hin überprüft werden:

- Den für den Patienten passenden Laryngoskopspatel auf den Handgriff aufsetzen, einrasten und die Lichtqualität überprüfen. Mögliche Ursachen einer schlechten Lichtqualität bzw. nicht funktionierender Beleuchtung sind leere Batterien bzw. Akkus, defekte oder nicht richtig auf den Lampenträger aufgeschraubte Glühbirnen (bei herkömmlichen Warmlichtlaryngoskopen) sowie fehlender Kontakt zwischen Handgriff und Spatel (nicht richtig eingerastet). Wichtig: Das Licht des Laryngoskops muss optimal hell sein, um die Intubation nicht unnötig zu erschweren
- Den Cuff des ausgewählten Tubus auf Dichtigkeit überprüfen. Dazu die Tubusverpackung am Konnektorende des Tubus öffnen, den Cuff blocken und ca. 1 Minute geblockt lassen. Dabei den Tubus in der Verpackung belassen. Anschließend prüfen, ob Luft aus dem Cuff entwichen ist (ggf. durch leichten Druck auf die Verpackung über dem Cuff). Ist der Cuff weiter gut mit Luft gefüllt, kann er entblockt und der Tubus verwendet werden. Ist der Cuff undicht, muss der Tubus ausgewechselt werden.

Auch die Absaugvorrichtung, der Beatmungsbeutel (➤ 3.2.1) und ggf. das Beatmungsgerät (➤ 8.2.1) werden – falls nicht im Rahmen von Routinekontrollen bereits geschehen – auf ihre Funktionsfähigkeit hin überprüft. In den meisten Kliniken ist es

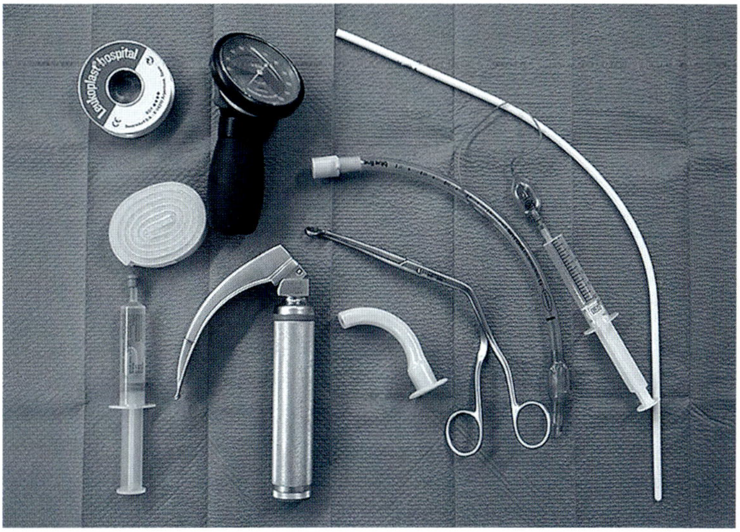

Abb. 4.17 Materialien zur Intubation. Zusätzlich zu den abgebildeten Materialien werden immer auch Anästhetika (➤ Text) und Notfallmedikamente sowie eine funktionsfähige Absauganlage mit verschieden dicken Absaugkathetern bereitgestellt. [M251]

darüber hinaus üblich, vor jeder Intubation einen Absaugkatheter an die Absauganlage anzuschließen, um im Bedarfsfall sofort absaugen zu können.

Vorbereitung des Patienten

Sofern zeitlich möglich informiert der Arzt den Patienten über die Notwendigkeit der bevorstehenden Intubation, deren Ablauf und die anschließende (Beatmungs-)Therapie (Ausnahme: Notfallintubation). Bei Kindern, bewusstlosen oder desorientierten Patienten informiert er zusätzlich die gesetzlichen Vertreter bzw. die nächsten Angehörigen des Patienten.

Wird ein Patient geplant intubiert und ist eine Langzeitintubation abzusehen, informieren die Pflegenden ihn möglichst vor der Intubation über Kommunikationsmöglichkeiten und -hilfsmittel (➤ 8.8.1).

Zahnprothesen werden entfernt. Eine gründliche Reinigung des Mund- und Rachenbereiches vor der Intubation ist empfehlenswert.

Zur Intubation sollte der Patient nüchtern sein. Ist dies nicht der Fall, z. B. wegen verzögerter Magen-Darm-Passage, müssen bei der Intubation besondere Maßnahmen ergriffen werden, um eine Aspiration zu verhindern (➤ 4.2.9).

Ein gut durchgängiger Venenzugang muss vorhanden sein bzw. gelegt werden.

Um kardiopulmonale Komplikationen während der Intubation rasch erkennen und behandeln zu können, muss der Patient – falls nicht bereits geschehen – an einen Überwachungsmonitor angeschlossen werden. Folgende Parameter werden i. d. R. während der Intubation kontinuierlich überwacht:
- Herzfrequenz (EKG)
- Sauerstoffsättigung (Pulsoxymetrie)
- Blutdruck (nicht-invasive oder invasive Blutdruckmessung).

Einschätzen von Intubationsschwierigkeiten

Vor der Intubation prüft der Arzt, ob Hinweise auf mögliche Intubationsschwierigkeiten vorliegen. Dazu begutachtet er beim Patienten:
- Das Gesicht, insbesondere im Mund- und Nasenbereich (verletzungs- oder erkrankungsbedingte Veränderungen, z. B. Fehlbildungen oder Ödeme?)
- Mund und Rachen (Zahnstellung, lockere Zähne, Erkrankungen, Verletzungen, Voroperationen oder Fehlbildungen im Mund-Rachenraum? Kiefersperre?). Wichtig ist hier insbesondere die *Mundöffnung* (je kleiner die Mundöffnung desto schwieriger die Intubation) und die *Sichtbarkeit des weichen Gaumens* bei geöffnetem Mund (je schlechter der weiche Gaumen sichtbar desto schwieriger die Intubation)

- Den Hals. Wichtig ist dabei die Beweglichkeit der HWS (z. B. eingeschränkt bei Wirbelsäulenerkrankungen oder nicht erlaubt bei V. a. Verletzungen der HWS) und eine mögliche Struma, die eine Verlagerung und/oder Einengung der Trachea verursachen kann (dies ist vor allem im Röntgenbild erkennbar).

Auch eine mangelnde Kooperationsbereitschaft bzw. -fähigkeit des Patienten kann die Intubation erheblich erschweren.

Sind Intubationsschwierigkeiten absehbar, informiert der Arzt die assistierenden Pflegenden und ordnet ggf. die Bereitstellung besonderer Materialien an, etwa Tubuseinführhilfen, oder führt eine fiberoptische Intubation durch (➤ 4.2.6). Wichtig ist eine standardisierte Vorgehensweise (Algorithmus) der Station bzw. Abteilung. Die Mitarbeiter müssen diesen Algorithmus kennen und die notwendigen Materialien und Geräte bedienen können.

Untersuchungen zur Einschätzung von Intubationsschwierigkeiten

Bei der Klassifikation nach **Mallampati** (modifiziert nach Samsoon und Young) wird die Einsehbarkeit des Oropharynx bei maximal weit geöffnetem Mund und herausgestreckter Zunge beurteilt (➤ Abb. 4.18). Die Mallampati-Klassifikation weist eine relativ hohe Zahl falsch positiver Ergebnisse auf (ca. 50%), d. h. viele Patienten, deren Intubation als schwierig eingeschätzt wurde, konnten ohne wesentliche Probleme konventionell intubiert werden (Larsen, R., 2006)

Bei der Klassifikation nach **Cormack und Lehane** wird die Einsehbarkeit der Glottis unter direkter Laryngoskopie beurteilt. Die Einteilung erfolgt auch hier in 4 Grade (➤ Abb. 4.18):

- Grad 1: Glottis ist vollständig sichtbar
- Grad 2: Nur der hintere Teil der Glottis ist sichtbar
- Grad 3: Nur die Epiglottis (Kehldeckel) ist sichtbar
- Grad 4: Keine der genannten Strukturen ist sichtbar.

Bei Laryngoskopiebefunden nach Cormack und Lehane von Grad 2 – 4 können einfache Handgriffe die Sicht verbessern, dazu gehören insbesondere die **OELM** bzw. die **BURP**-Manöver.

Bei der **OELM** (**O**ptimal **E**xternal **L**aryngeal **M**anipulation) führt der Arzt das Laryngoskop ein und führt mit der freien (meist rechten) Hand solange Manipulationen am Kehlkopf des Patienten durch, bis die Position mit der bestmöglichen Sicht auf die Stimmritze gefunden ist. Die assistierende Pflegende versucht dann, den Kehlkopf des Patienten in dieser Position zu halten, während der Arzt intubiert.

Beim **BURP** (**B**ackwards **U**pwards **R**ightwards **P**ressure)-Manöver wird der Schildknorpel von außen zuerst nach *hinten* gegen die Halswirbelsäule, dann soweit wie möglich nach *oben* und schließlich nach *rechts* (max. 2 cm) gedrückt.

Wichtig: Die genannten Untersuchungen sagen nichts aus über eventuelle intrathorakale Atemwegsobstruktionen und lassen auch keine Rückschlüsse darauf zu, ob der Patient über eine Gesichtsmaske ausreichend beatmet werden kann!

Lagerung des Patienten zur Intubation

Zur Intubation muss der Patient auf dem Rücken liegen. Bis auf ein kleines Nackenkissen entfernen die Pflegenden alle Lagerungskissen im Bereich des Oberkörpers aus dem Patientenbett. Kurz vor der Intubation wird das Nackenkissen gegen eine feste, etwa 10 cm dicke Unterlage ausgetauscht (spezielles Intubationskissen, zusammengefaltetes Frotteetuch oder Laken). So entsteht die für die Intubation hilfreiche „Schnüffelposition" (➤ Abb. 4.19).

Erst unmittelbar vor Beginn der Intubation wird der Patient in flache Rückenlage gebracht (Ausnahme: Nicht nüchterne Patienten werden meist in Kopftief- oder leichter Oberkörperhochlage intubiert). Dies ist insbesondere für ateminsuffiziente Patienten wichtig, da die Atmung in Oberkörperhochlage sehr viel leichter ist als in flacher Rückenlage und eine respiratorische Insuffizienz in flacher Rückenlage daher rasch dekompensieren kann.

Vor der Intubation am Kopfende des Patientenbettes Platz schaffen. Dazu ggf. Bettbügel, Monitorkabel, Infusionsleitungen, Drainagen etc. so platzieren, dass der intubierende Arzt am Kopfende des Bettes ausreichend Bewegungsspielraum hat und seine Position im Notfall rasch ungehindert verlassen kann.

4.2.5 Durchführung der oralen und nasalen Intubation

Sowohl bei der oralen als auch bei der nasalen Intubation arbeiten die Pflegenden und der Arzt „Hand in Hand". Die Aufgabenteilung (wer macht was?) kann dabei von Klinik zu Klinik etwas variieren, z. B. ist es in manchen Kliniken üblich, dass der Arzt

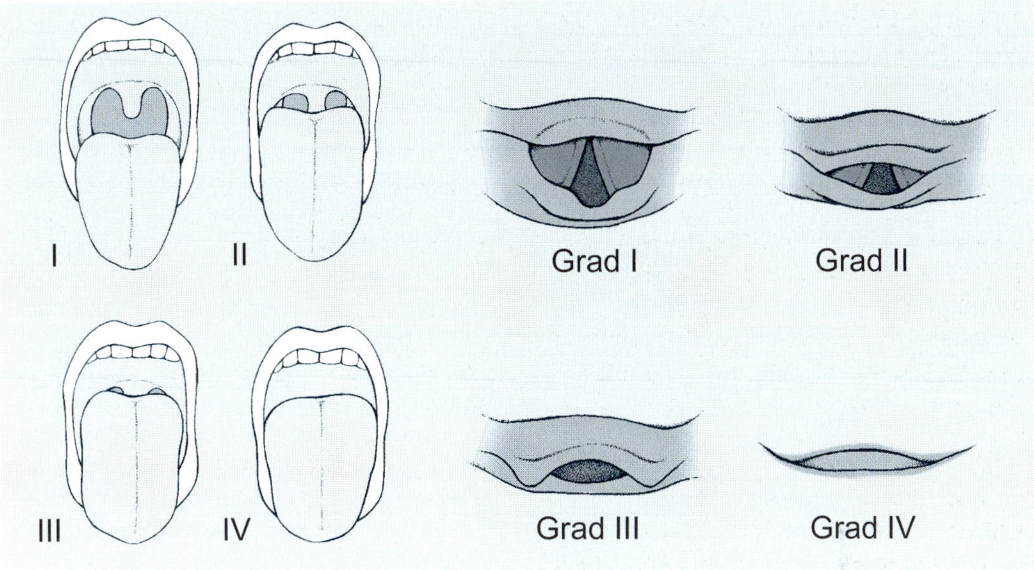

Abb. 4.18 Mallampati-Klassifikation (modifiziert nach Samsoon und Young, links) und Klassifikation der Laryngoskopiebefunde nach Cormack und Lehane (rechts). [A300-157]

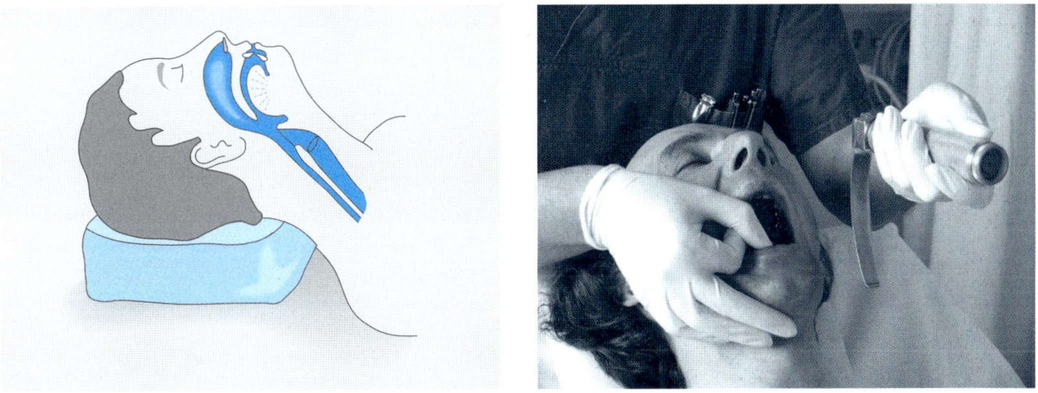

Abb. 4.19 Links: Lagerung des Kopfes zur Intubation („Schnüffelposition" oder verbesserte Jackson-Position). Rechts: Öffnen des Mundes und Einführen des Laryngoskops. [A300-157, M251]

selbst die Lunge auf korrekte Tubuslage abhört, bevor der Tubus fixiert wird, in anderen Kliniken ist das eine Aufgabe der assistierenden Pflegenden. Da der Arzt während des Intubationsvorgangs i. d. R. ununterbrochen auf die Stimmritze des Patienten blickt, ist es sehr wichtig, dass die Pflegenden den Ablauf und eventuell auftretende Schwierigkeiten kennen, um Veränderungen beim Patienten erkennen, ärztliche Anordnungen ohne weitere Erklärungen durchführen und bei auftretenden Schwierigkeiten jeweils rasch und richtig reagieren zu können.

Orale Intubation

Einführung von Doppellumentuben > *5.5.2*

Bei der oralen Intubation gehen der Arzt und die assistierende Pflegeperson i. d. R. wie folgt vor (Aufgabenteilung kann variieren):

- *Arzt und Pflegende:* Händedesinfektion
- *Arzt:* Zieht Einmalhandschuhe an
- *Pflegende:* Tubus und Führungsstab (falls zur Intubation erforderlich) mit Gleitgel bestreichen (Tubus lässt sich dadurch leichter in die Trachea einführen und Schleimhaut wird weniger trau-

matisiert). Ggf. Führungsstab in den Tubus einführen (➤ 4.2.3). Am Monitor akustisches Herzfrequenzsignal oder Ton für Pulsoxymetrie einstellen (in den meisten Kliniken üblich, um Herzrhythmusstörungen sofort erkennen zu können)

- *Arzt:* Informiert den Patienten über Beginn der Intubation. **Präoxygenierung,** d. h. der Patient atmet für 3 – 5 Minuten 100% Sauerstoff über eine Gesichtsmaske, die ihm der Arzt dicht vor Mund und Nase hält. Ziel: Schaffung einer „Sauerstoffreserve" für die kurze Zeit des Intubationsvorgangs, in der der Patient weder atmet und noch beatmet wird. Während der Präoxygenierung:
  - *Pflegende:* Auf Arztanordnung Verabreichen eines Hypnotikums und evtl. geringe Menge eines nicht-depolarisierenden Muskelrelaxans zum **Präcurarisieren** (Gabe geringer Mengen nicht-depolarisierender Muskelrelaxanzien, z. B. 1 – 2 mg Pancuronium, um Muskelfaszikulationen durch Succinylcholin zu vermeiden)
  - *Arzt:* **Beatmung über Maske,** nachdem der Patient nach Gabe der Medikamente eingeschlafen ist. Ggf. Einführen eines Guedeltubus zur Erleichterung der Maskenbeatmung (Durchführung Masken-Beutelbeatmung ➤ 3.2.3). Nur wenn die Maskenbeatmung durchführbar ist, erfolgt die Gabe des Muskelrelaxans (bei jedem relaxierten Patienten *muss* eine Maskenbeatmung durchführbar sein, falls die Intubation nicht gelingt)
- *Pflegende:* Auf Arztanordnung Verabreichen des Muskelrelaxans. **Laryngoskop** so **anreichen**, wie es in den Mund des Patienten eingeführt wird (Spatel nach unten, Spatelspitze zeigt zum Fußende des Bettes hin)
- *Arzt:* Nach Eintritt der Wirkung des Muskelrelaxans Kopf des Patienten leicht reklinieren (in „Schnüffelposition" bringen), mit der rechten Hand den **Mund** des Patienten **öffnen** und Laryngoskop in die linke Hand nehmen. **Laryngoskop einführen** (dazu die Zunge etwas nach links drängen, um freie Sicht zu schaffen) und **Kehlkopf einstellen**
- *Pflegende:* **Tubus** so **anreichen**, wie er eingeführt wird (Tubusspitze zeigt nach unten in Richtung Fußende des Patientenbettes), und dem Arzt das Tubusende, das später außerhalb des Mundes liegt, in die rechte Hand geben. Ggf. auf Arztanordnung *Krikoiddruck* (Sellick-Handgriff) durchführen (leichter Druck mit Daumen und Zeigefinger von außen auf den Ringknorpel, dadurch bessere Sicht auf den Kehlkopfeingang und Verschluss des Ösophagus durch Verlagerung des Ringknorpels nach hinten)
- *Arzt:* **Tubus einführen.** Dabei Tubus soweit vorschieben, bis der Cuff hinter den Stimmbändern nicht mehr zu sehen ist bzw. eine am Tubus angebrachte Markierung (knapp oberhalb des Cuff) gerade noch sichtbar ist
- *Pflegende:* **Tubus** mit ca. 5 –10 ml Luft **blocken** (Ausnahmen: Tubus mit Fome-Cuff – hier nur Zuleitungsschlauch zum entblockten Cuff öffnen – und Tubus mit Lanz®-Ventil; hier sind mind. 40 ml Luft zum Blocken nötig)
- *Arzt:* **Laryngoskop entfernen,** Beatmungsbeutel oder Beatmungsgerät anschließen (i. d. R. zunächst manuelle Beatmung mit dem Beatmungsbeutel zur Tubuslagekontrolle, erst dann Anschluss an Respirator)
- **Tubuslagekontrolle** (dabei Tubus festhalten oder provisorisch fixieren):
  - *Pflegende:* Manuelle Beatmung mit dem Beatmungsbeutel, dabei Thorax auf seitengleiche Exkursionen und Tubus auf Beschlagen mit Wasserdampf während der Exspiration beobachten
  - *Arzt:* Abhören der Lunge (seitengleiche Atemgeräusche über beiden Lungenflügeln?) und über der Magengrube (blubberndes Geräusch während der Inspiration als Zeichen einer Fehlintubation des Ösophagus?). Auskultationspunkte ➤ Abb. 4.22. Möglichst unmittelbar nach der Intubation den Patienten an die Kapnometrie anschließen (➤ 8.2.3). Eine Fehlintubation ist sicher ausgeschlossen, wenn der etCO_2-Wert über mehrere Atemzyklen über 15 – 20 mmHg liegt bzw. der Tubus laryngoskopisch sichtbar zwischen den Stimmbändern liegt. Im Zweifelsfall (selten) ist eine fiberoptische (bronchoskopische) Lagekontrolle erforderlich
- *Pflegende:* **Tubusfixierung.** Verschiedene Möglichkeiten je nach Patientensituation und klinikinternen Richtlinien (➤ 8.4.4). Meist zunächst

4

Fixierung mit Heftpflaster. **Cuffdruckkontrolle** und ggf. Veränderung des Cuffvolumens durch Abziehen oder Nachinjizieren von Luft aus dem bzw. in den Cuff über Cuffdruckmessgerät
- *Arzt oder Pflegende:* Ggf. Guedeltubus oder Beißschutz einlegen, um zu verhindern, dass der Patient auf den Tubus beißt und das Tubuslumen dadurch verschließt
- *Pflegende:* **Dokumentation** der Intubation einschließlich Intubationstiefe (cm-Markierung des Tubus auf Höhe der vorderen Zahnreihe. Richtwerte: Männer 22 – 24 cm, Frauen: 20 – 22 cm, Kinder: [Lebensalter : 2] + 12. Ggf. Röntgenkontrolle des Thorax veranlassen (Arztanordnung).

Pflege bei oraler Intubation ➤ *8.4*

Während der Intubation beobachten die Pflegenden den Patienten (insbesondere Hautfarbe) und achten auf die am Bildschirm des Überwachungsmonitors angezeigten Messwerte. Bedrohliche Veränderungen, z. B. Bradykardie in Folge eines Vagusreizes durch den Tubus, teilen sie umgehend dem intubierenden Arzt mit.

Vorsicht: Eine nicht erkannte Tubusfehllage ist eine lebensbedrohliche Komplikation! Bestehen Zweifel an der korrekten Tubuslage, muss der Tubus entfernt und der Patient über eine Maske mit 100% Sauerstoff beatmet werden. Erst danach kann ein erneuter Intubationsversuch erfolgen (auch ➤ Vorgehen bei unerwartet schwieriger Intubation).

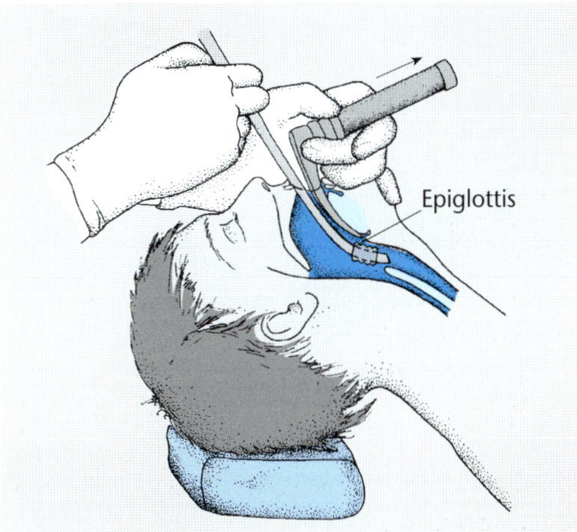

Abb. 4.20 Orale Intubation. Durch Zug in Richtung des Laryngoskop-Handgriffs richtet sich die Epiglottis auf und die Stimmritze wird einsehbar. [A400-157]

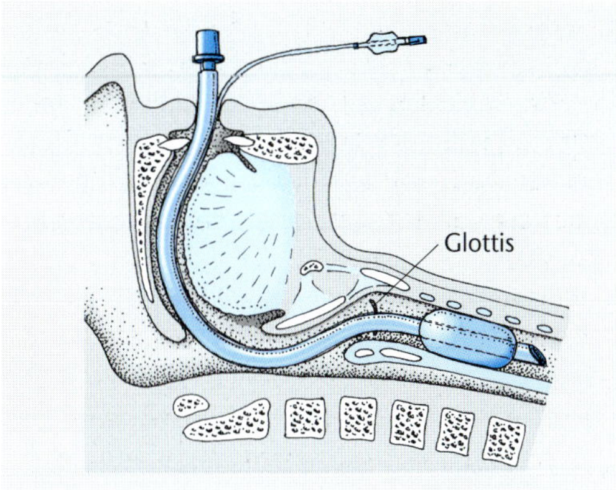

Abb. 4.21 Korrekte Lage eines oralen Endotrachealtubus. Der geblockte Cuff befindet sich knapp unterhalb der Stimmritze (Glottis). [A400-190]

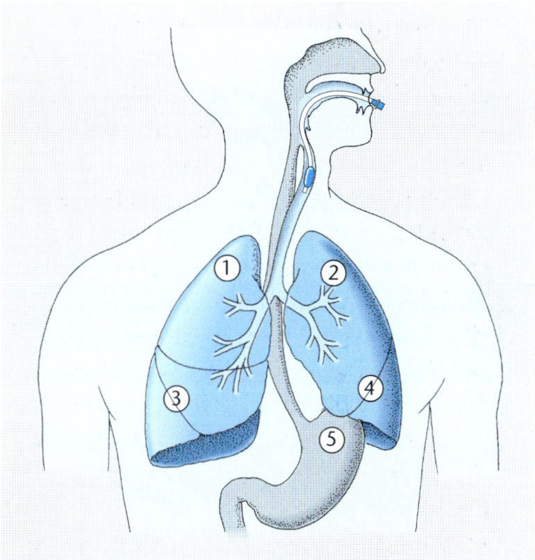

Abb. 4.22 Auskultationspunkte zur Kontrolle der korrekten Tubuslage. Zunächst werden die Atemgeräusche über den oberen, dann die über den unteren Lungenabschnitten auskultiert. Wurde der Tubus zu tief eingeführt (einseitige Intubation, beim Erwachsenen meist in den rechten Hauptbronchus), sind nur über einem (meist dem rechten) Lungenflügel Atemgeräusche hörbar. Evtl. verlegt der in den rechten Hauptbronchus eingeführte Tubus den Abgang des oberen Lappenbronchus, dann sind auch über der rechten Lungenspitze keine Atemgeräusche auskultierbar. Abschließend wird zur Sicherheit über der Magengrube abgehört (blubberndes Geräusch als Hinweis auf eine Intubation des Ösophagus?). [L190]

Nasale Intubation

Die Durchführung der nasalen Intubation unter Sicht entspricht im Wesentlichen der oralen Intubation (➤ oben). Lediglich in der Vorbereitung der Nase sowie beim Einführen des Tubus unterscheiden sich die beiden Techniken.

Vorbereitung:

- Zur nasalen Intubation wird i. d. R. ein Endotrachealtubus ausgewählt, dessen ID 0,5 – 1 mm kleiner ist als der für den Patienten passende orale Tubus (dies erleichtert das Vorschieben des Tubus durch die Nase und reduziert damit das Risiko von Verletzungen der Nasenschleimhaut)
- Evtl. tastet der Arzt vor Beginn der Intubation die vorgesehene Nasenseite mit dem kleinen Finger aus, um den Verlauf des Nasenganges und eventuelle Verengungen festzustellen
- Evtl. Cuffschutz über die Tubusspitze stülpen (zum Schutz des Cuff vor Beschädigung während der Passage des Tubus durch die Nase; wird entfernt, sobald die Tubusspitze im Rachen liegt)
- Einbringen von Nasentropfen zur Schleimhautabschwellung und Verminderung der Sekretproduktion (z. B. Nasivinetten®). In der Regel werden beide Nasenseiten vorbereitet, damit bei Bedarf auf die andere Seite ausgewichen werden kann. Danach anästhesierendes Gleitgel (z. B. Xylocain-Gel®) in die Nasengänge einbringen (dies anästhesiert die empfindliche Nasenschleimhaut und erleichtert das Einführen des Tubus).

Durchführung:

- *Arzt:* Vorsichtiges Einführen des Tubus (steil nach unten weisend) in den unteren Nasengang und Vorschieben in den Hypopharynx. Ggf. vorher dünnen Absaugkatheter oder dünne Magensonde über den Nasengang in den Rachen vorschieben und Tubus über diese als Leitschiene dienende Sonde einführen. Beim Auftreten eines Widerstandes Tubus etwas zurückziehen und Kopf weiter überstrecken. Ggf. Cuff zur Kontrolle im Rachen nochmals blocken um Dichtigkeit zu prüfen (Cuff könnte während der Passage durch die Nase beschädigt worden sein)
- *Pflegende:* Laryngoskop anreichen
- *Arzt:* Kehlkopf einstellen
- *Pflegende:* Intubationszange anreichen (dem Arzt die Griffe der Intubationszange in die rechte Hand geben)
- *Arzt:* Tubusspitze mit der Intubationszange fassen und durch die Stimmritze in die Trachea einführen
- *Pflegende:* Auf Arztanordnung Tubus vorsichtig vorschieben und/oder Krikoiddruck (➤ orale Intubation) ausüben
- *Pflegende:* Cuff blocken und Tubus fixieren
- *Arzt* oder Pflegende: Tubuslagekontrolle (➤ orale Intubation)
- *Pflegende:* Intubationstiefe dokumentieren (notiert wird die cm-Markierung am Naseneingang).

Pflege bei nasaler Intubation ➤ 8.4

Zur nasalen Intubation muss immer das gesamte Material zur oralen Intubation bereitliegen, damit der Patient im Notfall oral intubiert werden kann.

Nasale Intubation unter Sicht (➤ Abb. 4.23 a+b)

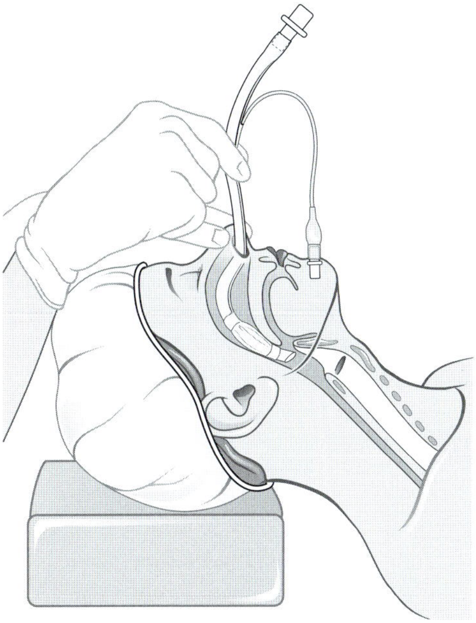

a

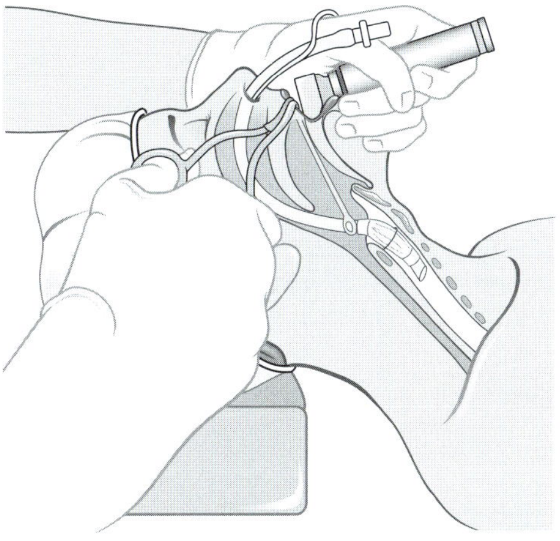

b

Abb. 4.23a Tubus über den unteren Nasengang in den Hypopharynx vorschieben. [R197]

Abb. 4.23b Layngoskop einführen und Kehlkopf einstellen. Mit der Intubationszange die Tubusspitze fassen und den Tubus in die Trachea einführen. [R197]

4.2.6 Fiberoptische Intubation

Definition

Fiberoptische Intubation *(bronchoskopische Intubation):* Orale oder nasale Intubation mit Hilfe eines Bronchoskops, über das der Tubus in die Trachea vorgeschoben wird.

Eine fiberoptische Intubation ist indiziert, wenn eine schwierige Intubation absehbar bzw. eine konventionelle orale oder nasale Intubation nicht möglich ist, z. B. wegen Fehlbildungen oder Erkrankungen des Mund-Rachenraumes oder bei großer Struma, welche die Trachea einengt oder zur Seite verdrängt, sowie bei Patienten, deren Halswirbelsäule nicht ausreichend bewegt werden kann oder darf, z. B. wegen HWS-Fraktur. Weitere Indikationen sind die unerwartet schwierige Intubation (➤ 4.2.7) und die Umintubation von Risikopatienten.

Intubations-Bronchoskope

Intubations-Bronchoskope (Intubations-Fiberskope ➤ Abb. 4.24) sind besonders dünne Bronchoskope, die speziell für die Intubation entwickelt wurden. Die verschiedenen Intubations-Bronchoskope unterscheiden sich u. a. in ihrem Außendurchmesser, der entscheidend dafür ist, ob ein bestimmtes Bronchoskop auch bei sehr geringem Tubuslumen, also z. B. bei Kindern oder Patienten mit Doppellumentuben (hier sehr geringer Durchmesser der einzelnen Lumen) eingesetzt werden kann.

Ältere Intubations-Bronchoskope funktionieren nur, wenn sie an die zugehörige externe Lichtquelle angeschlossen werden. Die Geräte der neueren Generation arbeiten auch batteriebetrieben, d. h. der Anschluss an die externe Lichtquelle ist nicht notwendig (Batterie-Intubationsfiberskop). Damit sind diese Geräte besonders für die notfallmäßige fiberoptische Intubation geeignet.

Vorbereitung

Grundsätzlich wird zur fiberoptischen Intubation immer das gesamte zur oralen Intubation erforderliche Material bereitgelegt (➤ 4.2.4). Zusätzlich bereiten die Pflegenden folgendes vor:

- Intubations-Bronchoskop und zugehörige externe Lichtquelle (neuere Geräte können auch batte-

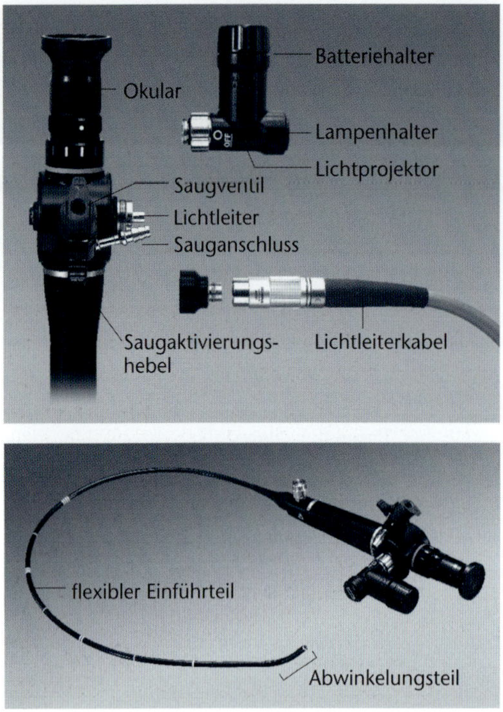

Abb. 4.24 Intubations-Bronchoskop, hier das Intubations-Fiberskop LF-GP für die fiberoptische Intubation von Erwachsenen. Das Gerät kann alternativ mit externer Lichtquelle oder im Batteriebetrieb eingesetzt werden. [V218]

riebetrieben arbeiten). Bronchoskop nach Herstellerangaben auf Funktionsfähigkeit prüfen

- (sterile) Handschuhe
- Tubus, z. B. Magill-Tubus (Größe und Ersatzgrößen nach Arztrücksprache, Cuff auf Dichtigkeit kontrollieren ➤ 4.2.4), auch innen gleitfähig machen (z. B. mit Silikospray®) und ggf. den Normkonnektor entfernen (aufbewahren, wird nach erfolgreicher Intubation wieder auf den Tubus aufgesteckt)
- Spezieller Oropharyngealtubus (z. B. Airway-Tubus® oder Optosafe-Tubus ➤ Abb. 4.25)
- Mainzer-Universaladapter® (➤ Abb. 4.25) kann an alle Beatmungsmasken angeschlossen werden
- Gleitmittel und Antibeschlagmittel für Bronchoskop
- Spüllösung für Bronchoskop (z. B. Aqua dest.)
- Lokalanästhetikum zur Anästhesie der Nasenschleimhaut und des Rachenraumes, z. B. Xylocain-Gel 2%® oder 10%iges Xylocain-Pumpspray® (ein Sprühstoß = 10 mg). Die fiberoptische Intubation kann für den Patienten sehr unangenehm sein, deshalb ist die ausreichende Schleimhautanästhesie sehr wichtig

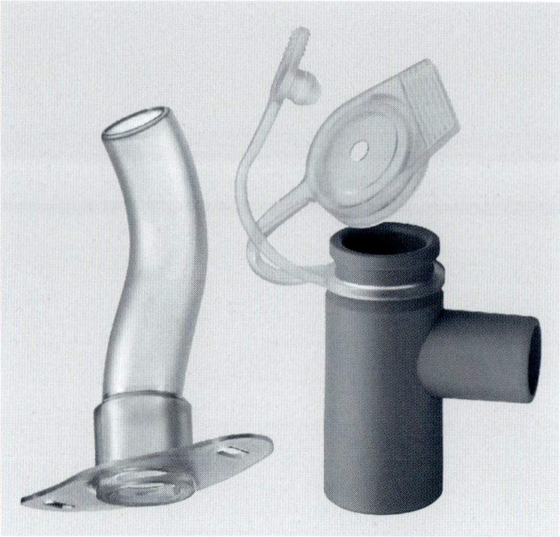

Abb. 4.25 Mainzer-Universaladapter® (rechts) und Optosafe-Tubus (links) für die fiberoptische Intubation. [U139]

- Evtl. Sauerstoffsonde (bei fiberoptischer Intubation des wachen Patienten).

Die **Vorbereitung des Patienten** entspricht der vor einer konventionellen oralen oder nasalen Intubation. Zusätzlich informiert der Arzt den Patienten über den Ablauf der fiberoptischen Intubation.

Bei der geplanten fiberoptischen Intubation wird häufig eine Prämedikation durchgeführt mit einem Benzodiazepin (z. B. Midazolam oder Diazepam), häufig kombiniert mit einem Anticholinergikum (reduziert die Sekretproduktion und vermindert dadurch die Verdünnung des Lokalanästhetikums). In manchen Kliniken werden alternativ oder in Kombination mit Benzodiazepinen Opiate mit kurzer Wirkdauer (z. B. Remifentanil, ➤ Tab. 4.4) eingesetzt (Vorteil: Dämpfung des Hustenreflexes, dadurch Erleichterung der fiberoptischen Intubation; Cave: Bei zu hoher Dosierung Atemdepression und erhöhtes Aspirationsrisiko).

Ist eine fiberoptische Intubation bei einem wachen Patienten geplant, so ist es nicht zwingend notwendig, dass der Patient zur Intubation auf dem Rücken liegt, vielmehr kann die fiberoptische Intubation beim wachen Patienten auch in Oberkörperhochlage bzw. am sitzenden Patienten sowie in Seitenlage durchgeführt werden.

Durchführung

Die fiberoptische Intubation kann sowohl am wachen (spontanatmenden) als auch am narkotisierten Patienten durchgeführt werden. In beiden Fällen kann sie nasal oder oral erfolgen.

Der wesentliche Vorteil der fiberoptischen Intubation des wachen Patienten ist die erhaltene Spontanatmung. Damit gibt es keine zeitliche Begrenzung für den eigentlichen Intubationsvorgang, da der Patient währenddessen spontan atmet. Bei der fiberoptischen Intubation des narkotisierten Patienten dagegen kann die Intubationszeit – je nach verwendeter Technik – begrenzt sein oder man kann kontinuierlich mit der Maske weiterbeatmen. Voraussetzung zur fiberoptischen Intubation eines wachen Patienten ist die Kooperation des Patienten; bei der fiberoptischen Intubation des narkotisierten Patienten ist dies nicht notwendig.

Fiberoptische Intubation des wachen Patienten

Bei der fiberoptischen Intubation des wachen Patienten werden das Intubations-Bronchoskop und der Tubus i. d. R. nasal eingeführt. Die nasale fiberoptische Intubation ist technisch einfacher als die orale fiberoptische Intubation. Zudem ist sie für den wachen Patienten angenehmer und die Gefahr einer Beschädigung des Bronchoskops ist geringer. Prinzipiell kann die fiberoptische Intubation des wachen Patienten jedoch auch oral erfolgen.

Nasale fiberoptische Intubation des wachen Patienten:

- Einbringen von Nasentropfen zur Schleimhautabschwellung und Verminderung der Sekretproduktion (z. B. Nasivinetten®) in jedes Nasenloch
- Geeignete Nasenseite feststellen (i. d. R. die Nasenseite, die besser durchgängig scheint). In andere Nasenseite O_2-Sonde einführen und Sauerstoff verabreichen (Sauerstoffflow nach Arztanordnung)
- Lokalanästhesie der Nasenschleimhaut mit z. B. einem Sprühstoß Lidocain 10% in jedes Nasenloch
- Ggf. Gabe geringer Mengen eines Hypnotikums oder geringe Analgosedierung, z. B. mit Remifentanil nach Arztanordnung
- Tubus auf das Intubations-Bronchoskop auffädeln und am äußeren Ende des Bronchoskops mit Pflaster fixieren. Bronchoskop und Tubus mit anästhesierendem Gel bestreichen
- Linse des Bronchoskops mit Antibeschlagmittel benetzen
- Intubations-Bronchoskop in den unteren Nasengang einführen und unter Sicht bis zur Epiglottis vorschieben. Dort über Biopsiekanal Lokalanästhetikum applizieren zur Lokalanästhesie der Epiglottis (dabei Absaugung abstellen bzw. abklemmen)
- Wirkungseintritt des Lokalanästhetikums abwarten, dann Bronchoskop durch die Stimmritze hindurch bis zur Bifurkation (Carina) vorschieben. Währenddessen wiederholte Gabe von Lokalanästhetika
- Injektion einer geringen Dosis eines Hypnotikums (Spontanatmung soll erhalten bleiben)
- Pflaster, mit dem der Tubus am Bronchoskop fixiert ist, entfernen
- Sobald der Lidreflex erloschen ist, Tubus über das Bronchoskop in die Trachea einführen
- Bronchoskopische Lagekontrolle des Tubus: Tubusspitze muss wenige Zentimeter oberhalb der Bifurkation liegen
- Cuff blocken, Intubations-Bronchoskop entfernen, Konnektor anbringen und Respirator anschließen oder manuelle Beatmung durchführen
- Lunge auf seitengleiche Atemgeräusche abhören
- Tubus fixieren (➤ 8.4.4).
- Alternativ kann zuerst der Tubus über die Nase bis in den hinteren Nasopharynx eingeführt werden. Über den Tubus wird dann zunächst der Rachenraum abgesaugt. Dann wird das Bronchoskop eingeführt, durch den Kehlkopf in die Trachea vorgeschoben und der Tubus über das Bronchoskop hinweg in die Trachea eingeführt. Vorteile dieser Methode: Die Optik des Bronchoskops kann nicht durch Nasensekret verlegt werden und die Weite der Nasengänge ist besser beurteilbar. Nachteilig ist die erhöhte Verletzungsgefahr.

Die **orale fiberoptische Intubation des wachen Patienten** hat den Vorteil, dass größere Endotrachealtuben verwendet werden können. Der Ablauf ist ähnlich dem der nasalen fiberoptischen Intubation (➤ oben), Unterschiede bestehen in folgenden Punkten:

- Lokalanästhesie des Oropharynx

- Einführen eines speziellen Oropharyngealtubus (z. B. Airway-Tubus® oder geschlitzter Guedel-Tubus) über den das Bronchoskop und der Endotrachealtubus in die Trachea vorgeschoben werden kann
- Nach Platzierung und bronchoskopischer Lagekontrolle des Tubus wird zunächst das Bronchoskop und dann der spezielle Oropharyngealtubus entfernt.

Fiberoptische Intubation des narkotisierten Patienten

Bei der fiberoptischen Intubation des narkotisierten Patienten wird der Tubus meist oral eingeführt. Dazu wird der Patient zunächst präoxigeniert, erhält ein Hypnotikum und wird mit Maske (spezielle Endoskopiemaske oder Gesichtsmaske mit Universaladapter) und Beatmungsbeutel beatmet. Anschließend wird ein Muskelrelaxans verabreicht und ein spezieller Oropharyngealtubus (Airway-Tubus®, dient gleichzeitig als Beißschutz) eingelegt. Unter Maskenbeatmung wird das Bronchoskop dann durch den Universaladapter hindurch über den Oropharyngealtubus in die Trachea vorgeschoben und der (zuvor auf das Bronchoskop aufgefädelte) Endotrachealtubus über das Bronchoskop vorgeschoben. Nachdem die korrekte Tubuslage bronchoskopisch kontrolliert wurde, werden das Bronchoskop und die Beatmungsmaske entfernt. Das weitere Vorgehen entspricht dann dem der fiberoptischen Intubation des wachen Patienten.

Bei der *nasalen fiberoptischen Intubation des narkotisierten Patienten* entfällt der Einsatz eines speziellen Oropharyngealtubus. Hier wird das Bronchoskop durch den Universaladapter der Maske über Nase und Rachen in die Trachea vorgeschoben und der Endotrachealtubus über das Bronchoskop eingeführt.

Eine weitere Möglichkeit der fiberoptischen Intubation ist die Einführung von Bronchoskop und Tubus über eine **Larynxmaske** (➤ 4.2.7).

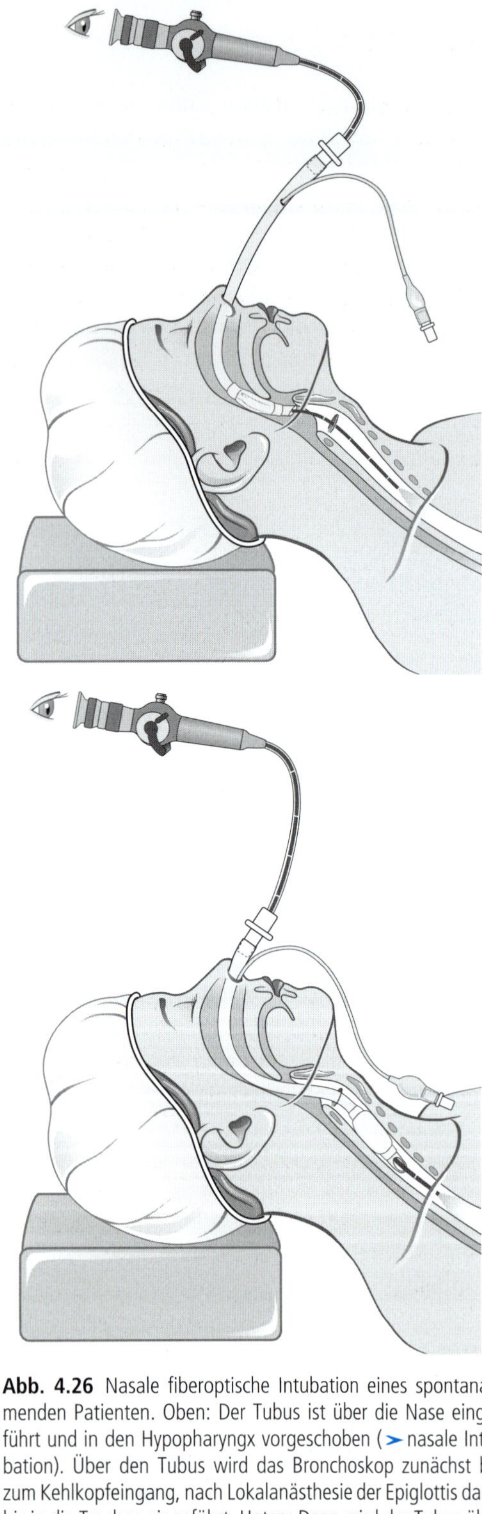

Abb. 4.26 Nasale fiberoptische Intubation eines spontanatmenden Patienten. Oben: Der Tubus ist über die Nase eingeführt und in den Hypopharyngx vorgeschoben (➤ nasale Intubation). Über den Tubus wird das Bronchoskop zunächst bis zum Kehlkopfeingang, nach Lokalanästhesie der Epiglottis dann bis in die Trachea eingeführt. Unten: Dann wird der Tubus über das Bronchoskop hinweg in die Trachea eingeführt. [R197]

4.2.7 Die schwierige Intubation

Im Verlauf des Intubationsvorgangs (➤ 4.2.5) können praktisch jederzeit Schwierigkeiten auftreten, die einzelnen Maßnahmen am Patienten durchzuführen – v. a. Beatmung über Maske, Einstellen des Kehlkopfs mit Laryngoskop und Einführen des Tubus in die Trachea. Der Begriff „schwierige Intubation" bezieht sich genau genommen lediglich auf den Vorgang des Einführens des Tubus in die Trachea, als Überbegriff für Schwierigkeiten im Verlauf der Intubation wurde von der ASA (American Society of Anesthesiologists) der Begriff **„schwieriger Atemweg"** geprägt. Im klinischen Sprachgebrauch werden die Begriffe jedoch oft synonym verwendet.

Definition

Schwieriger Atemweg – schwierige Intubation

Schwieriger Atemweg: Situation, in der es für einen Anästhesisten schwierig oder unmöglich ist, den Patienten mittels Maske zu beatmen und/oder mit Hilfe konventioneller Laryngoskopie tracheal zu intubieren.

- **Schwierige Maskenbeatmung:** Trotz korrekter Kopflagerung gelingt die Maskenbeatmung wegen nicht vermeidbarer Leckagen oder zu hohem Beatmungswiderstand nicht. Meist finden sich klinische Zeichen wie fehlende thorakale Atembewegungen, fehlende, ungenügende oder spastische Atemgeräusche, Zyanose, Magenblähung, niedrige oder fallende Sauerstoffsättigung, fehlende oder ungenügende Volumenmessung der Ausatemluft sowie die klinischen Zeichen der Hypoxie und Hyperkapnie (Technik der manuellen Beatmung ➤ 3.2.3). Häufigkeit: schwierige Maskenbeatmung 5%, Maskenbeatmung nicht möglich 0,01 – 0,08% (Larsen, R. 2006)
- **Schwierige pharyngeale Atemwegsfreihaltung:** Die Einlage eines pharyngealen Instrumentes (z. B. von Larynxmaske, Larynxtubus, Combitubus) ist auch nach mehreren Versuchen nicht möglich, so dass keine Ventilation erfolgen kann
- **Schwierige Laryngoskopie:** Es ist auch nach mehreren Versuchen nicht möglich, unter konventioneller Laryngoskopie Teile der Stimmbänder einzusehen. Häufigkeit: 1,5 – 8,5%
- **Schwierige Intubation:** Für die erfolgreiche Einlage eines Endotrachealtubus benötigt der Anästhesist mehr als 3 Versuche oder länger als 10 Minuten. Häufigkeit: 1 - 18% aller Intubationen.

Der schwerwiegendste Fall ist die **cannot ventilate - cannot intubate – Situation:** Der Patient kann weder über die Gesichtsmaske beatmet noch intubiert werden (Häufigkeit: 1/10.000 – 1/1 Mio).

Das Vorgehen bei schwieriger Intubation bzw. schwieriger Maskenbeatmung hängt wesentlich davon ab, ob die Schwierigkeiten unerwartet auftreten oder bereits vorhersehbar waren (Einschätzen von Intubationsschwierigkeiten ➤ 4.2.4).

Algorithmus schwierige Atemwege ➤ 10.4.2

Vorgehen bei schwieriger Intubation

Vorgehen bei erwartet schwieriger Intubation

Die erwartet schwierige Intubation wird nur von bzw. im Beisein eines erfahrenen Anästhesisten vorgenommen. Auch die Pflegende sollte Erfahrung bei der Assistenz schwieriger Intubationen haben bzw. von einer erfahrenen Kollegin unterstützt werden.

Bei der erwartet schwierigen Intubation versucht der Arzt – wenn möglich - das Bewusstsein und die Spontanatmung des Patienten solange zu erhalten, bis der Atemweg entweder mit einem Endotrachealtubus oder einer Larynxmaske gesichert ist. Methode der Wahl (Goldstandard) ist die **fiberoptische Intubation des wachen Patienten** (➤ 4.2.6).

Fehlt die dazu notwendige Kooperationsfähigkeit des Patienten, wird der Arzt versuchen, zumindest die Spontanatmung des Patienten zu erhalten, bis der Tubus oder die Larynxmaske eingeführt ist.

Ggf. muss der Patient bei erwarteten Intubationsschwierigkeiten in eine Klinik verlegt werden, die über mehr alternative Möglichkeiten verfügt. Ist dies nicht möglich, kann in Ausnahmefällen auch eine primäre Tracheotomie in Lokalanästhesie oder eine fiberoptische Intubation des narkotisierten Patienten (➤ 4.2.6) durchgeführt werden.

Vorgehen bei unerwartet schwieriger Intubation

Einschätzen von Intubationsschwierigkeiten ➤ 4.2.4

Nicht immer kann der Arzt Intubationsschwierigkeiten im Vorfeld erkennen. Trotz sorgfältiger Evaluierung kann ein schwieriger Atemweg und eine damit verbundene schwierige Intubation bei mehr als 30% der Patienten nicht vorherbestimmt werden (Gottschall, R. 2006). Treten bei einem „unauffälligen" Patienten Intubationsschwierigkeiten auf, wird i. d. R. nach einem festgelegten Schema (Algorithmus) vorgegangen, um die Sauerstoffversorgung des Patienten aufrecht zu erhalten. Entscheidend ist dabei, ob eine **Maskenbeatmung** möglich ist oder nicht (➤ 3.2.3):

- Ist eine **Maskenbeatmung möglich**, kann die Intubation erneut versucht werden, nachdem die Narkosetiefe optimiert wurde. Ggf. zu erneuten Intubationsversuchen Hilfe herbeirufen (lassen). Dabei können dann verschiedene Intubationshilfsmittel (z. B. spezielle Laryngoskopspatel ➤ 4.2.1 oder Führungshilfen ➤ 4.2.3) oder Handgriffe (z. B. Krikoiddruck ➤ Orale Intubation) eingesetzt werden. Gelingt die Intubation auch damit nicht, kann eine fiberoptische Intubation über Maske oder Intubations-Larynxmaske vorgenommen werden.

Wichtig:
  - Sauerstoffsättigung während der Maßnahmen permanent kontrollieren und Patienten zwischen den einzelnen Intubationsversuchen über Gesichts- bzw. Larynxmaske beatmen, um ausreichende Oxygenierung sicherzustellen
  - Traumatische Intubationsversuche unbedingt vermeiden! Diese könnten Schleimhautschwellungen, Verletzungen und/oder Blutungen verursachen, die dann ihrerseits die Maskebenbeatmung erschweren oder unmöglich machen, d. h. der Patient kann dann weder über Maske beatmet noch intubiert werden (*can't ventilate, can't intubate-Situation*)
- Ist eine **Maskenbeatmung nicht möglich**, darf der Patient auch *nicht* relaxiert werden. Mittels Guedeltubus wird der Arzt versuchen, eine Maskenbeatmung doch noch zu ermöglichen. Ist trotz Guedeltubus eine Maskenbeatmung nicht möglich, kann versucht werden, den Patienten über eine Larynxmaske zu beatmen. Gelingt dies, kann evtl. eine fiberoptische Intubation über die Larynxmaske vorgenommen werden. Gelingt auch dies nicht, sind der Einsatz eines Combi-Tubus oder eines Larynxtubus (➤ unten) möglich. Alternativ kann eine orale fiberoptische Intubation versucht werden (falls Material sofort verfügbar). Ultima ratio (letzte Möglichkeit) ist die Koniotomie (➤ 4.3.5) oder die Notfalltracheotomie.

Ziel des Vorgehens bei der unerwartet schwierigen Intubation ist die Aufrechterhaltung einer ausreichenden Oxygenierung (*nicht* die Intubation)!

Inzwischen haben einige Länder **Leitlinien zum Airway Management** veröffentlicht (USA 1993 – update 2004). Für Deutschland bietet die Leitlinie der Deutschen Gesellschaft für Anästhesiologie und Intensivmedizin (DGAI) eine gute Orientierung für das systematische Vorgehen. Die Empfehlungen der ASA und DGAI unterscheiden sich nur geringfügig. Schwerpunkte der Empfehlungen sind:

- Neben einer assistierenden Person sollte eine weiterer Arzt/Assistent zumindest in Rufweite sein
- Zusätzliche Hilfsmittel zur Oxygenierung (LMA, Larynxtubus, Wendl-Tubus, Sauerstoffsonde, Jet-Ventilation, Sauerstoffmaske) sollen in Griffweite sein
- Jede Anästhesieabteilung sollte einen Algorithmus zum Management des schwierigen Atemwegs und zur Extubation haben. Die im Algorithmus implementierten Techniken müssen trainiert werden
- Jede Anästhesieabteilung, Notaufnahme oder Intensivstation sollte über ein portables System zum Management des schwierigen Atemwegs verfügen, in welchem ausreichende Alternativ- und Notfallinstrumente vorgehalten werden (Notfallwagen schwierige Intubation ➤ unten)
- Vorgehensweise und Probleme sind zu dokumentieren
- Der Patient muss nach der Intervention informiert werden (Gespräch und Ausstellen eines Anästhesieausweises).

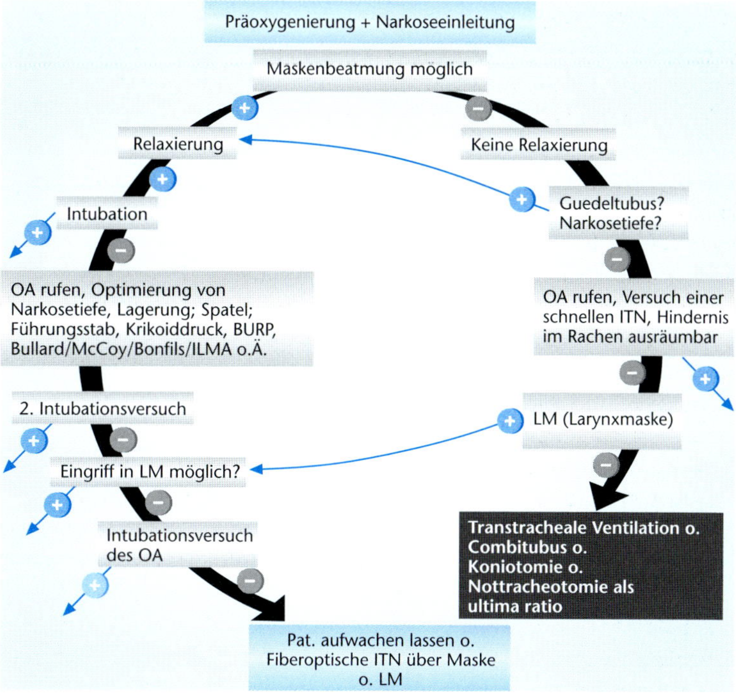

Abb. 4.27 Vorgehen bei unerwartet schwieriger Intubation. Die hier empfohlenen Vorgehensweisen beziehen sich auf die Intubation in der Anästhesie. BURP= *backwards-upwards-rightwards-pressure* (➤ 4.2.4). [A300-157]

Hilfsmittel zur Sicherung der Atemwege bei schwieriger Intubation

Notfallwagen schwierige Intubation

Insbesondere bei der unerwartet schwierigen Intubation werden oft rasch hintereinander verschiedene Hilfsmittel benötigt, die nicht Bestandteil der Standardvorbereitung einer Intubation sind (➤ 4.2.4). Um im Bedarfsfall nicht unnötig Zeit zu verlieren, sollte auf der Intensivstation ein Notfallwagen bereitstehen, der alle eventuell benötigten Hilfsmittel enthält. Dazu gehören i. d. R. (Zusammensetzung kann klinikspezifisch variieren):

- Überlange Laryngoskopspatel
- Alternative Laryngoskope, z. B. McCoy® oder Bullard-Laryngoskop® (➤ Abb. 4.3 und ➤ Abb. 4.4)
- Führungsstäbe, Bougies (Führungsstäbe, die eine Erweiterung/Aufdehnung des Atemwegs ermöglichen), Tubuswechsler (➤ 4.2.8)
- Zungen-Fasszange
- Verschieden große Larynxmasken und Intubations-Larynxmasken
- Mainzer-Universaladapter, Optosafe-Tubus, geschlitzter Guedel-Tubus
- Combi-Tuben (➤ unten)
- Larynxtubus
- Material zur fiberoptischen Intubation einschließlich Intubations-Bronchsokop (➤ 4.2.6)
- Instrumentarium für die Jet-Ventilation (sofern entsprechendes Gerät vorhanden; ➤ 5.3.8 Hochfrequenzbeatmung)
- Koniotomie-Sets
- Skalpelle
- Material zur Transilluminationstechnik (➤ unten)

Larynxmaske

Ist bei schwieriger Intubation eine Maskenbeatmung nicht möglich, kann versucht werden, den Patienten zur Überbrückung mit einer **Larynxmaske** *(Kehlkopfmaske)* zu beatmen.

Standard-Larynxmasken (SLM) bestehen aus einem flexiblen Schaft (vergleichbar einem Endotrachealtubus) an dessen äußerem (oberen) Ende sich ein Norm-Konnektor befindet. Das untere Ende geht in eine ovale Maske mit aufblasbarem Randwulst (Cuff der Larynxmaske) über, der bei korrekter Lage die Larynxmaske gegen Rachen und Ösophagus abdichtet.

Die Larynxmaske bietet folgende **Vorteile:**

- Kann rasch eingeführt und korrekt positioniert werden

Tab. 4.5 Verschiedene Größen von Larynxmasken.

Größe der Larynxmaske	Gewicht des Patienten (kg)	Cuffvolumen (ml)	Länge (cm)
1	< 6,5	2 – 5	10
2	6,5 – 20	7 – 10	11,5
2,5	20 – 30	12 – 15	12,5
3	30 – 70	15 – 20	19
4	70 – 90	25 – 30	19
5	> 90	35 – 40	20

- Keine Passage der Stimmritze, Stimmbänder werden geschont
- Der große Cuff macht die Kehlkopfpassage unmöglich, damit ist auch eine einseitige Intubation praktisch ausgeschlossen
- Guter Sitz auch bei älteren zahnlosen Patienten oder Kindern.

Larynxmasken gibt es in verschiedenen Größen. Entscheidend für die Auswahl ist das Körpergewicht des Patienten. Die Luftmenge zum Blocken des Cuffs hängt von der Größe der Larynxmaske ab. ➤ Tabelle 4.5 zeigt die gängigen Größen von Larynxmasken sowie die entsprechenden Patientengruppen. Wegen der im Vergleich zur Intubation relativ hohen Cuffvolumina wird zum Blocken des Cuffs eine 10 – 50 ml-Spritze verwendet.

Vor dem Einführen der Larynxmaske wird der Cuff auf Dichtigkeit geprüft und entlüftet.

Unmittelbar nach dem Einführen (vor dem Fixieren) wird der Cuff geblockt. Durch das Blocken positioniert sich die Larynxmaske i. d. R. selbstständig in die korrekte Lage um den Kehlkopfeingang (schwarzer Streifen an der konvexen Seite der Larynxmaske sollte nach Einführen und Positionieren gegenüber der Oberlippe sichtbar sein). Wichtig: Während des Blockens die Larynxmaske nicht mit den Händen fixieren – dies behindert die korrekte Positionierung.

Die **LMA-ProSeal**™ (➤ Abb. 4.28) ist eine Weiterentwicklung der Standard-Larnynxmaske, die die Gefahr einer Mageninsufflation und Aspiration minimieren soll. Ihr Cuff ist etwas erweitert (dadurch verbesserte Abdichtung zum Pharynx hin) und neben dem Beatmungstubus ist ein weiterer Tubus integriert, der in der Maskenspitze endet. Über diesen Tubus kann der Magen abgesaugt und die korrekte Maskenlage (fiberoptisch) gesichert werden.

Alternativ zur herkömmlichen Larynxmaske kann bei einer schwierigen **Intubation** auch die

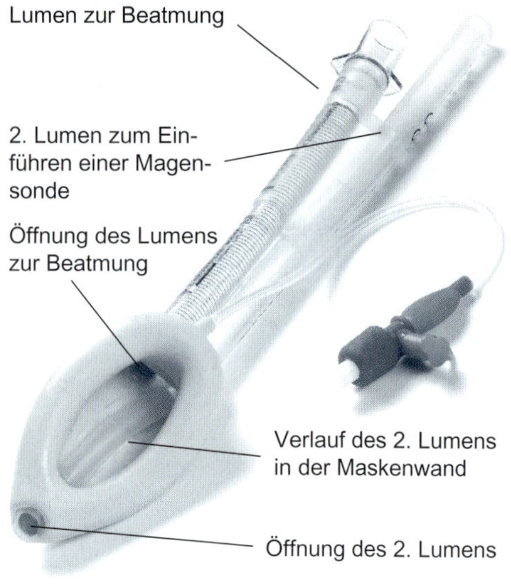

Abb. 4.28 Die LMA-ProSeal ist eine Weiterentwicklung der Standard-Larynxmaske. [V346]

Intubations-Larynxmaske (*kurz* **ILM,** internationaler Freiname **Intubating Laryngeal Mask Airway** *kurz* **ILMA**, Handelsname **LMA-Fastrach**®, (➤ Abb. 4.29) eingeführt werden, um die Beatmung sicherzustellen. Über die LMA-Fastrach® kann dann blind oder bronchoskopisch ein Spezial-Endotrachealtubus mit einem Innendurchmesser von 8 mm vorgeschoben werden. Die ILM vereint die sehr guten Beatmungseigenschaften einer SLM mit einer erfolgreichen blinden Intubation bei über 90% bei supraglottischen Intubationshindernissen. Ein Aspirationsschutz besteht nicht (➤ Abb. 4.30).

Combi-Tubus

Der **Combi-Tubus** ist ein spezieller Doppellumentubus mit dem – unabhängig davon, ob er in der Trachea

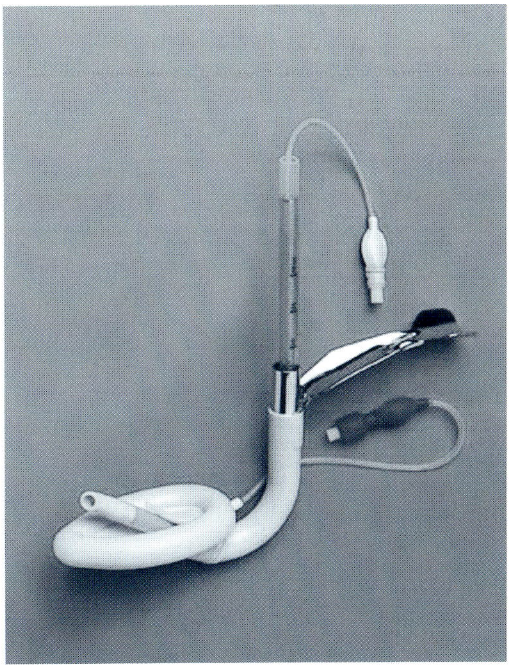

Abb. 4.29 LMA-Fastrach® mit eingeführtem Endotrachealtubus. [V346]

oder im Ösophagus liegt – beatmet werden kann (➤ Abb. 4.30).

Der Combi-Tubus verfügt über zwei Lumen und zwei Cuffs:

- Ein Lumen ist unten offen, das andere hat mehrere Öffnungen im pharyngealen Teil, ist jedoch unten verschlossen. Beide Lumen können über Norm-Konnektoren mit dem Beatmungsbeutel oder dem Respirator verbunden werden
- Ein oropharyngealer Cuff befindet sich oberhalb der pharyngealen Öffnungen, ein distaler Cuff befindet sich oberhalb des unten offenen Lumens.

Der Combi-Tubus wird blind oral eingeführt und soweit vorgeschoben, bis die beiden Ringmarken auf Höhe der Zahnreihen liegen. Dann wird wie folgt vorgegangen:

- Blocken des oropharyngealen Cuffs mit 80 – 100 ml Luft (dadurch Abdichtung des Mund-Rachenraumes und Stabilisierung des Tubus)
- Blocken des distalen Cuffs mit 10 – 15 ml Luft:
  - Liegt der Combi-Tubus im Ösophagus (dies ist bei blinder Intubation die Regel), dichtet der Cuff den Ösophagus ab. Bei Beatmung über das Lumen mit den pharyngealen Öffnungen ist die Lunge belüftet (Thorax hebt und senkt sich, Atemgeräusche sind auskultierbar)
  - Liegt der Combi-Tubus in der Trachea, dichtet der Cuff die Trachea ab. Bei Beatmung über das Lumen mit den pharyngealen Öffnungen sind keine Atemgeräusche auskultierbar. In diesem Fall wird dann über das unten offene Lumen beatmet.

Combi-Tuben für Erwachsene gibt es in zwei Größen (jeweils eine für Patienten die kleiner bzw. größer als ca. 170 cm groß sind).

Die Vorteile beim Einsatz des Combi-Tubus sind die relativ einfache Einführtechnik, die geringe Komplikationsrate und der weitgehende Schutz vor Aspiration auch bei ösophagealer Lage des Tubus. Nachteilig sind die relativ häufigen Halsbeschwerden nach der Intubation mit dem Combi-Tubus und der hohe Preis.

Kontraindiziert ist der Combi-Tubus bei Kindern unter 16 Jahren bzw. Patienten < 150 cm Körpergröße, bei Erkrankungen des Kehlkopfs, z. B. Kehlkopftumor, Ödem oder Laryngospasmus sowie bei subglottischer Obstruktion.

Liegt der Combi-Tubus im Ösophagus, ist ein endotracheales Absaugen über den Tubus *nicht* möglich!

Larynxtubus

Der **Larynxtubus** ist ein am distalen Ende verschlossener Ein-Lumen-Tubus mit zwei Cuffs (ähnlich dem Combitubus). Der untere (distale) Cuff dichtet den Ösophagus ab, der obere (proximale) Cuff den Rachenraum. Zwischen den beiden Cuffs liegt die Öffnung für die Beatmung. Der Larynxtubus ist in 6 Größen erhältlich (jeweils farbkodierter Konnektor, z. B. transparent für Neugeborene und violett für große Erwachsene). Die beiliegende Blockerspritze ist ebenfalls mit Farbmarkierungen versehen, um ein Befüllen der Cuffs mit der korrekten Luftmenge zu gewährleisten.

Der Larynxtubus wird blind eingeführt. Als Hilfe zur Positionierung sind am proximalen Tubusende 3 Markierungen angebracht. Nach dem Einführen werden beide Cuffs über eine gemeinsame Zuleitung geblockt. Die Tubuslagekontrolle erfolgt ähnlich wie bei der endotrachealen Intubation (Inspektion, Aus-

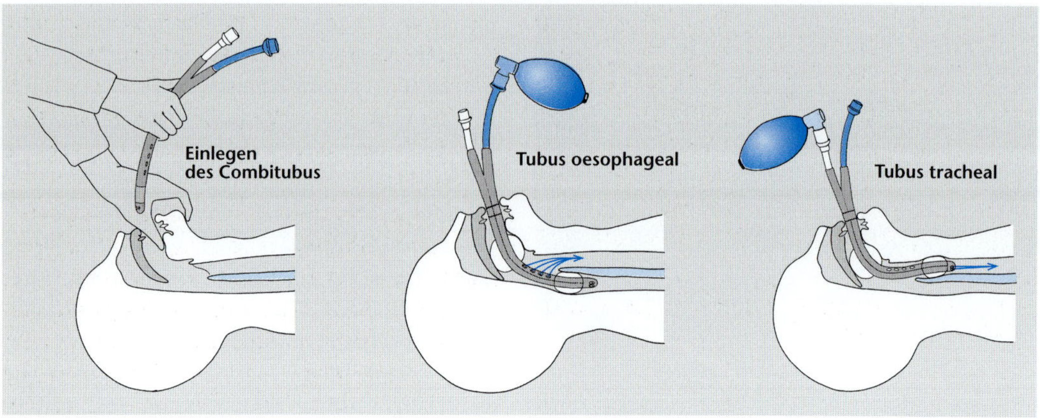

Abb. 4.30 Combi-Tubus. Mitte: Nach dem blinden Einführen liegt der Tubus i. d. R. im Ösophagus. Dann wird über das Lumen mit den pharyngealen Öffnungen beatmet. Liegt der Tubus in der Trachea, wird über das unten offene Lumen beatmet. [A300-157]

4

kultation von Lunge und Magengrube, Kapnometrie ➤ 4.2.5).

Eine Weiterentwicklung des Larynxtubus ist der **Larynxtubus Suction** (LTS), der zusätzlich über einen Drainagekanal verfügt, über den eine Magensonde in den Magen eingeführt werden kann. Dies ist insbesondere bei nicht nüchternen Patienten relevant. Der Larynxtubus Suction ist in drei Größen für Erwachsene erhältlich.

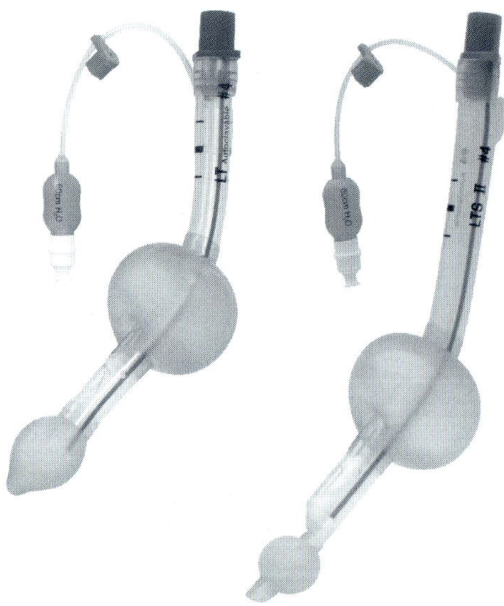

Abb. 4.31 Larynxtubus (LT) und Larynxtubus Suction (LTS). Beide Tuben enden blind, zwischen den beiden Cuffs befindet sich die Öffnung für die Beatmung. Der LTS verfügt zusätzlich über einen Drainagekanal zur Entlastung des Magens. [V348]

Transilluminationstechnik

Bei der **Transilluminationstechnik** wird der Tubus blind oral oder nasal über einen speziellen Einführungsmandrin mit beleuchteter Spitze (gebräuchlich ist derzeit das Trachlight® ➤ Abb. 4.32) eingeführt.

Das Trachlight® ist ein in der Länge veränderbarer kunststoffummantelter Führungsstab (Führungsdraht oder -stilett), dessen innere Metallführung herausnehmbar ist. An der Spitze befindet sich die batteriebetriebene Lichtquelle, am oberen Ende ein Handgriff mit Klemmvorrichtung für den Tubus und Warnleuchte, die bei zu langer Intubationsdauer (> 30 Sek.) aufleuchtet. Der Tubus wird so auf das Trachlight® aufgefädelt, dass die Spitze des Trachlight® bündig mit dem Tubus abschließt bzw. maximal 1 – 2 cm aus dem Tubus herausragt (dann Spitze des Trachlight® in Hockeyschlägerform biegen).

Der leuchtende Führungsstab wird (möglichst bei dunkler Umgebung) durch den Mund blind in Richtung Larynx bis zur Stimmbandebene vorgeschoben. Ist das Licht in diesem Bereich von außen sichtbar (sog. „Transillumination" der Halshaut), kann der Tubus über das Trachlight® in die Trachea vorgeschoben und der Führungsstab zurückgezogen werden. Wenn kein oder nur ein geringer Leuchteffekt zu sehen ist, befindet sich die Spitze des Trachlight® im Ösophagus.

Die **Vorteile** der Transilluminationstechnik sind eine kurze Intubationszeit bei relativ geringem technischem Aufwand, nur geringe vegetative Begleitre-

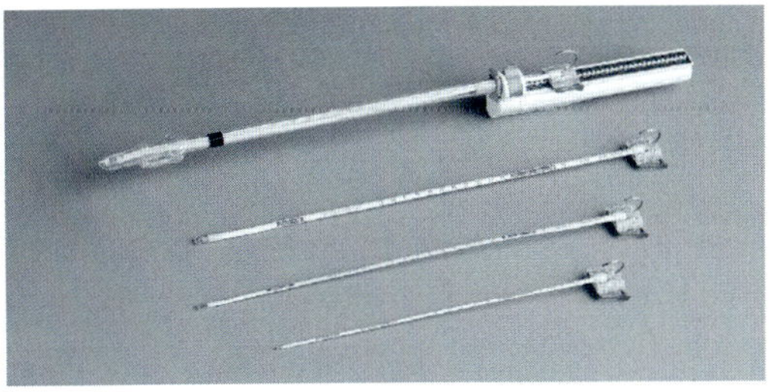

Abb. 4.32 Trachlight® zur Intubation mittels Transilluminationstechnik (➤ Text). Drei verschieden große Führungsstäbe stehen zur Verfügung. [V089]

aktionen und das Vermeiden von Zahnschäden auch unter extrem schwierigen Intubationsbedingungen. Zudem ist die Technik relativ einfach erlernbar. Auf Grund dieser Vorteile hat sich die Transilluminationstechnik in manchen Kliniken als Alternative zu anderen Reservemethoden (McCoy®-Spatel, fiberoptisches Bronchoskop, Larynxmaske) durchgesetzt.

Kontraindiziert ist die Technik bei Adipositas, ausgeprägter Struma und stark eingeschränkter HWS-Beweglichkeit. Der **Nutzen** der Transilluminationstechnik für den Fall einer unerwartet schwierigen Intubation ist nicht abschließend geklärt.

Intubationstracheoskop

Das **Intubationstracheoskop** (im klinischen Alltag auch *Notrohr* genannt) ist eine Kombination aus Laryngoskop und starrem Bronchoskop, das bei schwieriger Intubation zum Darstellen des Kehlkopfeinganges eingesetzt werden kann. Der Hauptteil des Instrumentes ist ein starres Rohr, an dessen Ende sich ein Handgriff mit Batterien und eine Glühbirne befinden (wie beim konventionellen Laryngoskop), die den Intubationsweg ausleuchtet. Über einen Schlauchansatz besteht die Möglichkeit, das Intubationstracheoskop an einen Beatmungsbeutel oder in der Anästhesie an ein Kreisteil anzuschließen.

Voraussetzungen für die Anwendung des Intubationstracheoskops sind:

- Die HWS kann bzw. darf stark überstreckt werden
- Die Mundöffnung ist ausreichend
- Mundhöhle und Oropharynx sind passierbar.

Bei Verwendung des Intubationstracheoskops führt der Arzt zunächst ein Laryngoskop ein und belässt es. Dann wird der Kopf des Patienten extrem überstreckt, das Notrohr bis zum Kehlkopfeingang vorgeschoben und dort um 90° gedreht, um Verletzungen durch die abgeschrägte Spitze zu vermeiden. Danach schiebt der Arzt das Notrohr durch die Stimmritze in die Trachea vor, führt über das Notrohr einen elastischen Bougie ein, entfernt das Notrohr und führt den Endotrachealtubus über den Bougie ein.

Indikationen für den Einsatz des Intubationstracheoskops sind Tumore in Oropharynx, Zungengrund und Kehlkopf, große aspirierte Fremdkörper (können vor der Intubation über das Intubationstracheoskop entfernt werden), Narben und Abszesse im Kehlkopfbereich. Diese Veränderungen stellen für flexible Instrumente oft ein unüberwindliches Intubationshindernis dar. Mit dem Notrohr ist eine deutlich höhere Kraftübertragung zur Überwindung der behindernden Ursache möglich.

4.2.8 Umintubation

Eine **notfallmäßige Umintubation** (Tubuswechsel) kann notwendig werden bei:

- Verlegung des Tubuslumens, die nicht rasch anderweitig behoben werden kann, z. B. durch Bronchiallavage (➤ 8.7.2)
- Defektem Cuff.

Eine **geplante Umintubation** ist erforderlich, wenn bei einem langzeitbeatmeten Patienten ein oraler Tubus mit Hochdruckcuff (häufig in der Anästhesie verwendet) gegen einen Tubus mit Niederdruckcuff oder ein Tubus mit geringem Innendurchmesser gegen einen mit größerem Innendurchmesser ausgewechselt werden soll. Weiter ist eine geplante Umintubation notwendig, wenn von der oralen auf die nasale Intubation übergegangen werden soll (umstritten, wegen des Risikos einer beatmungsassoziierten Pneumonie ➤ 5.7) oder wenn bei nasaler Intubation wegen entstandener Druckulzera im Nasenbereich die Nasenseite, durch die der Tubus eingeführt ist, gewechselt werden soll.

Vorbereitung

Die Vorbereitung entspricht der zur konventionellen oralen bzw. nasalen Intubation (➤ 4.2.4). Evtl. wird ein *Tubuswechsler* verwendet (➤ Abb. 4.33). Dabei handelt es sich um einen ca. 80 cm langen dünnen Katheter, über den der Tubus in Seldinger Technik gewechselt werden kann, d. h. der Tubus-

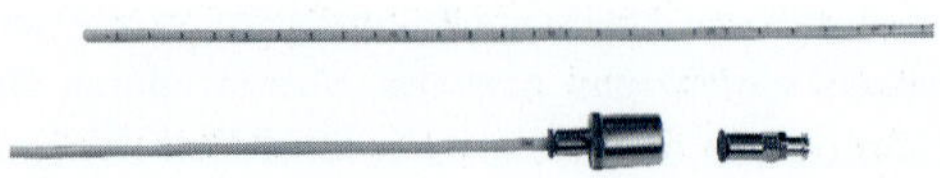

Abb. 4.33 Spitze (oben) und äußeres Ende des insgesamt 83 cm langen Tubuswechslers RAI (Firma VBM-medical). Der angebrachte 15 mm ISO-Konnektor kann an den Beatmungsbeutel oder die Beatmungsschläuche angeschlossen werden. Alternativ kann über den Luer-Lock-Konnektor (rechts unten) ein Jet-Ventilator angeschlossen werden. [V348]

wechsler dient als Führungsschiene und stellt sicher, dass während des Tubusaustausches der Zugang zur Trachea gesichert bleibt. Über den Tubuswechsler kann Sauerstoff verabreicht und mit dem Beatmungsbeutel beatmet werden. Tubuswechsler gibt es in verschiedenen Größen für die unterschiedlich dicken Endotrachealtuben.

Bei liegender Magensonde wird das Magensekret vor der Umintubation in einen Sekretbeutel abgeleitet oder abgesaugt. Auf Arztanordnung entfernen die Pflegenden die Magensonde unmittelbar vor der Umintubation, da eine liegende Magensonde als Leitschiene für Sekret aus dem Magen dienen kann und damit die Aspirationsgefahr während der Umintubation erhöht.

Durchführung

- Patient informieren und für 5 –10 Minuten *präoxigenieren* (mit 100% Sauerstoff beatmen)
- Auf Arztanordnung Verabreichen eines Hypnotikums und evtl. eines Muskelrelaxans
- Mund-Rachenraum absaugen und endotracheale Absaugung vornehmen
- Tubuswechsel:
  - **Oral → oral:** Mit Laryngoskop Kehlkopf einstellen (Arzt), neuen Tubus anreichen, alten Tubus entblocken und entfernen (Pflegende), neuen Tubus einführen (Arzt)
  - **Oral → nasal:** Nasalen Tubus und Nasenschleimhaut vorbereiten wie bei nasaler Intubation (➤ 4.2.5), nasalen Tubus in einen Nasengang einführen und in den Hypopharynx vorschieben (Arzt), Laryngoskop anreichen (Pflegende), Larynx einstellen (Arzt), Intubationszange anreichen, alten Tubus entblocken und entfernen (Pflegende), Tubus unter Sicht mit Hilfe der Intubationszange vorschieben (Arzt)
  - **Nasal → nasal:** Wegen der räumlichen Enge im Bereich der hinteren Nasenöffnung meist zuerst Umintubation von nasal auf oral (Larynx einstellen, nasalen Tubus entblocken und entfernen, oralen Tubus einführen) und dann oral/nasale Umintubation vornehmen wie oben beschrieben.
- Cuff blocken und Patienten beatmen (manuell oder mit Respirator)
- Kontrolle der Tubuslage vornehmen (➤ 4.2.5)
- Tubus fixieren
- Patient an Respirator anschließen (falls zuvor manuell beatmet)
- Umintubation dokumentieren (Tubusart und -größe, Intubationstiefe, Cuffdruck).

4.2.9 Intubation des nicht nüchternen Patienten

Als **nicht nüchtern** im anästhesiologischen Sinn gelten:

- Patienten, die in den zurückliegenden 6 – 8 Stunden gegessen, getrunken oder geraucht haben
- Patienten mit Blutungen des oberen Gastrointestinaltrakts (z. B. Ösophagusvarizenblutung)
- Patienten mit Erkrankungen, die mit einer erhöhten Nüchternsekretion oder einer verlängerten Entleerungszeit des Magens einhergehen (z. B. Ileus oder Magenausgangsstenose)
- Patienten, die nach einem Unfall erstversorgt werden
- Schwangere im letzten Trimenon.

Wird ein nicht nüchterner Patient intubiert, besteht die Gefahr, dass es während des Intubationsvorgangs zur Regurgitation (Zurückfließen) und Aspiration von Mageninhalt kommt. Um dies zu verhindern, ist beim nicht nüchternen Patienten ein spezielles Vorgehen bei der Intubation erforderlich. Dazu gehören besondere Maßnahmen beider Vorbereitung und der Durchführung der Intubation.

Vorbereitung

Zusätzlich zu den üblichen Vorbereitungen einer oralen Intubation (➤ 4.2.5) werden bei der Intubation eines nicht nüchternen Patienten folgende Maßnahmen ergriffen:

- Einführen einer dicklumigen *Magensonde* und Drainage und/oder Absaugen des Magensekrets. Dies garantiert zwar nicht, dass der Magen anschließend leer ist, reduziert aber den Druck im Magen und vermindert damit das Risiko einer Regurgitation. Unmittelbar vor der Intubation wird die Magensonde dann meist wieder entfernt, da sie ansonsten als Leitschiene für Magensekret dienen und damit das Zurückfließen von Magensekret in den Rachenraum fördern kann. Ausnahme: In manchen Kliniken werden spezielle Magensonden mit einem Ballon am distalen Ende verwendet, der in aufgeblasenem Zustand den Mageneingang verschließen und eine Regurgitation damit verhindern sollen
- Falls genug Zeit ist Gabe von Antazida und/oder Antiemetika 1 – 2 Stunden vor der Intubation (umstritten)
- Grundsätzlich *durchsichtige* Gesichtsmasken verwenden
- Dicklumigen Absaugkatheter an die Absauganlage anschließen und Absauggerät anschalten (während der Intubation angeschaltet lassen, damit im Bedarfsfall sofort abgesaugt werden kann)
- Ausgewählten Tubus grundsätzlich mit einem Führungsstab versehen und Blockerspritze aufsetzen.

Durchführung

Die Zeitdauer des eigentlichen Intubationsvorgangs (Zeit, in der es möglicherweise zur Regurgitation kommt) muss kurz gehalten werden. Deshalb wird der nicht nüchterne Patient grundsätzlich *oral* intubiert (Ausnahme: Sind Intubationsschwierigkeiten zu erwarten, empfiehlt sich die fiberoptische Intubation des wachen Patienten, ➤ 4.2.6).

In folgenden Punkten unterscheidet sich die Durchführung der Intubation beim nicht nüchternen Patienten von der beim nüchternen Patienten:

- **Lagerung**. Der Patient wird entweder in *Anti-Trendelenburg-Lage* (30 – 45° Oberkörperhochlagerung, auch *umgekehrte Trendelenburg-Lage*) oder in *Trendelenburg-Lage* (40° Kopftieflage), ggf. in Kombination mit 90° Seitenlage, gelagert. Dabei ein Abknicken des Oberkörpers wegen des höheren Druckes auf das Abdomen vermeiden
- **Präoxygenieren** (➤ 4.2.5). *Keine manuelle Beatmung* mit Maske und Beatmungsbeutel (Gefahr der Magenblähung; dadurch erhöhtes Risiko einer Regurgitation)!
- **Präcurarisieren**. Gabe geringer Mengen eines nicht-depolarisierenden Muskelrelaxans, um den erhöhten intraabdominellen Druck durch die succinylbedingten Muskelfaszikulationen zu verringern
- **Crash-Intubation** (auch *Nicht-nüchtern-Intubation, Blitzintubation* oder *Rapid Sequence Induction*): Zur Erhöhung der Sicherheit empfiehlt sich die Durchführung mit drei Personen:
  - *Pflegende:* Auf Arztanordnung Gabe des Hypnotikums und sofort danach des depolarisierenden Muskelrelaxans, sofort danach Krikoiddruck (➤ 4.2.5, diesen halten bis der Tubus eingeführt und geblockt ist) und Laryngoskop anreichen
  - *Arzt:* Sofort nach Relaxansgabe Maske entfernen, Kehlkopf einstellen
  - *Pflegende:* Tubus anreichen (dabei mit einer Hand den Krikoiddruck halten)
  - *Arzt:* Rasch intubieren und Tubus sofort blocken
- Weiteres Vorgehen entsprechend dem der oralen Intubation.

Bei Erbrechen den Krikoiddruck (Sellick-Handgriff) lösen, da es ansonsten zu Verletzungen des Kehlkopfs oder einer Ruptur des Ösophagus kommen kann!

4.2.10 Auswirkungen und Komplikationen der endotrachealen Intubation

Durch die endotracheale Intubation wird die physiologische Funktion der Nase (Erwärmung und Befeuchtung der Atemluft) ausgeschaltet. Beim intubierten Patienten müssen daher Beatmungsfilter oder Befeuchtungs- und Erwärmungsgeräte eingesetzt werden, welche die Atemluft erwärmen und befeuchten (Atemgasklimatisierung ➤ 5.6).

Bei den Komplikationen durch die endotracheale Intubation werden Frühkomplikationen (sofort auftretende Komplikationen durch den Intubationsvorgang) von Spätkomplikationen unterschieden, die erst im Verlauf der Beatmungstherapie auftreten.

Die Komplikationen, die beim Intubationsvorgang entstehen, sind in aller Regel gravierender als die, deren Ursache die Intubationsdauer ist (Mazen, A., 2003).

Frühkomplikationen

Zu den frühen Komplikationen der endotrachealen Intubation gehören:

- **Erfolglose Intubation** (d. h. die Intubation gelingt nicht), z. B. wegen ausgeprägten anatomischen Veränderungen. Vorgehen bei schwieriger Intubation ➤ 4.2.7 und Abb. 4.27
- **Larynx lässt sich nicht einstellen.** Lagerung des Kopfes überprüfen und ggf. korrigieren (kann zu stark überstreckt oder zu flach gelagert sein). Lage des Laryngoskops überprüfen (kann nicht weit genug oder zu weit eingeführt sein), ggf. längeren oder kürzeren Spatel verwenden
- **Beschädigung der Zähne** (Ab- oder Ausbrechen). Um dies zu verhindern, Zug auf das Laryngoskop immer nur in Richtung des Handgriffs, niemals „hebeln". Bei erfolgten Zahnschäden umgehend den ausgebrochenen Zahn bzw. das abgebrochene Zahnstück entfernen, um zu verhindern dass es aspiriert wird. Vollständig oder partiell luxierte Zähne sollten schnellstmöglich reimplantiert werden (vollständig luxierte Zähne in physiologischer Kochsalzlösung aufbewahren)
- **Verletzungen** der Mund- oder Nasenschleimhaut, selten auch der Rachenmandeln, evtl. mit (massiven) Blutungen oder Ödembildung
- **Aryknorpelluxation** (Luxation der pyramidenförmigen, dem Ringknorpel aufsitzenden Stellknorpel, an denen die Stimmbänder befestigt sind). Diese seltene Komplikation zeigt sich erst nach der Extubation durch Heiserkeit bis hin zum Flüstern
- **Perforation von Pharynx, Ösophagus oder Trachea.** Diese Komplikation tritt sehr selten und meist im Zusammenhang mit einer schwierigen Intubation auf. Frühe Symptome sind ein subkutanes Emphysem oder ein Pneumothorax (➤ 2.3.4)
- **Intubation des Ösophagus** (Fehlintubation). Der Tubus liegt nicht in der Trachea sondern im Ösophagus. Es sind keine Thoraxbewegungen zu sehen, über der Lunge sind i. d. R. keine Atemgeräusche auskultierbar, das Kapnogramm zeigt keine CO_2-Abatmung. Der Patient zeigt mehr oder weniger rasch die Zeichen einer Hypoxämie; über dem Epigastrium ist ein blubberndes Geräusch auskultierbar. Gefahr: Aufblähen des Magens, Regurgitation von Magensekret und Aspiration. Vorgehen: Entweder geblockten Tubus als Aspirationsschutz im Ösophagus liegen lassen und mit zweitem Tubus erneuten Intubationsversuch unternehmen *oder* Tubus entfernen, Patienten nochmals präoxigenieren und erneut intubieren. Nach gelungener Intubation Magensonde legen, um den Magen zu entlasten
- **Einseitige Intubation** (Tubusspitze liegt in einem Hauptbronchus, bei Erwachsenen meist im rechten Hauptbronchus). Folge: Einseitig abgeschwächtes oder aufgehobenes Atemgeräusch. Vorgehen: Tubus entblocken, etwas zurückziehen und erneut blocken. Danach abermalige Kontrolle der Tubuslage
- **Tubus liegt nicht tief genug** (wurde nicht tief genug eingeführt oder ist etwas herausgerutscht). Häufig liegt der Cuff in der Stimmritze und zum Abdichten ist ein hoher Cuffdruck notwendig oder das Abdichten gelingt trotz hohem Cuffdruck nicht. Gefahr: Schädigung der Stimmbänder. Vorgehen: Intubationstiefe prüfen (cm-Markierung in Höhe der Zahnreihe), Tubus entblocken, etwas vorschieben und erneut blocken (ggf. zuvor Rachenraum absaugen). Danach Tubuslagekontrolle mit Laryngoskop
- **Aspiration von Mageninhalt.** *Gefahr:* Verlegung der Atemwege wenn festes bzw. dickflüssiges Sekret aspiriert wird, **Mendelson-Syndrom** (akutes toxisches Lungenödem) wenn saurer Magensaft ($pH < 2,5$) aspiriert wird. *Symptome:* Rasselgeräusche, abgeschwächte oder fehlende Atemgeräusche durch Verlegung der Atemwege, Zeichen der Hypoxämie. *Vorgehen:* Patienten sofort in Kopftieflage bringen, Rachenraum freimachen (absaugen mit dicklumigem Absaugkatheter, ggf. digital ausräumen), schnellstmöglich intubieren und endotracheal absaugen *bevor* der Patient beatmet wird. Ggf. bronchoskopisch absaugen, insbesondere bei festsitzendem Aspirat

- **Kreislaufreaktionen,** z. B. Bradykardie oder Tachykardie, Hypertonie oder Hypotonie, etwa als Folge einer vagalen Reaktion durch Manipulationen im Rachenraum, Hypoxie, zu oberflächlicher Sedierung oder vorbestehender Herzinsuffizienz. Im Extremfall Asystolie durch Vagusreflex
- **Tubusobstruktion** durch eingedicktes Sekret, Blut, Fremdkörper, Abknicken des Tubus oder Cuffhernie (➤ 4.2.2).
- **Halsbeschwerden** treten relativ häufig (25-60%) und meist in Form von Halsschmerzen, Schluckbeschwerden oder Heiserkeit auf. I. d. R. klingen die Beschwerden nach 2-3 Tagen ab. Falls sie länger als ca. 4 Tage dauern, sollte ein HNO-Arzt hinzugezogen werden.

Spätkomplikationen

Zu den Spätkomplikationen (Langzeitschäden) der endotrachealen Intubation gehören:

- Ulzerationen der Trachealschleimhaut, Drucknekrosen von Trachealknorpeln (evtl. mit Trachealstenosen oder Tracheomalazie) insbesondere durch zu hohen Cuffdruck. Wichtig ist es deshalb, den Cuffdruck regelmäßig zu kontrollieren und unter 25 cm H_2O zu halten (➤ 8.4.1)
- Stimmbandschäden können von vorübergehender Heiserkeit bis hin zu Stimmbandlähmungen (Rekurrensparese) reichen. Mögliche Ursachen sind Druck auf den N. rekurrens durch ungeeigneten Tubus oder zu starke Blockung bei verminderter Elastizität der Trachea oder Überdehnung des N. rekurrens beim Überstrecken des Kopfes zur Intubation
- Bei nasaler Intubation Mittelohrentzündung durch Verlegung der Ohrtrompete (Tuba Eustachii) oder Sinusitis
- Respiratorassoziierte Pneumonie (*Beatmungspneumonie* ➤ 5.7.1).

Begünstigende Faktoren für das Auftreten von Spätkomplikationen sind:

- Die *Intubationsdauer.* Je länger der Patient intubiert ist, desto größer ist das Risiko für Spätkomplikationen
- *Alter und Geschlecht.* Die Atemwege von Säuglingen und Kleinkindern sind besonders empfindlich, da sie eng und die Schleimhäute dünn sind. Deshalb gilt: Je jünger ein Patient desto höher das Risiko für Spätkomplikationen. Darüber hinaus sind Frauen durchschnittlich anfälliger für Spätkomplikationen als Männer, da die Luftwege enger und die Schleimhäute dünner sind
- *Mechanische Reizung.* Manipulationen am Tubus (z. B. beim endotrachealen Absaugen) oder durch Kopfbewegungen des Patienten können zu mechanischen Reizungen von Larynx- und Tracheaschleimhaut führen
- *Sprechversuche des Patienten.* Sprechversuche des endotracheal intubierten Patienten (z. B. während der Entwöhnung vom Respirator) können Stimmbandreizungen hervorrufen und sollten daher wenn möglich unterbleiben.

4.2.11 Extubation

Wie bei der Intubation so arbeiten auch bei der Extubation Pflegende und Arzt „Hand in Hand". Der Arzt legt fest, wann der Patient extubiert wird.

Voraussetzungen zur Extubation

- Die Spontanatmung des Patienten ist ausreichend:
  - Atemfrequenz und Atemzugvolumen sind normal
  - PEEP-Bedarf < 5 – 10 mbar
- Die Blutgaswerte liegen im Normbereich (bei Raumluftatmung bzw. geringem F_iO_2). Ausnahme: Bei bestehender Lungenerkrankung werden auch schlechtere Werte akzeptiert (richtungweisend sind hier die Ausgangswerte des Patienten)
- Die Herz-Kreislaufverhältnisse sind stabil
- Die Körpertemperatur liegt im Normbereich (kein hohes Fieber und keine Untertemperatur)
- Die Schutzreflexe (insbesondere Husten- und Schluckreflex) sind vorhanden
- Der Patient verfügt über ausreichende Muskelkraft (kann z. B. Augen öffnen, Kopf heben, Hand drücken)
- Kontinuierliches Monitoring und engmaschige Überwachung durch die Pflegenden in der Zeit nach der Extubation ist gewährleistet.

Vorbereitung

Die Extubation des zuvor beatmeten Patienten erfolgt immer in Reintubationsbereitschaft, d. h. die

Pflegenden legen die Materialien zur oralen/nasalen Intubation bereit. Ob dabei ein Tubus vorbereitet (mit Gleitgel versehen und Cuff auf Dichtigkeit geprüft) oder lediglich bereitgelegt wird, ist von Klinik zu Klinik und oft auch von Fall zu Fall unterschiedlich. War die Intubation des Patienten zuvor schwierig, werden auch die entsprechenden Materialien, etwa besondere Spatel, Tubuswechsler oder ein Intubations-Fiberskop bereitgehalten und erfahrenes Fachpersonal hinzugezogen.

Vorbereitung der Materialien

Die Pflegenden legen folgende Materialien bereit und prüfen ggf. deren Funktionsfähigkeit:

- Material und Medikamente zur Intubation (➤ 4.2.3 und 4.2.4), ggf. zusätzliches Material wenn die Intubation zuvor schwierig war (möglichst Intubationswagen mit Zubehör für schwierige Intubation)
- Absauggerät und verschieden dicke Absaugkatheter
- Sterile und unsterile Einmalhandschuhe
- Sauerstoffmaske, ggf. mit Reservoirbeutel, Sauerstoffsonde
- Einmalspritze zum Entblocken des Cuffs
- Zellstofftücher o. Ä.

Vorbereitung des Patienten

Der Arzt oder die Pflegenden informieren den Patienten über die bevorstehende Extubation. In der Zeit vor der Extubation (4 – 6 Stunden) wird die enterale Nahrungs- oder Flüssigkeitszufuhr (z. B. Sondennahrung) eingestellt. Zur Extubation lagern die Pflegenden den Patienten auf den Rücken in Oberkörperhochlage. Liegt beim Patienten eine Magensonde, wird ein Sekretbeutel angeschlossen, so dass der Mageninhalt ablaufen kann. Ggf. wird der Mageninhalt abgesaugt.

Durchführen der Extubation

- Patienten ggf. präoxygenieren (100% Sauerstoff für 5 – 10 Minuten)
- Mund und Rachen gründlich absaugen, ggf. auch Magensekret über liegende Magensonde absaugen
- Tubusfixierung lösen (Pflaster ggf. mit Wasser oder Hautdesinfektionsmittel aufweichen)
- Tubus von den Beatmungsschläuchen diskonnektieren (falls noch angeschlossen)
- Endotracheal absaugen (➤ 8.7.2)
- Cuff entblocken
- Patienten auffordern, tief einzuatmen (dadurch öffnen sich die Stimmbänder, wodurch Stimmbandverletzungen beim Herausziehen des Tubus vermieden werden) und Tubus *während* der Inspirationsphase zügig entfernen. In manchen Kliniken ist es üblich, den Tubus unter Sog zu entfernen, d. h. der Absaugkatheter wird durch den Tubus in die Trachea eingeführt und unter Sog gesetzt. Dann wird der Cuff entblockt und der Tubus zusammen mit dem Absaugkatheter entfernt. Nachteil dieser Methode ist die Gefahr der Atelektasenbildung. Vorteil: Das Sekret über dem Cuff, das beim Absaugen des Rachenraumes evtl. nicht vollständig entfernt werden konnte, wird abgesaugt und kann damit nicht aspiriert werden
- Patienten zum Abhusten auffordern und falls nötig Mund-Rachen-Raum absaugen
- Über eine Gesichtsmaske dem Patienten sauerstoffangereicherte und angefeuchtete Luft zuführen (Sauerstoffflow nach Arztanordnung)
- Insbesondere nach Langzeitbeatmung Atmung, Herzfrequenz, Sauerstoffsättigung und evtl. Blutdruck kontinuierlich überwachen, evtl. Blutgasanalyse durchführen (i. d. R. erste BGA ca. 20 Min. nach der Extubation, falls nicht zuvor Komplikationen auftreten)
- Tubuswechsler (falls eingeführt) weiterhin liegen lassen, um rasch Reintubation vornehmen zu können. Über den Tubuswechsler kann auch Sauerstoff verabreicht und im Notfall eine Beatmung vorgenommen werden.

Pflege des frisch extubierten Patienten

Überwachung der Vitalparameter

Um eine respiratorische Insuffizienz (➤ Kap. 2) des frisch extubierten Patienten rasch erkennen und behandeln zu können, wird der Patienten in der Zeit unmittelbar nach der Extubation besonders sorgfältig überwacht:

- Die am Überwachungsmonitor eingestellten Grenzwerte kontrollieren, insbesondere die Grenzwerte für Herzfrequenz, Blutdruck, Atemfrequenz und Sauerstoffsättigung, und ggf. der aktuellen Patientensituation anpassen

- Hautfarbe und Bewusstseinslage des Patienten engmaschig kontrollieren, Atmung des Patienten beobachten (Atemfrequenz? Atemtiefe? Zeichen einer erschwerten Atmung z. B. wegen Sekretretention), ggf. Lunge abhören
- Blutgasanalysen durchführen (Häufigkeit der Kontrollen nach Zustand des Patienten).

Positionierung, Atemgymnastik und Mobilisation

Die Pflegenden positionieren den frisch extubierten Patienten auf dem Rücken in Oberkörperhochlage, falls nicht erkrankungs- oder operationstechnisch bedingt andere Lagerungen notwendig sind. Insbesondere langzeitintubierte bzw. -beatmete Patienten können am besten atmen, wenn sie nahezu aufrecht im Bett sitzen. Atemerleichternd ist auch eine Hochlagerung beider Arme auf Kissen o. Ä. sowie die „Herzbett-Position" (Oberkörper aufgerichtet, Beine abgesenkt). Die Pflegenden achten darauf, den Patienten so zu lagern, dass er nicht im Bett nach unten rutschen kann (dadurch verengen sich die Zwischenrippenräume und die Atmung wird erschwert) bzw. korrigieren die Position, falls der Patient im Bett nach unten gerutscht ist.

So früh wie möglich beginnen Maßnahmen zur Vertiefung der Atmung und zur Sekretmobilisation (z. B. Atemgymnastik, Lagerungsdrainagen, Inhalationen oder Vibrationsmassage). Diese Maßnahmen führen die Pflegenden in Kooperation mit den zuständigen Physiotherapeuten durch (i. d. R. ist klinikintern geregelt, welche Maßnahmen von den Pflegenden und welche von den Physiotherapeuten übernommen werden).

Häufig ist auch intermittierendes Masken-CPAP (über Nasen- oder Gesichtsmaske, ➤ 5.4.1) erforderlich.

Zum frühest möglichen Zeitpunkt wird der Patient dann mobilisiert:

- Wurde der Patient bereits während der Beatmungstherapie mobilisiert, bereitet die Mobilisation nach der Extubation i. d. R. keine Probleme
- Erfolgt die erste Mobilisation des zuvor beatmeten Patienten erst nach der Extubation, besprechen die Pflegenden mit dem Arzt, ob und wann der Patient mobilisiert werden darf. Insbesondere bei (frisch)operierten Patienten sind bei der Mobilisation evtl. besondere Maßnahmen erforderlich, etwa wenn der Patient nach Hüft- oder Kniegelenksoperationen ein Bein nicht belasten darf oder wegen Gefäßoperationen die Hüfte nicht abknicken soll. Bei der ersten Mobilisation achten die Pflegenden darauf den Patienten nicht zu überfordern, d. h. sie helfen dem Patienten zunächst, sich an den Bettrand zu setzen. Ist dies ohne (Kreislauf-)Probleme möglich, kann der Patient kurz aufstehen, sich dann evtl. auf einen bereitgestellten Stuhl setzen oder einige Schritte umhergehen. Wie viel der Patient bei der ersten Mobilisation „schafft", ist immer auch von der Dauer der vorangegangenen Beatmungstherapie abhängig. Nach einer Langzeitbeatmung sind meist nur kleine Mobilisationsschritte möglich.

Essen und trinken

Liegen keine Kontraindikationen von Seiten der Erkrankung oder der Operation vor und ist die Spontanatmung des Patienten stabil (d. h. eine Reintubation ist nicht wahrscheinlich), darf der Patient i. d. R. 1 – 4 Stunden nach der Extubation vorsichtig die ersten Trinkversuche unternehmen. Dazu setzen die Pflegenden den Patienten im Bett auf. Als Getränke eignen sich Tee (kein Früchtetee wegen des Säureanteils) oder stilles Mineralwasser, die bei einer möglichen Aspiration nur geringe Komplikationen verursachen. Anfangs soll der Patient nur in kleinen Schlucken trinken. Insbesondere bei Patienten, die nicht aufrecht sitzen dürfen, kann es hilfreich sein, den Patienten mit Hilfe eines Trinkhalmes trinken zu lassen (der Patient kann dann besser steuern, wie viel Flüssigkeit er in den Mund nimmt).

Wann und was der Patient essen kann bzw. darf, hängt maßgeblich von seiner Grunderkrankung, der evtl. durchgeführten Operation sowie seiner Kau- und Schluckfähigkeit ab.

> Unmittelbar nach der Extubation soll der Patient seine Stimmbänder schonen und wenig sprechen, obwohl dies oft im Gegensatz zur berechtigten Freude des Patienten steht, wieder sprechen zu können. Bleiben über Tage Störungen der Phonation (z. B. Heiserkeit) oder Schluckstörungen bestehen, wird der Arzt ein HNO-Konsil veranlassen, um die Ursache und eine mögliche Therapie zu klären.

Dokumentation

In der Patientenkurve dokumentieren die Pflegenden:

- Zeitpunkt der Extubation
- Art und Menge der Sauerstoffverabreichung
- Befinden des Patienten.

Schwierigkeiten bei der Extubation

Folgende Schwierigkeiten können bei bzw. unmittelbar nach der Extubation auftreten:

- Glottisödem (➤ unten)
- Laryngo- oder Bronchospasmus (➤ unten)
- Verletzungen der Stimmbänder
- Schleimhautläsionen
- Würgereiz, Erbrechen und Aspiration
- Respiratorische Insuffizienz (➤ Kap. 2).

Bei bekannt schwierigen Atemwegen oder bei zu erwartenden Schwierigkeiten kann vor der Extubation evtl. ein Tubuswechsler über den Tubus in die Trachea eingeführt werden, über den im Notfall wieder schnell intubiert werden kann.

Glottisödem

Definition

Glottisödem *(Larynxödem):* Akutes Kehlkopfödem im Bereich der Epiglottis. Häufig allergisch bedingt. Leitsymptom: Inspiratorischer Stridor.

Betroffen sind meist kleine Kinder (die Epiglottis ist hier besonders groß und die Schleimhaut empfindlicher als bei größeren Kindern und Erwachsenen). Ursache des Glottisödems ist oft eine traumatische Intubation (viele Intubationsversuche und Einsatz von Hilfsmitteln wie z. B. Führungsstäbe oder Einführungsmandrins ➤ 4.2.3). Auch nach operativen Eingriffen am Kehlkopf droht ein Glottisödem.

Das Glottisödem zeigt sich durch inspiratorischen Stridor, Heiserkeit und Dyspnoe. Therapiert wird das Glottisödem mit Kortikosteroiden, die evtl. auch schon 20 – 30 Minuten vor der Extubation verabreicht werden, wenn ein Glottisödem wahrscheinlich ist.

Laryngospasmus

Definition

Laryngospasmus *(Stimmritzenkrampf):* Akuter anhaltender Spasmus der Kehlkopfmuskulatur mit Einengung der Glottis (Stimmritze).

Vom Laryngospasmus ist der **Glottisverschlussreflex** abzugrenzen, bei dem die Einengung der Glottis mit der Beseitigung des auslösenden Stimulus verschwindet. Beim Laryngospasmus dagegen hält der Spasmus auch nach Beseitigung des auslösenden Stimulus an.

Ein Laryngospasmus entsteht häufig durch eine Irritation der Atemwege, z. B. durch:

- Erbrochenes, Sekrete und Blut in den oberen Atemwegen
- Einführen oraler oder nasopharyngealer Tuben bei zu flacher Narkose bzw. Analgosedierung
- Extubation während des Exzitationsstadiums.

Auch Schmerzreize bei nicht ausreichender Narkosetiefe bzw. Analgosedierung können einen Laryngospasmus verursachen.

Abhängig davon, ob der Kehlkopf nur teilweise (partiell) oder vollständig verlegt ist, zeigt der Patient folgende **Symptome:**

- Bei partieller Verlegung Stridor und krächzende Atemgeräusche
- Bei totalem Verschluss ruckartige paradoxe Atembewegungen, Einziehungen der Brustwand in den Zwischenrippenräumen während der Inspiration, Vorwölbung des Abdomens während der Exspiration und Einziehung während der Inspiration („schlingerndes Schiff"). Darüber hinaus sind keine Atemgeräusche auskultierbar, eine Beatmung ist nicht möglich.

Wird nicht umgehend therapiert, kommt es zu Hypoxie und Hyperkapnie. Bei länger anhaltendem Laryngospasmus zeigen sich die Zeichen der respiratorischen Insuffizienz (➤ 2.4.1).

Die **Therapie** besteht in:

- Beseitigung des auslösenden Reizes durch z. B. Absaugen oder Unterbrechen der Schmerzstimuli
- Ggf. Vertiefung der Narkose bzw. Analgosedierung
- Verabreichen von 100% Sauerstoff über eine dicht sitzende Maske (dazu in Schnüffelposition bringen und Esmarch-Handgriff anwenden, ➤ Abb. 4.19 und ➤ 3.1).

Kommt es darunter nicht rasch zur Besserung, kann der Laryngospasmus durch Muskelrelaxation mit 10 – 20 mg Succinylcholin durchbrochen werden. Führt auch dies nicht zum Erfolg, ist evtl. eine Koniotomie indiziert (➤ 4.3.5).

4.3 Tracheotomie

Definition

Tracheotomie: Eröffnung der Trachea im vorderen Halsbereich (die so geschaffene Öffnung heißt **Tracheostoma**) und Einführen einer Trachealkanüle in das Tracheostoma. Zwei Techniken:

- **Punktionstracheotomie** *(Perkutane Tracheotomie, Dilatationstracheotomie, minimal-invasive Tracheotomie).* Punktion der Trachea von außen durch die Haut hindurch und Aufdehnen der Punktionsstelle bis die Öffnung (Tracheostoma) groß genug ist, um die Trachealkanüle einführen zu können
- **Konventionelle Tracheotomie.** Operativ angelegtes Tracheostoma (Öffnung der Luftröhre, *epithelisiertes Tracheostoma*).

Im Notfall **Koniotomie** (*Krikotomie* ➤ 4.3.5) mit Inzision zwischen Ring- und Schildknorpel. Die **Mini-Tracheotomie** (➤ 4.3.5) dient lediglich der erleichterten Bronchialtoilette.

4.3.1 Formen der Tracheotomie

Eine Tracheotomie wird beim beatmeten Patienten heute fast ausschließlich als Punktionstracheotomie vorgenommen. Dieses Verfahren der Tracheotomie kann auf der Intensivstation im Patientenbett vorgenommen werden, d. h. der bei der konventionellen Tracheotomie erforderliche Transport des Patienten in den OP entfällt.

Primäre und sekundäre Tracheotomie, passageres und endgültiges Tracheostoma

Eine **primäre Tracheotomie** (Tracheotomie ohne vorherige orale oder nasale Intubation) ist indiziert wenn ein Patient nicht intubiert werden kann, z. B. wegen Erkrankungen oder Verletzungen des Larynx. Im Notfall wird meist zunächst eine *Koniotomie* (➤ 4.3.5) durchgeführt, selten die vergleichsweise risikoreiche Notfalltracheotomie.

Eine **sekundäre Tracheotomie** (Tracheotomie nachdem der Patient zuvor über einen oralen oder nasalen Tubus beatmet wurde) ist indiziert, wenn eine Langzeitbeatmung absehbar ist, wenn durch den Endotrachealtubus Läsionen im Bereich des Pharynx oder Larynx entstanden sind (z. B. Druckulzera) sowie zur Erleichterung der Respiratorentwöhnung (*Weaning* ➤ 5.11).

Das Tracheostoma eines beatmeten Patienten ist i. d. R. **passager** (vorübergehend), d. h. es wird wieder verschlossen, wenn eine Beatmung bzw. ein Freihalten der Atemwege mittels Tracheotomie nicht mehr notwendig ist. Ein **endgültiges** Tracheostoma ist erforderlich nach Laryngektomie (vollständiger Entfernung des Kehlkopfs, z. B. bei malignen Larynxtumoren).

Vorteile und Nachteile der Tracheotomie gegenüber der endotrachealen Intubation ➤ Tab. 4.1

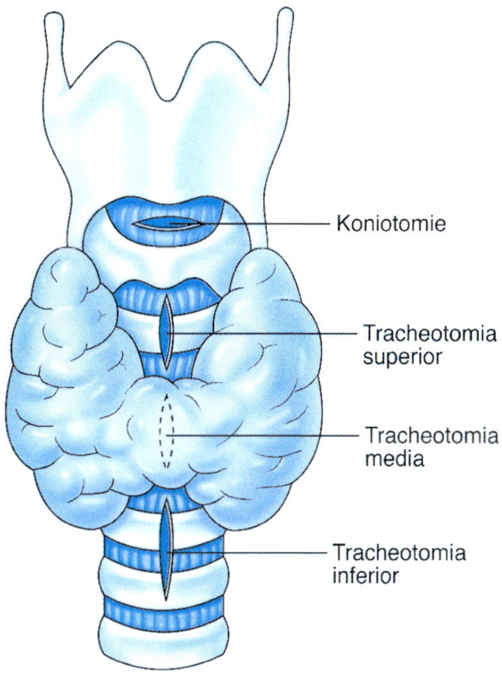

Abb. 4.34 Lokalisation der Tracheotomie. Bei der konventionellen Tracheotomie werden entsprechend dem Operationsverfahren die obere (T. superior), mittlere (T. media) und untere (T. inferior) Tracheotomie unterschieden. Bei der Punktionstracheotomie liegt der Punktionsort meist zwischen 1./2. oder 2./3. Trachealring. [R103]

Günstigster Zeitpunkt für die sekundäre Tracheotomie ➤ *4.1*

4.3.2 Trachealkanülen

Trachealkanülen bestehen aus Kunststoff oder Silber. Kanülen aus Kunststoff sind mit oder ohne Cuff erhältlich, Silberkanülen haben keinen Cuff.

Grundsätzlich wird unterschieden zwischen Trachealkanülen für beatmete Patienten und solchen für Patienten, die zwar spontan atmen, jedoch langfristig tracheotomiert bleiben müssen (Dauerkanülenträger):

- Bei Patienten, die ausreichend spontan atmen, jedoch längerfristig oder dauerhaft tracheotomiert bleiben müssen, z. B. nach Laryngektomie, werden Trachealkanülen aus Kunststoff (mit oder ohne Cuff) oder Silber verwendet, die jeweils aus einer Außen- und einer Innenkanüle (auch „Seele" genannt) bestehen. Zur Reinigung (etwa von Sekretablagerungen) wird die Innenkanüle aus der Außenkanüle herausgenommen und anschließend wieder eingesetzt. Manche dieser Kanülen verfügen über ein *Sprechfenster* (Phonationsfenster) am oberen Teil der Krümmung der Außenkanüle, über das die Exspirationsluft (teilweise) Richtung Kehlkopf strömen und damit das Sprechen ermöglichen kann (➤ Abb. 4.37). Dies funktioniert jedoch nur, wenn die Innenkanüle entfernt ist
- Bei beatmeten Patienten werden ausschließlich Kunststoffkanülen verwendet, da nur diese über einen Cuff verfügen, der die Abdichtung zwischen Kanüle und Trachea gewährleistet. (Ausnahme: Bei kleinen Kindern werden Trachealkanülen aus Kunststoff ohne Cuff zur Beatmung verwendet.) Im Folgenden wird nur auf diese Kanülen näher eingegangen.

Aufbau einer Trachealkanüle

Trachealkanülen aus Kunststoff sind im Mittelteil etwa rechtwinklig gekrümmt. Der Wandaufbau entspricht bei manchen Modellen dem von Spiraltuben (➤ 4.2.2), d. h. die Wand besteht aus einer kunststoffummantelten Metallspirale. Der Kunststoff ist durchsichtig, so dass ein Beschlagen der Kanülenwand während der Exspiration sowie Sekretablagerungen sichtbar sind. Am äußeren Ende der Kanüle befindet sich der Norm-Konnektor, der es ermöglicht die Kanüle an das Ventil eines Beatmungsbeutels bzw. an die Beatmungsschläuche anzuschließen. Unterhalb des Norm-Konnektors befindet sich bei den meisten Kanülen eine verstellbare Halteplatte, die rechts und links jeweils mit Öffnungen zum Befestigen von Kanülenhaltebändern versehen ist. Die Halteplatte wird – nachdem die Kanüle in die Trachea eingeführt wurde – mit der integrierten Schraube entsprechend den Gegebenheiten beim Patienten so an der Trachealkanüle festgeschraubt, dass sie der Haut aufliegt ohne zu drücken.

Am distalen Ende der Kanüle befindet sich der Cuff, der analog dem Cuff von Endotrachealtuben aufgebaut ist (➤ 4.2.2). Auch bei Trachealkanülen werden beim beatmeten Patienten praktisch ausschließlich Niederdruckcuffs verwendet (➤ 4.2.2).

Trachealkanüle mit Fome-Cuff ➤ Abb. *4.11*
Trachealkanüle mit Hi-Lo-Lanz-Ventil ➤ *Abb. 4.35*

Sprechkanülen und Sprechaufsätze

Bei **Sprechkanülen** (z. B. Vocalaid- oder Suctionaid-Kanüle) ist ein zusätzliches Lumen in die Kanülenwand eingelassen, das über eine Öffnung über dem Cuff verfügt. Das Lumen endet außen mit einem speziellen Konnektor, über den „Sprechluft" zugeführt und reguliert werden kann (Flow: ca. 4 – 6 l/min). Verschließt man die Öffnung am Konnektor, gelangt ein Luftstrom durch die Stimmritze und der Patient kann sich artikulieren. Vorteilhafter Nebeneffekt: Über das zusätzliche Lumen kann Sekret, das sich über dem Cuff angesammelt hat, abgesaugt werden.

Sprechaufsätze werden auf den Norm-Konnektor der Trachealkanüle aufgesetzt. Sie funktionieren durch ihre Ventilfunktion: Während der Patient einatmet ist das Ventil offen und Luft strömt von außen in die Lunge des Patienten. Während der Ausatmung verschließt sich das Ventil und die Luft aus der Lunge strömt den physiologischen Weg nach außen, also an der Trachealkanüle vorbei durch den Kehlkopf. Dadurch kann der Patient sprechen. Wichtige **Voraussetzung:** Der Cuff der Trachealkanüle *muss* entblockt sein, ansonsten könnte der Patient nur ein- aber nicht ausatmen und würde ersticken!

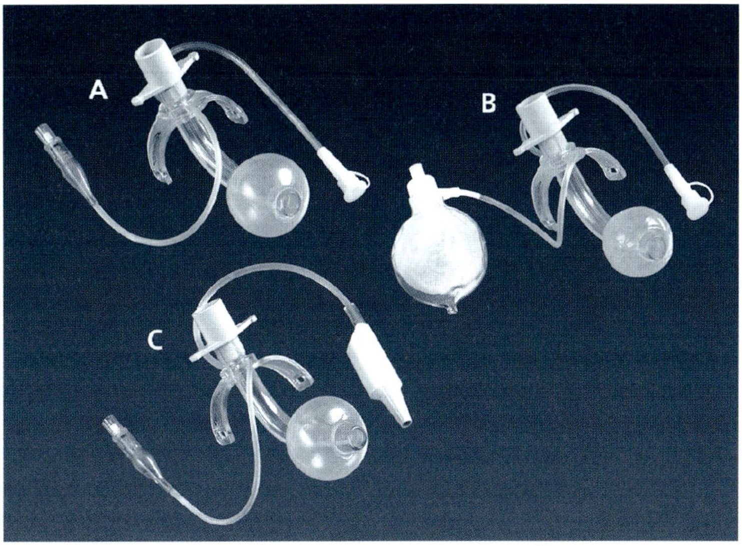

Abb. 4.35 Tracheostomie-Kanülen von Fa. Tyco-Healthcare. A) Tracheosoft™ EVAC Tracheostomiekanüle mit zusätzlichem Lumen zur Absaugung des subglottischen Raumes. B) Tracheosoft™ EVAC mit Hi-Lo™ Niederdruckmanschette mit Lanz™ System und zusätzlichem Lumen zur Absaugung des subglottischen Raumes. C) Tracheosoft Pitt™ -Sprechkanüle mit Hi-Lo™ Niederdruckmanschette und zusätzlichem Lumen zur Zufuhr von Sprechluft. [V210-1]

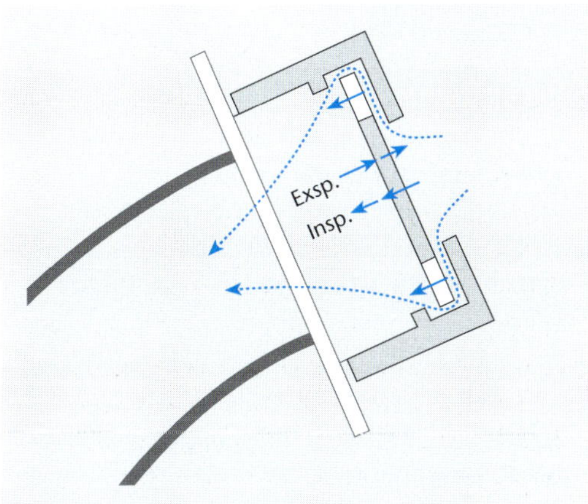

Abb. 4.36 Funktionsprinzip des Sprechaufsatzes.

Beim Einsatz von Sprechaufsätzen beachten:
Der Cuff muss entblockt und die Beatmung diskonnektiert werden, deshalb können Sprechaufsätze nur bei Patienten eingesetzt werden, die zumindest kurzzeitig ausreichend spontan atmen können! Vor dem Entblocken des Cuffs den Rachen gründlich absaugen, um zu verhindern, dass Sekret, das über dem Cuffballon steht, nach Entblocken des Cuffs Richtung Trachea fließt und aspiriert wird.
Den Patienten während der Anwendung des Sprechaufsatzes sehr genau beobachten (Sprechaufsatz kann rasch z. B. durch Sekret verlegt werden. Sauerstoffsättigung? Zeichen der Hypoxämie ➤ 2.4.1 und bei Bedarf rasch wieder mit dem Respirator verbinden und den Cuff blocken).

4.3.3 Punktionstracheotomie

Bei der **Punktionstracheotomie** wird die Trachea zunächst punktiert und über die Punktionskanüle ein Führungsdraht eingeführt, über den dann die Trachealkanüle eingeführt wird. Heute sind vor allem die Verfahren nach *Ciaglia* und *Griggs*, die *translaryngeale Tracheotomie nach Fantoni* sowie die *kontrollierte perkutane Dilatationstracheotomie mit PercuTwist* gebräuchlich.

Vorbereitung der Punktionstracheotomie

Vorbereitung des Patienten

Der Arzt informiert den Patienten und evtl. auch seine gesetzlichen Vertreter über die geplante Tracheotomie und holt die Einverständniserklärung ein. Zur Tracheotomie bleibt der Patient nüchtern. Es werden die üblicherweise vor einem operativen Eingriff durchgeführten Laborparameter (insbesondere Blutbild und Blutgerinnung) untersucht, sowie ein aktuelles EKG und Röntgen-Thoraxbild angefertigt. Gerinnungsaktive Medikamente müssen rechtzeitig reduziert bzw. abgesetzt werden. An die evtl. liegende Magensonde wird ein Sekretbeutel angeschlossen zur Drainage des Magensekrets. Ggf. wird zusätzlich unmittelbar vor der Tracheotomie der Mageninhalt über die Magensonde abgesaugt. Die Pflegenden lagern den Patienten zur Tracheotomie auf den Rücken und führen vor Beginn der Tracheotomie eine sorg-

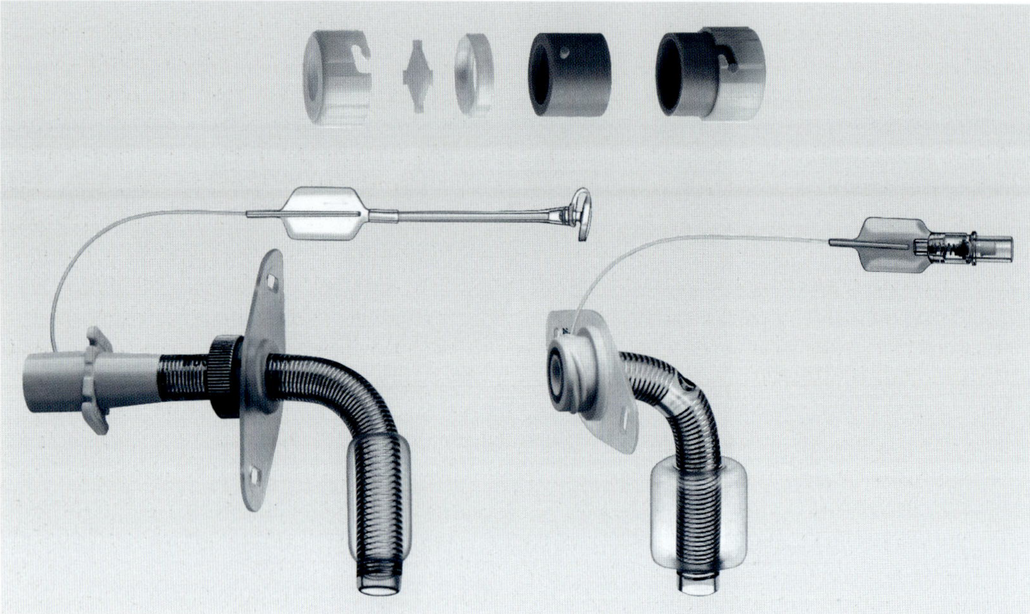

Abb. 4.37 Tracheoflex®-Kanüle mit Niederdruckcuff (unten links), Tracheoflex®-Kanüle für Dauerkanülenträger mit Sprechfenster, (unten rechts) Sprechventil und Verschlusskappe, Sprechaufsatz (oben). [U139]

fältige Mundpflege durch. Die EKG-Elektroden und die Monitorkabel werden so platziert, dass kein Kabel auf dem Oberkörper stört. Ggf. müssen Wundverbände an Kinn, Hals oder Brustkorb entfernt werden. Bei Männern empfiehlt sich eine Rasur. Während der Tracheotomie werden die Herzfrequenz (Systolenton laut stellen), die Sauerstoffsättigung und der Blutdruck kontinuierlich überwacht.

Vorbereitung des Materials

Abhängig von der geplanten Methode und dem verwendeten Punktionsset variiert das benötigte Material etwas. Die folgende Auflistung ist daher nur eine Richtlinie und muss von den Pflegenden ggf. angepasst werden. Benötigt werden i. d. R. die folgenden Materialien:

- Lagerungshilfsmittel um Kopf stabil überstreckt lagern zu können
- Saugfähige, wasserdichte Unterlage
- Ggf. Material zur Lokalanästhesie der Punktionsstelle
- Medikamente zur Kurznarkose
- Sterile Handschuhe, sterile Kittel, Mundschutz, Kopfhaube
- Hautdesinfektionsmittel
- Sterile Abdecktücher
- Endoskopie-Aufsatz für Tubus
- Set zur Punktionstracheotomie (dies enthält i. d. R. die speziell für die Methode notwenigen Instrumente, z. B. verschieden große Dilatatoren)
- Passende Trachealkanüle (plus eine größere und eine kleinere Kanüle)
- Ggf. zusätzliche sterile Instrumente, z. B. Skalpell, Schere, Klemme
- Bronchoskop einschließlich Gleitmittel und Spüllösung
- Verbandsmaterial.

Durchführung der Punktionstracheotomie

Bei der Punktionstracheotomie arbeiten die Pflegenden mit mindestens zwei Ärzten zusammen (ein Arzt bronchoskopiert, ein Arzt punktiert). Dabei wird wie folgt vorgegangen:

- Durchführender Arzt legt Mund- und Haarschutz an, führt die chirurgische Händedesinfektion durch und zieht einen sterilen Kittel an
- Durchführen einer Kurznarkose mit Opioid und Hypnotikum
- Der Patient wird mit überstrecktem Kopf gelagert. Dazu ein kleines festes Kissen oder eine La-

gerungsrolle unter die Schultern legen und den Kopf ggf. mit Polster oder Kopfring lagern
- Saugfähige Unterlage unter Kopf, Hals und Schultern legen
- Rachenraum gründlich absaugen (ggf. unter Sicht mittels Laryngoskop), evtl. Rachenspülung mit antiseptischer Lösung, z. B. Hexetidin
- Lokalanästhesie der Punktionsstelle (falls keine Allgemeinanästhesie erfolgt), Hautdesinfektion des Punktionsbereichs mit gefärbtem Desinfektionsmittel (Hals, Kinn, oberer Brustkorb) und Abdecken mit sterilen Tüchern
- Bronchoskop in den Tubus einführen, Tubus entblocken und unter Sicht in den epiglottischen Bereich zurückziehen (um Beschädigung durch Punktion zu vermeiden), dort neu leicht blocken
- Punktionsstelle mit dem Bronchoskop darstellen („Diaphanoskopie“, d. h. Durchleuchtung mittels Lichtquelle) und die Punktion bronchoskopisch kontrollieren
- Punktionsstelle von außen palpieren, mittels Diaphanoskopie lokalisieren und Trachea mit Kanüle und aufgesetzter Spritze punktieren. Ansaugen von Luft zeigt Eintritt in die Trachea an (besonders gut zu sehen wenn zuvor NaCl 0,9% in die Spritze gefüllt wurde)
- Führungsdraht einführen (ggf. Inzision und stumpfe Präparation der Tracheavorderwand, bronchoskopische Kontrolle). Im weiteren Verlauf unterscheiden sich die verschiedenen Verfahren:
  - **Verfahren nach Ciaglia.** Einführen eines Führungskatheters und danach nacheinander mehrerer angefeuchteter Dilatatoren zunehmender Stärke, bis das Tracheostoma weit genug ist, um die Trachealkanüle einführen zu können. Eine Weiterentwicklung dieses Verfahrens ist die **Einschritt-Dilatationstracheotomie nach Ciaglia.** Dabei wird – anstelle mehrerer Dilatatoren – nur ein konisch zulaufender Dilatator **(BlueRhino™-Dilatator)** soweit eingeführt, bis die erforderliche Tracheostoma-Weite erreicht ist (Markierungen auf dem Dilatator). Dann Dilatator entfernen und Trachealkanüle über den Führungsdraht einführen
  - **Verfahren nach Griggs.** Über den Führungsdraht Dilatator einführen und darüber die Punktionsstelle so weit aufbougieren, dass eine spezielle Pinzette eingeführt werden kann. Durch Öffnen der Dilatationspinzette wird die Punktionsstelle aufgeweitet, in die dann über den Führungsdraht die Trachealkanüle eingeführt wird

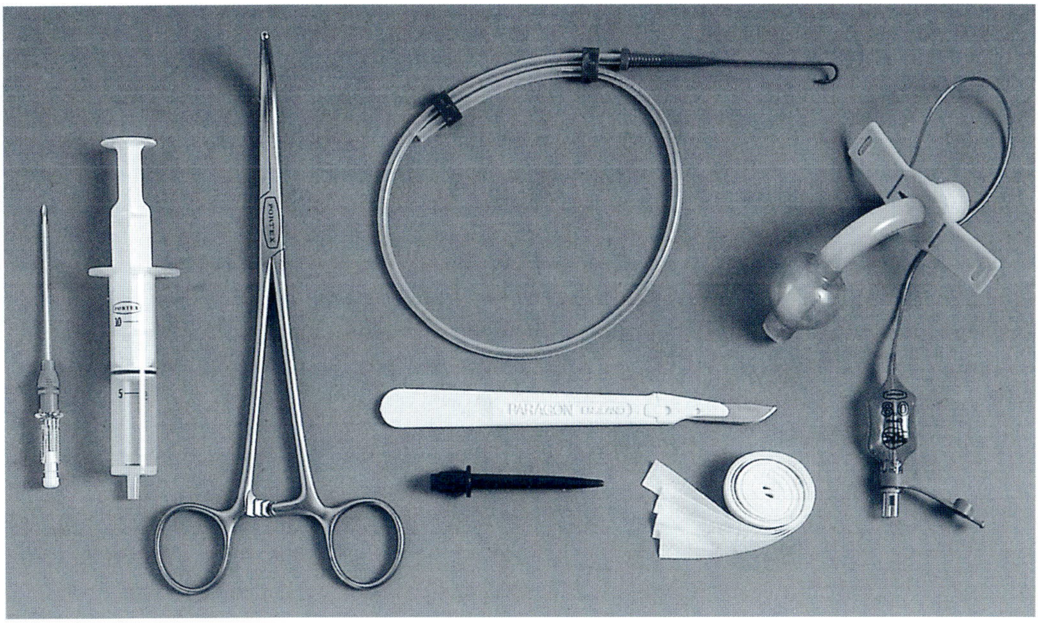

Abb. 4.38 Punktionsset für die Punktionstracheotomie nach Griggs (Firma Portex). [V090]

- **Translaryngeale Dilatationstracheotomie nach Fantoni.** Führungsdraht unter bronchoskopischer Kontrolle nach oral durch den Tubus hindurch vorschieben. Rachen absaugen, Patienten extubieren und mit sehr dünnem Tubus (im Punktionsset enthalten) reintubieren (darüber weiter beatmen). Trachealkanüle am oralen Ende des Führungsdrahtes fixieren, durch Zug auf den Führungsdraht an der Punktionsstelle Trachealkanüle vorsichtig durch Rachen und Kehlkopf hindurch in die Trachea und durch die Punktionsstelle hindurch zur Hälfte nach außen ziehen. Dann Kanüle um 180° drehen
- **Dilatationstracheotomie nach der Perku-Twist-Methode.** PerkuTwist Dilatator befeuchten (aktiviert die hydrophile Beschichtung), über den Führungsdraht einführen und vorsichtig, anfangs mit leichtem Druck, im Uhrzeigersinn in die Halsweichteile drehen. Das Gewinde schneidet sich durch die Weichteile und die Trachealwand. Sobald der bronchoskopierende Arzt den zylindrischen Teil des Gewindes in der Trachea sehen kann, ist die größtmögliche Dilatation erreicht. Dann Dilatator zurückdrehen und über den noch liegenden Führungsdraht Trachealkanüle einführen.

- Korrekte Kanülenlage bronchoskopisch kontrollieren
- Trachealkanüle blocken, Beatmungssystem anschließen und Endotrachealtubus entfernen
- Trachealkanüle mit sterilen Schlitzkompressen umlegen und mit Haltebändchen fixieren. Dabei darauf achten, dass Fixierung weder zu fest noch zu locker ist (1 – 2 Querfinger sollte man zwischen Haut und Haltebändchen schieben können)
- Cuffdruck kontrollieren (➤ 8.4.1)
- Umgebung der Punktionsstelle säubern, Lagerungshilfsmittel und Vliesunterlage entfernen, EKG-Elektroden ggf. wieder auf dem Brustkorb platzieren, durchnässte oder zuvor entfernte Wundverbände im Punktionsbereich erneuern
- Patienten bequem lagern, i. d. R. zunächst in Rückenlage, da meist eine Röntgenkontrolle im Anschluss an die Punktionstracheotomie erforderlich ist
- Bronchoskop spülen, reinigen und aufbereiten, sonstiges (Einmal-)Material aufbereiten bzw. entsorgen
- Maßnahme dokumentieren (Trachealkanülengröße, Cuffdruck)
- Ersatzkanülen (verwendete Größe und eine Größe kleiner) und – sofern in der Klinik üblich – Trachealspreizer (Trachealspekulum) am Patientenbett bereitlegen für den Fall einer versehentlichen Dekanülierung.

Durchführung der Punktionstracheotomie (Perku-Twist Methode, Abb. 4.39–4.46)

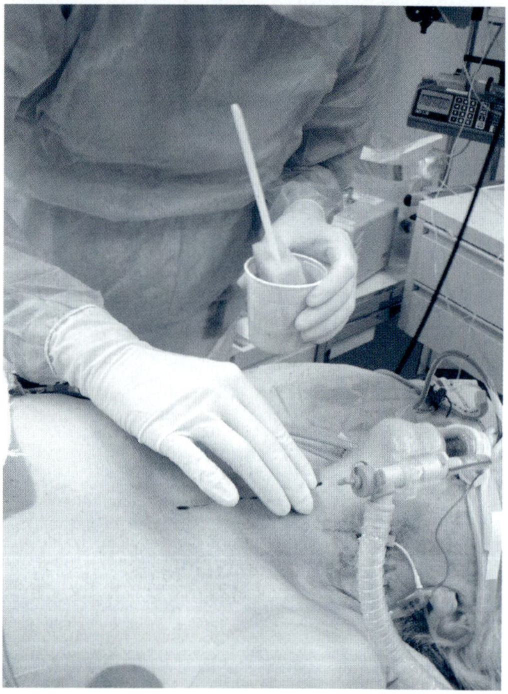

Abb. 4.39 Palpation der Punktionsstelle und Hautdesinfektion. [M251]

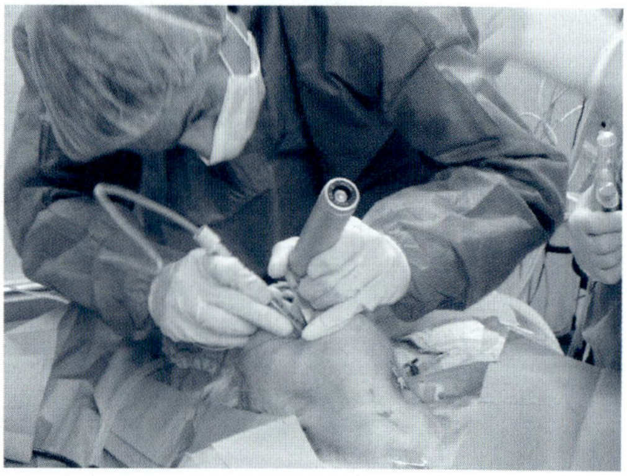

Abb. 4.40 Der bronchoskopierende Arzt zieht den Endotrachealtubus unter Sicht zurück … [M251]

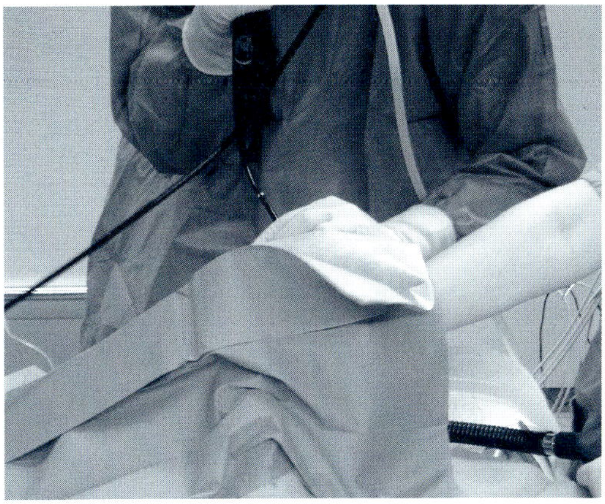

Abb. 4.41 … und führt das Bronchoskop ein. Gleichzeitig wird die Punktionsstelle steril abgedeckt. [M251]

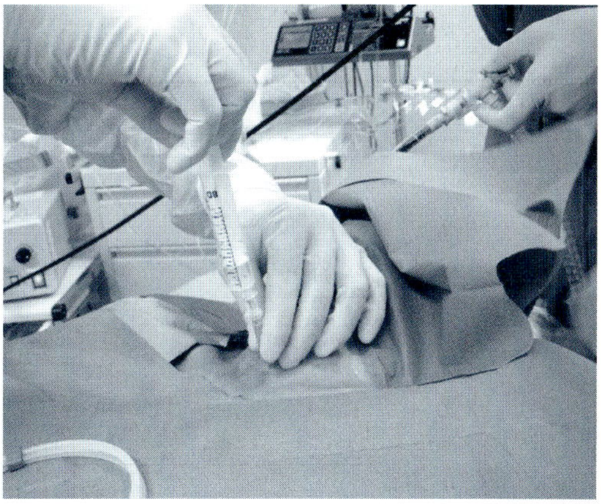

Abb. 4.42 Punktion mit aufgesetzter Spritze, Aspiration und … [M251]

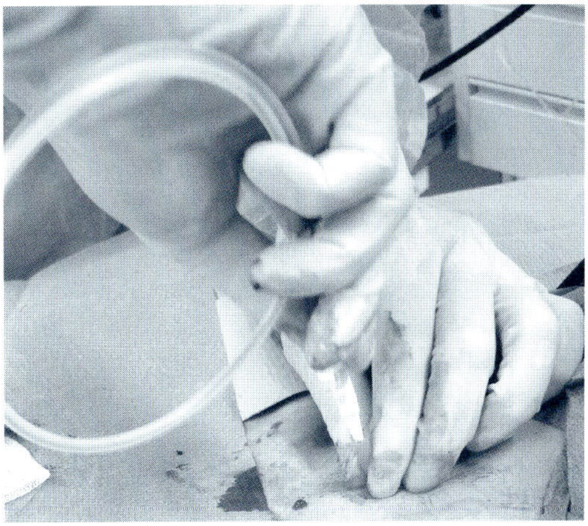

Abb. 4.43 … Einführen des Führungsdrahtes. [M251]

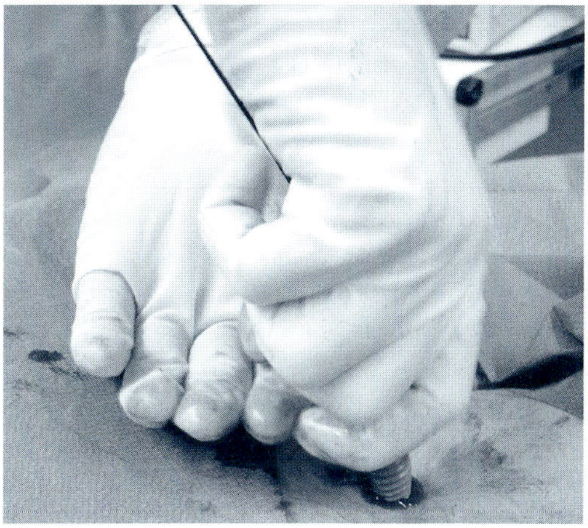

Abb. 4.44 Der Dilatator wird über den Führungsdraht geschoben und in die Halsweichteile eingeschraubt. [M251]

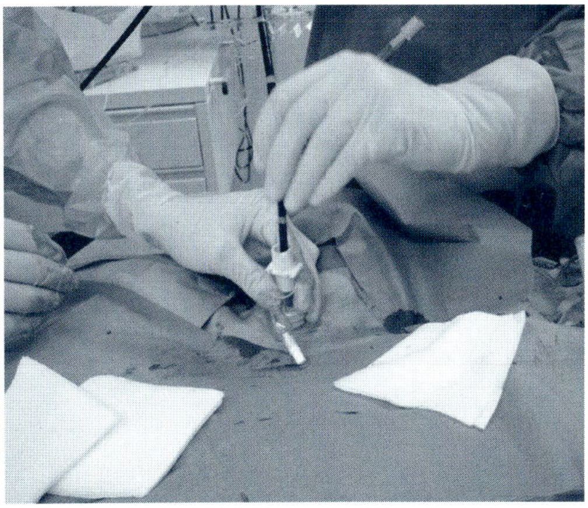

Abb. 4.45 Danach entfernt der Arzt den Dilatator, führt über den Führungsdraht die Trachealkanüle ein und überprüft deren Lage bronchoskopisch. [M251]

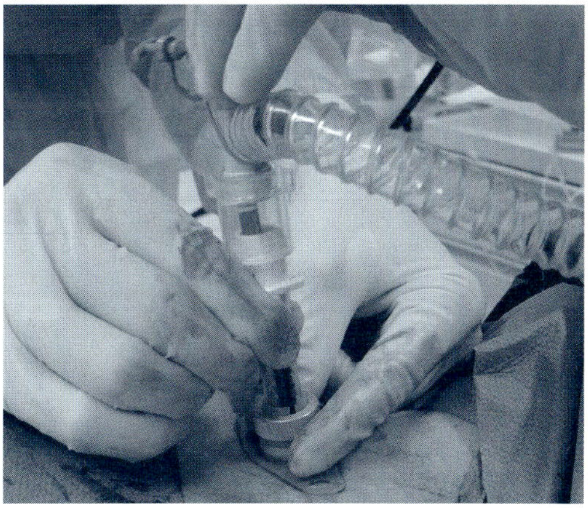

Abb. 4.46 Ist die korrekte Kanülenlage gesichert, kann die Beatmung angeschlossen werden. [M251]

Vorteile und Nachteile der Punktionstracheotomie

Vorteile der Punktionstracheotomie gegenüber der konventionellen Tracheotomie sind der nicht notwendige Transport des Patienten in den OP, die geringere Blutungs- und Infektionsrate sowie der i. d. R. schnelle und unkomplizierte Verschluss des Tracheostomas. **Nachteilig** ist, dass das Tracheostoma in den ersten 7 – 10 Tagen nach einer Punktionstracheotomie sehr instabil ist und – sobald die Trachealkanüle entfernt wird (z. B. bei versehentlicher Dekanülierung oder beim ersten Trachealkanülenwechsel) – rasch kollabiert. Ein umgehendes Wiedereinführen einer Trachealkanüle nach einer versehentlichen Dekanülierung ist i. d. R. nicht möglich, vielmehr muss der Patient zunächst oral intubiert werden, um die Beatmung weiterführen zu können. Zudem können bei der Punktionstracheotomie im Vergleich zur konventionellen Tracheotomie nur Trachealkanülen mit relativ geringem Durchmesser eingesetzt werden.

Der Vorteil der translaryngealen Dilatationstracheotomie gegenüber den anderen Verfahren der Punktionstracheotomie besteht in der deutlich verminderten Gefahr der Verletzung der Tracheahinterwand. Zudem werden beim translaryngealen Verfahren die Knorpelspangen der Trachea nicht in das Tracheallumen hineingedrückt, sondern nach außen aufgeweitet. Dies vermindert die Gefahr von Trachealstenosen. Nachteilig ist der komplexe Ablauf, der eine reibungslose Zusammenarbeit von punktierendem und bronchoskopierendem Arzt erfordert.

> Beim Auftreten von tracheobronchialen Blutungen während der Punktionstracheotomie ist es evtl. notwendig, auf die konventionelle Technik umzusteigen.

4.3.4 Konventionelle Tracheotomie

Bei beatmeten Patienten werden konventionelle Tracheotomien nur noch selten durchgeführt.

Indiziert ist eine konventionelle Tracheotomie bei:

- Schwerwiegenden Veränderungen der anatomischen Verhältnisse im Halsbereich, z. B. infolge Struma, Tumoren, Entzündungen oder Traumata
- Infektionen im Punktionsbereich
- Schwierigen Intubationsverhältnissen (eine Punktionstracheotomie ist hier kontraindiziert, weil bei [versehentlicher] Dekanülierung vor dem 10. p. o.Tag wegen des instabilen Tracheostomas i. d. R zunächst endotracheal intubiert werden muss)
- Patienten, die ein endständiges Tracheostoma erhalten sollen.

Selten muss im Verlauf einer Punktionstracheotomie auf eine konventionelle Tracheotomie umgestiegen werden, etwa wegen massiver Blutungen.

Vorbereitung

Der Arzt klärt den Patienten bzw. seine gesetzlichen Vertreter über den Eingriff auf und holt die Einverständniserklärung ein. Zudem kontrolliert er die üblicherweise vor einem operativen Eingriff durchgeführten Laborparameter (insbesondere Blutbild und Blutgerinnung) sowie ein aktuelles EKG und Röntgen-Thoraxbild des Patienten. Meist werden zur konventionellen Tracheotomie zwei Erythrozytenkonzentrate bereitgestellt. Die Pflegenden sorgen für eine Rasur des Operationsfeldes (falls dies nicht routinemäßig im OP vorgenommen wird) und bereiten den Transport des Patienten in den OP vor (Transport des beatmeten Patienten ➤ 8.9).

Durchführung

Konventionelle Tracheotomien sind operative Eingriffe, die unter aseptischen Bedingungen im OP vorgenommen werden. Nur in Ausnahmefällen kann eine konventionelle Tracheotomie auf der Intensivstation durchgeführt werden. In diesem Fall werden dann alle notwendigen Materialien herbeigeschafft und Chirurg oder HNO-Arzt sowie Instrumentierpersonal kommen auf die Intensivstation (d. h. auf der Intensivstation müssen „Operationssaalbedingungen" geschaffen werden).

Vorteile und Nachteile der konventionellen Tracheotomie

Wesentlicher **Vorteil** gegenüber der Punktionstracheotomie ist die Stabilität des Tracheostomas. Das Wiedereinführen einer Trachealkanüle nach (versehentlicher) Dekanülierung gelingt i. d. R. ohne Probleme. Zudem ist das Tracheostoma meist etwas größer, d. h. es können Trachealkanülen mit größerem Durchmesser eingesetzt werden. **Nachteile** sind der notwendige Transport des Patienten in den OP, die etwas höhere Komplikationsrate (Infektionen, Blutungen) und die Notwendigkeit eines Zweiteingriffs zum Verschluss des Tracheostomas.

4.3.5 Koniotomie und Mini-Tracheotomie

Koniotomie

Definition

II Koniotomie *(Krikotomie):* Spaltung des Ligamentum cricothyreoideum (Band zwischen Schild- und Ringknorpel) und Einführen einer Trachealkanüle über die so geschaffene Öffnung. Notfallmaßnahme bei Erstickungsgefahr durch Verlegung der oberen Luftwege (z. B. bei Glottisödem, Fremdkörpern oder Kehlkopftumoren) und nicht möglicher endotrachealer Intubation. **II**

Die Koniotomie ist eine Notfallmaßnahme, die bei Patienten eingesetzt wird, die nicht endotracheal intubiert und auch nicht mit Maske und Beatmungsbeutel beatmet werden können, d. h. es steht kaum oder keine Zeit zur Vorbereitung des Patienten bzw. des Materials zur Verfügung. Deshalb bieten viele Hersteller Notfall-Koniotomiesets an, welche die unbedingt notwendigen Materialien zur Durchführung einer Koniotomie beinhalten (➤ Abb. 4.47). Sind im Notfall (außerhalb der Klinik) keine speziellen Materialien greifbar, kann die Koniotomie auch mit einem scharfen Messer, z. B. einem Taschenmesser, erfolgen.

Durchführung

Die Koniotomie muss i. d. R. so rasch wie möglich erfolgen, um die Atemwege des Patienten frei zu machen. Daher entfallen manche Punkte der im folgenden dargestellten Durchführung der Koniotomie bzw. erfolgen nicht nacheinander, sondern gleichzeitig:

- Sterile Handschuhe anziehen, Patienten informieren
- Patienten mit überstrecktem Kopf lagern, dazu ggf. festes kleines Kissen o. Ä. unter die Schultern oder in den Nacken legen
- Vordere Halsregion desinfizieren und steril abdecken

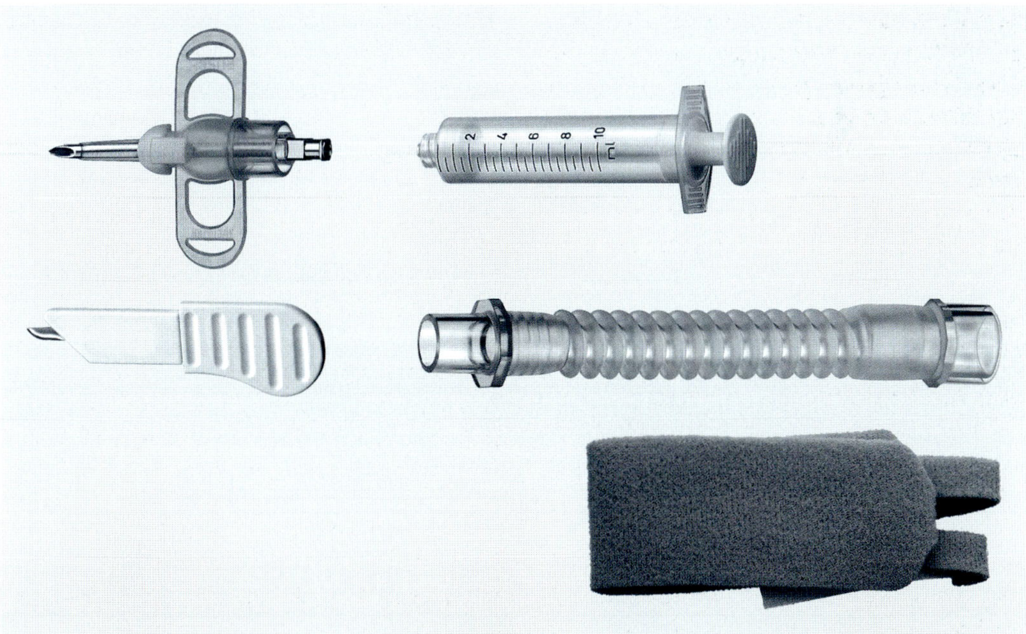

Abb. 4.47 Koniotomiebesteck Tracheoquick (Fa. Rüsch). Das Set enthält neben dem eigentlichen Koniotomiebesteck auch eine Spritze, ein Halsband zur Fixierung der Kanüle und einen Verbindungsschlauch zum Anschließen eines Beatmungsbeutels an die Kanüle. [U139]

- Mit der linken Hand Kehlkopf fixieren, mit der rechten Hand Lig. cricothyreoideum zwischen Schild- und Ringknorpel aufsuchen
- Evtl. Lokalanästhesie des Punktionsortes
- Quere Hautinzision. Das weitere Vorgehen hängt davon ab, ob ein Notfallkoniotomiebesteck verwendet wird oder nicht:
  - Bei Verwendung eines **Notfallkoniotomiebestecks** Notfall-Kanüle im Winkel von 90° einstechen, mittels Spritze prüfen, ob die Kanülenspitze in der Trachea liegt (Aspiration von Luft zeigt korrekte Lage) und Kanüle im 45°-Winkel vorschieben, bis Stopper der Haut aufliegt. Stopper und Koniotomie-Nadel samt Spritze entfernen, dabei Kanüle festhalten. Abschließend Kanüle mit Halteband fixieren und ggf. Verbindungsschlauch anschließen, um Beatmungsbeutel bzw. Respirator anschließen zu können
  - Alternativ die Inzisionsstelle mit Trachealspekulum, Klemme o. Ä. spreizen und dünnen Tubus einführen (z. B. ID 6,0 für Frauen bzw. ID 7,0 für Männer). Ggf. Führungsstab zum Einführen des Tubus benutzen. Tubus blocken und fixieren.
- Auskultation der Lungen auf korrekte Lage der Kanüle bzw. des Tubus
- Ggf. Beatmung des Patienten.

> Die Koniotomie dient lediglich der vorübergehenden Sicherung der Atemwege. Sobald der Patient sich stabilisiert hat, muss eine regelrechte Tracheotomie erfolgen. Die wichtigsten Komplikationen der Koniotomie sind Blutungen (durch Verletzung von Hautgefäßen), Verletzungen von Schildknorpel und Stimmbändern (bei zu weit oben angesetzter Inzision) bzw. Ringknorpel und Schilddrüse (bei zu weit unten angesetzter Inzision), Verletzung der Tracheahinterwand und des Ösophagus (bei zu tiefer Inzision) sowie Kanülen- oder Tubusfehllagen.

Mini-Tracheotomie

Die Mini-Tracheotomie entspricht weitgehend der Koniotomie mit dem Unterschied, dass bei der Mini-Tracheotomie nur eine sehr dünne *Absaugkanüle* in die Trachea eingeführt wird. Dadurch behält der Patient die Fähigkeit zu sprechen und abzuhusten. Zudem kann über die Kanüle Sauerstoff verabreicht werden.

Indiziert ist eine Mini-Tracheotomie bei Patienten die ausreichend spontan atmen können, jedoch sehr häufig endotracheal abgesaugt werden müssen.

Durchführung

Die Durchführung entspricht weitgehend der bei der Koniotomie. Nach der Hautinzision wird zunächst eine Einführhilfe in die Trachea vorgeschoben, über die dann die Kanüle eingeführt wird. Ist die Kanüle platziert, wird die Einführhilfe entfernt (Kanüle dabei festhalten) und die Kanüle fixiert.

Pflege

Soll über die Kanüle Sauerstoff verabreicht werden, wird der im Set enthaltenen Norm-Konnektor auf

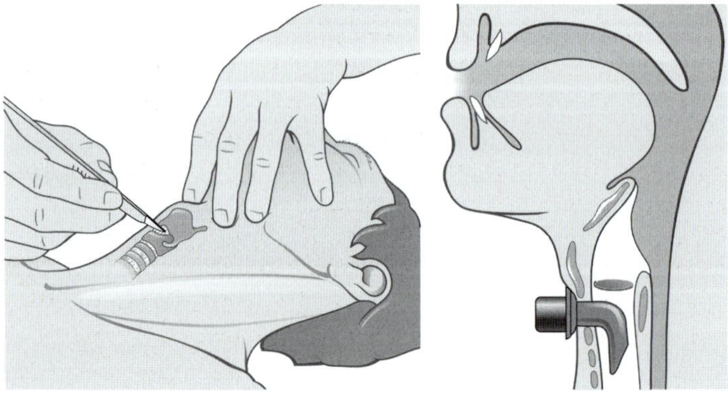

Abb. 4.48 Koniotomie (Krikotomie). Links: Spaltung des Lig. cricothyreoideum. Rechts: Korrekte Lage der Koniotomiekanüle. [R197]

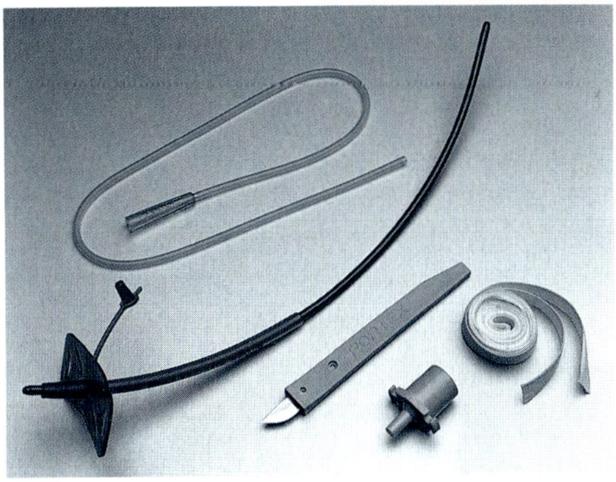

Abb. 4.49 Mini-Trach-II-Set® (Fa. Portex). [U139]

die Kanüle aufgesetzt. Auf diesen Konnektor kann man eine künstliche Nase aufsetzen und diese mit der Sauerstoffquelle verbinden.

Die Absaugkanüle kann – solange sie nicht zum Absaugen oder Sauerstoff verabreichen eingesetzt wird – abgestöpselt werden.

> Das endotracheale Absaugen über eine Mini-Tracheotomie ist nur mit maximal 10 Ch dicken Absaugkathetern möglich! Die Pflegenden achten darauf, dass am Bettplatz des Patienten mit Mini-Tracheotomie ausreichend dünne Absaugkatheter vorrätig sind.

4.3.6 Komplikationen

Das Spektrum möglicher Komplikationen bei bzw. nach Punktionstracheotomien und konventionellen Tracheotomien ist gleich, insgesamt ist jedoch die Komplikationsrate bei bzw. nach Punktionstracheotomien geringer.

Komplikationen der Tracheotomie

Zu den Komplikationen der Tracheotomie gehören:

- *Kanülenfehllage.* Dabei wurde die Trachealkanüle entweder bereits bei der Tracheotomie falsch plaziert (sehr selten) oder sie ist im Verlauf disloziert (z. B. im Rahmen eines Trachealkanülenwechsels oder einer Umlagerung des Patienten)
- *Blutungen.* Diese können bereits während der Tracheotomie oder unmittelbar danach auftreten. Selbst geringe Blutungen können für den Patienten lebensbedrohlich sein, wenn das Blut in die Trachea läuft und dort die Atemwege verlegt. Deshalb ist es sehr wichtig, den Patienten in den ersten Stunden nach der Tracheotomie engmaschig auf eine mögliche Nachblutung hin zu überwachen
- *Pneumothorax* durch Verletzungen der Pleura bei der Tracheotomie (sehr selten).

Komplikationen bei liegender Trachealkanüle

- *Versehentliche Dekanülierung* (➤ unten)
- *Verlegung der Trachealkanüle* (➤ unten)
- *Infektion des Tracheostomas.* Greift evtl. auf die Knorpelstrukturen der Trachea und das Mediastinum über
- *Druckulzera der Trachealschleimhaut.* Ursache sind oft schlecht sitzende Kanülen oder eine zu starke Blockung des Cuffs
- *Tracheoösophagealfisteln.* Diese entstehen wahrscheinlich durch Verletzungen der Tracheahinterwand, z. B. beim Punktieren und Aufdehnen der Punktionsstelle bei der Punktionstracheotomie (➤ 4.3.3)
- *Hautemphysem.* Dabei entweicht Luft in die Weichteile des Halses, insbesondere in die Unterhaut. Es entstehen teils massive Schwellungen, die unter typischem Knistern („Schneeknirschen") wegdrückbar sind. Mögliche Ursachen sind eine Kanülenfehllage oder eine zu kleine Kanüle (Luft entweicht neben der Kanüle). Je nach Ursache muss entweder die Lage der Kanüle korrigiert oder eine größere Kanüle eingeführt werden
- *Trachealstenosen.* Diese bilden sich im Bereich des Tracheostomas oder – seltener – des Cuffs der Trachealkanüle. Trachealstenosen zeigen sich erst *nach* der Dekanülierung (Entfernung der Trachealkanüle)
- *Tracheomalazie.* Erweichung von Trachealknorpeln mit nachfolgendem Stabilitätsverlust der Trachea in Folge lang anhaltender Kompression durch die Kanüle oder den Cuff.

Versehentliche Dekanülierung

Starker Zug an der Trachealkanüle oder an den mit der Kanüle verbunden Beatmungsschläuchen sowie Manipulationen des Patienten an der Trachealkanüle können eine versehentliche Dekanülierung zur Folge haben. Eine ungenügende Fixierung, eine unzureichende Cuffblockung sowie Husten, Pressen oder Würgen können eine versehentliche Dekanülierung fördern.

> Um bei einer versehentlichen Dekanülierung rasch eine neue Trachealkanüle einführen zu können, achten die Pflegenden darauf, dass in Reichweite des tracheotomierten Patienten immer Ersatztrachealkanülen bereitliegen (eine Kanüle der verwendeten Größe und eine Kanüle eine Nummer kleiner). In vielen Kliniken ist es darüber hinaus üblich, bestimmte Einführhilfen, z. B. einen Trachealspreizer, bereitzuhalten.
> Kann bei einer versehentlichen Dekanülierung eines beatmeten Patienten nicht sofort problemlos eine neue Trachealkanüle eingeführt werden, sofort den Arzt benachrichtigen und den Patienten ggf. mit Beatmungsbeutel und Gesichtsmaske beatmen (➤ 3.2). Dabei das Tracheostoma abdecken (z. B. mit sterilen Kompressen), so dass die Beatmungsluft nicht durch das Tracheostoma entweicht. Kann der Patient kurzzeitig spontan atmen, ist es evtl. auch ausreichend, ihm bis zum Wiedereinsetzen einer Trachealkanüle bzw. bis zur endotrachealen Intubation Sauerstoff zuzuführen.

Verlegung der Trachealkanüle

Eingedicktes Trachealsekret, Blut, Fremdkörper oder eine Cuffhernie können das Lumen der Trachealkanüle teilweise oder vollständig verlegen. Dadurch ist die maschinelle Beatmung mehr oder weniger stark beeinträchtig, i. d. R. steigt der Beatmungsdruck an bzw. fällt das Tidalvolumen ab (je nach Beatmungsform). Im Extremfall, d. h. bei kompletter Verlegung des Lumens, ist keine Beatmung mehr möglich.

Wichtige Maßnahmen, die insbesondere ein Eindicken des Trachealsekrets und eine zunehmende Verlegung der Trachealkanüle verhindern sollen, sind die ausreichende Klimatisierung (Anfeuchtung und Erwärmung) der Atemgase (➤ 5.6), ein regelmäßiger Trachealkanülenwechsel, das regelmäßige endotracheale Absaugen sowie Maßnahmen zur Sekretmobilisation.

Pflege bei Tracheotomie ➤ 8.5

> Bei V. a. Verlegung des Kanülenlumens zunächst rasch endotracheal absaugen, ggf. Bronchiallavage durchführen, um eingetrocknetes Sekret zu lösen.
> Bei V. a. Cuffhernie Trachealkanüle entblocken. Ist die Kanüle danach wieder durchgängig, ist eine Cuffhernie wahrscheinlich und die Trachealkanüle muss gewechselt werden.
> Bei kompletter Verlegung des Kanülenlumens mit akuter Erstickungsgefahr muss umgehend ein Trachealkanülenwechsel erfolgen.

4.3.7 Trachealkanülenwechsel

Ein **Trachealkanülenwechsel** ist erforderlich bei:

- Undichtem Cuff
- Verlegung der Kanüle z. B. mit eingetrocknetem Sekret oder Blut.

Darüber hinaus ist es in vielen Kliniken üblich, die Trachealkanüle in regelmäßigen Zeitabständen (z. B. einmal wöchentlich) zu wechseln, um eine Verlegung der Kanüle durch zunehmende Sekretablagerungen zu verhindern und um das Risiko einer Wundinfektion am Tracheostoma zu verringern.

> Der erste Trachealkanülenwechsel sollte frühestens 7–10 Tage nach einer Tracheotomie erfolgen. Erst dann hat sich ein stabiler Kanal gebildet, durch den die neue Kanüle eingeführt werden kann. Dies gilt besonders für die Punktionstracheotomie (➤ 4.3.3).

Vorbereitung

Vorbereitung des Patienten

- Patienten für mindestens 4 Stunden nüchtern lassen (keine Sondenkostzufuhr über Magensonde)
- Patienten informieren und mit erhöhtem Oberkörper lagern (20 – 40°-Oberkörperhochlage). Kopf leicht überstrecken
- Sorgfältige Mundpflege und Absaugen des Rachenraumes
- Bei liegender Magensonde Magensekret ablaufen lassen und ggf. zusätzlich absaugen.

Vorbereitung des Materials

Die Pflegenden bereiten folgende Materialien vor und prüfen ggf. deren Funktionsfähigkeit:

- Absaugung
- Absaugkatheter in verschiedenen Stärken
- Sterile Einmalhandschuhe
- Sterile Tupfer, sterile Watteträger
- Hautdesinfektionslösung
- Blockerspritze, Cuffdruckmesser
- Steriles Abdecktuch
- Trachealkanülen (vorgesehene Kanülengröße plus eine Nummer kleiner und eine Nummer größer). Cuff der vorgesehenen Kanüle auf Dichtigkeit prüfen und Kanüle mit anästhesierendem Gleitgel versehen
- Trachealkanülenband
- Sterile Schlitzkompressen oder Metalline-Kompressen®
- Trachealspreizer (Trachealspekulum)
- Evtl. Einführhilfe bzw. Führungsmandrin
- Abwurfbehälter.

Durchführung

Der erste Kanülenwechsel nach der Tracheotomie wird immer vom bzw. in Anwesenheit des Arztes durchgeführt. Die Pflegenden assistieren ihm dabei. War der erste Trachealkanülenwechsel problemlos, sind die folgenden Kanülenwechsel in vielen Kliniken Aufgabe der Pflegenden. Dabei arbeiten die Pflegenden dann zu zweit (eine Pflegeperson assistiert, eine führt den Kanülenwechsel durch). Grundsätzlich achten die Pflegenden darauf, den Kanülenwechsel nur dann durchzuführen, wenn der Arzt auf der Intensivstation anwesend ist, so dass der Patient im Bedarfsfall rasch endotracheal intubiert werden kann.

Beim Trachealkanülenwechsel wird wie folgt vorgegangen:

- Patienten präoxigenieren (100% Sauerstoff für 5 – 10 Minuten), um eine Hypoxie während des Kanülenwechsels zu vermeiden
- Am Überwachungsmonitor akustische Herzfrequenzüberwachung einstellen, akustische Überwachung der Sauerstoffsättigung während des Kanülenwechsels sicherstellen
- Befestigung der Kanüle lösen, Verband entfernen und Wundränder reinigen (Kanüle dabei festhalten)
- Patient endotracheal absaugen
- Kanülenwechsel mit oder ohne Einführhilfe vornehmen:

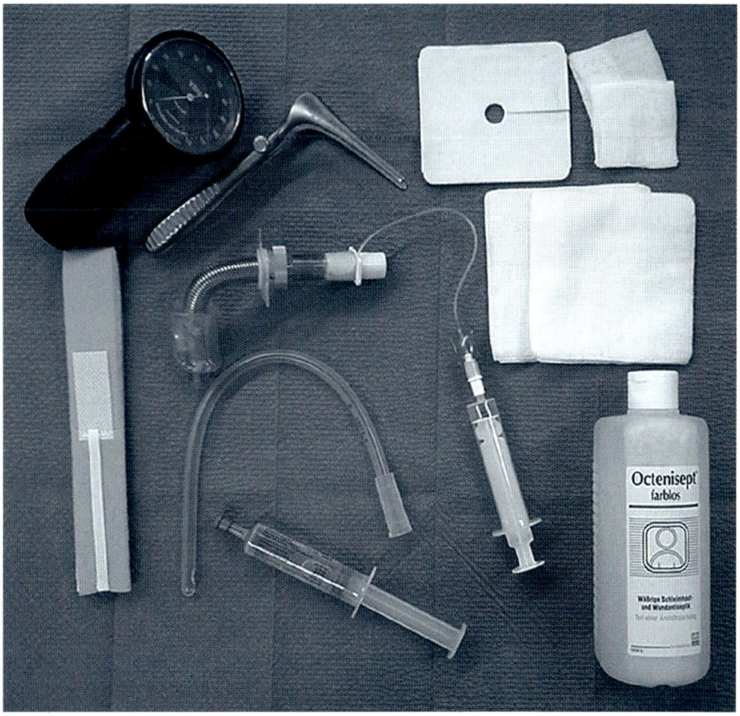

Abb. 4.50 Material zum Trachealkanülenwechsel. [M251]

- **Mit Einführhilfe.** Nach dem Absaugen Einführhilfe (z. B. Magensonde oder Absaugkatheter, äußeres Ende abgeschnitten) einführen, alte Kanüle entblocken, über die Einführhilfe hinweg entfernen, Tracheostoma reinigen und desinfizieren und neue Kanüle vorsichtig über die als Leitschiene dienende Einführhilfe einbringen (ggf. Tracheostoma mittels Spekulum etwas weiten)
- **Ohne Einführhilfe.** Während des endotrachealen Absaugens beim Ausführen des Absaugkatheters alte Kanüle vom Helfer entblocken lassen und unter endotrachealem Absaugen entfernen. Tracheostoma reinigen und desinfizieren, ggf. Tracheostoma mittels Spekulum etwas weiten und neue Kanüle vorsichtig entsprechend dem Öffnungsverlauf einführen.

- Cuff blocken
- Patienten an Respirator bzw. CPAP-System oder künstliche Nase anschließen
- Cuffdruck kontrollieren (➤ 8.4.1)
- Neuen Verband steril anlegen und Kanüle fixieren
- Auskultation der Lungen auf seitengleiche Belüftung
- Kontrolle der Atmungs-/Beatmungsparameter
- Patienten bequem lagern
- Akustische Überwachung von Sauerstoffsättigung und Herzfrequenz abschalten
- Material entsorgen und Maßnahme dokumentieren (eingesetzte Kanülengröße, ggf. Schwierigkeiten beim Kanülenwechsel, Cuffdruck).

Muss der Patient auch während des Kanülenwechsels beatmet werden, kann wie folgt vorgegangen werden: Patienten oral intubieren, dabei Tubus bis zur Trachealkanüle vorschieben. Alte Trachealkanüle entblocken, entfernen und Patienten über den Endotrachealtubus beatmen. Dabei Tracheostoma steril abdecken. Tracheostoma reinigen und desinfizieren, neue Trachealkanüle einsetzen, blocken und Patienten über die neue Trachealkanüle beatmen. Abschließend Endotrachealtubus wieder entfernen.

Durch den Trachealkanülenwechsel kann es zu (Nach-)Blutungen und/oder vermehrter Sekretbildung kommen. Die Pflegenden beobachten den Patienten in den ersten Stunden nach dem Kanülenwechsel daraufhin.

Trachealkanülenwechsel (ohne Einführhilfe, Abb. 4.51–4.53)

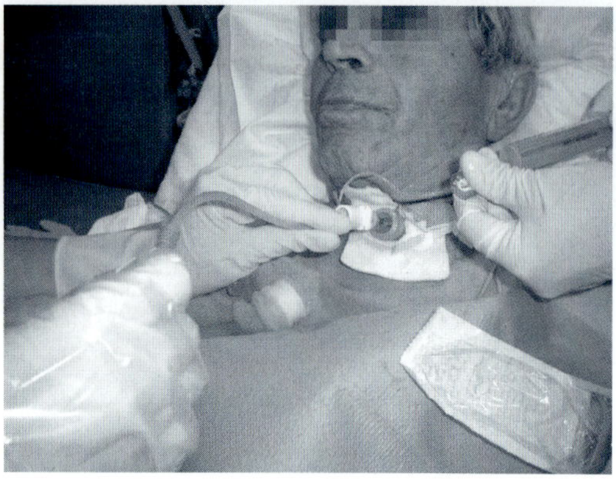

Abb. 4.51 Die Fixierung der Trachealkanüle ist gelöst. Während des endotrachealen Absaugens die Trachealkanüle vom Helfer entblocken lassen und dann unter endotrachealem Absaugen entfernen. [M251]

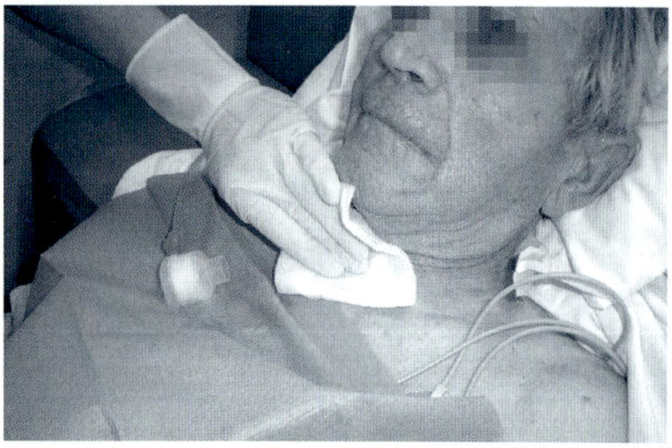

Abb. 4.52 Das Tracheostoma reinigen und desinfizieren, … [M251]

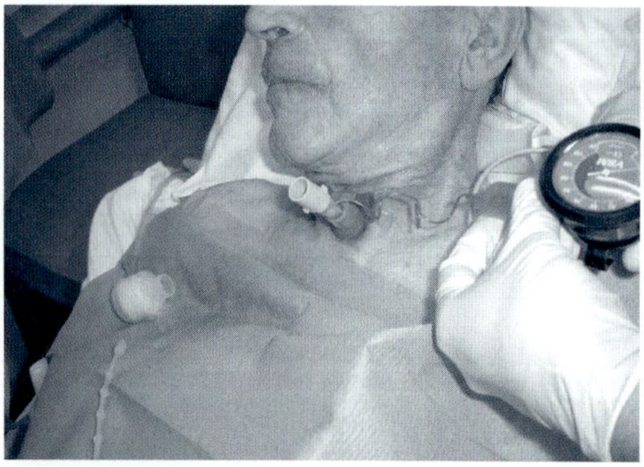

Abb. 4.53 …dann die neue Trachealkanüle entsprechend dem Öffnungsverlauf einführen, blocken und fixieren. [M251]

4.3.8 Entfernen der Trachealkanüle

Die Voraussetzungen zur Entfernung der Trachealkanüle (Dekanülierung) und die Vorbereitung des Materials entsprechen denen zur Extubation (➤ 4.2.11).

Vorbereitung des Patienten

Der Arzt oder die Pflegenden informieren den Patienten über die bevorstehende Dekanülierung. In der Zeit vor der Dekanülierung (4 – 6 Stunden) wird die enterale Nahrungs- oder Flüssigkeitszufuhr (z. B. Sondennahrung) eingestellt. Zur Entfernung der Trachealkanüle wird der Patient auf den Rücken in Oberkörperhochlage gebracht. Liegt beim Patienten eine Magensonde, wird ein Sekretbeutel angeschlossen, so dass der Mageninhalt ablaufen kann. Ggf. wird der Mageninhalt abgesaugt.

Durchführung

Ob der Patient sofort komplett oder „schrittweise" dekanüliert wird, hängt von den klinikinternen Gepflogenheiten sowie von der Dauer der vorangegangenen Beatmungstherapie und eventuellen Schwierigkeiten bei der Intubation bzw. Tracheotomie ab:

- Bei der sofortigen kompletten Dekanülierung wird der Patient zunächst im Rachenraum und endotracheal abgesaugt, bevor die Trachealkanüle entblockt und entfernt wird
- Bei der schrittweisen Dekanülierung wird die Trachealkanüle zunächst entblockt belassen oder durch eine Trachealkanüle ohne Cuff ersetzt. Der Patient kann dann durch die Trachealkanüle *und* über den physiologischen Weg atmen (wichtig: Atemluft klimatisieren, z. B. durch Anbringen einer künstlichen Nase). Dadurch ist es möglich, den Patienten weiterhin bei Bedarf endotracheal abzusaugen und zu überprüfen, ob die Atmung über den physiologischen Weg problemlos möglich ist (in manchen Fällen bildet sich Granulationsgewebe zwischen Tracheostoma und Glottis, das die Atmung behindert) und ob der Patient abhusten kann. Sind die Atemwege frei, kann der Patient abhusten und ist der Schluckreflex vorhanden, wird die Kanüle entfernt.

Abschließend wird das Tracheostoma mit einem sterilen Verband luftdicht abgedeckt. In der Regel verschließt sich das Tracheostoma spontan innerhalb weniger Tage. Operativ angelegte plastische (epithelisierte) Tracheostomata müssen chirurgisch verschlossen werden, d. h. die Wundränder werden angefrischt und das Tracheostoma mittels Naht verschlossen.

Ggf. erhält der Patient sauerstoffangereicherte Luft über eine Gesichtsmaske oder eine Sauerstoffsonde.

Pflege

Die Pflege des frisch dekanülierten Patienten entspricht der nach der Extubation (Pflege des frisch extubierten Patienten ➤ 4.2.11). Dazu kommt der regelmäßige Verbandwechsel am Tracheostoma (Häufigkeit nach Bedarf bzw. mindestens einmal pro Tag) mit Inspektion der Wunde.

Treten nach der Dekanülierung Beschwerden im Kehlkopfbereich auf, insbesondere Heiserkeit und Schluckstörungen, die sich im Verlauf der folgenden Tage nicht deutlich bessern, informieren die Pflegenden den Arzt, der dann ggf. eine Kontroll-Tracheoskopie durch den HNO-Arzt veranlasst.

Platzhalter zum Offenhalten des Tracheostomas

Soll die Trachealkanüle zwar entfernt, das Tracheostoma jedoch offen gehalten werden (z. B. bei Patienten mit extrem hoher Sekretproduktion, die noch nicht selbständig abhusten können) können sog. **Platzhalter** eingesetzt werden. Diese sind in den Größen 4, 5, 6, 8 und 10 mm ID erhältlich. Platzhalter halten zum einen das Tracheostoma offen (die bei der Tracheotomie geschaffene Öffnung kann sich nicht verschließen), zum andern dichten sie das Tracheostoma zur Außenluft hin ab, wenn der beiliegende Verschlussstopfen auf die Kanüle aufgesetzt ist. Der wichtigste **Vorteil** von Platzhaltern ist die Möglichkeit der raschen Rekanülierung. Werden Platzhalter anstelle von entblockten Trachealkanülen oder Trachealkanülen ohne Cuff eingesetzt, hat dies weitere Vorteile:

- Vereinfachte Spontanatmung (weniger Widerstand), dadurch weniger Atemarbeit
- Normalisierung der Nahrungsaufnahme
- Reaktivierung des Hustenstoßes durch Glottisschluss und funktionellen Tracheostomaverschluss
- Sekretabsaugung und Bronchoskopie einfacher möglich

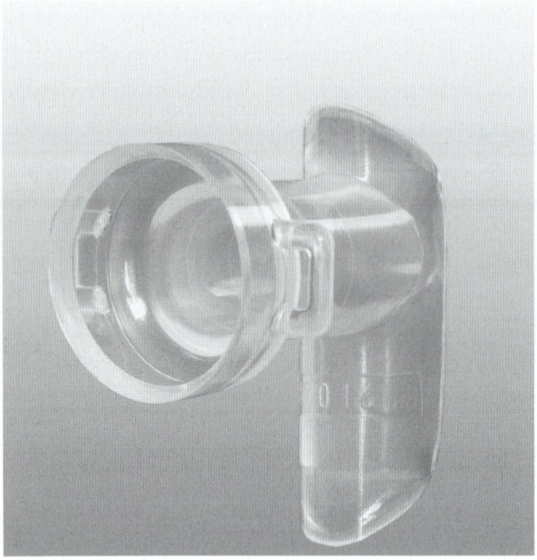

Abb. 4.54 Beispiel für einen Platzhalter zum Offenhalten des Tracheostomas. [V455]

- Ermöglichen der Phonation, dadurch Verbesserung der Kommunikation.

Mögliche **Komplikationen** sind Ulzerationen der Trachealschleimhaut, Sekretansammlung oder eine Dislokation.

KAPITEL

5 Maschinelle Beatmung

Definition

Maschinelle Beatmung *(mechanical ventilation,* auch *artificial respiration,* d. h. *künstliche Beatmung):* Die Atemarbeit wird teilweise (partial ventilatory support) oder vollständig (full ventilatory support) von einem Beatmungsgerät (Respirator) übernommen.

Der Begriff **ventilation** (englisch für „Beatmung") wird im deutschen Sprachraum überwiegend als Überbegriff verwendet für jegliche Form der „Atmung", also sowohl für die Spontanatmung als auch für die maschinelle Beatmung. Der Begriff **breathing** (englisch für „Atmung") wird gelegentlich verwendet im Zusammenhang mit Beatmungsformen, bei denen der Patient einen großen Teil der Atemarbeit selbst erbringt, z. B. ASB (➤ 5.3.4).

5.1 Grundlagen der maschinellen Beatmung

5.1.1 Indikationen und Ziele der Beatmungstherapie

Wann ist eine maschinelle Beatmung angezeigt?

In der Intensivmedizin ist eine Beatmungstherapie indiziert, wenn eine respiratorische Insuffizienz (➤ Kap. 2) mit anderen Maßnahmen, z. B. Sauerstoffgabe, Lagerungsmaßnahmen, physiotherapeutische Maßnahmen zur Vertiefung der Atmung und zur Sekretmobilisation oder Masken-CPAP (➤ 5.3.5), nicht ausreichend behandelt werden kann, d. h. trotz Behandlung liegen die Zeichen der respiratorischen Insuffizienz vor (➤ 2.4), oder ein Atemstillstand besteht. Neben den Werten der Blutgasanalyse sind klinische Parameter – insbesondere die Atemfrequenz – wichtige Kriterien für die Indikationsstellung.

- Die **Atemfrequenz** ist ein rasch erfassbarer Indikator für eine drohende Dekompensation. Atemfrequenzen > 35/Min. führen rasch zur Ermüdung des Zwerchfells (Hauptatemmuskel!). Dadurch kann sich die respiratorische Situation drastisch verschlechtern
- **Blutgasanalyse** (➤ Tab. 5.1). Bei Patienten mit chronischer Hyperkapnie sind p_aCO_2-Werte von > 55/mmHg häufig „normal". In diesem Fall ist dann neben einer Tachypnoe vor allem der pH-Wert ein wichtiges Kriterium: Ein niedriger pH-Wert (respiratorische Azidose) bei gleichzeitig niedrigem BE weist bei diesen Patienten auf eine Dekompensation hin. Weiter sind Unruhe, Verwirrtheit bzw. zunehmende Bewusstseinseintrübung bei diesen Patienten Zeichen der Verschlechterung der pulmonalen Situation.

Der Arzt berücksichtigt bei der Entscheidung für oder gegen eine Beatmungstherapie immer auch die Gesamtsituation und den mutmaßlichen Willen des Patienten (Vorerkrankungen, aktuelle Erkrankung einschließlich Ausmaß der respiratorischen Insuffizienz und Prognose, evtl. Patientenverfügung) und wägt den Nutzen gegen die Risiken der Beatmungstherapie ab.

Tab. 5.1 Kriterien für die Indikation zur maschinellen Beatmung bei akuter respiratorischer Insuffizienz. FEV1 ➤ 1.2.1.

Parameter	Normalwert	Indikation zur Beatmung
Oxygenierung		
p_aO_2 (mmHg)	75 – 100 (Raumluft)	< 50 (Raumluft) oder < 60 (Sauerstoffmaske)
Ventilation		
p_aCO_2 (mmHg)	35 – 45	> 55 (außer bei chronischer Hyperkapnie)
VD/VT	0,25 – 0,4	> 0,6
Atemmechanik		
Atemfrequenz (1/Min.)	12 – 20	> 35
Vitalkapazität (ml/kgKG)	65 – 75	< 15
Inspirationssog (mbar)	≥ 75	< 25
FEV1 (ml/kgKG)	50 – 60	< 10

5

Ziele der Beatmungstherapie

Die Beatmungstherapie hat folgende Ziele:
- Der Gasaustausch des Patienten wird optimiert
- Beatmungsbedingte Lungenschädigungen (z. B. pulmonales Barotrauma, Sauerstofftoxizität) werden durch schonende („lungenprotektive“) Beatmung minimiert, d. h. Beatmung mit möglichst niedrigem Beatmungsdruck und möglichst niedrigem F_iO_2
- Die erschöpfte Atemmuskulatur kann sich erholen
- Die Entwöhnung vom Respirator (➤ 5.11) erfolgt zum frühest möglichen Zeitpunkt.

5.1.2 Beatmungstechnik

Die maschinelle Beatmung kann prinzipiell als Überdruckbeatmung oder als Unterdruckbeatmung erfolgen. In der modernen Intensivmedizin wird praktisch nur die Überdruckbeatmung eingesetzt. Lediglich im Bereich der Heimbeatmung wird in ausgewählten Fällen die Unterdruckbeatmung verwendet.

Überdruckbeatmung

Bei der Überdruckbeatmung baut das Beatmungsgerät einen Überdruck in den Atemwegen des Patienten auf. Dadurch entsteht ein Druckgefälle zu den Alveolen hin, und Luft strömt in die Lunge. Wäh-

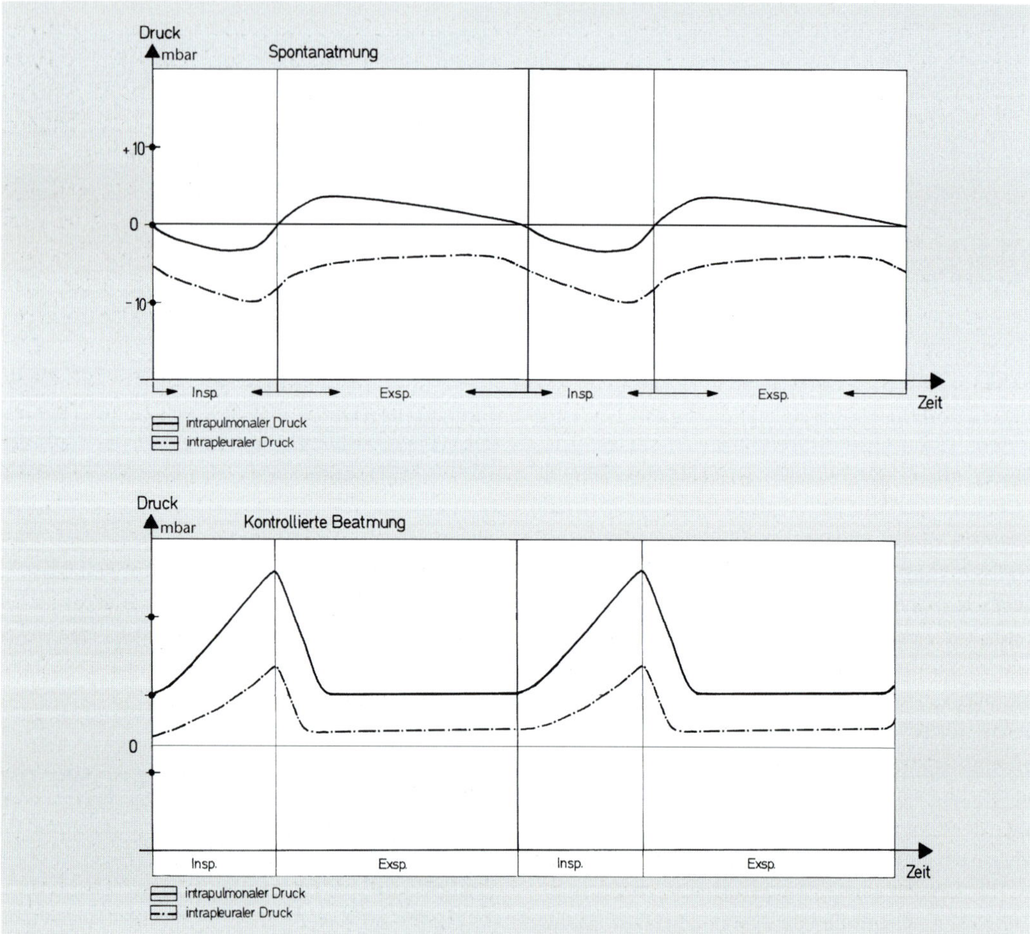

Abb. 5.1 Druckverlauf während Spontanatmung (oben) und während volumenkontrollierter Beatmung mit PEEP (unten).

rend der Exspiration fällt der intrapulmonale Druck dann wieder auf den Ausgangswert ab.

Unterschied Spontanatmung – maschinelle Beatmung
Im Gegensatz zur Spontanatmung herrscht bei der maschinellen Beatmung während des gesamten Atemzyklus ein Überdruck im Thorax (Druckverhältnisse bei Spontanatmung ➤ Abb. 1.2), d. h. es entstehen umgekehrte und *unphysiologische Druckverhältnisse.*

Unterdruckbeatmung

Die ersten Beatmungsgeräte waren die in den 20er Jahren im Rahmen der Polioepidemie in Amerika entwickelten **eisernen Lungen** (auch *Tankrespiratoren* genannt). Diese waren so konstruiert, dass der Körper des Patienten bis zum Hals in einer Kammer („Tank") lag. Bei der mit diesen Geräten durchgeführten **Unterdruckbeatmung** wird im Tank ein Unterdruck erzeugt, der sich auf Thorax und Lunge überträgt, die sich daraufhin ausdehnen. Dadurch entsteht im Thorax ein negativer Druck (Sog), der bewirkt, dass Luft in die Lunge strömt. Insgesamt wirkt die Unterdruckbeatmung vergleichbar der Spontanatmung: Bei der Inspiration entsteht ein negativer intrapulmonaler Druck, der am Ende der Inspiration auf den Atmosphärendruck abfällt, während der Exspiration leicht positiv wird und am Ende der Ausatmung wieder dem Atmosphärendruck entspricht.

Heute wird die Unterdruckbeatmung nur noch selten und fast ausschließlich im Bereich der Heimbeatmung eingesetzt (➤ Kap. 9). Die hierbei verwendeten Geräte sind sämtlich Weiterentwicklungen der klassischen eisernen Lunge. In den letzten Jahren wurden Geräte entwickelt, die nicht mehr den gesamten Körper des Patienten vom Hals abwärts einschließen, sondern nur noch den Thorax. Langzeiterfahrungen mit diesen Geräten liegen noch nicht vor.

In der modernen Intensivmedizin werden Tankrespiratoren praktisch nicht eingesetzt. Grund dafür ist, dass die respiratorische Insuffizienz der Patienten hier häufig pulmonal bedingt ist (z. B. Folge einer Pneumonie, eines ARDS oder eines Thoraxtraumas), d. h. Resistance und Compliance der Lunge sind verändert und die Atemarbeit ist entsprechend erhöht. Dies können Tankrespiratoren nicht kompensieren. Die respiratorische Insuffizienz der Patienten, die zu Hause mit Unterdruckgeräten beatmet werden, ist i. d. R. extrapulmonal bedingt (z. B. Folge einer neuromuskulären Erkrankung).

5.2 Beatmungsparameter

5.2.1 Ventilationszyklus

Definition

Ventilationszyklus: Zeitdauer vom Beginn der Inspiration bis zum Ende der Exspiration. Unterteilt in Inspirations- und Exspirationsphase (Inspirations- und Exspirationszeit). Beide Phasen können weiter unterteilt werden in eine **Flow-Phase** (*Gasflussphase*, d. h. Zeit, in der Luft strömt) und eine **No-Flow-Phase** (*Pausenphase*, d. h. Zeit, in der kein Gasfluss stattfindet). Die inspiratorische No-Flow-Phase wird auch als *inspiratorische Pause* oder *Plateau-Phase* bezeichnet, die exspiratorische No-Flow-Phase wird *Grundlinie* oder *baseline* genannt.

Die Zeitdauer der inspiratorischen No-Flow-Phase kann an den meisten Respiratoren eingestellt werden (Einstellparameter Pausendauer) oder resultiert aus der Inspirationsdauer (T_{insp}) und der eingestellten Geschwindigkeit, mit der das Gas in die Lunge strömt (flow). Die exspiratorische No-Flow-Phase dagegen ergibt sich: Sobald der Beatmungsdruck während der Exspiration auf das eingestellte endexspiratorische Druckniveau abgefallen ist, beginnt die exspiratorische No-Flow-Phase. Diese endet dann mit Beginn der nächsten Inspiration.

Vorsicht!
Strömt am Ende der Exspiration noch Gas aus der Lunge (Erkennungsmerkmal: Flowkurve erreicht *nicht* die 0-Linie), muss das Beatmungsmuster modifiziert werden (z. B. Verlängerung der Exspirationszeit), da ansonsten die Gefahr des **Airtrappings** (➤ 5.3.1 und ➤ Abb. 5.5) besteht.

Beatmungsfrequenz, Atemzug- und Atemminutenvolumen

Definition

Beatmungsfrequenz (f): Anzahl der Atemhübe (Atemzüge) pro Minute.

Atemhubvolumen *(tidal volume*, kurz V_T): Luftmenge, die pro Atemhub verabreicht wird.

Atemminutenvolumen (kurz AMV): Luftmenge, die pro Minute verabreicht wird.

Normwerte Atemfrequenz und Atemvolumina *➤ 1.2.1*

Am Respirator kann entweder das Atemhubvolumen *oder* das Atemminutenvolumen eingestellt werden:

- Wird das Atemhubvolumen eingestellt, so errechnet sich das Atemminutenvolumen.

> $V_T \times f = AMV$
>
> Beispiel: Am Respirator sind ein Atemhubvolumen von 0,4 l (400ml) und eine Beatmungsfrequenz von 12 / Min. eingestellt. Das Atemminutenvolumen beträgt
>
> $0{,}4 \times 12 = 4{,}8$ l.

- Wird das Atemminutenvolumen eingestellt, so errechnet sich das Atemhubvolumen.

> $V_T = AMV/f$
>
> Beispiel: Am Respirator sind ein Atemminutenvolumen von 7,0 l und eine Beatmungsfrequenz von 14 / Min. eingestellt. Das Atemhubvolumen beträgt 7,0 / 14 = 0,5 l (500 ml).

Zielgröße für die Einstellung der Beatmungsfrequenz und des Tidal- bzw. Minutenvolumens ist der pCO_2 (Normwerte ➤ Tab. 1.3). Bei gesteigertem Stoffwechsel (etwa im Rahmen einer Sepsis) entsteht vermehrt CO_2. Dann sind höhere Beatmungsfrequenzen und/oder höhere Atemhub- und -minutenvolumina notwendig, um den pCO_2 im Normbereich zu halten. Umgekehrt sind z. B. bei Hypothermie (verminderter Stoffwechsel und verminderte CO_2-Produktion) eine niedrige Atemfrequenz und niedrige Atemhub- bzw. -minutenvolumina ausreichend, um eine Normokapnie zu erhalten.

In manchen Situationen ist der angestrebte pCO_2 eher niedrig, z. B. bei der Beatmung eines Patienten mit erhöhtem Hirndruck (➤ 5.8.2), in anderen Fällen wiederum wird ein sehr hoher pCO_2 toleriert, um einen zu hohen Beatmungsdruck vermeiden zu können (permissive Hyperkapnie ➤ 7.6).

> Nur bei der volumenkontrollierten Beatmung (VC-CMV ➤ 5.3.1) sowie bei PRVC, IPPV-Autoflow und APV (➤ 5.3.1) – jeweils ohne zugeschalteten Trigger (➤ 5.2.5) – entspricht das eingestellte AMV auch dem tatsächlich verabreichten AMV. Sobald einer Beatmungsform ein Trigger zugeschaltet ist, kann der Patient zusätzlich zu den maschinellen Atemzügen atmen und das tatsächliche AMV ist dann entsprechend größer als das am Respirator eingestellte.
>
> Bei druckkontrollierter Beatmung kann das Atemhub- bzw. -minutenvolumen nicht eingestellt werden. Das Atemzugvolumen ergibt sich aus dem eingestellten Inspirationsdruck, der Inspirationszeit und der pulmonalen Situation des Patienten.

Seufzer

Normalerweise atmen Erwachsene 8 – 10-mal pro Stunde einen sog. **Seufzer** (sehr tiefen Atemzug oder „deep sigh“) ein. Manche Respiratoren bieten die Möglichkeit, mit der Einstellung eines Seufzers dies nachzuahmen. Ist ein Seufzer eingestellt, wird in regelmäßigen Abständen (z. B. jeder 100ste Atemzug) ein deutlich größerer Atemzug verabreicht, z. B. das eineinhalbfache oder doppelte Atemzugvolumen, oder der PEEP intermittierend erhöht. Ziel ist die Atelektasenprophylaxe. Die Seufzeratmung geht mit intermittierend hohen Beatmungsdrücken einher, d. h. das Risiko eines pulmonalen Volu- oder Barotraumas steigt. Aus diesem Grund wird die Seufzerfunktion kaum noch angewendet und ist an vielen neueren Geräten nicht mehr möglich.

Atemzeitverhältnis

Definition

Atemzeitverhältnis *(Inspirations-Exspirationsverhältnis*, kurz *I:E-Verhältnis):* Verhältnis von Inspirationszeit (t_{insp}) zu Exspirationszeit (t_{exsp}). Physiologisch ist ein I:E von 1:1,5–1:2.

Abhängig vom verwendeten Beatmungsgerät wird das I:E-Verhältnis direkt eingestellt oder indirekt,

d. h. es wird die Inspirationszeit eingestellt und das I:E-Verhältnis errechnet sich:

- Wird das I:E-Verhältnis direkt eingestellt, so errechnen sich die Inspirations- und die Exspirationszeit. Beispiel: Am Respirator sind ein I:E-Verhältnis von 1:1,5 und eine Atemfrequenz von 12 eingestellt. Ein Ventilationszyklus dauert also 5 sec. (60 Sek./12), damit beträgt bei einem I:E-Verhältnis von 1:1,5 die Inspirationsdauer 2 Sek. und die Exspirationsdauer 3 Sek.
- Für die indirekte Einstellung gibt es verschiedene Möglichkeiten, aus denen sich dann jeweils das Atemzeitverhältnis errechnet:
  - Einstellung der Inspirationszeit in Sekunden. Beispiel: Ist am Respirator eine Inspirationszeit von 2 Sek. und eine Beatmungsfrequenz von 15 eingestellt, so dauert ein Ventilationszyklus 4 Sek., d. h. die Exspirationszeit beträgt 2 Sek. (Ventilationszyklus – Inspirationsdauer) und das I:E-Verhältnis liegt damit bei 1:1
  - Einstellung der inspiratorischen Flow-Phase (Insp.-Dauer) und der inspiratorischen Pause (Pausendauer) jeweils in % des Ventilationszyklus. Beispiel: Ist am Respirator eine Insp.-Dauer von 40% und eine Pausendauer von 10% eingestellt, beträgt die gesamte Inspirationsphase 50% des Ventilationszyklus, d. h. das I:E-Verhältnis liegt bei 1:1.

Ein I:E-Verhältnis < 1:2 verlängert die Exspirationszeit auf Kosten der Inspirationszeit. Dies ist evtl. sinnvoll bei Patienten mit obstruktiven Lungenerkrankungen, z. B. COPD (➤ 2.3.2), damit genügend Zeit für die Exspiration zur Verfügung steht.
Ein I:E-Verhältnis > 1:2 verlängert die Inspirationszeit auf Kosten der Exspirationsdauer. Dies ist häufig notwendig um den Beatmungsdruck senken bzw. niedrig halten zu können (IRV ➤ 5.3.1).

5.2.2 Inspirationsflow

Definition

Inspirationsflow: Geschwindigkeit, mit der das Atemgas während der inspiratorischen Flow-Phase verabreicht wird (Volumen pro Zeiteinheit). Je höher der Inspirationsflow, desto rascher füllt sich die Lunge mit Luft, d. h. desto schneller ist das eingestellte Atemhubvolumen verabreicht bzw. der eingestellte Inspirationsdruck erreicht.

Bei *volumenorientierten Beatmungsformen* kann der Inspirationsflow entweder direkt am Respirator eingestellt werden oder er ergibt sich aus dem eingestellten Atemhubvolumen, der Beatmungsfrequenz und der Inspirations- und Pausendauer.

Bei *druckorientierten Beatmungsformen* resultiert der Flow insbesondere aus der inspiratorischen Anstiegszeit, der eingestellten Druckdifferenz sowie der Resistance und Compliance von Lunge und Beatmungssystem.

Bei **hohem Inspirationsflow** füllt sich die Lunge rasch mit Luft. Eine hohe Gasflussgeschwindigkeit birgt jedoch die Gefahr von turbulenten Luftströmungen in den Atemwegen, was eine schlechtere Verteilung des Atemgases in der Lunge und eine Erhöhung des Spitzendrucks zur Folge hat. Bei **niedrigem Inspirationsflow** ist die Luftströmung in den Atemwegen weniger turbulent, das Atemgas wird besser in der Lunge verteilt und der Spitzendruck ist niedriger. Es muss jedoch immer ein gewisser Mindestflow eingestellt sein, damit das eingestellte Atemhubvolumen in der vorgesehenen Zeit verabreicht werden kann.

Je niedriger der Inspirationsflow ist, desto größer ist die Gefahr, dass beim Patienten das Gefühl der Luftnot entsteht. Deshalb wird der Flow bei Beatmungsformen, bei denen der Patient selbst Atemarbeit leisten soll, höher eingestellt bzw. vom Respirator automatisch angehoben, sobald der Bedarf des Patienten steigt.

Faustregel für die Einstellung des Inspirationsflow bei volumenkontrollierter Beatmung: Der Inspirationsflow sollte immer mindestens das 2,5 – 3-fache des Atemminutenvolumen des Patienten betragen (bei Beatmungsformen mit hohem Spontanatemanteil eher höher).

Flowmuster

An manchen Beatmungsgeräten können verschiedene **Flowmuster** *(Flowformen, Flowprofile)* eingestellt werden (➤ Abb. 5.2):

5

- Beim **konstanten Flow** (auch *Rechteckflow* genannt) ist die Gasflussgeschwindigkeit während der gesamten inspiratorischen Flowphase gleich.
- Beim **Sinusflow** (Sinus lat.: Krümmung, Ausbuchtung) steigt die Strömungsgeschwindigkeit zu Beginn der inspiratorischen Flowphase an und fällt dann ab.
- Beim **akzelerierenden Flow** steigt die Strömungsgeschwindigkeit während der gesamten inspiratorischen Flowphase kontinuierlich an
- Beim **dezelerierenden Flow** ist die Gasflussgeschwindigkeit zu Beginn hoch und fällt während der inspiratorischen Flowphase kontinuierlich ab.

Bei druckorientierten Beatmungsformen (z. B. druckkontrollierte Beatmung, BIPAP, PRVC, SIMV-druckkontrolliert, druckunterstützte Beatmung) ist der Flow immer dezelerierend.

An vielen Respiratoren kann die **Flowanstiegszeit** (Inspirationsanstiegszeit) eingestellt werden, d. h. die Zeitspanne, in welcher der (Spitzen-)flow erreicht wird. Ist eine lange Flowanstiegszeit eingestellt (sinnvoll bei hoher Resistance), strömt das Atemgas zu Beginn der Inspiration langsam zum Patienten. Dies hat den Vorteil, dass sich die Lunge besser (gleichmäßiger) füllt. Nachteilig ist, dass dadurch beim Patienten das Gefühl des Lufthungers entstehen kann, weil das Gas zu langsam anflutet. Bei zu kurzer Flowanstiegszeit kann die Inspiration zu früh abgebrochen werden, da die Schwelle für die flowgesteuerte Umschaltung (➤6.1.2) noch während der Inspiration des Patienten erreicht wird. Eine gute Beobachtung und – sofern möglich – Kommunikation mit dem Patienten ist deshalb sehr wichtig.

Moderne Respiratoren liefern einen Spitzenflow bis ca. 200 l/min.

5.2.3 Inspiratorische Sauerstoffkonzentration

Die **inspiratorische Sauerstoffkonzentration** (inspiratorische O_2-Fraktion, kurz $\mathbf{F_iO_2}$) gibt an, wie hoch der Sauerstoffanteil der Atemluft ist. Die Angabe erfolgt entweder in Prozent oder als Dezimalzahl (eine Sauerstoffkonzentration von 100% entspricht einem F_iO_2 von 1,0, bei 21% Sauerstoff beträgt die F_iO_2 0,21).

Sauerstofftoxizität

Eine hohe inspiratorische Sauerstoffkonzentration kann die Atemwege und das Lungengewebe schädigen, und zwar umso mehr, je höher die Sauerstoffkonzentration ist.

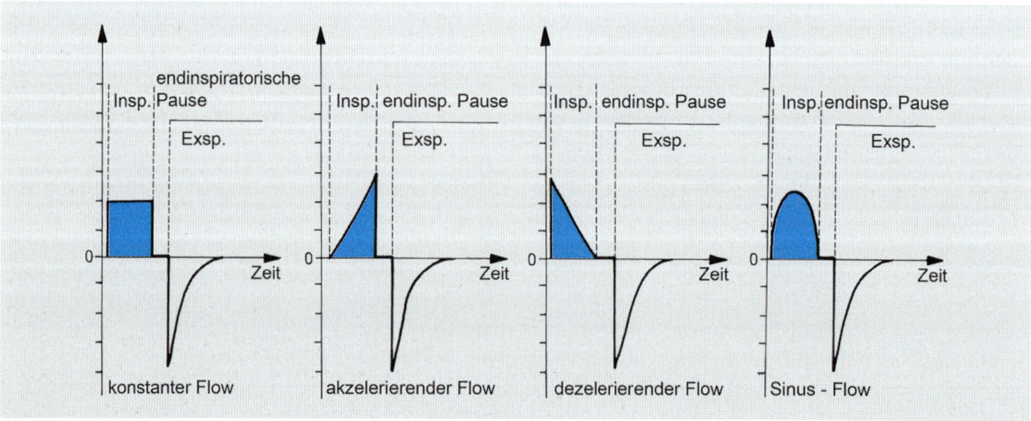

Abb. 5.2 Verschiedene Flowmuster (jeweils *ohne* Flowanstiegszeit ➤Text).

Sauerstofftoxizität
- Vermehrte Bildung von Sauerstoffradikalen
- Bildung von Resorptionsatelektasen (auch *Obturationsatelektasen* ➤ 2.2.4)
- Verschlechterung der mukoziliären Clearance (➤ 1.1.1)
- Diffuse Schädigung der Alveolen ähnlich dem ARDS (Zunahme der Permeabilität der alveolokapillären Membran, Schädigung des Surfactant, Aktivierung von Mediatoren).

Insbesondere bei Frühgeborenen kann eine längerfristige hohe Sauerstoffkonzentration eine *Retinopathie* (nicht entzündliche Netzhautschädigung) verursachen.

Wo genau die Grenze liegt, oberhalb der die Sauerstoffkonzentration toxisch wirkt bzw. unterhalb der keine Schädigungen zu erwarten sind, ist nicht klar. Derzeit gilt:

Eine Sauerstoffkonzentration von über 60% ($F_iO_2 > 0{,}6$) über einen längeren Zeitraum (als „länger" gilt ein Zeitraum von mehr als 24 Std.) gilt als toxisch. Daher sollte ein $FiO_2 > 0{,}5 - 0{,}6$ langfristig möglichst nicht überschritten werden.

Bei Sauerstoffkonzentrationen < 40% ist anzunehmen, dass auch bei längerer Anwendung keine toxischen Schädigungen auftreten.

Liegt bei einem beatmeten Patienten eine Hypoxämie vor und kann die Oxygenierung nicht durch die Veränderung anderer Beatmungsparameter verbessert werden (z. B. Erhöhung des PEEP), wird ggf. auch längerfristig mit einer O_2 – Konzentration von über 60% beatmet, um hypoxische Organschäden zu vermeiden.

Einstellung der inspiratorischen Sauerstoffkonzentration

Um Schädigungen der Lunge auf Grund einer zu hohen Sauerstoffkonzentration zu vermeiden, soll die inspiratorische Sauerstoffkonzentration grundsätzlich so niedrig wie möglich gewählt werden, d. h. nur so hoch, dass der gewünschte p_aO_2 (i. d. R. ca. 70 mmHg) gerade erreicht wird. Bei der Einstellung der F_iO_2 ist es wichtig, die Gesamtsituation des Patienten und die anderen Beatmungsparameter zu berücksichtigen. Eine Hypoxie sollte in jedem Fall vermieden werden, da sie für die Funktion des Gesamtorganismus und auch der Lunge schädlicher ist als eine hohe Sauerstoffkonzentration. Auch ein pulmonales Baro- bzw. Volutrauma (infolge sehr hoher Beatmungsdrücke bzw. Atemhubvolumina) schädigt die Lunge wahrscheinlich mehr als eine hohe F_iO_2.

5.2.4 PEEP

Definition

PEEP *(positiv endexspiratory pressure):* Positiver Druck am Ende der Ausatmung, d. h. der Druck in den Atemwegen fällt am Ende der Exspiration nicht auf Null (im Verhältnis zum Atmosphärendruck) ab, sondern wird im positiven Bereich gehalten. Damit ist bei maschineller Beatmung mit PEEP der Druck während des gesamten Ventilationszyklus, also bei In- und Exspiration, im positiven Bereich.

Im Gegensatz dazu entspricht bei Beatmung mit **ZEEP** *(zero endexspiratory pressure)* der Atemwegsdruck am Ende der Exspiration dem Atmosphärendruck. Bei Beatmung mit **NEEP** *(negative endexspiratory pressure)* wird am Ende der Exspiration ein Unterdruck in den Atemwegen erzeugt (daher auch die Bezeichnung *Wechseldruckbeatmung*). Wegen der Gefahr der Atelektasenbildung (➤ 2.2.4) werden Beatmungen mit NEEP seit Jahren nicht mehr durchgeführt. Aus diesem Grund ist an den modernen Respiratoren die Einstellung eines NEEP nicht mehr möglich.

Wirkungen des PEEP

Durch den PEEP nimmt die FRC (funktionelle Residualkapazität ➤ 1.2.1) zu. Dadurch werden instabile (kollapsgefährdete) Alveolen vor dem Kollabieren bewahrt, bereits entstandene Atelektasen können in gewissem Umfang wieder eröffnet werden (alveolar recruitment ➤ 5.8.1). Dieses Rekrutieren bereits verschlossener Alveolarbereiche erfolgt vor allem durch das Zusammenspiel von erhöhtem Inspirationsdruck und PEEP: Durch entsprechend hohen Inspirationsdruck werden die Alveolen wieder eröff-

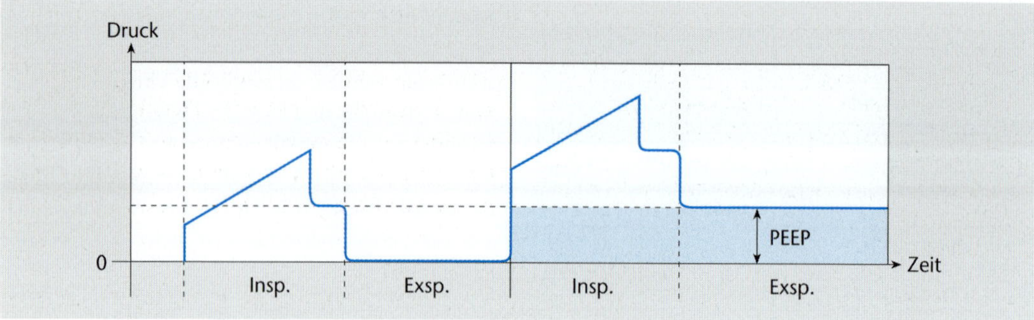

Abb. 5.3 Maschinelle Beatmung mit und ohne PEEP (hier volumenkontrollierte Beatmung). Links: Bei Beatmung ohne PEEP fällt der Beatmungsdruck am Ende der Exspiration auf Null ab (ZEEP ➤ Text). Rechts: Bei Beatmung mit PEEP fällt der Beatmungsdruck am Ende der Exspiration auf den eingestellten positiven Druck ab. Damit bleibt der Druck in den Atemwegen bei Beatmung mit PEEP während des gesamten Atemzyklus im positiven Bereich.

net, der PEEP soll die rekrutierten Alveolen offen halten (der inspiratorische Plateaudruck öffnet die Lunge, der PEEP hält die Lunge offen). Insgesamt bessert sich durch die Anwendung von PEEP das Ventilations-Perfusionsverhältnis, der pulmonale Rechts-Links-Shunt nimmt ab und die Oxygenierung wird optimiert.

Nebenwirkungen des PEEP ➤ 5.7.1

Indikationen für Beatmung mit PEEP

In vielen Kliniken wird bei maschineller Beatmung grundsätzlich ein geringer PEEP von 6 – 8 mbar eingestellt, der dazu dienen soll, die durch die Intubation bzw. Tracheotomie verminderte FRC zu normalisieren. Dieser geringe PEEP wird daher auch „physiologischer PEEP" genannt.

Darüber hinaus ist ein PEEP indiziert bei Oxygenierungsstörungen auf Grund restriktiver Ventilationsstörungen (➤ 2.2.1), also z. B. bei Lungenkontusion, ARDS, Pneumonie sowie bei instabilem Thorax (➤ 2.3.3) zur „inneren Schienung".

Beim kardiogenen Lungenödem bewirkt PEEP (meist in Form von CPAP-[Be-]Atmung) die Senkung von Vor- und Nachlast des Herzens (auch als *Nitroeffekt* bezeichnet), dadurch verbessert sich die Herzmuskelleistung, was die Rückbildung der Lungenstauung unterstützt.

Bei Operationen, bei denen mit einem erhöhten intraabdominellen Druck zu rechnen ist, wird bereits intraoperativ mit PEEP beatmet. Gerade bei diesen Patienten ist auch postoperativ mit Atelektasen zu rechnen, daher ist eine postoperative Beatmung mit PEEP bzw. CPAP-Atmung notwendig (Ozcenski 2005: 190).

Umstritten ist die Anwendung eines PEEP bei obstruktiven Ventilationsstörungen, z. B. COPD oder Asthma bronchiale (➤ 2.3.2), da hier oft erkrankungsbedingt bereits ein intrinsic PEEP besteht. Durch Einstellen eines PEEP, der unterhalb dem Niveau des intrinsic PEEP liegt, ist es jedoch möglich, die kleinen Atemwege offen zu halten. Dies erleichtert die Ausatmung und vermindert die Atemarbeit des Patienten.

Weiter wird ein **PEEP nur mit größter Vorsicht** eingesetzt bei Patienten mit erhöhtem Hirndruck (durch den PEEP kann der Hirndruck weiter steigen), Lungenembolie (PEEP erhöht die rechtsventrikuläre Nachlast), Herzfehler mit Rechts-Links-Shunt (PEEP kann hier den Rechts-Links-Shunt verstärken).

Bei kreislaufinstabilen Patienten mit Hypovolämie ist es häufig notwendig, vor der Anwendung bzw. Erhöhung eines PEEP eine Volumensubstitution und evtl. auch eine Therapie mit Katecholaminen durchzuführen, um die negativen Auswirkungen auf das Herz-Kreislaufsystem (Abfall von HZV und arteriellen Blutdruck ➤ 5.7.2) gering zu halten.

Einstellung des PEEP

Die Höhe des PEEP (in mbar) wird am Respirator eingestellt und kann am Display oder am Beatmungsdruckmanometer abgelesen werden.

Extrinsic und intrinsic PEEP

Der am Respirator eingestellte PEEP wird auch als extrinsic PEEP oder *extrinsischer PEEP* bezeichnet; er wirkt gleichmäßig auf die gesamte Lunge ein (daher auch die Bezeichnung „all over PEEP"). Im Gegensatz dazu baut sich der intrinsic PEEP (auch *intrinsischer PEEP*) bei bestimmten Erkrankungen (insbesondere COPD ➤ 2.3.2) bzw. bei speziellen Beatmungsformen und Einstellungen am Respirator in Lunge des Patienten auf (➤ 5.3.1). Der intrinsic PEEP ist meist ungleichmäßig über die Lunge verteilt.

Für die Einstellung des PEEP-Niveaus existieren keine allgemein gültigen Richtlinien. Grundsätzlich wird folgendes empfohlen:

- Sehr hohe PEEP-Werte (> 15 mbar) sollen wegen der Nebenwirkungen vermieden werden (PEEP-Nebenwirkungen ➤ 5.7.1)
- Zur Verbesserung der Oxygenierung wird ein PEEP von 0,1 – 0,15 mbar/kgKG eingestellt.

Für die individuelle Einstellung des PEEP bei einem Patienten existieren verschiedene Konzepte, bei denen auf unterschiedliche Weise der für den Patienten optimale PEEP ermittelt wird (Beispiel für die Einstellung des „best PEEP" ➤ 5.8.1 *lungenprotektive Beatmung*).

5.2.5 Trigger

Definition

Trigger (engl.: *Auslöser*): Schaltelement am Respirator, das Inspirationsbemühungen des Patienten erkennt und es ihm ermöglicht, einen maschinellen Atemhub auszulösen (assistiert kontrollierte Beatmung) oder am Respirator spontan zu atmen.

Im klinischen Sprachgebrauch wird der Begriff „Trigger" bisher nur für das Auslösen der Inspiration benutzt. Neuere Respiratoren sind jedoch teilweise auch in der Lage, Exspirationsbemühungen des Patienten zu registrieren und daraufhin die Exspiration einzuleiten, auch wenn die eingestellte Inspirationsdauer noch nicht abgelaufen ist. Diese Respiratorfunktion wird als **exspiratorischer Trigger** bezeichnet. Sie ist bislang nur an wenigen Respiratoren realisiert; z. B. Evita 4 oder Evita XL

Im folgenden ist der Begriff „Trigger" immer synonym verwendet mit dem inspiratorischen Trigger.

Drucktrigger und Flowtrigger

An derzeit gebräuchlichen Beatmungsgeräten kommen **Drucktrigger** und/oder **Flowtrigger** zur Anwendung. An manchen Geräten sind **Mischtrigger** installiert, d. h. der Anwender kann hier den Drucktrigger oder den Flowtrigger aktivieren.

Drucktrigger

Beim **Drucktrigger** muss der Patient durch seine Einatembemühungen einen bestimmten Unterdruck (unter PEEP) im Beatmungssystem aufbauen, um einen maschinellen Atemzug auszulösen bzw. spontan am Respirator atmen zu können. Der eingestellte Unterdruck (z. B. –2 mbar unter PEEP) entspricht der **Triggerschwelle** (auch *Triggerempfindlichkeit*) und wird von Drucksensoren im Respirator gemessen. Sobald der vom Patient aufgebrachte Unterdruck die eingestellte Triggerschwelle unterschreitet, öffnet nach kurzer Zeit (Triggerlatenzzeit, ➤ unten) das Inspirationsventil und es beginnt – je nach eingestellter Beatmungsform – ein maschineller Atemzug oder der Patient kann spontan einatmen.

Flowtrigger

Beim **Flowtrigger** erzeugt der Respirator auch während der Exspirationsphase einen geringen konstanten Basisflow, der durch das Beatmungsschlauchsystem geleitet wird. Solange der Patient nicht versucht

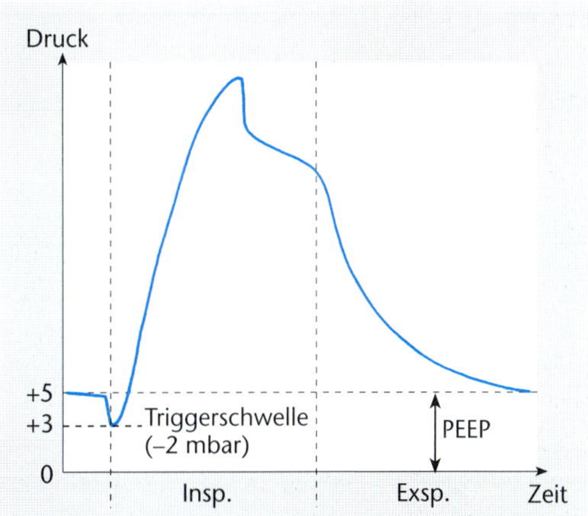

Abb. 5.4 Drucktrigger. Der Patient hat die Triggerschwelle erreicht (hier -2 mbar unter PEEP), daraufhin hat der Respirator einen maschinellen Atemhub verabreicht.

einzuatmen, sind der vom Respirator abgegebene Flow und der Rücklauf-Flow gleich hoch. Dies ändert sich, sobald der Patient einatmet (d. h. Volumen aus dem Basisflow „abzieht“). Der Respirator erkennt die Differenz zwischen abgegebenem Flow und Rücklaufflow und verabreicht – sobald der Patient einen bestimmten Teil des Basisflows eingeatmet hat – einen maschinellen Atemzug bzw. ermöglicht es dem Patienten, am Respirator spontan zu atmen.

Triggerempfindlichkeit und Triggerlatenz

An manchen Respiratoren ist die Triggerempfindlichkeit fest eingestellt und kann vom Anwender nicht variiert werden. An den meisten gebräuchlichen Respiratoren jedoch kann die Triggerempfindlichkeit eingestellt werden. Dabei ist es wichtig, die Triggerschwelle weder zu hoch (geringe Empfindlichkeit) noch zu niedrig einzustellen:

- Eine zu hohe Einstellung erhöht die Atemarbeit des Patienten und birgt die Gefahr der respiratorischen Erschöpfung (Ermüdung der Atemmuskulatur). Besonders gefährdet sind COPD-Patienten. Keinesfalls sollte ein Drucktrigger möglichst hoch eingestellt werden um die Atemmuskulatur des Patienten zu „trainieren“
- Eine zu niedrige (zu empfindliche) Einstellung begünstigt die **Selbsttriggerung** des Respirators. Dabei werden geringste Veränderungen von Druck, Flow oder Volumen, die z. B. bei der Umlagerung des Patienten oder bei Bewegungen des Atemschlauchsystems entstehen, vom Respirator als Inspirationsbemühung gedeutet und entsprechend beantwortet (Verabreichung eines maschinellen Atemzugs bzw. Beginn der Spontanatmungsphase am Respirator).

Richtwerte für die Einstellung der Triggerempfindlichkeit

- Drucktrigger: 1 – 2 mbar unter PEEP
- Flowtrigger: 2 – 4 l/Min.

Grundsätzlich sollte der Trigger bei jeder Beatmungsform aktiviert sein, damit der Patient, falls er versucht einzuatmen, auch tatsächlich Luft bekommt (kontrollierte Beatmung ➤ 5.3.1).

Definition

Triggerlatenz: Zeitverzögerung zwischen Erreichen der Triggerschwelle und Beginn des Inspirationsflows. Sollte so kurz wie möglich sein (< 50 ms), um beim Patienten das Gefühl der Atemnot und zusätzliche Atemarbeit zu vermeiden.

Die Triggerlatenz ist immer gerätespezifisch, d. h. sie variiert abhängig vom Respiratortyp. Daher ist die Triggerlatenz für die Praxis der Beatmungstherapie wenig relevant, sondern vor allem ein Kriterium für die Auswahl bzw. Neuanschaffung eines bestimmten Beatmungsgerätes.

5.3 Beatmungsformen

Klassifikation der Beatmungsformen

Eine einheitliche, allgemein gültige Klassifikation der Beatmungsformen existiert bis heute nicht. Etabliert hat sich die Einteilung der Beatmungsformen anhand der vom Patienten zu erbringenden Atemarbeit:

- Bei der **kontrollierten** *(mandatorischen)* **Beatmung** leistet der Respirator die Atemarbeit zu 100% *(full respiratory support)*. Der Patient ist völlig passiv, d. h. er leistet keinerlei Atemarbeit
- Bei der **assistierten Beatmung** (auch *unterstützende* oder *augmentierende Beatmung*) unterstützt der Respirator die insuffiziente Spontanatmung des Patienten *(partial ventilatory support)*. Das Ausmaß der Unterstützung, die der Respirator leistet, ist sehr verschieden. So kann die Unterstützung beispielsweise sehr umfangreich (d. h. der Patient leistet nur einen sehr kleinen Teil der Atemarbeit) oder sehr gering sein (d. h. der Patient leistet einen sehr großen Teil der Atemarbeit). Der Begriff assistierte Beatmung lässt daher keine Rückschlüsse auf Qualität und Quantität der Spontanatmung des Patienten zu
- Bei der **Spontanatmung** leistet der Patient die gesamte Atemarbeit selbst.

Einzelne Beatmungsfomen haben – obwohl sie grundsätzlich gleich funktionieren – unterschiedliche, meist vom Gerätehersteller festgelegte Namen. Zudem unterscheiden sich einzelne Beatmungsformen abhängig vom Gerätehersteller in Details, z. B. hinsichtlich der notwendigen Einstellparameter oder des Ablaufs der Beatmung. Bei den neuen Beatmungsgeräten ist es auch möglich, dass eine Beatmungsform eines Gerätetyps sich abhängig von der verwendeten Software-Version von derselben Beatmungsform desselben Respirators unterscheidet. Eine genaue Kenntnis der Gebrauchsanweisung ist daher unbedingt erforderlich.

Die meisten Beatmungsformen haben mehrere verschiedene (Kurz-)Bezeichnungen, häufig werden sowohl deutsche als auch englische Begriffe verwendet. Im Folgenden sind die Beatmungsformen jeweils unter der Bezeichnung näher beschrieben, die im klinischen Sprachgebrauch am häufigsten verwendet wird. Die Synonymbegriffe und Abkürzungen sind jeweils bei der Definition der Beatmungsform aufgeführt.

5.3.1 Kontrollierte Beatmung und Inversed-Ratio Ventilation (IRV)

Definition

Kontrollierte Beatmung (auch *continuous/controlled mandatory/mechanical ventilation*, kurz *CMV*): Beatmungsform, bei der das Beatmungsgerät die Atemarbeit vollständig übernimmt.

Der Patient kann nicht triggern (➤ 5.2.5). Kontrollierte Beatmung erfolgt entweder **volumenkontrolliert** *(volume controlled CMV*, kurz *VC-CMV)*, **druckkontrolliert** *(pressure controlled CMV*, kurz *PC-CMV*).

Kontrollierte Beatmung *ohne PEEP* (ZEEP, d. h. zero endexpiratory pressure; zero = Null, wird fast nicht mehr durchgeführt) wird als **IPPV** *(intermittend positive pressure ventilation)* bezeichnet, kontrollierte Beatmung *mit PEEP* als **CPPV** *(continuous positive pressure ventilation)*.

Inversed-ratio ventilation (kurz **IRV;** inverse = umgekehrt) ist keine eigenständige Beatmungsform, sondern besagt, dass eine (meist kontrollierte) Beatmung mit umgekehrtem Atemzeitverhältnis (I:E-Verhältnis, normal 1:1,5 – 1:2) erfolgt, d. h. die Inspirationszeit ist genauso lang wie die Exspirationszeit oder länger (das I:E-Verhältnis ist ≥ 1).

Bei kontrollierter Beatmung hat der Patient keinen Einfluss auf die Beatmung, d. h. Einatembemühungen des Patienten verändern die Beatmung nicht. Im Gegensatz dazu wird bei assistiert-kontrollierter Beatmung (➤ 5.3.2) ein Atemhub (entsprechend der eingestellten Beatmungsparameter) verabreicht, sobald der Patient durch seine Atembemühungen den Trigger auslöst (➤ 5.2.5).

Vorteile, Nachteile und Indikationen kontrollierter Beatmung

Die kontrollierte Beatmung hat zwei **Vorteile,** aus denen sich gleichzeitig die Indikationen für eine kontrollierte Beatmung ergeben:

- Der Sauerstoffverbrauch des Patienten wird auf ein Minimum reduziert (dies ist z. B. wichtig bei schwersten Gasaustauschstörungen, etwa im Rahmen eines ARDS)
- Überanstrengte Atemmuskulatur (etwa nach lang dauernden Entwöhnungsversuchen) kann sich unter kontrollierter Beatmung erholen.

Beide Vorteile können jedoch nur wirksam werden, wenn der Patient nicht unter der kontrollierten Beatmung Atembemühungen unternimmt, da diese das Gegenteil bewirken würden (der Sauerstoffverbrauch steigt, eine Erholung der Atemmuskulatur kann nicht erfolgen) und zudem beim Patienten das Gefühl der Luftnot entstünde (er versucht einzuatmen, bekommt aber keine Luft). Deshalb müssen Patienten häufig tief sediert und selten auch relaxiert werden, um eine kontrollierte Beatmung ertragen zu können (Ausnahme: Patienten, die wegen ihrer Grunderkrankung, etwa einer Intoxikation oder eines schweren Schädel-Hirn-Traumas, nicht selbstständig atmen können).

Analgesie und Sedierung beim beatmeten Patienten ➤ *5.9*

Der **Nachteil** der kontrollierten Beatmung besteht vor allem darin, dass die Atemmuskulatur geschwächt wird, und zwar umso mehr, je länger die kontrollierte Beatmung andauert (Atemmuskelatrophie). Daneben ist oft eine (tiefe) Sedierung, ggf. auch eine Relaxierung des Patienten mit allen damit verbundenen Nachteilen erforderlich. Da bei der kontrollierten Beatmung jegliche Zwerchfellaktivität des

Patienten fehlt, kann es vermehrt zu Atelektasen in den dorso-basalen Lungenabschnitten kommen. Dies wiederum hat meist eine Verlängerung der gesamten Beatmungsdauer und der anschließenden Weaning-Phase zur Folge (Ozcenski 2006: 171). Deshalb wird eine kontrollierte Beatmung nur solange wie unbedingt nötig eingesetzt.

Die spezifischen Nachteile und Gefahren einer volumen- bzw. druckkontrollierten Beatmung sind jeweils bei diesen Beatmungsformen beschrieben.

Beatmung mit IRV

Bei **Beatmung mit IRV** wird das Atemzeitverhältnis (I:E-Verhältnis) umgekehrt. Daraus folgt eine

- Verlängerung der Inspirationszeit auf Kosten der Exspirationszeit (Verkürzung der Exspirationszeit, im Extremfall I:E = 4:1)
- Erhöhung des mittleren Beatmungsdrucks (Beatmungsmitteldruck, mittlerer Atemwegsdruck, kurz MAP).

IRV wird eingesetzt bei schweren Störungen des pulmonalen Gasaustausches, insbesondere bei restriktiven Ventilationsstörungen (Erkrankungen mit Einschränkung der Compliance, ➤ 1.2.1). Der positive Effekt auf die Oxygenierung wird bewirkt durch eine:

- Gleichmäßigere Verteilung des Gases in der Lunge
- Längere Kontaktzeit des Gases in der Lunge
- Bessere Belüftung von Lungenarealen mit erhöhter Resistance (mehr Zeit zum Öffnen atelektatischer Lungenbezirke).

Nachteilig ist die Erhöhung des mittleren Beatmungsdrucks und damit des intrathorakalen Drucks, der dazu führt, dass der venöse Rückstrom zum rechten Herzen abnimmt und in der Folge auch das Herzzeitvolumen und damit die Durchblutung der Organe verringert werden (Details siehe Nebenwirkungen der Beatmung ➤ 5.7). Zudem kann sich durch die kurze Exspirationszeit ein intrinsic PEEP aufbauen (➤ unten).

Intrinsic PEEP und Airtrapping

Unter Beatmung mit IRV kann die verbleibende Zeit zur Exspiration zu kurz sein, um das komplette zuvor eingeatmete Atemzugvolumen wieder aus der Lunge strömen zu lassen, d. h. ein Teil des Atemzugvolumens verbleibt in der Lunge. Dieses Phänomen wird „airtrapping" (trap = Falle) genannt. Es führt zu einer Erhöhung der FRC (➤ 1.2.1) und steigert den endexspiratorischen Druck, daher auch die Bezeichnung „Auto-PEEP" oder „Intrinsic-PEEP" (PEEP ➤ 5.2.4).

Im Gegensatz zum externen (am Respirator eingestellten) PEEP, der auf die gesamte Lunge einwirkt, kommt der Intrinsic-PEEP vor allem in den sog. „langsamen Lungenkompartimenten" (Lungenabschnitte, die sich nur sehr langsam mit Luft füllen und entleeren) zur Wirkung (deshalb wird er von manchen Autoren auch „Individual-PEEP" oder „selektiver PEEP" genannt). Dies kann bei der Beatmung von Patienten mit ARDS genutzt werden, um die Alveolen offen zu halten (➤ 5.8.1) (Ullrich, L. 2005: 133) Abhängig davon, ob der Patient volumen- oder druckkontrolliert beatmet ist, birgt der Intrinsic-PEEP unterschiedliche **Gefahren:** Bei volumenkontrollierter Beatmung kann sich der Intrinsic-PEEP unkontrolliert aufschaukeln mit der Gefahr eines pulmonalen Barotraumas (➤ 5.7.1), bei druckkontrollierter Beatmung bewirkt der Intrinsic-PEEP eine Verminderung der Atemzugvolumina (Details ➤ druckkontrollierte Beatmung).

Bei Patienten mit obstruktiven Ventilationsstörungen (z. B. COPD oder Status asthmaticus ➤ 2.3.2) besteht bei Beatmung mit IRV die Gefahr, dass die durch die Erkrankung ohnehin erhöhte FRC durch Ausbildung eines Intrinsic-PEEP zusätzlich erhöht wird. Diese Patienten sollten mit einem I:E-Verhältnis von 1:2 bis 1:1,5 beatmet werden, eine IRV-Beatmung ist kontraindiziert.

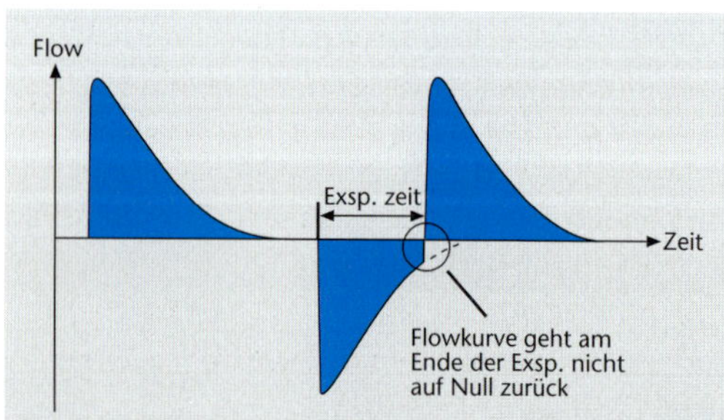

Abb. 5.5 Geht die Flowkurve am Ende der Exspiration nicht auf Null zurück, ist dies ein Hinweis darauf, dass die Exspirationszeit zu kurz ist und ein Teil des Atemzugvolumens in der Lunge bleibt. Dadurch entsteht das „Airtrapping" und ein Intrinsic PEEP.

Volumenkontrollierte Beatmung

Definition

Volumenkontrollierte Beatmung (volume-controlled CMV, kurz VC-CMV): Kontrollierte Beatmung, bei der das Tidalvolumen (Atemzugvolumen) sowie der zeitliche Ablauf des Atemzyklus am Respirator eingestellt und entsprechend der Einstellung verabreicht werden, sofern nicht zuvor am Respirator eingestellte Grenzwerte (z. B. für den Beatmungsdruck) überschritten werden. Meist wird das Volumen mit einem konstanten Flow (auch Rechteckflow) in der vorgegeben Zeit verabreicht. Manche Respiratoren ermöglichen auch andere Flowformen (➤ 5.2.2).

Der Beatmungsdruck (Spitzen- und Plateaudruck) bei volumenkontrollierter Beatmung ergibt sich aus den vorgenommenen Einstellungen und dem Zustand von Atemwegen und Lunge des Patienten (Compliance und Resistance).

Das Tidalvolumen stellt der Anwender entweder direkt am Respirator ein oder er stellt das Atemminutenvolumen und die Atemfrequenz ein und der Respirator errechnet daraus das Tidalvolumen (➤ 1.2.1).

Ablauf eines Atemzyklus bei volumenkontrollierter Beatmung

- Das eingestellte Tidalvolumen wird während der inspiratorischen Flowphase entsprechend dem eingestellten Flowmuster verabreicht
- Der Beatmungsdruck steigt während der inspiratorischen Flowphase kontinuierlich an, bis am Ende der inspiratorischen Flowphase der Beatmungsspitzendruck erreicht ist
- Ist eine inspiratorische Pause eingestellt, sind – nachdem das Tidalvolumen verabreicht wurde – in der eingestellten Zeit sowohl das Inspirations- als auch das Exspirationsventil des Respirators geschlossen (Flow = 0). In dieser Phase verteilt sich das Atemgas gleichmäßig in der Lunge, dadurch fällt der Spitzendruck auf den Plateaudruck ab
- Je niedriger der Flow gewählt ist, desto länger ist die inspiratorische Flowphase und desto kürzer ist die inspiratorische Pause
- Während der Exspiration strömt das Atemgas aus der Lunge des Patienten. Auch für diesen Vorgang steht eine bestimmte Zeit zur Verfügung, die sich aus den Einstellungen ergibt (➤ 5.2.1). Bei Beatmung mit PEEP wird das Exspirationsventil spätestens dann geschlossen, wenn der eingestellte PEEP erreicht ist, bei Beatmung ohne PEEP fällt der Druck auf den Atmosphärendruck ab. Ist das Ende der eingestellten bzw. errechneten Exspirationszeit erreicht, beginnt die nächste Inspiration.

Beatmungsparameter, die am Respirator eingestellt werden müssen

- **Tidalvolumen bzw. Minutenvolumen** (abhängig vom verwendeten Respirator). Das Tidalvolumen beträgt i. d. R. 5 – 10 ml/kgKG, das AMV beträgt i. d. R. 80 – 100 ml/kgKG. Zielgröße für diese Volumina ist der pCO_2. Werden trotz hoher Frequenz Volumina benötigt, die zu einem hohen Beatmungsdruck führen, sollte auf eine druckkontrollierte Beatmung umgestiegen oder eine permissive Hyperkapnie in Betracht gezogen werden
- **Frequenz.** Zielgröße ist auch hier der pCO_2, meist beträgt sie 8 – 18/Min. Wird die Frequenz (bei gleichem AMV) erhöht, muss beachtet werden, dass der Anteil der Totraumventilation am AMV zunimmt (➤ 1.2.1)
- **Atemzeitverhältnis.** Meist wird am Respirator die *Inspirationszeit* (Inspirationsdauer) in Sekunden oder % des Atemzyklus eingestellt, und die *Exspirationszeit* errechnet sich aus der Zeitdauer des Ventilationszyklus abzuglich der Inspirationszeit (➤ 5.2.1). An manchen Respiratoren werden der Flow und das Tidal- bzw. Atemminutenvolumen eingestellt, daraus errechnen sich Inspirations- und Exspirationsdauer
  - Die *Inspirationsdauer* besteht aus *inspiratorischer Flowphase* und der *inspiratorischen Pause* (inspiratorische No-Flow-Phase). Beide werden entweder in Sekunden oder in % des Atemzyklus eingestellt. Physiologisch ist Atemzeitverhältnis (I:E-Verhältnis) von 1:1,5–1:2, ab einem Verhältnis von 1:1 spricht man von IRV (➤ 5.3.1). Während der Flowphase wird die Lunge mit Gas gefüllt, in der Pause verteilt sich das Gas in der Lunge, dies ist insbesondere bei regionalen Belüftungsstörungen sinnvoll

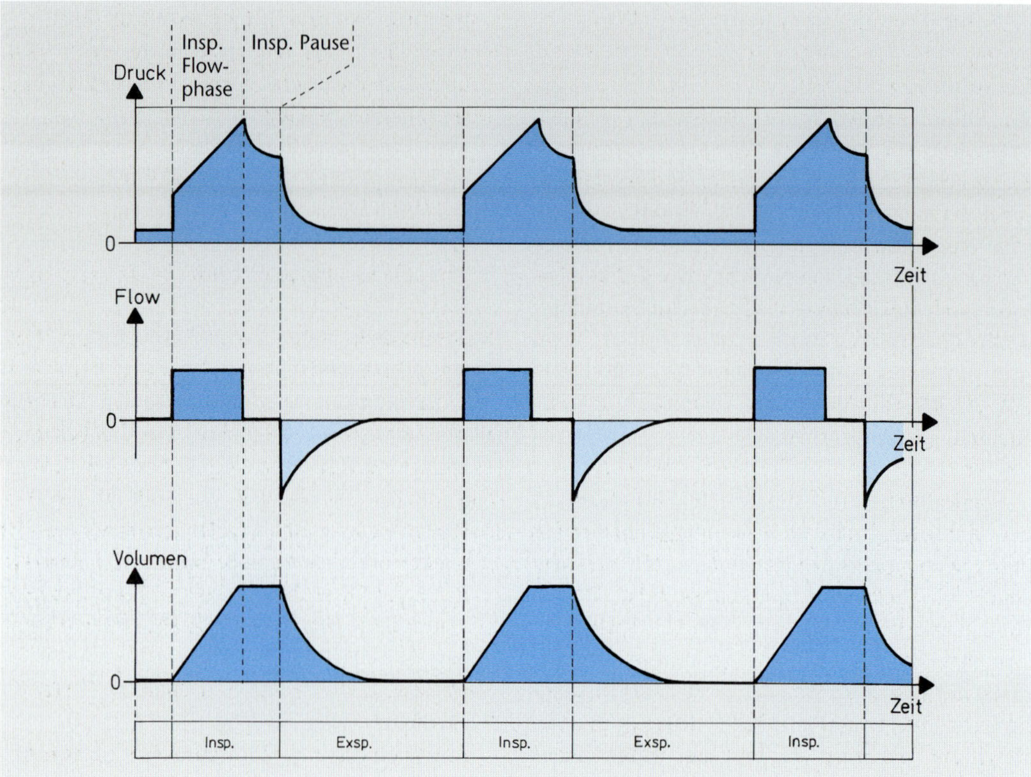

Abb. 5.6 Druck-, Flow- und Volumendiagramm bei volumenkontrollierter Beatmung mit PEEP und konstantem Flow.

- Die *Exspirationsdauer* muss so lang sein, dass das Gas vollständig aus der Lunge strömen kann
- Flowmuster (➤ 5.2.2)
- Sauerstoffkonzentration.

Beatmungsparameter, die zusätzlich eingestellt werden können

- PEEP (➤ 5.2.4)
- Trigger. Sobald ein Trigger zugeschaltet ist, handelt es sich um eine synchronisierte (assistiert/kontrollierte) Beatmung (➤ 5.3.2)
- Inspirationsanstiegszeit (➤ 5.2.2).

Beatmungsgrenzwerte und Alarme

- Obere Druckgrenze. Einstellung ca. 10 mbar über dem gemessenen Spitzendruck, um frühzeitig Verschlechterungen der Lungenverhältnisse zu bemerken. Grundsätzlich möglichst < 35 mbar einstellen (➤ 5.7.1)
- Alarme für das Minutenvolumen. Einstellung der Grenzwerte ca. 20% über und unter dem eingestellten Wert für das AMV
- Alarme für die Sauerstoffkonzentration. Wird häufig geräteseitig automatisch vorgenommen, ansonsten sollten die Grenzen 5 Vol.% über und unter dem eingestellten Wert liegen
- Diskonnektionsalarm.

Vorteile und Nachteile volumenkontrollierter Beatmung

Die volumenkontrollierte Beatmung ist eine weit verbreitete, bekannte und (v. a. in der Anästhesie) vielfach benutzte Beatmungsform. Von **Vorteil** ist die Volumenkonstanz, d. h. das eingestellte Volumen wird verabreicht, auch wenn sich die Lungenverhältnisse verändern (z. B. wegen Umlagerung des Patienten). Die Volumenkonstanz ist gewährleistet, solange die obere Beatmungsdruckgrenze nicht erreicht wird.

Nachteilig ist, dass bei volumenkontrollierter Beatmung hohe Spitzendrücke entstehen können mit der Gefahr eines pulmonalen Baro- oder Volutraumas (➤ 5.7.1). Eine genaue Überwachung des Spitzendrucks sowie eine angemessene Einstellung der oberen Druckgrenze ist bei dieser Beatmungsform daher sehr wichtig. Zudem besteht bei geschädigter Lunge die Gefahr, dass Lungenareale mit normaler Resistance und Compliance überdehnt werden, während Areale mit erhöhter Resistance minderbelüftet werden.

Sonderform der volumenkontrollierten Beatmung: Pressure limited ventilation

Bei der *druckbegrenzten Beatmung* (**pressure limited ventilation,** kurz PLV) stellt der Anwender neben der oberen Druckgrenze eine Drucklimitierung (p_{max}) ein. Wird im Verlauf der Inspiration diese Drucklimitierung erreicht, reduziert der Respirator den Inspirationsflow, um einen weiteren Anstieg des Beatmungsdruckes zu vermeiden. Durch die Reduktion des Inspirationsflows verlängert sich die inspiratorische Flowphase (➤ 5.2.1) zu Lasten der inspiratorischen Pausendauer (inspiratorische Pause ➤ 5.2.1).

Kann das eingestellte Tidalvolumen auch mit dem verminderten Inspirationsflow nicht in der vorgegebenen Inspirationszeit (gesamte Inspirationszeit einschließlich inspiratorischer Pause) verabreicht werden, wird die Beatmung volumeninkonstant und der Respirator gibt Alarm.

Druckkontrollierte Beatmung

Definition

Druckkontrollierte Beatmung (pressure-controlled CMV, kurz PC-CMV):

Kontrollierte Beatmung, bei der ein am Beatmungsgerät eingestellter Druck aufgebaut und während der gesamten Inspirationsdauer in der Lunge aufrechterhalten wird. Der Flow ist anfänglich hoch und sinkt im Verlauf der Inspiration ab (dezelerierender Flow). Das Tidalvolumen resultiert insbesondere aus dem eingestellten Druckniveau sowie der Compliance und Resistance von Atemwegen und Lunge, ist aber auch von der Inspirationsdauer und der eingestellten Frequenz abhängig.

Ablauf eines Atemzyklus bei druckkontrollierter Beatmung

- Zu Beginn der Inspiration wird das eingestellte Druckniveau rasch aufgebaut, d. h. die Lunge füllt sich mit Atemgas, das anfangs mit sehr hohem Flow anflutet. Mit zunehmender Füllung der

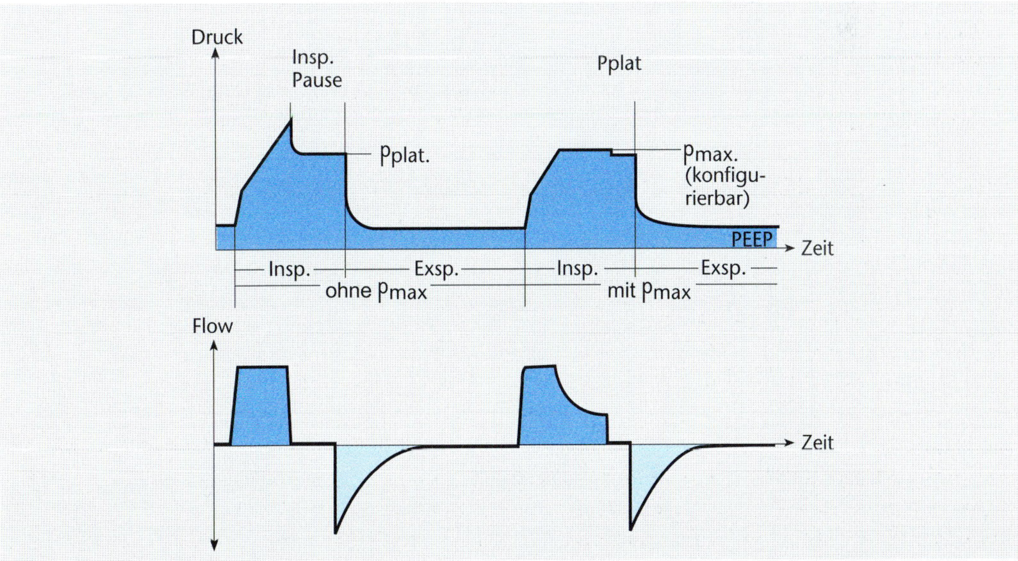

Abb. 5.7 Druck-Flowdiagramm bei PLV. Sobald p_{max} erreicht ist, reduziert der Respirator den Inspirationsflow, um einen weiteren Anstieg des Beatmungsdruckes zu verhindern. Solange die Beatmungsdruckkurve am Ende der Inspiration noch ein kurzes Plateau zeigt, ist die Beatmung volumenkonstant. (Modifiziert nach Fa. Dräger)

Lunge sinkt der Flow und letztlich strömt nur noch so viel Atemgas nach wie nötig ist, um den Druck bis zum Ende der eingestellten Inspirationszeit aufrecht zu erhalten. Daraus resultiert ein dezelerierender Flow

- Während der Exspiration strömt das Atemgas aus der Lunge des Patienten. Bei Beatmung mit PEEP schließt das Exspirationsventil sobald der eingestellte PEEP erreicht ist, bei Beatmung ohne PEEP (im druckkontrollierten Modus sehr selten) fällt der Druck auf den Atmosphärendruck ab. Ist das Ende der eingestellten bzw. errechneten Exspirationszeit erreicht, beginnt die nächste Inspiration.

Beatmungsparameter, die am Respirator eingestellt werden müssen

- **Druckdifferenz** (Differenz zwischen endexspiratorischem Druck [i. d. R. PEEP] und inspiratorischem Druckniveau). Die Druckdifferenz wird z. B. als Druckniveau über PEEP oder als P_{insp} eingestellt (dann PEEP von P_{insp} abziehen, um Druckdifferenz zu erhalten). Je höher die Druckdifferenz ist, umso höher ist das verabreichte Tidalvolumen. Angestrebt wird der niedrigste notwendige Druck, um den Patienten zu beatmen. Wichtige Kriterien sind z. B. der p_aO_2 sowie der p_aCO_2. Grundsätzlich sollte der Beatmungsdruck nicht über 30 – 35 mbar (incl. PEEP) liegen. Sollten höhere Drücke erforderlich werden, ist eine permissive Hyperkapnie in Erwägung zu ziehen. Meist liegt die Druckdifferenz bei 12 – 16 mbar über PEEP (Ozcenski 2006: 181). War der Patient zuvor volumenkontrolliert beatmet, eignet sich der Plateaudruck als Richtwert für die Einstellung der Druckdifferenz (Ullrich, L., 2005:133)
- **Atemfrequenz.** Zielgröße ist auch hier der pCO_2, meist beträgt die Atemfrequenz 8 – 18 Atemhübe pro Minute
- **Atemzeitverhältnis.** Die *Inspirationsdauer* besteht bei PC-CMV nur aus der inspiratorischen Flowphase. Das Einstellen einer inspiratorischen Pause ist nicht sinnvoll und daher an vielen Respiratoren auch nicht möglich, sobald im druckkontrollierten Modus beatmet wird. Die Inspirationsdauer wird entweder in Sekunden oder in %

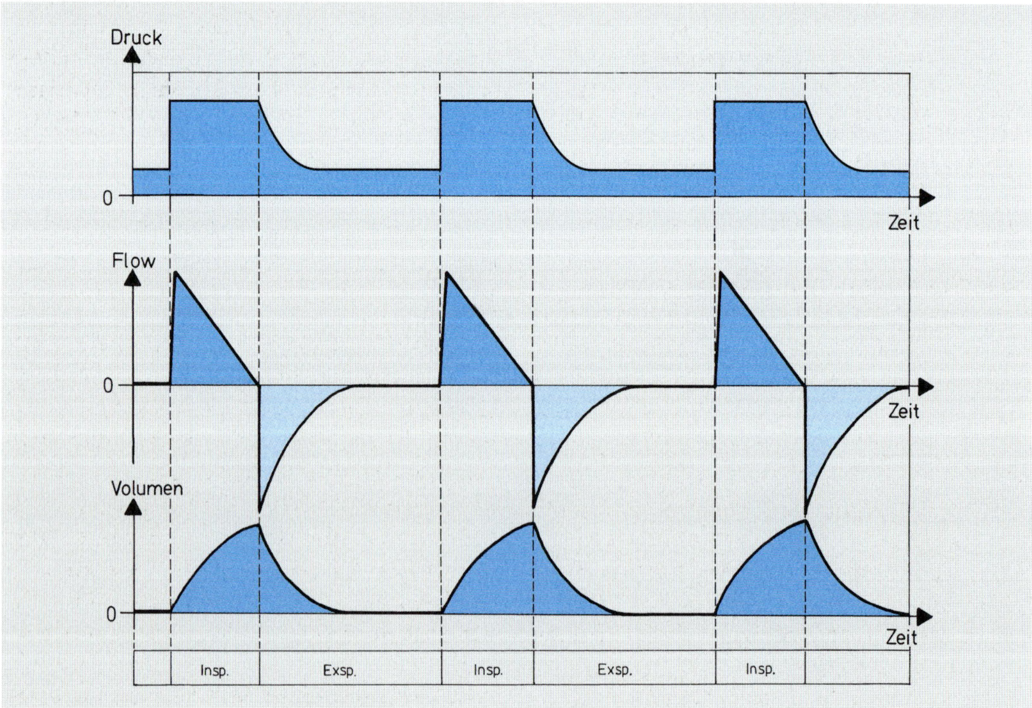

Abb. 5.8 Druck-, Flow- und Volumendiagramm bei druckkontrollierter Beatmung mit PEEP.

des Atemzyklus eingestellt. Die *Exspirationsdauer* muss so lang sein, dass das Gas vollständig aus der Lunge strömen kann
- Sauerstoffkonzentration.

Parameter, die zusätzlich eingestellt werden können
- PEEP (➤ 5.2.4)
- Trigger. Sobald ein Trigger zugeschaltet ist handelt es sich um eine synchronisierte (assistiert/kontrollierte) Beatmung
- Flowanstiegszeit (➤ 5.2.2).

Beatmungsgrenzwerte und Alarme
- Alarme für Minutenvolumen. Einstellung ca. 20% über und unter dem gewünschten Wert für das Atemminutenvolumen. Wichtige Überwachungsfunktion bei druckkontrollierter Beatmung (➤ unten). Bei manchen Respiratoren können auch Grenzwerte für das Atemhubvolumen (V_T) eingestellt werden
- Obere Druckgrenze. Einstellung ca. 10 mbar über dem eingestellten Druckniveau (möglichst < 35 mbar) um hohe Spitzendrücke (z. B. beim Husten des Patienten) zu vermeiden
- Alarme für die Sauerstoffkonzentration. Häufig geräteseitig automatisch eingestellt, ansonsten 5 Vol.% über und unter dem eingestellten Wert
- Diskonnektionsalarm.

Vorteile und Nachteile der druckkontrollierten Beatmung
Wesentlicher **Vorteil** der druckkontrollierten Beatmung ist der festgelegte Beatmungsspitzendruck. Dadurch ist die Gefahr eines pulmonalen Volu- oder Barotraumas geringer. Insbesondere in Kombination mit einem PEEP scheint die druckkontrollierte Beatmung für die Eröffnung und das Offenhalten atelektatischer Lungenbereiche sehr günstig zu sein (alveolar recruitment mit nachfolgender verbesserter Oxygenierung ➤ 5.8.1). Die druckkontrollierte Beatmung ist daher die Beatmungsform der Wahl bei Lungenerkrankungen, insbesondere bei Erkrankungen des Lungenparenchyms, z. B. ARDS, Lungenkontusion oder Pneumonie.

Zudem können durch druckkontrollierte Beatmung Undichtigkeiten teilweise kompensiert werden, z. B. am Tubus bei Beatmung mit Tubus ohne Cuff (vor allem bei Kindern) oder Luftlecks bei Pneumothorax (➤ 2.3.4).

> Bei druckkontrollierter Beatmung ist das Tidalvolumen immer vom eingestellten Beatmungsdruck und der Inspirationsdauer sowie von Compliance und Resistance der Lunge abhängig. Ändern sich die Lungenverhältnisse des Patienten (z. B. auch durch Umlagerung oder Bronchialsekret), so ändern sich auch die Tidalvolumina, d. h. bei akuter Veränderung kann das Tidalvolumen rasch abfallen. Deshalb ist es bei druckkontrollierter Beatmung sehr wichtig, das Atemminutenvolumen genau zu überwachen und die Grenzwerte (insbesondere die untere AMV-Grenze) entsprechend einzustellen, um Veränderungen (Hyper- oder Hypoventilation) rasch zu bemerken.

An Respiratoren der neueren Generation ist die druckkontrollierte Beatmung zunehmend in einer Art $BIPAP_{assist}$ realisiert, d. h. der Beatmung liegt vom Prinzip her eine BIPAP-Beatmung (➤ 5.3.6) zugrunde, bei der der Patient auf dem oberen Druckniveau spontan dazuatmen kann. Im Gegensatz zum „echten“ BIPAP erfolgt jedoch der Wechsel vom oberen auf das untere Druckniveau unabhängig von den Atembemühungen des Patienten. Einatembemühungen des Patienten auf dem unteren Druckniveau lösen eine maschinelle Inspiration, also einen Wechsel vom unteren auf das obere Druckniveau aus.

Sonderformen der druckkontrollierten Beatmung: PRVC, IPPV Autoflow® und APV

Die Beatmungsformen **IPPV-Autoflow®**, **PRVC** (**p**ressure-**r**egulated **v**olume-**c**ontrolled, d. h. druckregulierte-volumenkontrollierte Beatmung, kurz DRVK) und **APV** *(adaptive pressure ventilation)* sind druckkontrollierte Beatmungsformen, die sich dadurch auszeichnen, dass der Beatmungsdruck innerhalb eingestellter Grenzen vom Respirator automatisch den aktuellen Lungenverhältnissen angepasst wird. Sie verbinden die Vorteile der druckkontrollierten mit denen der volumenkontrollierten Beatmung.

Heute bieten fast alle Hersteller von Beatmungsgeräten eine solche Beatmungsform mit jeweils eigenem Namen an. Die Beatmungsformen unterschei-

5

den sich u. a. in der Art und Weise, mit der das „Start-Druckniveau“ ermittelt wird.

PRVC

Bei **PRVC** (realisiert an Respiratoren der Firma Maquet) wird zu Beginn der Beatmung ein **Zieltidalvolumen** vorgegeben. Der Respirator beginnt die Beatmung mit einem *Testatemzug:* Beim Servo 300 ist der Testatemzug ein druckkontrollierter Atemhub mit 10 mbar Inspirationsdruck. Mit diesem Testatemzug errechnet der Respirator den Inspirationsdruck, den er voraussichtlich benötigt, um das Zieltidalvolumen zu applizieren. Der nächste Atemhub ist dann ein druckkontrollierter Atemhub mit dem errechneten Inspirationsdruck, der notwendig ist, um 75% des Atemzuges zu verabreichen. So wird stufenweise das notwendige Druckniveau erreicht. Beim Servo i® wird ein volumenkontrollierter Atemhub als Testatemzug verabreicht und der dabei ermittelte Plateaudruck als Startinspirationsdruck für den folgenden Atemhub verwendet (bei diesem Gerät kann der Patient nach Ablauf der inspiratorischen Flowphase auf dem oberen Druckniveau spontan dazuatmen).

- Kann das Zieltidalvolumen mit diesem Inspirationsdruck nicht verabreicht werden, wird der Inspirationsdruck des nächsten Atemhubes um max. 3 mbar erhöht. Ist es auch mit diesem höheren Inspirationsdruck nicht möglich, das Zieltidalvolumen zu verabreichen, wird der Inspirationsdruck des folgenden Atemhubes nochmals um max. 3 mbar erhöht. Dies wiederholt sich solange, bis der Inspirationsdruck ausreicht, um das Zieltidalvolumen zu verabreichen. Dabei wird jedoch aus Sicherheitsgründen der *Inspirationsdruck* bis auf *max. 5 mbar unterhalb der oberen Beatmungsdruckgrenze* erhöht. Sobald diese Grenze erreicht ist, verabreicht der Respirator kleinere Atemhübe (d. h. er wird volumeninkonstant) und gibt Alarm
- Wird das Zieltidalvolumen überschritten (z. B. weil sich die pulmonale Situation des Patienten bessert), vermindert der Respirator den Beatmungsdruck schrittweise solange, bis wieder das eingestellte Zieltidalvolumen erreicht ist.

> Bei PRVC, IPPV Autoflow® und APV immer darauf achten, dass die obere Druckgrenze der Situation des Patienten angemessen eingestellt ist, da der Beatmungsdruck bei Bedarf bis auf Werte von 5 mbar unterhalb dieses Drucks nachgeregelt wird.

Die am Respirator einzustellenden Beatmungsparameter entsprechen denen der volumenkontrollierten Beatmung. Das eingestellte Atemhub- bzw. Atemminutenvolumen entspricht dem Zieltidalvolumen bzw. Zielminutenvolumen.

IPPV Autoflow®

Auch bei **IPPV Autoflow**® (realisiert an Respiratoren der Firma Dräger) wird ein Zieltidalvolumen eingestellt und zunächst ein Testatemzug verabreicht. Dabei handelt es sich um einen volumenkontrollierten Atemhub. Der beim Testatemzug ermittelte Plateaudruck (p_{plat}) wird als Startwert gewählt, d. h. der Inspirationsdruck des folgenden Atemhubes entspricht dem zuvor ermittelten Plateaudruck. Im weiteren Beatmungsverlauf wird der Inspirationsdruck dann in Schritten von ±3 mbar gesteigert oder verringert, um das Zieltidalvolumen zu verabreichen.

Im Vergleich zu PRVC weist IPPV Autoflow® zwei Besonderheiten auf:

- Ist das Zieltidalvolumen vor Ablauf der Inspirationszeit verabreicht (d. h. der Flow ist innerhalb der Inspirationszeit auf 0 abgesunken), kann der Patient in der verbleibenden Inspirationszeit spontan atmen. Der Inspirationsdruck (Plateaudruck) bleibt dabei erhalten
- Eine Begrenzung des Tidalvolumens kann durch die Alarmgrenze V_{ti} erreicht werden, bei Überschreiten wird vor Ende der Inspiration auf das PEEP Niveau umgeschaltet.

Wie bei PRVC wird auch bei IPPV Autoflow® der Inspirationsdruck auf max. 5 mbar unterhalb der oberen Druckgrenze (p_{aw}) angehoben. Bei Überschreiten dieser Grenze gibt der Respirator Alarm.

APV

Bei **APV** (realisiert an Respiratoren der Firma Hamilton medical) wird ein Zielminutenvolumen eingestellt bzw. ergibt sich aus der eingestellten Beatmungsfrequenz und dem eingestellten Tidalvolu-

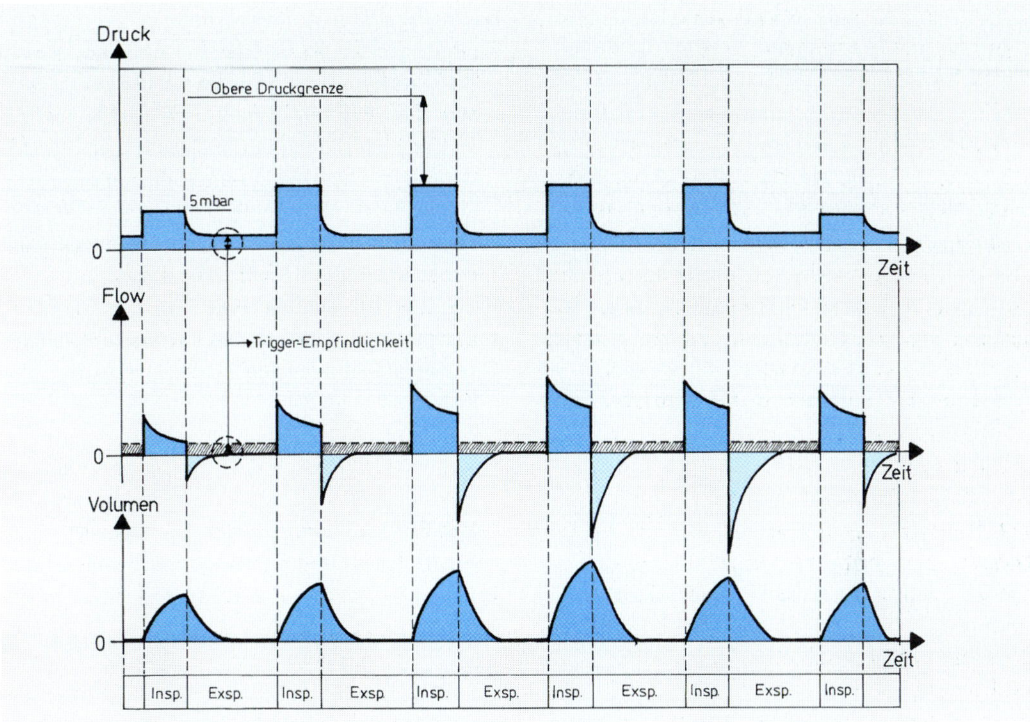

Abb. 5.9 Druck-, Flow- und Volumendiagramm bei PRVC mit PEEP und Flowtrigger. Bei dieser Beatmungsform reguliert der Respirator den Inspirationsdruck innerhalb gewisser Grenzen ständig, so dass er nur so hoch ist, dass das eingestellte Zieltidalvolumen verabreicht werden kann (➤ Text).

men. Dann werden zunächst 2 – 5 Testatemzüge verabreicht. Im weiteren Verlauf variiert der Respirator den Inspirationsdruck um jeweils ± 2 mbar, um das Zieltidalvolumen zu erreichen. Der Inspirationsdruck wird dabei auf maximal 10 mbar unterhalb der oberen Druckgrenze angehoben. Die weiteren Einstellungen am Respirator entsprechen der bei volumenkontrollierter Beatmung (➤ 5.3.1). APV kann einer druckkontrollierten oder SIMV-druckkontrollierten (PCV-SIMV) Beatmung zugeschaltet werden.

5.3.2 Assistierte kontrollierte Beatmung

Definition

Assistierte kontrollierte Beatmung (auch **a***ssisted* **m***andatory* **v***entilation*, kurz *AMV*, **s***ynchronized controlled* **m***andatory/***m***echanical* **v***entilation*, kurz *S-CMV* oder **s***ynchonized* **i***ntermittend/continuous* **p***ositiv* **p***ressure* **v***entilation*, kurz *S-IPPV* bzw. *S-CPPV*): Kontrollierte Beatmung (➤ 5.3.1) mit der Möglichkeit der Triggerung (➤ 5.2.5).

Bei der assistiert kontrollierten Beatmung wird der Patient kontrolliert beatmet **und** hat zusätzlich die Möglichkeit zu **triggern**, d. h. zusätzliche Atemzüge auszulösen:

- Triggert der Patient den Respirator (d. h. die Triggerschwelle wird erreicht), verabreicht der Respirator nach einer gewissen Zeit (Triggerlatenz ➤ 5.2.5) einen maschinellen Atemhub entsprechend der eingestellten Beatmungsparameter, also z. B. einen volumenkontrollierten Atemzug von definierter Größe und festgelegtem Atemzeitverhältnis. Da die maschinellen Atemhübe entsprechend den Einatembemühungen des Patienten verabreicht werden, also seinem Atemrhythmus angepasst sind, wird diese Beatmungsform als *synchron* bezeichnet. Triggert der Patient den Respirator, so verkürzt sich automatisch die Exspirationsphase des vorangegangenen

Atemzugs mehr oder weniger stark. Dadurch ist die tatsächliche Atemfrequenz höher als die eingestellte Atemfrequenz (da der Patient ja zusätzliche Atemzüge auslöst) und das I:E- Verhältnis verändert sich, da die Exspiratonszeit verkürzt ist. Diese Differenz zwischen tatsächlicher und eingestellter Atemfrequenz ist ein wichtiges Merkmal um zu erkennen, ob der Patient überhaupt triggert. Zusätzlich wird ein getriggerter Atemzug an den meisten Respiratoren angezeigt, z. B. in dem ein entsprechendes Lämpchen oder Symbol aufleuchtet. An neueren Respiratoren lässt sich die Anzahl getriggerter Atemzüge im Speicher oder Trend anzeigen
- Triggert der Patient nicht, so erhält er die eingestellte kontrollierte Beatmung.

Kontrollierte Beatmung und assistierte kontrollierte Beatmung unterscheiden sich lediglich in der Möglichkeit zu triggern. Es ist sehr wichtig, dass der Trigger dem einzelnen Patienten entsprechend sinnvoll eingestellt ist. Weder soll der Patient große Anstrengungen aufbringen müssen, um das Gerät zu triggern, noch soll es zur Selbsttriggerung des Respirators kommen (Trigger ➤ 5.2.5).

Vorteile und Nachteile der assistierten kontrollierten Beatmung

Gegenüber der reinen kontrollierten Beatmung zeichnet sich die assistierte kontrollierte Beatmung durch folgende **Vorteile** aus:
- Da der Patient synchron zu seinen Einatembemühungen Atemzüge erhält, hat er nicht das Gefühl, dem Respirator hilflos ausgeliefert zu sein (kein „Kampf gegen das Beatmungsgerät"). Daher ist i. d. R. eine weniger tiefe Sedierung ausreichend
- Bei Verwendung eines Drucktriggers sinkt der Beatmungsdruck in der Triggerphase um die eingestellte Triggerschwelle ab. Dies verbessert den venösen Rückstrom zum Herzen (➤ 5.7.2)
- Einatembemühungen des Patienten müssen nicht unterdrückt werden, sondern bleiben erhalten. Dadurch bleibt die Atemmuskulatur – wenn auch in geringem Umfang – aktiv
- Bei Triggerbemühungen des Patienten werden durch die Zwerchfellbewegungen die dorso-basalen Abschnitte der Lunge besser belüftet.

Nachteilig sind folgende Faktoren:
- Atmet der Patient mit einer hohen Frequenz (z. B. bei Unruhe, Schmerzen oder Durchgangssyndrom), kann es zu einer *Hyperventilation* kommen, da die eingestellte Atemfrequenz und das eingestellte Atemminutenvolumen (beides auf die Bedürfnisse des Patienten eingestellt) weit überschritten werden. Diese kann eine *respiratorische Alkalose* (➤ 1.3.2) verursachen
- Bei hoher Atemfrequenz reicht die Zeit zur Exspiration evtl. nicht aus, um das Gas komplett abzuatmen. Dadurch kann es zum *Airtrapping* kommen (➤ 5.3.1)
- Der Patient hat wenig Einfluss auf das verabreichte Tidalvolumen, d. h. die Luftmenge des verabreichten Atemzugs entspricht evtl. nicht dem Bedürfnis des Patienten (maschineller Atemzug kann zu groß oder zu klein sein).

Einstellen der assistierten kontrollierten Beatmung

Grundsätzlich muss entschieden werden, welche Form der kontrollierten Beatmung (volumenkontrolliert, druckkontrolliert oder modifizierte Formen der druckkontrollierten Beatmung) der assistiert-kontrollierten Beatmung zu Grunde gelegt werden soll. Diese Beatmungsform und die entsprechenden Beatmungsparameter werden am Respirator eingestellt (kontrollierte Beatmung ➤ 5.3.1). Zusätzlich wird der Trigger aktiviert (➤ 5.2.5).

Auch die Beatmungsgrenzwerte und Alarme werden entsprechend der gewählten Beatmungsform eingestellt. Wichtig ist vor allem die Einstellung des oberen Grenzwertes für das Atemminutenvolumen, um eine Hyperventilation rechtzeitig zu erkennen.

Triggert der Patient häufig, ist zu überlegen, ob eine weniger invasive Beatmungsform gewählt werden kann.

5.3.3 SIMV

Definition

SIMV (*synchronized intermittend mandatory ventilation, synchronisierte intermittierende maschinelle Beatmung*): Beatmung, bei der eine gewisse

Anzahl maschineller Atemhübe eingestellt und synchronisiert verabreicht wird. Zwischen den maschinellen Atemzügen kann der Patient spontan atmen (optional mit Druckunterstützung ➤ 5.3.4). Früher häufig eingesetzt im Rahmen der Respiratorentwöhnung (➤ 5.11).

Ablauf der Beatmung bei SIMV

Bei SIMV wechseln sich maschinelle Atemzüge und Spontanatmungsphasen ab, d. h. nach einem maschinellen Atemzug folgt jeweils eine bestimmte Zeit, in der der Patient spontan atmen kann. Dann folgt wieder ein maschineller Atemzug usw. Wie viele maschinelle Atemzüge pro Minute verabreicht werden ist abhängig von der eingestellten SIMV-Frequenz.

SIMV-Frequenz

Wie viele maschinelle Atemzüge der Patient pro Minute bekommen soll wird am Respirator am Regler für die SIMV-Frequenz eingestellt. Darüber hinaus muss der Anwender festlegen, ob die maschinellen Atemzüge volumenkontrolliert (SIMV-volumenkontrolliert) oder druckkontrolliert verabreicht werden (SIMV-druckkontrolliert, kann auch mit den Sonderformen der druckkontrollierten Beatmung [➤ 5.3.1] erfolgen, z. B. als SIMV-PRVC). Mit diesen Einstellungen ist festgelegt, wie oft und in welchem Modus der Respirator maschinelle Atemzüge verabreicht. Darüber hinaus ist mit der SIMV-Frequenz festgelegt, wie lange ein einzelner SIMV-Zyklus dauert. Teilt man eine Minute durch die eingestellte SIMV-Frequenz, ergibt sich die Zeitdauer des SIMV-Zyklus, d. h.:

SIMV-Zyklus (in Sek.) = 60 Sek.: SIMV-Frequenz.

> Da bei SIMV immer eine gewisse Anzahl maschineller Atemhübe verabreicht werden, erhält der Patient ein mehr oder weniger großes „Mindest-AMV". Dieses ist umso größer, je höher die SIMV-Frequenz und je größer der präformierte Atemhub ist (Tidalvolumen bei SIMV-volumenkontrolliert/Beatmungsdruck bei SIMV-druckkontrolliert).

SIMV-Zyklus

Ein **SIMV-Zyklus** (➤ Abb. 5.10) besteht aus

- Einer **SIMV-Periode,** in der der Respirator den maschinellen Atemzug verabreicht. Dieser Atemzug ist präformiert, d. h. es handelt sich um einen (volumen- oder druck-)kontrollierten Atemzug (kontrollierte Beatmung ➤ 5.3.1), und wird vom Respirator *synchronisiert* verabreicht (daher auch die Bezeichnung **S**IMV), d. h. die Inspiration beginnt jeweils dann, wenn der Patient durch Einatembemühungen die Triggerschwelle erreicht hat. Um dies technisch zu ermöglichen, beginnt jede SIMV-Periode mit einer Zeit, in der der Respirator auf Einatembemühungen des Patienten wartet (diese Zeitspanne wird als *Erwartungszeitfenster* bezeichnet):
  - Triggert der Patient im Erwartungszeitraum, folgt auf den Trigger der maschinelle Atemzug
  - Triggert der Patient im Erwartungszeitraum nicht, folgt der maschinelle Atemzug unmittelbar nach Ablauf der Erwartungszeit.
- Einer **Spontanatemphase.** In dieser Zeit kann der Patient spontan atmen, d. h. Atemfrequenz, Tidalvolumen und Atemzeitverhältnis selbst bestimmen. Ist am Respirator ein PEEP eingestellt, so ist dieser auch während der Spontanatemphase wirksam (die Spontanatemphase entspricht dann der CPAP-Atmung). Häufig wird zusätzlich eine inspiratorische Druckunterstützung (➤ 5.3.4) eingestellt, um die Spontanatmung des Patienten zu unterstützen. Dies soll erhöhte Atemwiderstände durch das Beatmungsschlauchsystem und den Tubus ausgleichen und die Entwöhnung vom Respirator erleichtern.

> Wie lange die SIMV-Periode und das Erwartungszeitfenster dauern, hängt neben der eingestellten SIMV-Frequenz auch vom verwendeten Respirator ab. So ist z. B. beim Respirator Evita 4 (Fa. Dräger) das Erwartungszeitfenster immer 5 Sek. lang, während bei den Servoventilatoren 300 und 900 (Fa. Maquet) die Dauer des Erwartungszeitfensters über die Beatmungsfrequenz (CMV-Frequenz) geregelt wird. Wichtig ist daher die genaue Kenntnis der Funktionsweise der einzelnen Respiratoren, um die für den Patienten optimale Einstellung vornehmen zu können.

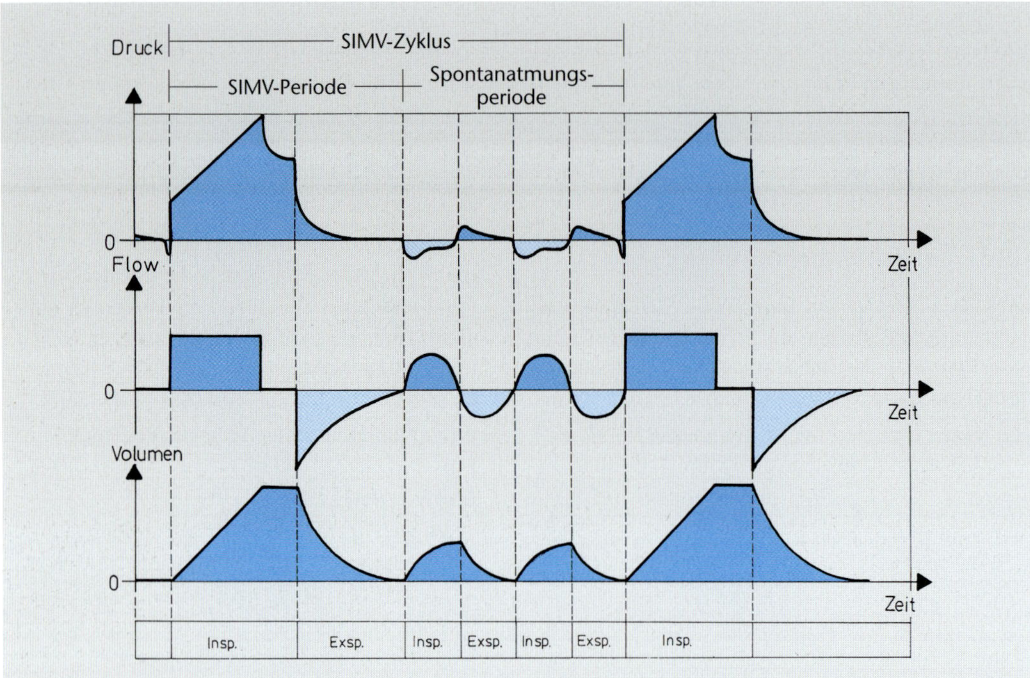

Abb. 5.10 Druck-, Flow- und Volumendiagramm bei SIMV-volumenkontrolliert mit Drucktrigger.

Beatmungsparameter bei SIMV

Beatmungsparameter, die eingestellt werden müssen

- SIMV-Modus (SIMV-volumenkontrolliert, SIMV-druckkontrolliert oder z. B. SIMV-PRVC)
- SIMV-Frequenz und/oder Beatmungsfrequenz (je nach Respirator)
- Atemzeitverhältnis (regelt den zeitlichen Ablauf der maschinellen Atemhübe)
- Tidalvolumen (bei SIMV-volumenkontrolliert) oder Beatmungsdruck (bei SIMV-druckkontrolliert)
- Sauerstoffkonzentration
- Trigger.

Beatmungsparameter die zusätzlich eingestellt werden können

- PEEP
- Inspiratorische Druckunterstützung
- Inspirationsanstiegzeit.

Beatmungsgrenzwerte und Alarme

Bei SIMV-volumenkontrolliert entsprechen die Beatmungsgrenzwerte und Alarme denen bei der volumenkontrollierten Beatmung (➤ 5.3.1), bei SIMV-druckkontrolliert entsprechen sie denen der druckkontrollierten Beatmung (➤ 5.3.1). Bei Patienten in der Entwöhnung kann es notwendig sein, den Grenzwert für das obere Atemminutenvolumen zu erhöhen, da die Patienten während der Entwöhnung oft unregelmäßig atmen und zeitweise hyperventilieren. Zusätzlich bei beiden Formen der SIMV die obere Atemfrequenzgrenze *(Hechelüberwachung)* einstellen.

Vorteile und Nachteile von SIMV

Im Gegensatz zur assistiert kontrollierten Beatmung (➤ 5.3.1) wird bei SIMV *nicht* bei jeder Einatembemühung des Patienten ein präformierter Atemhub verabreicht, sondern alle Atemzüge, die über der SIMV-Frequenz liegen, sind spontane (bzw. druckunterstützte, falls Druckunterstützung eingestellt ist) Atemzüge. Damit kann der Patient besser seinen Bedürfnissen entsprechend atmen.

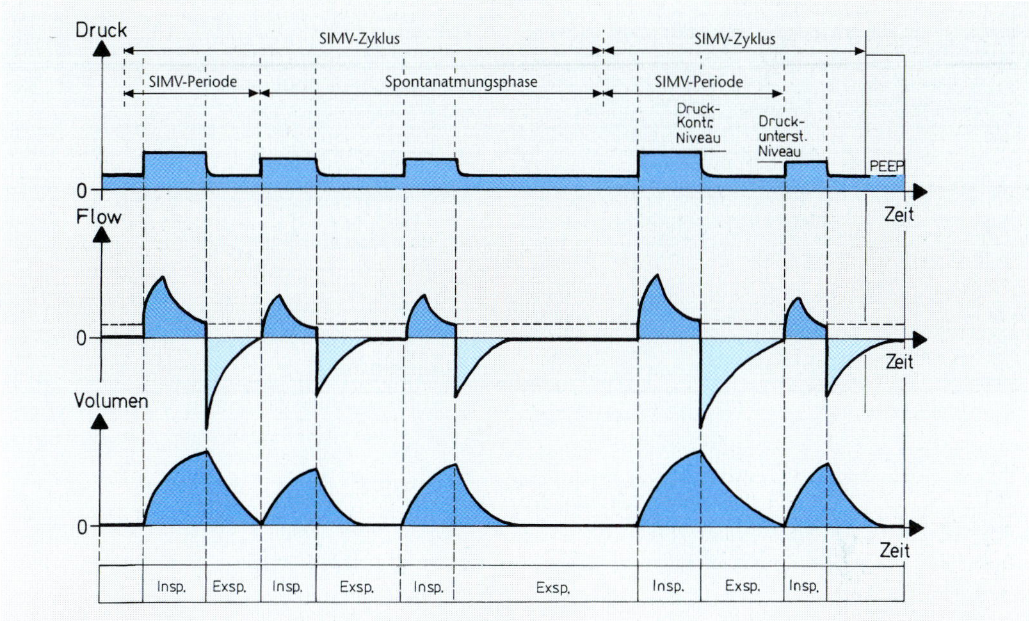

Abb. 5.11 Druck-, Flow- und Volumendiagramm bei SIMV-druckkontrolliert (PCV-SIMV) mit Druckunterstützung und Flowtrigger.

Die Invasivität der Beatmung resultiert bei SIMV aus der Einstellung der SIMV-Frequenz: Bei einer hohen SIMV-Frequenz (z. B. 12/Min.) übernimmt der Respirator nahezu 100% der Atemarbeit, bei niedriger SIMV-Frequenz (z. B. 5/Min.) liegt die Atemarbeit überwiegend beim Patienten.

Vorteile

- Das Maß der Unterstützung kann abhängig vom Patientenzustand eingestellt werden
- Eine langsame Reduzierung der Beatmungsinvasivität und damit eine kontinuierliche Entwöhnung ist möglich
- Mittels Veränderung der SIMV-Frequenz ist ein fließender Übergang zu mehr bzw. weniger Beatmungsinvasivität möglich (z. B. Erhöhung der SIMV-Frequenz nachts und Reduktion der SIMV-Frequenz tagsüber)
- Ein gewisses Mindest-Minutenvolumen ist garantiert (kann aber abhängig von der Einstellung im Fall einer Apnoe zu gering sein!)
- Der Bedarf an Sedativa ist i. d. R. niedriger als bei kontrollierter oder assistiert kontrollierter Beatmung.

Nachteile

- Bei hoher SIMV-Frequenz ist die Beatmung sehr invasiv
- In der Spontanatmungsperiode besteht die Gefahr, dass der Patient *hechelt* (hohe Atemfrequenz und geringes Tidalvolumen)
- Atmet der Patient während der Spontanatemperiode gar nicht, erhält er nur das über die maschinellen Atemhübe verabreichte Mindest-Minutenvolumen. Ist dieses nur sehr gering, z. B. 2 l/Min. bei einer SIMV-Frequenz von 5/Min. und einem Tidalvolumen von 400 ml, kann es rasch zur *Hypoventilation* kommen
- Bei zu hoher Druckunterstützung und zu hoher SIMV-Frequenz kann es zu einer *Hyperventilation* kommen
- SIMV verlängert die Respiratorentwöhnung (Weaning, ➤ 5.11) (Ozcenski 2006: 29).

> Werden die kontrollierten Hübe bei der SIMV-Beatmung volumenkontrolliert verabreicht (konstanter Flow) und die Spontanatmung des Patienten mit Druckunterstützung kombiniert (dezelerierender Flow), haben die Patienten oft Probleme, sich zu adaptieren. Abhilfe schafft das Übergehen auf eine druckkontrollierte SIMV-Beatmung, da dabei die mandatorischen Atemhübe druckkontrolliert verabreicht werden und damit denselben Flowverlauf (dezelerierend) haben wie druckunterstützte Spontanatemzüge (Druck-, Flow-, Volumendiagramm bei druckkontrollierter Beatmung ➤ 5.3.1, bei inspiratorischer Druckunterstützung ➤ 5.3.4).

SIMV zur Respiratorentwöhnung

SIMV wird im Rahmen der Respiratorentwöhnung eingesetzt. Dann wird die SIMV-Frequenz mit fortschreitender Entwöhnung schrittweise reduziert; damit steigt der Anteil des Patienten an der Atemarbeit (Vorgehen ➤ 5.11.2).

5.3.4 Inspiratorische Druckunterstützung

Definition

Inspiratorische Druckunterstützung *(inspiratory pressure support* kurz IPS): Beatmung, bei der die Inspirationsluft mit einem vorgewählten Druckniveau verabreicht wird. Der Patient bestimmt Atemfrequenz, Tidalvolumen und Atemzeitverhältnis.

Zahlreiche, teils von den Herstellfirmen der Beatmungsgeräte festgelegte Synonymbezeichnungen: **P***ressure* **s***upport* **v***entilation* (kurz *PSV*), **a***ssisted* **s***pontaneous* **b***reathing* (kurz ASB), **i***nspiratory* **f***low* **a***ssistance* (kurz IFA), **i***nspiratory* **h***elp* **s***ystem* (kurz IHS), **d***ruck***u***nterstützte Beatmung* (kurz *DU), **H**ilfs***d***ruck* (kurz *HD)* und *Inspirationshilfe* (**i***nspiratory help*, kurz *I-Help).* Häufig zusätzlich eingestellt bei SIMV (➤ 5.3.3) oder BIPAP (➤ 5.3.6).

Eine reine inspiratorische Druckunterstützung (d. h. Druckunterstützung ist nicht kombiniert mit SIMV oder BIPAP) ist nur möglich bei ausreichendem Atemantrieb des Patienten, d. h. der Patient muss triggern können. Diese Beatmungsform wird bei der nichtinvasiven Beatmung verwendet (➤ 5.4).

Die druckunterstützte Beatmung wird eingesetzt bei Patienten mit respiratorischer Insuffizienz auf Grund von COPD oder Lungenödem. Darüberhinaus kommt sie häufig bei der Respiratorentwöhnung (weaning ➤ 5.11) zum Einsatz.

Ablauf eines Atemzyklus bei inspiratorischer Druckunterstützung

Sobald der Patient triggert (d. h. die Triggerschwelle erreicht), strömt das Inspirationsgas mit einem wählbaren Druckniveau in den Patienten. Abhängig von der Höhe des Druckniveaus und den Lungenverhältnissen des Patienten strömt mehr oder weniger Luft in die Lunge des Patienten. Somit bestimmt der Patient die Atemfrequenz und z. B. durch tiefes Einatmen die Größe des Tidalvolumens. Da das eingestellte Druckniveau gleich nach Beginn der Inspiration bzw. nach Ablauf der Inspirationsanstiegszeit erreicht wird, resultiert ein dezelerierender Flow. Während der Exspiration fällt der Druck auf den Atmosphärendruck bzw. das PEEP-Niveau ab (i. d. R. ist die inspiratorische Druckunterstützung mit einem PEEP kombiniert).

Umschaltung von Inspiration auf Exspiration

Wann der Respirator von Inspiration auf Exspiration umschaltet variiert abhängig vom Gerätehersteller und Respiratortyp. Bei den meisten Geräten ist der Inspirationsflow das entscheidende Kriterium:

- **Flowgesteuerte Umschaltung:** Sobald der Inspirationsflow einen gewissen Wert unterschreitet, schaltet der Respirator auf Exspiration um
  - Dieser Wert kann absolut sein, z. B. 2 – 6 l/Min
  - Der Wert kann aber auch relativ sein, d. h. ein gewisser Prozentsatz vom Spitzenflow (z. B. 25%). Bei manchen Geräten ist dieser Wert nicht variabel, bei manchen lässt er sich einstellen (z. B. als endinspiratorischer Zyklus zwischen 0 – 40% am Servo i®)
- **Zeitgesteuerte Umschaltung:** Dies ist meist ein zusätzliches Umschaltkriterium, das der Patientensicherheit dient. Sobald eine gewisse Inspirationsdauer überschritten ist (gebräuchlich sind z. B. 4 Sek.) schaltet der Respirator unabhängig von anderen Kriterien auf Exspiration um. Dies ist vor allem wichtig bei Undichtigkeiten im Beatmungssystem (z. B. defekter Cuff, undichte Beatmungsmaske), da hier der Inspirationsflow oft

nicht unter die „Umschaltgrenze" absinkt. Bei Servoventilatoren 300 und 900 kann die Zeitdauer über die CMV-Frequenz variabel eingestellt werden (nach 80% des eingestellten Zyklus schaltet das Gerät um). Beim Servo i® Umschaltung nach 2,5 Sekunden

- **Druckgesteuerte Umschaltung:** Sobald ein gewisses Druckniveau (z. B. 2 mbar über dem eingestellten Druckniveau) oder die obere Druckgrenze erreicht ist, schaltet der Respirator um auf Exspiration. Dies ist z. B. häufig der Fall wenn der Patient hustet.

Darüber hinaus existieren weitere firmenspezifische Umschaltmechanismen, auf die hier jedoch nicht näher eingegangen werden kann. Detaillierte Informationen dazu entnehmen Sie bitte den Betriebsanleitungen der jeweiligen Geräte.

Einstellen der inspiratorischen Druckunterstützung

Die Höhe der Druckunterstützung richtet sich nach der Patientensituation. Grundsätzlich gilt: Je höher die inspiratorische Druckunterstützung eingestellt ist, desto weniger Atemarbeit muss der Patient selbst leisten.

Wichtigstes Kriterium bei der Einstellung der inspiratorischen Druckunterstützung ist das Tidalvolumen: Die Druckunterstützung wird so hoch gewählt, dass die Atemzüge des Patienten ausreichend groß sind. In der Regel wird ein Unterstützungsdruck zwischen 8 – 15 mbar benötigt.

- Das **inspiratorische Druckniveau** ist der Druck, der während der Inspiration in der Lunge erreicht wird, d. h. effektive Druckunterstützung plus PEEP
- Bei manchen Respiratoren wird die Druckunterstützung *über* PEEP eingestellt und stellt damit auch die effektive Druckunterstützung dar
- Bei manchen Respiratoren wird die Druckunterstützung *inclusive* PEEP eingestellt, d. h. die effektive Druckunterstützung entspricht der eingestellten Druckunterstützung *abzüglich* des PEEP.

Nur eine Druckunterstützung über 5 – 10 mbar wirkt sich positiv auf die Atmung des Patienten aus. Geringere Druckniveaus werden kaum wirksam, da sie erforderlich sind, um die Strömungswiderstände der Beatmungsschläuche sowie des Tubus bzw. der Trachealkanüle zu kompensieren. Atmet also beispielsweise ein intubierter oder tracheotomierter Patient mit einer Druckunterstützung von 8 mbar, kann man davon ausgehen, dass seine Atemarbeit der einer Spontan- bzw. CPAP-Atmung (bei eingestelltem PEEP) entspricht, da die Druckunterstützung lediglich die Strömungswiderstände kompensiert.

Beatmungsparameter bei druckunterstützter Beatmung

Beatmungsparameter, die eingestellt werden müssen

- Inspiratorisches Druckniveau
- Trigger (Einstellung ➤ 5.2.5)
- Sauerstoffkonzentration
- Ggf. Atemfrequenz (definiert die Zeitdauer eines Atemzyklus, die an manchen Respiratoren Kriterium für die zeitgesteuerte Umschaltung ist ➤ 6.1.2).

Beatmungsparameter, die eingestellt werden können

- PEEP. Wird i. d. R. zusätzlich eingestellt (PEEP-Niveau meist 5 – 8 mbar)
- Flowhöhe in % des Spitzenflows, bei der das Gerät von Inspiration auf Exspiration umschaltet
- Inspirationsanstiegszeit (➤ 5.2.2) kann bei manchen Beatmungsgeräten auch hier eingestellt werden. Bei langer inspiratorischer Anstiegszeit kann der Patient Luftnot verspüren, da das Gas zu langsam anflutet. Bei zu kurzer inspiratorischer Anstiegszeit kann die Inspiration zu früh abgebrochen werden, da die Schwelle für die flowgesteuerte Umschaltung (➤ 6.1.2) noch während der Inspiration des Patienten erreicht wird. Eine gute Beobachtung und – sofern möglich – Kommunikation mit dem Patienten ist deshalb sehr wichtig.

Beatmungsgrenzwerte und Alarme

Eingestellt werden die Grenzwerte für die Atemfrequenz und das Tidalvolumen bzw. das daraus resultierende Atemminutenvolumen, um eine Hypo- oder Hyperventilation, eine Hechelatmung oder gar eine Apnoe rechtzeitig erkennen zu können.

- Die Beatmungsfrequenz und die Tidalvolumina sollten im physiologischen Bereich liegen. Eine sehr niedrige Frequenz (< 6 – 8/Min.) und hohe Tidalvolumina sprechen für eine zu hohe Druckunterstützung, eine hohe Frequenz mit niedrigen Tidalvolumina für eine zu niedrige Druckunterstützung. Patienten mit einer hohen Frequenz und hohen Tidalvolumina sind oft auch sehr unruhig und ängstlich. Ihnen sollte ihre Situation einfühlsam erläutert werden. Reicht das alleine nicht aus um die Unruhe bzw. Angst des Patienten zu mindern ist ggf. auch die Gabe von Sedativa erforderlich. Hat das keinen Erfolg, ist eine druckunterstützte Beatmung für diesen Patienten evtl. nicht geeignet
- Zusätzlich wird immer die obere Druckgrenze eingestellt, damit eine Inspiration im Bedarfsfall unterbrochen wird und keine zu hohen Beatmungsdrücke entstehen können, z. B. wenn der Patient hustet.

Da manche Respiratoren im Falle einer Apnoe die „backup-ventilation" (Apnoe-Beatmung ➤ 5.3.8) aktivieren, muss diese dem Patienten entsprechend eingestellt werden.

Vorteile und Nachteile der druckunterstützten Beatmung

Vorteile

- Der Patient steuert die Beatmung im Wesentlichen selbst
- Der Bedarf an Sedativa ist i. d. R. sehr niedrig
- Die Atemmuskulatur bleibt aktiv
- Die Atemarbeit wird verringert (je höher die Druckunterstützung desto geringer die Atemarbeit)
- Der mittlere Atemwegsdruck ist relativ niedrig, daher sind die Nebenwirkungen der Beatmung weniger ausgeprägt
- Eine druckunterstützte Beatmung kann auch noninvasiv, d. h. über eine Gesichts- oder Nasenmaske vorgenommen werden (Non-invasive Ventilation, kurz NIV ➤ 5.4).

Nachteile

- In der Akutphase einer Erkrankung ist eine druckunterstützte Beatmung oft nicht geeignet, etwa weil der Patient sediert und evtl. auch relaxiert werden muss, um den Sauerstoffverbrauch zu senken
- Ändern sich die Lungenverhältnisse oder das Spontanatmungsverhalten wesentlich, muss dies von den Pflegenden erkannt und die Druckunterstützung angepasst werden
- Manche (vor allem ältere) Respiratoren starten im Fall einer langsamen oder aussetzenden Atmung keine „Back-up-Ventilation" (Apnoe-Beatmung), d. h. es kann rasch eine Hypoventilation oder Apnoe entstehen, die nur dann umgehend erkannt werden kann, wenn die untere Alarmgrenze für das AMV bzw. die Atemfrequenz entsprechend eingestellt sind.

Sonderformen der inspiratorischen Druckunterstützung: VS und PPS

VS

Bei der (Be-)Atmungsform **VS** (**v**olume **s**upport, d. h. volumenunterstützte Beatmung) reguliert der Respirator die Höhe der inspiratorischen Druckunterstützung automatisch innerhalb gewisser Grenzen.

Realisiert ist VS an den Servo-Respiratoren (Fa. Maquet), wobei Unterschiede zwischen den älteren und den neueren Geräten bestehen.

Beatmungsparameter, die eingestellt werden müssen:

- Tidalvolumen
- Obere Druckgrenze
- Trigger (Einstellung ➤ 5.2.5)
- Sauerstoffkonzentration
- Ggf. Atemfrequenz.

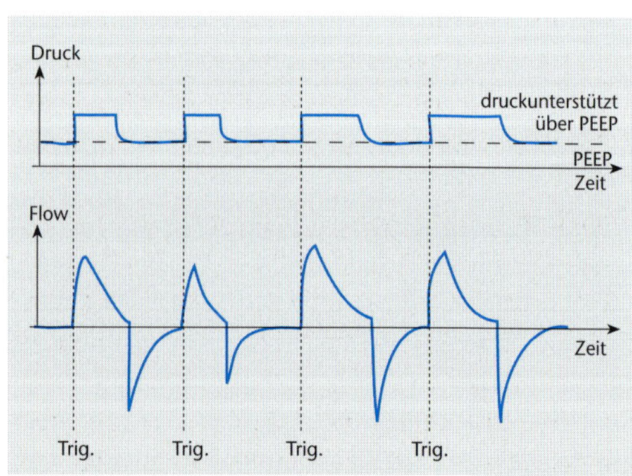

Abb. 5.12 Druck-, Flowdiagramm bei inspiratorischer Druckunterstützung mit PEEP und Flowtrigger.

Beatmungsparameter, die eingestellt werden können:

- PEEP. Wird i. d. R. zusätzlich eingestellt (PEEP-Niveau meist 5 – 8 mbar)
- Inspirationsanstiegszeit (➤ 5.2.2).

Der erste Atemzug des Patienten ist ein Testatemzug mit 5 oder 10 mbar Druckunterstützung (je nach Softwareversion). Die weitere (Be-)Atmung verläuft dann wie die oben beschriebene konventionelle druckunterstützte Beatmung. Wesentliche Unterschiede sind:

- Der Respirator passt die Höhe der Druckunterstützung laufend den aktuellen Erfordernissen an, d. h. der Unterstützungsdruck wird in Schritten von max. 3 mbar (zwischen den einzelnen Atemzügen) gesenkt oder angehoben. Der maximale Unterstützungsdruck liegt bei 5 mbar unter der eingestellten oberen Druckgrenze
- Bleibt die Atemfrequenz des Patienten unter der eingestellten Atemfrequenz und übersteigt das spontane Minutenvolumen das eingestellte AMV, d. h. die Tidalvolumina sind höher als eingestellt, reduziert der Respirator den Unterstützungsdruck so lange, bis das eingestellte Minutenvolumen wieder erreicht ist
- Atmet der Patient mit einer höheren als der eingestellten Atemfrequenz, bleibt die Größe der Tidalvolumina gleich. Daraus resultiert eine Erhöhung des Minutenvolumens, ein Hecheln wird so verhindert
- Atmet der Patient mit einer niedrigeren Frequenz als der eingestellten, errechnet der Respirator auf der Basis des eingestellten Atemminutenvolumens ein neues Zieltidalvolumen (dieses kann maximal 150% des voreingestellten Tidalvolumens betragen, z. B. max. 750 ml bei einem eingestellten Tidalvolumen von 500 ml), um das eingestellte Atemminutenvolumen zu erreichen.

Beim Respirator Servo i® wird lediglich die Höhe der Druckunterstützung nach den obigen Kriterien reguliert, eine Erhöhung des eingestellten Tidalvolumens um ein eingestelltes Minutenvolumen zu erreichen erfolgt nicht mehr.

Im Fall einer Apnoe (> 20 Sek. bzw. einstellbar) schalten die Geräte auf PRVC Beatmung um und geben Alarm (druckkontrollierte Beatmung ➤ 5.3.1).

PPS

Bei der (Be-)Atmungsform **PPS** (*p*roportional *p*ressure *s*upport, *auch* *p*roportional *a*ssist *v*entilation, *kurz* PAV oder *p*roportional *p*ressure *v*entilation, kurz PPV) variiert der Respirator die Höhe der inspiratorischen Druckunterstützung abhängig von den Einatembemühungen des Patienten: Je größer die Einatembemühungen des Patienten desto höher die Druckunterstützung (positive Rückkopplung).

Um diese Beatmungsform für den Patienten gut einzustellen sind die Kenntnis der Elastance (entspricht 1/Compliance ➤ 1.2.1) sowie der Resistance (➤ 1.2.1) notwendig.

Beatmungsparameter, die eingestellt werden müssen:

- $Flow_{assist}$ [mbar/l]. Dieser dient zur Kompensation der Resistance, die zu etwa 80% kompensiert werden sollte (d. h. es werden etwa 80% des ermittelten Resistance-Wertes eingestellt). Bei obstruktiven Lungenerkrankungen sollte die Einstellung erhöht werden
- Vol_{assist} [mbar/l/s]. Dieses dient zur Kompensation der Elastance, die ebenfalls zu etwa 80% kompensiert werden sollte (d. h. Einstellung von ca. 80% des ermittelten Elastance-Wertes). Bei restriktiven Lungenerkrankungen sollte die Einstellung erhöht werden.
- Trigger (Einstellung ➤ 5.2.5)
- Sauerstoffkonzentration.

Beatmungsparameter, die eingestellt werden können:

- PEEP. Wird i. d. R. zusätzlich eingestellt (PEEP-Niveau meist 5 – 8 mbar).

Der wesentliche **Vorteil** von PPS gegenüber der herkömmlichen inspiratorischen Druckunterstützung ist die variabel an die Einatembemühungen des Patienten angepasste Druckunterstützung, d. h. die Beatmungsform passt sich besser an die Spontanatmung des Patienten an. Daraus resultiert ein höherer Patientenkomfort, der mit einem geringeren Bedarf an Sedativa einhergeht. **Nachteilig** sind die Gefahr einer Überkompensation (auch als *runaway* bezeichnet), die relativ zeitaufwändige Respiratoreinstellung sowie die eingeschränkte Funktion bei Leckagen des Systems. Zudem müssen die Resistance und die Elastance (bzw. Compliance) bekannt sein. Im Fall einer Apnoe startet der Respirator eine Apnoe-Beatmung.

5

Die einzustellenden **Beatmungsgrenzwerte** und **Alarme** entsprechen denen bei konventioneller inspiratorischer Druckunterstützung. Wichtig ist außerdem eine Überwachung des Patienten auf Zeichen einer Überkompensation, die sich vor allem in sehr hohen Tidalvolumina zeigt.

5.3.5 CPAP

Definition

CPAP (*continuous* **p***ositive* **a***irway* **p***ressure*, d. h. kontinuierlicher positiver Atemwegsdruck, auch *continuous positive pressure breathing*, kurz *CPPB):* Spontanatmung auf einem gegenüber dem Atmosphärendruck erhöhten Druckniveau.

Bei CPAP bleibt der Atemwegsdruck während des gesamten Atemzyklus im positiven Bereich, d. h. im Gegensatz zur Spontanatmung schwankt der Atemwegsdruck nicht um Null, sondern um den eingestellten positiven Druck (CPAP-Niveau). Dieser positive Druck entspricht dem PEEP (➤ 5.2.4) und wird am Respirator meist auch am PEEP-Regler eingestellt.

CPAP kann über einen Tubus, eine Trachealkanüle, eine dicht sitzende Gesichts- oder Nasenmaske (man spricht dann von Masken- oder Nasal-CPAP ➤ 5.4.1) oder einen CPAP- Helm (➤ Abb. 5.15) verabreicht werden. Voraussetzungen für den Einsatz von CPAP ist ein erhaltener Atemantrieb des Patienten sowie eine ausreichende Atemmechanik.

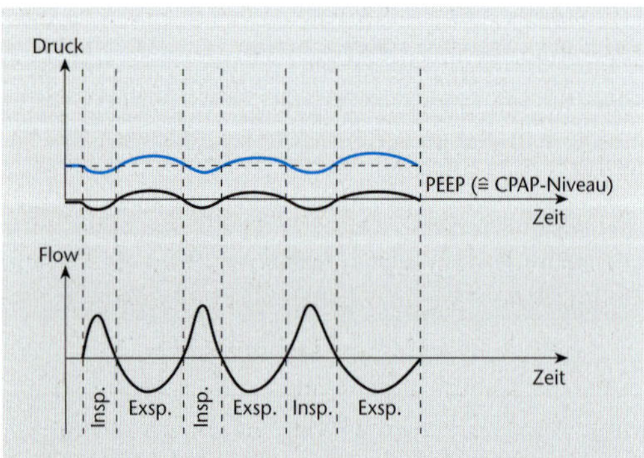

Abb. 5.13 Druck- und Volumendiagramm bei CPAP-Atmung (blaue Druckkurve) und bei Spontanatmung (schwarze Druckkurve). Die beiden Atemformen unterscheiden sich lediglich durch das PEEP-Niveau, durch das der Atemwegsdruck bei CPAP immer im positiven Bereich liegt.

Massive Oxygenierungsstörungen ($FiO_2 > 0,5$) sollten nicht vorliegen. Insbesondere wenn spezielle CPAP-Geräte verwendet werden, muss eine kontinuierliche Monitorüberwachung sowie eine engmaschige Kontrolle des Patienten sichergestellt sein, da manche dieser Geräte über gar keine oder nur sehr eingeschränkte Überwachungsfunktionen verfügen.

CPAP am Respirator und an CPAP-Geräten

Grundsätzlich kann CPAP über den Respirator oder über spezielle CPAP-Geräte (➤ 5.3.5) eingesetzt werden.

CPAP am Respirator

Bei CPAP am Respirator wird unterschieden zwischen Demand-Flow-CPAP und Flow-By-CPAP:

- Bei **Demand-Flow-CPAP** (an den meisten Intensivrespiratoren realisiert) stellt der Respirator den Inspirationsflow zur Verfügung, sobald das CPAP-Niveau unterschritten wird (Demand-Flow = angeforderter Flow; an manchen Respiratoren sind über 200 l/min möglich). Sobald das CPAP-Niveau überschritten wird stoppt der Respirator den Flow
- Bei **Flow-by-CPAP** (z. B. an Bennett-Respiratoren) strömt auch während der Exspiration ein kontinuierlicher Gasfluss (bis 20 l/Min.) durch das Schlauchsystem. Atmet der Patient aus diesem Basisflow, erkennt das Gerät die Inspirationsbemühung und schaltet auf den Inspirationsflow (Demand-flow) um.

CPAP-Geräte

Spezielle CPAP-Geräte (z. B. Dräger CF 800 ➤ 6.5) ermöglichen ein **Continuous-Flow-CPAP**, d. h. während In- und Exspiration fließt ein eingestellter Frischgasflow durch das System. Das Frischgas wird in einem Reservoir bereitgehalten und der Flow auf etwa das 3-fache des AMV des Patienten eingestellt. Bei zu geringem Flow kann das CPAP-Niveau nicht über die gesamte Inspirationszeit gehalten werden, bei zu hohem Flow wird die Ausatmung erschwert. Der PEEP (und damit das CPAP-Niveau) wird an einem Ventil im Exspirationsschlauch eingestellt.

Vorteile und Nachteile von CPAP

Die erwünschten, aber auch die unerwünschten Wirkungen des CPAP auf die verschiedenen Organe entsprechen im Wesentlichen den Wirkungen des PEEP (➤ 5.2.4).

Weitere **Vorteile** der CPAP-Atmung sind:

- Die Spontanatmung bleibt erhalten
- Der Atemwegsdruck verläuft (auf erhöhtem Niveau) physiologisch, d. h. er ist während der Inspiration geringer als während der Exspiration
- In der Regel sind nur wenig oder keine Sedativa nötig.

Gegenüber der reinen Spontanatmung weist die CPAP-Atmung folgende **Nachteile** auf:

- Der intrathorakale Druck ist erhöht, dadurch
  - Ist der venöse Rückstrom reduziert
  - Werden die Lungenkapillaren komprimiert, was die Rechtsherzbelastung erhöht
  - Ist die Funktion von Leber und Nieren beeinträchtig
  - Steigt ein bereits zuvor erhöhter intrakranieller Druck (Hirndruck)
  - Besteht die Gefahr einer Lungenüberdehnung, evtl. mit Baro-Volutrauma
- Insbesondere bei Verwendung von speziellen CPAP-Geräten besteht Gefahr der unerkannten Hypoventilation oder Apnoe (spezielle CPAP-Geräte verfügen oftmals nicht über Überwachungsfunktionen). Daher sind eine lückenlose Monitorüberwachung und eine engmaschige Kontrolle des Patienten erforderlich.

CPAP wird sehr häufig eingesetzt im Rahmen der Respiratorentwöhnung (Weaning ➤ 5.11) und ist hier dann meist die „letzte Stufe" bevor der Patient ganz selbständig und ohne Unterstützung atmet. Außerdem wird CPAP oft eingesetzt als Atemtherapie zur Pneumonieprophylaxe. Dann wird intermittierend (z. B. 3-mal täglich für 20 – 30 Min.) Masken- oder Nasal-CPAP durchgeführt. Bei respiratorischer Insuffizienz infolge eines kardialen Lungenödems kann häufig durch kontinuierliches oder intermittierendes Masken-CPAP eine Intubation zur Beatmungstherapie vermieden werden.

5.3.6 BIPAP

Definition

BIPAP (**b**iphasic **p**ositive **a**irway **p**ressure): Beatmung mit zeitgesteuertem Wechsel zwischen zwei Druckniveaus. Auf beiden Druckniveaus ist Spontanatmung möglich.

Fast alle Gerätehersteller haben an ihren Respiratoren Beatmungsformen realisiert, die dem BIPAP sehr ähnlich sind, jedoch andere Bezeichnungen tragen und sich in Details unterscheiden. So ist z. B. bei manchen Geräten das Einstellen einer Druckunterstützung sowohl auf dem unteren als auch auf dem oberen Druckniveau möglich. Die genaue Funktionsweise ist jeweils der Gebrauchsanweisung zu entnehmen.

BiPAP® (**Bi**-level **p**ositiv **a**irway **p**ressure) ist der Markenname eines Heimbeatmungsgerätes der Firma Respironics Inc, das über die Funktion „inspiratorische Druckunterstützung" verfügt, d. h. BiPAP® hat nichts mit der Beatmungsform BIPAP zu tun.

Der Anwender stellt am Respirator die beiden Druckniveaus (oberes Druckniveau entspr. $p_{insp.}$ oder $p_{hoch.}$ und unteres Druckniveau entspr. $p_{exsp.}$ oder PEEP) und die Zeitspannen ein, in denen das obere bzw. untere Druckniveau jeweils gehalten werden soll (t_{insp} für oberes Druckniveau und t_{exsp} für unteres Druckniveau. Alternativ werden an manchen Respiratoren t_{insp} und Beatmungsfrequenz eingestellt, die Zeit für das untere Druckniveau errechnet sich daraus).

Ablauf der Beatmung bei BIPAP

- Mit dem Wechsel vom unteren auf das obere Druckniveau strömt Luft in die Lunge des Patienten (dieser Vorgang entspricht der Inspiration bei der druckkontrollierten Beatmung ➤ 5.3.1). Wie bei der druckkontrollierten Beatmung hängt es von der Höhe der Druckdifferenz (Differenz zwischen endexspiratorischem und inspiratorischem Druck) und dem Zustand der Lunge ab, mit wie viel Luft sich die Lunge dabei füllt. Der Respirator hält den eingestellten oberen Druck (p_{insp}) für den eingestellten Zeitraum (t_{insp}) auf-

recht. Während dieser Zeit kann der Patient auf diesem Druckniveau spontan atmen
- Ist die Zeitdauer für das obere Druckniveau abgelaufen, schaltet der Respirator auf das untere Druckniveau (p_{exsp}) um. Dadurch strömt Luft aus der Lunge. Der Respirator hält nun das untere Druckniveau für die eingestellte Zeitdauer aufrecht. Während dieser Zeit kann der Patient spontan atmen. Nach Ablauf der Zeitdauer für das untere Druckniveau schaltet der Respirator wieder auf das obere Druckniveau um.

Der Wechsel zwischen oberem und unterem Druckniveau erfolgt jeweils synchronisiert, d. h. der Respirator registriert die Inspirations- bzw. Exspirationsbemühungen des Patienten und leitet die Inspiration (Wechsel vom unteren auf das obere Druckniveau) bzw. die Exspiration (Wechsel vom oberen auf das untere Druckniveau) entsprechend ein. Ausnahme: Bei $BIPAP_{assist}$ (entspricht der klassischen PC-CMV ➤ 5.3.1) erfolgt der Wechsel vom hohen auf das tiefe Druckniveau nicht synchron zur Exspiration des Patienten.

Die meisten Patienten atmen hauptsächlich auf dem unteren Druckniveau spontan, nur selten findet auch auf dem oberen Druckniveau eine Spontanatmung statt. Die Spontanatmung auf dem unteren Druckniveau kann erleichtert werden indem eine inspiratorische Druckunterstützung (➤ 5.3.4) zugeschaltet wird (dann wird die Beatmung auch BIPAP-ASB genannt).

Das hohe Druckniveau ist ein absoluter Druck (d. h. einschließlich eines PEEP), eine evtl. zugeschaltete Druckunterstützung ist ein relativer Druck (d. h. unabhängig vom PEEP). Ist beispielsweise ein p_{Insp} von 10 mbar eingestellt und ein PEEP von 5 mbar, so beträgt der effektive Druck für die Beatmung 5 mbar. Derselbe Druck wird erreicht wenn ein ASB von 5 mbar eingestellt ist.

Abhängig von der Einstellung des Respirators und der Spontanatmung des Patienten stellt BIPAP unterschiedliche Beatmungsformen dar:
- Atmet der Patient weder auf dem oberen noch auf dem unteren Druckniveau spontan und sind sowohl die Beatmungsfrequenz als auch das obere Druckniveau relativ hoch eingestellt, so entspricht BIPAP einer druckkontrollierten Beatmung (➤ 5.3.1)
- Ist die Zeitdauer für das obere Druckniveau genauso lange oder länger als die Zeit für das untere Druckniveau, so handelt es sich um **Inversed ratio BIPAP** (kurz *IR-BIPAP*, d. h. BIPAP mit umgekehrtem Phasenzeitverhältnis. IRV ➤ 5.3.1)
- Atmet der Patient nur auf dem unteren Druckniveau spontan, entspricht BIPAP einer druckkontrollierten SIMV-Beatmung (SIMV-druckkontrolliert oder PC-SIMV)
- Atmet der Patient auf beiden Druckniveaus spontan, entspricht BIPAP einer CPAP-Atmung auf wechselnden Druckniveaus; dies wird auch als genuiener (d. h. ursprünglicher bzw. echter) BIPAP bezeichnet
- Werden das obere Druckniveau und/oder die Beatmungsfrequenz mehr und mehr gesenkt, bis

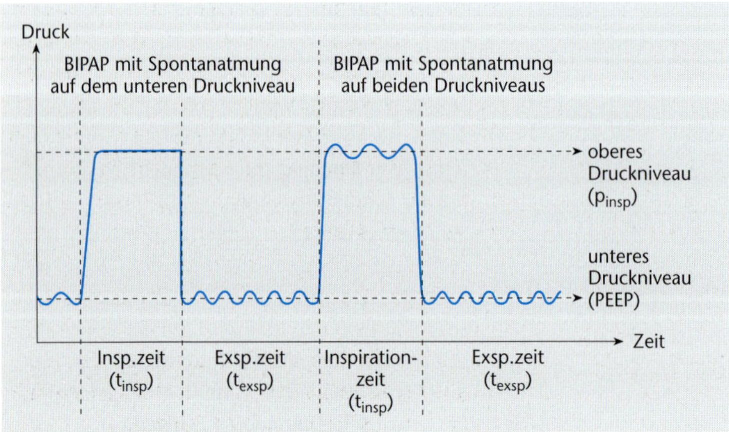

Abb. 5.14 BIPAP. Der Patient wird durch den regelmäßigen Wechsel zwischen den beiden Druckniveaus beatmet und kann auf beiden Druckniveaus spontan atmen.

am Ende das obere Druckniveau dem unteren entspricht bzw. die Frequenz bei 0 liegt, entspricht BIPAP einer CPAP-Atmung (ggf. mit inspiratorischer Druckunterstützung).

Damit ist es abhängig von der Geräteeinstellung möglich, mit BIPAP einen fließenden Übergang zwischen einer kontrollierten Beatmung und der CPAP-Atmung zu schaffen, d. h. die Invasivität der Beatmung ist bei BIPAP stufenlos regelbar.

Sonderform BIPAP-APRV

Bei BIPAP-APRV (BIPAP-**a**irway **p**ressure **r**elease **v**entilation, d. h. intermittierende Druckreduktion) atmet der Patient spontan auf dem hohen Druckniveau (p_{hoch}). Dieses hohe Druckniveau wird 5 – 15-mal pro Minute auf ein niedriges Niveau (p_{tief}) abgesenkt. Die Zeiten für die jeweiligen Druckniveaus sind frei wählbar, die Beatmungsfrequenz resultiert aus den eingestellten Zeiten. Übliche Einstellungen für die t_{tief} sind 0,5 – 1,5 Sekunden, in der Zeit t_{hoch} sollten ca. 3 Atemzüge möglich sein. Die kurzzeitige Druckentlastung erfolgt abhängig von den eingestellten Zeiten (nicht patientensynchron) und soll eine verstärkte CO_2 – Abatmung bewirken. In den „langsamen Lungenabschnitten" (Lungenabschnitte, die sich erkrankungsbedingt langsamer füllen und entleeren als gesunde Lungenareale) kann das Gas in dieser kurzen Zeit nicht ausströmen, so dass ein Intrinsic PEEP entsteht, der zu einer verbesserten Oxygenierung führt (Ozcenski 2006: 258). Die Höhe der jeweiligen Drücke richtet sich nach den Lungenverhältnissen des Patienten.

Beatmungsparameter bei BIPAP

Beatmungsparameter, die eingestellt werden müssen

- Oberes Druckniveau (p_{hoch} oder p_{insp})
- Unteres Druckniveau (PEEP oder p_{tief})
- Beatmungsfrequenz
- Atemzeitverhältnis bzw. t_{insp} und t_{exsp}
- Inspiratorische Sauerstoffkonzentration.

Beatmungsparameter, die eingestellt werden können

- Inspiratorische Druckunterstützung (➤ 5.3.4)
- Inspirationsanstiegszeit.

Beatmungsgrenzwerte und Alarme

Die einzustellenden Beatmungsgrenzwerte und Alarme entsprechen denen der druckkontrollierten Beatmung (➤ 5.3.1). Zusätzlich Überwachung der Atemfrequenz (Hechelüberwachung).

Vorteile und Nachteile von BIPAP

BIPAP ist aufgrund seiner Variabilität für fast alle Patienten geeignet und kann häufig von Beginn der Beatmung bis zum Abschluss der Respiratorentwöhnung eingesetzt werden, d. h. ein Umsteigen auf eine andere Beatmungsform im Rahmen der Entwöhnung ist nicht erforderlich. Ein wesentlicher Vorteil ist, dass der Patient jederzeit spontan atmen kann, d. h. die Atemmuskulatur bleibt aktiv. Durch den Einsatz der Atemmuskulatur wird die Entwöhnung beschleunigt. Gleichzeitig vermindert dies den Bedarf an Sedativa.

BIPAP entspricht abhängig von der Geräteeinstellung und der Spontanatmung ganz unterschiedlichen Beatmungsformen (➤ oben), deren Vor- und Nachteile jeweils bei den einzelnen Beatmungsformen ausgeführt sind.

5

5.3.7 MMV

Definition

❚❚ **MMV** (*__m__andatory __m__inute __v__entilation,* d. h. mandatorische Minutenventilation oder ***m**inimum* ***m**inute* ***v**entilation,* d. h. Mindest-Minutenventilation): (Be-)Atmung, bei der ein wählbares Atemminutenvolumen garantiert ist. Falls der Patient nicht durch Spontanatmung das eingestellte AMV erreicht, werden maschinelle Atemzüge verabreicht. Kann kombiniert werden mit inspiratorischer Druckunterstützung (➤ 5.3.4). Insgesamt selten eingesetzt. ❚❚

Der Anwender stellt am Respirator das zu erzielende Mindest-Minutenvolumen ein (Beatmungsfrequenz und Tidalvolumen) ggf. auch eine inspiratorische Druckunterstützung.

Ablauf der Beatmung bei MMV

Der Patient hat die Möglichkeit spontan zu atmen, evtl. wird die Spontanatmung durch eine inspiratorische Druckunterstützung erleichtert.

- Erreicht der Patient mit seiner Spontanatmung das eingestellte Atemminutenvolumen oder liegt sein spontanes Minutenvolumen über dem eingestellten, überwacht der Respirator im weiteren Verlauf lediglich die Spontanatmung des Patienten
- Ist die Spontanatmung des Patienten nicht ausreichend, d. h. das spontane AMV des Patienten liegt unter dem eingestellten AMV, gleicht der Respirator die Differenz zwischen spontanem und eingestelltem Minutenvolumen durch mandatorische, volumenkontrollierte oder druckreguliert-volumenkontrollierte Beatmungshübe aus
- Atmet der Patient überhaupt nicht spontan, werden die maschinellen Hübe mit der eingestellten Frequenz verabreicht. Die mandatorischen Hübe können auch druckbegrenzt (PLV ➤ 5.3.1) oder als PRVC-Atemhübe (➤ 5.3.1) verabreicht werden.

Beatmungsparameter bei MMV

Beatmungsparameter, die eingestellt werden müssen

- Beatmungsfrequenz und Tidalvolumen (daraus resultiert das gewünschte und mindestens verabreichte AMV)
- Atemzeitverhältnis
- Ggf. Flow
- Trigger.

Beatmungsparameter, die eingestellt werden können

- PEEP
- Inspiratorische Druckunterstützung.

Beatmungsgrenzwerte und Alarme

Die einzustellenden Beatmungsgrenzwerte und Alarme entsprechen denen der volumenkontrollierten Beatmung (➤ 5.3.1). Darüber hinaus ist es bei MMV sehr wichtig, die Atemfrequenz sowie die Tidalvolumina engmaschig zu kontrollieren, da die Gefahr besteht, dass der Patient das eingestellte Mindest-Minutenvolumen mit kleinen Atemzügen und hoher Atemfrequenz erreicht, d. h. der Anteil der Totraumventilation am Minutenvolumen wäre sehr hoch. Dies steigert die Atemarbeit (➤ 1.2.1). Die an manchen Respiratoren verfügbare *Hechelüberwachung* dient dazu, diese Gefahr rechtzeitig zu erkennen.

Vorteile und Nachteile von MMV

Von **Vorteil** ist, dass der Patient weitgehend selbständig atmen kann (im Vergleich zu SIMV beispielsweise werden keine maschinellen Atemzüge verabreicht, wenn der Patient ausreichend selbständig atmet), im Bedarfsfall jedoch umgehend ein eingestelltes Mindest-Minutenvolumen erhält. **Nachteilig** ist, dass der Patient das eingestellte Mindest-Minutenvolumen durch relativ oberflächliche Atmung erreichen kann (kleine Atemzüge und hohe Atemfrequenz).

5.3.8 Weitere Beatmungsformen und -strategien

ASV

Definition

❚❚ **ASV** (*a*daptive *s*upport *v*entilation, d. h. anpassungsfähige unterstützende Beatmung): Beatmungsform, die sich der pulmonalen Situation des Patienten automatisch anpasst. ❚❚

ASV ist eine Beatmungsform, bei der der Respirator das optimale Atemmuster für den Patienten innerhalb gewisser Grenzen selbständig ermittelt und appliziert. Realisiert ist sie an den Geräten *Galileo* und *Raphael* der Fa. Hamilton medical (➤ 6.4.3).

Eingestellt werden lediglich:

- Das ideale (*nicht* das tatsächliche) Körpergewicht des Patienten. Eine Erhöhung der Einstellung für das Körpergewicht zieht automatisch eine Anpassung der Beatmung nach sich
- %MinVol: Gewünschtes Minutenvolumen in % des Normwerts
- Hochdruckalarmgrenzwert (obere Druckgrenze).

Neben diesen Parametern stellt der Anwender die Sauerstoffkonzentration, den PEEP, die Inspirationsanstiegszeit und den Trigger ein.

Zu Beginn der Beatmung errechnet der Respirator das dem Patienten entsprechende Atemminutenvolumen (100 ml/kgKG bei Erwachsenen und 200 ml/kgKG bei Kindern; dies entspricht z. B. 7,0 l bei 70 kg Körpergewicht) und verabreicht einige Testatemzüge. Aus den dabei ermittelten Werten errechnet er das für den Patienten optimale Atemmuster, u. a. Tidalvolumen (im Beispiel 470 ml), Beatmungsfrequenz (im Beispiel 15/ min) und Inspirationsdruck. Abhängig davon, ob der Patient teilweise selbst atmet oder aber völlig passiv ist, wird das eingestellte Atemminutenvolumen (%MinVol) auf unterschiedliche Weise verabreicht, jedoch immer so, dass die Atemarbeit des Patienten so gering wie möglich ist. Je mehr der Patient selbständig atmet, desto mehr reduziert der Respirator die maschinelle Unterstützung, jedoch nur innerhalb gewisser Grenzen:

- Das minimal verabreichte Tidalvolumen beträgt 4,4 ml/kg KG (also beispielsweise 308 ml bei 70 kg Körpergewicht). Dadurch wird Hechelatmung mit einer übermäßigen Totraumventilation vermieden
- Das maximale Tidalvolumen wird durch den Hochdruckalarmgrenzwert (obere Druckgrenze) bestimmt. Während der Beatmung wird der Inspirationsdruck auf maximal 10 mbar unter diesem Druck angehoben
- Der Inspirationsdruck wird auf minimal 5 mbar über PEEP reduziert
- Die maximale Beatmungsfrequenz ergibt sich aus dem Minutenvolumen und dem minimalen Tidalvolumen (4,4 ml/kgKG), die minimale Beatmungsfrequenz liegt bei 5/Min.

In der Entwöhnung kann dann das %MinVol verringert werden, die maschinelle Unterstützung wird dann unter Umständen bis auf 40% reduziert. Dadurch wird z. B. nach Langzeitbeatmung eine vollständige Spontanatmung erreicht. Die Entwöhnung ist erfolgreich, wenn der Anteil des spontanen AMV am Gesamt-AMV zunimmt und die Druckunterstützung abnimmt.

Benötigen die Patienten ein höheres Minutenvolumen (erkennbar z. B. am erhöhten pCO_2) kann %MinVol auf maximal 350% erhöht werden.

Apnoe-Beatmung

Definition

Apnoe-Beatmung (auch *Apnoeventilation* oder *backup-Beatmung):* Beatmung, die der Respirator bei Beatmungsformen mit Spontanatemanteil im Fall einer Apnoe verabreicht.

Die Apnoe-Beatmung ist keine eigenständige Beatmungsform, sondern eine Sicherheitsfunktion am Respirator, die insbesondere bei Beatmungsformen mit hohem Spontanatemanteil des Patienten zum Tragen kommt, z. B. bei druckunterstützter Beatmung oder CPAP.

> Achtung: Nicht jeder Respirator bietet die Möglichkeit einer Apnoe-Beatmung! Respiratoren ohne Apnoe-Beatmung geben im Fall einer Apnoe lediglich Alarm, beatmen den Patienten aber nicht!

Der Anwender stellt am Respirator ein, wie der Patient im Fall einer Apnoe beatmet werden soll (Beatmungsform und einzelne Beatmungsparameter). An manchen Respiratoren ist auch geräteseitig festgelegt, in welchem Modus die Apnoe-Beatmung erfolgt.

Die Apnoe-Beatmung setzt dann ein, wenn der Respirator eine gewisse Zeit (Apnoe-Zeit) keine Einatembemühungen des Patienten feststellen kann. Die Dauer der Apnoe-Zeit ist an manchen Respiratoren geräteseitig festgelegt, an manchen kann sie eingestellt werden (Einstellung i. d. R. 15 – 20 Sek.). Mit Einsetzen der Apnoe-Beatmung gibt der Respirator Alarm.

> Bei Apnoe-Alarm unverzüglich ausreichende Beatmung sicherstellen (z. B. durch das Einstellen einer kontrollierten Beatmung oder mittels manueller Beatmung, falls Respirator nicht über Apnoe-Beatmung verfügt), Ursache der Apnoe suchen und wenn möglich beheben.

Automode

Die Funktion **Automode** ist eine Sonderfunktion am Servoventilator 300A® sowie am Servo i®, die bei kontrollierten Beatmungsformen wirksam wird (volumenkontrollierte, druckkontrollierte oder druckreguliert-volumenkontrollierte Beatmung).

Ist die Automode-Funktion eingestellt, schaltet der Respirator von der kontrollierten auf eine assistierte Beatmungsform um, sobald der Patient zweimal nacheinander Atemzüge triggert.

Abhängig von der Form der Beatmung schaltet der Respirator auf eine bestimmte assistierte Beatmungsform um:

- Bei volumenkontrollierter Beatmung sowie bei druckreguliert-volumenkontrollierter Beatmung (PRVC) wird auf Volumenunterstützung (VS ➤ 5.3.4) umgeschaltet
- Bei druckkontrollierter Beatmung wird auf inspiratorische Druckunterstützung (➤ 5.3.4) umgeschaltet. Daher ist es wichtig, dass bei PCV immer auch eine angemessene Druckunterstützung eingestellt ist.

Im weiteren Verlauf muss der Patient dann jeden Atemzug triggern (sowohl bei volumenunterstützter als auch bei druckunterstützter Beatmung). Wenn der Patient das Gerät nicht mehr triggert schaltet der Respirator nach einer bestimmten Zeit (12 Sek. beim Servo 300a bei Erwachsenen bzw. einstellbar am Servo i®) wieder zurück in die kontrollierte Beatmungsform.

Die Automode-Funktion soll bereits zu Beginn der Beatmung die Spontanatmungsfähigkeit des Patienten unterstützen. Soll der Patient im kontrolliert-assistierten Modus beatmet bleiben, muss die Funktion Automode abgeschaltet werden.

Wichtig bei der Automode-Funktion ist die Einstellung der Alarmgrenzen für das AMV sowie eine patientengerechte Einstellung der Triggerschwelle.

Hochfrequenzbeatmung

Definition

Hochfrequenzbeatmung *(high frequency ventilation*, kurz **HFV):** Beatmung mit sehr hoher Beatmungsfrequenz und extrem niedrigen Tidalvolumina. Unterschieden in:

- **HFPPV** (**h**igh **f**requency **p**ositive **p**ressure **v**entilation, d. h. Hochfrequenzüberdruckbeatmung). Beatmungsfrequenz 60 – 120/Min.
- **HFJV** (**h**igh **f**requency **j**et **v**entilation, d. h. Hochfrequenzjetbeatmung). Beatmungsfrequenz 120 – 600/Min.
- **HFOV** (**h**igh **f**requency **o**scillation **v**entilation, d. h. Hochfrequenzoszillationsbeatmung). Beatmungsfrequenz 300 – 3000/Min.

Die Beatmungsfrequenz bei der Hochfrequenzbeatmung wird häufig nicht wie sonst üblich in Minuten, sondern in Hertz (kurz Hz; Schwingungen pro Sekunde) angegeben. Eine Frequenz von 120/Min. entspricht der von 2/Sek. bzw. 2 Hz.

Bei der Hochfrequenzbeatmung „zerhackt" der Respirator einen kontinuierlichen Gasstrom mit sehr hoher Frequenz. Die so entstehenden Atemhubvolumina sind extrem klein und liegen zum Teil weit unter dem anatomischen Totraum (➤ 1.2.1). Dadurch ist es möglich, die Lungen- und Thoraxbewegungen auf ein Minimum zu reduzieren. Dass der Gasaustausch dennoch ausreichend ist liegt daran,

Tab. 5.2 Gebräuchliche HFV-Verfahren im Vergleich.

HFV-Modus	Beatmungsfrequenz	Tidalvolumen	Exspiration	Besonderheiten
HFPPV	60 – 120/Min = 1 – 2 Hz	2 – 5 ml/kg KG	passiv	• Auch mit gebräuchlichen Intensivrespiratoren möglich
HFJV	120 – 600/Min = 2 – 10 Hz	1 – 3 ml/kg KG	passiv	• Gaszufuhr über dünnen Katheter (Injektorkanüle), der in den Tubus oder direkt in die Trachea eingeführt ist oder von außen perkutan in die Trachea eingeführt wird (Koniotomie ➤ 4.3.5) • Gasstrom erzeugt Venturi-Effekt, d. h. Gas aus der Umgebung wird „mitgerissen" • Kombination mit konventioneller Beatmung möglich (superponierte HFJV)
HFOV	300 – 3000/Min = 5 – 50 Hz	1 – 3 ml/kg KG	aktiv	• Gaszufuhr über speziellen Tubusadapter, Hochfrequenzoszillator versetzt die Luft in hochfrequente Schwingungen • Eingesetzt vor allem bei Neugeborenen mit Atemnotsyndrom (IRDS)

dass die HFV alternative Gastransportmechanismen nutzt (z. B. Gasschwingungen und -turbulenzen).

Vorteile und Indikationen der HFV

Die **Indikationen** für eine Hochfrequenzbeatmung leiten sich aus den **Vorteilen** der HFV ab:

- Durch die extrem kleinen Tidalvolumina entstehen nur sehr geringe thorakale Druckschwankungen. Dadurch ist die Lunge praktisch „ruhig gestellt", was bei manchen Erkrankungen, z. B. instabilem Thorax (➤ 2.3.3) oder bronchopleuralen Fisteln, von Vorteil ist bzw. bei speziellen Untersuchungen oder chirurgischen Eingriffen an den Atmungsorganen oder deren unmittelbarer Umgebung, z. B. am Larynx, aus (operations-) technischen Gründen notwendig ist
- Weiter führen die extrem geringen Tidalvolumina dazu, dass hohe endinspiratorische Beatmungsdrücke vermieden werden, d. h. die HFV ermöglicht eine Druckentlastung der Lunge. Dies ist besonders wichtig beim schweren ARDS und hier besonders beim Atemnotsyndrom des Neugeborenen, selten auch bei bronchopleuralen und tracheoösophagealen Fisteln
- Scherkräfte der Lunge (können zwischen belüfteten und nicht belüfteten Lungenbereichen entstehen) werden verringert bzw. vermieden (➤ 5.7.1)
- In Kombination mit inhalativem Stickstoffmonoxid (iNO ➤ 7.3) kann HFO als Therapie bei schwerem ARDS (➤ 2.3.6) eingesetzt werden
- Ist Masken- CPAP kontraindiziert, kann bei kooperativen Patienten über einen tracheal liegenden Katheter (nasale Lage, bronchoskopisch kontrolliert) die Atmung durch Jet-Ventilation unterstützt werden (Bingold/Byhahn 2007: 37)
- Die HFV bewirkt eine „innere Vibration" in der Lunge, was eine verbesserte Sekretolyse zur Folge hat. Sie wird daher auch zur Atemtherapie und Sekretmobilisation eingesetzt.

Nachteile und Kontraindikationen der HFV

Nachteilig sind:

- Der hohe technische Aufwand, die vergleichsweise schwierige Überwachung der Beatmung und ein evtl. notwendiger Austausch des Respirators (zur Umstellung von konventioneller auf Hochfrequenzbeatmung)
- Die meist schwierige Atemgasbefeuchtung
- Die Gefahr einer direkten Schädigung der Trachealschleimhaut durch den hohen Gasflow
- Die Gefahr eines hohen intrinsischen PEEP (Folge der extrem kurzen Exspirationszeit) mit evtl. nachfolgendem Anstieg des pCO_2 (Hyperkapnie ➤ 2.4.1), Beeinträchtigung der Herz-Kreislauffunktion und pulmonalem Barotrauma (➤ 5.7.1). Wegen der erschwerten CO_2-Abatmung ist die Hochfrequenzbeatmung bei Patienten mit obstruktiven Lungenerkrankungen **kontraindiziert**.

Insgesamt hat die Hochfrequenzbeatmung durch die rasante Entwicklung neuer konventioneller Beatmungsformen an Bedeutung verloren und wird heute bei Erwachsenen nur noch sehr selten und – wegen des hohen technischen (Überwachungs-)Aufwandes und der Risiken dieser Beatmungsform – nur in speziellen Zentren durchgeführt.

5.4 Nichtinvasive Beatmung

Definition

Nichtinvasive Beatmung *(noninvasive ventilation,* kurz **NIV**): Beatmung ohne endotracheale Intubation oder Tracheotomie. Unterschieden in:

- NIV mit negativem Druck (**n**o**n**i*nvasive* **n**e*gative* **p**r*esssure* **v**e*ntilation* kurz **NINPV**): Unterdruckbeatmung ➤ 5.1.2
- NIV mit positivem Druck (**n**o**n**i*nvasive* **p**o*sitive* **p**r*essure* **v**e*ntilation* kurz **NIPPV**), eingesetzt in der Intensivmedizin sowie bei der Heimbeatmung.

Verschiedene Fachgesellschaften erstellen zur Zeit eine Leitlinie zum Thema „Nicht-invasive Beatmung zur Therapie der akuten respiratorischen Insuffizienz". Geplante Veröffentlichung der Leitlinie ist das erste Quartal 2008, sie ist dann unter www.leitlinien.net nachzulesen.

Die in der Intensivmedizin eingesetzten nichtinvasiven Beatmungsverfahren sind praktisch ausschließlich solche mit positivem Druck. Daher wird im Folgenden auch nur auf diese näher eingegangen. Details zur Heimbeatmung finden sich in Kapitel 9.

5.4.1 Voraussetzungen zur nichtinvasiven Beatmung

Voraussetzungen für den Einsatz einer NIPPV

Eine nichtinvasive Überdruckbeatmung sollte nur durchgeführt werden wenn folgende Voraussetzungen erfüllt sind:

- Kontraindikationen liegen nicht vor (➤ 5.4.3)
- Der Patient ist verständlich über das Verfahren informiert
- Ein geeignetes Interface (Interface= „Schnittstelle“, Verbindungsstelle zwischen Patient und Respirator; meist Maske, selten Helm) ist vorhanden und wurde angepasst
- Das Pflegepersonal ist geschult und kennt
  - Masken und Helme zur NIV (wann wird welches Interface verwendet?)
  - Anwendung der Masken (Kontrolle auf Dichtigkeit)
  - Beatmungsgeräte (Prüfung und Anwendung)
  - Beatmungsformen (wann ist welche sinnvoll? Einstellung an den jeweiligen Geräten)
  - Vorgehen bei Problemen
  - Abbruchkriterien, Vorgehen im Notfall
  - Aufbereitung der Materialien
  - Dokumentation
- Bei einem evtl. notwendigen Abbruch der nichtinvasiven Beatmung kann der Patient umgehend intubiert und konventionell beatmet werden
- Es steht ausreichend Zeit für die notwendige engmaschige Überwachung des Patienten zur Verfügung.

Ein „Selbstversuch“ der Pflegenden kann sinnvoll sein, um sich besser in die Situation und mögliche Probleme des Patienten einfühlen zu können.

Interfaces zur nichtinvasiven Beatmung

Bei der NIPPV werden verschiedene Interfaces verwendet.

Meist erfolgt die Beatmung über eine dicht sitzende **Maske**. Diese bedeckt entweder nur die Nase (Nasenmaske), Nase und Mund (Mund-Nasenmaske) oder das ganze Gesicht (Gesichtsmaske; Beatmungsmasken auch ➤ 3.2.1).

Die Masken gibt es in unterschiedlichen Größen und Formen, um einen guten Sitz bei unterschiedlicher Gesichtsform und -größe zu ermöglichen. Die Masken sollten durchsichtig sein (aus transparentem Kunststoff bestehen), um die Beatmung besser überwachen und Komplikationen (insbesondere ein Erbrechen unter der Gesichtsmaske) frühzeitig erkennen zu können.

Wenn möglich werden die für den Patienten angenehmeren Nasenmasken verwendet. Dabei sollte der Patient während der Beatmung den Mund geschlossen halten. Es ist jedoch auch möglich, den Patienten trotz geöffnetem Mund über eine Nasenmaske zu beatmen, da etwa 50 – 75% des Drucks, der in der Nasenmaske herrscht, in die Trachea übertragen wird (durch den Druck in der Nase entsteht im Rachenraum durch Lageveränderungen des weichen Gaumens eine Art „pneumatische Schiene“, d. h. die oberen Luftwege werden offen gehalten und zum Mund hin abgedichtet). Nachteilig ist dann allerdings die Ungenauigkeit bei der Messung der Beatmungsvolumina.

Insbesondere im Heimbeatmungsbereich werden auch individuell angefertigte Masken verwendet, um einen dichten und komfortablen Sitz zu erreichen.

Bei Patienten mit Verletzungen im Gesichtsbereich sowie bei Patienten, die Nasen- oder Gesichtsmasken wegen des Engegefühls nicht tolerieren, können **CPAP-Helme** zur nichtinvasiven Beatmung verwendet werden (➤ Abb. 5.15). Diese umschließen den Kopf komplett, am unteren Rand befindet sich eine dicht abschließende Halsmanschette. Die Fixierung erfolgt über breite Bänder, die unter den Achseln durchgeführt werden. Durch den PEEP „bläst“ sich der Helm zur vollen Größe auf. Im Innenraum des Helmes wird der Atemwegsdruck aufgebaut, der sich dann über Mund und/oder Nase ins Tracheobronchialsystem überträgt. Im Gegensatz zu Nasen- bzw. Gesichtsmasken entsteht bei CPAP-Helmen kein Auflagedruck durch die Maske im Gesichtsbereich. Öffnungen am CPAP-Helm im Gesichtsbereich ermöglichen z. B. das Absaugen von Atemwegssekret oder auch das Trinken mittels Trinkhalm; beides gestaltet sich in der Praxis jedoch noch recht schwierig.

CPAP-Helme sind aufgrund ihrer Materialeigenschaften *nicht* zur Anwendung hoher Beatmungsdrücke geeignet, d. h. eine deutliche Reduktion der

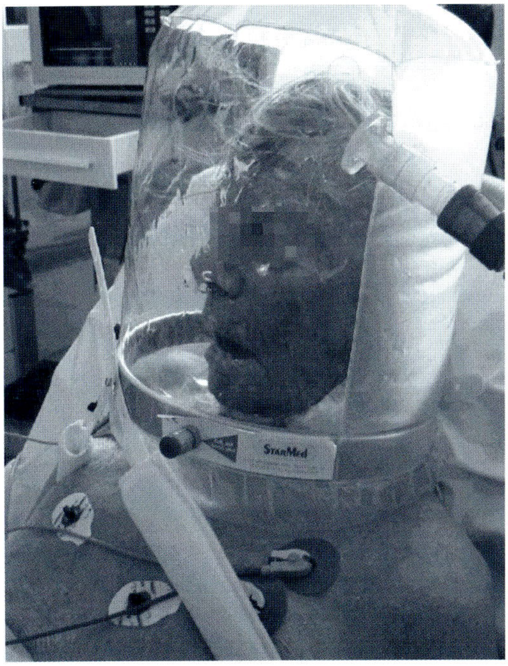

Abb. 5.15 Patient mit CPAP-Helm. [O173]

Atemarbeit kann u. U. nicht erreicht werden. Messungen der Beatmungsvolumina sind aufgrund des hohen kompressiblen Volumens nicht verwertbar. Bei Verwendung von CPAP-Helmen muss das Triggerverhalten des Respirators genau überwacht werden, da wegen des hohen Volumens unter dem Helm Triggerbemühungen des Patienten evtl. nur verzögert erkannt werden (dies erhöht die Atemarbeit). Die Beatmung mit Helmen wird, insbesondere bei COPD-Patienten, mit High-Flow-Systemen besser toleriert als mit Demand- Flow-Systemen (High-Flow-Systeme liefern einen Frischgasflow, der ein mehrfaches des Atemminutenvolumens beträgt).

5.4.2 Vorteile, Nachteile und Komplikationen der NIPPV

Der **Hauptvorteil** der nichtinvasiven Beatmung liegt darin, dass alle mit der endotrachealen Intubation bzw. Tracheotomie verbundenen Nebenwirkungen, Risiken und Komplikationen umgangen werden (Auswirkungen und Komplikationen der endotrachealen Intubation ➤ 4.2.10, Komplikationen der Tracheotomie ➤ 4.3.6). Weitere Vorteile sind:

- Die nichtinvasive Beatmung kann rasch begonnen bzw. beendet werden (keine zeitaufwändige Vorbereitung)
- Ein kurzzeitiges Entfernen der Beatmungsmaske ist i. d. R. problemlos, etwa damit der Patient essen und/oder trinken bzw. sprechen kann (bei Verwendung von Nasenmasken ist dies meist auch unter Fortführung der nichtinvasiven Beatmung möglich)
- Eine Atemgasklimatisierung ist i. d. R. nicht erforderlich, damit entfallen auch alle Risiken, die die verschiedenen Atemgasklimatisierungssysteme mit sich bringen (➤ 5.6)
- Eine Sedierung des Patienten ist i. d. R. nicht erforderlich
- Der Patient kann meist rascher mobilisiert werden, die Mobilisation ist darüber hinaus i. d. R. deutlich erleichtert.

Der **Hauptnachteil** der nichtinvasiven Beatmung ist die Aspirationsgefahr (insbesondere bei Verwendung von Mund-, Nasen- und Gesichtsmasken).

Bei der konventionellen Beatmung dichtet der Cuff des Endotrachealtubus bzw. der Trachealkanüle die Atemwege relativ dicht ab. Im Gegensatz dazu sind bei der nichtinvasiven Beatmung die **Atemwege nicht gesichert,** d. h. wenn der Patient erbricht (etwa infolge einer Überblähung des Magens) besteht die Gefahr einer massiven Aspiration. Die Aspirationsgefahr ist besonders groß wenn der Patient eine Gesichtsmaske trägt und diese nicht rasch genug entfernen kann. Wegen dieser Gefahr sind eine lückenlose Überwachung des Patienten sowie eine engmaschige Beobachtung während der nichtinvasiven Beatmung unerlässlich.
Um das Risiko einer Aspiration unter nichtinvasiver Beatmung zu minimieren sollte der **Beatmungsdruck < 25 mbar** und damit unter dem normalen Ösophagusverschlussdruck liegen. Ansonsten besteht die Gefahr von Magenüberblähung, Regurgitation und Aspiration von Mageninhalt.

Komplikationen der nichtinvasiven Beatmung sind:

- Druckschäden der Gesichtshaut durch die Maske. Hautrötungen treten in ca. 20 – 34%, Nasenrückenulcera in ca. 5 – 10% der Anwendungen auf (Metha, S., 2001). Diese Gefahr lässt sich reduzieren durch regelmäßige Überprüfung der Spannung der Haltebänder (Spannung ggf. lockern),

intermittierendes Entfernen der Maske sowie Polstern gefährdeter Areale, z. B. der Nase mit hydroaktiven Platten (z. B. Comfeel®). Ggf. andere Maske verwenden
- Undichtigkeit der Maske mit nachfolgend unzureichender Beatmung wird in bis zu 80 – 100% beschrieben (Metha, S., 2001).Bei Undichtigkeit Sitz der Maske korrigieren, ggf. Maske austauschen. Ist die Maske im Bereich der Nase undicht, kann die hier entweichende Luft Richtung Augen strömen und dort Reizungen der Bindehaut bis hin zu Bindehautentzündungen (Konjunktivitis) hervorrufen
- In 30 – 50% klagen die Patienten über Unbehagen (Discomfort), in 5 – 10% kommt es zu Klaustrophobie (Metha, S., 2001)
- Bedingt durch den hohen Flow der Geräte kann es dazu kommen, dass der Patient die Atemluft evtl. als kalt und trocken empfindet und die Schleimhäute im Nasen-Rachen-Raum austrocknen. Dann muss ggf. eine aktive oder passive Atemgasklimatisierung (nicht bei allen Systemen möglich) erfolgen (➤ 5.6)
- Wie bei der konventionellen Beatmung kommt es auch bei der nichtinvasiven Überdruckbeatmung zu einem Anstieg des intrathorakalen Druckes und den damit verbundenen Nebenwirkungen und Komplikationen (➤ 5.7).

5.4.3 Möglichkeiten und Grenzen der nichtinvasiven Beatmung

Indikationen zur nichtinvasiven Beatmung

Eine nichtinvasive Beatmung kann sowohl bei Patienten mit Oxygenierungsstörung (Leitsymptom: erniedrigter pO_2) als auch bei Versagen der Atempumpe (Leitsymptom: erhöhter pCO_2) eingesetzt werden.

Die nichtinvasive Beatmung ermöglicht die Entlastung der erschöpften Atempumpe und die Regeneration des Patienten unter Umgehung der Risiken einer endotrachealen Intubation bzw. einer Tracheotomie. Dies hat sich insbesondere bei Patienten mit exazerbierter COPD bewährt (Exazerbation = Verschlimmerung einer Erkrankung), da bei diesen Patienten eine konventionelle Beatmung häufig mit einer langwierigen und schwierigen Respiratorentwöhnung (➤ 5.11) verbunden ist. Empfohlen wird, bei milder bis mittelgradiger Formen mit einem pH von 7,3 – 7,35 frühzeitig mit der NIV zu beginnen. Verfügt das Behandlungsteam über viel Erfahrung in der nichtinvasiven Beatmung, kann auch bei schwergradiger Azidose (z. B. Patient mit CO_2-Narkose, ➤ 1.1.3) ein Therapieversuch mit NIV unternommen werden. Sind diese Patienten intubiert, sollte versucht werden, frühzeitg zu extubieren und auf eine nichtinvasive Beatmung umzusteigen.

Weitere intensivmedizinische Indikationen sind:
- Prophylaxe und Behandlung einer respiratorischen Insuffizienz bei
  - Kardialem Lungenödem
  - Immunsupprimierte Patienten
  - Unkomplizierter Pneumonie und/oder Atelektasen
  - Neurologischen Erkrankungen mit erhaltenem Schluck- und Hustenreflex
- Reduzierung postoperativer pumonaler Komplikationen wie Atelektasen, Hypoventilation, Lungenödem sowie Pneumonien (Hofer, S., 2006). Diese treten abhängig von Vorerkrankungen wie Nikotinabusus, COPD, ASA > 2, Art (Abdominal- oder Thoraxchirurgie) und Dauer des Eingriffs sowie eventuelles Übergewicht auf (Bamgbade, 2006). Durch den frühzeitigen Einsatz der NIV (ggf. nur CPAP) unmittelbar nach der Extubation kann die Reintubationsrate sowie die Anzahl an Komplikatinen deutlich gesenkt werden
- Weiterführung der Entwöhnung (nach längerdauernder invasiver Beatmung sollten Patienten mit hyperkapnischen ARI und Risikofaktoren für ein Extubatuionsversagen prophylaktisch mit NIV behandelt werden). Nach einer Extubation von Nicht-COPD-Patienten mit hypoxämischer ARI ist ein Behandlungsversuch mit NIV nicht generell zu empfehlen.

In der Palliativmedizin kann NIV zur Linderung der Dyspnoe und Besserung der Lebensqualität eingesetzt werden (Voraussetzung: Patient ist über das Verfahren aufgeklärt und stimmt ihm zu).

Indikationen zur Heimbeatmung ➤ Kapitel 9

Ist die Indikation zur NIV gestellt, sollte möglichst früh damit begonnen werden.

Beatmungsformen

Prinzipiell lassen sich fast alle Beatmungsformen, die über einen Endotrachealtubus oder eine Trachealkanüle verabreicht werden können, auch als nichtinvasive Beatmung über eine dicht sitzende Maske verabreichen. Voraussetzung ist jedoch, dass der Beatmungsdruck nicht höher als 25 mbar liegt. Wie bei der konventionellen Beatmung so sind auch bei der NIV die Beatmungsform und die einzelnen Beatmungsparameter von Art und Ausmaß der respiratorischen Insuffizienz sowie von der Akzeptanz des Patienten abhängig. Häufig als nichtinvasive Beatmung eingesetzt werden die Beatmungsformen CPAP (➤ 5.3.5), druckunterstützte Beatmung (➤ 5.3.4), SIMV (➤ 5.3.3) und BIPAP (➤ 5.3.6), seltener die assistiert-kontrollierte Beatmung (➤ 5.3.2).

Kontraindikationen

Eine nichtinvasive Beatmung ist in folgenden Fällen **absolut kontraindiziert:**

- Fehlende Spontanatmung oder Schnappatmung
- Fixierte oder funktionelle Verlegung derAtemwege
- Gastrointestinale Blutungen oder Ileus.

Relative Kontraindikationen sind:

- Koma
- Massive Agitation
- Hypersekretion trotz Bronchoskopie
- Schwergradige Hypoxämie oder Azidose (pH < 7,1)
- Hämodynamische Instabilität (kardiogener Schock, Myokardinfarkt)
- Anatomische und/oder subjektive Interface-Inkompatibilitäten
- Z. n. gastrointestinaler Operation.

5.4.4 Praxis der nichtinvasiven Beatmung

Respiratoren zur nichtinvasiven Beatmung

Für die nichtinvasive Beatmung können – abhängig von der gewählten Beatmungsform – die folgenden Gerätegruppen eingesetzt werden:

- Intensivbeatmungsgeräte (➤ 6.4)
- Respiratoren zur Heimbeatmung (➤ 9.2)
- Spezielle CPAP-Geräte (➤ 6.5). Diese verfügen jedoch teilweise über keine oder nur unzureichende Überwachungsfunktionen.

Auswahl und Einstellung der Beatmungsform

Abhängig von Art und Ausmaß der respiratorischen Insuffizienz legt der Arzt die geeignete Beatmungsform fest und ordnet die Einstellung der entsprechenden Beatmungsparameter an:

- Liegt lediglich eine oxygenatorische Insuffizienz (respiratorische Partialinsuffizienz ➤ 2.1) vor, genügt meist eine CPAP-Atmung. Der PEEP wird dabei anfangs zwischen 5 – 8 mbar eingestellt und im Verlauf dann abhängig von der Blutgasanalyse variiert
- Bei ventilatorischer Insuffizienz (respiratorische Globalinsuffizienz ➤ 2.1) kommt meist eine assistierte Beatmung zum Einsatz, z. B. druckunterstützte Beatmung, BIPAP oder SIMV. Die Beatmung wird so eingestellt, dass ein Tidalvolumen von 6 – 8 ml/kgKG erreicht wird. Darunter sollte der Beatmungsdruck möglichst nicht über 25 mbar ansteigen. Meist wird ein PEEP von 5 – 8 mbar zugeschaltet. Soll die Atemmuskulatur vollständig entlastet werden, kann eine assistiert-kontrollierte Beatmungsform (S-CMV) gewählt und die Atemfrequenz so eingestellt werden, dass sie über der normalen Atemfrequenz des Patienten liegt. Dadurch wird der Atemantrieb des Patienten außer Kraft gesetzt, seine Atemmuskulatur bleibt passiv und kann sich regenerieren.

In beiden Fällen wird die inspiratorische Sauerstoffkonzentration entsprechend den Erfordernissen eingestellt und im Verlauf anhand der Werte der Blutgasanalyse korrigiert.

Durchführung der nichtinvasiven Beatmung auf der Intensivstation

Zunächst informieren die Pflegenden oder der Arzt den Patienten über die geplante Maßnahme. Sofern die Erkrankung des Patienten bzw. die vorgenommene Operation es erlaubt, lagern die Pflegenden den Patienten auf dem Rücken in Oberkörperhochlage. Ist dies nicht möglich, achten die Pflegenden auf eine den Umständen entsprechende atemerleichternde Lagerung des Patienten.

Anschließend gehen die Pflegenden wie folgt vor:

- Falls noch nicht geschehen Beatmungsgerät auf Funktionsfähigkeit und Beatmungssystem auf Dichtigkeit testen. Beatmungsparameter und -grenzwerte entsprechend den ärztlichen Anordnungen bzw. klinikinterner Richtlinien einstellen
- Ausgewähltes Interface (für die ersten 24 Std. häufig Mund-Nasenmaske) mit dem Gerät verbinden
- Maske auf Nase oder Mund und Nase aufsetzten, mit einer oder zwei Händen halten bzw. Patienten halten lassen und testen, ob der Patient problemlos atmen bzw. beatmet werden kann. Dies ist besonders wichtig wenn der Patient erstmalig nichtinvasiv beatmet wird und/oder sehr ängstlich ist, da die Pflegenden hierbei sehr genau beobachten können, wie der Patient mit der eingestellten Beatmung zurecht kommt
- Ist die (Be-)Atmung problemlos möglich, die Maske mit den entsprechenden Haltebändern am Kopf des Patienten befestigen
- Dichtigkeit der Maske prüfen (Luftstrom zwischen Maskenwulst und Gesichtshaut spürbar?). Bei vielen Patienten mit Zahnprothesen ist eine Abdichtung nur möglich wenn die Zahnprothesen eingesetzt sind. Schwierig ist das Abdichten auch bei liegender Magensonde. Hier gibt es spezielle Schlauchbrücken zur Abdichtung (Schlauchbrücke wird an der Stelle, an der die Magensonde unter dem Maskenwulst verläuft, um die Sonde gelegt). Ist ein Abdichten der Maske nicht zu bewerkstelligen, kann es erforderlich sein, die Beatmung so einzustellen, dass ein geringer Luftverlust kompensiert wird
- Lückenlose Monitorüberwachung sicherstellen und dafür sorgen, dass der Patient jederzeit Hilfe herbeirufen kann
- Patienten im weiteren Verlauf engmaschig beobachten.

Heimbeatmung ➤ *Kap. 9*

> Viele Patienten leiden wegen ihrer Grunderkrankung an Atemnot und damit verbunden auch an Angst. Diese Patienten empfinden das Anbringen der Maske oft zunächst als zusätzliche Erschwerung der Atmung, was ihre Angst meist noch verstärkt. Hier ist es besonders wichtig, dass die Pflegenden dem Patienten einfühlsam und in einer ihm verständlichen Art und Weise Sinn und Funktion der Beatmung erklären, in der ersten Zeit nach Anbringen der Maske bei ihm bleiben und ihm versichern, dass er im Bedarfsfall jederzeit die Möglichkeit hat, Hilfe zu erhalten.

Bei sehr unruhigen Patienten, deren Unruhe sich unter der NIV nicht bessert, ordnet der Arzt evtl. eine Sedierung, z. B. mit Midazolam (z. B. Dormicum®) oder Analgesie (z. B. mit Morphin) an.

Die Dauer der nichtinvasiven Beatmung richtet sich nach dem Zustand des Patienten. So reichen bei manchen Patienten einige Stunden pro Tag aus, während andere Patienten zu Beginn bis zu 24 Stunden pro Tag diese Unterstützung benötigen.

Überwachen des Patienten unter NIV

Während der nichtinvasiven Beatmung muss eine lückenlose Monitorüberwachung gewährleistet sein. Diese umfasst die Überwachung folgender Parameter:

- Herzfrequenz (wenn möglich mit Arrhythmieüberwachung) und Blutdruck
- Sauerstoffsättigung (➤ 8.2.3)
- Atemfrequenz (besonders wichtig bei Verwendung spezieller CPAP-Geräte, die z. T. nicht über Überwachungsfunktionen verfügen; ansonsten erfolgt die Atemfrequenzüberwachung durch den Respirator).

Darüber hinaus wird meist in regelmäßigen Abständen und zusätzlich bei Bedarf (z. B. nach Änderungen der Beatmungsparameter oder akuter Ver-

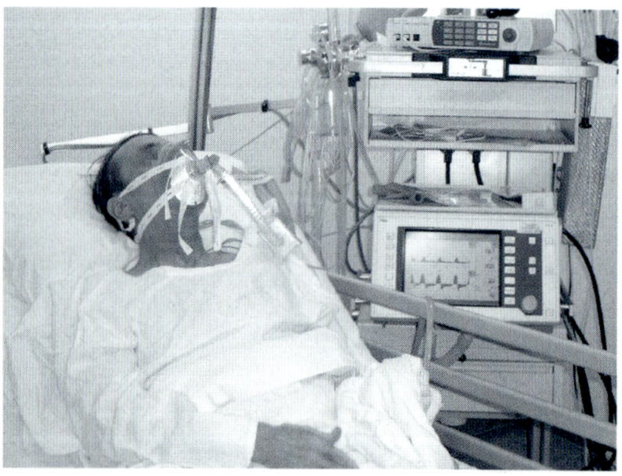

Abb. 5.16 Nichtinvasive Überdruckbeatmung. Hier ein Patient, der über eine Mund-Nasen-Maske im CPAP-Modus mit inspiratorischer Druckunterstützung nichtinvasiv beatmet wird. [M251]

schlechterung der Gesamtsituation) eine Blutgasanalyse (➤ 2.4.2) durchgeführt.

Erfolgt die nichtinvasive Beatmung über ein Intensiv- oder Heimbeatmungsgerät, ist i. d. R. auch eine mehr oder weniger umfangreiche Überwachung der (Be-)Atmung über den Respirator möglich. Diese umfasst:

- Atemminuten- und Tidalvolumen (schwierig bei Nasenmaske, Helm bzw. Leckagen)
- Atemfrequenz
- Beatmungsdruck (wichtig ist insbesondere der *obere inspiratorische Druck*, auch *Beatmungsspitzendruck)*
- PEEP.

Zusätzlich zu dieser kontinuierlichen Überwachung der Vitalparameter kontrollieren die Pflegenden engmaschig den Zustand des Patienten. Dabei achten sie besonders auf die Zeichen einer persistierenden oder zunehmenden respiratorischen Insuffizienz (➤ 2.4) und auf Hinweise für Komplikationen (➤ 5.4.2).

Abbrechen der nichtinvasiven Beatmung

Die nichtinvasive Beatmung muss abgebrochen und der Patient intubiert und konventionell beatmet werden wenn:

- Der Patient zunehmend eintrübt, komatös wird bzw. die Schutzreflexe aufgehoben sind
- Die Agitiertheit (motorische Unruhe) des Patienten zunimmt und nicht mehr beherrschbar ist
- Die Dyspnoe zunimmt, die Atemfrequenz > 35/Min. ansteigt (Hechelatmung) und das Atemzugvolumen abnimmt
- Die Sauerstoffsättigung unter der NIV nicht ansteigt bzw. sich die Blutgasanalyse unter der Beatmung nicht bessert
- Der pH-Wert in der BGA weiter abfällt
- Die Atemmuskulatur weiterhin überlastet ist (klinische Zeichen der respiratorischen Erschöpfung ➤ 5.11.3)
- Eine Sekretretention auftritt, die häufiges endotracheales (ggf. bronchoskopisches) Absaugen erforderlich macht
- Der Kreislauf instabil wird bzw. Herzrhythmusstörungen auftreten
- Der Patient erbricht bzw. der V. a. eine Aspiration besteht
- Wenn sich der Zustand des Patienten, der die Beatmung erforderlich machte, nicht innerhalb einer angemessenen Zeit bessert.

Sollte die NIV nicht zum gewünschten Erfolg führen, muss umgehend intubiert und konventionell beatmet werden.

5.5 Seitengetrennte Beatmung

Definition

Seitengetrennte Beatmung *(independent lung ventilation,* kurz *ILV):* Getrennte Beatmung der beiden Lungenflügel, evtl. mit unterschiedlichem Beatmungsmuster. Seitengetrennte Beatmung erfolgt über einen Doppellumentubus oder (selten) eine Doppellumen-Trachealkanüle. Zur Beatmung sind zwei Respiratoren notwendig, die oft synchronisiert werden.

5.5.1 Indikationen zur seitengetrennten Beatmung

Eine seitengetrennte Beatmung ist indiziert wenn eine Lungenerkrankung einseitig besonders ausgeprägt ist und andere Maßnahmen (z. B. bestimmte Beatmungsstrategien oder Lagerungen) die Situation nicht verbessern können. Bei einseitig besonders stark ausgeprägter Lungenerkrankung besteht bei der konventionellen Beatmung die Gefahr, dass der überwiegend gesunde Lungenflügel überdehnt und der überwiegend erkrankte Lungenflügel nicht ausreichend belüftet wird. Mittels seitengetrennter Beatmung ist es möglich, den überwiegend gesunden Lungenflügel mit einem geringeren und den überwiegend erkrankten mit einem höheren Beatmungsdruck zu beatmen. Bei entzündlichen Lungenerkrankungen und bei Blutungen kann eine seitengetrennte Beatmung das Risiko vermindern, dass Blut bzw. Eiter in den intakten Lungenflügel übertritt.

Zu den Lungenerkrankungen, die eine einseitige Beatmung erforderlich machen können, gehören:

- Pneumonie (➤ 2.3.1)
- ARDS (➤ 2.3.6)

- Aspiration
- Lungenkontusion (➤ 2.3.3)
- Lungenembolie (➤ 2.3.5)
- Lungenblutung
- Bronchopleurale Fistel und Bronchusstumpfinsuffizienz
- Lungenödem
- Thoraxtrauma mit Zerreißung von Lungengewebe (Gefahr der Gasembolie)
- Behandlungsresistente einseitige Atelektase
- Große Emphysemblasen
- Lungenabszess
- Einseitige Lungentransplantation.

(Bingold/Byhahn 2007: 36)

Darüber hinaus kann eine seitengetrennte Beatmung notwendig sein bei thoraxchirurgischen Eingriffen, wenn zur Erleichterung des chirurgischen Vorgehens ein Lungenflügel vorübergehend „stillgelegt" werden muss. Dies ist dann keine seitengetrennte Beatmung im eigentlichen Sinn mehr, vielmehr spricht man hier von einer *Ein-Lungen-Beatmung,* da der stillgelegte Lungenflügel meist lediglich mit einem geringen Frischgasflow durchspült wird.

5.5.2 Durchführung der seitengetrennten Beatmung

Doppellumenintubation

Vorbereitung

Die Vorbereitung des Patienten und des Materials entspricht weitgehend der bei der oralen Intubation (➤ 4.2.4). Zusätzlich sind erforderlich:

- Doppellumentubus (➤ Abb. 4.13) mit zugehörigem Führungsstab und Konnektoren. Wichtig ist die Überprüfung der Dichtigkeit beider Cuffs. Die Kontrolle des trachealen Cuffs entspricht der beim Endotrachealtubus (➤ 2.4.2). Der bronchiale Cuff sollte mit maximal 3 ml Luft geblockt werden. Grundsätzlich sollte der Doppellumentubus so groß wie möglich gewählt werden, um den Strömungswiderstand niedrig halten zu können und das Absaugen über den Tubus zu erleichtern
- Intubations-Bronchoskop (➤ Abb. 4.24) zur Tubuslagekontrolle (selten erfolgt die Lagekontrolle des Doppellumentubus ausschließlich mittels Auskultation des Thorax).

Durchführung

Das Vorgehen entspricht bis zum Punkt „Einführen des Tubus" dem bei der oralen Intubation (➤ 4.2.5). Der Arzt führt den Doppellumentubus zunächst unter Sicht durch die Stimmritze in die Trachea ein, entfernt dann den Führungsstab, dreht den Tubus um 90° in die Richtung des Bronchus, der intubiert werden soll, und schiebt den Tubus dann bis zum Auftreten eines leichten Widerstandes vor.

Abschließend werden beide Cuffs geblockt und der Patient über beide Tubuslumen beatmet. Darunter müssen seitengleiche Atemgeräusche auskultierbar und seitengleiche Thoraxexkursionen beobachtbar sein. Ist nur ein Lungenflügel belüftet, liegt der Tubus zu tief (beide Tubuslumen liegen im Hauptbronchus). In diesem Fall müssen beide Cuffs entblockt und der Tubus zurückgezogen und neu geblockt werden.

Bei (absehbar) schwieriger Intubation kann der Doppellumentubus auch mit Hilfe eines Intubationsfiberskops eingeführt werden (fiberoptische Intubation ➤ 4.2.6). Je nach Größe des Doppellumentubus sind dazu spezielle (besonders dünne) Intubationsfiberskope erforderlich.

Tubuslagekontrolle

Ist die Belüftung beider Lungenflügel bei Beatmung über beide Tubuslumen gegeben, wird nacheinander jeweils ein Tubuslumen abgeklemmt und kontrolliert, welcher Lungenflügel darunter belüftet ist. Es darf jeweils auf der „abgeklemmten" Seite kein Atemgeräusch auskultierbar sein, während die „nicht-abgeklemmte" Seite belüftet sein muss.

Typische Fehllagen des Doppellumentubus sind die zu tiefe Intubation des richtigen Hauptbronchus (beide Lumen enden im Bronchus), eine nicht ausreichende Intubationstiefe (beide Lumen enden in der Trachea) sowie die (korrekte) Lage im falschen Hauptbronchus (das bronchiale Lumen endet im falschen Bronchus).

> Trotz sorgfältiger Auskultation kann es sehr schwierig sein, die Lage des Doppellumentubus sicher zu bestimmen, insbesondere wenn aufgrund der einseitig ausgeprägten Lungenerkrankung die Atemgeräusche verändert sind. Deshalb wird die abschließende definitive Lagekontrolle i. d. R. mittels Bronchoskopie vorgenommen.

Zur bronchoskopischen Lagekontrolle wird das Bronchoskop meist in das tracheale Lumen eingeführt und etwas über die Öffnung des Lumens in der Trachea hinaus vorgeschoben. Bei korrekter Tubuslage sind die Carina (Bifurkation) und der im richtigen Hauptbronchus liegende bronchiale Cuff zu sehen.

Alternative: Endobronchialblocker

Ist bei einem bereits konventionell intubierten Patienten eine seitengetrennte Beatmung erforderlich, kann der Einsatz eines Endobronchialblockers erwogen werden. Endobronchialblocker sind Ballonkatheter, die unter bronchoskopischer Sicht über den liegenden Endotrachealtubus in den Haupt- oder Lappenbronchus vorgeschoben werden. Auch eine Platzierung in einem Segmentbronchus ist möglich. Derzeit sind v. a. der Endobronchialblocker nach Arndt und der Endobronchialblocker nach Cohen (mit schwenkbarer Spitze zur besseren Platzierung) in Gebrauch. Wesentlicher **Vorteil** des Endobronchialblockers gegenüber der Doppellumenintubation ist, dass der Endobrochialtubus belassen werden kann, d. h. eine Umintubation mit Doppellumentubus und der damit verbundene kurzfristige Verlust eines sicheren Atemwegs entfällt.

Nachteile sind das sehr enge Lumen des Endobronchialblockers (dadurch erschwertes Absaugen) und das vergleichsweise hohe Dislokationsrisiko. Zudem kann über den Endobronchialblocker lediglich Sauerstoff insuffliert bzw. CPAP appliziert werden, eine weiterreichende Beatmung des Lungenbereiches hinter dem Endobronchialblocker ist nicht möglich.

Technik der seitengetrennten Beatmung

Die Beatmung erfolgt mit zwei Respiratoren, wobei ein Gerät als „Master" („Herr"), das andere als „Slave" („Sklave") eingestellt wird. Die Geräte werden über ein Schnittstellenkabel verbunden. Das Master-Gerät übernimmt die Kontrolle. Wichtig ist es trotzdem, bei beiden Geräten die gleiche Frequenz einzustellen, falls es zu einer unbeabsichtigten Trennung der Geräte kommt.

Es werden drei Master-Slave-Beziehungen unterschieden:

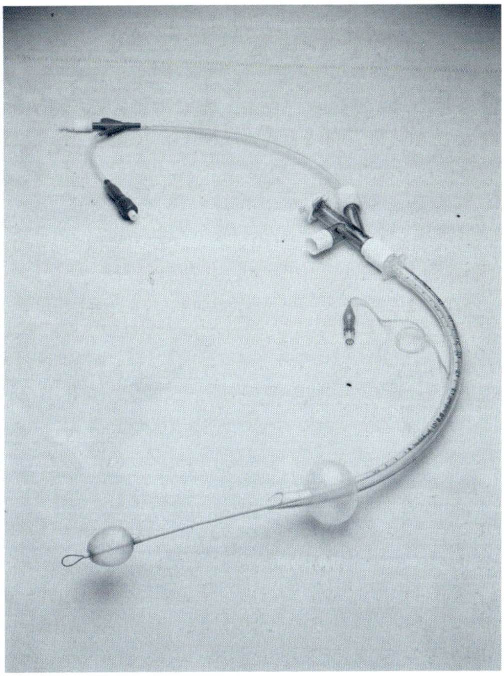

Abb. 5.17 Endobronchialblocker, über einen konventionellen Endotrachealtubus eingeführt und geblockt. [V214]

- **Synchrone ILV:** Beide Respiratoren beginnen gleichzeitig mit der Inspiration, das I:E Verhältnis ist identisch
- **Asynchrone ILV:** Beide Respiratoren beginnen gleichzeitig mit der Inspiration, das I:E Verhältnis ist jedoch unterschiedlich (bei gleicher Zeitdauer des Ventilationszyklus)
- **Inverse ILV:** Der Slave-Respirator beginnt mit der Inspiration sobald am Master-Respirator die Exspiration beginnt.

Alternativ kann die seitengetrennte Beatmung auch erfolgen über:

- Zwei unabhängig voneinander arbeitende Respiratoren *(unsynchronisierte ILV)*
- Einen Respirator, der beide Lumen ventiliert. Dazu ist ein spezieller y-förmiger Adapter notwendig, der beide Tubuslumen zu einem zusammenführt, das an die Beatmungsschläuche angeschlossen wird. Indiziert ist diese Form der seitengetrennten Beatmung bei entzündlichen Erkrankungen oder Blutungen (hier dient der Doppellumentubus dem Schutz des nicht bzw. weniger stark geschädigten Lungenflügels).

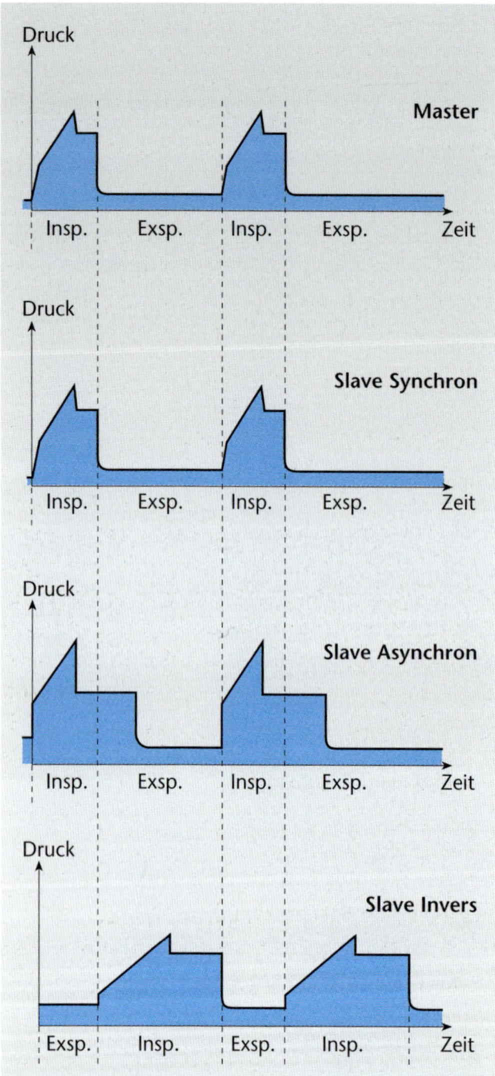

Abb. 5.18 Verschiedene Master-Slave-Beziehungen bei der seitengetrennten Beatmung. (Modifiziert nach Fa. Dräger)

Die seitengetrennte Beatmung ermöglicht es, jeden Lungenflügel entsprechend den erkrankungsbedingten Veränderungen mit unterschiedlichen Beatmungsparametern zu beatmen, z. B. verschieden hohes PEEP-Niveau, unterschiedliches Atemzeitverhältnis, angepasstes Tidalvolumen bzw. unterschiedlicher Beatmungsdruck.
Diesem Vorteil stehen jedoch Nachteile und gravierende Risiken gegenüber: **Nachteilig** sind die i. d. R. notwendige tiefe Sedierung und ggf. auch Relaxierung des Patienten und der hohe technische Aufwand, der umfangreiche Überwachungsmaßnahmen erfordert.

Hauptgefahren sind eine Lageveränderung des Tubus, z. B. nach einer Umlagerung des Patienten, mit nachfolgender Verschlechterung der Beatmungssituation, sowie im Extremfall eine Ruptur des tracheobronchialen Systems, die insbesondere dann droht, wenn der Tubus unter Druck oder Zug gerät und gleichzeitig die Cuffs sehr stark geblockt sind. Wegen dieser Risiken wird die seitengetrennte Beatmung nur sehr selten und i. d. R. für maximal 48 Stunden angewendet.

5.5.3 Pflege bei seitengetrennter Beatmung

Die Pflege des Patienten mit seitengetrennter Beatmung ist wegen des hohen technischen Aufwands und der meist schweren Form der Grunderkrankung sehr aufwändig. Spezielle Aspekte der Pflege bei seitengetrennter Beatmung sind:

- Um eine Lageveränderung des Doppellumentubus zu vermeiden wird der Patient so wenig und so schonend wie möglich umgelagert. Bei der Lagerung des Kopfes achten die Pflegenden darauf äußerst schonend vorzugehen und ein starkes Beugen, Drehen oder Strecken des Halses zu vermeiden, da dies geringe Lageveränderungen des Tubus nach sich ziehen kann. In den meisten Kliniken führen die Pflegenden die notwendigen Umlagerungen des Patienten zusammen mit dem Arzt durch, der dann i. d. R. nach jeder Umlagerung des Patienten eine Tubuslagekontrolle (ggf. bronchoskopisch) durchführt, um die korrekte Tubuslage sicher zu stellen. Evtl. wird der bronchiale Cuff zur Umlagerung des Patienten entblockt (Arztrücksprache)
- Die Pflegenden überwachen und dokumentieren die seitengetrennte Beatmung z. B. mittels zwei Beatmungsprotokollen (ein Protokoll pro Respirator)
- Zum endotrachealen Absaugen können nur relativ dünnlumige Absaugkatheter verwendet werden. Angaben darüber, welche Absaugkatheterstärke verwendet werden kann, finden sich meist auf dem Beipackzettel des Tubus. Das Absaugen sollte durch zwei Pflegende erfolgen (eine hält den Tubus fest), um auch geringe Lageveränderungen des Tubus zu vermeiden. Nach dem Absaugen ist eine Tubuslagekontrolle erforderlich (Auskultation).

5.6 Atemgasklimatisierung

Definition

II **Atemgasklimatisierung** *(Atemgaskonditionierung):* Befeuchtung und Erwärmung der Atemgase beim intubierten oder tracheotomierten Patienten.
Derzeit zwei Verfahren gebräuchlich:

- **Aktive Befeuchtungssysteme** führen der Atemluft Wärme und Wasser zu (die Inspirationsluft wird zu 100% mit Wasserdampf gesättigt)
- **Passive Befeuchtungssysteme** *(***h***eat and* **m***oisture* **e***xchanger,* kurz *HME,* d. h. Wärme- und Feuchtigkeitstauscher, auch *künstliche Nasen* genannt) entziehen der Exspirationsluft Wärme und Wasser und geben sie während der nächsten Inspiration wieder an die Atemluft ab. **II**

5.6.1 Grundlagen der Atemgasklimatisierung

Physikalische Grundlagen

Absolute und relative Feuchtigkeit

Ein Gasgemisch kann eine bestimmte Menge Wasserdampf (Feuchtigkeit) in sich aufnehmen. Diese Menge ist umso größer, je wärmer das Gas ist. Der tatsächliche Wassergehalt pro Volumeneinheit Luft ist die **absolute Feuchtigkeit** (absolute Feuchte). Die pro Volumeneinheit Luft maximal mögliche Wassermenge ist die **maximale Feuchtigkeit** (maximale Feuchte). Ist diese maximal mögliche Wassermenge in der Luft enthalten, so ist die Luft zu 100% **gesättigt.** Aus absoluter und maximaler Feuchtigkeit errechnet sich die relative Feuchtigkeit:

Relative Feuchtigkeit (%) =
(Absolute Feuchtigkeit : Maximale Feuchtigkeit) × 100
Die relative Luftfeuchtigkeit gibt an, wie viel Prozent der maximalen Feuchtigkeit in der Luft enthalten sind.

Beispiel: 10 °C-warme Luft kann maximal 9 mg Wasser pro Liter Luft aufnehmen. Ist die Luft 37 °C warm, sind maximal 44 mg Wasser pro Liter Luft enthalten. Sind diese Wassermengen jeweils in der Luft enthalten, so liegt die relative Luftfeuchtigkeit in beiden Fällen bei 100% (absolute Feuchtigkeit entspricht der maximalen Feuchtigkeit). Bleibt dagegen die absolute Feuchtigkeit gleich, also z. B. 9 mg pro Liter Luft, und ändert sich die Lufttemperatur, z. B. von 10 °C auf 37 °C, so sinkt die relative Feuchtigkeit in diesem Beispiel von 100% auf 21%, d. h. die absolute Feuchtigkeit bleibt gleich, die relative Feuchtigkeit ändert sich.

Grundlagen aus Anatomie und Physiologie

Atemgasklimatisierung bei Nasenatmung

Die Atemgasklimatisierung beim spontan atmenden (nicht intubierten oder tracheotomierten) Patienten

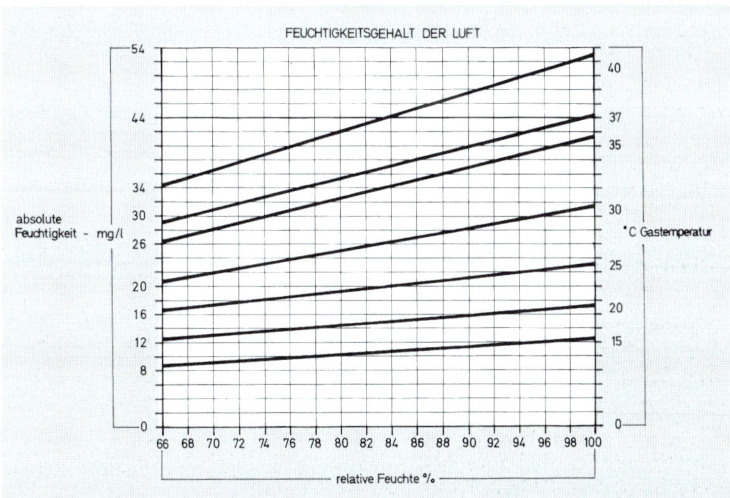

Abb. 5.19 Der Feuchtigkeitsgehalt der Luft hängt von der Temperatur ab. Je wärmer die Luft ist, desto mehr Feuchtigkeit kann sie aufnehmen.

5

erfolgt vor allem in den oberen Luftwegen. Hier wird die Atemluft durch den Kontakt mit den zahlreichen dünnwandigen Blutgefäßen der Nasenhöhlen erwärmt (Nasenschleimhaut gibt *Strahlungswärme* ab). Durch den verzweigten Aufbau der Nasenhöhlen entsteht eine turbulente Gasströmung; dies bewirkt einen intensiven Kontakt der Atemluft mit der Nasenschleimhaut. Die Drüsen der Nasenschleimhaut befeuchten die Atemluft, d. h. sie geben Wasser an die Atemluft ab.

Inspiration. Bereits im Nasen-Rachen-Raum wird die Atemluft auf ca. 34 °C erwärmt und auf 80 – 90% relative Feuchtigkeit aufgesättigt, d. h. die unterhalb des Kehlkopfs ankommende Atemluft enthält bereits 35 mg Wasser/l Luft (bei Atmung durch den Mund nur etwa 28 mg/l). Die Schleimhäute von Trachea und Bronchien erwärmen die Atemluft weiter auf etwa 37 °C und fügen ihr weitere 9 mg Wasser pro Liter zu, so dass die Atemluft bei Eintritt in die Alveolen zu 100% gesättigt ist, d. h. sie enthält etwa 44 mg Wasser pro Liter.

Exspiration. Während der Exspiration kühlt die Atemluft auf ca. 32 °C ab und gibt dabei insgesamt etwa 10 mg Wasser pro Liter an die Schleimhäute ab (ca. 2 mg in Bronchien und Trachea, ca. 8 mg im Nasen-Rachen-Raum). Die Ausatemluft ist 32 °C warm und enthält 34 mg Wasser pro Liter, d. h. sie ist zu 100% mit Feuchtigkeit gesättigt.

Insgesamt verliert ein Erwachsener etwa 250 – 300 ml Wasser pro Tag mit der Ausatemluft *(perspiratio insensibilis).*

Atemgasklimatisierung beim intubierten/tracheotomierten Patienten

Durch die Intubation oder Tracheotomie werden die physiologischen Funktionen der oberen Atemwege ausgeschaltet. Die Atemgasklimatisierung beschränkt sich dann auf die Trachea und die Bronchien, die damit eine unphysiologisch hohe Befeuchtungsleistung erbringen müssen. Dadurch kommt es rasch zur Eindickung des Schleims, was die Funktion des Flimmerepithels beeinträchtigt: Die Bewegungen der Zilien (normal ca. 100/Min.) verlangsamen sich und sistieren innerhalb kurzer Zeit völlig (z. B. nach 10 Min. bei relativer Feuchtigkeit < 50% bzw. nach 3 – 5 Min. bei relativer Feuchtigkeit von 30%).

Dies kann gravierende Folgen haben:

- Die Viskosität des Schleims nimmt zu, es kann zu Sekretstau und -inkrustationen kommen. Dadurch steigt die Gefahr einer Verlegung der Atemwege und/oder des Tubus bzw. der Trachealkanüle. Der Atemwegswiderstand nimmt zu, die Compliance (➤ 1.2.1) ab. Zudem entsteht ein guter Nährboden für Keime
- Die Aktivität des Surfactant (➤ 1.1.2) wird reduziert, dadurch steigt die Gefahr der Atelektasenbildung
- Die Anfälligkeit für pulmonale Infekte nimmt zu
- Langfristig kühlt der Patient aus (Hypothermie).

Darüber hinaus reizt zu kühle Atemluft die Bronchialschleimhaut und kann schlimmstenfalls eine Bronchospastik verursachen.

Insgesamt verschlechtert eine unzureichende Atemgasbefeuchtung und -erwärmung den pulmonalen Gasaustausch.

Auch wenn der Patient nur kurzfristig intubiert oder tracheotomiert ist müssen die Atemgase immer klimatisiert werden, um die negativen Auswirkungen von trockener und kalter Atemluft zu vermeiden.

Tab. 5.3 Temperatur und Wassergehalt der Atemluft bei Nasenatmung (absolute Feuchtigkeit in mg/l, relative Feuchtigkeit in %).

	Nase	Aufnahme/Abgabe von Wasser im Nasen-Rachen-Raum	Obere Trachea	Aufnahme/Abgabe von Wasser in Trachea und Bronchien	Alveolen
Einatmung	22 °C 50% 10 mg/l	+ 25 mg/l	35 mg/l	+ 9 mg/l	37 °C 100% 44 mg/l
Ausatmung	32 °C 100% 34 mg/l	– 8 mg/l	42 mg/l	– 2 mg/l	37 °C 100% 44 mg/l

Nicht nur die Zufuhr von zu kalter und trockener Luft, auch die Zufuhr von überhitzten Atemgasen sind für den Patienten gefährlich. Bereits bei Temperaturen über 40 °C entstehen thermische Schäden der Tracheal- und Bronchialschleimhaut. Eine Zufuhr überhitzter Atemgase ist nur möglich beim Einsatz aktiver Atemgasbefeuchter.

5.6.2 Aktive Befeuchtungssysteme

Aktive Befeuchtungssysteme sind Geräte, die in den Inspirationsschenkel des Beatmungssystems eingebaut werden und dort der Inspirationsluft Wasser und Wärme zuführen.

Zwei Gerätegruppen werden unterschieden: *Verdampfer* und *Vernebler*.

Verdampfer

Verdampfer erzeugen unsichtbaren Wasserdampf. Beim Einsatz von Verdampfern wird die Inspirationsluft durch eine Kammer geleitet, in der sich beheiztes Wasser befindet. Abhängig davon, wie der Kontakt zwischen Atemluft und Wasser erfolgt, werden zwei Gerätetypen unterschieden:

- **Durchströmungsverdunster** (*Durchlaufverdunster* bzw. *Kaskadenverdampfer*). Bei diesen Geräten durchperlt das Atemgas ein beheiztes Wasserbad
- **Oberflächenverdunster**. Bei diesen neueren Geräten wird die Luft über die Oberfläche des erwärmten Wassers geleitet. Die Wasseroberfläche (und damit die Befeuchtungsleistung) wird dadurch vergrößert, dass im Wasserbad ein hygroskopischer (d. h. Wasser bindender) Docht aus Löschpapier steht. Im Gegensatz zu den Durchströmungsverdunstern, bei denen bei Spontanatmung das Atemgas durch das Wasserbad durchgesaugt werden muss, erhöhen Oberflächenverdunster den Durchatemwiderstand praktisch nicht.

Klinisch relevant ist die Unterscheidung zwischen Systemen mit integrierter Schlauchheizung und solchen ohne beheizte Schläuchen.

Bei **Systemen ohne beheizte Schläuche** (z. B. Bennett-Cascade II®, Dräger Aquapor®, Kendall Conchatherm III®) wird das Inspirationsgas über die Oberfläche von ca. 60 °C warmem Wasser geleitet. Nach Passage des Verdampfers beträgt der Wassergehalt (100% rel. Luftfeuchtigkeit vorausgesetzt) ca. 130 mg/l, bei 70 °C sogar 198 mg/l. Auf dem Weg durch den Inspirationsschlauch kühlt das Atemgas ab und ist am Y-Stück (also unmittelbar vor dem Tubus bzw. der Trachealkanüle) noch ca. 37 °C warm, der Wassergehalt beträgt also nur noch 44 mg/l. Während die Luft zwischen Verdampfer und Y-Stück abkühlt, kondensiert das überschüssige Wasser (rund 1000 mg/Min bei einem AMV von 7,5 l/ min) im Inspirationsschlauch. Auch im Exspirationsschlauch kommt es zum Niederschlag von Wasserdampf an der Wand des Schlauches, da die Exspirationsluft i. d. R. wärmer ist als die Raumtemperatur. In beiden Fällen können sich Wasseransammlungen („Pfützen") bilden, die den Atemwiderstand erhöhen, eine Selbsttriggerung des Respirators auslösen können und zudem einen guten Nährboden für Keime darstellen. Um solche Wasseransammlungen zu vermeiden, sind in die Beatmungsschläuche *Kondenswasserabscheider* (so genannte *Wasserfallen*) eingebaut, in die hinein das überschüssige Wasser ablaufen, jedoch nicht ins Schlauchsystem zurück gelangen kann.

Diese Nachteile entfallen bei **Systemen mit beheizten Schläuchen** (z. B. Fisher & Paykel AGM 730®, MR 730®, MR 850®, Laborex SCT 3000®, Tyco Aerodyne 2000®). Bei diesen Systemen wird das Atemgas im Verdampfer auf 36 °C erwärmt und zu 100% mit Wasser gesättigt. Im Inspirationsschlauch wird das Atemgas durch Heizdrähte (entweder im Schlauch eingebaut oder außen am Schlauch angebracht) weiter erwärmt auf 37 °C. Dadurch sinkt die relative Luftfeuchtigkeit des Atemgases und es kondensiert kein Wasser im Schlauch. Auch die Ausatemluft im Exspirationsschlauch kann erwärmt werden, dadurch findet auch im Exspirationsteil keine Kondensation statt. Obwohl die Schläuche trocken aussehen, ist die Inspirationsluft nahezu vollständig mit Wasser gesättigt.

Vernebler

Vernebler (Ultraschallvernebler oder Düsenvernebler) erzeugen Wassertröpfchen. Diese können bei einer Kontamination des Systems als Vehikel für Keime dienen, die dann zusammen mit den Wassertröpfchen in die Alveolen gelangen. Zudem kann es zu Wasseransammlungen (Kondenswasserbildung) in den Schläuchen kommen, was hygienische Gefahren birgt und den Widerstand im Beatmungsschlauchsystem erhöht. Darüber hinaus können Ultraschallvernebler eine Überwässerung des Patienten hervorrufen. Wegen dieser Risiken werden Vernebler praktisch nicht mehr zur Atemgaskonditionierung beim beatmeten Patienten verwendet, sondern sind nur noch zum Vernebeln von Medikamenten indiziert (➤ 8.6.1).

Anforderungen an aktive Atemgasbefeuchter

Geräte zur Atemgasanfeuchtung sollen folgende Merkmale aufweisen:

- Die Kontrolle der Atemgastemperatur erfolgt patientennah (i. d. R. am Y-Stück)
- Der Befeuchter erwärmt das Atemgas so, dass es am Y-Stück mindestens 36 °C warm ist (ideal: Atemgastemperatur entspricht der Körpertemperatur des Patienten – Ausnahme: Hohes Fieber) und die relative Luftfeuchtigkeit 80 – 100% beträgt
- Die Befeuchtungsleistung ist auch bei hohem Flow und Atemminutenvolumen optimal
- Die aktuelle Atemgastemperatur wird optisch angezeigt

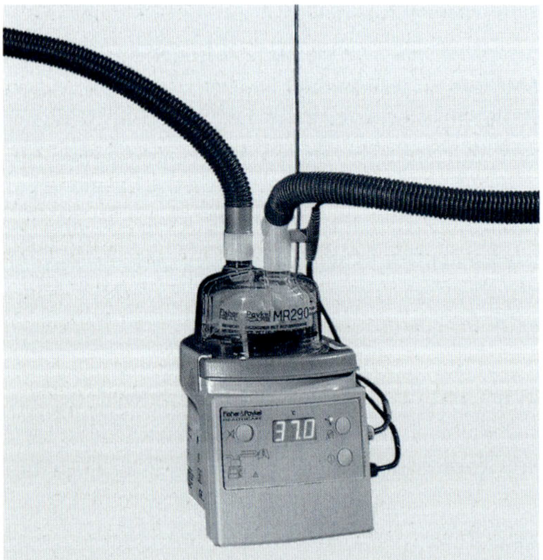

Abb. 5.20 Aktiver Atemgasbefeuchter, hier der MR 850 (Fa. Fisher & Paykel) mit integrierter Schlauchheizung. Die Heizdrähte in den Beatmungsschläuchen erwärmen die Inspirations- bzw. Exspirationsluft nochmals, dadurch bildet sich kein Kondenswasser und Wasserfallen (Kondenswasserabscheider) sind nicht erforderlich. [V088]

- Warneinrichtungen signalisieren Wassermangel und Atemgastemperaturen unter 35 °C bzw. über 40 °C
- Das Gerät besitzt eine geringe Compliance und Resistance und ist mit einer CE-Kennzeichnung versehen.

Beim Einsatz von aktiven Atemgasbefeuchtern beachten:

- Kondenswasserabscheider (Wasserfallen) befinden sich am tiefsten Punkt der Inspirations- bzw. Exspirationsschläuche. Dazu ggf. die Schläuche entsprechend positionieren
- Kondenswasser nicht in den Vorratsbehälter zurückführen (Kontaminationsgefahr)
- Jeweils vor dem Umlagern des Patienten und vor Lageveränderungen der Beatmungsschläuche sicherstellen, dass sich in den Schläuchen keine zusätzlichen Wasseransammlungen gebildet haben (kann z. B. passieren, wenn die Wasserfallen nicht am tiefsten Punkt des Schlauches sitzen) und diese ggf. in die Wasserfallen entleeren, um zu vermeiden, dass die Wasseransammlungen während des Umlagerns Richtung Tubus laufen und aspiriert werden
- Füllungsstand der Befeuchtungskammer regelmäßig kontrollieren und ggf. steriles Wasser nachfüllen, um ein „Trockenfahren" (Beatmung mit unzureichend angefeuchteter bzw. trockener Atemluft) zu verhindern
- Überwärmte Gase bilden eine Gefahr für den Patienten und können möglicherweise unbemerkt als „hot shots" nach Unterbrechung der Beatmung auftreten (z. B. wenn der Respirator im Rahmen einer Umintubation oder Bronchoskopie abgeschaltet wurde, die Heizung aber weiter in Betrieb war). Um dies zu verhindern nach Wiederinbetriebnahme des Respirators zunächst einige Atemzüge durch das Schlauchsystem leiten bevor der Patient wieder angeschlossen wird
- Bei unterkühlten Patienten darauf achten, dass die Atemgastemperatur der Körpertemperatur entspricht. Bei Hypothermie kann es ansonsten zur Kondensation von Wasser in den Luftwegen kommen.
- Das Beatmungsschlauchsystem muss aus hygienischen Gründen regelmäßig gewechselt werden. Das Robert Koch Instituts (RKI) empfiehlt einen Beatmungssystemwechsel alle 7 Tage (➤ 10.3).

Die aktive Atemgasklimatisierung findet ihren Einsatz insbesondere in der Langzeitbeatmung sowie bei Patienten mit niedrigen Tidalvolumina und/oder sehr starker Sekretion.

5.6.3 Passive Befeuchtungssysteme

Passive Befeuchtungssysteme werden zwischen das Y-Stück des Beatmungsschlauchsystems und den Tubus/die Trachealkanüle bzw. die Tubusverlängerung angebracht. Je näher sie am Patienten sind, umso besser ist ihre Wirkung.

Aufbau passiver Befeuchtungssysteme

Die äußere Hülle des passiven Atemgasbefeuchters besteht aus festem Kunststoff. Darin befinden sich hygroskopische (wasseranziehende) Materialien, z. B. spezielle Papiere, Schwämme aus Zellulose, Polyurethan oder Polyethylen. Diese Materialien nehmen die Wärme und Feuchtigkeit der Exspirationsluft auf und speichern sie. Bei manchen Filtern sind die hygroskopischen Materialien zusätzlich mit Magnesium-, Kalzium-, oder Lithiumsalzen beschichtet. Dies verbessert die Leistung (Speicherkapazität) der Filter.

Funktion passiver Befeuchtungssysteme

Passive Befeuchtungssysteme imitieren die Funktion der Nase (daher auch die Bezeichnung „künstliche Nase“). Die Feuchtigkeit der Ausatemluft kondensiert und wird mit der Wärme in den hygroskopischen Stoffen eines Filters gespeichert. Bei der nachfolgenden Inspiration geben die Filter die gespeicherte Feuchtigkeit und Wärme wieder ab. Dadurch wird die Inspirationsluft in ausreichendem Maß angefeuchtet und erwärmt. Die Befeuchtungsleistung wird schon nach kurzer Zeit erreicht. Passive Atemgasbefeuchter werden auch HME-Filter *(**h**eat and **m**oister **e**xchanger)* genannt.

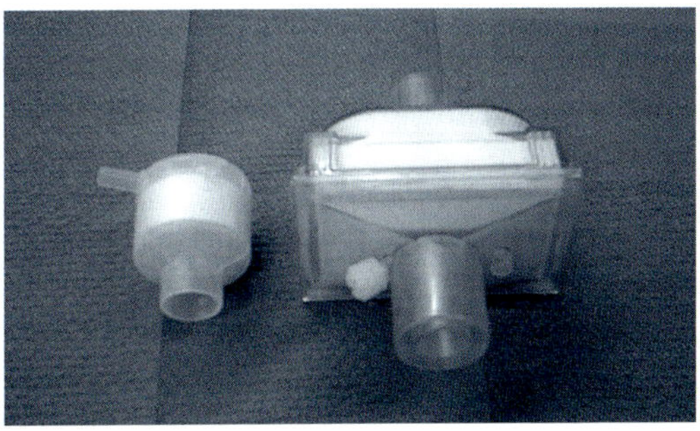

Abb. 5.21 Passive Atemgasbefeuchter. Rechts passiver Befeuchter für beatmete Patienten, links passiver Befeuchter für Patienten, die spontan über eine Trachealkanüle atmen. [M251]

Passive Befeuchtungssysteme für intubierte bzw. tracheotomierte Patienten unter maschineller Beatmung müssen die DIN EN ISO 9360-1 (2000) Norm erfüllen. Diese Filter sind auch für eine Langzeitbeatmung geeignet. HME für Patienten mit künstlichem Luftweg unter Spontanatmung müssen die DIN EN ISO 9360- 2 (2003) Norm erfüllen.

Zusätzlich dienen viele HME auch als Bakterien- und Partikelfilter. Dies kann auf mechanischem oder elektrostatischem Weg erfolgen.

Auswahl der HME-Filter

Die verschiedenen erhältlichen HME-Filter unterscheiden sich hinsichtlich Befeuchtungs- und Erwärmungsleistung, Totraumvolumen, Beatmungswiderstand und Standzeit. Dies sind gleichzeitig die Kriterien, die maßgeblich sind für die Auswahl von HME-Filtern:

- Die hinter dem HME-Filter gemessene Feuchtigkeitsmenge variiert zwischen 20 und 32,2 mg H_2O/l Atemluft, die Temperatur zwischen 28 und 32 °C. Die Befeuchtungsleistung eines HME-Filters gilt als gut, wenn sie über 30 mg/ l Atemluft (Schwabbauer, Ammerbuch 06/05) liegt und wenn der Wasserverlust des Filters weniger als 7 mg H_2O/l Atemluft beträgt
- Das Totraumvolumen der Filter variiert zwischen 30 und über 100 ml. In Kombination mit einer Tubusverlängerung zur Zugentlastung („Gänsegurgel“) kann das Totraumvolumen auf 130 ml ansteigen. Grundsätzlich sollte das Totraumvolumen eines HME-Filters so gering wie möglich sein (<50 ml; Schwabbauer, Ammerbuch 06/05) und den funktionellen Totraum um nicht mehr als 40% erhöhen
- Bei Bedarf sollte ein Anschluss zur Atemgasanalyse vorhanden sein (CO_2- Port)
- Der Widerstand des Filters sollte möglichst gering sein (< 2mbar bei Flow von 60 l/Min; wie hoch der Widerstand eines Filters ist kann den Herstellerangaben entnommen werden).

Weitere Kriterien für die Auswahl sind die Standzeit des HME-Filters (i. d. R. 24 oder 48 Stunden, längere Standzeiten werden derzeit diskutiert) sowie der Preis.

Vorteile, Nachteile und Kontraindikationen passiver Befeuchtungssysteme

Passive Atemgasbefeuchter haben gegenüber den aktiven Befeuchtungssystemen folgende **Vorteile:**

- Sie sind erheblich preiswerter
- Eine Überhitzung der Atemgase ist ausgeschlossen.

Passive Atemgasbefeuchter werden sowohl für kurzzeitige (Nach-) Beatmungen als auch in der Langzeitbeatmung eingesetzt.

Nachteile gegenüber den aktiven Befeuchtungssystemen sind:

- Der Filter kann durch abgehustetes Trachealsekret verlegt werden, diese Gefahr besteht vor allem bei stark verschleimten, tracheotomierten Patienten, bei denen keine Tubusverlängerung zwischen Filter und Trachealkanüle eingebaut ist. Bei **Sekretverlegung** des Filters ist eine maschinelle Beatmung evtl. nicht mehr in vollem Umfang (Erhöhung des Beatmungsdrucks bzw. Abnahme des Tidalvolumens) oder im Extremfall (bei totaler Verlegung des Filters) gar nicht mehr möglich. Patienten die teilweise oder vollständig spontan atmen sind bei einer Sekretverlegung des Filters besonders gefährdet, da die Verlegung die Atemarbeit enorm erhöht. Der verlegte Filter muss umgehend ausgetauscht werden
- Als problematisch wird die Tatsache angesehen, dass der Filter den funktionellen Totraum vergrößert (➤ 1.2.1). Die durch den Filter bedingte **Totraumvergrößerung** beträgt bei Erwachsenen etwa 30 – 150 ml
- Der Filter erhöht den **Durchatemwiderstand** und damit die Atemarbeit. Bei beatmeten Patienten ist dies wenig relevant, bei teilweise oder vollständig spontan atmenden Patienten jedoch sollte darauf geachtet werden, dass die Durchatemwiderstände nicht zu sehr ansteigen. Als tolerabel gilt ein Anstieg von 2 mbar bei einem Flow von 60 l/min bei spontan atmenden Patienten.

Nicht geeignet sind HME-Filter bei

- Deutlich unterkühlten Patienten (Körpertemperatur < 32° C) (Oczenski 2005: 378)
- Bei Patienten, bei denen die Ausatemluft (teilweise) nicht durch das Beatmungssystem geleitet wird (z. B. offener Pneumothorax, ungeblockter Cuff)
- Bei sehr niedrigen Tidalvolumina, da der Anteil der Totraumventilation zu groß wäre.

HME-Booster stellen eine Mischform der aktiven und passiven Befeuchtung dar. Dabei wird über eine semipermeable Membran (GORE TEX®) zusätzlich Wärme und Feuchtigkeit zugeführt. Diese Membran befindet sich im Booster-T-Stück, das sich zwischen Patient und HME befindet. Über eine Zuleitung wird Wasser in dieses T-Stück geführt und dort erwärmt. Der Wasserdampf wird entsprechend dem Konzentrationsgefälle ins Beatmungssystem geleitet. Dadurch wird die Funktion des HME ergänzt.

5.7 Nebenwirkungen und Komplikationen der maschinellen Beatmung

Komplikationen durch Tubus ➤ 4.2.10
Komplikationen durch Trachealkanüle ➤ 4.3.6

Jede Form der maschinellen Beatmung geht mit unerwünschten Nebenwirkungen einher, die nicht nur die Lunge selbst, sondern auch andere Körperorgane betreffen. Ursache dieser Beatmungsnebenwirkungen ist vor allem der erhöhte intrathorakale Druck. Die Nebenwirkungen sind umso ausgeprägter, je invasiver die Beatmung ist und je länger sie andauert.

PIF-Index als Maß für die Beatmungsinvasivität

Der PIF-Index wird errechnet aus den drei Beatmungsparametern:

- **P**EEP (➤ 5.2.4)
- **I** : E (Atemzeitverhältnis, ➤ 5.2.1). Dabei entspricht ein I : E von:
  - 1 : 2 = **0,5**
  - 1 : 1 = **1**
  - 2 : 1 = **2**
  - 2,5 : 1 = **2,5** usw.
- **F**$_iO_2$ (inspiratorische Sauerstoffkonzentration, ➤ 5.2.3).

Die Werte werden miteinander multipliziert.

Beispiele:

- Beatmung mit PEEP 5 mbar, I:E 1:2 und F_iO_2 0,3 (30%) ergibt einen PIF von 0,75 (5 x 0,5 x 0,3)
- Beatmung mit PEEP 12 mbar, I:E 2:1 und F_iO_2 1.0 (100%) ergibt einen PIF von 24.

5.7.1 Nebenwirkungen und Komplikationen an der Lunge

Eine längerfristige maschinelle Beatmung kann die (erkrankte) Lunge zusätzlich schädigen. Dafür werden im Wesentlichen folgende Ursachen verantwortlich gemacht:

- Hohe inspiratorische Sauerstoffkonzentration (Sauerstofftoxizität ➤ 5.2.3)
- Hoher Atemwegsdruck (Barotrauma)
- Großes Tidalvolumen (Volotrauma)
- Hoher PEEP.

Beatmungsbedingtes pulmonales Barotrauma/Volotrauma

Lange galt ein hoher Beatmungsspitzendruck als ursächlich für eine (weitere) Schädigung der Lunge unter maschineller Beatmung. Inzwischen gilt als gesichert, dass vor allem hohe Tidalvolumina eine Schädigung der Lunge unter der Beatmung verursachen. Man spricht daher heute nicht mehr nur vom **pulmonalen Barotrauma,** sondern auch vom **pulmonalen Volotrauma** (auch *Volumentrauma* oder *Volutrauma*) bzw. von der **beatmungsbedingten Lungenschädigung** (*ventilator* **i***nduced* **l***ung* **i***njury* kurz **VILI).**

Bei hohen Tidalvoumina wirken sehr hohe *Scherkräfte* in der Lunge. Diese Scherkräfte entstehen zwischen Lungenabschnitten, die sich normal oder schnell mit Luft füllen (normale oder schnelle Zeitkonstante) und solchen, die sich nur langsam füllen (langsame Zeitkonstante), und können bis zu 140 mbar betragen. Zusätzlich werden durch hohe Tidalvolumina die „schnellen" Lungenbereiche überbläht, während die „langsamen" minderbelüftet werden. Durch die Überblähung der Alveolen kann es zur Zerreißung der alveolokapillären Membran kommen. Gefährdet sind vor allem Patienten mit Lungenerkrankungen (insbesondere wenn die Erkrankung inhomogen über die Lunge verteilt ist) da hier häufig sehr invasiv beatmet werden muss, um einen ausreichenden Gasaustausch sicher zu stellen.

Auswirkungen des pulmonalen Barotraumas/Volotraumas

Durch die Ruptur der Alveolen entstehen zum einen Veränderungen des Lungenparenchyms in den betroffenen Lungenabschnitten, zum anderen kann Luft in die umgebenden Strukturen gelangen:

- Durch die Zerreißung der Alveolen wird das Kapillarstrombett zerstört, die Gefäßpermeabilität nimmt zu und Plasma kann in das Interstitium und in die Alveolen austreten. Zugleich entsteht in den betroffenen Lungenabschnitten eine Entzündungsreaktion. Das so entstehende intraalveoläre Ödem begünstigt die Entstehung von Atelektasen (➤ 2.2.4) und erhöht dadurch einen Rechts-Links-Shunt (➤ 2.2.4). Zudem wird die Surfactantfunktion gestört. Insgesamt sind die Auswirkungen eines Überdehnungstraumas den pathophysiologischen Abläufen beim ARDS sehr ähnlich, d. h. bei Patienten mit primär kranker Lunge (z. B. COPD oder ARDS) ist es nach einigen Wochen invasiver Beatmung oft nicht mehr möglich sicher zu beurteilen, welche Lungenschäden durch die primäre Erkrankung und welche durch die invasive Beatmung entstanden sind
- Durch die Einrissstelle der Alveole kann Luft in das Mediastinum und den Pleuraraum gelangen, und zwar i. d. R. umso mehr, je höher der Beatmungsdruck und je größer das Tidalvolumen ist. So können ein **(Spannungs-)Pneumothorax** (➤ 2.3.4), ein **Pneumomediastinum** (Mediastinalemphysem) und/oder ein **Hautemphysem** entstehen.

Behandlung des pulmonalen Barotraumas/Volotraumas

Von den Auswirkungen eines pulmonalen Baro-/Volotraumas kann vor allem ein (Spannungs-)Pneumothorax den beatmeten Patienten rasch in eine lebensbedrohliche Situation bringen und muss daher umgehend behandelt werden (➤ 2.3.4). Ein Haut- oder Mediastinalemphysem dagegen ist für den Patienten zwar sehr unangenehm und evtl. mit Schmerzen verbunden, muss i. d. R. aber nicht behandelt werden. Selten ist bei Mediastinalemphysem eine Druckentlastung mittels kollarer Mediastinostomie erforderlich.

Zusätzlich werden beim pulmonalen Baro-/Volotrauma der Beatmungsdruck und das Tidalvolumen soweit wie möglich zurückgenommen. Sofern keine Kontraindikationen bestehen wird eine dadurch entstehende Hyperkapnie zu Gunsten eines niedri-

gen Atemwegsdrucks und geringerer Tidalvolumina toleriert (permissive Hyperkapnie ➤ 7.6).
Lungenprotektive Beatmung ➤ 5.8.1

Respiratorassoziierte Pneumonie

Pneumonie ➤ 2.3.1

Definition

Respiratorassoziierte Pneumonie (auch *Ventilatorassoziierte* bzw. *Beatmungsassoziierte Pneumonie*, kurz *VAP* bzw. *BAP* oder „Beatmungspneumonie"): Nosokomiale Pneumonie, die unter maschineller Beatmung bei intubierten oder tracheotomierten Patienten auftritt. Das Risiko für eine respiratorassoziierte Pneumonie steigt mit der Dauer und der Invasivität der Beatmung (höchste Pneumonierate zwischen 6. – 10. Beatmungstag).

Nosokomialinfektion: Infektion durch Erreger, die bei pflegerischen oder therapeutischen Maßnahmen übertragen werden.

Bei einer Beatmungsdauer über 48 Stunden kann eine respiratorassoziierte Pneumonie als Sepsisquelle in Betracht gezogen werden (Leitlinie „Diagnostik und Therapie der Sepsis, www.leitlinien.net).

Entstehung der respiratorassoziierten Pneumonie

Ausgangspunkt der Beatmungspneumonie ist wahrscheinlich eine Kolonisation (Besiedelung mit potentiell pathogenen Erregern, hier vorwiegend gramnegative Bakterien und Sprosspilze) der Schleimhaut im Mund-Rachenraum (Oropharynx). Dies kann auch im Rahmen einer Pflegemaßnahme erfolgen, z. B. wenn zur Mundpflege bakteriell kontaminierter Tee verwendet wird.

Die Kolonisationsrate hängt von verschiedenen Faktoren ab, maßgeblich scheinen vor allem die Schwere der Grunderkrankung und das Alter des Patienten zu sein (je kränker und älter ein Patient, desto höher die Kolonisationsrate).

Beim beatmeten Patienten stellt der Tubus den bedeutendsten Risikofaktor dar. Er verhindert den Glottisschluss, stört den Schluckakt, schädigt die Schleimhaut im Rachen und in der Trachea, verhindert den Hustenstoß und stellt einen Fremdkörper dar, an dem Keime anhaften (adhärieren) können. Trotz korrekt geblocktem Endotrachealtubus können kleinste Sekretmengen aus dem Oropharynx in die Trachea gelangen (Mikroaspiration) und sich von dort aus in der Lunge ausbreiten. Insbesondere die nasale Intubation scheint ungünstig zu sein, da sie zusätzlich das Risiko einer Sinusitis erhöht.

Weitere werden als prädisponierende Faktoren angesehen:

- **Flachlagerung.** Eine Flach- oder gar Oberkörpertieflage begünstigt Reflux von keimhaltiger Flüssigkeit aus dem Oropharynx und dem Magen. Dies gilt insbesondere für Patienten die tief sediert und relaxiert sind. Durch die häufig durchgeführte Stressulkus-Prophylaxe, bei der der pH des Magens auf 7 angehoben wird, kommt es zur Keimvermehrung im Magen, d. h. Sekret, das aus dem Magen in den Oropharynx zurückläuft, ist besonders keimhaltig. Deshalb sollte auf eine Stressulkusprophylaxe wenn möglich verzichtet werden
- **Nasogastrale Sonden,** z. B. Magen- oder Duodenalsonde. Diese begünstigen wahrscheinlich das Aufsteigen von Keimen aus dem Magen-Darm-Trakt sowie einen Reflux von Magensaft und (Mikro-)Aspirationen.

Eine respiratorassoziierte Pneumonie erhöht neben der Verweildauer auch die Behandlungskosten und die Letalität des Patienten (vgl. Chastre 2002), insbesondere wenn neben hohem Lebensalter und schlechtem Allgemeinzustand weitere Risikofaktoren wie Sepsis oder immunsuppressive Therapie bestehen.

Empfehlungen zur Prävention einer respiratorassoziierten Pneumonie

Die Kommission für Krankenhaushygiene und Infektionsprophylaxe am Robert-Koch-Institut (RKI) und das Center for Disease Control and Prevention (CDC) empfiehlt unter anderem folgende Maßnahmen zur Prävention einer respiratorassoziierten Pneumonie (auch ➤ 10.3.1):

- Hygienische Händedesinfektion, jeweils
  - vor und nach Kontakt mit Tubus, Trachealkanüle bzw. Tracheostoma sowie dem Beatmungszubehör
  - nach Kontakt mit Schleimhäuten, Atemwegssekret bzw. Gegenständen, die mit Atemwegssekret kontaminiert sind

- Einmalhandschuhe tragen beim Kontakt mit Schleimhäuten und/oder Atemwegssekret bzw. damit kontaminierten Gegenständen
- Wenn möglich orale Intubation statt nasaler Intubation
- Auf angemessene Schmerztherapie achten, um eine schmerzbedingte Schonatmung zu vermeiden und eine frühzeitige Mobilisation zu erleichtern
- Wechsel des Beatmungsschlauchsystems einmal wöchentlich
- Möglichst Verzicht auf eine Stressulkusprophylaxe (RKI 2000)
- Für die enterale Ernährung gilt:
  - Vor jeder Nahrungszufuhr korrekte Lage der Sonde prüfen
  - Menge der Nahrungszufuhr der Darmtätigkeit anpassen
  - Sofern keine Kontraindikationen vorliegen Oberkörperhochlagerung (30 – 45°) vornehmen
  - Bei kontinuierlicher Verabreichung von Sondenkost regelmäßig Pausen einlegen, um ein Ansäuern des Magen-pH-Wertes zu ermöglichen
  - Ernährungssonde so früh wie möglich entfernen
- Umfassende Schulungen des Personals in Hygienefragen (CDC, 2003, IA). In den USA konnte durch Schulungen des Personals in Hygienefragen das Auftreten von respiratorassoziierten Pneumonien um über 50% reduziert werden.

Grundsätzlich wird die **Extubation zum frühestmöglichen Zeitpunkt** empfohlen; gegebenenfalls NIV in Erwägung ziehen. (Rothaug 2006)

Der Effekt der kontinuierlichen oder intermittierenden subglottischen Absaugung oder einer Mund-Rachen-Spülung wird noch kontrovers diskutiert.

5.7.2 Nebenwirkungen und Komplikationen an anderen Organen

Auswirkungen auf das Herz-Kreislaufsystem

Aufhebung des Thorax-Pumpmechanismus

Unter Spontanatmung wirken die mechanischen Vorgänge während der Inspiration (➤ 1.2.1) wie eine Saugpumpe: Durch den intrathorakalen Unterdruck (im Verhältnis zum Atmosphärendruck) wird das Blut aus dem extrathorakalen Bereich (also das venöse Blut aus dem Bauchraum, den oberen Extremitäten und dem Kopf) in den Thoraxraum und damit zum Herzen hin „gesaugt". Des Weiteren sinkt durch den intrathorakalen Unterdruck auch der Druck im rechten Vorhof. Dadurch ist der venöse Rückstrom während der Inspiration erleichtert. Diese Vorgänge werden u. a. in den atemsynchronen Schwankungen des zentralen Venendruckes sichtbar. Die Druckschwankungen betragen nur wenige cm H_2O.

Der Thorax-Pumpmechanismus wird durch eine Überdruckbeatmung beeinträchtigt, dabei können Druckamplituden bis über 25 cm H_2O erreicht werden:

- Während der Inspiration herrscht ein Überdruck im Thorax, der sich auch auf den rechten Vorhof überträgt. Dadurch ist der venöse Rückstrom des Blutes zum Herzen während der Inspirationsphase erschwert, was einen Abfall des Herzzeitvolumens (kurz HZV) und ein Absinken des arteriellen Blutdrucks zur Folge haben kann
- Ist der intrathorakale Druck auch während der Exspiration erhöht, z. B. weil ein PEEP oder eine CPAP-Atmung eingestellt ist, sind die oben beschriebenen Auswirkungen auf den Kreislauf stärker ausgeprägt.

Normalerweise führen physiologische Regulationsmechanismen (z. B. Ausschüttung von Stresshormonen) dazu, dass sich der Venendruck erhöht. Dies kompensiert den erschwerten venösen Rückstrom, allerdings nur bei normalem Blutvolumen und intakter Venentonisierung. Sind diese Bedingungen z. B. wegen einer Hypovolämie oder einer medikamentös bedingten Gefäßerweiterung nicht erfüllt, bleibt der venöse Rückstrom gestört. Auch eine Analgosedierung kann (Mit-)Ursache für einen Blutdruckabfall sein.

In diesen Fällen ist dann eine Infusionstherapie und ggf. die Gabe von Katecholaminen angezeigt, um einen Blutdruckabfall zu verhindern bzw. zu beheben.

Kompression der Lungenkapillaren und Rechtsherzbelastung

Während der Überdruckbeatmung nehmen bei der Inspiration sowohl der intraalveoläre Druck als auch das Lungenvolumen zu. Die alveolären Kapillaren, die vom alveolären Druck umgeben sind, werden dadurch komprimiert. Dies kann eine Rechtsherzbelastung (Erhöhung der rechtsventrikulären Nachlast) verursachen. Patienten ohne Herz-Kreislauferkrankungen können dies i. d. R. gut tolerieren, bei schwerer Herzinsuffizienz jedoch kann es zu einer Verstärkung bzw. schlimmstenfalls einer Dekompensation der Rechtsherzinsuffizienz kommen. Im Extremfall ist der alveoläre Druck höher als der kapillare Druck, d. h. die betroffenen Lungenbereiche sind zwar gut belüftet, nehmen aber nicht am Gasaustausch teil, weil sie nicht durchblutet sind (Shuntvolumen steigt ➤ 2.2.4).

5

Auswirkungen auf die Nierenfunktion

Eine Überdruckbeatmung beeinträchtigt in vielen Fällen auch die Nierenfunktion. Insbesondere zu Beginn der Beatmungstherapie nimmt die Urinausscheidung ab und es kommt zur Flüssigkeitsretention mit generalisierter Ödemneigung auch in der Lunge. Als Ursache dafür kommen mehrere Faktoren bzw. deren Zusammenwirken in Betracht:

- Durch die Abnahme des Herzzeitvolumens und des arteriellen Blutdrucks (Aufhebung des Thorax-Pumpmechanismus ➤ oben) sinkt der Perfusionsdruck der Nieren
- Im Bereich des linken Vorhofs liegen Dehnungsrezeptoren, die an der Volumenregulation des Organismus beteiligt sind. Bei vermehrter Dehnung des linken Vorhofs (Hypervolämie) sezernieren sie ANF (atrialer natriuretischer Faktor, auch ANP, d. h. atriales natriuretisches Peptid), das die Diurese steigert. Während der Überdruckbeatmung wird das Herz durch die starke Zunahme der Lungenvolumens komprimiert, d. h. die Wandspannung im linken Vorhof ist vermindert und gleicht daher der Situation bei Hypovolämie. Die Volumenregulationsmechanismen des Organismus streben daher eine Flüssigkeitsretention an (vermehrte Ausschüttung von ADH, d. h. antidiuretisches Hormon)
- Der erhöhte intrathorakale Druck vermindert den venösen Rückstrom. Dadurch kann auch der Druck in den Nierenvenen ansteigen, was eine Funktionsseinschränkung der Nieren verursachen kann
- Durch die Überdruckbeatmung kann es zu einer Leberfunktionseinschränkung mit nachfolgendem Hyperaldosteronismus kommen.

Auswirkungen auf Leber und Gastrointestinaltrakt

Der erhöhte intrathorakale Druck beeinträchtigt auch die Durchblutung der Leber. Durch die Abnahme des Herzzeitvolumens nimmt auch die Leberdurchblutung ab. Daneben steigt durch den erhöhten Druck in der intrathorakalen unteren Hohlvene auch der Druck in den Lebervenen, was zu einer Stauungsleber führen kann.

Vergleichbares geschieht an den Organen des Magen-Darm-Traktes (Magen, Duodenum, Pankreas, Dünn- und Dickdarm). Auch hier nimmt auf Grund des verminderten HZV die Perfusion der Organe ab. Dies kann eine der Ursachen für die bei Beatmungspatienten relativ häufig auftretenden Ulzerationen im Magen-Darm-Trakt sein.

Auswirkungen auf das zentrale Nervensystem

Der durch die Überdruckbeatmung erhöhte intrathorakale Druck kann sich auch auf das zentrale Nervensystem, insbesondere auf das Gehirn, auswirken:

- Durch die Erhöhung des intrathorakalen Drucks steigt auch der ZVD, d. h. der venöse Rückstrom aus den Hirnvenen ist behindert. Dadurch nimmt das intrazerebrale Blutvolumen zu, wodurch der intrakranielle Druck (Hirndruck) ansteigt und der zerebrale Perfusionsdruck abnimmt. Ein bereits erkrankungsbedingt erhöhter Hirndruck kann dadurch weiter ansteigen

- In Folge des verminderten HZV sinkt auch der mittlere arterielle Druck und damit der zerebrale Perfusionsdruck (➤ 5.8.2).

Neben dem Beatmungsdruck haben auch die Blutgase und hier insbesondere die pCO_2-Werte Auswirkungen auf die Hirndurchblutung und den Hirndruck:

- Bei Hyperkapnie (➤ 2.4.1) – auch bei permissiver Hyperkapnie im Rahmen einer maschinellen Beatmung (➤ 7.6) – kommt es zu einer Vasodilatation der Blutgefäße im Gehirn. Dadurch nimmt das Blutvolumen im Gehirn zu und der (evtl. bereits erkrankungsbedingt erhöhte) Hirndruck steigt an
- Umgekehrt kommt es bei Hypokapnie (➤ 2.1) zu einer vorübergehenden Vasokonstriktion der Blutgefäße im Gehirn mit Abnahme des zerebralen Blutvolumens und des Hirndrucks. Diesen Effekt kann man sich bei der Beatmung von Patienten mit erhöhtem Hirndruck zu Nutze machen (➤ 5.8.2).

5.8 Beatmungsstrategien bei bestimmten Erkrankungen

Bestimmte Erkrankungen bringen spezielle Beatmungsprobleme bzw. -anforderungen mit sich. Dies hat zur Entwicklung von speziellen Beatmungsstrategien geführt, die zum Ziel haben, die spezifischen Risiken einer Beatmung bei der entsprechenden Erkrankung zu vermeiden. Im Folgenden sind grundlegende Aspekte der Beatmung von Patienten mit ARDS, erhöhtem Hirndruck sowie COPD und Status asthmaticus beschrieben. Dies soll vor allem dem Verständnis dienen (weshalb wird ein Patient mit COPD anders beatmet als ein Patient mit ARDS?) und den Pflegenden eine grobe Orientierung geben. Keinesfalls sind die Ausführungen zur eigenmächtigen Änderung der Beatmungseinstellung gedacht. Dies ist Aufgabe des Arztes und darf von Pflegenden nur im Notfall bzw. nach Absprache mit dem behandelnden Arzt vorgenommen werden.

Nicht selten widersprechen sich Beatmungsstrategien, z. B. bei Patienten mit Schädel-Hirn-Trauma und vorbestehender COPD. Dann wird der Arzt die Beatmung jeweils der aktuellen Patientensituation anpassen.

Detaillierte Informationen zu häufigen, eine respiratorische Insuffizienz auslösenden Erkrankungen von Lunge und Thorax finden sich auch in Kapitel 2.

5.8.1 Beatmung bei ARDS

Beim ARDS oder ALI (➤ 2.3.6) sind die pathologischen Veränderungen i. d. R. ungleichmäßig über die Lunge verteilt, d. h. neben gesunden Lungenabschnitten gibt es pathologisch veränderte (mit entzündlichen Infiltraten, Ödem, Atelektasen), die sich vor allem in den dorsobasalen Lungenabschnitten finden. Eine derart veränderte Lunge wird auch **baby lung** (nach Gattinoni) genannt, weil nur Teile der Lunge belüftet sind und für den Gasaustausch zur Verfügung stehen, d. h. die verfügbare Gasaustauschfläche entspricht nicht mehr der eines Erwachsenen, sondern der eines kleinen Kindes. Die **Gefahr** besteht in einer Überdehnung und damit einer Schädigung der noch gesunden, gut belüfteten Lungenabschnitte.

Ziel der Beatmungstherapie beim ARDS ist es, einen ausreichenden Gasaustausch sicherzustellen und dabei gleichzeitig die noch gesunden Lungenabschnitte zu schützen und die veränderten Lungenabschnitte wieder für den Gasaustausch nutzbar machen.

Als Richtlinie für die Beatmung bei ARDS gilt die Formel **P2R2** (nach Gattinoni):

- **P**rotect the ventilated lung (schütze die noch gesunden, belüfteten Lungenabschnitte)
- **P**revent oxygen toxicity (vermeide zu hohe „toxische" Sauerstoffkonzentrationen, ➤ 5.2.3)
- **R**ecruit the infiltrated, atelectatic and consolidated lung (Wiedereröffnung infiltrierter, atelektatischer und konsolidierter Lungenabschnitte)
- **R**educe the anatomic and alveolar deadspace (vermindere den anatomischen und alveolären Totraum ➤ 1.2.1).

5

Richtwerte für die Beatmung bei ARDS

- Zu hohen Inspirationsdruck vermeiden (Ziel ≤ 35 mbar). Geeignete Beatmungsformen sind die druckkontrollierte Beatmung (PCV ➤ 5.3.1) oder BIPAP (➤ 5.3.6)
- PEEP hoch genug um die Alveolen offen zu halten ($PEEP_{gesamt}$ > 10 – 20 mbar)
- Zu hohe Tidalvolumina vermeiden (Ziel 5 – 6 ml/kg-KG). Um trotz geringer Tidalvolumina eine ausreichende alveoläre Ventilation sicher zu stellen, kann die Atemfrequenz relativ hoch eingestellt werden (20 – 30/Min., ggf. auch > 30/Min). Zusätzlich meist IRV (➤ 5.3.1) bzw. tolerieren eines relativ hohen pCO_2 (*permissive Hyperkapnie* ➤ 7.6)
- Inspiratorische Sauerstoffkonzentration (FiO_2) möglichst ≤ 0,6 (Ziel: p_aO_2 55 – 80 mmHg).

Wenn möglich Atemtätigkeit des Patienten erhalten und augmentierte Beatmungsverfahren wählen (Zwerchfellaktivität reduziert die Bildung von dorso-basalen Atelektasen).

Lungenprotektive Beatmung

Unter lungenprotektiver Beatmung *(lung protective ventilation* oder **„baby lung concept“**) versteht man eine Beatmung mit *geringstmöglichem Inspirationsdruck* und ausreichend *hohem PEEP*, d. h. es ergibt sich eine *kleinstmögliche Druckamplitude*. Zur optimalen Einstellung von PEEP und Inspirationsdruck können die sog. „inflection points“ (Knickpunkte) in der Druck-Volumen-Kurve der Lunge bestimmt werden (auch ➤ Abb. 1.3):

- Zur Ermittlung des *lower inflection point* (unterer Knickpunkt) wird der PEEP während volumenkontrollierter Beatmung in kleinen Schritten gesteigert und jeweils die Compliance (➤ 1.2.1) berechnet. Der untere Knickpunkt liegt knapp unterhalb des PEEP-Niveaus mit der besten Compliance. Zur Beatmung wird der **PEEP oberhalb des lower inflection points** eingestellt
- Zur Ermittlung des *upper inflection point* (oberer Knickpunkt) wird während druckkontrollierter Beatmung die Compliance bei verschiedenen Druckniveaus errechnet. Der obere inflection point liegt knapp über dem Inspirationsdruck mit der besten Compliance. Zur Beatmung wird der **Inspirationsdruck unterhalb des upper inflection point** eingestellt.

Durch diese Einstellung sollen einerseits Atelektasen wiedereröffnet *(slow alveolar recruitment)* und offen gehalten, andererseits Scherkräfte reduziert (➤ 5.7.1) und eine Überdehnung verhindert werden.

Wird das Beatmungssystem geöffnet, z. B. zum endotrachealen Absaugen oder zur Bronchoskopie, kommt es in weniger als einer Sekunde zum totalen PEEP-Verlust. Insbesondere in den erkrankten Lungenabschnitten baut sich der PEEP nur langsam wieder auf und es besteht die Gefahr der Atelektasenbildung (➤ 2.2.4). Deshalb bei Patienten mit ARDS wenn möglich ein geschlossenes Absaugsystems verwenden (➤ 8.7.3) und nicht öfter als unbedingt notwendig absaugen.

Open lung concept

Das open lung concept (nach Lachmann) dient dem raschen Wiedereröffnen *(fast alveolar recruitment)* und Offen halten von atelektatischen Lungenbezirken („open the lung and keep the lung open“). Dazu wird der Inspirationsdruck kurzfristig, d. h. für etwa 30 – 60 Sekunden, auf sehr hohe Werte angehoben (ca. 40 – 60 mbar). Gleichzeitig wird der PEEP auf insgesamt (d. h. eingestellter und intrinsischer PEEP) 20 – 25 mbar eingestellt. Der hohe Inspirationsdruck soll die Atelektasen eröffnen, der hohe PEEP soll sie offen halten. Nach dieser Wiedereröffnung (Recruitment) werden der Inspirationsdruck und auch der PEEP in kleinen Schritten reduziert. Sobald der PEEP den alveolären Verschlussdruck (Druck, bei dem die Alveolen kollabieren) unterschreitet fällt der p_aO_2 rapide ab. Dann folgt ein erneutes Recruitment und der PEEP wird über dem alveolären Verschlussdruck eingeregelt. Der Inspirationsdruck wird soweit wie möglich zurückgenommen, um gerade noch einen guten p_aO_2 zu halten. Eine kontinuierliche Blutgasüberwachung erleichtert die Durchführung dieses Manövers.

Andere Rekrutierungsmanöver

Neben dem Verfahren nach Lachmann werden in der Praxis das CPAP-Rekrutierungsmanöver (für 20 – 60 Sekunden wird ein CPAP-Niveau von 40 – 60 mbar am Respirator eingestellt) sowie intermittierende Seufzer (mit einem Druckniveau von ca. 45 mbar; ➤ 5.2.1) angewendet (vgl. Oczenski 2006).

Diese Manöver sollten insbesondere in der Frühphase eines ARDS durchgeführt werden, wenn trotz differenzierter Beatmungseinstellungen und Bauchlagerung keine zufriedenstellenden Sauerstoffwerte erreicht werden (Busch, T., 2007).

Neuere Untersuchungen zeigen, dass es Patienten gibt, die gut auf Rekrutierungsmanöver ansprechen, aber auch Patienten, bei denen sich trotz einem hohen PEEP nur wenig Lungenbereiche wieder rekrutieren lassen und bei denen der hohe PEEP u. U. eher schädlich wirkt (Gattinoni, L. et al 2006).

Vorsicht: Wegen der potentiellen Gefährdung des Patienten durch die hohen Beatmungsdrücke sollten diese Manöver *nicht* durchgeführt werden bei kreislaufinstabilen Patienten, bei kurz zuvor erfolgter Lungenresektion oder Transplantation, bei einem ARDS, das sich auf eine Lungenhälfte begrenzt und bei Patienten mit einem Lungenemphysem (vgl. Ozcenski 2005: 403).

Manche Pflegemaßnahmen, z. B. endotracheales Absaugen oder eine Umlagerung des Patienten, erfordern es, im Anschluss an die Maßnahme ein erneutes Rekrutierungsmanöver durchzuführen. Dies wird in einigen Kliniken nach festgelegen Kriterien von den Pflegenden durchgeführt.

Bei schwerem ARDS kann ein PEEP von 15 – 20 mbar zum Offenhalten der Alveolen erforderlich sein.

Weitere Maßnahmen

Kann mit den genannten Maßnahmen keine Besserung erzielt werden, kommen in ausgewählten Fällen weitere spezielle Therapieverfahren in Betracht. Die wichtigsten dieser speziellen Verfahren sind in ➤ Kapitel 7 beschrieben.

5.8.2 Beatmung bei erhöhtem Hirndruck

Hirndruck und Hirndurchblutung

Der **Hirndruck** (Druck im Schädelinnern, auch *intracranial pressure*, kurz **ICP**) liegt normalerweise bei 5 – 15 mmHg. Verschiedene Erkrankungen, insbesondere ein Schädel-Hirn-Trauma, ein Hirnödem oder ein Hirntumor, können den Hirndruck erhöhen, da es zu einer Volumenzunahme im Schädelinnern kommt.

Die Durchblutung des Gehirns unterliegt normalerweise einer Autoregulation, d. h. beim Gesunden ist die **Hirndurchblutung** (zerebraler Blutfluss, auch *cerebral blood flow*, kurz **CBF)** bei einem mittleren arteriellen Druck (kurz MAD) von ca. 60 – 150 mmHg

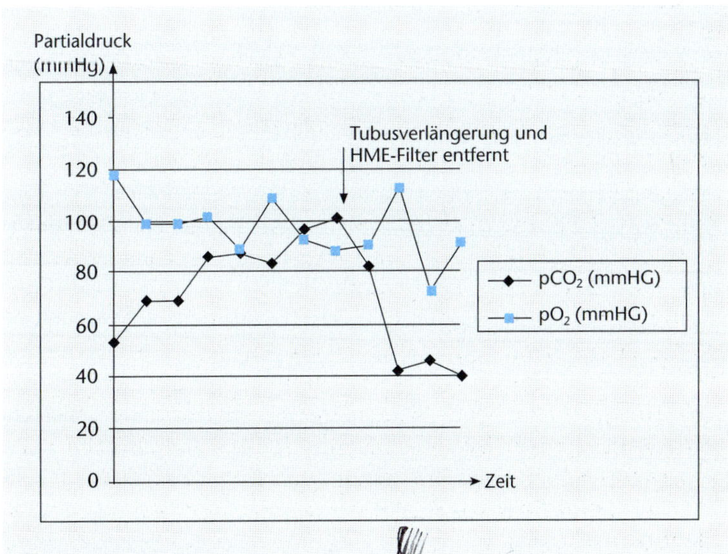

Abb. 5.22 Beim ARDS kann die Verringerung des Totraums am Beatmungssystem ausschlaggebend sein. Die Grafik zeigt den Verlauf von p_aO_2 und p_aCO_2 bei einer 30jährigen Patientin mit ARDS. Durch Entfernung von Tubusverlängerung und HME-Filter (Wechsel auf aktive Atemgasklimatisierung) konnte der Totraum um ca. 120 ml reduziert werden. Dadurch stieg die alveoläre Ventilation von 3,6 auf 6,9 l/Min. an.

immer gleich (beim Hypertoniker ist der MAP-Bereich etwas nach oben verschoben). Verschiedene Zustände können diese Autoregulation aufheben.

Ist die Autoregulation aufgehoben, erfolgt die Hirndurchblutung passiv und ist vom **zerebralen Perfusionsdruck** (*cerebral perfusion pressure*, kurz **CPP)** abhängig. Der zerebrale Perfusionsdruck wiederum errechnet sich aus dem mittleren arteriellen Druck (kurz *MAD* oder *MAP*, d. h. *mean arterial pressure* = diastolischer Druck + ⅓ (systolischer Druck – diastolischer Druck) und dem Hirndruck:

$$CPP = MAP - ICP$$

Ziel der Intensivtherapie bei erhöhtem Hirndruck ist es, den CPP > 70 mmHg zu halten, um eine ausreichende Durchblutung des Gehirns zu gewährleisten. Dies geschieht in erster Linie durch Senken des erhöhten Hirndrucks (z. B. Beseitigen der intrakraniellen Raumforderung, Entfernung eines Teils der Schädelkalotte, Liquorentnahme). Zudem wird, z. B. mittels Infusionsbehandlung zum Ausgleich eines Flüssigkeitsdefizits und/oder Katecholamintherapie, der mittlere arterielle Druck ausreichend hoch gehalten.

Kontrollierte Hyperventilation

Veränderungen des p_aCO_2 wirken sich auf die Hirndurchblutung aus:
- Eine **Hyperkapnie** (p_aCO_2 > 45 mmHg) bewirkt eine Dilatation der Hirngefäße. Die Durchblutung des Gehirns und damit das intrakranielle Blutvolumen nehmen zu, der Hirndruck steigt
- Eine **Hypokapnie** (p_aCO_2 < 35 mmHg) bewirkt eine Kontraktion der Hirngefäße. Die Durchblutung des Gehirns und das intrakranielle Blutvolumen nehmen ab, der Hirndruck sinkt. Ab einem p_aCO_2 < 25 mmHg nimmt die Hirndurchblutung soweit ab, dass die Gefahr einer zerebralen Ischämie besteht.

Diese Auswirkungen treten rasch, d. h. innerhalb weniger Minuten, ein.

Die hirndrucksenkende Wirkung einer Hypokapnie hat die Intensivmedizin in der Vergangenheit versucht zu nutzen. Patienten mit erhöhtem Hirndruck, insbesondere Patienten mit Schädel Hirn-Trauma wurden **kontrolliert hyperventiliert,** d. h. am Respirator wurden hohe Tidalvolumina und hohe Beatmungsfrequenzen eingestellt, um einen p_aCO_2 von ca. 30 mmHg zu erzielen.

Es hat sich jedoch gezeigt, dass die hirndrucksenkende Wirkung einer Hypokapnie zeitlich begrenzt ist. Nach ca. 24 Stunden normalisiert sich die Hirndurchblutung trotz anhaltend niedriger p_aCO_2-Werte, d. h. der Hirndruck steigt dann wieder an. Zudem birgt die Hypokapnie die Gefahr, dass die Hirndurchblutung zu stark gedrosselt wird und die Sauerstoffversorgung des Gehirns dadurch unzureichend ist.

Deshalb wird eine kontrollierte Hyperventilation nicht prophylaktisch und auch bei erhöhtem Hirndruck nur zur vorübergehenden Absenkung des Hirndrucks angewendet. In der modernen Intensivmedizin wird die kontrollierte Hyperventilation vor allem eingesetzt um bei Patienten mit extrem hohem Hirndruck mit Gefahr der Einklemmung (Herniation) den Hirndruck kurzfristig, i. d. R. zur Überbrückung bis zur neurochirurgischen OP, zu senken. Wegen der Gefahr einer Sauerstoffminderversorgung des Gehirns sollte dies möglichst unter Kontrolle der zerebrovenösen und transkutanen Sauerstoffsättigung erfolgen (S_jO_2 und t_pO_2).

Richtwerte für die Beatmung bei erhöhtem Hirndruck

- Grundsätzlich sind sowohl eine volumen- als auch eine druckkontrollierte Beatmung sowie augmentierende Beatmungsformen, z. B. BIPAP oder SIMV, möglich. Welche Beatmungsform zur Anwendung kommt hängt von Art und Ausmaß der Grunderkrankung sowie evtl. Begleiterkrankungen oder -verletzungen ab. Dabei ist zu beachten:
  - Eine **volumenkonstante Beatmung** (volumenkontrollierte oder druckkontrollierte volumenkonstante Beatmungsformen, z. B. PRVC oder IPPV-Autoflow® ➤ 5.3.1) ist das Beatmungsverfahren der Wahl bei Patienten mit erhöhtem Hirndruck ohne Begleiterkrankungen oder -verletzungen der Lunge. Günstig ist, dass durch die Volumenkonstanz der p_aCO_2 nicht wesentlich schwankt. Ungünstig sind evtl. Steigerungen des Beatmungsdrucks, die eine Verschlechterung des venösen Rückstroms aus den Hirngefäßen mit nachfolgender Erhöhung

des Hirndrucks verursachen können. Bei volumenkontrollierter Beatmung ist daher eine enge Einstellung der oberen Beatmungsdruckgrenze sehr wichtig
  - Eine **druckkontrollierte Beatmung** (PCV ➤ 5.3.1) wird vor allem dann eingesetzt, wenn gleichzeitig eine Lungenerkrankung oder -verletzung vorliegt, also z. B. bei Patienten mit Schädel-Hirn- und Thoraxtrauma. Günstig ist, dass dabei hohe Beatmungsdrücke mit der Gefahr eines Hirndruckanstiegs vermieden werden. Ungünstig ist die Volumeninkonstanz, die – bei Verschlechterung der pulmonalen Situation – zur Erhöhung des p_aCO_2 mit nachfolgender Steigerung des Hirndrucks führen kann
  - **Augmentierende Beatmungsformen** können i. d. R. dann eingesetzt werden, wenn der Patient nicht mehr tief sediert bzw. evtl. zusätzlich relaxiert werden muss, d. h. nach Abklingen der Akutphase und Stabilisierung des Patienten. Günstig ist, dass unter augmentierender Beatmung der mittlere thorakale Druck (mittlerer Beatmungsdruck) i. d. R. niedriger ist als bei kontrollierter Beatmung. Damit ist der venöse Rückstrom aus den Hirngefäßen besser und die Gefahr eines beatmungsbedingten Hirndruckanstiegs geringer. Es besteht jedoch die Gefahr, dass die Spontanatmung des Patienten zu oberflächlich ist, d. h. es kommt zur Hypoventilation mit Anstieg des p_aCO_2 und in der Folge des Hirndrucks
- Das **Tidal**- bzw. **Atemminutenvolumen** und die **Beatmungsfrequenz** werden so eingestellt, dass ein p_aCO_2 von ca. 35 mmHg gehalten bzw. eine mäßige Hyperventilation (p_aCO_2 30 – 35 mmHg) erreicht wird. p_aCO_2-Werte > 40 mmHg sollen wegen des damit verbundenen Hirndruckanstiegs, p_aCO_2-Werte < 25 mmHg wegen der Gefahr einer zerebralen Ischämie vermieden werden
- Das **Atemzeitverhältnis** wird auf 1:2 – 1:1,5 eingestellt. Eine IRV-Beatmung (➤ 5.3.1) sollte vermieden werden, weil sie mit einem Anstieg des mittleren thorakalen Drucks (mittlerer Beatmungsdruck) verbunden ist
- Ein geringer **PEEP** (5 – 8 mbar) zur Aufrechterhaltung der funktionellen Residualkapazität (physiologischer PEEP ➤ 5.2.4) wirkt sich i. d. R. nicht nachteilig auf den Hirndruck aus. Ein höherer PEEP kann einen weiteren, gravierenden Hirndruckanstieg bewirken, insbesondere dann, wenn der Hirndruck bereits massiv erhöht ist und keine Kompensationsmöglichkeiten (vor allem Verschiebung von Liquor aus den Ventrikeln in den Spinalkanal) mehr zur Verfügung stehen
- Zielgröße für die **inspiratorische Sauerstoffkonzentration** (F_iO_2) sind ein p_aO_2 von ≥ 80 mmHg und eine Sauerstoffsättigung (SaO_2) ≥ 94%.

Die günstigste **Position des Patienten mit erhöhtem Hirndruck** ist die Rücken- bzw. 30°-Seitenlagerung jew. mit erhöhtem Oberkörper und achsengerechter Positionierung des Kopfes (damit freier venöser Abfluss gewährleistet ist). Lagerungsmaßnahmen des Patienten gehen i. d. R. mit einer Erhöhung des Hirndrucks einher und sollten daher auf das notwendigste beschränkt werden. Sind zur Verbesserung der Oxygenierung häufige Lagerungsmaßnahmen bzw. die 135°-Seiten- oder Bauchlagerung erforderlich, haben sich Rotationsbetten bewährt, die eine genaue Positionierung des Kopfes ermöglichen (➤ 8.6.5).

5.8.3 Beatmung bei COPD und Asthma bronchiale

Beatmung bei COPD

Bei COPD (➤ 2.3.2) kann es durch die dauernde Einengung der Atemwege zur unvollständigen Entlüftung der Alveolen und in der Folge zur Ausbildung eines intrinsic PEEP kommen (➤ 5.2.4). Dadurch nimmt die funktionelle Residualkapazität (FRC ➤ 1.2.1) zu, was wiederum eine Kompression des pulmonalen Kapillarstrombettes mit nachfolgender Rechtsherzbelastung nach sich ziehen kann. Infolge des intrinsic PEEP muss der Patient mit COPD sehr viel mehr Atemarbeit leisten als ein Lungengesunder (je höher der intrinsic PEEP desto größer die Atemarbeit), d. h. die Atemmuskulatur kann sich auch sehr viel schneller erschöpfen. Aus diesem Grund ist die Respiratorentwöhnung (➤ 5.11) bei einem Patienten mit schwerer COPD häufig schwierig und langwierig.

> Der Patient mit schwerer COPD wird nach Möglichkeit nicht invasiv beatmet, um die meist schwierige und lang dauernde Respiratorentwöhnung zu umgehen (nicht-invasive Beatmung ➤ 5.4). Die Indikation zur Intubation bzw. Tracheotomie wird bei Patienten mit COPD sehr restriktiv gestellt.

Muss der Patient intubiert bzw. tracheotomiert und beatmet werden, gelten die folgenden Richtwerte:

- **Inspirationsdruck** möglichst ≤ 40 mbar. Geeignet sind die druckkontrollierte Beatmung (PCV ➤ 5.3.1), BIPAP, druckunterstütze Beatmung (➤ 5.3.4) oder SIMV-druckkontrolliert, also Beatmungsformen mit einem *dezelerierendem Flow* (➤ 5.2.2; bei konstantem Flow flutet das Gas langsamer an, es kann zu Lufthunger kommen)
- **PEEP.** Bei schwerer COPD besteht i. d. R. ein intrinsic PEEP, der die Atemarbeit des Patienten erhöht und ungünstige Nebenwirkungen mit sich bringt (➤ oben). Ein extrinsic PEEP der *kleiner* ist als der intrinsic PEEP vermindert die Atemarbeit und ist daher beim COPD-Patienten sinnvoll. Wichtig ist jedoch, dass der PEEP deutlich unterhalb des intrinsic PEEP eingestellt wird (Faustregel: maximal 80% des intrinsic PEEP), da ansonsten die bereits krankheitsbedingt überblähte Lunge weiter überdehnt wird, was die ungünstigen Nebenwirkungen verstärkt. Meist wird initial ein PEEP von 3 – 8 mbar eingestellt (dieses PEEP-Niveau liegt in aller Regel deutlich unter dem intrinsic PEEP bei schwerer COPD)
- Normales **Atemzeitverhältnis** bzw. verlängerte Exspirationszeit (I:E 1:2–1:4), so dass genügend Zeit zur Exspiration bleibt
- Kurze **Inspirationsanstiegszeit** (steile Rampe), da ein zu geringer Inspirationsflow zu Beginn der Inspiration beim COPD-Patienten die Atemarbeit erhöht
- **Beatmungsfrequenz** eher niedrig (6 – 10/Min). Je höher die Beatmungsfrequenz desto kürzer die Exspirationszeit (bei gleich bleibendem I:E-Verhältnis) und desto größer die Gefahr einer Zunahme des intrinsic PEEP
- **Tidalvolumen** und **Atemminutenvolumen** werden i. d. R. anhand des pH-Wertes (Ziel: pH > 7,35) und nicht wie sonst üblich nach dem p_aCO_2 gesteuert, um eine „Überbeatmung" zu vermeiden. Ein zu rasches Absenken des p_aCO_2 soll vermieden werden, da hierdurch ein Bronchospasmus verstärkt und Elektrolytverschiebungen und Herzrhythmusstörungen ausgelöst werden können
- Die **inspiratorische Sauerstoffkonzentration** wird so eingestellt, dass p_aO_2-Werte von 60 – 80 mmHg erreicht werden. Höhere Werte sind zu vermeiden, da sie beim COPD-Patienten den Atemantrieb dämpfen (Atemantrieb bei COPD nicht – wie physiologisch – über erhöhten p_aCO_2, sondern über verminderten p_aO_2). Grundsätzlich werden die „Normalwerte" des Patienten angestrebt, d. h. die p_aO_2-Werte, an die er adaptiert ist.

Bei völliger Erschöpfung der Atemmuskulatur *(respiratory muscle fatigue)* wird der Arzt den Patienten ggf. kontrolliert beatmen mit einer Beatmungsfrequenz die etwas über der Spontanatemfrequenz des Patienten liegt (dadurch wird der spontane Atemantrieb des Patienten unterdrückt). Der Patient muss dann keinerlei Atemarbeit leisten (auch nicht triggern) und seine erschöpfte Atemmuskulatur kann sich erholen. Dazu kann eine Sedierung notwendig sein.

Beatmung bei Status asthmaticus

Beim Status asthmaticus hält eine schwere Atemwegsobstruktion über Stunden bis Tage an (➤ 2.3.2). Eine Intubation und maschinelle Beatmung ist indiziert, wenn es mit anderen therapeutischen Maßnahmen (insbesondere Bronchospasmolytika) nicht gelingt, die Atemwegsobstruktion zu bessern bzw. sich die Atemwegsobstruktion weiter verschlimmert. Richtungweisend sind die klinischen Symptome und die Blutgasanalyse:

- Erschöpfung der Atemmuskulatur, d. h. der Patient kann die notwendige Atemarbeit nicht mehr leisten (Zeichen ➤ 2.4.1)
- Respiratorische Azidose (➤ 1.3.2) mit hohem, im Verlauf weiter steigendem p_aCO_2
- Später Bradypnoe und Schnappatmung.

Muss der Patient intubiert und beatmet werden, ist auf folgendes zu achten:

- Geeignet ist die druckkontrollierte Beatmung (PCV ➤ 5.3.1) oder BIPAP (➤ 5.3.6)
- Wegen der Atemwegsobstruktion ist ein hoher Inspirationsdruck erforderlich, um ein ausrei-

chendes Tidalvolumen verabreichen zu können. Wegen den negativen Auswirkungen und Komplikationen eines zu hohen Beatmungsdruckes (➤ 5.7.1) soll der **Inspirationsdruck** dennoch so gering wie möglich gehalten werden (Ziel: ≤ 40 mbar). Eine Hyperkapnie wird insbesondere zu Beginn der Beatmung meist toleriert (zu Gunsten eines geringstmöglichen Inspirationsdrucks) und nur langsam gesenkt (Ziel: pH > 7,2)

- Da beim Status asthmaticus sowohl die Inspiration als auch die Exspiration erschwert sind, wird die **Beatmungsfrequenz** eher niedrig eingestellt (ca. 10/Min), so dass genügend Zeit für In- und Exspiration zur Verfügung steht. Das **Atemzeitverhältnis** wird i. d. R. auf 1:2 bis 1:4 eingestellt. Durch die relativ lange Exspirationszeit soll eine weitere Überblähung der Lunge vermieden werden
- Durch die massive Atemwegsobstruktion kann sich ein intrinsic PEEP aufbauen (➤ 5.2.4). Ein extrinsic **PEEP** kann die Atemarbeit erleichtern, sollte jedoch immer unterhalb des intrinsic PEEP liegen, um eine weitere Überblähung der Lunge zu verhindern
- Die **inspiratorische Sauerstoffkonzentration** wird zunächst so hoch wie nötig eingestellt, um die Hypoxämie rasch zu beheben. Anschließend wird die F_IO_2 dann zurückgenommen bis der p_aO_2 zwischen 60 – 80 mmHg liegt.

5.9 Analgosedierung des beatmeten Patienten

Definition

Analgosedierung: Kombination aus medikamentöser **Analgesie** (Schmerzausschaltung) und **Sedierung** (Beruhigung oder Bewusstseinsdämpfung).

Sehr häufig ist beim beatmeten Patienten auf der Intensivstation eine Analgesie und/oder eine Sedierung notwendig. Diese soll:

- Eventuelle Schmerzen (häufig bedingt durch die Grunderkrankung) ausschalten
- Angst und Spannungszustände dämpfen (Anxiolyse)
- Den Patienten beruhigen, ihn gegenüber psychovegetativen Einflüssen abschirmen.

Dabei gilt, dass der Patient grundsätzlich schmerzfrei sein und die Analgosedierung nur so tief wie nötig sein und nur so lange wie notwendig eingesetzt werden soll, d. h. der jeweiligen Patientensituation angepasst werden muss. Dies setzt voraus, dass der Sedierungsgrad regelmäßig überprüft, mit der aktuell benötigten Sedierungstiefe verglichen und die Dosierung der Medikamente ggf. angepasst wird. I. d. R. legt der Arzt die Sedierungstiefe (häufig tagsüber geringer als nachts) und die dazu erforderlichen Medikamente fest. Eine zu tiefe Sedierung sollte grundsätzlich vermieden werden, weil sich dadurch die Beatmungsdauer in aller Regel verlängert.

> Die Analgosedierung des beatmeten Intensivpatienten ist ein dynamischer Prozess. Treten im Verlauf neue Gegebenheiten auf, etwa eine drastische Verschlechterung der Allgemeinsituation, muss die Analgosedierung der aktuellen Situation angepasst werden.

Verwendete Medikamente

In der Regel ist eine Kombination mehrerer Arzneimittel notwendig, um beim beatmeten Patienten eine ausreichende Analgosedierung zu erreichen. Meist werden **stark wirksame Opioid-Analgetika** mit **Sedativhypnotika** kombiniert. Dabei sollen die gleichzeitig verabreichten Arzneimittel eine ungefähr gleich lange Wirkdauer haben, so dass ihre analgetische und sedierende Wirkung beim Absetzen ungefähr zur gleichen Zeit abklingt. Insbesondere wenn nur eine kurzzeitige Analgosedierung notwendig ist, ist eine gute Steuerbarkeit (rascher Wirkeintritt, kurze Wirkdauer) der Medikamente wichtig.

In Tabelle 5.4 sind die im Rahmen des SeSAM-Konzeptes zur Analgosedierung verwendeten Arzneimittel aufgeführt.

Falls möglich sollte die Analgesie mittels regionaler Verfahren der Schmerzausschaltung (z. B. Periduralanästhesie) unterstützt werden (Martin, J., 2005: 1-20).

Nebenwirkungen

Die wichtigsten **Nebenwirkungen** sind:

- **Verminderung der Darmtätigkeit** bis zur **Darmatonie**. Diese ist vor allem durch Opioide und Clonidin verursacht. Zur Prophylaxe bzw. Therapie dienen eine möglichst frühzeitige enterale Ernährung sowie ggf. die Gabe von motilitätssteigernden Pharmaka, z. B. orale Laxantien
- **Toleranzentwicklung,** d. h. um denselben Sedierungsgrad zu erreichen werden höhere Dosierungen von Analgetika und Sedativa benötigt
- **Durchgangssyndrom.** Davon sind insbesondere langzeitsedierte Patienten betroffen, bei denen die Analgosedierung rasch reduziert wird. Es kommt zu *Entzugssymptomen* (typischerweise extreme Unruhe, Tachykardie, Tachypnoe und starkes Schwitzen), die mit einer erheblichen Gefährdung für den Patienten einhergehen, z. B. Selbstgefährdung durch Manipulationen an Tubus oder Trachealkanüle. Durch langsames Ausschleichen der Analgosedierung sowie ggf. zusätzliche Therapie (z. B. Gabe von Clonidin bei Hyperaktivität oder Neuroleptika bei Halluzinationen) kann die Schwere eines Durchgangssyndroms nach Langzeitsedierung vermindert werden. *Achtung:* Ein Durchgangssyndrom kann auch durch die Grunderkrankung (z. B. Schädel-Hirn-Trauma) oder eine Hypoxie ausgelöst werden. Dies muss beim Auftreten von Entzugssymptomen immer primär abgeklärt und ggf. behandelt werden
- **Hohe Fettzufuhr** bei Gabe von Propofol (ist in 10%iger Fettemulsion gelöst). Dies ist bei der Ernährung des Patienten zu berücksichtigen und erfordert eine regelmäßige Kontrolle der Triglyceride
- **Atemdepression** und Dämpfung des Hustenreflexes durch Opioide
- **Hypotonie**, vor allem wenn Opioide mit Benzodiazepinen kombiniert werden
- **Ceiling-Effekt** bei Benzodiazepinen. Dabei kann trotz Dosiserhöhung keine Vertiefung der Sedierung erreicht werden (lediglich die Nebenwirkungen des Medikaments nehmen zu). Die Substanz kumuliert, d. h. sie reichert sich im Organismus an, und kann dann – vor allem bei älteren Patienten – das Aufwachen nach Absetzen der Analgosedierung sehr verzögern.

5

Schemata zur Analgosedierung

Derzeit existieren verschiedene Schemata zur Analgosedierung in der Intensivmedizin. Die bekanntesten sind die balancierte Analgosedierung (diese unterscheidet lediglich unterschiedliche Sedierungsgrade), das Stufenkonzept zur Analgosedierung und das SeSAM-Konzept (➤ unten). Die beiden letztgenannten berücksichtigen neben der Sedierungstiefe auch die geplante Sedierungsdauer:

- Im Stufenkonzept der Analgosedierung wird unterschieden zwischen einer Dauer der Analgosedierung bis 24 Stunden (Kurzzeitsedierung) und einer über 24 Stunden (Langzeitsedierung)
- Das SeSAM-Konzept unterscheidet hinsichtlich der Zeitdauer der Analgosedierung 3 Gruppen. Dieses Konzept ist im Folgenden näher beschrieben.

SeSAM-Konzept zur Analgosedierung

Beim SeSAM-Konzept (**se**quentielles **S**edierungs- und **A**nalgesie **M**anagement) wird davon ausgegangen, dass sich die Zeitdauer, in der der Patient eine Analgosedierung benötigt, zu Beginn der Behandlung relativ gut abschätzen lässt. In aller Regel korreliert die geschätzte Zeitdauer eng mit der Schwere der Erkrankung des Patienten und stellt die Grundlage für die Auswahl der Sedierungskategorie (SeSAM I – III ➤ Tab. 5.4) dar:

- *Analgosedierung bis 24 Stunden* **(SeSAM I).** Ein großer Teil der Patienten, die hierfür in Frage kommen, sind Frischoperierte, die postoperativ nachbeatmet werden. Bei diesen Patienten besteht meist noch eine ausreichende Analgesie durch die im OP verabreichten Opioide
- *Analgosedierung 24 – 72 Stunden* **(SeSAM II).** Hier handelt es sich meist um Patienten, bei denen eine Stabilisierung innerhalb eines Tages nicht zu erwarten oder aus therapeutischen Gründen für länger als 24 Stunden notwendig ist, z. B. wenn nach einem Zweihöhleneingriff eine Stabilisierung der pulmonalen Situation abgewartet werden muss. Die Sedierung wird so gesteuert, dass sich die Patienten im Stadium R2-3 (R = Ramsey-Score ➤ Tab. 5.5) befinden (tagsüber R2, nachts R3). Bei Manipulationen sollte Stadium R4-5 erreicht werden (abhängig davon, ob die Manipulationen wenig oder stark

schmerzhaft sind). Dies wird durch Anpassung der Dosierung bzw. Bolusgaben erreicht
- *Analgosedierung länger als 72 Stunden* **(SeSAM III).** Hier wird unterschieden in *Phase 1* und *Phase 2*. Patienten in Phase 1 benötigen auf Grund ihrer Grunderkrankung (z. B. Polytrauma, Sepsis, Schädel-Hirn-Trauma) eine tiefe Sedierung (angestrebt R4 – 5 bzw. SAS 2). Phase 2 beginnt, wenn sich die Situation des Patienten stabilisiert hat und eine Entwöhnung von der Beatmung geplant ist.

Auch beim SeSAM-Konzept gilt: Ändert sich die Situation des Patienten, muss die Analgosedierung angepasst werden.

Das SeSAM-Konzept gilt nur für Erwachsene. Für die pädiatrische Intensivmedizin wurde P-SeSAM entwickelt, das auf die Besonderheiten von Kindern abgestimmt ist.

Überwachung der Analgosedierung

Auf den meisten Intensivstationen gehört es zu den Aufgaben der Pflegenden, die Sedierungs- und Analgesietiefe regelmäßig zu kontrollieren und zu dokumentieren (z. B. 4-stündlich), mit der geplanten Sedierungstiefe zu vergleichen und – bei Differenzen – entweder den Arzt zu benachrichtigen oder (vielfach innerhalb festgelegter Grenzen üblich) die Dosierung der Analgosedierung anzupassen.

Da die klinischen Symptome für Schmerzen und/oder Angst (Tränenfluss, weite Pupillen, Tachykardie, Hypertonie und Tachypnoe) unspezifisch sind, d. h. auch andere Ursachen haben können, sind sie zur Einschätzung der Sedierung bzw. Analgesie nur bedingt geeignet und werden deshalb im klinischen Alltag zunehmend ergänzt durch Scores (Bewertungstabellen).

Scores zur Überwachung der Analgosedierung

Durch die Scores soll insbesondere eine zu tiefe Sedierung der Patienten vermieden werden (die Scores sehen eine möglichst „flache“ Sedierung vor, die lediglich gewährleisten soll, dass der Patient die Beatmung tolerieren kann).

Der derzeit am häufigsten zur Überwachung der Sedierungstiefe benutzte Score ist der **Ramsey-Score** (➤ Tab. 5.5). I. d. R. wird beim beatmeten Patienten ein Ramsay- Score von 2 – 3 wird angestrebt. Ein Ramsay Score von 5 ist speziellen Situationen vorbehalten wie z. B. extrem erhöhter Hirndruck mit drohender Einklemmung, schwierige Beatmungssituation oder eine Hypoxie, die mit anderen Mitteln nicht ausreichend behandelt werden kann (tiefe Sedierung verringert den Sauerstoffbedarf) (Martin, J., 2005: 1-20).

Daneben werden selten der **Richmond Agitation Sedation Scale** (kurz RASS ➤ Tab. 5.6) und die **Riker Sedation Agitation Scale** (kurz SAS ➤ Tab. 5.7) eingesetzt. Ungeeignet zur Beurteilung der Sedierungstiefe ist die Glasgow Coma Scale.

Tab. 5.4 Das SeSAM Konzept (**Se**quentielles **S**edierungs- und **A**nalgesie **M**anagement) zur Analgosedierung des beatmeten Intensivpatienten.

SeSAM	Analgesie	Sedierung	Vegetative Dämpfung	Zusatzmedikamente
SeSAM I Analgosedierung bis 24 Std.	Ggf. Bolusgaben, z. B. Fentanyl, Piritramid oder Pethidin	Propofol 2%	–	Evtl. zusätzlich Verfahren der Regionalanästhesie
SeSAM II Analgosedierung 24 – 72 Std.	Sufentanil	Propofol 2%	Clonidin	Midazolam, Haloperidol Evtl. zusätzlich Verfahren der Regionalanästhesie
SeSAM III Analgosedierung länger als 72 Std.	**Phase 1 (tiefe Sedierung)**			
	Sufentanil	Midazolam	Clonidin	Evtl. zusätzlich Verfahren der Regionalanästhesie
	Phase 2 (Patient stabilisiert, Entwöhnung geplant)			
	Zunächst keine Applikation von Pharmaka bis zum Erreichen von R2-3* oder SAS 3-4**, dann – wenn nötig – Analgosedierung wie SeSAM II oder mit Remifentanil/Propofol (entspricht SeSAM IV)			

* Ramsey-Score
** Sedation-Agitation-Scale nach Riker

Werden Scores zur Überwachung der Analgosedierung eingesetzt, muss gewährleistet sein, dass das Personal in der Anwendung der Scores geschult und die Personalbesetzung der Station ausreichend ist (bei Anwendung von Scores sind die Patienten i. d. R. flach sediert und daher „relativ wach", was in aller Regel personalaufwändiger ist.

Tab. 5.5 Modifizierter Ramsay Score.

Ramsay Score	Sedierungstiefe	Beurteilung
R 6	Tiefes Koma (keine Reaktion auf Schmerzreize)	Zu tief
R 5	Narkose (träge Reaktion auf starke Schmerzen)	Tief
R 4	Tiefe Sedierung (prompte Reaktion auf Schmerzen)	Adäquat
R 3	Sedierung (starke Reaktion auf Schmerzen, bedingt ansprechbar)	Adäquat
R 2	Kooperativ (Reaktion auf Ansprache, kooperativ, Beatmungstoleranz)	Adäquat
R 1	Agitiert, unruhig, Angst	Zu flach
R 0	Wach und orientiert	Wach

Bispektraler Index. Eine Möglichkeit, die Sedierungstiefe apparativ zu überwachen, ist die Erfassung des bispektralen Index (kurz BIS). Dieses Verfahren wird vor allem in der Anästhesie zur Überwachung der Narkosetiefe eingesetzt. Dabei wird das EEG über Klebeelektroden kontinuierlich abgeleitet, analysiert und in Form eines Zahlenwertes angegeben. Der BIS-Wert liegt zwischen 100 (wach) und 0 (keine EEG-Aktivität):

- 100 – 85 Wachheit/Erinnerung intakt
- 85 – 65 Sedierung
- 65 – 40 Allgemeinanästhesie
- 30 – 0 zunehmend Burst-Suppression-EEG bis zur Nulllinie.

Manche Geräte geben zusätzlich zum Zahlenwert noch die Narkosetiefe mittels Buchstabe an (A = wach bis F = tiefe Narkose, diese Stadien werden jeweils noch unterteilt).

Beim beatmeten Patienten auf der Intensivstation wird – abhängig von der gewünschten Sedierungstiefe – meist ein Wert zwischen 60 und 70 angestrebt.

Scores zur Überwachung der Analgesie

Auch zur Überwachung der Schmerzintensität bzw. der Wirkung von verabreichten Analgetika können Scores eingesetzt werden.

Tab. 5.6 Richmond Agitation Sedation Scale (RASS). Ist der Patient nicht wach, sprechen die Pflegenden ihn mit lauter Stimme an und fordern ihn zum Blickkontakt auf. Reagiert der Patient nicht auf Ansprache, schütteln die Pflegenden ihn an der Schulter oder – falls er auch darauf nicht reagiert – setzen einen physikalischen Reiz durch Rubbeln am Sternum.

Score	Bezeichnung	Beschreibung
+4	Wehrhaft	Wehrhaft oder Aggressiv, unmittelbare Gefahr für Personal
+3	Sehr agitiert	Zieht oder entfernt Tubus, Katheter etc. oder verhält sich aggressiv gegenüber dem Personal
+2	Agitiert	Regelmäßig ungerichtete Bewegungen oder unsynchronisierte Beatmung/Atmung am Ventilator
+1	Unruhe	Ängstlich, die Bewegungen sind jedoch nicht aggressiv oder kräftig
0	wach und ruhig	
–1	schläfrig	Nicht komplett wach, aber mit anhaltenden, länger als 10 Sek. dauernden Wachphasen, auf Ansprache Blickkontakt
–2	Leichte Sedierung	Kurze (weniger als 10 Sek. anhaltende) Wachphasen mit Blickkontakt bei Ansprache
–3	Moderate Sedierung	Bewegungen bei Ansprache ohne Blickkontakt
–4	Tiefe Sedierung	Keine Reaktion auf Ansprache, aber Bewegungen auf physikalische Reize
–5	Nicht erweckbar	Keine Reaktion auf Ansprache oder physikalische Reize

Einfache Skalen sind z. B. die **NRS** (Numerische Rating Skala), bei der die Patienten auf einer Skala von 0 (kein Schmerz) bis 10 (stärkster vorstellbarer Schmerz bzw. unerträgliche Schmerzen) einen Zahlenwert angeben, und die ähnlich arbeitende **VAS** (Visuelle analog Skala). Hier stellt der Patient auf einer Skala, die von „kein Schmerz" bis „stärkster vorstellbarer Schmerz bzw. unerträgliche Schmerzen" reicht, den seinen Schmerzen entsprechenden Wert ein. Auf der Rückseite der Skala ist ein Punktwert analog der NRS ablesbar. Bei beiden Skalen sollte der Wert unter 3 liegen.

Diese einfachen Skalen sind für viele Beatmungspatienten ungeeignet. Hier ist dann der Einsatz eines Scores sinnvoll, bei dem die Pflegenden die Analgesie abschätzen können, ohne dass dies zwingend die Mitarbeit des Patienten erfordert, z. B. **BPS** (Behavioral Pain Scale ➤ Tab. 5.8).

Tab. 5.7 Riker Sedation-Agitation Scale (SAS).

Score	Bezeichnung	Beschreibung
7	Gefährlich agitiert	Zieht am Tubus, versucht, Katheter etc. zu entfernen, versucht über das Bettgitter zu klettern, schlägt nach dem Personal, wirft sich von Seite zu Seite
6	Stark agitiert	Muss am Aussteigen/Verlassen des Bettes gehindert werden, kaut auf dem Endotrachealtubus
5	Agitation	Ängstlich oder körperlich agitiert, beruhigt sich nach verbaler Aufforderung
4	Ruhig und kooperativ	Ruhig, leicht erweckbar, befolgt Aufforderungen
3	Sediert	Schwer erweckbar, nach Ansprache oder leichtem Schütteln wach, folgt einfachen Aufforderungen, schläft aber wieder ein
2	Stark sediert	Erweckbar auf körperliche Reize, kommuniziert nicht und folgt auch keinen Aufforderungen, Spontanbewegungen möglich
1	Nicht erweckbar oder Koma	Minimale oder keine Reaktion auf Schmerzreize, kommuniziert nicht und folgt keinen Aufforderungen

Tab. 5.8 Behavioral Pain Scale (BPS).

Item	Beschreibung	Punkte
Gesichtsausdruck	Entspannt	1
	Teilweise angespannt	2
	Stark angespannt	3
	Grimassieren	4
Obere Extremität	Keine Bewegung	1
	Teilweise Bewegung	2
	Anziehen der oberen Extremitäten mit Bewegung der Finger	3
	Ständiges Anziehen	4
Adaption an das Beatmungsgerät	Toleration	1
	Seltenes Husten	2
	„Kämpfen" mit dem Respirator	3
	Kontrollierte Beatmung nicht möglich	4

5.10 Beatmungskurven, Loops und Trenddarstellungen

Beatmungskurven

Moderne Respiratoren bieten die Möglichkeit, einzelne Beatmungsparameter (je nach Gerät einen oder mehrere gleichzeitig) in Kurvenform darzustellen. Die Darstellung erfolgt entweder am Respirator (auf integriertem Bildschirm oder zusätzlich an den Respirator angeschlossenen Bildschirm) oder – über eine Schnittstelle – auf dem Überwachungsmonitor des Patienten. Dargestellt werden häufig der Beatmungsdruck (Druck-Zeit-Diagramm), das Beatmungsvolumen (Volumen-Zeit-Diagramm) und/oder der Flow (Flow-Zeit-Diagramm). Die typischen Beatmungskurven bei den einzelnen Beatmungsformen sind in ➤ Kapitel 5.3 dargestellt.

Der zeitliche Verlauf von Beatmungsdruck, Flow und Volumen ist zum einen abhängig von den Einstellungen am Respirator, zum anderen von den atemmechanischen Gegebenheiten der Lunge.
Um Beatmungskurven vergleichen zu können, empfiehlt es sich, den gleichen Abbildungsmaßstab (z. B. für die Zeitachse) zu wählen. Bei der Darstellung auf dem Monitor darauf achten, dass der Abbildungsmaßstab möglichst groß gewählt ist: Die Beatmungskurve soll über den gesamten verfügbaren Platz auf dem Monitor verlaufen, dabei aber noch komplett dargestellt sein.

Druck-Zeit-Diagramme

Druck-Zeit-Diagramme stellen den zeitlichen Verlauf des Beatmungsdrucks dar. Bei der **volumenkontrollierten Beatmung** (➤ 5.3.1) lässt das Druck-Zeit-Diagramm Rückschlüsse auf die pulmonale Situation zu (➤ Abb. 5.23):

- Je höher Flow und Resistance (Atemwegswiderstand), desto steiler der initiale Druckanstieg zu Beginn der Inspiration. Der Druckabfall vom Spitzen- auf den Plateaudruck entspricht diesem initialen Druckanstieg *(Resistancedruck = R x V)*
- Der weniger steile (linare) inspiratorische Druckanstieg ist abhängig vom Flow und von der Compliance und entspricht der Druckdifferenz zwischen Plateaudruck und PEEP-Niveau *(Compliancedruck =* V_t */ C)*
- Die Höhe des *Spitzendrucks* ist abhängig von Inspirationsflow, Tidalvolumen, Resistance und Compliance, d. h. auch ein zu kleiner Endotrachealtubus, Stenosen oder Sekret im Tracheobronchialsystem können Ursache eines steigenden bzw. hohen Spitzendrucks sein. Nimmt die inspiratorische Resistance (Atemwegswiderstand) zu, steigt der Spitzendruck an, nimmt die inspiratorische Resistance ab, sinkt der Spitzendruck (jeweils bei gleich bleibendem Plateaudruck). Nimmt die Compliance ab (Verschlechterung der Volumendehnbarkeit), steigen Spitzen- und Plateaudruck an, nimmt die Compliance zu, sinken Spitzen- und Plateaudruck. Da der Spitzendruck wenig Einfluss auf den Alveolardruck hat, ist er *nicht* primär Ursache für ein pulmonales Baro- oder Volutrauma ➤ 5.7.1).

Bei **druckkontrollierter Beatmung** (➤ 5.3.1) oder BIPAP (➤ 5.3.6) ergibt sich ein völlig anderes Druck-Zeit-Diagramm (➤ jeweilige Beatmungsform). Hier erlauben Druck-Zeit-Diagramme *keine* Rückschlüsse auf Compliance und Resistance.

Druck-Zeit-Diagramme zeigen immer „nur" den Verlauf des im Respirator gemessenen Drucks. Um einschätzen zu können, welcher Druck in der Lunge tatsächlich herrscht, müssen alle Faktoren berücksichtigt werden, die Einfluss auf den intrapulmonalen Druck haben, z. B. ein geringer Innendurchmesser von Tubus oder Trachealkanüle.

Flow-Zeit-Diagramme

Flow-Zeit-Diagramme stellen den zeitlichen Verlauf des inspiratorischen und exspiratorischen Flows dar (➤ Abb. 5.6). Der inspiratorische Flow ist in erster Linie vom eingestellten Beatmungsmuster abhängig. Der exspiratorische Flow dagegen unterliegt dem Einfluss von Atemwegswiderständen und erlaubt Rückschlüsse auf Resistance und Compliance.

Eine **flacher verlaufende exspiratorische Flowkurve** ist Zeichen für exspiratorische Atemwegswiderstände. Ursache können z. B. obstruktive Lungenerkrankungen, Sekretverhalt, Bronchospasmus oder die (teilweise) Verlegung von Filtern, z. B. HME-Filter, sein. Durch den Ausatemwiderstand verlängert sich die Exspirationszeit, schlimmstenfalls reicht die Zeit nicht für die vollständige Exspiration aus, d. h. die Flowkurve geht nicht auf 0 zu-

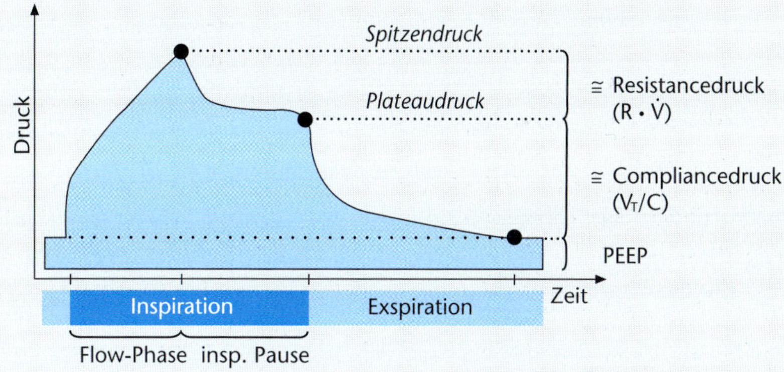

Abb. 5.23 Druck-Zeit-Diagramm bei volumenkontrollierter Beatmung mit inspiratorischer Pause und PEEP.

rück (im Extremfall fast waagrechter Verlauf der Flowkurve) und es entsteht ein „airtrapping" mit Intrinsic PEEP (➤ 5.3.1).

Volumen-Zeit-Diagramme

Volumen-Zeit-Diagramme stellen den zeitlichen Verlauf des transportierten Atemvolumens dar.

Das Volumen nimmt während der inspiratorischen Flow-Phase kontinuierlich zu, bleibt während der inspiratorischen No-Flow-Phase (inspiratorische Pause) konstant, und fällt bei der Exspiration auf 0 ab. Wichtig: Volumen-Zeit-Diagramme geben lediglich Auskunft über das Atemhubvolumen (meist in ml angegeben). Die funktionelle Residualkapazität (➤ 1.2.1) ist nicht berücksichtigt, d. h. Rückschlüsse auf das gesamte, in der Lunge enthaltene Luftvolumen, sind nicht möglich.

Loops

Definition

II **Loops** (engl.: Schleifen) stellen die Druck-Volumen-Beziehung (**p**ressure-**v**olume-Loops, kurz *PV-Loops*) oder (seltener genutzt) die Flow-Volumen- oder Flow-Druck-Beziehung während eines Beatmungszyklus grafisch dar.

Statische Loops werden in der Wissenschaft angewandt. Beatmungsgeräte arbeiten mit **dynamischen Loops**, bei denen die Atemwegswiderstände und die Widerstände von Endotrachealtuben bzw. Trachealkanülen mit einfließen und z. B. den Complianceverlauf verfälschen können. **II**

PV-Loops ermöglichen bei Beatmungsformen mit konstantem Flow vor allem Aussagen über Veränderungen der Compliance (➤ 1.2.1; bei abnehmender Compliance verläuft der PV-Loop flacher) und weisen auf eine mögliche Überdehnung einzelner Lungenbereiche hin (hier ermöglicht der PV-Loop die Einstellung des optimalen PEEP, auch „best PEEP" ➤ 5.2.4). Die meist weniger genutzten Flow-Volumen-Loops lassen Rückschlüsse auf den Atemwegswiderstand zu.

Loops werden i. d. R. auf dem integrierten Bildschirm des Respirators oder auf einem gesonderten Bildschirm dargestellt (als zusätzliches Zubehör zum Respirator erhältlich).

Im Gegensatz zu Beatmungskurven, die häufig routinemäßig zum Beatmungsmonitoring eingesetzt werden, kommt die Darstellung von Loops meist nur bei kritischer pulmonaler Situation des Patienten bzw. problematischer Beatmungssituation zum Einsatz. Die Interpretation der dargestellten Loops sowie ggf. entsprechende Maßnahmen sind auf den meisten Intensivstationen Aufgabe des Arztes.

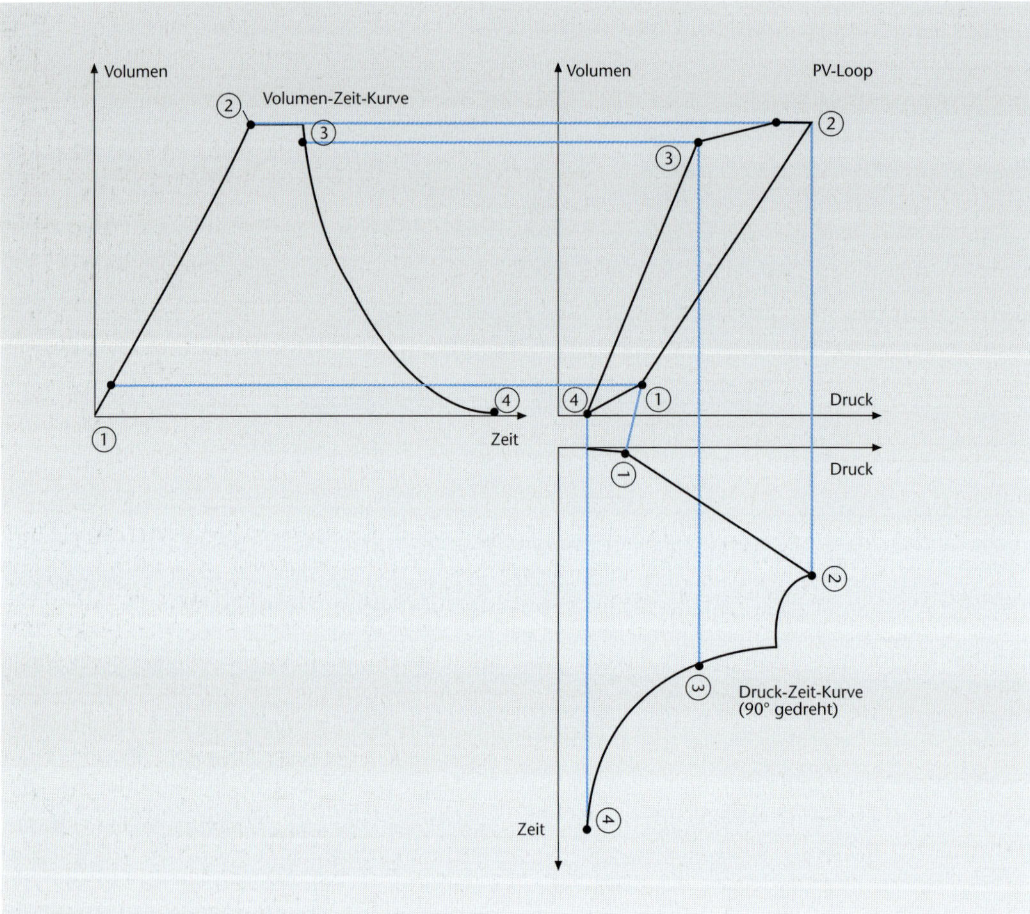

Abb. 5.24 PV-Loops können aus der Volumen-Zeit- und der Druck-Zeit-Kurve konstruiert werden (Verlauf jeweils entsprechend dem bei volumenkontrollierter Beatmung; die Druck-Zeit-Kurve ist um 90 Grad gedreht). **1** = unmittelbar nach Beginn der Inspiration, **2** = Spitzendruck, **3** = Anfangsphase der Exspiration und **4** = Exspiration abgeschlossen.

PV-Loops bei volumenkontrollierter Beatmung mit konstantem Flow

Während der inspiratorischen Flow-Phase strömt das Atemgas mit konstantem Flow in die Lunge. Dabei steigt der Druck stetig an bis das eingestellte Volumen verabreicht und damit der Spitzendruck erreicht ist. Ist eine inspiratorische Pause (No-Flow-Phase) eingestellt, fällt der Druck danach bei gleichem Volumen auf den Plateaudruck ab. Während der Exspiration nimmt das Volumen wieder ab, deshalb verlaufen diese Loops entgegen dem Uhrzeigersinn. Der Beatmungsdruck fällt dann auf das PEEP-Niveau ab, das Beatmungsvolumen geht auf 0 zurück.

Verschlechtert sich die pulmonale Situation des Patienten unter der Beatmung, so verändert sich der PV-Loop (falls Beatmungseinstellung gleich bleibt):

- Bei **abnehmender Compliance** (➤ 1.2.1) verläuft der Loop insgesamt flacher, und der Druckanstieg während der Inspiration verläuft weniger steil, d. h. eine relative geringe Steigerung des Volumens bewirkt eine relativ hohe Zunahme des Beatmungsdrucks (je flacher der Druckanstieg desto geringer die Compliance). Die Steilheit im inspiratorischen Bereich des Loop verhält sich proportional zur veränderten Lungencompliance
- Bei **zunehmender Resistance** (➤ 1.2.1) ist der inspiratorische Schenkel des Loops auf dem Diagramm insgesamt nach rechts verschoben, dabei

verändert sich die Steilheit des inspiratorischen Druckanstiegs nicht.

PV-Loops bei druckkontrollierter Beatmung mit dezelerierendem Flow

Bei druckkontrollierter Beatmung bzw. BIPAP strömt das Atemgas während der Inspiration anfangs mit hohem, im Verlauf denn abnehmendem Flow in die Lunge des Patienten (dezelerierender Flow ➤ 5.2.2). Der Beatmungsdruck ist praktisch während der gesamten Inspirationsphase gleich hoch, daher hat der Loop ein fast rechteckiges Aussehen. Mit Beginn der Exspiration sinkt der Beatmungsdruck rasch auf das PEEP-Niveau ab, das Volumen geht auf 0 zurück. Der PV-Loop bei druckkontrollierter Beatmung lässt *keine* Rückschlüsse auf den Verlauf der Compliance zu (dies ist nur bei Beatmung mit konstantem Flow möglich).

Unter der Voraussetzung, dass sowohl am Inspirationsende als auch am Exspirationsende der Flow auf Null zurückgeht ist die Steigung der Linie, die die Punkte A und B verbinden, ein Ausdruck der Compliance.

PV-Loops unter CPAP-Atmung

Bei **CPAP-Atmung mit inspiratorischer Druckunterstützung** muss der Patient – falls ein Drucktrigger eingestellt ist – zunächst die Triggerschwelle überwinden (➤ 5.2.5). Dadurch entsteht eine kleine Schleife zu Beginn der Inspiration. Die Schleifenfläche im Bereich der negativen Druckskala entspricht der Atemarbeit, die der Patient für die Triggerung aufbringen muss (je größer die Fläche, desto größer die durch den Trigger bedingte Atemarbeit).

Bei reiner **CPAP-Atmung** bringt der Patient während der Inspiration einen – im Vergleich zum CPAP-Niveau – negativen Druck auf. Während der Exspiration liegt der Druck über dem CPAP-Niveau. Daher verläuft der Loop hier im Uhrzeigersinn.

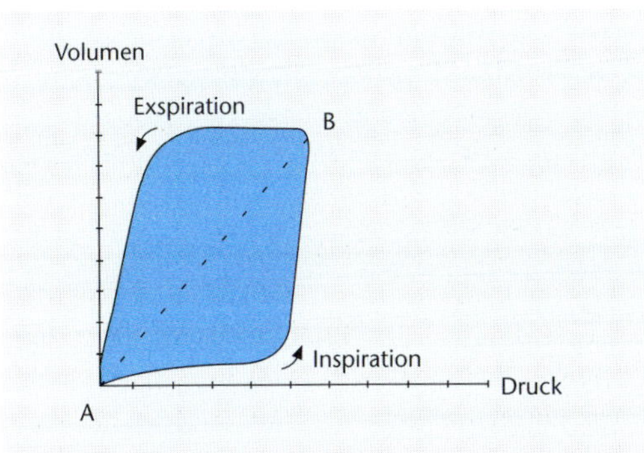

Abb. 5.25 PV-Loop bei druckkontrollierter Beatmung. Rückschlüsse auf den Verlauf der Compliance sind hier *nicht* möglich. Unter der Voraussetzung, dass der Flow sowohl am Ende der Inspiration als auch am Ende der Exspiration auf 0 zurückgeht, kann die Steigung der Linie zwischen A (= Beginn Inspiration) und B (= Beginn Exspiration) als Anhalt für die Compliance dienen.

Trenddarstellungen

Trenddarstellungen ermöglichen eine rückwirkende Beurteilung des Beatmungsverlaufs. Respiratoren, die Trenddarstellungen ermöglichen, speichern einzelne Beatmungsparameter im zeitlichen Verlauf und stellen sie grafisch dar. Hilfreich können Trenddarstellungen beispielsweise zur Beurteilung des Entwöhnungsverlaufs sein.

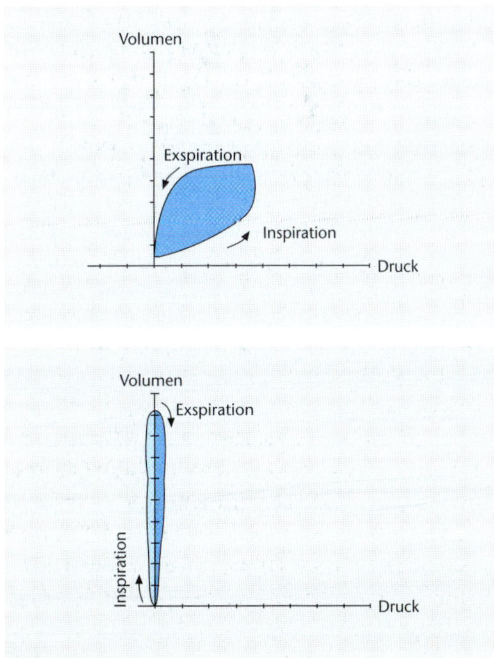

Abb. 5.26 PV-Loops bei CPAP-Atmung, oben mit inspiratorischer Druckunterstützung, unten ohne Druckunterstützung.

5.11 Entwöhnung vom Respirator

Definition

Entwöhnung (engl.: *weaning):* Abtrainieren der maschinellen Beatmung, d. h. der Patient übt, wieder völlig selbständig zu atmen. Die Zeitdauer der Entwöhnung ist vor allem abhängig von Art und Ausmaß der Grund- und Begleiterkrankungen, Alter des Patienten, Dauer und Invasivität der Beatmungstherapie sowie der Erfahrung des Behandlungsteams.

Während früher der Begriff „Entwöhnung" für das Übergehen von einer überwiegend maschinellen Beatmungsform auf eine Beatmungsform mit mehr oder weniger hohem Spontanatemanteil des Patienten benutzt wurde (z. B. Umstellen von volumenkontrollierter Beatmung auf SIMV), wird der Begriff „Entwöhnung" heute weiter gefasst und steht in der moderneren Beatmungstherapie für **jegliche Form der Reduktion der Beatmungsinvasivität**, also z. B. auch eine Verminderung der Sauerstoffkonzentration oder eine Reduktion des Beatmungsdrucks. Da im klinischen Sprachgebrauch dennoch häufig erst dann von „Entwöhnung" gesprochen wird, wenn die Beatmung so eingestellt wird, dass der Patient selbst einen gewissen Anteil der Atemarbeit leisten muss, ist es für die Pflegenden wichtig, genau zu wissen, in welchem Stadium der Entwöhnung der Patient sich befindet und welche Beatmungsform und -parameter momentan eingestellt sind.

Die Respiratorentwöhnung beginnt mit dem ersten Schritt hin zu weniger Beatmungsinvasivität. Dies erfolgt grundsätzlich zum frühestmöglichen Zeitpunkt („Die Entwöhung beginnt mit der Intubation", d. h. der Arzt wählt eine Beatmungsform für den Patienten aus, die zum einen die respiratorische Insuffizienz behebt, zum andern so wenig invasiv wie möglich ist, und reduziert die Beatmungsinvasivität so bald wie möglich).
Entwöhnung im engeren Sinn bzw. im klinischen Sprachgebrauch bedeutet, dass Atemarbeit zunehmend vom Patienten und nicht mehr vom Respirator geleistet wird. Die Entwöhnung ist beendet, wenn der Patient dauerhaft ohne Unterstützung durch den Respirator spontan atmen kann. Dies ist *unabhängig* von der Dekanülierung bzw. (selten) Extubation, d. h.:

- bei Patienten, bei denen nach der Dekanülierung bzw. Extubation noch eine (intermittierende) Maskenbeatmung (NIV, ➤ 5.4) erforderlich ist, ist die Entwöhnung noch nicht beendet (Patient ist zwar nicht mehr tracheotomiert/intubiert, jedoch noch nicht vollständig entwöhnt)
- bei Patienten, die dauerhaft ohne Zeichen einer Erschöpfung (➤ 5.11.3) über eine Trachealkanüle atmen können, ist die Entwöhung beendet (Patient ist noch tracheotomiert, aber bereits vollständig entwöhnt).

Nach einer Kurzzeitbeatmung (< ca. 24 – 48 Stunden, z. B. postoperative Nachbeatmung) ist eine spezielle Entwöhnung meist nicht erforderlich. Hier kann i. d. R. mit Wiedereinsetzen der Spontanatmung die maschinelle Unterstützung rasch zurückgenommen bzw. beendet und der Patient extubiert werden (Extubation ➤ 4.2.11).

5.11.1 Kriterien zur Entwöhnung

Eine Reduktion der Beatmungsinvasivität die unabhängig von der Spontanatmung des Patienten ist, also z. B. Reduktion des F_iO_2 oder des Beatmungsdrucks, erfolgt immer abhängig von der Blutgasanalyse und dem Allgemeinzustand des Patienten.

Für Entwöhnungsschritte hin zu mehr Spontanatmung des Patienten, also z. B. Umstellen von einer kontrollierten auf eine assistierte Beatmungsform (etwa von druckkontrollierter Beatmung auf PC-SIMV), oder Reduktion des Anteils der Atemarbeit, die der Respirator leistet, also z. B. bei BIPAP-Beatmung Reduktion des oberen Druckniveaus (➤ 5.3.6), existieren zahlreiche Kriterien, die es ermöglichen sollen, den Erfolg der Entwöhnung abzusehen. Ziel ist es, Komplikationen durch missglückte Entwöhnungsversuche zu vermeiden und dem Patienten frustrane Entwöhnungversuche sowie eine eventuelle Reintubation mit allen damit verbundenen Risiken zu ersparen.

Manche Respiratoren bieten Sonderfunktionen, die Aussagen üben den Erfolg eines Weaningversuchs zulassen. Dazu gehören v. a. der Rapid shallow breathing Index (RSB, ➤ 6.3) und der Negativ inspiratory force Index (NIF, ➤ 6.3).

Allgemeine Kriterien der Respiratorentwöhnung

Im Verlauf der Respiratorentwöhnung muss der Patient mehr und mehr Atemarbeit selbst leisten. Dies gelingt nur dann dauerhaft, wenn der Atemapparat des Patienten in der Lage ist, die erforderliche Atemarbeit zu leisten. Übersteigt die erforderliche Atemarbeit die Leistungsfähigkeit des Patienten, kommt es zur Erschöpfung der Atemmuskulatur (auch *respiratorische Erschöpfung, inspiratorische Muskelermüdung* oder *respiratory muscle fatigue* genannt). Um dies zu vermeiden werden vor und während der Entwöhnung alle Faktoren, die die Leistungsfähigkeit des Atemapparates beeinträchtigen können, möglichst optimiert. Die folgenden **allgemeinen Kriterien der Respiratorentwöhnung** *(Weaning-Kriterien)* gelten daher nicht nur vor, sondern vor allem auch während der Entwöhnung:

- **Beatmung.** Ein (weiterer) Entwöhnungsschritt ist nur dann sinnvoll, wenn die folgenden Kriterien seitens der Atmung/Beatmung erfüllt sind:
  - $p_aO_2 > 60$ mmHg bei $F_iO_2 \leq 0{,}4$
  - $p_aCO_2 < 55$ (Ausnahme chronisch obstruktive Lungenerkrankung), pH > 7,3
  - Atemfrequenz < 25 – 30/Min. AZV > 5 ml/kgKG
  - $V_D/V_T < 0{,}6$ (➤ 1.2.1)
  - Insbesondere bei absehbar schwieriger Entwöhnung sind auch die Parameter Vitalkapazität (> 10 ml/kgKG), NIF (<−20 mbar) und P0,1 (>−4mbar) entscheidend (➤ 6.3)
- **Stabile Herz-Kreislaufverhältnisse, Normovolämie.** Jeder Entwohnungsschritt, der mit einer Reduktion des mittleren Beatmungsdruckes verbunden ist, führt dazu, dass der intrathorakale Druck abnimmt. Dadurch nehmen sowohl Vorlast als auch Nachlast des linken Ventrikels zu (Nebenwirkungen der Beatmung auf das Herz-Kreislaufsystem ➤ 5.7.2). Dies kann insbesondere bei vorbestehender Herzinsuffizienz zu einer kardialen Dekompensation mit nachfolgendem kardialen Lungenödem führen. Dies wiederum erhöht die Atemarbeit des Patienten (Reduktion der *Compliance* durch Wassereinlagerung in der Lunge ➤ 1.2.1). Um dies zu vermeiden verordnet der Arzt ggf. Diuretika und positiv inotrop wirkenden Substanzen (steigern die Kontraktionskraft des Herzmuskels), z. B. Dobutamin
- **Sauerstoffverbrauch und Kohlendioxidproduktion.** Sowohl ein erhöhter O_2-Verbrauch als auch eine erhöhte CO_2-Produktion steigern die Atemarbeit. Zustände, die den Sauerstoffbedarf steigern, z. B. Fieber oder Muskelzittern (Shivering), sollten deshalb vor dem (nächsten) Entwöhnungsschritt behoben werden. Der Hämoglobinwert des Patienten sollte im Normbereich liegen, damit ausreichend Sauerstoffträger zur Verfügungzu stehen (Schönhofer, B., 2006). Bei der Ernährung ist darauf zu achten, dass eine zu hohe Kohlenhydratzufuhr vermieden wird, weil dadurch die CO_2-Produktion steigt, was eine vermehrte Atmung/Beatmung notwendig macht (empfehlenswert ist eine Zusammensetzung aus 50 – 55% Fett, 35 – 40% Kohlenhydraten und 10 – 15% aus Eiweiß)
- **Elektrolythaushalt und Säure-Basen-Status.** Ein Mangel an *Phosphat*, *Kalzium* oder *Magnesium* kann die Leistungsfähigkeit der Atemmuskulatur einschränken und sollte daher vor der Entwöhnung behoben werden. *Metabolische Alkalosen* (➤ 1.3.2) können über eine kompensatorische Hypoventilation zum Anstieg des CO_2 und zur alveolären Hypoventilation führen. *Metabolische Azidosen* (➤ 1.3.2) steigern die Atemarbeit durch die kompensatorische Hyperventilation. Beide Zustände sollten daher vor einer (weiteren) Entwöhnung ausgeglichen werden
- **Zwerchfellhochstand.** Alle Zustände bzw. Erkrankungen, die mit einem Zwerchfellhochstand einhergehen, z. B. (Sub-)Ileus, Meteorismus oder ausgeprägter Aszites, erhöhen die Atemarbeit, da die Compliance von Lunge und Thorax durch den Zwerchfellhochstand vermindert ist. Ein Zwerchfellhochstand soll daher vor bzw. während einer Entwöhnung wenn möglich behoben werden. Wichtig ist es aus diesem Grund auch vor und während der Entwöhnung die **Magen-Darm-Motilität** immer zu überwachen und ggf. mit entsprechenden Maßnahmen in Gang zu bringen
- **Bewusstseinslage.** Auch bewusstseinseingetrübte oder bewusstlose Patienten können vom Respirator entwöhnt werden, zur Extubation jedoch müssen die Schutzreflexe vorhanden sein (➤ 4.2.11). Kooperationsbereitschaft des Patienten erleichtert die Entwöhnung i. d. R. erheblich.

Deshalb ist es zu jedem Zeitpunkt der Entwöhnung wichtig, die Kooperationsbereitschaft des Patienten zu fördern und ihn angemessen, d. h. in einer ihm verständlichen Art und Weise über die einzelnen Entwöhnungsschritte zu informieren. Die Entwöhnung eines unkooperativen und/oder sehr unruhigen Patienten ist häufig sehr schwierig. Eine damit verbundene extreme körperliche Unruhe, z. B. im Rahmen eines Durchgangssyndroms oder eines Entzugssyndroms, steigert die CO_2-Produktion und erhöht damit den Ventilationsbedarf. Bei Entzugssymptomatik kann die Entwöhnung daher i. d. R. nicht eingeleitet bzw. weitergeführt werden

- **Sedierung und Relaxierung.** Eine tiefe Sedierung sowie eine Relaxierung sind nicht mehr notwendig. In der Regel kann eine Entwöhnung erst dann begonnen werden, wenn die Wirkung von zuvor verabreichten Sedativa, Opioiden und Muskelrelaxanzien soweit abgeklungen ist, dass sowohl der Atemantrieb als auch die notwendige Muskelkraft weitgehend wieder vorhanden sind.

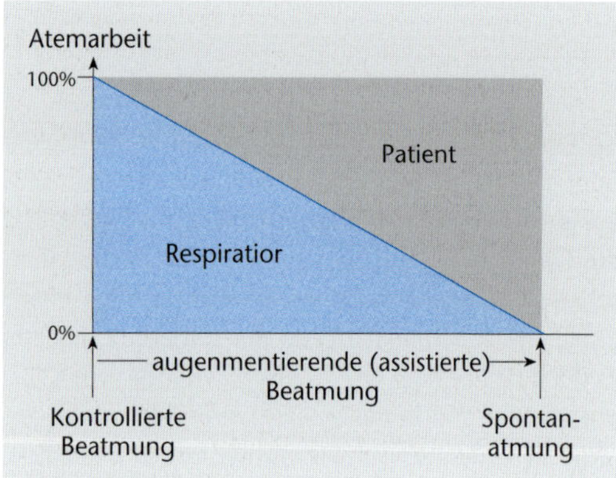

Abb. 5.27 Die kontinuierliche Respiratorentwöhnung ist die in der Intensivmedizin übliche Methode der Entwöhnung. Dabei wird der maschinelle Anteil der Atemarbeit im Verlauf der Entwöhnung immer weiter zurückgenommen, dadurch entsteht ein fließender Übergang von maschineller Beatmung auf spontane Atmung. In der Praxis ist der Verlauf der Entwöhnung in aller Regel nicht so unproblematisch, wie die Grafik dies vermuten lässt. Nicht selten muss die Entwöhnung im Verlauf verlangsamt, gestoppt oder evtl. der maschinelle Anteil der Atemarbeit vorübergehend wieder angehoben werden, wenn Zeichen der respiratorischen Erschöpfung eintreten.

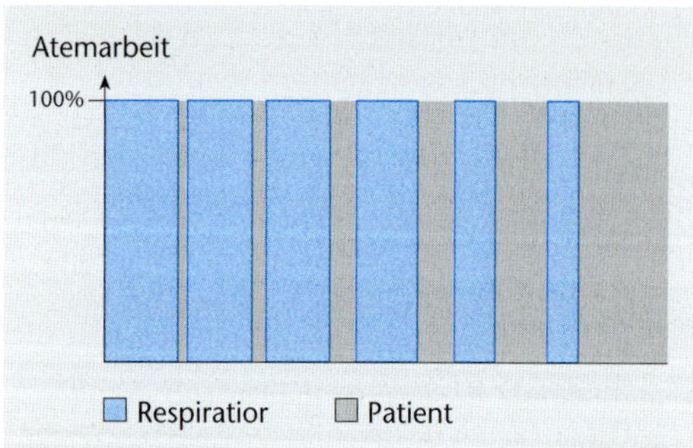

Abb. 5.28 Bei der diskontinuierlichen Respiratorentwöhnung wird die maschinelle Beatmung anfangs durch kurze, im Verlauf dann immer längere Spontanatemphasen unterbrochen.

5.11.2 Entwöhnungsstrategien

Grundsätzlich wird unterschieden zwischen kontinuierlicher und diskontinuierlicher Respiratorentwöhnung und dem Spontanatemversuch.

Definition

Kontinuierliche Respiratorentwöhnung *(kontinuierliches weaning):* Gebräuchliche Methode der Respiratorentwöhnung mit fließendem Übergang von überwiegend maschineller Beatmung zu Spontanatmung (➤ Abb. 5.27).

Diskontinuierliche Respiratorentwöhnung *(diskontinuierliches weaning):* Nur in Einzelfällen angewandte Methode der Respiratorentwöhnung mit anfangs kurzen, später immer längeren Phasen reiner Spontanatmung im Wechsel mit Phasen vollständig maschineller Beatmung (➤ Abb. 5.28).

Spontanatemversuch mit anschließender Extubation *(spontaneous breathing test):* Der Patient führt über einen festgelegten Zeitraum einen Spontanatemversuch durch. Erfüllt er dabei die vorgegeben Kriterien, wird anschließend extubiert (➤ Abb. 5.29).

Kontinuierliche Respiratorentwöhnung

Die kontinuierliche Respiratorentwöhnung ist die üblicherweise in der Intensivmedizin eingesetzte Entwöhnungsmethode. Dabei wird der Anteil der Atemarbeit, die der Respirator leistet, Schritt für Schritt zurückgenommen, und der Patient leistet mehr und mehr Atemarbeit selbst. Dazu werden augmentierende Beatmungsformen eingesetzt, die die Atemmuskulatur entlasten indem sie einen Teil der Atemarbeit übernehmen (Augmentation = Vergrößerung).

Prinzipiell kann die kontinuierliche Respiratorentwöhnung auf drei Arten durchgeführt werden:
- SIMV (➤ 5.3.3). Dabei werden synchron zur Spontanatmung des Patienten maschinelle Atemhübe verabreicht. Zwischen den maschinellen Hüben kann der Patient spontan atmen. Vergleichbar funktioniert MMV (➤ 5.3.7), allerdings werden maschinelle Atemhübe hier nur verabreicht, wenn der Patient ein eingestelltes AMV nicht erreicht
- BIPAP (➤ 5.3.6). Dabei verabreicht der Respirator Atemhübe indem er zwischen den beiden Druckniveaus wechselt. Auf beiden Druckniveaus – also zu jeder Zeit – kann der Patient spontan atmen
- Druckunterstütze Beatmung (➤ 5.3.4). Dabei wird jeder einzelne Spontanatemzug des Patienten vom Respirator unterstützt.

Kontinuierliche Entwöhnung mit SIMV

Bei Entwöhnung mittels SIMV wird der maschinelle Anteil der Atemarbeit reduziert, indem die SIMV-Frequenz vermindert wird. Praktisch wird wie folgt vorgegangen:
- Umstellen der Beatmung auf SIMV. Dazu werden folgende Einstellungen vorgenommen:
  - SIMV-Frequenz anfangs ca. 8 – 10/Min. (Faustregel: SIMV-Frequenz = ca. ½ Spontanatemfrequenz des Patienten). Zusätzlich Druckunterstützung (meist 8 – 15 mbar über PEEP) und PEEP (meist 5 – 8 mbar) einstellen
  - Kontrollierte Atemhübe entsprechend der vorangegangenen kontrollierten Beatmung
  - Einstellen des Triggers (➤ 5.2.5), so dass der Patient möglichst mühelos einatmen kann, es aber nicht zur Selbsttriggerung des Respirators kommt
- Ist der Patient unter dieser Beatmung stabil kann schrittweise weiter entwöhnt werden:
  - Schrittweise Reduktion der SIMV-Frequenz bis auf 4/Min.
  - Reduktion der Druckunterstützung in 2-mbar-Schritten bis auf ca. 7 mbar
  - Reduktion des PEEP in 2-mbar-Schritten bis auf ca. 5 mbar
- Umstellen auf CPAP-Atmung mit CPAP-Niveau 5 – 6 mbar. Ist der Patient auch darunter stabil, kann die Extubation bzw. Dekanülierung erwogen werden (Kriterien und Durchführung ➤ 4.2.11 bzw. ➤ 4.3.8).

Kontinuierliche Entwöhnung mit BIPAP

Bei der Entwöhnung über BIPAP wird der maschinelle Anteil der Atemarbeit reduziert, indem das obere Druckniveau abgesenkt und die Zeitdauer des unteren Druckniveaus verlängert wird. Dabei wird i. d. R. wie folgt vorgegangen:
- Reduktion des oberen Druckniveaus (p_{insp} bzw. p_{hoch}) in 2-mbar-Schritten bis auf einen Druck von ca. 12 mbar
- Schrittweise Verlängerung der Zeitdauer des unteren Druckniveaus (t_{exsp}) auf ca. 10 Sek. Die Zeitdauer des oberen Druckniveaus (t_{insp}) bleibt bzw. wird zuvor eingeregelt auf ca. 3 Sek. In dieser Einstellung werden etwa 5 maschinelle Atemhübe pro Minute verabreicht
- Weitere Reduktion des oberen Druckniveaus bis das obere Druckniveau dem unteren (PEEP) entspricht. Damit ist dann gleichzeitig CPAP-Atmung erreicht
- Absenken des CPAP-Niveaus auf 5 – 6 mbar. Ist der Patient darunter stabil, kann die Extubation bzw. Dekanülierung erwogen werden (Kriterien und Durchführung ➤ 4.2.11 bzw. ➤ 4.3.8).

Kontinuierliche Entwöhnung mit druckunterstützter Beatmung

Die Entwöhnung mittels druckunterstützter Beatmung entspricht der mittels SIMV mit dem Unterschied, dass keine reinen maschinellen Atemhübe verabreicht werden:
- Umstellen der Beatmung auf inspiratorische Druckunterstützung (ASB):
  - Höhe der Druckunterstützung anfänglich meist 12 – 15 mbar über PEEP, zusätzlich PEEP (meist 5 – 8 mbar)
  - Einstellen des Triggers (➤ 5.2.5)
- Ist der Patient unter dieser Beatmung stabil, kann die Höhe der Druckunterstützung in 2 mbar-Schritten reduziert werden bis auf ca. 7 mbar
- Reduktion des PEEP in 2-mbar-Schritten bis auf ca. 5 – 6 mbar
- Umstellen auf CPAP-Atmung mit CPAP-Niveau 5 – 6 mbar. Ist der Patient auch darunter stabil, kann die Extubation bzw. Dekanülierung erwogen werden (Kriterien und Durchführung ➤ 4.2.11 bzw. ➤ 4.3.8).

Viele der neu entwickelten Beatmungsformen reduzieren den maschinellen Anteil der Atemarbeit automatisch, d. h. einzelne Entwöhnungsschritte erfolgen hier respiratorgesteuert, z. B. ASV (➤ 5.3.8) oder PAV (➤ 5.3.4). Ein respiratorgesteuertes Weaning bietet die Funktion **SmartCare™** (realisiert am Respirator Evita XL der Firma Dräger, ➤ Abb. 6.10): Abhängig von der Atemfrequenz, dem Tidalvolumen sowie dem endtidalen CO_2 wird die Druckunterstützung in einer ersten Phase auf eine für den Patienten angemessene Höhe reguliert. In der zweiten Phase reduziert der Respirator die Druckunterstützung kontinuierlich und kontrolliert, ob der Patient dies innerhalb eines vorgegebenen Grenzbereichs toleriert (System prüft alle 2 – 5 Min.; angestrebt werden: Atemfrequenz 15 – 30/Min. bzw. bis 35/Min bei neurologischen Erkrankungen, V_t > 250 ml bzw. 300 ml ab 55 kgKG, $etCO_2$ < 55 mmHg bzw. < 65 bei COPD). Konnte die Druckunterstützung weitgehend zurückgenommen werden, folgt in der dritten Phase ein Spontanatemversuch. Ist dieser erfolgreich, zeigt der Respirator die mögliche Extubation/Dekanülierung an.

5

Diskontinuierliche Respiratorentwöhnung

Die diskontinuierliche Respiratorentwöhnung geht auf die Anfänge der Überdruckbeatmung zurück, also auf eine Zeit, in der die augmentierenden Beatmungsformen noch nicht zur Verfügung standen. Mit der Entwicklung der augmentierenden Beatmungsformen wurde die diskontinuierliche Entwöhnung dann fast ganz verlassen und erst in den letzten Jahren wieder entdeckt als alternative Entwöhnungsmethode für langzeitbeatmete Patienten mit völlig erschöpfter Atemmuskulatur. Dazu gehören vor allem Patienten mit schwerer COPD (➤ 2.3.2), aber auch Patienten mit chronischen Erkrankungen des Thorax, z. B. schwerer Skoliose oder neuromuskulären Erkrankungen.

Prinzip der diskontinuierlichen Respiratorentwöhnung

Bei der diskontinuierlichen Entwöhnung wird der Patient anfangs nur für sehr kurze Zeit (z. B. einige Minuten), später dann für immer längere Phasen vom Respirator diskonnektiert, d. h. er atmet spontan über die Trachealkanüle bzw. den Tubus (letzteres wird wenn möglich vermieden wegen der damit verbundenen relativ großen Atemarbeit). Während der Spontanatemphasen bekommt der Patient angefeuchtete, erwärmte und mit Sauerstoff angereicherte Luft über ein T-Stück oder eine „feuchte Nase" (➤ 5.6.3) zugeführt, das an die Trachealkanüle bzw den Tubus. angeschlossen ist. Durch die Diskonnektion vom Respirator soll die durch das Beatmungssystem verursachte Atemarbeit (z. B. Trigger vor jedem Atemzug, Resistance des Beatmungsschlauchsystems) auf ein Minimum reduziert werden. Lediglich der Strömungswiderstand von Tubus bzw. Trachealkanüle bleibt auch während der Spontanatemphasen bestehen. Sehr wichtig ist es deshalb, den durch die Trachealkanüle oder den Tubus verursachten Atemwegswiderstand so gering wie möglich zu halten (auch ➤ 1.2.1 Resistance); dies wird insbesondere durch das Verwenden einer Trachealkanüle mit möglichst großem Innendurchmesser und das Vermeiden bzw. Beseitigen von Sekret und Inkrustierungen im Kanülenlumen erreicht.

Spätestens wenn der Patient Zeichen der respiratorischen Erschöpfung zeigt, wird er wieder an das Beatmungsgerät angeschlossen und kontrolliert beatmet. In manchen Kliniken bzw. bei manchen Patienten wird alternativ so vorgegangen, dass der Patient spätestens nach einer festgelegten Zeit wieder an den Respirator angeschlossen und für einen kurzen bzw. vorher festgelegten Zeitraum maschinell beatmet wird, bevor dann die nächste Spontanatemphase folgt. Dadurch soll eine respiratorische Erschöpfung verhindert werden. Während der maschinellen Beatmung wird dann z. B. eine druckunterstützte Beatmung mit ausreichend hohem Unterstützungsdruck gewählt oder eine Beatmungsfrequenz eingestellt, die etwas über der Spontanatemfrequenz des Patienten liegt. Dadurch soll eine möglichst vollständige Entlastung der Atemmuskulatur erreicht werden. Zielkriterium ist eine Atemfrequenz möglichst ≤ 25/Min. bei ausreichend hohen Tidalvolumina. Toleriert der Patient die kontrollierte Beatmung, ist die Atemarbeit am geringsten und die Entlastung der Atemmuskulatur am effektivsten, „kämpft" er gegen den Respirator, kann eine druckunterstützte Beatmung sinnvoller sein.

Zunächst werden die für den Patienten meist sehr anstrengenden Spontanatemphasen nur tagsüber vorgenommen. Nachts wird der Patient kontrolliert beatmet und kann sich erholen. Erst wenn der Patient tagsüber weitgehend spontan atmen kann, wird die Spontanatmung auch auf die Nacht ausgedehnt.

Spontanatemversuch mit anschließender Extubation

Neu in der Respiratorentwöhnung ist die Strategie des Spontanatemversuchs mit anschließender Extubation. Diese Strategie wurde von Professor Ely in den USA untersucht. Das prinzipielle Vorgehen bei dieser Methode ist wie folgt:

- Ein in der Methode erfahrener Mitarbeiter überprüft einmal täglich bei allen beatmeten Patienten, ob eine Spontanatmung möglich ist. Bei der Untersuchung wird geprüft, ob die Patienten bestimmte, festgelegte Kriterien erfüllen
- Sind die festgelegten Kriterien erfüllt, schließt sich ein 3 – 5-minütiger Test der Spontanatmungskapazität an
- Ist dieser erfolgreich, erfolgt eine ½ – 2-stündige Spontanatemphase, dabei atmet der Patient am T-Stück oder am Respirator mit einer Druckunterstützung von 5 – 8 mbar bzw. einer Tubuskompensation
- Verläuft die Spontanatemphase erfolgreich (Abbruchkriterien treten *nicht* auf), werden die zuständigen Ärzte informiert, die dann darüber entscheiden, ob extubiert werden kann oder nicht.

Durch die Anwendung dieser Entwöhnungsstrategie konnten sowohl die Gesamtdauer der Beatmung als auch die des Krankenhausaufenthaltes gesenkt und damit Kosten eingespart werden.

5.11.3 Praxis der Respiratorentwöhnung

Da in der Intensivmedizin in den allermeisten Fällen die kontinuierliche Respiratorentwöhnung eingesetzt wird, ist im Folgenden auch die praktische Anwendung dieses Verfahrens beschrieben. Der letzte Abschnitt gibt einen Überblick über die selten und meist in speziellen Kliniken eingesetzten Strategien der diskontinuierlichen Respiratorentwöhnung und des Spontanatemversuchs.

5

Tab. 5.9 Kontinuierliche und diskontinuierliche Respiratorentwöhnung im Vergleich.

Entwöhnungsstrategie	Vorteile	Nachteile
Kontinuierliche Entwöhnung	• Lückenlose Überwachung der (Spontan-)Atmung durch den Respirator (AZV, AMV, Atemfrequenz) • Schrittweise Reduktion des intrathorakalen Drucks	• Erfordert im Vergleich zu reiner Spontanatmung ohne Respirator relativ viel Atemarbeit vom Patienten (z. B. durch Trigger, Strömungswiderstände des Beatmungsschlauchsystems; diese können jedoch mit speziellen Beatmungsoptionen, z. B. ATC, ausgeglichen werden)
Diskontinuierliche Entwöhnung	• Völlige Ruhigstellung der Atemmuskulatur während Phasen kontrollierter Beatmung (Atempumpe kann sich erholen) • Während Spontanatmung wird Respirator entfernt, dadurch keine zusätzliche Atemarbeit durch Beatmungssystem (jedoch u. U. hohe Widerstände durch dünnlumigen Tubus/Trachealkanüle)	• Überwachung des Patienten während der Spontanatemphasen problematisch (Überwachung durch Respirator entfällt). Engmaschige klinische Überwachung erforderlich • Durch plötzliches Abgehen vom Respirator sinkt der intrathorakale Druck abrupt. Dies kann hämodynamische Nebenwirkungen haben

Grundsätzlich ist es von Vorteil, wenn in der Klinik bzw. Abteilung ein **Weaningprotokoll** vorhanden ist, in dem das Vorgehen bei der Entwöhnung schriftlich festgelegt ist (Beispiel ➤ Abb. 5.29). So ist allen Mitarbeitern klar, welche Kriterien für die Entwöhnung erfüllt sein müssen, wie die Entwöhnung abläuft und wann sie unterbrochen werden muss. Weaningprotokolle sollten einerseits für die Mehrzahl der Patienten anwendbar sein, andererseits aber auch genügend Spielraum bieten, um an Patienten in speziellen Situationen angepasst werden zu können. Die Erfahrung mit Weaningprotokollen hat gezeigt, dass damit die Entwöhnungsdauer verkürzt und somit letztlich Kosten eingespart werden können.

Ablauf der kontinuierlichen Entwöhnung

Die ersten Schritte der Entwöhnung erfolgen noch unabhängig von der Spontanatmung des Patienten. Sie dienen dazu, die Beatmungsinvasivität zu reduzieren. Dazu werden – jeweils abhängig von den Werten der Blutgasanalyse und dem Allgemeinzustand des Patienten – die folgenden Beatmungsparameter schrittweise reduziert:

- Inspiratorische Sauerstoffkonzentration (F_iO_2) bis auf ≤ 0,5 (50%)
- Atemzeitverhältnis (I:E-Verhältnis) auf ≤ 1:1 (wenn möglich normales I:E-Verhältnis von 1:2)
- PEEP-Niveau auf 5 – 8 mbar.

Erst wenn diese Entwöhnungsschritte erfolgt sind ist es sinnvoll, die Spontanatemaktivität des Patienten zu fördern.

Einleiten der Entwöhnung

Erst wenn die oben genannten Entwöhnungsschritte erfolgreich vorgenommen werden konnten, beginnt die eigentliche Entwöhnung, d. h. die Förderung der Spontanatmung des Patienten. In der Regel ist es sinnvoll, damit am Vormittag nach einer möglichst wenig gestörten Nachtruhe des Patienten zu beginnen. Der Arzt und/oder die Pflegenden erklären dem Patienten das Vorgehen in einer ihm verständlichen Weise, ggf. sind mehrfache Erläuterungen erforderlich (Kommunikation mit dem beatmeten Patienten ➤ 8.8). Außerdem erklären sie dem Patienten, wie er rasch Hilfe herbeirufen kann, falls es während der Entwöhnung zu Atemnot kommt.

Bei den ersten Entwöhnungsversuchen sollte der Patient im Bett liegen, um eine zusätzliche Belastung durch die Mobilisation zu vermeiden. Die Pflegenden positionieren den Patienten unmittelbar vor dem Einleiten der Entwöhnung halbsitzend bis sitzend im Bett (je aufrechter der Patient gelagert ist, desto leichter fällt ihm i. d. R. das Atmen). Dabei achten sie darauf, dass der Patient eine stabile Position hat, die Füße möglichst abgestützt sind und der Oberkörper nicht abgeknickt ist (➤ Abb. 5.30). Ist eine aufrecht sitzende Körperposition wegen Erkrankungen oder Operationen (z. B. Frakturen der Wirbelsäule) kontraindiziert, achten die Pflegenden darauf, den Patienten so zu positionieren, dass die Spontanatmung so problemlos wie möglich ist.

Sinnvoll ist es, eine Entwöhnung nur dann einzuleiten bzw. weiterzuführen, wenn der Patient in der Zeit unmittelbar danach weitgehend ungestört und eine lückenlose Überwachung sichergestellt ist. So ist es beispielsweise nicht ratsam, eine Entwöhnung einzuleiten unmittelbar bevor der Patient zu einer Untersuchung oder Behandlung transportiert werden muss. Auch wenn eine lückenlose Überwachung des Patienten durch erfahrene Pflegende nicht gewährleistet ist, etwa wegen extrem hohem Arbeitsanfall auf der Station, kann es sinnvoll sein, die Einleitung der Entwöhnung zu verschieben (im Einzelfall mit dem Arzt besprechen).

Die Pflegenden achten darauf, dass einzelne Entwöhnungsschritte sinnvoll auf geplante pflegerische, diagnostische und therapeutische Maßnahmen abgestimmt werden. Ggf. besprechen sie das Vorgehen mit dem Arzt.

Überforderung vermeiden

Entwöhnung bedeutet, dass der Patient Atemarbeit leisten muss, die zuvor der Respirator erbracht hat. Dies kann für den Patienten sehr anstrengend sein. Deshalb achten die Pflegenden insbesondere zu Beginn der Entwöhnung darauf, zusätzliche (Pflege-) Maßnahmen, die eine aktive Mitarbeit des Patienten erfordern und ihn belasten (z. B. Körperpflege, Lagerungsmaßnahmen oder Mobilisation), jeweils vor Beginn des (nächsten) Entwöhnungsschrittes vorzunehmen. Nachdem ein Entwöhnungsschritt vorgenommen wurde, soll der Patient möglichst seine Ruhe haben und sich auf die Atmung konzentrieren können.

Verlauf der Entwöhnung

Wie rasch die Entwöhnung fortgeführt, d. h. wann jeweils der nächste Entwöhnungsschritt vorgenommen werden kann, ist individuell sehr verschieden und hängt vor allem ab von der Dauer der vorangegangenen Beatmungstherapie, eventuellen chronischen Erkrankungen von Lunge und/oder Thorax sowie Art und Ausmaß der Grunderkrankung, die die Beatmung notwendig gemacht hat. Häufig zieht sich die Entwöhnung nach einer Langzeitbeatmung über Tage, manchmal auch Wochen hin.

Grundsätzlich ist es sinnvoll, den Patienten jeweils zu Beginn eines Entwöhnungsschrittes auf dem Rücken mit erhöhtem Oberkörper zu lagern und eine Seitenlagerung erst dann vorzunehmen, wenn der Patient mit der reduzierten Beatmung gut zurecht kommt. Im weiteren Verlauf können Entwöhnungsschritte dann auch vorgenommen werden, wenn der Patient im Lehnstuhl sitzt.

Überwachung des Patienten während der Entwöhnung

Während der Entwöhnung, insbesondere in den ersten Minuten nach Einleiten eines weiteren Entwöhnungsschrittes, beobachten die Pflegenden den Patienten sorgfältig auf Zeichen einer **respiratorischen Erschöpfung** (Ermüdung der Atemmuskulatur, Erschöpfung der Atempumpe, auch *respiratory muscle fatigue).* Diese tritt dann auf, wenn der Patient die erforderliche Atemarbeit nicht mehr leisten kann. Abhängig vom Allgemeinzustand und der pulmonalen Situation des Patienten sowie evtl. vorangegangenen Entwöhnungsversuchen ist es vielfach ratsam, dass die zuständige Pflegende nach dem Einleiten bzw. Weiterführen der Entwöhnung für eine gewisse Zeit im Patientenzimmer bleibt, um eine Verschlechterung der Patientensituation sofort erkennen zu können. Ob und in welchem Umfang dies im Einzelfall erforderlich ist, ist oftmals eine Frage der Einschätzung, d. h. es ist sehr viel Erfahrung im Umgang mit der Entwöhnung von Patienten erforderlich. Für Pflegende, die erst kurz auf einer Intensivstation arbeiten, ist es sinnvoll, das Vorgehen mit erfahrenen Pflegenden zu besprechen.

Klinische Zeichen der respiratorischen Erschöpfung

- Tachypnoe (Leitsymptom)
- Vermindertes Atemzugvolumen
- Paradoxe Atmung (Schaukelatmung, d. h. Bauchmuskelkontraktion während der Inspiration)
- Einsatz der Atemhilfsmuskulatur, „Nasenflügeln"
- Hypertonie, Tachykardie und Kaltschweißigkeit
- Zunehmende Agitiertheit (motorische Unruhe und gesteigerte Erregbarkeit).

Des Weiteren weist ein Abfall der Sauerstoffsättigung auf eine beginnende respiratorische Erschöpfung hin.

Treten die genannten Zeichen einer respiratorischen Erschöpfung auf, muss umgehend eine Blutgasanalyse erfolgen. Zeigen sich hier die Zeichen der respiratorischen Insuffizienz (➤ Kapitel 2), muss die Entwöhnung unterbrochen und die respiratorische Unterstützung vorübergehend wieder angehoben werden. Ggf. muss dies auch ohne vorherige Kontrolle der Blutgasanalyse erfolgen.

Wird eine respiratorische Erschöpfung unter der Respiratorentwöhnung nicht rechtzeitig erkannt und behandelt, besteht die Gefahr, dass sich die Atemmuskulatur völlig erschöpft und der Patient anschließend eine lange Erholungsphase benötigt, bevor die Entwöhnung fortgeführt werden kann. Zudem löst die mit der respiratorischen Erschöpfung verbundene Atemnot bei vielen Patienten massive Ängste aus. Die Betroffenen sehen dann weiteren Entwöhnungsschritten häufig mit großer Angst entgegen. Dies kann die weitere Entwöhnung erheblich erschweren.

Mögliche Ursachen für eine schwierige Entwöhnung

Zahlreiche Ursachen, in manchen Fällen auch ein Zusammenwirken mehrerer Faktoren, können es notwendig machen, dass die Entwöhnung unterbrochen und die maschinelle Unterstützung der Atmung vorübergehend erhöht werden muss (dies wird auch als *weaning-Versagen* bezeichnet).

- **Erhöhter Ventilationsbedarf** (vermehrte CO_2-Produktion bzw. vermehrter O_2-Bedarf), z. B. durch Fieber, Muskelzittern (Shivering), Agitiertheit oder erhöhte Totraumventilation (➤ 1.2.1)
- **Vermehrte Atemarbeit** infolge
  - Erhöhtem Atemwegswiderstand (Resistance), z. B. durch zu enges Lumen von Tubus bzw.

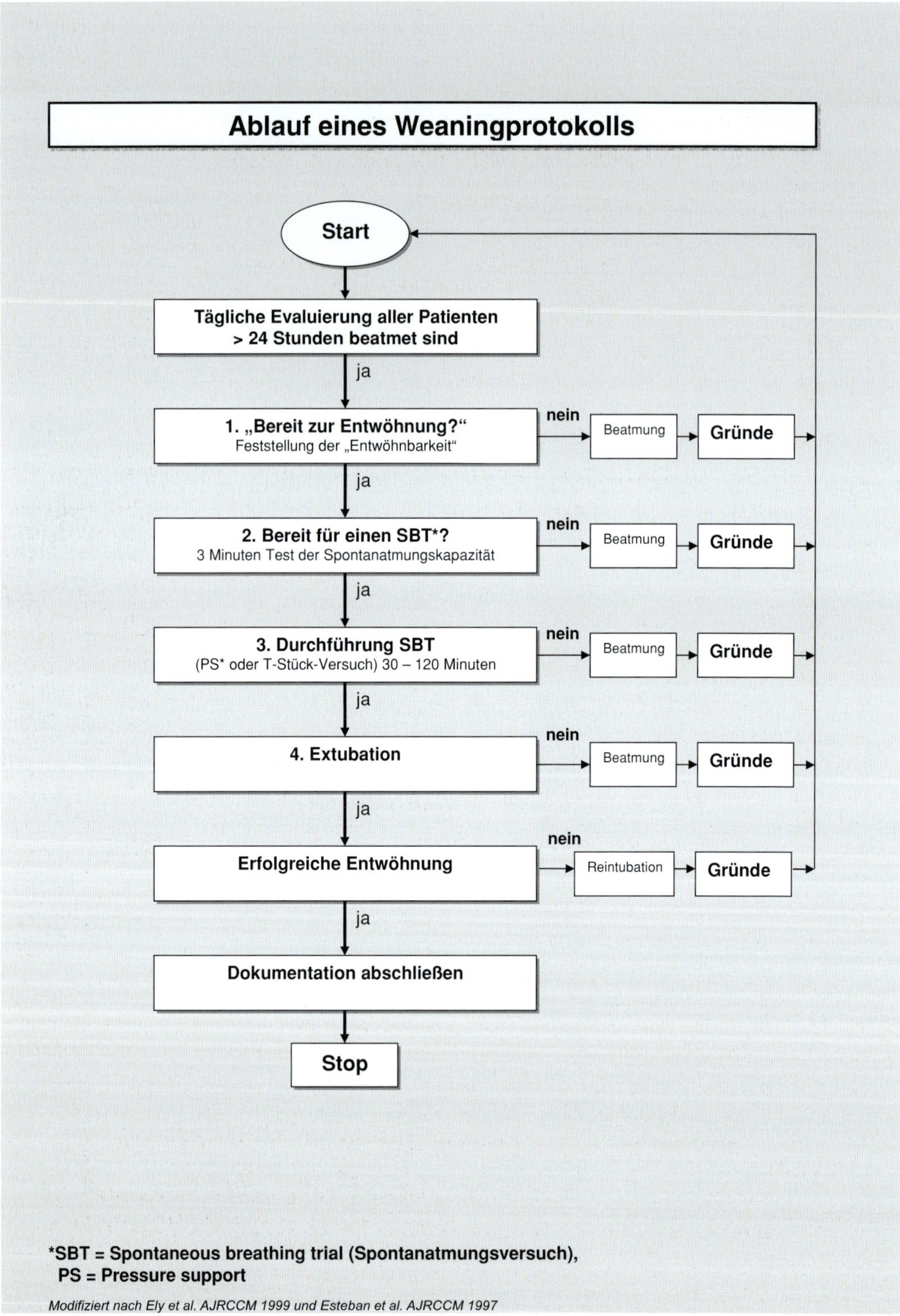

Abb. 5.29 Beispiel für ein Weaningprotokoll (hier Spontanatemversuch mit anschließender Extubation). [0417]

Weaningprotokoll	Initialen: Geb.-Datum: Datum:	
Start	**Tägliche Evaluierung aller Patienten > 24 h beatmet**	
JA	**1. „Bereit zur Entwöhnung ?“**	**NEIN**
☐	• Patient ist wach?	☐
☐	• Katecholamine: Dopamin/Dobutamin < 5µg/kg/min Nor-/Adrenalin < 0,1µg/kg/min	☐
☐	• Temperatur ≤ 38 °C ?	☐
☐	• VE < 15 l/min	☐
☐	• PaO_2 > 60 mmHg (8 kPa)	☐
☐	• FiO_2 ≤ 0,6	☐
☐	• PEEP ≤ 10 cmH_20	☐
JA	**2. „Bereit für einen SBT?“**	**NEIN**
☐	• Patient ist wach?	☐
☐	• Katecholamine: Dopamin/Dobutamin < 5µg/kg/min Nor-/Adrenalin < 0,1µg/kg/min	☐
☐	• Temperatur ≤ 38 °C ?	☐
☐	• f/V_T ≤ 105 (V_T ≥ 5 ml/kg KG, f ≤ 35/min)	☐
☐	• PaO_2/FiO_2 ≥ 200 mmHg (PaO_2 > 60 mmHg (8 kPa); FiO_2 ≤ 0,4)	☐
☐	• PEEP ≤ 5 cmH_20	☐
☐	• Hustenreflex vorhanden ?	☐
☐	Wenn bis hier hin alle Punkte mit **JA** beantwortet • **3 - minütiger Test der Spontanatmungskapazität !** (f/V_T ≤ 105 = rapid shallow breathing index)	☐
JA	**3. Durchführung eines SBT**	**NEIN**
☐	PS 5-8 mbar ☐ oder T-Stück-Versuch ☐ 30 – 120 Minuten	☐
☐	• f ≤ 35/min	☐
☐	• SaO_2 > 90 %	☐
☐	• $RR_{syst.}$ < 200 mmHg > 80 mmHg	☐
☐	• Herzfrequenz ≤ 140/min; Veränderung < 20 %	☐
☐	**4. Extubation**	☐
☐	**5. Erfolgreiche Entwöhnung, d.h. keine Atemhilfe > 24 h**	☐

Bei JA **→ nächster Protokollschritt**	**Bei NEIN** **→ Dokumentation der Gründe** **→ Weiterführung der Beatmungstherapie** **→ erneute Evaluierung nach 24 Stunden**

5

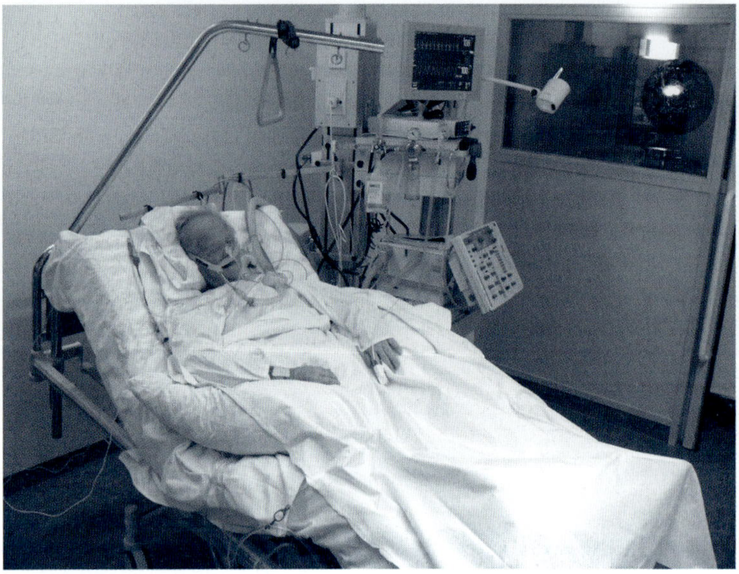

Abb. 5.30 Je aufrechter der Oberkörper positioniert ist, desto leichter kann der Patient spontan atmen. Soll der Patient im Rahmen der Entwöhnung zunehmend selbst Atemarbeit leisten, achten die Pflegenden darauf, ihn möglichst aufrecht und stabil (kein Abrutschen zur Seite oder nach unten) zu lagern. [M251]

Trachealkanüle, vermehrte Bildung von Bronchialsekret, Bronchospasmus oder entzündliche Veränderungen der Bronchialschleimhaut
  - Verminderte Compliance von Lunge und Thorax, z. B. durch Atelektasen, Lungenödem oder Zwerchfellhochstand (z. B. infolge Meteorismus, Aszites oder Adipositas per magna)
- **Unzureichende Atemmechanik,** z. B. wegen schmerzbedingter Schonatmung oder verminderter Leistungsfähigkeit der Atemmuskeln (z. B. wegen Elektrolytstörungen)
- **Psychische Faktoren,** insbesondere Angst (vor Atemnot, Ersticken), Gefühl der Abhängigkeit und Stress durch mangelnde Ruhe (Erholungsphasen sind häufig unterbrochen durch Lärm, Licht, Überwachungs- und Therapiemaßnahmen)
- **Ungünstige Respiratoreinstellung,** z. B. zu hohe Triggerschwelle oder zu lange Inspirationsanstiegszeit.

Muss die Entwöhnung wegen drohender respiratorischer Erschöpfung unterbrochen werden, ist es wichtig, die Ursache zu suchen und nach Möglichkeit zu beheben. Dazu sind neben der Befragung des Patienten und der Kontrolle der Respiratoreinstellung je nach vermuteter Ursache ggf. auch Laborkontrollen bzw. technische Untersuchungen wie z. B. CT bzw. Rö-Thorax oder Sonographie von Thorax und Abdomen erforderlich.

Sind bei einem Patienten bereits mehrere Versuche der Respiratorentwöhnung gescheitert und ist über einen Zeitraum von 2 – 3 Wochen eine Beatmungsdauer von ≥ 6 Stunden täglich erforderlich, ist zu prüfen, ob die Beatmung auch über eine Maske erfolgen kann (NIV ➤ 5.4). Evtl. ist auch die Verlegung des Patienten in eine auf schwierige Respiratorentwöhnungen spezialisierte Klinik sinnvoll. Ist beides nicht möglich bzw. sinnvoll, kann eine Heimbeatmung erwogen werden (➤ Kap. 9).

Ablauf der diskontinuierlichen Entwöhnung und des Spontanatemversuchs

Ablauf der diskontinuierlichen Entwöhnung

Die diskontinuierliche Entwöhnung erfordert neben einer sehr genauen Überwachung des Patienten während der Spontanatemphasen (Überwachung der Atmung durch den Respirator entfällt) auch sehr viel Erfahrung im Umgang mit schwer entwöhnbaren Patienten. Daher wird die diskontinuierliche Entwöhnung häufig in Kliniken durchgeführt, die sich auf Patienten mit Entwöhnungsschwierigkeiten spezialisiert haben, d. h. der Patient wird zur Entwöhnung in eine Spezialklinik verlegt. Hier werden dann ggf. spezielle Tests durchgeführt, um individuell auf den Patienten abgestimmte Vorgehensweisen festzulegen.

Häufig wird eine diskontinuierliche Entwöhnung dann in Erwägung gezogen, wenn mehrere kontinuierliche Entwöhnungsversuche gescheitert sind. Zu diesem Zeitpunkt sind viele der betroffenen Patienten schon sehr geschwächt, ängstlich, manchmal auch aggressiv, deprimiert, verzweifelt oder gar lebensmüde. Dann ist es sehr wichtig, dass die Pflegenden ihnen beistehen, einfühlsam auf ihre Ängste und Fragen eingehen, sie angemessen informieren und ermutigen.

Sind die allgemeinen Weaning-Kriterien erfüllt (➤ 5.11.1), wird während des Tages die erste Spontanatemphase eingelegt. Der Arzt und/oder die Pflegendem erklären dem Patienten das Vorgehen und lagern ihn möglichst aufrecht sitzend im Bett. Dann wird der Patient vom Respirator diskonnektiert und bekommt z. B. über ein T-Stück oder eine „feuchte Nase" angewärmte, angefeuchtete und mit Sauerstoff angereicherte Luft verabreicht. Während der Patient spontan atmet überwachen die Pflegenden ihn sehr genau (insbesondere Atemfrequenz) hinsichtlich einer respiratorischen Erschöpfung und achten darauf, zusätzliche Belastungen zu vermeiden.

Nach einer festgelegten Zeit bzw. spätestens wenn der Patient erste Zeichen einer respiratorischen Erschöpfung zeigt, wird er wieder an das Beatmungsgerät angeschlossen und kontrolliert beatmet. Dabei soll der Patient keinerlei Atemarbeit leisten, d. h. er soll beispielsweise auch nicht triggern. Dadurch soll gewährleistet sein, dass sich die Atemmuskulatur vollständig erholen kann. Um dies zu ermöglichen wird die Beatmungsfrequenz so hoch eingestellt, dass sie über der Spontanatemfrequenz des Patienten liegt (dadurch wird der Atemantrieb des Patienten unterdrückt). Bei Patienten, die sich trotz optimierter Einstellung nicht an die kontrollierte Beatmung adaptieren, kann es sinnvoll sein, eine druckunterstützte Beatmung mit einem hohen Druck zu wählen.

Im Verlauf der diskontinuierlichen Entwöhnung werden dann die Spontanatemphasen verlängert – je nach Leistungsfähigkeit des Patienten kann dies mehr oder weniger schnell erfolgen – und, sobald der Patient tagsüber ohne maschinelle Unterstützung atmen kann, auch auf die Nacht ausgedehnt (Wichtig: Patient soll trotz Weaning Nachtruhe haben. Ggf. nach Absprache mit dem Arzt Schlafmedikamente verabreichen).

Auch bei der diskontinuierlichen Respiratorentwöhnung ist es vorteilhaft, nach einem Protokoll zu arbeiten, in dem die Entwöhnungsstufen jeweils mit Intervallen und Zeitdauer der Spontanatemphasen festgelegt sind, z. B. zu Beginn 6 mal 15 Minuten Spontanatmung über den Tag verteilt. Zeigt der Patient in einer Phase der Entwöhnung Zeichen der respiratorischen Erschöpfung, wird diese Entwöhnungsstufe am nächsten Tag wiederholt.

Ablauf des Spontanatemversuchs

Die Strategie des Spontanatemversuchs mit anschließender Extubation kommt für alle Patienten in Frage, die länger als 24 Stunden beatmet waren.

Erfüllt der Patient die vorgegebenen Kriterien (➤ 5.37), wird der Respirator auf Spontanatmung mit geringer Unterstützung umgestellt oder der Patient atmet an einem T-Stück. Es erfolgt eine 3 – 5-minütige Überprüfung der Spontanatmungskapazität. Ist diese erfolgreich, atmet der Patient 30 – 120 Minuten mit Unterstützung am Respirator oder über ein T-Stück. Diese Unterstützung kann z. B. in einer Druckunterstützung (5 – 8 mbar) und einem PEEP sowie – falls verfügbar – einer Tubuskompensation (ATC ➤ 6.3) bestehen.

Die Extubation erfolgt dann möglichst frühzeitig (z. B. nach 30 Minuten).

Der Spontanatemversuch muss abgebrochen werden, wenn einer der folgenden Zustände auftritt:

- Veränderung der Herzfrequenz um 20%
- Blutdruckanstieg auf über 200 mmHg systolisch
- Blutdruckabfall auf unter 80 mmHg systolisch
- Atemfrequenz über 35/Min.
- $S_pO_2 < 90\%$
- (Starkes) Schwitzen
- Einsatz der Atemhilfsmuskulatur.

Tritt keines der genannten Abbruchkriterien auf, kann der Patient i. d. R. extubiert werden (die Entscheidung darüber trifft der Arzt).

KAPITEL

6 Respiratoren

Definition

Respirator *(Beatmungsgerät):* Elektrisch oder pneumatisch betriebenes Gerät zur maschinellen Beatmung. Einteilung anhand verschiedener Kriterien, vor allem Einsatzbereich, Antriebsart und Steuerung.

6.1 Aufbau und Einteilung von Respiratoren

6.1.1 Aufbau eines Respirators

Jeder Respirator besteht aus einem **Bedienteil** und einem **Pneumatikteil** *(Patiententeil).* Bei den älteren Intensivrespiratoren sind Bedien- und Pneumatikteil untrennbar miteinander verbunden. Bei den Intensivrespiratoren der neuen Generation sind Bedien- und Pneumatikteil über ein Kabel miteinander verbunden und können getrennt voneinander am Patientenbett positioniert werden (➤ Abb. 6.1).

Am **Bedienteil** (➤ Abb. 6.2) werden die Vorgaben für die Beatmung eingestellt, also vor allem die Beatmungsform, die einzelnen Beatmungsparameter und die Grenzwerte. Im Bedienteil integriert sind die verschiedenen Kontroll-, Mess- und Alarmfunktionen des Respirators. Bei den neueren Respiratoren werden i. d. R. die Beatmungsvolumina (Tidal- und Minutenvolumen), der Beatmungsdruck (Spitzendruck, Plateaudruck und PEEP) und der Flow als Messwert angezeigt und fortlaufend graphisch dargestellt. Werden Grenzwerte über- oder unterschritten, gibt der Respirator Alarm (i. d. R. akustisch und optisch), neuere Geräte zeigen auch die Ursache des Alarms an, also z. B. „Tidalvolumen zu gering“ oder „obere Druckgrenze überschritten“. Am Bedienteil kann der Alarm unterdrückt bzw. zurückgesetzt werden. Die neueren Respiratoren verfügen vielfach über einen integrierten oder mit dem Bedienteil verbundenen Monitor bzw. bieten die Möglichkeit, einen Monitor anzuschließen, an dem diverse Beatmungskurven und Loops (➤ 5.10) dargestellt werden können.

Im **Pneumatikteil** (➤ Abb. 6.3) erfolgt die technische Umsetzung dessen, was am Bedienteil eingestellt ist. Im Pneumatikteil finden sich:

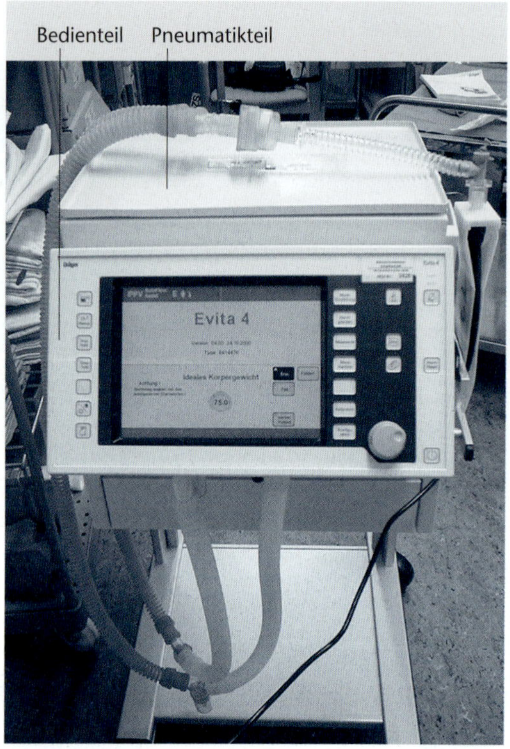

Abb. 6.1 Aufbau eines Respirators. Am Bedienteil werden die Beatmungsparameter und -grenzwerte eingestellt, im Pneumatikteil werden entsprechend der Einstellungen die Gase gemischt und verabreicht. An diesem Respirator (Evita 4 Firma Dräger) können die über ein Kabel verbundenen Teile getrennt voneinander am Patientenbett platziert werden. [M251]

- **Gasanschlüsse** für Sauerstoff und Druckluft (Respiratoren, die auch in der Anästhesie verwendet werden, verfügen zusätzlich über einen Anschluss für Lachgas), die entweder an die zentrale Gasversorgung (Wandanschlüsse) oder an Sauerstoff- bzw. Druckluftflaschen angeschlossen werden. Um Verwechslungen zu vermeiden sind die Kupplungen der Gasanschlüsse genormt (sechskant für Sauerstoff und viereckig für Druckluft) und farblich markiert. Die Farbkodierung wird seit einigen Jahren von der nationalen DIN auf die Euro-Norm (EN 740) bzw. die internationale Norm (ISO 32) umgestellt, derzeit sind folgende Kombinationen zulässig
  - Einheitliche *farbneutrale Gaskennzeichnung,* d. h. alle Gasversorgungsanlagen (z. B. Rohrleitungen, Gasentnahmestellen) sind ausschließlich farbneutral gekennzeichnet (chemisches

Symbol in weißer oder gelber Schrift auf dunklem Grund, bei Geräten auch schwarze Schrift auf hellem Grund)
- Einheitliche Kennzeichnung mit *ISO- Farben* (weiß = Sauerstoff, schwarz/weiß = Luft, blau = Lachgas, gelb = Vakuum, grau = CO_2)
- Kombination aus farbneutraler Gaskennzeichnung und ISO- Farbkodierung
- Bis zum 31.12.2009 ist eine Kombination aus farbneutraler Gaskennzeichnung und alter DIN- Farbkodierung zulässig, dabei müssen die Verbindungsstellen (z. B. Gasstutzen) zusätzlich beschriftet sein. Eine Verwendung von Geräten mit ISO- Kennzeichnung ist hierbei *nicht* zulässig

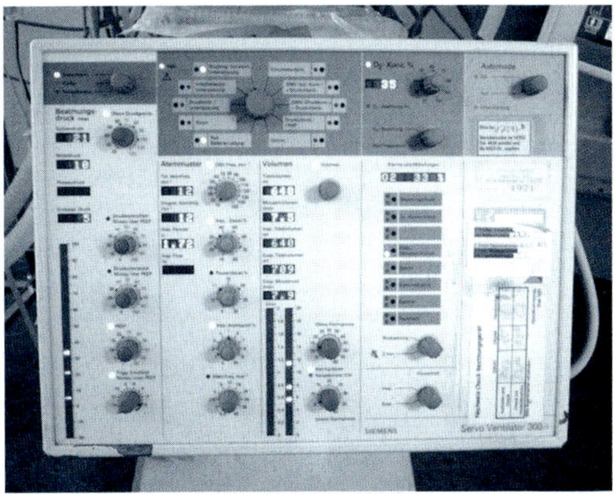

Abb. 6.2 Beispiel für ein Bedienteil eines Respirators, hier das Bedienteil des Servo 300A. [M251]

- **Anschlüsse für die Energieversorgung,** d. h. Netzanschluss und evtl. Anschluss für externe Batterieeinspeisung
- Eventuelle zusätzliche Anschlüsse ermöglichen z. B. die Synchronisation mit einem zweiten Respirator gleicher Bauart (seitengetrennte Beatmung ➤ 5.5), den Anschluss weiterer Überwachungsgeräte, Fernbedienung, Drucker oder den Datentransfer
- Im **Inspirationsteil** finden sich im Wesentlichen ein *Gasmischer,* in dem Druckluft und Sauerstoff entsprechend dem eingestellten F_iO_2 gemischt werden, *Gasmodule,* die den Inspirationsflow regeln und ein *Druckwandler,* der den Druck des zum Patienten geleiteten Gasgemisches kontrolliert. Am *Inspirationsauslass* wird der Inspirationsschlauch angeschlossen, in den (bei Verwendung einer aktiven Atemgasklimatisierung) ein Atemgasbefeuchter (➤ 5.6.2) integriert wird
- Am **Exspirationsteil** befindet sich der Anschluss für den Exspirationsschlauch. Vor dem Einlass in

6

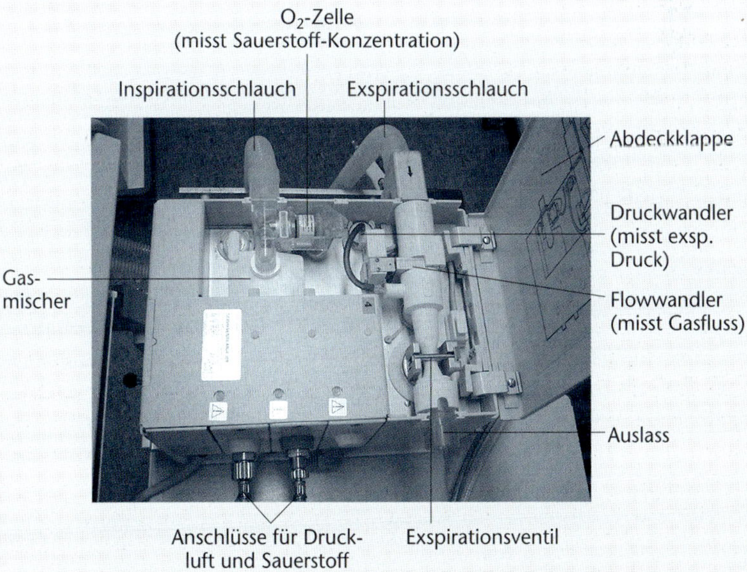

Abb. 6.3 Pneumatikteil eines Respirators, hier der Blick in das geöffnete Patiententeil des Respirators aus Abbildung 6.2 (Servo 300A). [M251]

den Respirator kann ein Kondenswasserabscheider (Wasserfalle) angebracht sein, der bei aktiver Atemgasbefeuchtung (➤ 5.6.2) ein Eindringen von überschüssiger Feuchtigkeit in den Exspirationsteil verhindert (dies könnte Fehlmessungen verursachen). Im Exspirationsteil werden hauptsächlich der Exspirationsflow und der exspiratorische Druck gemessen. Der Exspirationsflow ist entscheidend für den Flowtrigger (➤ 5.2.5), der exspiratorische Druck ist entscheidend für den Drucktrigger (➤ 5.2.5) und den PEEP (➤ 5.2.4). Das Exspirationsventil schließt, sobald der eingestellte PEEP erreicht ist. Am Exspirationsauslass strömt das Gas aus dem Respirator.

6.1.2 Einteilung der Respiratoren

Respiratoren können anhand unterschiedlicher Kriterien eingeteilt werden. Für den klinischen Alltag sind insbesondere die Einteilung anhand der *Einsatzmöglichkeiten,* anhand der *Antriebsart* und der *Steuerung* wichtig.

Einteilung nach den Einsatzmöglichkeiten

Anhand der möglichen Einsatzbereiche werden die Respiratoren unterschieden in

- Respiratoren für den Erwachsenenbereich, für die Pädiatrie und Neonatologie
- Beatmungsgeräte für die Intensivmedizin und Narkosebeatmungsgeräte
- Respiratoren für den stationären Bereich und Respiratoren für den Transport beatmeter Patienten
- Respiratoren für die Beatmung in der Klinik und Heimbeatmungsgeräte.

Abgegrenzt werden *Atemtherapiegeräte,* die im Gegensatz zu den anderen Respiratoren nur eine Unterstützung der Spontanatmung (insbesondere CPAP) ermöglichen. Eine Beatmung im eigentlichen Sinn ist mit diesen Geräten nicht möglich.

Viele Respiratoren, insbesondere die der neueren Generation, decken mehrere Einsatzbereiche ab. So können einzelne Respiratoren beispielsweise für Erwachsene und (nach Anbringen der geeigneten Beatmungsschläuche) auch für Kinder bzw. Neu- und Frühgeborene verwendet werden. Diese Möglichkeit kann bei manchen Respiratoren durch Nachrüsten des Geräts geschaffen werden (dann ist beispielsweise ein Respirator, der zuvor nur für Erwachsene verwendet werden konnte, auch für den Einsatz bei Kindern geeignet). Eine solche „Aufrüstung" geschieht in der Regel durch die Installation einer neuen Software.

Manche Respiratoren können sowohl im stationären Bereich als auch zum Transport des Patienten verwendet werden, können sowohl in der Klinik als auch als Heimbeatmungsgerät eingesetzt werden und bieten die Möglichkeit der invasiven und der nichtinvasiven Beatmung. Diese Flexibilität mancher Respiratoren erleichtert die Beatmungstherapie erheblich, insbesondere wenn der Respirator sowohl zur stationären als auch zur Transportbeatmung geeignet ist. Ein frischoperierter Patient, der nachbeatmet werden muss, kann dann z. B. gleich in der OP-Schleuse an den Respirator angeschlossen werden, mit dem er dann auch weiter beatmet wird.

Einteilung nach der Antriebsart

Anhand der Antriebsart, d. h. der Energiequelle, mit der der Respirator betrieben wird, werden unterschieden:

- **Elektrisch** betriebene Respiratoren. Als Energiequelle dienen dabei das Stromnetz (Wechselstrom), Batterien oder Akkus (Gleichstrom). Der Betrieb über Batterien oder Akkus ist i. d. R. Ausnahmesituationen vorbehalten wie z. B. Transport des beatmeten Patienten oder Aufrechterhaltung der Respiratorfunktionen bei Stromausfall. Alle Intensivrespiratoren verfügen über diese Antriebsart
- **Pneumatisch** betriebene Respiratoren. Hier dienen Druckluft oder Sauerstoff (aus der zentralen Druckgasversorgungsanlage oder aus Druckluft- bzw. Sauerstoffflaschen) als Energiequelle. Pneumatisch betriebene Respiratoren können netzunabhängig eingesetzt werden und werden daher überwiegend als Transportrespiratoren (➤ 6.6) verwendet.

Einteilung nach der Steuerung

Definition

Die **Steuerung** (auch *cycling)* eines Respirators beschreibt den Parameter, der die Umschaltung von Inspiration auf Exspiration sowie den erneuten Beginn der Inspiration bewirkt. Die Umschaltungen von Inspiration auf Exspiration (= Beenden der Inspiration, auch **inspiratorische Steuerung)** und die Umschaltung von Exspiration auf Inspiration (= Beenden der Exspiration, auch **exspiratorische Steuerung)** können anhand desselben Parameters erfolgen (z. B. zeit-zeit-gesteuert, d. h. beide Umschaltungen sind zeitgesteuert) oder anhand verschiedener Parameter (z. B. volumen-zeit-gesteuert, d. h. das Ende der Inspiration ist volumengesteuert, das Ende der Exspiration zeitgesteuert). ▮

Bei der **inspiratorischen Steuerung** (Beenden der Inspiration) sind vier Steuerungsarten möglich:

- **Zeitsteuerung.** Bei der Zeitsteuerung erfolgt die Umschaltung von Inspiration auf Exspiration *nach Ablauf einer vorgewählten Zeitspanne.* Die Zeitdauer der Inspirationsphase ist unabhängig von den pulmonalen Verhältnissen des Patienten, während Tidalvolumen, Flow und Beatmungsdruck variieren. Da sich die Inspirationszeit bei vielen Respiratoren aus der eingestellten Beatmungsfrequenz und dem Atemzeitverhältnis ergibt, werden zeitgesteuerte Respiratoren auch als *frequenzgesteuerte* Respiratoren bezeichnet. Die Zeitsteuerung ist die wichtigste Form der Steuerung an Intensivrespiratoren
- **Drucksteuerung.** Dabei wird die Inspiration beendet, sobald der Respirator einen vorgewählten Druck erreicht hat (obere inspiratorische Druckgrenze oder inspiratorisches Druckniveau). Die Umschaltung erfolgt unabhängig vom Tidalvolumen, d. h. das Gerät arbeitet volumeninkonstant, weshalb Tidal- und Atemminutenvolumen sorgfältig überwacht werden müssen. Eine Drucksteuerung ist beispielsweise an Atemtherapiegeräten (z. B. Inhalog®) realisiert
- **Volumensteuerung.** Bei Volumensteuerung schaltet der Respirator von Inspiration auf Exspiration um nachdem ein vorgewähltes Atemzugvolumen verabreicht wurde. Dies erfolgt unabhängig davon, ob das verabreichte Volumen auch als Ventilationsvolumen genutzt wurde, d. h. die Umschaltung erfolgt beispielsweise auch dann, wenn das Volumen aus einem Leck entwichen ist. Änderungen von Compliance und Resistance beeinflussen das Atemzugvolumen nicht, wirken sich aber auf die inspiratorischen Beatmungsdrücke aus
- **Flowsteuerung.** Dabei erfolgt die Umschaltung bei Unterschreiten eines bestimmten Inspirationsflows.

Die **exspiratorische Steuerung,** d. h. der Wechsel von Exspiration zu Inspiration, erfolgt bei kontrollierter Beatmung automatisch abhängig von der eingestellten Frequenz, d. h. zeitgesteuert. Bei assistierter Beatmung kann er durch eine Triggerung des Patienten ausgelöst werden.

Parallelsteuerung

Bei der **Parallelsteuerung** (auch **Mischsteuerung)** sind mehrere Steuerungsmechanismen miteinander kombiniert, um eine möglichst sichere Beatmung zu gewährleisten (z. B. Volumen- und Drucksteuerung). Wenn mehrere Steuerungsmechanismen für die Umschaltung auf die Exspiration maßgebend sind, wird die Umschaltung durch den zuerst wirksam werdenden Steuerungsmechanismus ausgelöst. So wird beispielsweise beim Erreichen der oberen Druckgrenze unabhängig vom verabreichten Volumen oder der Inspirationszeit sofort auf Exspiration geschaltet, bei druckunterstützter Beatmung (➤ 5.3.4), die meist flowgesteuert ist, wird unabhängig vom Flow nach einer bestimmten Zeit (zeitgesteuert) oder beim Erreichen eines bestimmten Druckes (druckgesteuert) die Exspiration eingeleitet. Moderne Respiratoren arbeiten immer mit Parallelsteuerung.

6.2 Kriterien für Anschaffung und Auswahl eines Respirators

Auf den meisten Intensivstationen stehen verschiedene Respiratoren zur Verfügung, die abhängig von den Erfordernissen des Patienten eingesetzt werden. Vor Beginn einer Beatmungstherapie wählen die Pflegenden (ggf. nach Rücksprache mit dem Arzt) aus den vorhandenen Geräten den für den Patienten geeigneten Respirator aus. Nicht selten muss im Verlauf der Beatmungstherapie auf einen anderen Respirator umgestellt werden, etwa wenn sich die pulmonale Situation des Patienten verschlechtert.

- Postoxygenierung des Patienten nach dem Wiederanschließen an den Respirator.

Die Funktion Absaugroutine wird für die offene endotracheale Absaugung des Patienten benötigt (➤ 8.7.2) und trägt wesentlich dazu bei, dass der Absaugvorgang für den Patienten sicherer, angenehmer und stressfreier verläuft. Zudem leistet die Absaugroutine einen wichtigen Beitrag zur Infektionsprophylaxe (*ohne* Absaugroutine wird bei der Diskonnektion des Patienten vom Respirator die – meist keimhaltige – Luft aus den Beatmungsschläuchen mit hohem Druck in die Umgebung geblasen).

Automatische Tubuskompensation

Definition

Automatische Tubuskompensation (a*utomatic* t*ube* c*ompensation,* kurz ATC): Beatmungsoption, bei der der Respirator die Strömungswiderstände des Endotrachealtubus bzw. der Trachealkanüle automatisch kompensiert. Effekt: Verminderung der Atemarbeit.

Endotrachealtubus bzw. Trachealkanüle bewirken Strömungswiderstände, d. h. der intubierte oder tracheotomierte Patient muss mehr Atemarbeit *(work of breathing*, kurz *WOB* auch ➤ 1.2.1) leisten als der nicht intubierte oder nicht tracheotomierte. Der Strömungswiderstand wird vor allem bestimmt von:

- Atemgasfluss (Flow)
- Innendurchmesser und Länge des Entdotrachealtubus bzw. der Trachealkanüle (Innendurchmesser ist maßgeblich, Tubus- bzw. Kanülenlänge spielt nur eine untergeordnete Rolle).

Bisher wurde bei Patienten mit einer assistierten Beatmung (➤ 5.3) eine geringe Druckunterstützung (i. d. R. 8 mbar) eingestellt, um die durch den Tubus oder die Trachealkanüle bedingten Strömungswiderstände zu kompensieren. Da jedoch der Flow (der den Strömungswiderstand maßgeblich mitbestimmt) während der Inspiration nicht konstant ist, sondern im Verlauf variiert, kann eine gleichbleibende inspiratorische Druckunterstützung dazu führen, dass die Kompensation zu Beginn der Inspiration (dabei hoher Flow, d. h. hoher Strömungswiderstand) nicht ausreicht und gegen Ende der Inspiration (dabei niedriger Flow, d. h. niedriger Strömungswiderstand) zu groß ist, d. h. es entsteht eine „Überkompensation". Dies empfindet der Patient evtl. als unangenehm und es birgt die Gefahr einer Lungenüberblähung in sich.

Funktionsprinzip der ATC

Bei ATC errechnet der Respirator die Druckdifferenz (und daraus den Strömungswiderstand) zwischen Anfang und Ende des Tubus bzw. der Trachealkanüle (d. h. Druck vor und hinter dem Tubus/der Trachealkanüle) und kompensiert den Strömungswiderstand variabel jeweils genau mit dem Druck, der beim aktuell vorherrschenden Flow erforderlich ist (während der Inspiration wird der Druck erhöht und während der Exspiration erniedrigt).

Durch die ATC wird der Strömungswiderstand des Tubus bzw. der Trachealkanüle kompensiert. Damit ist es möglich, die Situation nach der Extubation/Dekanülierung zu simulieren, man spricht daher auch von einer „elektronischen Extubation bzw. Dekanülierung". Dies ermöglicht:

- Einen erhöhten Komfort für den Patienten (er „fühlt sich" extubiert bzw. dekanüliert). Die Atemarbeit, die der Patient zu leisten hat, ist so groß wie sie ohne Tubus bzw. Trachealkanüle wäre. Dies erleichtert insbesondere die Respiratorentwöhnung (➤ 5.11) primär lungenkranker Patienten
- Vorhersagen darüber, ob die Atmung nach der tatsächlichen Extubation/Dekanülierung ausreichend sein wird
- Die Differenzierung zwischen tatsächlicher und tubus- bzw. kanülenbedingter Beatmungspflicht.

Einstellung der ATC

Am Respirator stellt der Anwender ein:

- Tubus bzw. Trachealkanüle
- Tubus-/Kanülengröße (Innendurchmesser)
- Grad der Kompensation (0 – 100%)
- Obere Beatmungsdruckgrenze (Inspirationsdruck wird auf max. 5 mbar unter dieser Druckgrenze angehoben).

Zudem stellt der Anwender ein, ob nur eine inspiratorische ATC und/oder eine exspiratorische ATC wirksam werden soll.

Bei COPD-Patienten sollte die exspiratorische ATC nur nach strenger Prüfung eingesetzt werden, weil ohne ATC die obstruktiven Lungenbereiche länger offen gehalten werden, da der Druck länger über dem PEEP-Niveau bleibt.

Das Maß der Kompensation ist für kalte „Normtuben" berechnet. Bei verkrusteten, teilverlegten oder leicht geknickten Tuben, was in der Praxis häufig vorkommt, kann die Kompensation nicht im eingestellten Bereich stattfinden.

Okklusionsdruck (P 0,1)

Definition

Der **Okklusionsdruck** (auch *Atemwegsokklusionsdruck* oder kurz **P 0,1)** ist der negative Druck, der in den ersten 100 Millisekunden einer Inspiration gegen ein geschlossenes Inspirationsventil aufgebaut wird.

Messmanöver

Zur Messung ist das Inspirationsventil geschlossen. Die Messung beginnt, sobald der endexspiratorische Druck (PEEP oder CPAP) um 0,5 mbar unterschritten wird. Dieser Druck entspricht P1. Nach 100 Millisekunden wird der Druck abermals gemessen (P2). Die Differenz zwischen P1 und P2 entspricht dem Okklusionsdruck (P 0,1).

Das Messmanöver ist nur möglich wenn der Patient in der Lage ist den Trigger auszulösen.

Bewertung

Der Okklusionsdruck ist ein Maß für den neuromuskulären Atemantrieb, d. h. ein sehr negativer Okklusionsdruck ist Ausdruck eines gesteigerten Atemantriebs. Da der Patient einen gesteigerten Atemantrieb nur eine gewisse Zeit aufrechterhalten kann, ist der Okklusionsdruck ein wichtiger Parameter, der eine drohende respiratorische Erschöpfung, etwa auch während der Respiratorentwöhnung, „anzeigt". Normalerweise liegt der Okklusionsdruck bei ruhig atmenden Patienten bei -3 bis -4 mbar. Haben die Patienten Luftnot und „ziehen" bei der Inspiration, werden Werte < -6 mbar gemessen. Insbesondere wenn wiederholte P 0,1-Messungen solch hohe Werte ergeben spricht das für eine drohende respiratorische Erschöpfung (➤ 5.11.3).

Intrinsic PEEP Messung und Messung des Airtrapping-Volumen (V_{trap})

Intrinsic PEEP *➤ 5.2.4*

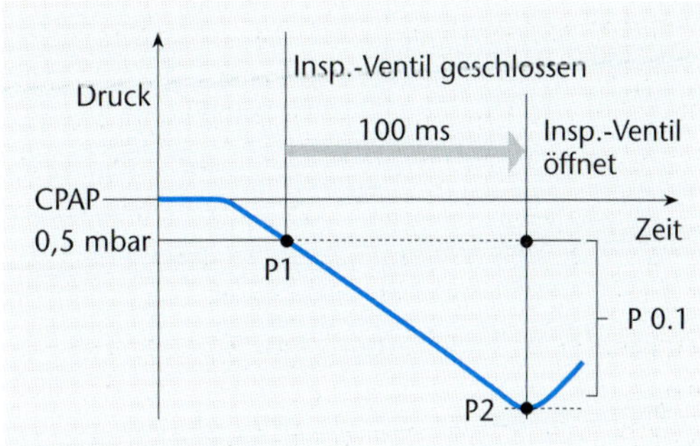

Abb. 6.4 Der Okklusionsdruck (P 0,1 ➤ Text) entspricht der Druckdifferenz zwischen P1 und P2 (modifiziert nach Fa. Dräger).

Der Intrinsic PEEP und das Airtrapping-Volumen (V_{trap}), d. h. die Luftmenge, die durch den Intrinsic-PEEP in der Lunge „gefangen" ist, auch *trapped volume* (trap = Falle) werden in **zwei Messphasen** ermittelt:

- Messphase 1 beginnt nach einer Exspiration, d. h. der Druck zu Beginn der Messphase entspricht dem PEEP. Während Messphase 1 bleiben sowohl das Inspirations- als auch das Exspirationsventil geschlossen (es kann weder Atemgas in das Beatmungssystem strömen noch Luft aus dem Beatmungssystem entweichen), dadurch findet während dieser Phase ein Druckausgleich zwischen der Lunge und dem Beatmungssystem statt (der Druck steigt auf den Intrinsic PEEP an). Der Respirator misst den Druckverlauf. Messphase 1 endet, wenn sich der Druckverlauf nicht mehr ändert bzw. nach maximal 3 Sekunden (bei Erwachsenen). Der Druck am Ende von Messphase 1 entspricht dem **Intrinsic PEEP**
- Unmittelbar nach Messphase 1 öffnet das Exspirationsventil und Messphase 2 beginnt. Da der Intrinsic PEEP über dem am Respirator eingestellten PEEP liegt strömt nun Luft aus der Lunge, d. h. die Lunge wird auf den eingestellten PEEP entlastet. Der Respirator misst die ausströmende Luftmenge. Diese entspricht dem $\mathbf{V_{trap}}$.

Atembemühungen des Patienten während der Messung können die Messwerte verfälschen.

6

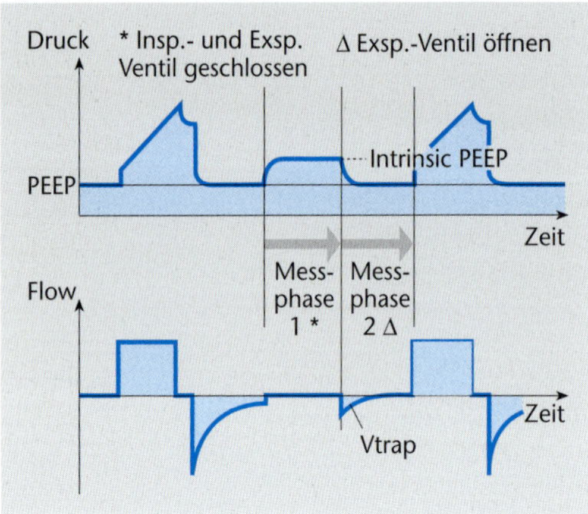

Abb. 6.5 Intrinsic PEEP Messung und Messung des V_{trap} (➤ Text). (Modifiziert nach Fa. Dräger)

Rapid shallow breathing Index (RSB)

Definition

❚❚ **Rapid shallow breathing Index** (kurz **RSB,** *rapid* = schnell, *shallow* = flach, oberflächlich, *breathing* = Atmung): Quotient aus Spontanatemfrequenz und Atemzugvolumen. Lässt Aussagen über den Erfolg einer Respiratorentwöhnung (➤ 5.11) zu. ❚❚

Der RSB ist ein einfach zu ermittelnder Indikator, der Aussagen darüber zulässt, ob eine Respiratorentwöhnung erfolgreich bzw. ein weaning-Versagen (misslungene Respiratorentwöhnung, ➤ 5.11.3) wahrscheinlich scheint.

Zur Ermittlung des RSB wird der Patient – sofern nicht bereits geschehen – auf eine Spontanatemform umgestellt, z. B. CPAP-Atmung oder druckunterstützte Beatmung mit geringem Druckniveau. Unter dieser Einstellung errechnet der Respirator den Quotienten aus durchschnittlicher Spontanatemfrequenz und Atemzugvolumen des Patienten.

RSB = Atemfrequenz (f [1/min]) / Atemzugvolumen (V_T [Liter])

Bewertung

Grundsätzlich gilt: Je niedriger der RSB desto größer die Wahrscheinlichkeit einer erfolgreichen Entwöhnung.

Bei RSB <100 ist eine erfolgreiche Entwöhnung sehr wahrscheinlich, bei RSB >100 ist dagegen davon auszugehen, dass der Entwöhnungsversuch scheitert (➤ 5.11.3).

Beispiele:

Spontanatemfrequenz 20/Min., V_T 0,4 l. RSB = 20 : 0,4 = **50** → erfolgreiche Entwöhnung wahrscheinlich.
Spontanatemfrequenz 35/Min., V_T 0,3 l. RSB = 35 : 0,3 = **113** → weaning-Versagen wahrscheinlich.

Negativ inspiratory force Index (NIF)

Definition

❚❚ **Negativ inspiratory force Index** (kurz **NIF,** *force* = Kraft): Stärke des inspiratorischen Sogs, den der Patient aufbauen kann. Lässt Aussagen über den Erfolg einer Respiratorentwöhnung (➤ 5.11) zu.

Der Messwert **MIP** (**m***aximal* **i***nspiratory* **p***ressure,* d. h. maximaler inspiratorischer Sog) unterscheidet sich nur geringfügig vom überlicherweise benutzten NIF. Oft werden die beiden Werte synonym verwendet. ❚❚

Zur Ermittlung des NIF wird das Patientensystem zum Ende der Exspiration geschlossen (hold exspiration). Der Respirator misst den Sog, den der Patient im Rahmen seiner Triggerbemühungen maximal erreicht.

Bewertung

Je höher der Sog, umso wahrscheinlicher ist eine erfolgreiche Entwöhnung und Extubation. Ein NIF unter -30 mbar spricht dafür, dass eine Entwöhnung erfolgreich verlaufen wird bzw. der Patient problemlos extubiert werden kann. Bei NIF über -20 mbar ist die Respiratorentwöhnung wahrscheinlich noch nicht abgeschlossen, eine Extubation wäre wahrscheinlich verfrüht (hohes Risiko, dass der Patient reintubiert werden muss).

Der Stellenwert von NIF und MIP ist umstritten. In den letzten Jahren wurde in zahlreichen Studien der Wert des MIP für die Vorhersage einer erfolgreichen Entwöhnung untersucht. Einige Studien konnten einen Zusammenhang zwischen der Höhe des MIP und einer erfolgreichen Entwöhnung nachweisen, in anderen erwies sich der MIP für die Vorhersage als wertlos.

Open Lung Tool

Definition

II Das **Open Lung Tool** stellt verschiedene gemessene und errechnete Werte graphisch dar und erleichtert dadurch die Durchführung und rasche Erfolgskontrolle von Recruitment-Manövern (*slow* und *fast alveolar recruitment* ➤ Lungenprotektive Beatmung und open lung concept 5.8.1). **II**

Die für Recruitment-Manöver relevanten Parameter (PEEP, endinspiratorischer Druck, Beatmungsvolumina, tidale CO_2-Ausscheidung und dynamische Compliance) werden ermittelt und auf dem Bildschirm sowohl graphisch als auch als Zahlenwert dargestellt. So kann während der Durchführung eines Recruitment-Manövers genau beobachtet werden, wie sich die Parameter durch Änderungen der Beatmungseinstellung verändern. Ein Cursor ermöglicht es, die Werte und Einstellungen, die zu einem bestimmten Zeitpunkt geherrscht haben (z. B. vor oder unmittelbar nach dem Recruitment-Manöver) darzustellen. Mit dem Open-Lung-Tool können die Werte von bis zu 21600 Atemzügen gespeichert werden.

Darstellung von lower und upper inflection point im PV-Loop

Zur Darstellung der inflection points (➤ Abb. 1.3 und ➤ 5.8.1 Lungenprotektive Beatmung) muss der Patient ausreichend tief sediert sein (Patient muss die sehr geringe Beatmungsfrequenz von 4 / Min.

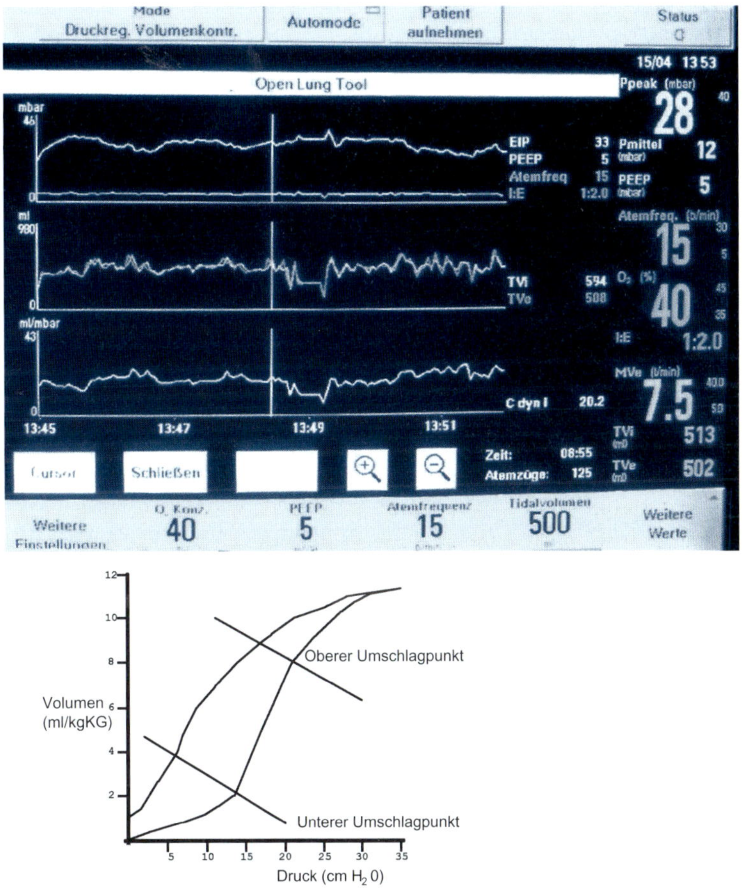

Abb. 6.6: Oben: Das Open-Lung-Tool stellt die für Recruitment-Manöver relevanten (Beatmungs-)Parameter dar. [M251]
Unten: Darstellung von lower und upper inflection point (unterer und oberer Umschlagpunkt) im PV-Loop.

während des Messmanövers tolerieren können). Zudem muss sichergestellt sein, dass die Messwerte nicht durch Sekret in Beatmungsschläuchen oder Luftwegen des Patienten verfälscht werden.

Nur so kann durch Verabreichen eines volumenkontrollierten Atemzugs mit niedrigem Flow ein quasi (annähernd) statischer- PV-Loop aufgezeichnet werden. Die graphische Darstellung dieses PV-Loops ermöglicht das Erkennen von

- *Alveolarverschlussdruck* (Alveolen kollabieren, sobald dieser Beatmungsdruck unterschritten wird) und Druck, der zum Wiedereröffnen kollabierter Alveolen erforderlich ist *(Alveolar-Öffnungsdruck,* entspricht lower inflection point)
- Upper inflection point.

Anhand dieser Werte kann die für den Patienten effektivste und zugleich schonendste Beatmung eingestellt werden.

6

6.4 Intensivrespiratoren

Im Folgenden werden die derzeit gebräuchlichen Intensiv- und Transportrespiratoren – geordnet nach Herstellfirmen – kurz vorgestellt. Es würde den Rahmen dieses Buches bei weitem sprengen, hier alle Details der einzelnen Respiratoren auszuführen. Daher informieren die folgenden Kurzvorstellungen der Geräte lediglich über die möglichen Beatmungsformen an den einzelnen Respiratoren sowie über deren Besonderheiten.

> Die folgende Aufstellung gibt nur einen groben Einblick in die Möglichkeiten und die Funktionsweise der Respiratoren. Um in der Praxis mit den hier vorgestellten Geräten arbeiten zu können bedarf es unbedingt der gesetzlich vorgeschriebenen Geräteeinweisung (➤ 10.1).

Heimbeatmungsgeräte ➤ 9.1

Beatmungsformen, denen das gleiche Funktionsprinzip zu Grunde liegt, haben häufig – meist abhängig vom Gerätehersteller – verschiedene Namen (so heißt beispielsweise die Beatmungsform „inspiratorische Druckunterstützung“ an manchen Geräten ASB, an anderen Druckunterstützung, an wieder anderen PSV). Um hier dem Leser einen Überblick zu ermöglichen, sind bei den möglichen Beatmungsformen der einzelnen Respiratoren die Beatmungsformen jeweils so bezeichnet, wie sie sich auch im Kap. 5 des Buches finden. Die Bezeichnung in Klammern gibt an, wie die Beatmungsform beim betreffenden Gerät genannt ist.

Die aufgeführten Optionen an einzelnen Respiratoren sind nicht grundsätzlich verfügbar, sondern können vielmehr optional ins Gerät integriert werden. Dies ist natürlich mit (zusätzlichen) Kosten verbunden.

6.4.1 Respiratoren der Firma Dräger Medical

www.draeger-medical.com

Evita 2

Evita 2 ist ein Respirator für den Intensivpflegebereich und zur Beatmung von Erwachsenen und Kindern geeignet.

Mögliche Beatmungsformen

- Volumenkontrollierte Beatmung (IPPV), PLV
- Druckkontrollierte Beatmung (PCV)
- BIPAP, BIPAP-SIMV, BIPAP-APRV
- SIMV, SIMV mit Druckunterstützung (SIMV-ASB)
- MMV
- Inspiratorische Druckunterstützung (ASB)
- CPAP
- ILV (optional).

Darüber hinaus ist eine reine Spontanatmung am Respirator möglich.

Besonderheiten

Ein in den Respirator integrierter Bildschirm zeigt wählbare Beatmungskurven und Klartextdarstellung wie z. B. Beatmungsform oder Alarmmeldungen. Möglich sind: Flowtrigger, Apnoeventilation, P 0,1-Messung, Intrinsic-PEEP/ V_{trap}-Messung, Hechelüberwachung, inspiratorisch getriggerte Medikamentenvernebelung.

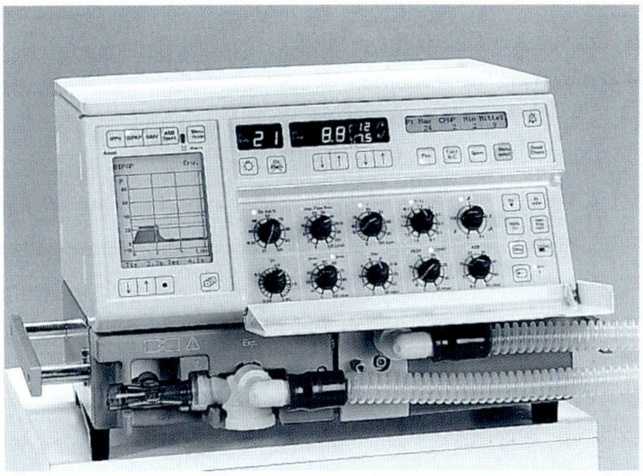

Abb. 6.7 Evita 2. [V162]

Evita 2 dura

Evita 2 dura ist ein universell einsetzbarer Respirator für die Beatmung von Erwachsenen und Kindern sowie – mit der entsprechenden Option (NeoFlow®) – für Neugeborene (Neonatologie). Manche Möglichkeiten wie z. B. ATC, Autoflow oder Batteriebetrieb sind nur optional verfügbar.

Beatmungsformen

- Volumenkontrollierte Beatmung (IPPV und $IPPV_{Assist}$), PLV
- Druckkontrollierte Beatmung (PCV und Autoflow, $BIPAP_{Assist}$)
- BIPAP, $BIPAP_{ASB}$
- SIMV, SIMV mit Druckunterstützung ($SIMV_{ASB}$)
- APRV (Option *VentilationPlus)*
- Inspiratorische Druckunterstützung (ASB und PPS)
- CPAP, $CPAP_{ASB}$
- MMV, MMV_{ASB}
- NIV
- ILV (Option *VentilationPlus).*

Besonderheiten

- Die Stromversorgung ist alternativ über Akkus möglich. Die internen Akkus dienen der Überbrückung von Stromausfällen, mit externen Akkus kann Evita 2 dura auch zum Transport benutzt werden
- ATC (➤ 6.3) kann zugeschaltet werden
- Fernbedienung für ausgewählte Beatmungsparameter mit 3 m Kabel, d. h. Funktionen wie z. B. Alarmstummschaltung oder Bestätigung, Präoxygenierung vor Absaugung, insp. und exsp. Pause können aus 3 m Entfernung aktiviert werden (sinnvoll z. B. für Röntgenaufnahmen in Inspiration)
- Geräteseitige Messung des exspiratorischen CO_2 (Kapnometrie) und der Sauerstoffsättigung (➤ 8.2.3)
- Gasumschaltung bei Ausfall eines Gases
- Apnoeventilation
- Flowtrigger
- Inspiratorisch getriggerte Medikamentenvernebelung
- Integrierter Bildschirm zur Darstellung von Beatmungskurven, Messwertanzeigen, Beatmungsmodus, Alarmtextmeldungen
- Mit Option *MonitoringPlus* zusätzlich
  - Darstellung von 8 Trends und Loops (Druck/Volumen- und Volumen/Flow-Werte)
  - Logbuch speichert bis zu 1000 Meldungen und Einstellungsänderungen
  - P 0,1 Messung und Intrinsic-PEEP-Messung.

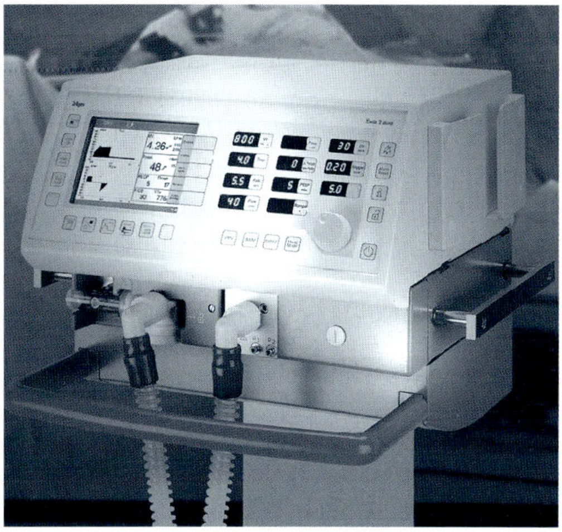

Abb. 6.8 Evita 2 dura. [V162]

Evita 4

Evita 4 ist ein Respirator für den Intensivpflegebereich, der auch zum innerklinischen Transport des Patienten eingesetzt werden kann. Mit dem Respirator Evita 4 können sowohl Erwachsene als auch Kinder beatmet werden. Geräte mit der Option NeoFlow® eignen sich auch für den Einsatz in der Neonatologie.

Mögliche Beatmungsformen

- Volumenkontrollierte Beatmung (IPPV und IPP-V_{Assist}), PLV
- Druckkontrollierte Beatmung (PCV und Autoflow®, $BIPAP_{Assist}$)
- BIPAP, $BIPAP_{ASB}$
- APRV
- SIMV, $SIMV_{ASB}$
- Inspiratorische Druckunterstützung (ASB und PPS)
- CPAP, $CPAP_{ASB}$
- NIV
- PAV (PPS®)
- ILV.

Besonderheiten

- Integrierter Bildschirm zur Darstellung von Beatmungskurven, Messwertanzeigen, Beatmungsmodus, Alarmtextmeldungen
- Auswahl der zu verändernden Parameter über die Auswahltasten oder den Touchscreen, Einstellung der Werte über einen zentralen Drehknopf und Bestätigung mittels Drücken des Drehknopfs
- Patientenorientierte Voreinstellung: Dieser Parameter ist stationsspezifisch konfigurierbar, d. h. der Anwender gibt eine Grundeinstellung bestimmter Beatmungsparameter (z. B. FiO_2) vor. Der Anwender stellt das ideale (*nicht* das tatsächliche) Körpergewicht des Patienten ein. Der Respirator beginnt die Beatmung mit den konfigurierten Startwerten
- Die Stromversorgung ist alternativ über Akkus möglich. Die internen Akkus dienen der Überbrückung von Stromausfällen, mit externen Akkus kann Evita 4 auch zum Transport benutzt werden
- Flowtrigger
- ATC (➤ 6.3) kann zugeschaltet werden
- Darstellung von Trends und Loops auf dem integrierten Bildschirm
- Logbuch speichert Meldungen und Ereignisse
- Fernbedienung für ausgewählte Parameter mit 3 m Kabel (➤ Evita 2 dura)
- Geräteseitige Messung des exspiratorischen CO_2 (Kapnometrie) und der Sauerstoffsättigung
- Gasumschaltung bei Ausfall eines Gases
- Apnoeventilation
- Inspiratorisch getriggerte Medikamentenverneblung

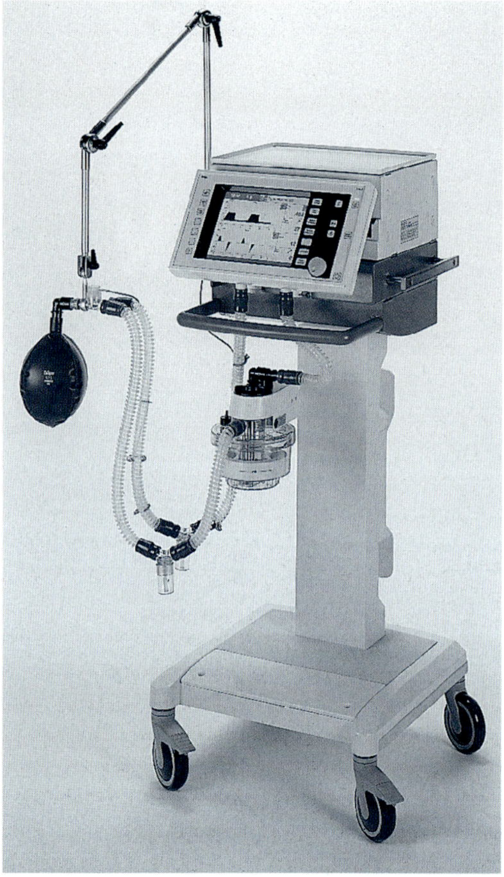

Abb. 6.9 Evita 4. [V162]

- Abnehmbares Bedienpaneel; d. h. Bedienteil und Pneumatikteil können getrennt voneinander am Patientenbett positioniert werden
- Messung des P 0,1 sowie der zusätzlichen Entwöhungsparameter RSB und NIF (➤ 6.3)
- Messung des Auto-PEEP
- NO-Beatmung möglich
- Auf Evita XL (➤ unten) aufrüstbar.

Evita XL

Evita XL unterscheidet sich von Evita 4 vor allem in der Überwachung der Beatmung. Ein großer, frei nach klinikinternen Vorgaben konfigurierbarer Monitor kann drei Beatmungskurven und gleichzeitig Shorttrends, Trends oder Loops darstellen. Die Betriebsanleitung für den Respirator ist online verfügbar.

Aufrüstbar mit

- **SmartCare[TM]/PS** zur automatischen Entwöhnung (➤ 5.11.2)
- **Lung Protection Package.** Dies erleichtert die Durchführung von Recruitmentmanövern (➤ 5.8.1) durch Darstellung der dazu relevanten Parameter, Kopplung von Inspirationsdruck und PEEP sowie Verstellen von Parametern in Echtzeit.

Ansonsten entsprechen die Beatmungsformen und Besonderheiten des Geräts dem der Evita 4.

Evita 4 (➤ oben) kann zu Evita XL aufgerüstet werden.

Savina

Savina ist ein Respirator für Erwachsene und Kinder, der sich für unkomplizierte Beatmungen im Aufwachraum, auf Intermediate Care-Einheiten und Intensivstationen eignet. Das Gerät kann auch zum Transport verwendet werden.

Mögliche Beatmungsformen

- Volumenkontrollierte Beatmung (IPPV und $IPPV_{assist}$)
- SIMV, SIMV mit Druckunterstützung ($SIMV_{ASB}$)
- Inspiratorische Druckunterstützung (ASB)
- CPAP, $CPAP_{ASB}$
- Optional
  - Druckkontrollierte Beatmung (PCV und Autoflow, $BIPAP_{Assist}$)
  - BIPAP, $BIPAP_{ASB}$
  - APRV.

Besonderheiten

- Betrieb mit internem Akku bis zu einer Stunde, mit externen Akkus bis 7 Stunden
- Druckluft wird über die interne Turbine generiert

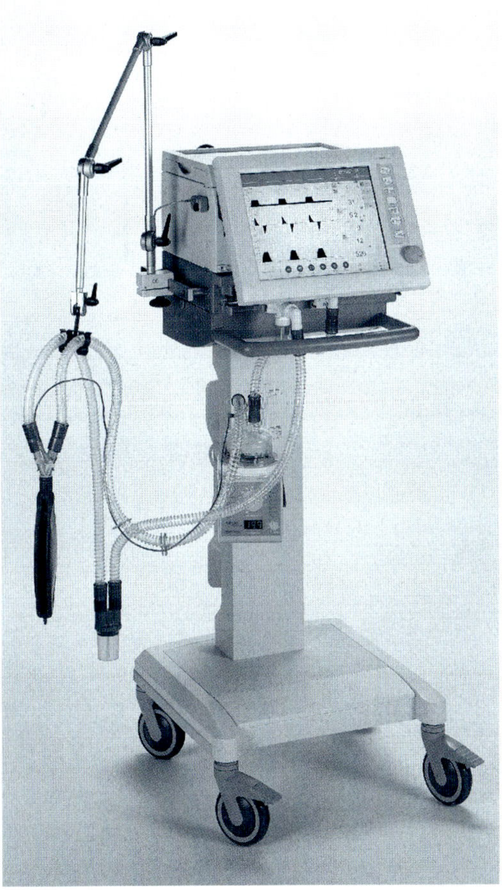

Abb. 6.10 Evita XL. [V162]

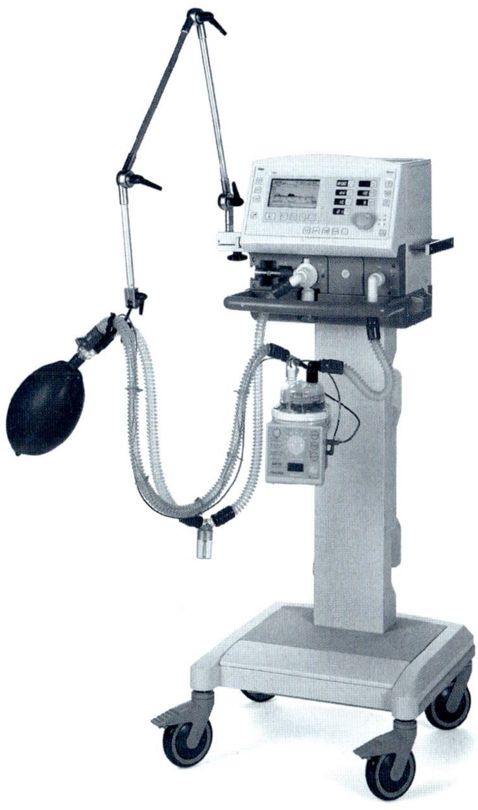

Abb. 6.11 Savina. [V162]

- Darstellung einer Beatmungskurve und diverser Beatmungsparameter auf integriertem Bildschirm
- Inspiratorisch getriggerter Medikamentenvernebler
- Flowtrigger.

Carina

Carina ist ein Respirator für Erwachsene und Kinder, der sich für unkomplizierte invasive und nichtinvasive Beatmungen, z. B. in Aufwachräumen, Intermediate-Care-Einheiten oder bei diagnostischen Maßnahmen eignet. Das Gerät kann auch zum Transport verwendet werden. Die Beatmung erfolgt über ein Einschlauchsystem mit Leckage- oder Exspirationsventil.

Mögliche Beatmungsformen

- VC- SIMV Autoflow (die kontrollierten Atemhübe werden im Autoflow-Modus verabreicht , ➤ IPPV-Autoflow®)
- BIPAP
- Druckkontrollierte Beatmung (PCV)
- Inspiratorische Druckunterstützung (ASB) mit Volumengarantie, d. h. der Respirator misst das Atemhubvolumen, das der Patient mit Druckunterstützung einatmet, vergleicht es mit dem eingestellten Soll-Atemzugvolumen und verabreicht ggf. im gleichen Atemzug zusätzliches Volumen, sodass das Soll-Atemzugvolulen erreicht wird
- CPAP.

Besonderheiten

- Betrieb mit internem Akku bis zu einer Stunde, mit externen Akkus bis 8 Stunden
- Druckluft wird über die interne Turbine generiert
- Darstellung einer Beatmungskurve und diverser Beatmungsparameter auf integriertem Bildschirm
- Apnoeventilation
- Flowtrigger.

6.4.2 Respiratoren der Firma GE Healthcare

http://www.gehealthcare.com

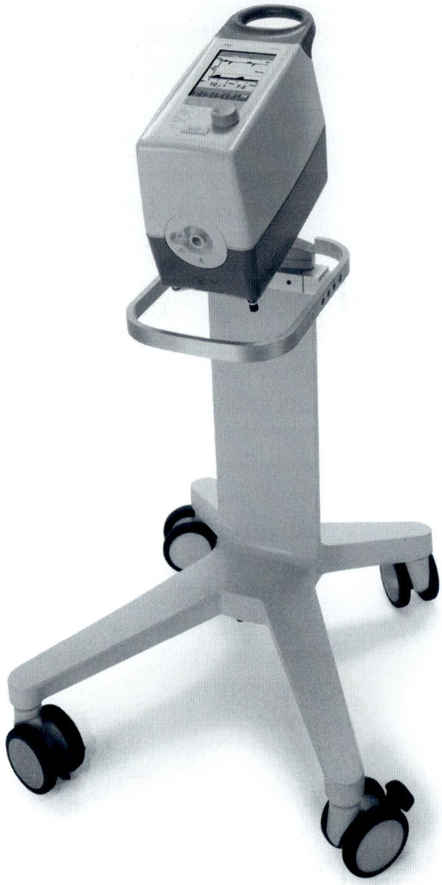

Abb 6.12 Carina. [V162]

Centiva™/5

Centiva™/5 ist ein Intensivpflegerespirator der sowohl bei Erwachsenen als auch in der Pädiatrie eingesetzt werden kann.

Beatmungsformen

- Volumenkontrollierte Beatmung (VCV, PLV)
- Druckkontrollierte Beatmung (PCV)
- BIPAP (Bi- Level mit oder ohne Volumengarantie)
- SIMV
- Inspiratorische Druckunterstützung (ASB)
- CPAP
- NIV.

Abb. 6.13 Centiva™/5. [V409]

Besonderheiten

- Bedienteil kann vom Pneumatikteil abgenommen und getrennt davon platziert werden
- LCD-Display bzw. wahlweise größerer Touchscreen zeigen überwachte Werte und Beatmungskurven
- Einstellbarer By-Flow (ermöglicht Flowtrigger)
- Batteriebetrieb für ca. 30 Minuten
- Absaugroutine
- Vernebler
- Leckagekompensation (NIV)
- Automatische Tubuskompensation (ARC)
- Autoset, d. h. Respirator legt Grenzwerte für einzelne Beatmungsparameter abhängig von den gemessenen Werten fest.

Engström Carestation

Carestation ist ein Intensivpflegerespirator der sowohl bei Erwachsenen als auch in der Pädiatrie eingesetzt werden kann.

Beatmungsformen

- Volumenkontrollierte Beatmung (VCV, PLV)
- Druckkontrollierte Beatmung (PCV)
- BIPAP (Zwei-Pegel-Beatmung)
- SIMV
- Inspiratorische Druckunterstützung (ASB)
- CPAP
- NIV.

Besonderheiten

- Bedienteil kann vom Pneumatikteil abgenommen und getrennt davon platziert werden
- LCD-Display zeigt überwachte Werte und Beatmungskurven
- Einstellbarer By-Flow (ermöglicht Flowtrigger)
- Batteriebetrieb für ca. 30 Minuten
- Automatische Tubuskompensation (ARC)
- Autoset, d. h. Respirator legt Grenzwerte für einzelne Beatmungsparameter abhängig von den gemessenen Werten fest.

6.4.3 Respiratoren der Firma Hamilton Medical

www.hamilton-medical.ch

Raphael (color, silver, xtc)

Raphael ist ein Intensivrespirator zur Beatmung von Erwachsenen und Kindern ab 5 kg Körpergewicht. Die verschiedenen Gerätetypen (color, silver, xtc) unterscheiden sich im Umfang der Beatmungsoptionen: Das umfangreichste Spektrum an Beatmungsoptionen bietet Raphael xtc, gefolgt von Raphael silver und Raphael color. Alle Raphael-Geräte können – mit Sauerstoffflaschen/Druckluftflaschen ausge-

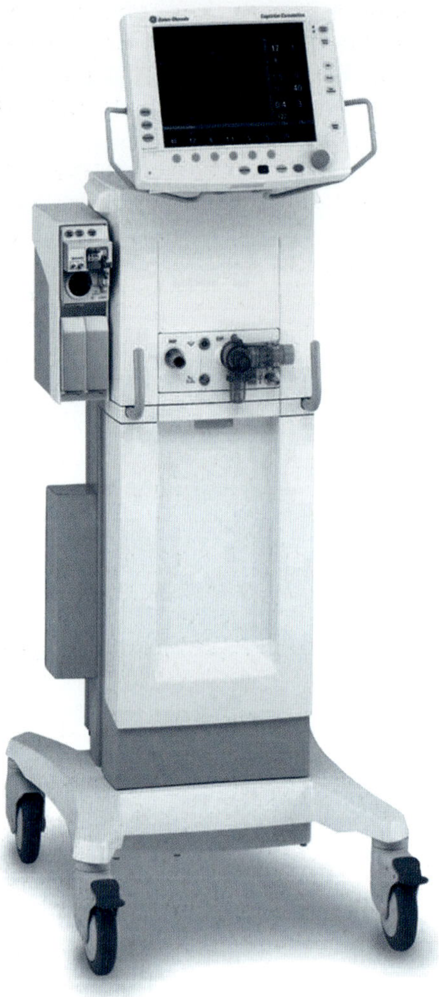

Abb. 6.14 Carestation. [V409]

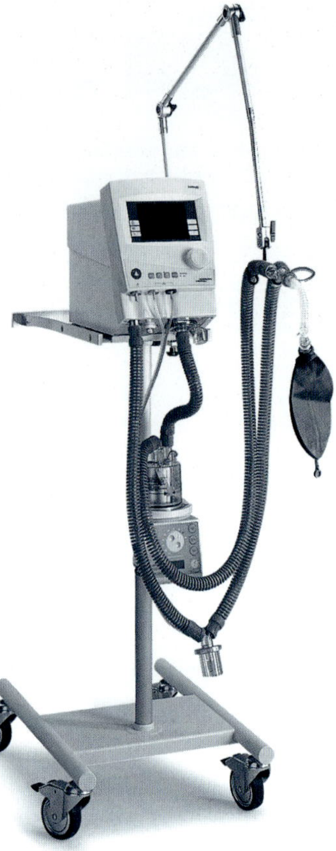

Abb. 6.15 Raphael color. [V086]

rüstet – auch als Transportrespirator verwendet werden.

Mögliche Beatmungsformen

- Volumenkontrollierte Beatmung (CMV)
- Druckkontrollierte Beatmung (PCV)
- SIMV (SIMV vol.kontr. und SIMV druckkontr.)
- Inspiratorische Druckunterstützung (PSV)
- BIPAP (DuoPAP)
- SV
- ASV
- APRV
- NIV.

Besonderheiten

- Darstellung von Beatmungskurven, Trends und Loops auf dem integrierten Bildschirm
- Apnoe-Beatmung
- Intrinsic-PEEP-Messung
- 60 Minuten Batterie-Betrieb
- Medikamentenvernebler
- Flowtrigger
- Logbuch speichert bis zu 1000 Ereignisse mit Zeitmarkierung.

G5

G 5 ist ein Intensivrespirator zur Beatmung von Erwachsenen und Kindern ab 5 kg/KG. Ausgerüstet mit Sauerstoffflaschen kann das Gerät auch als Transportrespirator verwendet werden.

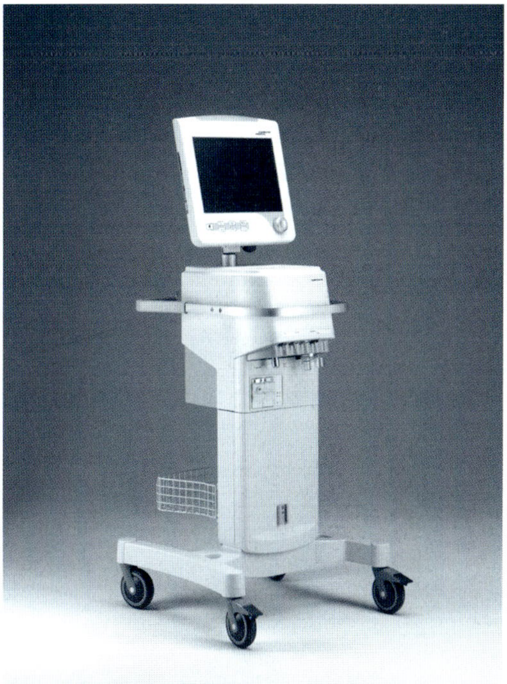

Abb. 6.16 G 5. [V086]

Beatmungsformen
- Volumenkontrollierte Beatmung (CMV)
- Druckkontrollierte Beatmung (PCV, APV)
- SIMV (SIMV volumenkontr., $SIMV_{APV}$ und SIMV druckkontr.)
- Inspiratorische Druckunterstützung (PSV)
- CPAP
- BIPAP (DuoPAP)
- ASV
- APRV
- NIV.

Besonderheiten
- Darstellung von Beatmungskurven, Trends und Loops auf dem integrierten Bildschirm
- Ventilationscockpit™ (auf dem Display ist eine graphisch dargestellte Lunge zu sehen, die sich – je nach gemessenen Beatmungswerten – verändert)
- Messung diverser Lungenfunktionsparameter (inspiratorischer und exspiratorischer Widerstand, Compliance, P 0,1) auch bei spontanatmenden Patienten, Berechnung von Atemarbeit (WOB) und RSB (➤ 6.3)
- Automatische Einstellung der Alarme
- Trenddarstellung
- Automatische Tubuskompensation (ATC ➤ 6.3), an diesem Respirator als *TRC* (*tube resistance compensation*) bezeichnet
- 60 Minuten Batterie-Betrieb möglich
- Flow- und Drucktrigger
- Exspiratorischer Trigger
- Basisflow bis 30 l/min
- Logbuch speichert bis 1000 Ereignisse mit Zeitmarkierung
- Sinus-, Konstant (Rechteck-), 100% und 50% dezelerierender Flow wählbar
- Verneblung.

Galileo Gold

Galileo Gold ist ein Intensivrespirator zur Beatmung von Erwachsenen und Kindern ab 5 kg/KG. Ausgerüstet mit Sauerstoffflaschen kann das Gerät auch zum Transport des Patienten verwendet werden (Batteriekapazität ca. 1h).

Beatmungsformen
- Volumenkontrollierte Beatmung (CMV)
- Druckkontrollierte Beatmung (PCV, APV)
- SIMV (SIMV volumenkontr., $SIMV_{APV}$ und SIMV druckkontr.)
- Inspiratorische Druckunterstützung (PSV)
- CPAP
- BIPAP (DuoPAP)
- ASV
- APRV
- NIV.

Besonderheiten
- Darstellung von Beatmungskurven, Trends und Loops auf dem integrierten Bildschirm
- Messung diverser Lungenfunktionsparameter (inspiratorischer und exspiratorischer Widerstand, Compliance, P 0,1) auch bei spontanatmenden Patienten, Berechnung von Atemarbeit (WOB) und RSB (➤ 6.3)
- Automatische Einstellung der Alarme
- Trenddarstellung
- Automatische Tubuskompensation (ATC ➤ 6.3), an diesem Respirator als *TRC* (*tube resistance compensation*) bezeichnet

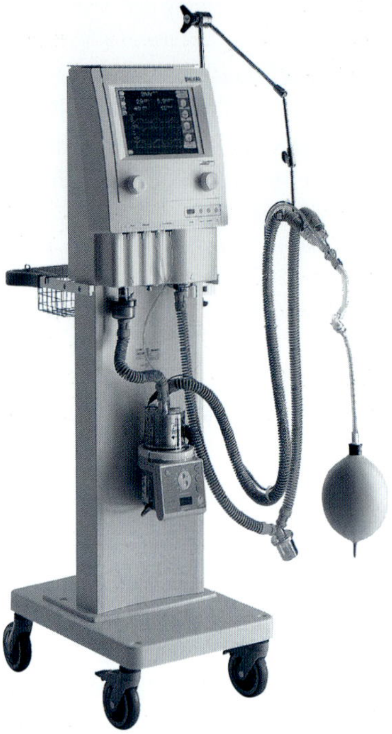

Abb. 6.17 Galileo Gold. [V086]

- 60 Minuten Batterie-Betrieb möglich
- Flow- und Drucktrigger
- Exspiratorischer Trigger
- Basisflow bis 30 l/min
- Logbuch speichert bis 1000 Ereignisse mit Zeitmarkierung
- Sinus-, Konstant (Rechteck-), 100% und 50% dezelerierender Flow wählbar
- Verneblung.

6.4.4 Respiratoren der Firma Lohmeier AG

http://www.lohmeier-ag.com

Mytho Vent (2)

Der Mytho Vent ist ein Intensivrespirator für Erwachsene und Kinder. Der Myhto Vent 2 übernimmt das komplette Herz-Kreislauf- Monitoring des Patienten.

Beatmungsformen
- Volumenkontrollierte Beatmung
- Druckkontrollierte Beatmung (PCV)
- PRVC
- BIPAP (Bi- Level)
- SIMV (VC, PC)
- MMV
- CPAP mit Druckunterstützung
- NIV.

Besonderheiten
- Flow- und Drucktrigger
- Apnoe-Beatmung
- Automatische Cuff-Druck Regelung
- Akkubetrieb ca. 30 Minuten, externe Batterie anschließbar
- Vernebler
- Seufzer
- Coaxial- oder Zwei-Schlauchsystem
- Echtzeitkurven im integrierten Monitor mit bis zu 8 Kurven und Diagrammen.

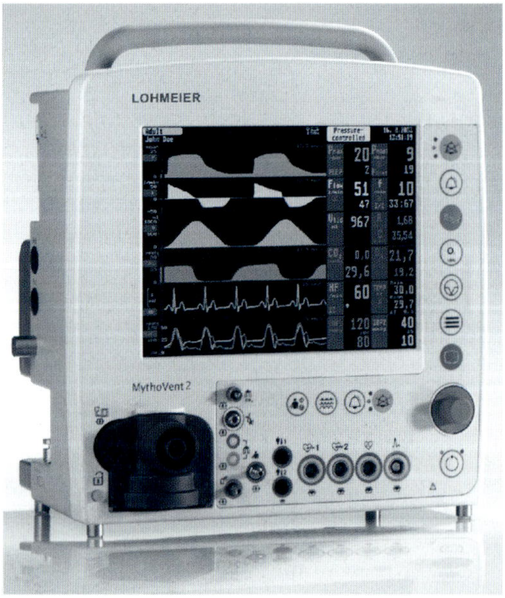

Abb. 6.18 Mytho Vent 2. [V454]

6.4.5 Respiratoren der Firma Maquet (ehemals Siemens)

www.maquet.de

Servo 900C®

Der Servo 900C® ist ein Intensivrespirator zur Beatmung von Erwachsenen und Kindern. Aufgerüstet mit Akku und Sauerstoffflasche kann er auch zum Transport beatmeter Patienten eingesetzt werden.

Beatmungsformen

- Volumenkontrollierte Beatmung (Vol. Kontr.)
- Druckkontrollierte Beatmung (Druckkontr.)
- SIMV (SIMV Volumenkontrolliert, SIMV Druckkontrolliert)
- Inspiratorische Druckunterstützung (Druckunterst.)
- CPAP.

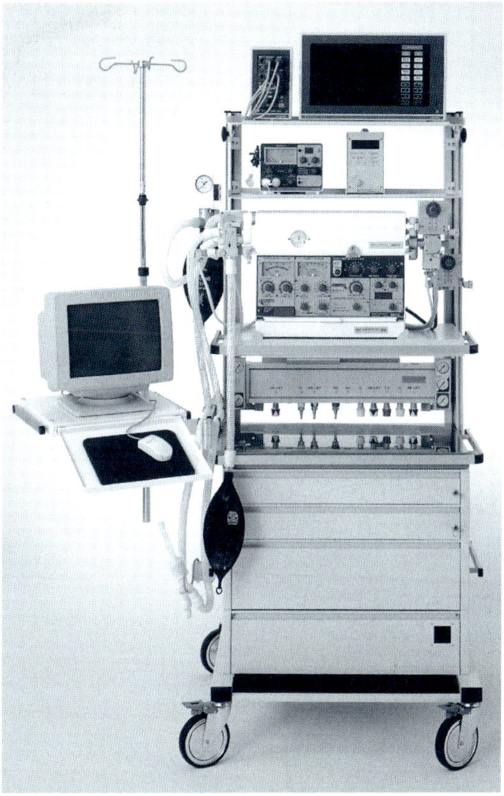

Abb. 6.19 Servo Ventilator 900C®. [V137]

Besonderheiten

Eine Apnoe wird lediglich alarmiert, es erfolgt *keine* Apnoe-Beatmung.

Servo 300/300A®

Die Intensivrespiratoren Servo 300® und Servo 300A® sind geeignet zur Beatmung von Erwachsenen, Kindern und Neugeborenen. Die beiden Geräte unterscheiden sich hauptsächlich in der Option Automode (➤ 5.3.8), die am Servo 300A® zuschaltbar ist, am Servo 300® nicht. Beide Respiratoren können für den Transport beatmeter Patienten verwendet werden.

Beatmungsformen

- Volumenkontrollierte Beatmung (Volumenkontr.)
- Druckkontrollierte Beatmung (Druckkontr., Druckreg.-Volumenkontr. = PRVC)
- SIMV (SIMV vol.kontr. und SIMV druckkontr.)
- Inspiratorische Druckunterstützung (Druckunterst., VS)

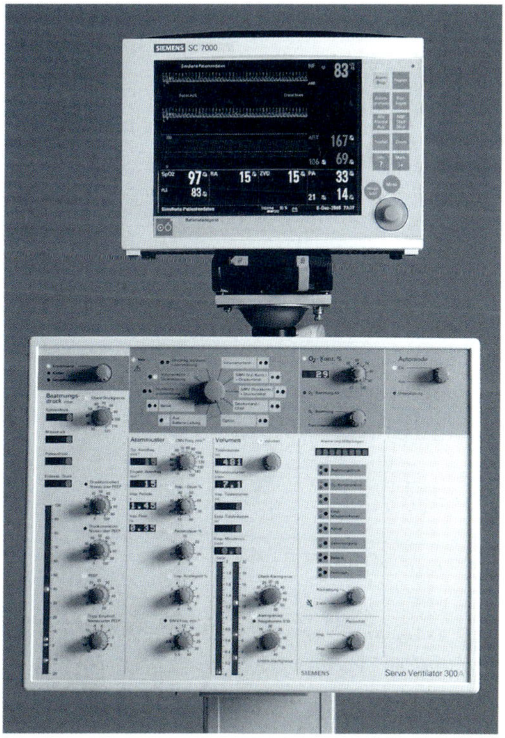

Abb. 6.20 Servo 300A®. [V137]

6

- CPAP
- BIPAP (BiVent)
- Automode (nur Servo 300A®).

Besonderheiten

- Bedienteil abtrennbar
- 30 Minuten Betrieb mit internem Akku
- Flow- und Drucktrigger
- Darstellung von Beatmungskurven, Trends und Loops mittels Servo-Screen (muss zusätzlich angeschafft werden)
- NO-Beatmung möglich (➤ 7.3).

Servo i®

Der Servo i® ist ein Intensivrespirator, der in drei Ausführungen auf dem Markt ist: Als **Servo i® Infant** für den Einsatz in der Pädiatrie (0,5 – 30 kg Körpergewicht), als **Servo i® Adult** für die Beatmung von Erwachsenen (ab 10 bis 250 kg Körpergewicht) und als **Servo i® Universal** für den Einsatz in allen Altersgruppen. Der Servo i® Infant und der Servo i® Adult unterscheiden sind in den verfügbaren Beatmungsformen. Beide Modelle können durch Installation zusätzlicher Optionen zum Servo i® Universal aufgerüstet werden. Alle Modelle sind zum Transport des beatmeten Patienten geeignet.

Beatmungsformen

- Volumenkontrollierte Beatmung (VC)
- Druckkontrollierte Beatmung (PC, PRVC)
- SIMV (SIMV-VC, SIMV-PC, SIMV-PRVC)
- Inspiratorische Druckunterstützung (PS, VS)
- CPAP
- Automode (➤ 5.3.8).
- BIPAP (BiVent)
- NIV.

Besonderheiten

- Bedien- und Pneumatikteil können getrennt voneinander positioniert werden
- Open-Lung-Tool (➤ 6.3): Der Respirator ermittelt die relevanten Parameter zum Wiedereröffnen und Offenhalten atelektatischer Lungenbereiche (*alveolar recruitment* Lungenprotektive Beatmung und open-lung concept ➤ 5.8.1), z. B. den alveolären Verschlussdruck (closing airway pressure), und stellt diese auf dem Monitor dar. Dies soll das recruitment-Manöver sowie die optimale Einstellung der Beatmungsparameter für den jeweiligen Patienten erleichtern
- Vernebler
- CO_2- Messung
- Kann beidseits des Patientenbettes positioniert werden (Pneumatikteil ist im Transportgestell drehbar)
- Druck- und Flowtrigger
- Nasal- CPAP im Frühgeborenenbereich ab 0,5 kg KG (hierfür ist eine entsprechende Software-Aufrüstung erforderlich)
- Optional während Kernspinuntersuchungen einsetzbar (Respiratoren, die dies ermöglichen sind speziell getestet und zugelassen)

Abb. 6.21 Servo i® Universal. [V137]

- Autoset (Alarmgrenzen werden auf Wunsch automatisch gesetzt)
- Darstellung von Beatmungskurven, Trends und Loops auf dem Bildschirm
- Apnoe-Ventilation konfigurierbar.

Servo s®

Der Servo s® ist ein Intensivrespirator, der sowohl bei Erwachsenen als auch in der Pädiatrie eingesetzt werden kann.

Beatmungsformen
- Volumenkontrollierte Beatmung (VC)
- Druckkontrollierte Beatmung (PC)
- SIMV (VC und PC)
- Inspiratorische Druckunterstützung (PS)
- CPAP
- NIV (DU und PC).

Besonderheiten
- Reservebatterie (60 Min)
- Apnoe-Beatmung
- Auto-Set Alarmgrenzen
- Touch-Screen und Direktzugangsknöpfe
- Bedien- und Pneumatikteil *nicht* trennbar
- 24 Stunden Trend
- Vernebler
- Kompensation des Ausfalls eines Gases.

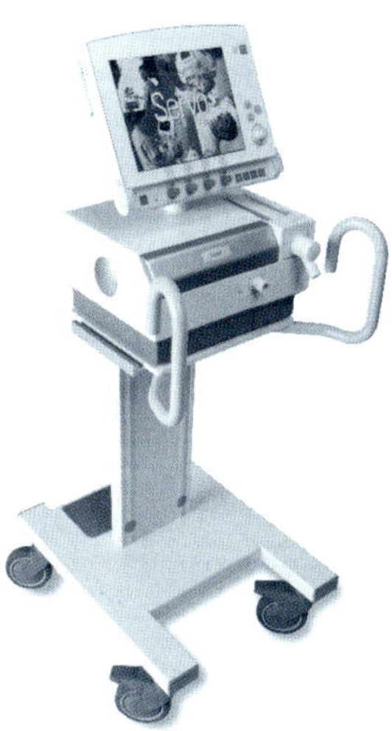

Abb. 6.22 Servo s®. [V137]

6.4.6 Respiratoren der Firma Novalung

http://www.novalung.com

Vision α

Der Intensivrespirator Vision α ermöglicht neben der Standardbeatmung und CPAP-Atmung des Patienten auch eine Hochfrequenzbeatmung bis 15 Hz. Er kann für Kinder und Erwachsenen eingesetzt werden.

Beatmungsformen
- HFOV
- Volumenkontrollierte Beatmung
- Druckkontrollierte Beatmung (PCV)
- SIMV
- CPAP mit Druckunterstützung.

Besonderheiten
- Graphische Darstellung der Beatmungskurven
- Apnoe-Beatmung
- Druck- und Flowtrigger.

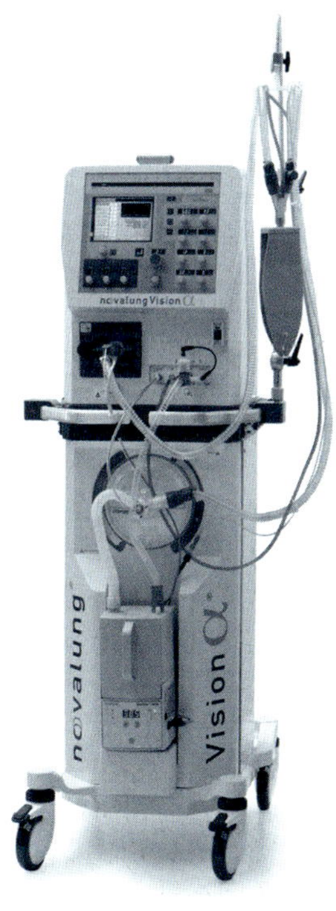

Abb. 6.23 Vision α. [V448]

6.4.7 Respiratoren der Firma Puritan-Bennett (Tyco-Health)

www.puritanbennett.com

Puritan-Bennett 7200a

Der Puritan-Bennett 7200a ist ein Intensivrespirator für die Beatmung von Erwachsenen und Kindern ab 15 kg Körpergewicht. Das Gerät war im Einführungsjahr 1983 eines der ersten mikroprozessorgesteuerten Beatmungsgeräte. Durch die Installation zusätzlicher Optionen (Software) sind die Möglichkeiten des Respirators vielfältig erweiterbar.

Mögliche Beatmungsformen

- Volumenkontrollierte Beatmung (CMV)
- Druckkontrollierte Beatmung (PCV)
- SIMV (SIMV vol.kontr und SIMV druckkontrolliert)
- Inspiratorische Druckunterstützung (ASB)
- CPAP
- Spontanatmung.

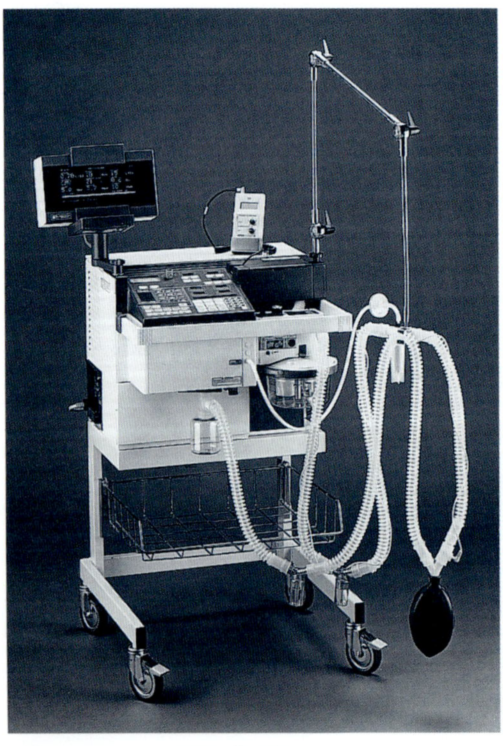

Abb. 6.24 Bennett 7200a. [V171]

Besonderheiten

- Apnoe-Beatmung
- Lungenfunktionsprüfungen
- Flow-by® (ermöglicht Flowtriggerung)
- Monitor optional, mit der Option *Graphik 2.0* lassen sich Kurven, Loops und Trends darstellen. Außerdem wird z. B. der RSB (➤ 6.3) berechnet.

Puritan-Bennett 760™

Das Intensivbeatmungsgerät Puritan-Bennett 760™ ist geeignet zur Beatmung von Erwachsenen und Kindern (ab einem Tidalvolumen von ca. 100 ml). Es kann für den Transport des beatmeten Patienten verwendet werden (Betriebsdauer der internen Batterie ca. zwei Stunden).

Beatmungsformen

- Volumenkontrollierte Beatmung (VCV)
- Druckkontrollierte Beatmung (PCV)
- SIMV (SIMV vol.kontr und SIMV druckkontr.)
- Inspiratorische Druckunterstützung (PSV)
- CPAP (SV plus PEEP).

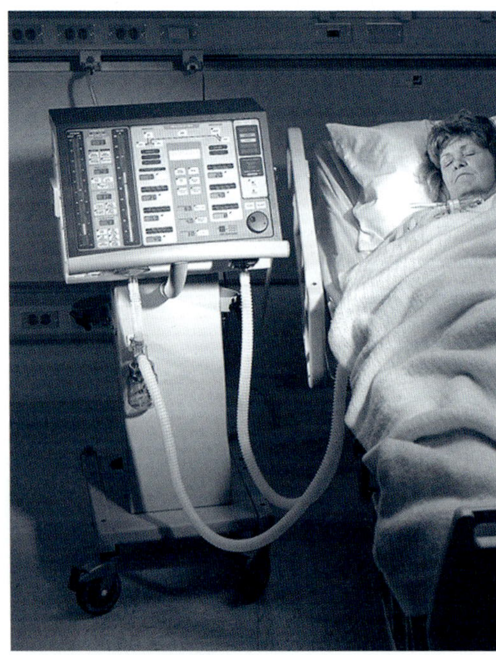

Abb. 6.25 Puritan-Bennett 760™. [V171]

Besonderheiten

- Apnoe-Beatmung (konfigurierbar)
- Luftzufuhr über Kompressor oder zentrale Gasversorgung
- Flow-by® (ermöglicht Flowtrigger)
- Sprechkanülenmodus überwacht abgegebene Volumina
- NO-Beatmung möglich.

Puritan-Bennett 840™

Der Intensivrespirator Puritan-Bennett® 840™ ist geeignet zur Beatmung von Erwachsenen, Kindern und Neugeborenen ab 3,5 kg Körpergewicht. Ist die **Option NeoMode** installiert, können auch Frühgeborenen ab 500 g Körpergewicht beatmet werden.

Beatmungsformen

- Volumenkontrollierte Beatmung (VC)
- Druckkontrollierte Beatmung (PC)
- BIPAP (BiLevel)
- PRVC (Volume Ventilation Plus)
- SIMV (SIMV vol.kontr und SIMV druckkontr.)
- Inspiratorische Druckunterstützung (PS)
- CPAP (SV plus PEEP)
- APRV
- NIV.

Besonderheiten

- Touchscreen
- Bildschirm zeigt eingestellte und gemessene Beatmungsparameter als Werte und in Kurvenform
- Einstellung des *idealen* (nicht des tatsächlichen) Körpergewichts, dadurch Vorkonfiguration der Beatmungsparameter (Vorteil: Schnellstmöglicher Einsatz bzw. Vorgaben, die für die weitere Beatmung angepasst werden können)
- Flow- oder Drucktrigger
- Apnoe-Beatmung (Parameter einstellbar)
- Messung bzw. Berechnung von Compliance, Resistance und Intrinsic-PEEP
- Batteriebetrieb für 30 Minuten
- Betrieb mit Kompressor möglich
- Bedienteil separat aufstellbar
- ATC (➤ 6.3) zuschaltbar
- NO-Beatmung möglich (➤ 7.3).

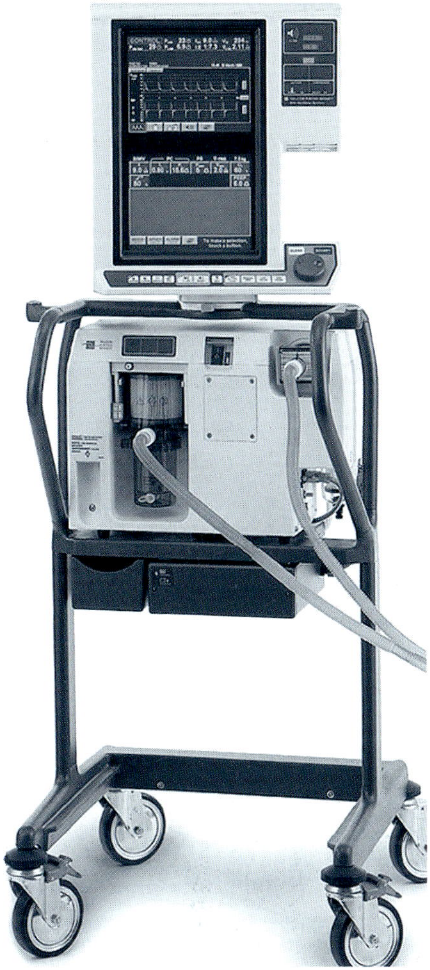

Abb. 6.26 Puritan-Bennett 840™. [V171]

6.4.8 Respiratoren der Firma eVent medical

http://www.easy-breath.de

Inspiration™ und Inspiration™ LS

Die Intensivrespiratoren Inspiration™ und Inspiration™ LS können sowohl bei Erwachsenen als auch in der Pädiatrie eingesetzt werden. Das Modell Inspiration™LS verfügt über einen größeren Bildschirm (**L**arge **S**creen).

Beatmungsformen
- Volumenkontrollierte Beatmung
- Druckkontrollierte Beatmung (PCV)
- PRVC
- BIPAP (Smart positive airway pressure mit Druckunterstützung auf beiden Niveaus)
- SIMV (VC, PC, PRVC)
- Inspiratorische Druckunterstützung (ASB)
- CPAP
- VS
- Spontan
- NIV.

Besonderheiten
- Flow- und Drucktrigger
- Apnoe- Beatmung
- Vernebler
- Kompressor für hausinterne Transporte
- Seufzer
- Manuelle Inspiration
- Lungenfunktionsmessung (inspiratorische und exspiratorische Resistance, statische Compliance)
- Echtzeitkurven im integrierten Monitor
- Interne oder externe Batterie.

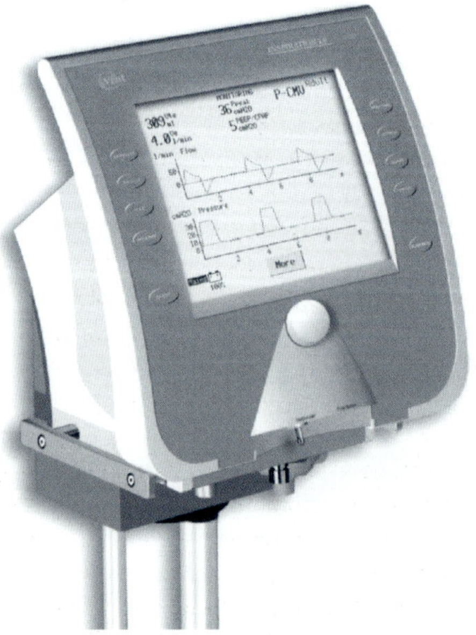

Abb. 6.27 Inspiration™. [V351]

6.4.9 Respiratoren der Firma Viasys

www.viasyshealthcare.com

Vela

Viasys Vela ist ein Intensivrespirator für die Beatmung von Erwachsenen und Kindern ab 10 kg Körpergewicht.

Mögliche Beatmungsformen
- Volumenkontrollierte Beatmung (CMV)
- Druckkontrollierte Beatmung (PCV, auch mit garantiertem Mindest-Tidalvolumen, und Druckreguliert-Volumenkontr. = PRVC)
- SIMV
- Inspiratorische Druckunterstützung (CPAP-PSV)
- APRV
- BIPAP
- NIV.

Besonderheiten
- Akku für ca 6 Stunden Betriebszeit
- Integrierte Turbine erzeugt Druckluft
- Hoch- oder Niederdruck Sauerstoffanschluss
- Graphische Darstellung der Beatmung, der Trends und Loops
- Bedienung über Touchscreen, Bildschirmanzeige wählbar
- Medikamentenverneblung möglich
- Messmanöver NIF und MIP können durchgeführt werden (➤ 6.3).

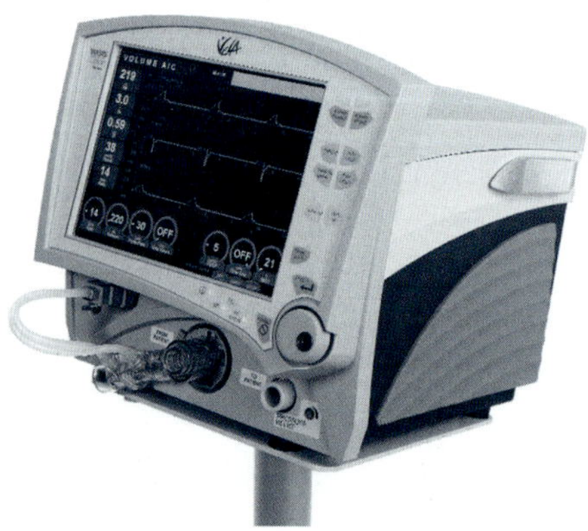

Abb. 6.28 Viasys Vela. [V452]

Avea

Viasys Avea ist ein Intensivrespirator für die Beatmung von Erwachsenen, Kindern und Frühgeborenen.

Mögliche Beatmungsformen
- Volumenkontrollierte Beatmung (CMV)
- Druckkontrollierte Beatmung (PCV, auch mit garantiertem Mindest-Tidalvolumen, und Druckreguliert-Volumenkontr. = PRVC)
- SIMV
- Inspiratorische Druckunterstützung (CPAP-PSV)
- APRV
- BIPAP
- NIV.

Besonderheiten
- Turbine optional verfügbar
- Akkubetrieb für 2 Stunden
- Leckagekompensation
- ATC
- Optional Messung des Ösophagus- und Trachealdrucks

Abb. 6.29 Viasys Avea. [V452]

- Graphische Darstellung der Beatmung, der Trends und Loops
- Bedienung über Touchscreen, Bildschirmanzeige wählbar
- Beatmung mit Heliox (➤ 7.4).

6.5 CPAP-Geräte

CPAP am Respirator und an CPAP-Geräten ➤ 5.3.5

CF 800 (Dräger Medical)

Das CF 800 ist geeignet für die CPAP-Atmung von Erwachsenen und Kindern ab 3 kg Körpergewicht. Am Gerät stellt der Anwender den Druckluft- und Sauerstoffflow ein entsprechend dem gewünschten Gesamtflow (2 – 3faches AMV) und dem F_iO_2 (die am Gerät aufgedruckte Mischtabelle gibt Auskunft darüber, mit welchen Einstellungen bestimmte Sauerstoffkonzentrationen erreicht werden können). Der PEEP wird über ein externes Ventil (am Beatmungssystem aufgesteckt) reguliert. Ein Manometer am CF 800 zeigt den Atemwegsdruck an.

Beatmungsformen
- Continuous-Flow-CPAP.

Besonderheiten
- Keine Überwachungsfunktion
- Gerät arbeitet netzunabhängig (keine Stromversorgung notwendig)
- Mögliche Erweiterungen:
  - Diskonnekt-Monitor (alarmiert eine Unterbrechung des Beatmungsschlauchsystems)
  - Oxydig (überwacht die Sauerstoffkonzentration)
  - Aktive Atemgaskonditionierung (➤ 5.6)
  - Medikamentenvernebler
- Überdruck- (begrenzt Atemwegsdruck auf max. 25 mbar) und Notluftventil (stellt bei Ausfall der zentralen Gasversorgung Raumluft zur Verfügung)
- Benötigte Luft kann auch aus dem Faltenbalg geatmet werden, die Bewegungen des Faltenbalgs sollten allerdings gering sein. Große Auslenkun-

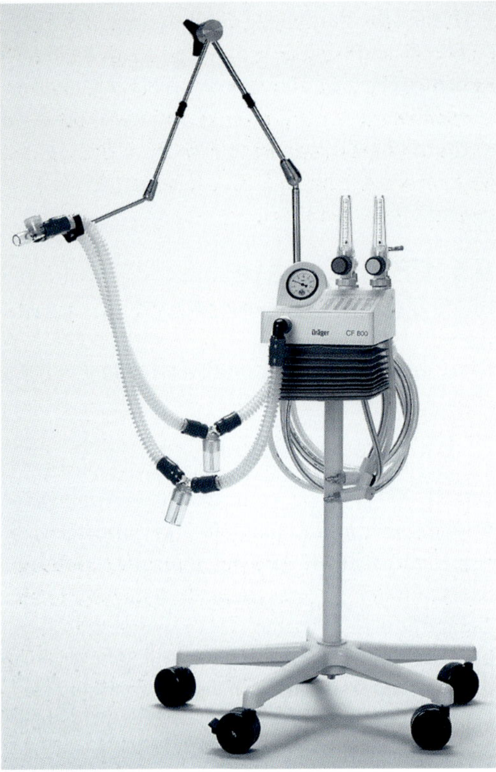

Abb. 6.30 CPAP-Gerät CF 800. [V162]

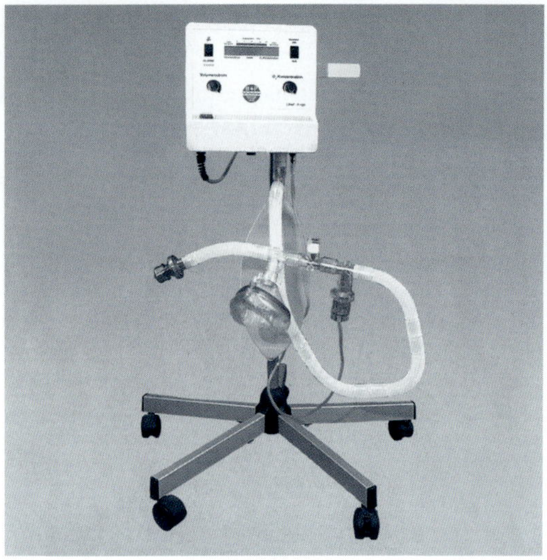

Abb. 6.31 F 120. [V181]

gen sind ein Zeichen für einen zu niedrigen Flow, bei sehr geringen Bewegungen kann der Flow reduziert werden
- Geringe Druckschwankungen am Manometer weisen auf ausreichenden Flow hin.

CPAP-Gerät F 120® (B+ P Beatmungsprodukte)

www.b-und-p.com

Das CPAP-Gerät F 120 zur CPAP-Atmung ist klein und kompakt. Sauerstoffkonzentration und Flow werden direkt eingestellt. Es benötigt einen Netzanschluss. Der PEEP wird mittels Ventil im Exspirationsschlauch eingestellt.

Beatmungsformen
- Continuous-Flow-CPAP.

Besonderheiten
- Gerät besitzt eine Drucküberwachung
- Anzeige von Druck, Flow, Sauerstoffkonzentration und Alarmgrenzen
- Benötigt Druckluft und Sauerstoffanschluss
- Muss mit Druckbeutelreservoir betrieben werden
- Sauerstoffkonzentration bis 100% wählbar
- Medikamenten-Verneblung möglich.

BiPAP® Vision™

www.respironics.com

BiPAP® Vision™ ist ein Gerät das sowohl eine CPAP-Atmung als auch eine inspiratorische Druckunterstützung ermöglicht (beide invasiv oder nichtinvasiv). Eingesetzt wird es bei Erwachsenen sowohl in Kliniken als auch im Bereich der Heimbeatmung (➤ 9.2).

Beatmungsformen
- CPAP
- Inspiratorische Druckunterstützung (ASB)
- BiPAP (CPAP plus inspiratorische Druckunterstützung, nicht zu verwechseln mit BIPAP, ➤ 5.3.6). Insp. PAP, exsp. PAP sowie die Frequenz und die Inspirationszeit können vorgegeben werden.

Besonderheiten
- Umfangreiche Überwachungsfunktionen (Atemwegsdruck, Atemfrequenz, AMV, Tidalvolumen, Leck) und Darstellung auf integriertem Monitor

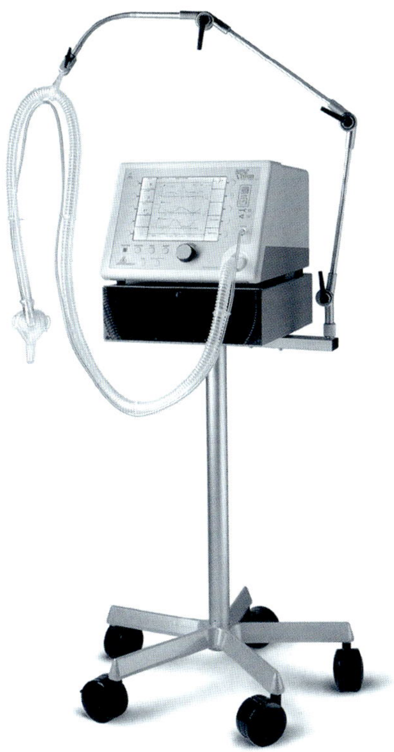

Abb. 6.32 BiPAP® Vision™. [V084]

- Generiert Druckluft selbst
- Benötigt Stromanschluss
- ST-Modus. Triggert der Patient keine Atemzüge (**s**pontaneous mode) wird er bedarfsweise kontrolliert (**t**imed mode) beatmet
- Sauerstoffmodul optional
- PAV (➤ 5.3.4) nachrüstbar.

6.6 Notfall- und Transportbeatmungsgeräte

Notfall- und Transportbeatmungsgeräte sind – verglichen mit den Intensivrespiratoren – relativ klein und übersichtlich. Dies ist gleichzeitig ihr Vorteil, weil dadurch der Transport des Patienten wesentlich vereinfacht wird. Nachteilig ist, dass i. d. R. nur wenige Beatmungsformen möglich sind, die darüber hinaus meist kaum Variationsmöglichkeiten bieten.

Da Intensivrespiratoren in den vergangenen Jahren zunehmend so konstruiert wurden, dass sie auch für innerklinische Transporte eingesetzt werden können, werden schwerkranke Patienten mit differenzierter Beatmungstherapie während eines Transports meist mit einem (wenn möglich „ihrem“) Intensivrespirator beatmet.

6.6.1 Transportrespiratoren der Firma Ambu

www.ambu.de

Ambu® Matic

Das Notfall- und Transportbeatmungsgerät Ambu® Matic ist geeignet zur Beatmung von Erwachsenen und Kindern ab 3 Jahren bzw. 15 kg Körpergewicht.

> Wahlschalter ermöglicht Einstellung von 60% oder 100% Sauerstoff.

Beatmungsformen
- Volumenkontrollierte Beatmung.

Besonderheiten
- Betriebsgas Sauerstoff oder Druckluft
- Anzeige von intrathorakalem Druck und Wiedereinsetzen der Spontanatmung
- Individuelle Anpassung des Beatmungsvolumens mit nur einem einzigen Regler (Beatmungsfrequenz und Tidalvolumen werden gleichzeitig erhöht bzw. verringert, d. h. Beatmungsfrequenz kann nicht unabhängig vom Tidalvolumen verändert werden und umgekehrt)
- Alarmfunktion über Monitor (muss zusätzlich beschafft werden)
  - Diskonnektion und Leckagen
  - Volumenverluste durch das Druckbegrenzungsventil
  - Fehler bei der Sauerstoffzufuhr
  - Zyklusfehler (batteriebetriebene Software analysiert in regelmäßigen Abständen die Inspirations- und Exspirationsphasen)
  - Störungen im Patientenschlauch im Inspirations- und Exspirationsweg

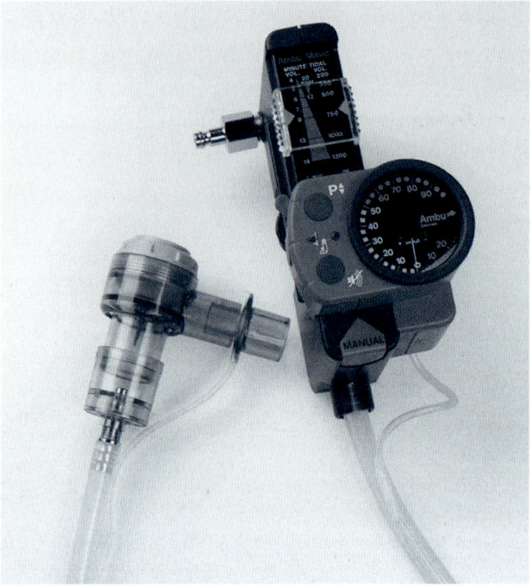

Abb. 6.33 Ambu® Matic. [U137]

- Erhöhter Atemwegsdruck.

6.6.2 Transportrespiratoren der Firma Dräger Medical

www.draeger-medical.com

Oxylog 1000

Das Notfall- und Transportbeatmungsgerät Oxylog 1000 ist geeignet zur Beatmung von Erwachsenen und Kindern ab 7,5 kg Körpergewicht.

Schalterstellung *Air Mix:* 60% Sauerstoff
Schalterstellung *No Air Mix:* 100% Sauerstoff.

Beatmungsformen

- Volumenkontrollierte Beatmung.

Besonderheiten

- Betriebsgas Sauerstoff oder Druckluft
- Alarm für
  - Vordruck tief (< 2,7 bar)
  - Atemwegsdruck tief (Diskonnektionsalarm)
  - Atemwegsdruck hoch
- Gerät arbeitet stromunabhängig.

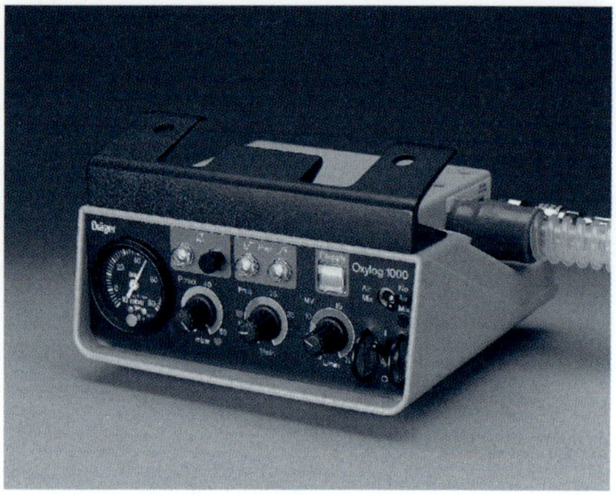

Abb. 6.34 Oxylog 1000. [V162]

Oxylog 2000

Das Notfall- und Transportbeatmungsgerät Oxylog 2000 ist geeignet zur Beatmung von Erwachsenen und Kindern ab ca. 15 kg Körpergewicht bzw. einem Tidalvolumen > 100 ml.

Schalterstellung *Air Mix:* 60% Sauerstoff (FiO_2 0,6)
Schalterstellung *No Air Mix*: 100% Sauerstoff (FiO_2 1,0).

Beatmungsformen

- (Synchronisierte) volumenkontrollierte Beatmung (S)-IPPV)
- SIMV volumenkontrolliert
- CPAP.

Besonderheiten

- Betriebsgas Sauerstoff oder Druckluft
- Spontanatmung über integriertes Demand-Ventil
- Einige Überwachungsfunktionen (z. B. Versorgungsdruck und -spannung) und Alarme (Diskonnektion, Stenose, Einstellfehler, Volumenüberwachung).

Oxylog 3000

Das Notfall- und Transportbeatmungsgerät Oxylog 3000 ist geeignet zur Beatmung von Erwachsenen und Kleinkindern ab ca. 10 kg Körpergewicht bzw. einem Tidalvolumen > 50 ml.

Der Sauerstoffgehalt ist zwischen 40 – 100% (F_iO_2 0,4 – 1,0) stufenlos einstellbar.

Beatmungsformen
- IPPV/IPPV assist.
- SIMV, SIMV/ASB
- BIPAP, BIPAP/ASB
- CPAP, CPAP/ASB
- NIV (mit Leckagekompensation)
- Apnoe-Ventilation.

Besonderheiten
- Betriebsgas Sauerstoff oder Druckluft
- Batteriebetrieb bis zu 4 Stunden
- Sauerstoff-Flush
- Sauerstoffinhalation möglich
- Flowtrigger einstellbar
- Umfangreiches Monitoring möglich, Display für Messwerte und Flow- bzw. Druckkurven.

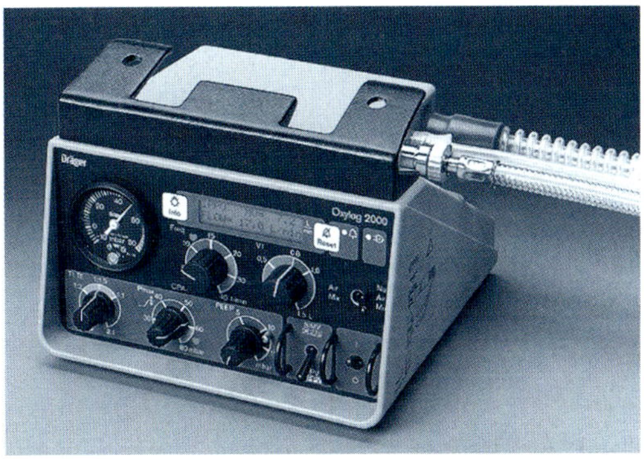

Abb. 6.35 Oxylog 2000. [V162]

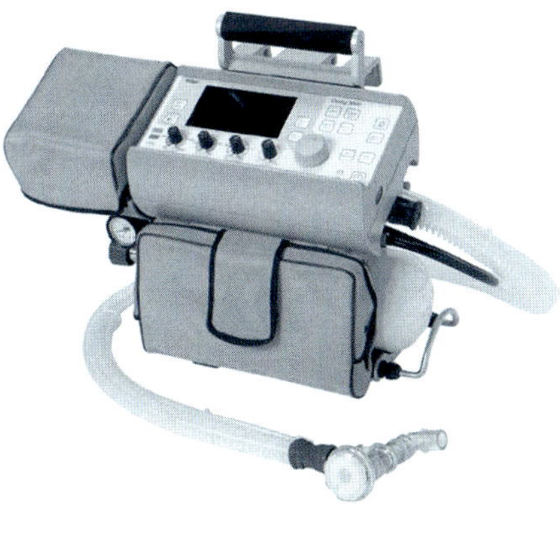

Abb. 6.36 Oxylog 3000. [V162]

6.6.3 Transportrespiratoren der Firma Newport

www.newportnmi.com

Newport HT50

Der Transportrespirator Newport HT50 ist geeignet für die Beatmung von Erwachsenen und Kindern über 10 kg Körpergewicht.

Beatmungsformen
- (Assistierte) volumenkontrollierte Beatmung (VC)
- (Assistierte) druckkontrollierte Beatmung (PC)
- SIMV (SIMV vol.kontr. und SIMV druckkontr.)
- CPAP
- Druckunterstützte Beatmung
- Spontanatmung.

Besonderheiten
- Drucktrigger
- Antrieb ohne Sauerstoff oder Druckluft
- Bis zu 10 Stunden Akkubetrieb
- Manuelle Beatmung (Atemzug auslösbar)
- Backup- Beatmung
- Optional Sauerstoffmischer und Atemluftbefeuchter
- Tastatursperre
- Umfangreiche Überwachung.

Abb. 6.37 Newport HT50. [V352]

6.6.4 Transportrespiratoren der Firma Viasys

www.viasyshealthcare.com
www.pulmonetic.com

LTV 1200

Der Respirator LTV 1200 ist ein vielseitig einsetzbares Gerät für die Beatmung von Kindern ab 5 kg Körpergewicht und Erwachsenen. Es eignet sich sowohl zum Transport beatmeter Patienten als auch zum Einsatz im Bereich der Heimbeatmung und im Intensivbereich. Die Luftversorgung erfolgt mittels Turbine (kompressorlos).

Beatmungsformen
- Volumenkontrollierte Beatmung
- Druckkontrollierte Beatmung
- SIMV (SIMV vol.kontr. und SIMV druckkontr.)
- Inspiratorische Druckunterstützung
- NIV.

Besonderheiten
- Akku-Kapazität ca. 90 Minuten mit interner Batterie, externe Batterie zuschaltbar
- Hoch- oder Niederdruck-Sauerstoffanschluss möglich
- Apnoe-Ventilation nach einstellbarer Apnoezeit
- Mit Monitor aufrüstbar

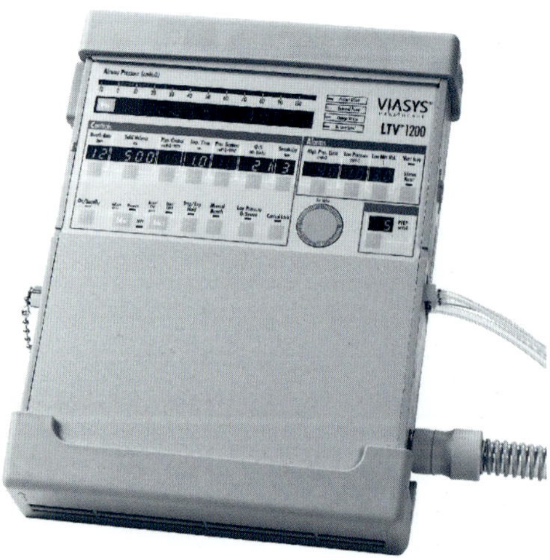

Abb. 6.38 LTV 1200. [V452]

- Spontaneous Breathing Trial (Spontanatemversuch, ➤ Abb. 5.29)
- Vorkonfigurierte Beatmung nach Patiententyp
- Leckagekompensation.

6.6.5 Transportrespiratoren der Firma Weinmann

www.weinmann.de

Medumat® Standard, Medumat® Standard a und MODUL CapnoVol®

Die Notfall- und Transportbeatmungsgeräte Medumat® Standard und Medumat® Standard a eignen sich zur Beatmung von Erwachsenen und Kindern ab 10 kg Körpergewicht. Die beiden Geräte unterscheiden sich in der Möglichkeit der assistierten Beatmung. Über das Modul CapnoVol® kann während der Beatmung eine exspiratorische Volumenmessung sowie eine Kapnografie durchgeführt werden.

Schalterstellung *Air Mix:* 55 – 85% Sauerstoff (FiO_2 0,55 – 0,85)
Schalterstellung *No Air Mix*: 100% Sauerstoff (FiO_2 1,0).

Beatmungsformen
- Zeitgesteuerte volumenkontrollierte Beatmung
- Assistierter Modus (nur Medumat® Standard a). Funktion ähnlich SIMV, d. h. in einem Triggerfenster geforderter Atemzug wird mit einem mandatorischen Atemhub beantwortet.

Besonderheiten
- Exspiratorische Volumenmessung
- Kapnografie
- Betriebsgas: Sauerstoff
- Elektronisch gesteuert, daher kein Sauerstoff-Eigenverbrauch!
- Alarmfunktionen
  - Diskonnektion
  - Stenose
  - Druckabfall der O_2-Versorgung
  - Abfall der Betriebsspannung
  - Systemausfall

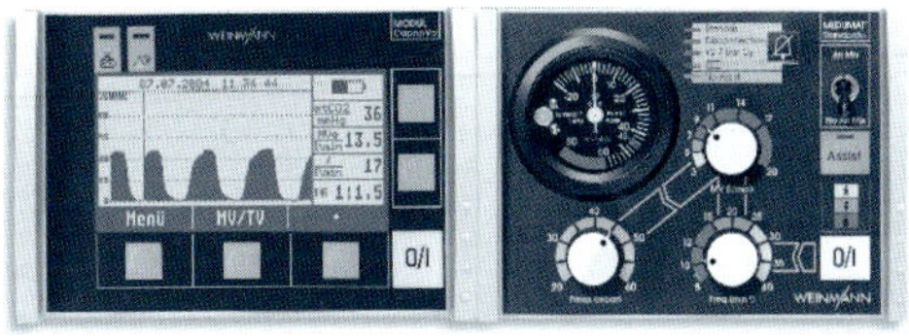

Abb. 6.39 Medumat® Standard a (rechts) und Modul CapnoVol® (links). [V083]

- Kombinierbar mit verschiedenen Modulen z. B. Sauerstoff-Inhalation.

Medumat® easy

Medumat® easy ist ein Notfall- und Transportrespirator mit der Möglichkeit der sprachunterstützten Bedienerführung. Es ermöglicht die Beatmung über Maske oder Tubus, darüber hinaus ist eine Sauerstoffinhalation im Demand-flow-Modus möglich. Einsetzbar ist es für Erwachsene und Kinder ab 10 kg Körpergewicht.

Beatmungsformen

- Volumenkontrollierte Beatmung (IPPV synchronisiert einstellbar, Frequenz 10 – 30, AMV 3 – 16 l/Min.)
- Spontanatmung (Demandflow > 40 l/Min., Flowtrigger, Abschaltdruck 3 mbar).

Besonderheiten

- Sprachführung kann zugeschaltet werden. Diese erleichtert dem wenig Geübten die Anwendung, indem sie Schritt für Schritt-Anweisungen gibt und Alarme kommentiert.
- Beatmung und Demandflow in einem sehr kleinen Gerät
- Tubus- und Maskenmodus wählbar
- Maximaler Druck wählbar: 20 mbar (Maskenmodus) oder 45 mbar (Modus für Beatmung über Tubus oder Trachealkanüle)

Medumat® Transport

Medumat® Transport ist ein Notfall- und Transportrespirator für die Primärversorgung und den inner-

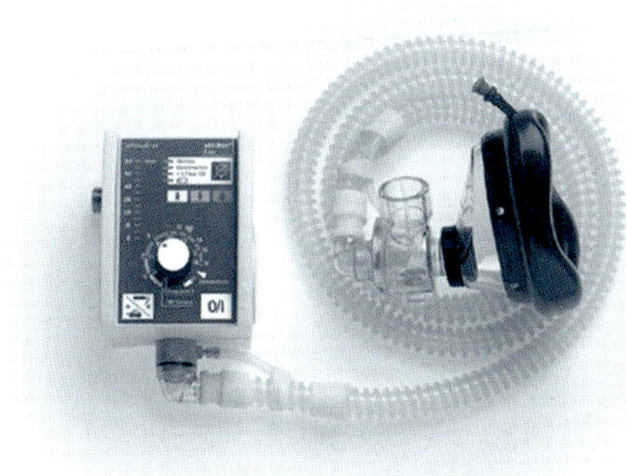

Abb. 6.40 Medumat® easy. [V083]

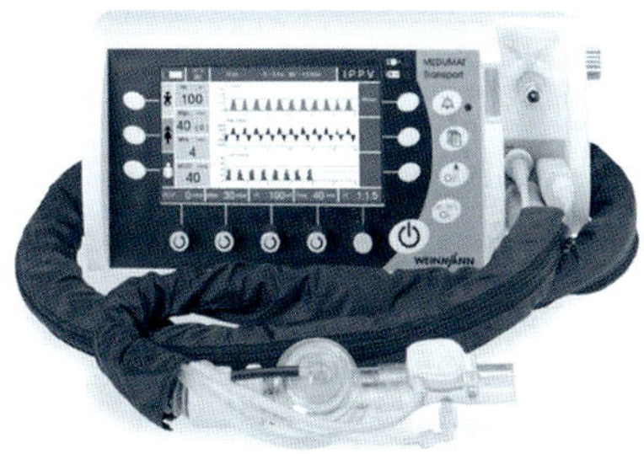

Abb. 6.41 Medumat® Transport. [V083]

klinischen Transport. Er kann bei Kleinkindern, Kindern und Erwachsenen eingesetzt werden.

Beatmungsformen

- PC
- VC
- SIMV
- BIPAP (Bilevel)
- CPAP mit Druckunterstützung
- Spontanatmung
- NIV.

Besonderheiten

- Akkubetrieb für 3 Stunden
- Vorkonfigurierte Notfallbeatmung für jeweiligen Patiententyp
- Autoset für Alarme
- Volumen-, Flow- und Druckmessung, optional mit Kapnographie
- Bis zu 3 Kurven darstellbar.

KAPITEL

7 Spezielle Behandlungsstrategien bei akutem Lungenversagen

In ausgewählten Fällen kommen bei Patienten neben der maschinellen Beatmung sowie den begleitenden und die Beatmung unterstützenden Maßnahmen (z. B. kinetische Therapie) spezielle Behandlungsverfahren zum Einsatz. Die wichtigsten dieser Verfahren sind hier kurz dargestellt. Da diese speziellen Therapien nur in ausgewählten Fällen und vielfach auch nur in spezialisierten Zentren eingesetzt werden, wurde auf eine detaillierte Beschreibung der einzelnen Verfahren verzichtet. Die folgenden Ausführungen geben lediglich einen Einblick in die jeweiligen Verfahren; um die betreffenden Patienten kompetent versorgen zu können bedarf es neben speziellen Fortbildungen einer umfassenden Einarbeitung.

Hochfrequenzbeatmung ➤ *5.3.8*

7.1 Lungenersatzverfahren

Definition

▮▮ **Lungenersatzverfahren** (auch *künstliche Lungenunterstützung* oder *artificial lung assist*, kurz ALA) sind Therapieformen, bei denen die Oxygenierung und/oder Kohlendioxidelimination mittels spezieller Geräte ganz oder teilweise außerhalb der Lunge erfolgt. Hier gibt es zwei Methoden:

- Extrakorporale Verfahren, d. h. Gasaustausch erfolgt *außerhalb* des Körpers
- Intrakorporale Verfahren, d. h. Gasaustausch erfolgt *innerhalb* des Körpers. ▮▮

Neben den extrakorporalen pumpengestützten Lungenersatzverfahren, die seit vielen Jahren schon etabliert und fester Bestandteil der Therapie von Patienten mit akutem schwerstem Lungenversagen sind, hat sich die pumpenfreie extrakorporale Lungenunterstützung bei ausgewählten Indikationen bewährt. Intrakorporale Verfahren werden heute kaum noch angewendet.

7.1.1 Extrakorporaler Gasaustausch

Definition

▮▮ **Extrakorporaler Gasaustausch** (auch *extracorporeal lung support* kurz ELS; *extracorporeal lung assist*, kurz (E(C)LA): Therapieverfahren, bei dem über eine außerhalb des Körpers gelegene Membranlunge dem Blut Sauerstoff zugeführt und/oder Kohlendioxid entzogen wird. ▮▮

Indikationen und Kontraindikationen für extrakorporale Lungenersatzverfahren

Hauptindikation für den Einsatz eines extrakorporalen Lungenersatzverfahrens ist das schwerste akute Lungenversagen (➤ 2.3.6). Hier kommt es zu einer schwersten Entzündungsreaktion der Lunge, die zur Folge hat, das für einen ausreichenden Gasaustausch – insbesondere eine ausreichende Oxygenierung – eine immer invasivere Beatmung erforderlich ist, die ihrerseits die Lunge weiter schädigt. So entsteht ein therapeutischer „circulus vitiosus" (Teufelskreis), der mittels eines extrakorporalen Lungenersatzverfahrens durchbrochen werden kann. Die aggressive Beatmung kann zurückgenommen werden, die Lunge kann sich erholen und (weitere) beatmungsbedingte Lungenschädigungen werden vermieden.

Ein extrakorporaler Gasaustausch kommt in Betracht bei Patienten mit schwerstem akutem Lungenversagen, das mittels konventioneller Verfahren (allen voran die optimierte Beatmung sowie Recruitmentmanöver zum Eröffnen kollabierter Lungenbezirke ➤ 5.8.1), differenzierter Volumentherapie und kinetischer Therapie (➤ 8.6.5), unterstützt von weiteren Verfahren, z. B. einer NO-Beatmung (➤ 7.3) nicht ausreichend behandelt werden kann, d. h. die Sauerstoffversorgung und CO_2-Elimination bleiben unzureichend.

Sowohl die Indikationen als auch die Kontraindikationen einer Therapie mit extrakorporalem Gasaustausch ändern sich u. a. abhängig von den verwendeten Systemen und Geräten kontinuierlich. Grundsätzlich ist die zu erwartende Lebensqualität des Patienten nach der Behandlung („expected good quality of life") maßgebend für die Entscheidung.

Pumpengestützte Verfahren: ECMO und $ECCO_2$-R

Definition

ECMO *(extracorporeal membrane oxygenation):* Extrakorporale Anreicherung des Blutes mit Sauerstoff.

$ECCO_2$-R *(extracorporeal CO_2-removal):* Extrakorporale Elimination von Kohlendioxid aus dem Blut.

ECMO und $ECCO_2$-R sind *pumpengestützte Verfahren*, d. h. ein Pumpaggregat sorgt für den ausreichenden Blutfluss durch die Membranlunge.

Kriterien für die ECMO-Behandlung

Unterschieden wird zwischen dem „schnellen Anschluss" („fast entry") und dem „verzögerten Anschluss" („slow entry", d. h. zunächst maximale Beatmungstherapie für 1 – 5 Tage, dann Entscheidung für oder gegen ECMO):

- Kriterium für den „schnellen Anschluss" ist ein Oxygenierungsindex ($p_aO_2 : F_iO_2$) < 50 mmHg bei PEEP ≥ 10 mbar über mindestens 2 Stunden und unter Ausschöpfung aller intensivmedizinischen Maßnahmen
- Kriterien für einen „verzögerten Anschluss" sind im Wesentlichen:
  - Oxygenierungsindex < 150 mmHg bei PEEP ≥ 10 mbar
  - Intrapulmonaler Rechts-Links-Shunt > 30%
  - Totale respiratorische Compliance < 30 ml/mbar oder rezidivierende pulmonale Barotraumen
  - Extravaskuläres Lungenwasser > 15 ml/kgKG.

ECMO und $ECCO_2$-R erfordern einen hohen technischen Aufwand und eine ausreichende Anzahl entsprechend geschulten Personals. Der Einsatz dieser Therapien ist daher entsprechend ausgerüsteten Zentren (sog. ECMO-Zentren) vorbehalten.

Kontraindikationen für eine ECMO-Behandlung

Als Kontraindikationen für eine ECMO-Behandlung gelten derzeit:

- Unheilbare Grunderkrankung (z. B. metastasierender Tumor) oder laufende Chemotherapie
- Schwere Schädigung des ZNS (z. B. nach Hirnblutungen)
- Chronische Lungenerkrankung
- Multiorganversagen
- Akutes Lungenversagen als Folge einer Linksherzinsuffizienz
- Alter über ca. 60 Jahre bzw. bei Neugeborenen Geburtsgewicht < 1500 g.

Aufbau und Funktionsprinzip von ECMO und $ECCO_2$-R

Aufbau des Systems. Das System besteht aus einem Schlauchsystem, in das im Wesentlichen folgende Komponenten eingebaut sind (Aufzählung in der Reihenfolge, wie sie vom Blut des Patienten durchströmt werden):

- Pumpe (an neueren Geräten *Zentrifugalpumpen*, da diese weniger Hämolyse verursachen als die älteren Rollerpumpen)
- Hohlfaser- oder Membranoxygenatoren („Ersatzlunge") mit Frischgaszufuhr.

Alle Teile des Systems, die mit dem Patientenblut in Berührung kommen, sind biokompatibel (dies wird durch eine Heparinbeschichtung erreicht). Ins System integriert sind diverse Überwachungsfunktionen.

In manchen ECMO-Zentren werden zwei Oxygenatoren in das System eingebaut, die dann parallel arbeiten. Vorteil dieser Methode: Fällt ein Oxygenator aus (meist wegen Verstopfung durch Blutgerinnsel), kann er unter Weiterführung der Behandlung ausgewechselt werden (Durchflussgeschwindigkeit des noch funktionsfähigen Oxygenators wird erhöht).

Funktionsprinzip. Bei den pumpengestützten extrakorporalen Lungenersatzverfahren wird das Blut des Patienten durch eine Membranlunge gepumpt (➤ Abb. 7.1).

Bei der **ECMO** erfolgt hier die Anreicherung des Blutes mit Sauerstoff (daher auch *Oxygenator* genannt) sowie (je nach Bedarf) die Elimination von Kohlendioxid.

Bei der **$ECCO_2$-R** erfolgt in der Membranlunge die Elimination des Kohlendioxids. Zur Oxygenierung wird über einen intratracheal liegenden dünnen Katheter kontinuierlich Sauerstoff insuffliert (apnoeische Oxygenierung). Gleichzeitig wird eine LFPPV *(low frequency positive pressure ventilation)*

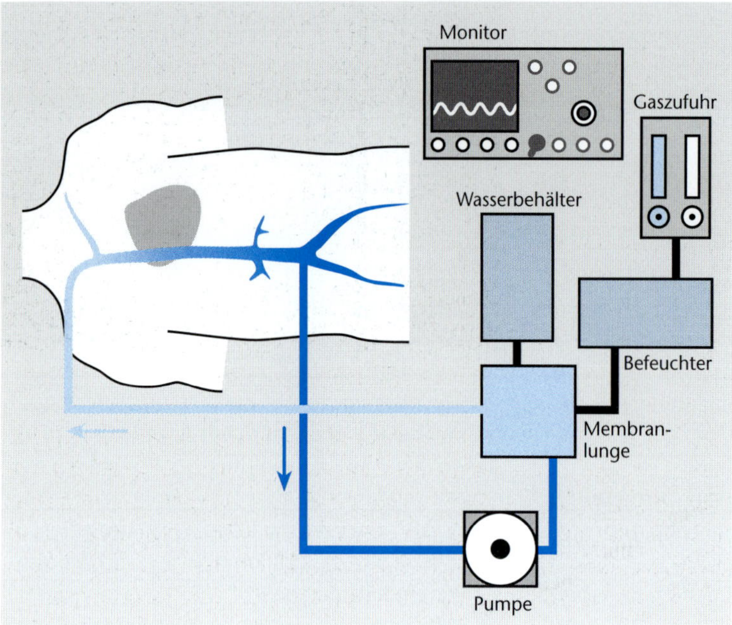

Abb. 7.1 Schematische Darstellung des Systems zum extrakorporalen Gasaustausch bei ECMO und $ECCO_2$-R.

durchgeführt, die dem „Offenhalten" der Lunge dient. Dabei werden PEEP-Werte bis 20 mbar und maximale Atemwegsdrücke bis 30 mbar eingestellt, die Frequenz liegt meist unter 8/Min. Dies dient der Durchmischung und Befeuchtung der Atemluft. Die **$ECCO_2$-R** hat insgesamt an Bedeutung verloren und wird kaum noch angewendet, da die notwendige Oxygenierung des Blutes i. d. R. im Vordergrund steht.

Nach Passage der Membranlunge wird das Blut zurück in den Körper des Patienten geleitet.

Praxis der extrakorporalen Membranoxygenierung und CO_2-Elimination

Kommt bei einem Patienten ein extrakorporales Lungenersatzverfahren in Betracht, nehmen die zuständigen Ärzte Kontakt mit einem ECMO-Zentrum auf und besprechen die eventuelle Verlegung des Patienten. Im ECMO-Zentrum erfolgt dann je nach Ausgangssituation des Patienten ein sofortiger Anschluss an die ECMO (selten) oder eine 1 – 5-tägige Behandlungsphase mit maximaler konservativer Therapie (in „ECMO-Bereitschaft"). Abhängig vom Verlauf dieser Behandlung wird dann die ECMO-Behandlung eingeleitet.

Anschließen des Patienten und Inbetriebnehmen des Systems. Abhängig vom geplanten Verfahren erfolgt zunächst die Kanülierung. Die ECMO erfordert einen relativ hohen extrakorporalen Blutfluss (4 – 6 l/Min.). Um dies zu ermöglichen wird i. d. R. die obere Hohlvene punktiert und die Kanüle, über die das Blut ausgeleitet wird, in den rechten Vorhof vorgeschoben. Zur Rückführung des Blutes wird eine große Vene (häufig die V. femoralis) kanüliert. Zur $ECCO_2$-R ist ein geringerer Blutfluss ausreichend (ca. 500 ml/Min.), daher genügt hier meist die Kanülierung einer großen peripheren Vene (Blutrückfluss über die V. jugularis).

Nach dem Spülen und Füllen sowie verschiedenen Sicherheitskontrollen des Systems erfolgt dann der Anschluss des Patienten an das System und die langsame Steigerung des extrakorporalen Blutflusses. Insbesondere in dieser Phase ist mit Komplikationen zu rechnen (➤ unten), deshalb müssen in dieser Zeit Patient und System genauestens überwacht werden. Außerdem ist eine engmaschige Flüssigkeitsbilanzierung erforderlich, um eine Normovolämie zu erhalten bzw. zu erreichen.

Abhängig von den in der Folgezeit durchgeführten Blutgasanalysen kann die maschinelle Beatmung dann Schritt für Schritt reduziert werden.

Bei Patienten in einem sehr kritischen Zustand kann die ELS bereits während dem Transport in ein Zentrum durchgeführt werden.

Bei Patienten mit ausgeprägter Herzinsuffizienz oder kardiogenem Schock kann ein veno- arterieller Zugangsweg indiziert sein. Dabei fließt das Blut unter Umgehung des Herzens in eine Arterie zurück, d. h. es entsteht ein Parallelkreislauf. Primäres Ziel ist hierbei nicht der Lungenersatz, sondern eine Umgehung und Entlastung des Herzens.

Komplikationen

Hauptkomplikationen sind die Gerinnselbildung im System sowie die mechanische Schädigung von Blutkörperchen und die Aktivierung des Gerinnungssystems. Weiter sind geräteseitige Komplikationen möglich wie z. B. Schlauchrisse, die – wegen des großen Lumens und des hohen Blutflusses – rasch zu sehr großen Blutverlusten führen können. Weiter kann es zu Blutungen an den Punktionsstellen sowie zu Luftembolien kommen.

In der Anfangszeit der ECMO-Behandlung wurden die Patienten hochdosiert mit Antikoagulantien behandelt, um eine Gerinnselbildung im System zu verhindern. Dies ging mit der Gefahr schwerer Blutungskomplikationen einher. Heute werden biokompatible Systeme verwendet. Dadurch ist eine Reduktion der Heparindosierung möglich auf Mengen, wie sie auch zur Thromboseprophylaxe verwendet werden, und die Komplikation massiver Blutungen ist deutlich zurückgegangen.

Das Anschließen der ECMO geht i. d. R. mit starkem Blutdruckabfall einher. Ursache ist der relative Volumenverlust, der durch das „Verschieben" von Blutvolumen in das Schlauchsystem der ECMO entsteht. Deshalb ist darauf zu achten, dass der Blutdruck des Patienten zu Beginn der Behandlung ausreichend hoch ist.

Pumpenfreie extrakorporale Lungenunterstützung

Definition

PECLA *(**p**umpless **e**xtra**c**orporeal **l**ung **a**ssist, pumpenfreie extrakorporale Lungenunterstützung)*: Gasaustausch über eine extrakorporal liegende Membranlunge, die zwischen eine Arterie und eine Vene geschaltet ist. Aufgrund des Druckgefälles zwischen Arterie und Vene ist keine Pumpe notwendig.

Bei der **AVCO_2R** *(Arterio-venous CO_2* removal, arteriell-venöse CO_2 Elimination) wird dem Blut in der Membranlunge lediglich CO_2 entzogen.

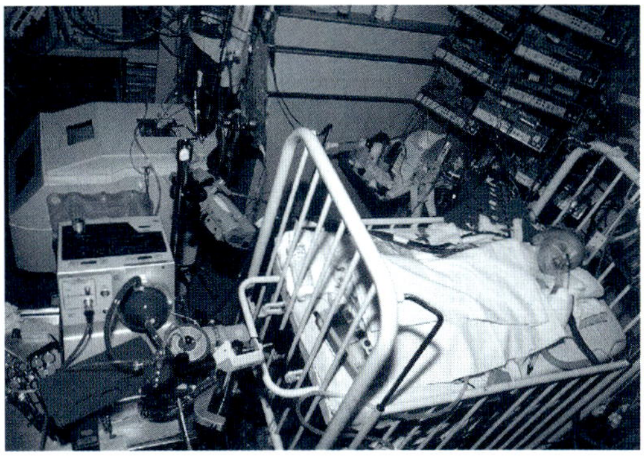

Abb. 7.2 Kind an der ECMO. [T094]

Im Gegensatz zu ECMO und ECCO_2-R funktioniert dieses Verfahren *ohne Pumpe*. Der technische Aufwand ist sehr viel geringer als bei den pumpengestützten Verfahren, dadurch ist die Komplikationsrate wesentlich niedriger und das Verfahren ist deutlich weniger „personalintensiv". Aus diesen Gründen ist der Einsatz der pumpenfreien extrakorporalen Lungenunterstützung nicht an spezielle Zentren gebunden, sondern kann prinzipiell auf allen Intensivstationen erfolgen.

Realisiert ist das Verfahren praktisch ausschließlich als iLA-Membranventilator™ (**i**nterventional **l**ung **a**ssist) der Firma Novalung. Die iLA-Membranventilatoren werden zunehmend im klinischen Alltag eingesetzt. Die Herstellerfirma bietet Schulungen und Unterstützung bei der klinischen Anwendung an.

Aufbau

Der Arzt platziert mittels Seldingertechnik jeweils einen Katheter in der A. femoralis (13 – 15 Fr.) und einen Katheter in der V. femoralis (15 – 17 Fr.). Die Kanülengröße richtet sich nach der Größe der Blutgefäße, die zuvor mittels Ultraschall bestimmt wird.

Die blutführenden Teile des Systems werden mit Infusionslösung (z. B. NaCl 0,9%) gefüllt.

Über einen speziellen, mit einem Bakterienfilter versehenen Gasanschlussschlauch wird die mit Flüssigkeit gefüllte Membranlunge mit einer Sauerstoffquelle verbunden (Sauerstoffflow von 10 – 12 l/Min. einstellen).

Gas und Blut werden durch eine Diffusionsmembran aus Polymethylpenten (Oberfläche 1,3 m^2, zum Vergleich: ECMO 2,5 – 5 m^2 Gasaustauschfläche) mit niedrigem Widerstand (analog der natürlichen Lunge) separiert, sodass sowohl Gerinnselbildung als auch der Austritt von Plasma verhindert werden.

Die blutführenden Teile des Systems sind mit Heparin beschichtet, zusätzlich wird eine Heparinisierung des Patienten (ca. 5 – 10 IE/kgKG/h) empfohlen mit dem Ziel, die PTT um 50 – 55 Sek. bzw. ACT um 120 – 140 einzustellen.

Positioniert wird das System zwischen den Beinen des Patienten. Eine spezielle Haltevorrichtung verhindert ein Umkippen (dies kann die Funktion des Systems beeinträchtigen).

Das System hat eine Standzeit von bis zu 29 Tagen und muss spätestens nach Ablauf dieser Zeit gewechselt werden.

Funktionsprinzip

Der arterielle Blutdruck des Patienten bestimmt den Blutfluss durch die Membranlunge:

- Je höher der Blutfluss durch die Membranlunge ist, desto effektiver ist der Gasaustausch (insbesondere die Oxygenierung wird von der Höhe des Blutflusses bestimmt; die CO_2- Elimination wird v. a. von der Höhe des Gasflusses bestimmt)
- Je geringer der Blutfluss durch die Membranlunge, desto größer ist die Gefahr, dass es zur Bildung kleinster Blutgerinnsel und dadurch zur Verstopfung der Membranlunge kommt.

Der arterielle Blutdruck und hier insbesondere der arterielle Mitteldruck (MAP) sind daher entscheidend für den Erfolg der Behandlung. Der arterielle Mitteldruck sollte bei mindestens 70 mmHg liegen (ggf. verordnet der Arzt blutdrucksteigernde Medikamente). Damit wird ein Blutfluss von 0,5 – 2,5 l/Min. erreicht.

Ein spezieller Monitor, der nach dem Dopplerprinzip arbeitet, ermöglicht es, den Blutfluss im System zu überwachen.

> Treten während der Behandlung keine durch das Verfahren bedingten Komplikationen auf, kann der Patient mit dem liegenden System gelagert werden (bei Entlastung des Beckens ist auch Bauchlagerung möglich). Auch ein Transport des Patienten mit dem liegenden System ist möglich, z. B. zur Weiterbehandlung in ein ECMO-Zentrum.

Indikationen und Kontraindikationen

Indikationen und Kontraindikationen für extrakorporale Lungenersatzverfahren ➤ *7.1.1*

Neben den in 7.1.1 genannten **Indikationen** ist vor allem die CO_2-Elimination eine Indikation für den Einsatz der pumpenfreien extrakorporalen Lugenunterstützung, etwa bei (drohender) schwerer respiratorischer Azidose, zur Reduktion der Atemarbeit in der Weaning-Phase sowie zur Reduktion eines erhöhten Hirndrucks (➤ 5.8.2). Auch in der Überbrückungszeit vor einer Lungentransplantation (Bridge to Lung-Transplantation) kann eine pumpenfreie extrakorporale Lungenunterstützung indiziert sein.

Kontraindikationen sind:

- Einschränkungen der kardialen Pumpfunktion (MAP < 70 mmHg)
- Arteriosklerose der Becken- und Beingefäße
- Heparininduzierte Thrombozytopenie (HIT). Bei diesen Patienten sollte das System wegen der Heparinbeschichtung nicht eingesetzt werden.

Wegen der Kanülengröße (≥ 13 French) und der Größe des arteriovenösen Shunts darf das Verfahren in der Pädiatrie erst ab 20 kgKG eingesetzt werden.

Während der Behandlung muss das Bein, an dem die Arterie punktiert wurde, auf Anzeichen einer mangelnden Durchblutung beobachtet werden (z. B. Bein kühl, blass, Fußpulse schlecht oder gar nicht tastbar?).

Komplikationen

- Ischämie des arteriell punktierten Beines. Neben der regelmäßigen Inspektion des Beines sowie der Kontrolle der Fußpulse wird empfohlen, die Sauerstoffsättigung an dieser Extremität zu überwachen und die Extremität warm zu halten

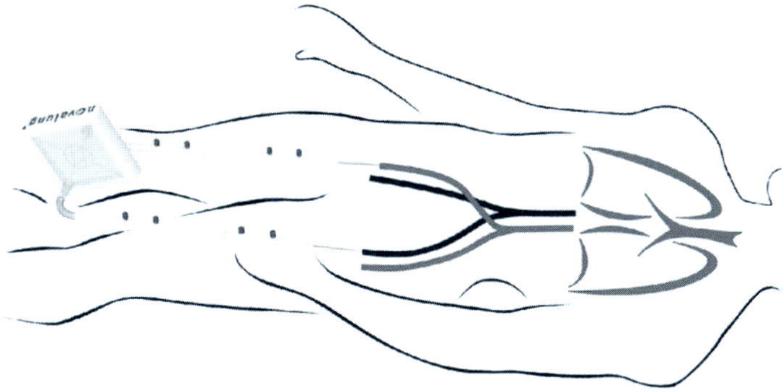

Abb. 7.3 ILA-Membranventilator™. [V448]

- Fibrin- oder Fettablagerungen im System, die gegebenenfalls einen Austausch des Membransystems erforderlich machen (ggf. auch Umstellen der Sedierung bei Verwendung fettreicher Emulsionen)
- Thrombenbildung im System
- Luftembolie infolge einer Bildung von Luftbläschen im blutleitenden Teil des Systems (kann entstehen, wenn der Gasdruck bei temporärer schwerer Hypotension den Blutdruck übersteigt)
- Blutungen oder Infektionen im Punktionsbereich
- Dislokation der Kanüle (erfordert umgehendes Handeln, z. B. Kompression der Punktionsstelle, Abklemmen des Systems und rasche Neueinlage einer Kanüle, um größere Blutverluste zu vermeiden).

7.1.2 Intrakorporaler Gasaustausch: IVOX

Definition

❚❚ **IVOX** (*intravaskuläre Oxygenierung*, auch *intravenöse Oxygenierung*): Anreicherung des Blutes mit Sauerstoff über einen speziellen, in eine große Vene eingeführten Membranoxygenator. ❚❚

Die IVOX ist ein Verfahren, das sich noch in der klinischen Erprobung befindet. Das Verfahren wurde bisher nur selten eingesetzt, eine abschließende Bewertung steht noch aus.

Aufbau und Funktionsprinzip

Bei der IVOX wird ein spezieller Membranoxygenator (ca. 40 – 60 cm lang und 7 – 10 mm dick) unter Röntgenkontrolle in die untere Hohlvene vorgeschoben.

Der Membranoxygenator besteht aus geschlängelten Hohlfasern, deren Wand porös ist und die mit einem Gasleiter verbunden und um diesen herum angeordnet sind. Der Gasleiter ist mit einer externen Sauerstoffquelle verbunden. Über den Gasleiter wird ständig Sauerstoff durch die Hohlfasern gesaugt. Durch die Poren der Hohlfasern gelangt entsprechend dem Partialdruckgefälle (➤ 1.2.2) Sauerstoff ins Blut und Kohlendioxid wird entzogen.

Bewertung

Die Gasaustauschfläche ist bei IVOX sehr viel geringer als bei der ECMO (IVOX ca. 0,2 – 0,5 m^2, iLA 1,3 m^2, ECMO 2,5 – 5 m^2). Daher kann mittels IVOX die Lungenfunktion lediglich unterstützt, nicht jedoch komplett ersetzt werden, wie dies bei der ECMO möglich ist.

Problematisch ist die große Gefahr einer Thrombosierung der unteren Hohlvene im Bereich des Oxygenators, die eine intravenöse Vollheparinisierung und eine engmaschige Kontrolle der Gerinnungsparameter erfordert.

7.2 Surfactant-Applikation

Surfactant ➤ 1.1.2

Definition

❚❚ Beim Atemnotsyndrom des Neugeborenen (*infant respiratory distress syndrom*, kurz **IRDS**) besteht ein *primärer Surfactant-Mangel*, d. h. die unreife oder geschädigte Lunge hat noch keinen Surfactant gebildet. Beim **ARDS** (Atemnotsyndrom des Erwachsenen, ➤ 2.3.6) dagegen besteht ein *sekundärer Surfactant-Mangel.* Dabei kommt es nicht nur zu einer *quantitativen Verminderung* des Surfactant, sondern auch zu einer qualitativen Verschlechterung *(Surfactantdysfunktion).*

Die **Folgen** des Surfactant-Mangels sind sowohl beim IRDS als auch beim ARDS gleich: Die Oberflächenspannung in den Alveolen nimmt zu, die Compliance der Lunge nimmt ab. Es bilden sich Atelektasen (➤ 2.2.4), die eine Zunahme des pulmonalen Rechts-Links-Shunts und eine Verschlechterung des Ventilations-/Perfusionsverhältnis nach sich ziehen. Es kommt zur Schädigung der alveolo-kapillären Membran mit Ausbildung eines interstitiellen und später intraalveolären Lungenödems. Dadurch wird der noch vorhandene funktionstüchtige Surfactant inaktiviert.

Indikationen

Beim IRDS ist die exogene Zufuhr von Surfactant eine anerkannte Therapieform.

Beim sekundären Surfactant-Mangel im Rahmen eines ARDS ist die Surfactant-Applikation noch in der Erprobung. Hier wird sowohl Surfactant zugeführt als auch die Faktoren therapiert, die eine Surfactant-Inaktivierung verursachen. Ansonsten wird der exogen zugeführte Surfactant rasch wieder inaktiviert und damit unwirksam.

Applikation

Zur Applikation wird ein dünner Katheter (z. B. eine dünnlumige Magensonde) über den Tubus oder die Trachealkanüle in die Trachea oder einen Hauptbronchus eingeführt. Über diesen Katheter wird der Surfactant verabreicht, i. d. R. in einer Dosierung von 50 – 200 mg/kg Körpergewicht. Die Wirkung des zugeführten (exogenen) Surfactant entspricht der des körpereigenen, d. h. die Oberflächenspannung der Alveolen wird reduziert und atelektatische Lungenbereiche können wieder eröffnet werden. Spricht der Patient auf die Therapie an, bessert sich die Oxygenierung meist innerhalb der ersten halben Stunde und die Beatmungsinvasivität kann zurückgenommen werden. Bis zu 3-mal können nach Ablauf einiger Stunden wiederholte Surfactant-Applikationen vorgenommen werden.

> Inwieweit eine Kombination einer Surfactant-Applikation mit einer NO-Beatmung (➤ 7.3) bzw. mit einer partiellen Flüssigkeitsventilation wirksamer ist als die alleinige Anwendung der jeweiligen Verfahren ist derzeit Gegenstand der Forschung.

7.3 Inhalation von Vasodilatatoren

Die Inhalation von Vasodilatatoren ist eine supportive (unterstützende) Therapie in der Behandlung von Patienten mit schwerstem ARDS. In der Praxis eingesetzt werden derzeit die vasodilatativ wirkenden Substanzen **Stickstoffmonoxid** (*nitric oxide,* kurz **NO**) und **Prostacyclin** *(Prostaglandin I_2).* Beides sind physiologische Substanzen, die eine Vaso- und Bronchodilatation bewirken.

Die Inhalation von Stickstoffmonoxid hat sich in den letzten Jahren zunehmend im klinischen Alltag etabliert, die Inhalation von Prostacyclin ist relativ neu und befindet sich noch in der klinischen Erprobung.

Wirkweise

Die Inhalation geringster Konzentrationen von Stickstoffmonoxid oder Prostacyclin bewirkt eine selektive Vasodilatation in den belüfteten Lungenabschnitten. Dadurch sinkt der pulmonalarterielle Druck (*pulmonal arterial pressure,* kurz PAP), der pulmonale Rechts-Links-Shunt nimmt ab und die Oxygenierung verbessert sich, weil eine Blutumverteilung zu Gunsten der gut durchbluteten Lungenabschnitte erfolgt.

Dadurch wird es möglich, die komplikationsreichen Parameter der Beatmung (allen voran ein hoher Beatmungsdruck und eine hohe Sauerstoffkonzentration) zu reduzieren.

Indikationen und Kontraindikationen

Indikationen sind:

- ARDS
- Rechtsherzversagen
- Pulmonale Hypertonie (insbesondere Patienten, bei denen wegen pulmonaler Hypertonie eine

Lungentransplantation durchgeführt werden musste, profitieren deutlich von der Anwendung der NO-Inhalation).

Als absolute **Kontraindikationen** für die NO-Inhalation gelten ein Methämoglobin-Reduktase-Mangel sowie eine Methämoglobinämie (➤ 8.2.3). Relative Kontraindikationen sind intrakranielle Blutungen und schwere Blutgerinnungsstörungen.

Praxis der NO- und Prostacyclin-Inhalation

NO-Inhalation

NO wird über spezielle Geräte (z. B. Pulmonox® oder Pulmonox® mini), die in den Inspirationsschenkel des Beatmungssystems eingebaut sind, der Einatemluft zugesetzt. Diese Geräte überwachen die inspiratorische und exspiratorische Konzentration von NO und NO_2 (Stickstoffdioxid, Metabolit des NO). Die für den Patienten optimale NO-Konzentration wird durch ein vorsichtiges Steigern der Dosis erreicht.

NO und das entstehende NO_2 gelten als potentiell toxisch. Deshalb müssen die NO- und NO_2-Konzentrationen nicht nur im Beatmungssystem, sondern auch in der Umgebung kontinuierlich überwacht werden. Bestimmte MAK-Werte (**m**aximale **A**rbeitsplatz**k**onzentration) dürfen nicht überschritten werden. Die NO-Therapie verursacht deshalb einen relativ hohen messtechnischen Aufwand und ist mit entsprechend hohen Kosten verbunden.
Ein abruptes Beenden der NO-Beatmung kann Rebound-Phänomene (überschießende, der Wirkung entgegengesetzte Reaktionen) auslösen, deshalb wird die Therapie „ausgeschlichen".

Prostacyclin-Inhalation

In der Praxis wird wegen der kurzen Halbwertszeit von Prostacyclin (etwa 3 Minuten) der Wirkstoff Iloprost (Ventavis®) verwendet. Dabei handelt es sich um ein Abbauprodukt des Prostacyclins, dessen Wirkdauer mit 20 – 25 Minuten deutlich länger ist.

Das Medikament wird vernebelt (6 – 9 Inhalationen pro Tag).

NO-Beatmung und Prostacyclin-Inhalation können kombiniert werden.

7.4 Inhalation von HELIOX

Heliox ist ein Mischgas, dass aus Helium und Sauerstoff (Oxygen) besteht.

Wirkweise

Helium hat deutlich bessere Strömungseigenschaften als Stickstoff oder Sauerstoff. Grund dafür ist die vier mal geringere Dichte des Heliums gegenüber Luft. Durch die Zufuhr des Gases reduzieren sich die turbulenten Gasströme, es resultiert eine geringere Atemwegsresitance mit reduzierter Atemarbeit (WOB). Der Patient kann in der Folge deutlich leichter ein- und ausatmen.

Indikationen

Indikationen sind:

- COPD
- Asthma bronchiale
- Schwierige Respiratorentwöhnung (Weaning).

Praxis der Heliox- Anwendung

Heliox kann über eine Nasensonde, Beatmungsmasken (➤ 5.4.1) und Tuben verabreicht werden. Dazu werden entweder spezielle Geräte eingesetzt (diese dienen lediglich der Verabreichung von Heliox) oder es kommt ein Respirator mit der Option „Heliox" zum Einsatz (an diesen Respiratoren können Helioxflaschen angeschlossen und die Dosierung des Heliox kann eingestellt und überwacht werden).

Insgesamt wird Heliox beim beatmeten Patienten relativ selten eingesetzt.

7.5 Liquidventilation

Definition

Liquidventilation *(Flüssigkeitsventilation)*: Beatmung der vollständig oder teilweise mit spezieller, sauerstofftragender Flüssigkeit (Perfluorcarbon, kurz PFC) gefüllten Lunge. Zwei Verfahren:

- **Total liquid ventilation** (kurz **TLV**, *totale Flüssigkeitsbeatmung*): Vollständiges Auffüllen der

7

Lunge mit PFC und Beatmung mit speziellem Respirator. Wegen des hohen technischen Aufwands bisher keine klinische Anwendung
- **Partial liquid ventilation** (kurz **PLV**, partielle Flüssigkeitsbeatmung): Die Lunge wird nur zu Teilen mit PFC gefüllt. Die Flüssigkeit breitet sich in den schwerkraftabhängigen Lungenarealen aus. ▌▌

Die **TLV** (total liquid ventilation) wird bisher nicht in der Klinik eingesetzt. Die folgenden Ausführungen beziehen sich daher ausschließlich auf die **PLV** (partial liquid ventilation). Auch die PLV befindet sich in Deutschland noch in der klinischen Erprobung. In den USA wurden bereits mehrere hundert Neugeborene mit diesem Verfahren erfolgreich behandelt.

Perfluorcarbon

Perfluorcarbone (kurz PFC, z. B. Liquivent®) sind Fluor-Kohlenstoffverbindungen, die vom menschlichen Organismus nicht verstoffwechselt werden. Die Flüssigkeit zeichnet sich durch eine hohe Löslichkeit für Gase (dadurch hohe Transportkapazität für Sauerstoff und Kohlendioxid) und eine geringe Oberflächenspannung (dadurch gute Ausbreitung auf Oberflächen) aus. Das spezifische Gewicht ist fast doppelt so hoch wie das von Wasser, dadurch breitet sich PFC rasch in den schwerkraftabhängigen Lungenarealen aus. Die Elimination von PFC erfolgt fast ausschließlich durch Abatmung über die Lunge.

Wirkweise

Das PFC verteilt sich auf Grund seines hohen spezifischen Gewichts rasch in den schwerkraftabhängigen Lungenbezirken, denn eben diese Lungenbereiche sind beim ARDS i. d. R. atelektatisch verändert. Durch das Auffüllen mit Flüssigkeit werden atelektatische Lungenbereiche wieder eröffnet und können wieder am Gasaustausch teilnehmen *(alveolar recruitment)*. Zudem verhindert die intraalveoläre Flüssigkeit den erneuten Kollaps der betroffenen Alveolen. Da dies der Wirkung des PEEP gleichkommt (➤ 5.2.4), wird dieser Effekt auch als „Flüssigkeits-PEEP" oder „Liquid-PEEP" bezeichnet. Zudem wirkt PFC anti-inflammatorisch (anti-entzündlich); dies beruht wahrscheinlich auf einer Auswaschung und Aufschwemmung von Entzündungsmediatoren aus den Alveolen.

Auswirkungen der PLV
- Verbesserung der Oxygenierung durch Wiedereröffnung und Offenhalten atelektatischer Lungenbereiche *(alveolar recruitment)*
- Umverteilung des pulmonalen Blutflusses (durch den hydrostatischen Druck des PFC) aus den schwerkraftabhängigen in die unabhängigen Lungenbereiche. Dadurch Abnahme des pulmonalen Rechts-Links-Shunts und Verbesserung des Ventilations-/Perfusionsverhältnis
- Verringerung der Oberflächenspannung, dadurch Zunahme der Compliance (➤ 1.2.1)
- Anti-inflammatorische Wirkung.

Praxis der PLV

Zur PLV wird Perfluorcarbon transtracheal in die Lunge eingebracht. Die Menge PFC entspricht maximal der funktionellen Residualkapazität (➤ 1.2.1) des Patienten. Die Flüssigkeit wird entweder im Bolus oder langsam nach und nach in den Tubus appliziert, solange bis ein Flüssigkeitsspiegel im Tubus sichtbar ist. Unmittelbar danach bzw. gleichzeitig wird der Patient mit einem Intensivrespirator beatmet.

Da Perfluorcarbone flüchtig sind und überwiegend ganz abgeatmet werden, muss die Flüssigkeit laufend nachgefüllt werden. Die benötigte Menge PFC hängt wesentlich vom Atemminutenvolumen des Patienten ab (ca. 50 ml/Stunde beim Erwachsenen).

Komplikationen

Während der Applikation der Flüssigkeit können Bradykardien auftreten, auf der PFC-Oberfläche schwimmendes Trachealsekret kann eine Tubusverlegung verursachen. Weitere Komplikationen sind ein Pneumo- oder Liquothorax.

7.6 Permissive Hyperkapnie

Definition

▌▌ **Permissive Hyperkapnie** (kurz **PHC**): Beatmungsstrategie, bei der über die Norm erhöhte p_aCO_2-Werte (> 45 mmHg) bewusst toleriert werden, um einen hohen Inspirationsdruck sowie hohe Tidalvolumina zu vermeiden. ▌▌

Beim ARDS versucht man, mit möglichst geringem Inspirationsdruck und relativ hohem PEEP zu beatmen, um die noch gesunden Lungenabschnitte zu schützen und gleichzeitig die bereits atelektatisch veränderten Bereiche möglichst offen zu halten (Lungenprotektive Beatmung ➤ 5.8.1). Ein solches Beatmungsregime bedingt i. d. R. relativ kleine Tidalvolumina, was rasch einen Anstieg des p_aCO_2 über 45 mmHg nach sich zieht (Hyperkapnie).

Auswirkungen der Hyperkapnie

Die Hyperkapnie bewirkt eine respiratorische Azidose (➤ 1.3.2), die jedoch bei normaler Nierenfunktion innerhalb von Stunden bis Tagen kompensiert werden kann (metabolisch kompensierte respiratorische Azidose ➤ 1.3.2).

Praxis der permissiven Hyperkapnie

Bei der permissiven Hyperkapnie wird bei einem Anstieg des p_aCO_2 über die Norm die Beatmung nicht entsprechend verändert (i. d. R. würden der Inspirationsdruck bzw. die Tidalvolumina erhöht) bzw. der Inspirationsdruck (und damit die Tidalvolumina) wird unter Inkaufnahme eines (langsam) steigenden p_aCO_2 reduziert. Dies erfolgt unter engmaschigen Kontrollen der Blutgasanalyse (bei raschem Anstieg des p_aCO_2 drohen *Hyperkaliämie*, *Hypotonie* infolge Vasodilatation und *Verminderung der Myokardkontraktilität*).

Eine allgemein anerkannte Obergrenze für den p_aCO_2, die während der permissiven Hyperkapnie nicht überschritten werden sollte, existiert bislang nicht. Grundsätzlich gilt: Der pH-Wert sollte nicht unter 7,2 absinken. Bei pH-Werten < 7,2 sollte eine Pufferung mit THAM-Puffer (➤ 1.3.2) erfolgen.

Flankierende Maßnahmen während der permissiven Hyperkapnie dienen dazu, eine erhöhte CO_2-Produktion nach Möglichkeit zu vermeiden. Im Wesentlichen gehören dazu kühlende Maßnahmen bei erhöhter Körpertemperatur, eine Ernährung mit relativ hohem Fett- und niedrigem Kohlenhydratanteil sowie die Analgosedierung des Patienten.

Indikationen und Kontraindikationen

Indiziert ist die permissive Hyperkapnie bei Patienten mit schwerem ARDS sowie im Status asthmaticus (➤ 2.3.2). Absolute *Kontraindikation* für eine permissive Hyperkapnie ist ein erhöhter Hirndruck (Auswirkungen von p_aCO_2-Veränderungen auf die Hirndurchblutung ➤ 5.8.2). Als relative Kontraindikationen gelten ein Low-output-Syndrom (wegen der Azidose-bedingten Verschlechterung der Myokardkontraktilität) sowie eine Epilepsie (wegen der durch die Hyperkapnie bedingten Gefahr von zerebralen Krampfanfällen).

KAPITEL

8 Pflege des beatmeten Patienten

8.1 Auf- und Übernahme eines beatmeten Patienten

8.1.1 Vorbereiten eines Beatmungsbettplatzes

Ist die Aufnahme eines beatmeten Patienten, z. B. aus dem OP oder der Notaufnahme, geplant, bereiten die Pflegenden den Intensivbettplatz für die Beatmungstherapie vor. Muss ein bisher nicht beatmeter Intensivpatient intubiert und beatmet werden, sorgen die Pflegenden dafür, dass die für die Beatmungstherapie notwendigen Geräte und Materialien am Patientenbett platziert werden.

Im Vergleich zum Bettplatz eines nicht beatmeten Intensivpatienten ist ein Beatmungsbettplatz ausgestattet mit:

- Einem **Respirator.** Mit welchem Gerät der Patient beatmet wird, hängt vor allem von Art und Umfang der geplanten Beatmungstherapie, der Grunderkrankung sowie evtl. notwendigen Transporten des Patienten ab. Ggf. entscheiden die Pflegenden nach Rücksprache mit dem Arzt, welcher Respirator eingesetzt wird
- Ein **Beatmungsbeutel** mit Sauerstoffanschluss (wird auf vielen Intensivstationen grundsätzlich am Bett jedes Patienten bereitgehalten), ggf. auch mit O_2-Reservoir, damit die manuelle Beatmung im Bedarfsfall mit annähernd 100% Sauerstoff durchgeführt werden kann (➤ Abb. 3.11)
- Eine passende **Beatmungsmaske** (damit der Patient im Fall einer versehentlichen Extubation oder Dekanülierung manuell mit Maske und Beutel beatmet werden kann)
- **Ersatztuben** bzw. **-trachealkanülen** in Reichweite (je nachdem, ob der Patient intubiert oder tracheotomiert ist), i. d. R. die verwendete Größe und eine Nummer kleiner
- **Absaugkatheter** entsprechend der Tubus- bzw. Kanülengröße.

In vielen Kliniken ist es darüber hinaus üblich, bestimmte Einführhilfen, z. B. einen Trachealspreizer bei tracheotomierten Patienten, am Bett bereitzuhalten.

> Sofern die baulichen Voraussetzungen der Intensivstation es zulassen, sorgen die Pflegenden dafür, dass die Anordnung der Geräte und Materialien an einem Beatmungsbettplatz immer gleich ist. Dies erleichtert die Arbeitsabläufe und trägt wesentlich dazu bei, dass im Notfall, wenn jeder Handgriff „sitzen" muss, zügig gearbeitet werden kann.
> Wegen der Arbeitsplatzsicherheit sowie aus hygienischen Gründen darauf achten, dass Kabel und Leitungen von Geräten nicht auf dem Boden liegen (Stolperfalle).

8.1.2 Aufnahme eines beatmeten Patienten

Die Neuaufnahme eines beatmeten Patienten auf die Intensivstation erfolgt in aller Regel nach Voranmeldung, d. h. Mitarbeiter aus OP, Notaufnahme oder den Allgemeinstationen informieren die Pflegenden der Intensivstation über die Verlegung. Meist erhalten die Mitarbeiter der Intensivstation im Rahmen dieser Anmeldung auch wichtige Informationen über den Patienten, z. B. Grunderkrankung, spezielle Beatmungsprobleme oder geplante Maßnahmen, und es wird der ungefähre Zeitpunkt der Verlegung mitgeteilt.

> Bei der Aufnahme eines beatmeten Patienten arbeiten die Pflegenden nach Möglichkeit zu zweit (die für den Patienten verantwortliche und eine weitere Pflegekraft), um die Zeitdauer, in der der Patient noch nicht an den Respirator, den Überwachungsmonitor sowie die Infusions-(spritzen)pumpen angeschlossen ist, möglichst kurz zu halten. Dies ist umso wichtiger, je kritischer der Zustand des Patienten ist.

Vorbereitung der Aufnahme

Wurde der Patient angekündigt, bereiten die Pflegenden den Bettplatz für die Beatmungstherapie vor (➤ Abb. 8.1). Eventuell ist es auch notwendig, ein Bett für den Patienten vorzubereiten, etwa wenn der Patient mit einem Patiententransportwagen auf die Station gebracht wird.

Kurz vor dem geplanten Aufnahmezeitpunkt schalten sie den Überwachungsmonitor und den Respirator ein (i. d. R. stations- bzw. klinikinterne Grundeinstellung) und überprüfen deren Funkti-

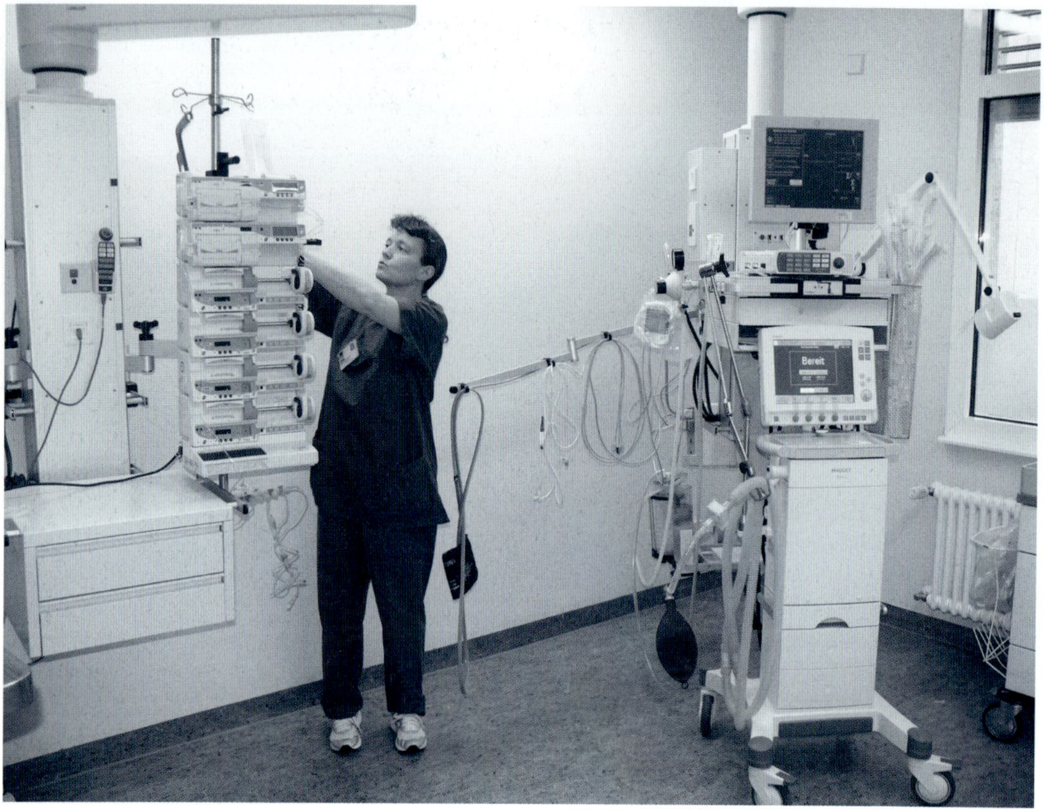

Abb. 8.1 Intensivbettplatz, vorbereitet für die Aufnahme eines beatmeten Patienten. [M251]

onsfähigkeit (Kurzcheck; Funktionskontrolle entspr. Herstellerangaben i. d. R. nach Aufrüsten des Gerätes ➤ 8.2.1). Zusätzlich richten die Pflegenden eine Patientenkurve sowie ggf. zusätzliche Überwachungsprotokolle, z. B. ein Beatmungsprotokoll.

Ablauf der Aufnahme

In der Regel wird der Patient von einem Arzt und einer Pflegekraft (z. B. Anästhesist und Pflegekraft bei Aufnahme eines Patienten aus der Notaufnahme) auf die Station gebracht und dort von der Pflegenden, die im weiteren für den Patienten verantwortlich ist, sowie dem Dienst habenden Arzt der Intensivstation übernommen. Abhängig vom Zustand des Patienten sowie klinikinternen Standards variiert der im Folgenden beispielhaft dargestellte Ablauf der Aufnahme. Arbeiten bei der Aufnahme des Patienten zwei Pflegende zusammen, können viele der genannten Maßnahmen parallel erfolgen. So früh wie möglich bzw. so früh wie sinnvoll begrüßen die Pflegenden den Patienten und stellen sich ihm vor (Kommunikation mit dem beatmeten Patienten ➤ 8.8).

- Ggf. Umlagern des Patienten in das Intensivpflegebett
- Einstellen der Beatmungsparameter (nach Rücksprache mit dem übergebenden/übernehmenden Arzt)
- Anschließen des Patienten an den Respirator, Auskultation der Lunge auf seitengleiche Belüftung, Cuffkontrolle (➤ 8.4.1)
- Anschließen des Patienten an den Überwachungsmonitor (EKG, Sauerstoffsättigung, invasive und/oder nichtinvasive Blutdruckmessung, Kapnometrie, evtl. weitere Überwachungsfunktionen, z. B. PAP oder ICP)
- Einstellen von notwendigen Infusionen und Infusionsspritzenpumpen. Infusionsleitungen auf korrekte Konnektion, Dichtigkeit und Durchgängigkeit kontrollieren und übersichtlich platzieren
- Sonden und Drainagen zugfrei positionieren und korrekte Ableitung sicherstellen

- Übergabegespräch zwischen übergebenden und übernehmenden Pflegenden/Ärzten
- Dokumentation der vorgenommenen Einstellungen sowie der ermittelten Werte.

Insbesondere bei Notfallpatienten (z. B. Unfallverletzte), aber auch bei frisch operierten Patienten finden sich häufig Verunreinigungen der Haut mit Blut und/oder Körpersekreten. Es empfiehlt sich daher dringend, zur Aufnahme Handschuhe und evtl. auch Schutzkleidung zu tragen.

Im weiteren Verlauf kontrollieren die Pflegenden – sofern noch nicht geschehen – dann die in der Checkliste „Übernahme eines beatmeten Patienten" genannten Punkte (➤ Tab. 8.1) und erstellen sobald wie möglich eine auf einer Pflegeanamnese basierende Pflegeplanung. Dabei berücksichtigen sie die bei Beatmungspatienten deutlich erhöhte Dekubitus-, Pneumonie- und Thrombosegefahr.

8.1.3 Übernahme eines beatmeten Patienten

Die Übernahme eines beatmeten Patienten von einer Schicht zur nächsten erfolgt auf den meisten Intensivstationen nach einem festgelegten Standard. In der Regel begrüßt die übernehmende Pflegende zuerst den Patienten und stellt sich ihm vor, dann folgt das Übergabegespräch und abschließend die Kontrollen des Patientenzustands sowie der Überwachungs- und Therapiemaßnahmen („Übergabecheck").

Übergabegespräch

In der Regel erfolgt zunächst ein Übergabegespräch, in dem die übergebende die übernehmende Pflegende über den Verlauf der vergangenen Schicht sowie den aktuellen Stand des Patienten (bzgl. Pflege, Behandlung, geplante Maßnahmen etc.) informiert. Vielfach führen die Pflegenden das Übergabegespräch am Patientenbett durch. In manchen Fällen ist es jedoch auch sinnvoll, das Gespräch ganz oder teilweise außerhalb der Hörweite des Patienten zu führen, z. B. wenn der Patient sehr unruhig und ängstlich ist. Wichtig: Grundsätzlich davon ausgehen, dass der Patient alles hören kann (➤ 8.8)!

„Übergabecheck"

Nach dem Übergabegespräch führt die übernehmende Pflegende eine Reihe von Kontrollen durch (Umfang ist i. d. R. stationsintern festgelegt). Damit soll sichergestellt werden, dass bestimmte Maßnahmen, die der Patientensicherheit dienen, in regelmäßigen Mindestabständen durchgeführt werden, z. B. Cuffdruckkontrolle, und der Beatmungsbettplatz immer vollständig mit allen erforderlichen Materialien ausgerüstet ist.

Kontrollmaßnahmen nicht als Misstrauen anderen Pflegenden gegenüber werten! Der „Übergabecheck" dient letztlich der Sicherheit des beatmeten Patienten und trägt wesentlich dazu bei, dass die verantwortliche Pflegende sich zu Beginn der Schicht einen umfassenden Überblick über die Situation des Patienten, mögliche Komplikationen und die anstehenden Maßnahmen verschaffen kann.

Tabelle 8.1 zeigt beispielhaft den Ablauf eines Übergabechecks. Sowohl der Ablauf als auch Art und Umfang der einzelnen Kontrollen können abhängig vom Zustand des Patienten bzw. der Fachabteilung variieren.

8.2 Überwachung des beatmeten Patienten

Wegen möglicher Komplikationen, z. B. technische Defekte am Respirator oder Diskonnektion des Beatmungsschlauchsystems, müssen beatmete Patienten kontinuierlich überwacht werden. Diese *kontinuierliche Überwachung* umfasst mindestens die Überwachung der Beatmung und der Herz-Kreislauffunktion des Patienten (Herzfrequenz, meist auch Blutdruck) und wird mittels Überwachungsmonitor und der Überwachungsfunktionen des Respirators gewährleistet.

Abhängig vom Zustand bzw. der Erkrankung des Patienten kommen weitere Überwachungsparameter dazu, z. B. die Körpertemperatur oder der ICP (Hirndruck ➤ 5.8.2).

Tab. 8.1 Beispiel für den Übergabecheck bei einem beatmeten Patienten. Art und Umfang der Kontrollen variieren patienten- und klinikabhängig.

Beatmung	• Tubus-/Kanülenlage: Auskultation der Lungen auf beidseitige gleichmäßige Belüftung, Intubationstiefe (Längenmarkierung an Zahnreihe), Fixierung (ausreichend sicher, nicht zu eng?) • Atemgeräusche (evtl. endotracheales Absaugen erforderlich?) • Eingestellte Beatmungsform, Beatmungsparameter (aktuelle Einstellung mit verordneter Einstellung vergleichen), Grenzwerteinstellungen (ggf. der aktuellen Beatmungssituation anpassen) • Cuff: Dichtigkeit überprüfen, Cuffdruck messen (➤ 8.4.1) • Beatmungsschlauchsystem: Letzter bzw. nächster Wechsel? • Atemgasbefeuchtung (➤ 5.6) – Aktive Atemgasbefeuchter: Wasserstand prüfen und ggf. steriles Wasser nachfüllen bzw. Einmal-Sterilwasserbehälter auswechseln, Atemgastemperatur kontrollieren, Platzierung der Kondenswasserabscheider kontrollieren (müssen sich am tiefsten Punkt des Beatmungsschlauches befinden) – Passive Atemgasbefeuchter: Verunreinigung durch Sekret? Letzter bzw. nächster Wechsel? • Absaugung: Funktionsfähigkeit kontrollieren, Vorrat an Absaugkathetern und sterilen bzw. keimarmen Handschuhen überprüfen • Funktionskontrolle des Beatmungsbeutels, O_2-Reservoir bzw. Sauerstoffschlauch angeschlossen? Sauerstoffgerät funktionsbereit? Beatmungsmaske vorhanden?
(Monitor) Überwachung	• Alarmgrenzen überprüfen und ggf. der aktuellen Situation anpassen • Darstellung von EKG und Pulsfrequenz (Kurven, Trends) • Blutdruck – Invasiv: Platzierung des Transducers kontrollieren, 0-Abgleich durchführen, Darstellung der Druckkurve prüfen. Blutdruck konventionell messen und gemessenen Wert mit dem invasiv gemessenen vergleichen – Nichtinvasiv: Zeitintervall (Einstellung prüfen) • Pulsoxymetrie: Sitz des Aufnehmerclips prüfen, ggf. Messort wechseln • Kapnometrie • Ggf. weitere Überwachungsfunktionen prüfen, z. B. ICP-Messung (Hirndruck-Messung), PAP (Pulmonalarteriendruck)-Messung, ZVD, PICCO • Alle Kabel übersichtlich platzieren
Medikamente und Infusionen	• Infusionspumpen und -spritzenpumpen auf Inhalt, Dosierung, Laufgeschwindigkeit und mögliche Inkompatibilitäten überprüfen • Dichtigkeit und Durchgängigkeit der Infusionsleitungen sowie richtige Stellung der integrierten Mehrfachverbindungen (z. B. 3-Wege-Hähne) kontrollieren • Einsatzzeiten von Infusionsfiltern (falls im Einsatz) kontrollieren (nächster Wechsel?) • Leitungen übersichtlich platzieren
Allgemeine Patienten-kontrolle	• Bewusstseinslage und Allgemeinzustand (Ernährungszustand?) einschätzen • Psychische Situation und Bedürfnisse des Patienten erfassen (soweit möglich) • Hautzustand/Hautfarbe feststellen (Gefährdung bzw. Schädigungen?) • Schmerzstatus erheben (➤ 5.9) • Wirkung von Medikamenten (Opiaten, Sedativa, Muskelrelaxantien) beurteilen (➤ 5.9) • Lagerung: Korrekte Lagerung und Dauer der Lagerung überprüfen • Verbände (Nachblutung? sichere Fixierung?) • Drainagen: Sekret (Aussehen, Menge?), Soghöhe, sichere Fixierung und freier Sekretabfluss? Bei Thoraxdrainagen eingestellten Sog und Wasserschloss überprüfen. Bei externer Ventrikeldrainage eingestellte Höhe des Drainagebehältnisses kontrollieren • Gastrointestinalsonden auf korrekte Lage, ausreichende Fixierung und Ableitung des Sekretes prüfen • Letzte Laborwerte (insbes. Information über relevante Laborwerte wie Hb, Hk, BZ, Elektrolyte, Gerinnung, Blutgasanalyse, Säure-Basen-Haushalt etc.) • Ausscheidungen: Urinableitung kontrollieren, letzter Stuhlgang?

Zusätzlich zur kontinuierlichen Überwachung kontrollieren die Pflegenden in regelmäßigen Abständen bestimmte, nicht über den Überwachungsmonitor oder den Respirator kontrollierbare Parameter, z. B. die Urinausscheidung oder die Pupillenreaktion.

Im Folgenden sind nur die Überwachungsparameter ausführlich dargestellt, die hauptsächlich der Überwachung der Beatmungstherapie dienen. Die allgemeine Überwachung eines Intensivpatienten, die auch Basis der Überwachung des beatmeten Patienten ist, wird als bekannt vorausgesetzt. Nähere Informationen dazu entnehmen Sie bitte der entsprechenden Fachliteratur.

8.2.1 Kontrollen des Respirators und des Beatmungsschlauchsystems

Um technische Defekte am Respirator im Verlauf der Beatmungstherapie erkennen und angemessen reagieren zu können, muss die verantwortliche Pflegende das betreffende Gerät kennen (Einweisung nach Medizinproduktegesetz muss erfolgt sein ➤ 10.1) und möglichst auch Erfahrung im Umgang mit dem Gerät haben. Hat eine Pflegekraft im Umgang mit einzelnen Respiratoren noch wenig Erfahrung, sollte sie immer erfahrene Kollegen zu Rate ziehen, sobald Unsicherheiten im Umgang mit dem Gerät auftauchen. Während der Beatmungstherapie kontrollieren die Pflegenden regelmäßig das Beatmungsschlauchsystem auf zug- und abknickfreie Lage. Sind aktive Atemgasbefeuchter (➤ 5.6.2) im Einsatz, überprüfen sie außerdem regelmäßig die Einstellung der Atemgastemperatur, den Füllungsstand des Sterilwasserbehälters sowie ggf. die korrekte Platzierung der Kondenswasserabscheider (Wasserfallen). Passive Atemgasbefeuchter werden regelmäßig auf eventuelle Verlegungen (z. B. durch abgehustetes Bronchialsekret) überprüft.

Manche Respiratoren müssen in bestimmten Intervallen gewartet werden, z. B. immer nach 1000 Betriebsstunden. In diesem Fall muss der Respirator ggf. im Verlauf der Beatmungstherapie ausgetauscht werden, um die fällige Wartung vornehmen zu können.

8.2.2 Überwachen der Beatmungsparameter

Beatmungsparameter ➤ 5.2

Während der Beatmungstherapie kontrollieren die Pflegenden regelmäßig die einzelnen Beatmungsparameter. Dabei wird sowohl geprüft, wie die einzelnen Parameter eingestellt sind als auch, was vom Respirator tatsächlich verabreicht bzw. vom Patienten evtl. zusätzlich geatmet wird.

Welche Beatmungsparameter am Respirator eingestellt werden und welche sich aus der Einstellung ergeben, hängt wesentlich von der Beatmungsform ab (Beatmungsformen ➤ 5.3). So werden beispielsweise bei druckkontrollierter Beatmung die Beatmungsfrequenz und der Inspirationsdruck eingestellt, das Atemhubvolumen ergibt sich aus der Einstellung und der pulmonalen Situation des Patienten (➤ 5.3.1), bei volumenkontrollierter Beatmung dagegen werden Beatmungsfrequenz und Atemhub- bzw. -minutenvolumen eingestellt und der Inspirationsdruck ergibt sich (➤ 5.3.1).

An den gebräuchlichen Respiratoren können für die wichtigsten Beatmungsparameter (inspiratorische Sauerstoffkonzentration, Inspirationsdruck, Atemhub- bzw. -minutenvolumen) Grenzwerte eingestellt werden. Damit ist gewährleistet, dass bestimmte Beatmungsparameter nicht unbemerkt unter oder über die eingestellten Grenzwerte abfallen bzw. ansteigen.

Beatmungsgrenzwerte einstellen

Die Pflegenden kontrollieren regelmäßig (meist zu Schichtbeginn und jeweils nach Änderungen der Respiratoreinstellung) die eingestellten Beatmungsgrenzwerte (Alarmgrenzen) und passen sie ggf. der aktuellen Beatmungssituation an.

Wichtig: Alarmgrenzen weder zu eng einstellen (Gefahr häufiger Fehlalarme, die den Patienten stören) noch zu großzügig setzen (Gefahr, dass Komplikationen nicht bzw. zu spät erkannt werden).

An den meisten modernen Respiratoren werden die Alarmgrenzen geräteseitig festgelegt, d. h. der Respirator legt die Alarmgrenzen jeweils der Beatmungssituation angepasst fest; diese voreingestellten Alarmgrenzen werden dann lediglich bestätigt oder – falls erforderlich – anders eingestellt. In jedem Fall kontrollieren die Pflegenden auch hier, ob die Alarmgrenzen der Patientensituation angemessen eingestellt sind.

Richtwerte für die Einstellung der Beatmungsgrenzwerte:
- Inspiratorische Sauerstoffkonzentration: jeweils 5 – 10 Vol. % unter und über dem eingestellten FiO_2
- (Be-)Atmungsfrequenz: Abhängig v. a. von der eingestellten Beatmungsform und dem Zustand des Patienten (➤ 5.2.1)
- Beatmungsvolumina (Atemhub- und -minutenvolumen): 20% über und unter dem eingestellten bzw. (bei augmentierender Beatmung) gewünschten Wert
- Inspirationsdruck: 10 mbar über dem endinspiratorischen Druck, jedoch möglichst nicht höher als 35 mbar (wegen Gefahr des pulmonalen Barotraumas ➤ 5.7.1).

Inspiratorische Sauerstoffkonzentration

Einstellung der insp. Sauerstoffkonzentration und Sauerstofftoxizität ➤ 5.2.3

Um eine falsch hohe oder falsch niedrige Einstellung der inspiratorischen Sauerstoffkonzentration rasch erkennen zu können, empfiehlt es sich, die Alarmgrenzen relativ eng einzustellen (5 – 10 Vol. % unter und über dem eingestellten F_iO_2).

Ursache für eine Alarmierung der Sauerstoffkonzentration können Störungen im Gasmischer oder in der Sauerstoffzelle sein. Störungen der Gasversorgung werden an den gebräuchlichen Respiratoren i. d. R. zusätzlich alarmiert, d. h. es wird ein Alarm für die untere Einstellung der Sauerstoffkonzentration und Gasversorgungsalarm ausgelöst.

Beatmungsfrequenz

Normwerte Atemfrequenz und Atemzeitverhältnis, Einstellen der Beatmungsfrequenz ➤ 5.2.1

Die Überwachung der (Be-)Atmungsfrequenz dient dem frühzeitigen Erkennen einer Tachy- bzw. Bradypnoe. Diese Gefahr ist umso größer, je höher der Spontanatemanteil einer Beatmungsform ist:
- Bei kontrollierter Beatmung (➤ 5.3.1) hat der Patient keinen Einfluss auf die Beatmung, d. h. bei ordnungsgemäßer Funktion des Respirators wird die eingestellte Beatmungsfrequenz auch verabreicht und weder unter- noch überschritten
- Bei assistiert-kontrollierter Beatmung (➤ 5.3.2) ist ein Trigger (➤ 5.2.5) zugeschaltet, d. h. der Patient kann zusätzliche Atemzüge anfordern. Daher kann die tatsächliche Beatmungsfrequenz *höher* sein als die eingestellte
- Bei Beatmungsformen mit hohem Spontanatemanteil, z. B. SIMV mit niedriger SIMV-Frequenz (➤ 5.3.3), inspiratorische Druckunterstützung (➤ 5.3.4) oder CPAP (➤ 5.3.5) kann sowohl eine Tachypnoe als auch eine Bradypnoe bis hin zur Apnoe auftreten.

Mögliche Ursachen für eine sehr hohe (Be-)Atmungsfrequenz sind Angst, Unruhe, Schmerzen sowie eine beginnende respiratorische Erschöpfung des Patienten (klinische Zeichen und mögliche Ursachen (➤ 5.11.3). Eine zu geringe Atemfrequenz kann beispielsweise durch eine Opiatüberdosierung oder eine intrazerebrale Erkrankung bedingt sein.

Die Einstellung der Alarmgrenzen für die Beatmungsfrequenz hängt wesentlich von der eingestellten Beatmungsform und dem Zustand des Patienten ab. So können beispielsweise die Grenzwerte bei einem Patienten, der schon weitgehend entwöhnt ist und bei dem größere Schwankungen der Atemfrequenz toleriert werden, großzügiger eingestellt werden als bei einem Patienten, der sehr invasiv beatmet wird und möglichst keine Atemarbeit leisten soll, um den Sauerstoffbedarf so gering wie möglich zu halten.

Grundsätzlich gilt:
Die untere Alarmgrenze nicht unter 8/Min. einstellen, um eine Bradypnoe rechtzeitig zu erkennen. Die obere Alarmgrenze (Hechelüberwachung) nicht über 30 – 35/Min. einstellen, um eine drohende respiratorische Erschöpfung rechtzeitig zu bemerken.

Eine **Apnoe** (Atemstillstand) während der Beatmungstherapie wird von den gebräuchlichen Respiratoren gesondert alarmiert (Apnoe-Alarm). An neueren Respiratoren setzt im Fall einer Apnoe nach einer gewissen (vorgegebenen oder einstellbaren) Zeit eine Apnoe-Beatmung (auch *backup-ventilation* ➤ 5.3.8) ein.

Beatmungsvolumina

Die meisten gebräuchlichen Respiratoren ermöglichen die Einstellung einer oberen und einer unteren Alarmgrenze des Atemminutenvolumens. Bei manchen Geräten können zusätzlich Grenzwerte für das Tidalvolumen eingestellt werden.

8

Im Exspirationsteil des Beatmungssystems wird das Atemhubvolumen gemessen. Ist das hier gemessene Volumen *geringer* als das eingestellte Atemhubvolumen, ist davon auszugehen, dass Luft an irgendeiner Stelle des Beatmungssystems oder über die Lunge des Patienten entweicht (z. B. bei undichtem Cuff oder Pleurafistel). In diesem Fall überprüfen die Pflegenden das Beatmungssystem auf ein mögliches Leck (alle Konnektionsstellen kontrollieren und Dichtigkeit des Cuff überprüfen) und kontrollieren bei Patienten mit liegender Thoraxdrainage diese hinsichtlich Zeichen einer Pleurafistel (Luftverlust über Wasserschloss).

Für die Einstellung der Alarmgrenzen des Atemminutenvolumens werden Werte von ca. 20% über und unter dem eingestellten AMV empfohlen. Auch hier gilt: Je kritischer der Zustand des Patienten, desto enger die Grenzwerteinstellung.

Beatmungsdruck

An den gebräuchlichen Respiratoren werden i. d. R. der Beatmungsspitzendruck, der Plateaudruck und der endexspiratorische Druck (meist positiv, dann PEEP ➤ 5.2.4) gemessen und angezeigt. Die Möglichkeit einer Grenzwerteinstellung besteht meist nur für den Beatmungsspitzendruck (obere Druckgrenze, auch als „Stenosealarm" bezeichnet). An manchen Respiratoren kann auch eine untere Druckgrenze (Diskonnektionsalarm) eingestellt werden.

Tab. 8.2 Mögliche Ursachen für Abweichungen des AMV gegenüber dem eingestellten Wert.

Erreichtes AMV > eingestelltes AMV	Erreichtes AMV < eingestelltes AMV
• Patient triggert zusätzliche Atemzüge • Selbsttriggerung des Respirators, z. B. bei zu empfindlich eingestellter Triggerschwelle (➤ 5.2.5)	• Leck im Beatmungsschlauchsystem • Cuff undicht • Luftverlust über Pleurafistel • Beatmungsdruckniveau zu niedrig eingestellt • Atemhübe werden nicht vollständig verabreicht, weil Beatmungsdruckgrenzen erreicht werden (z. B. wegen Atemwegssekret, weil Patient hustet oder bei Verschlechterung der Lungencompliance, etwa bei ARDS)
• Fehlmessung, z. B. wegen fehlerhafter Eichung oder Feuchtigkeit in der Messvorrichtung	

Einstellen der Beatmungsdruckgrenzen

Die obere Druckgrenze (Stenosealarm) wird auf ca. 10 mbar über dem erreichten Beatmungsspitzendruck eingestellt, jedoch möglichst nicht höher als 35 mbar (Gefahr eines pulmonalen Barotraumas bei höherem Beatmungsspitzendruck). Sobald während der Beatmung die eingestellte Druckgrenze erreicht wird, gibt der Respirator Alarm und schaltet auf Exspiration um, unabhängig davon, ob das eingestellte Atemhubvolumen verabreicht wurde oder nicht, d. h. die Beatmung wird volumeninkonstant. Die untere Druckgrenze wird auf ca. 5 mbar unter dem endexspiratorischen Druck eingestellt, also beispielsweise auf +2 mbar bei einem PEEP von +7 mbar. Bei manchen Respiratoren (z. B. Bennett 7200) muss die untere Druckgrenze auch so gewählt werden, dass der eingestellte untere Druck (einschl. PEEP) während der Inspiration überschritten werden muss. An vielen Respiratoren gibt es keine untere Grenzwerteinstellung für den Beatmungsdruck. Eine versehentliche Diskonnektion wird hier über die untere AMV-Grenze alarmiert.

Bei allen volumenkonstanten Beatmungsformen sind sowohl der Beatmungsspitzen- als auch der Plateaudruck maßgeblich vom eingestellten Atemhubvolumen und von Compliance und Resistance von Lunge und Thorax des Patienten abhängig.

- Der *Plateaudruck* (Verteilungs- oder Pausendruck ➤ Abb. 5.23) ist ein Maß für die Compliance der Lunge. Steigt er bei gleichem Inspirationsvolumen an, so ist dies ein Zeichen für eine Verschlechterung der Compliance (bei volumenkontrollierten Beatmungsformen). Daher wird der Plateaudruck regelmäßig kontrolliert und dokumentiert
- Der *Beatmungsmitteldruck* ist ein rein rechnerisch ermittelter Wert und gibt Auskunft über zu- oder abnehmende Druckbelastung in der Lunge.

Da der Beatmungsdruck nicht in den Atemwegen des Patienten gemessen wird, sondern geräteseitig im In- und Exspirationsschenkel, ist der angezeigte Druckwert nicht ohne weiteres mit den Druckver-

Tab. 8.3 Mögliche Ursachen für einen plötzlichen Anstieg oder Abfall des Beatmungsdrucks.

Rascher Anstieg des Beatmungsdrucks	Rascher Abfall des Beatmungsdrucks
• Verlegung der Atemwege, z. B. durch Sekret oder weil Patient auf den Tubus beißt • Bronchospasmus • Einseitige (zu tiefe) Intubation (➤ 4.2.10) • Patient hustet oder atmet gegen Respirator • Abgeknickte oder verlegte Beatmungsschläuche der -filter (z. B. durch Sekret oder Kondenswasser) • Cuffhernie (➤ 4.2.2) • (Spannungs-)Pneumothorax (➤ 2.3.4)	• Leckage im System • Undichtigkeit des Cuff • (Versehentliche) Extubation oder Dekanülierung • Diskonnektion des Beatmungssystems • Luftverlust über Pleurafistel • Technischer Defekt des Respirators • Stromausfall oder Ausfall der Gasversorgung

hältnissen in den Atemwegen des Patienten gleichzusetzen. Je kleiner das Tubuslumen, je höher der inspiratorische Gasfluss und je größer das AMV, um so eher ist der endinspiratorische Druckwert am Respirator höher als der Druck in den Atemwegen (vor allem bei Säuglingen und Kindern).

8.2.3 BGA, Pulsoxymetrie und Kapnometrie

8

BGA

Die **Blutgasanalyse** (kurz **BGA**) ist einer der wichtigsten Überwachungsparameter der Beatmungstherapie. Die ermittelten Werte geben Auskunft über die Sauerstoffversorgung, die CO_2-Elimination sowie den Säure-Basen-Haushalt (Normwerte und Abweichungen der BGA ➤ Tab. 2.4).

Wie häufig BGAs beim beatmeten Patienten kontrolliert werden, variiert abhängig von der Beatmungssituation und dem Zustand des Patienten stark. Auf den meisten Intensivstationen wird bei beatmeten Patienten mindestens 2 – 3mal täglich und zusätzlich nach gravierenden Veränderungen der Beatmungsparameter eine BGA kontrolliert.

In der Regel ist die Probenentnahme für die BGA aus einer arteriellen Kanüle sowie die Weiterleitung der Probe ins Labor Aufgabe der Pflegenden. Viele Intensivstationen verfügen auch über BGA-Analysegeräte, d. h. die Blutgasanalyse kann vor Ort durchgeführt und die Beatmungstherapie ggf. entsprechend rasch korrigiert werden.

BGA-Entnahme aus liegender arterieller Kanüle

- Material richten: Beschriftete BGA-Monovette, ggf. 2-ml-Spritze, Entnahmeadapter, Einmalhandschuhe, Kompresse als Unterlage, Desinfektionsmittel
- Patienten über die Maßnahme informieren
- Am Überwachungsmonitor Alarm für den arteriellen Blutdruck unterdrücken
- Einmalhandschuhe anziehen
- Kompresse unter den Dreiwegehahn unterlegen
- Desinfektion der Punktionsstelle des Messsystems
- Entnahmeadapter aus der Verpackung nehmen und auf die Blutmonovette stecken
- Das Vorgehen bei der Entnahme des Blutes hängt vom verwendeten Messsystem ab:
- **Entnahme aus Messsystemen mit Reservoir** (z. B. Eco Trans Monitoring Set®, Firma Smith Medical-PVB):
  - Bedienknopf des Reservoirs *langsam* links herum bis zum Anschlag nach oben drehen. Das so erzeugte Vakuum zieht durch das freiwerdende Volumen im Zylinder des Reservoirs die stehende Flüssigkeitssäule ab und lässt unverdünntes Blut bis an die Punktionsstelle nachströmen (Vorsicht: Durch zu schnelles Drehen kann im Schlauchsystem ein zu hoher Vakuumfluss entstehen, die im Blut befindlichen Gase freisetzen und die Blutgasanalyse verfälschen)
  - 2-Wege-Hahn zwischen Reservoir und Entnahmestelle durch 90°-Drehung verschließen (dies verhindert eine Aspiration von verdünntem Blut aus Reservoir/Druckaufnehmer bei der Blutentnahme)
  - Monovette aufsetzen und Blut langsam aspirieren
  - 2-Wege-Hahn an der arteriellen Kanüle verschließen (nimmt Druck von der Punktionsstelle und verhindert so Austreten von Blut), dann zuerst die Monovette von der Entnahmestelle abnehmen, entlüften und verschließen, danach den Entnahmeadapter entfernen
  - 2-Wege-Hähne zur arteriellen Kanüle hin öffnen
  - Verdünntes Blut aus dem Reservoir durch langsames rechtsherum drehen des Bedienknopfes zurück in die Arterie führen
  - Punktionsstelle spülen.

- **Entnahme aus Messsystemen ohne Reservoir:**
  - Verschlussstopfen entfernen, 2-ml-Spritze aufsetzen und ca. 2 ml Blut aspirieren (dieses Blut wird verworfen)
  - Dreiwegehahn auf „Mittelstellung" stellen (so dass kein Blut nachläuft, aber auch keine Spüllösung Richtung Kanüle gelangt)
  - BGA-Monovette aufsetzen, Blut aspirieren
  - Dreiwegehahn wieder auf „Mittelstellung"
  - Evtl. aspirierte Luft aus dem BGA-Röhrchen entfernen, Röhrchen verschließen
  - Dreiwegehahn so stellen, dass Anschluss zur Probenentnahme durchgespült wird (Spüllösung auf Kompresse laufen lassen)
  - Anschluss mit sterilem Verschlussstopfen verschließen.
- Messsystem so lange spülen, bis kein Blut mehr in der Leitung zu sehen ist. Vorsicht: Zu massives Spülen kann die Durchblutung der Hand vermindern. Deshalb ggf. Spülung immer wieder kurz unterbrechen
- Ggf. Alarm am Überwachungsmonitor reaktivieren
- BGA-Röhrchen zur Auswertung rasch ins Labor weiterleiten oder Analyse vor Ort durchführen.

Um repräsentative und verwertbare Ergebnisse zu erhalten, BGA nicht unmittelbar vor oder nach einer endotrachealen Absaugung oder unmittelbar nach dem Umlagern oder Mobilisieren des Patienten abnehmen. Wurden Respiratoreinstellungen verändert, BGA nach Möglichkeit erst ca. 10 – 20 Minuten nach der Neueinstellung abnehmen.

Bei der BGA-Entnahme beachten:

- Es dürfen nur speziell hergestellte gasdichte Spritzen mit sog. elektrolyt-kompensiertem Trockenheparin verwendet werden. Selbst hergestellte Entnahmespritzen führen zu Messwertverfälschungen
- Vor der Blutentnahme die jeweils vom Hersteller des Messsystems angegebene Blutmenge aspirieren (und je nach System evtl. verwerfen)
- Evtl. zusammen mit dem Blut aspirierte Luftblasen umgehend aus der Monovette entfernen; erst danach darf eine Durchmischung der Probe erfolgen. Das korrekte Durchmischen ist sehr wichtig für die Qualität der Analyse. Wenn nicht durchmischt wird, kommt es zur Sedimentierung. Die Blutprobe wird inhomogen und ist nicht mehr repräsentativ
- Zu starkes Aspirieren sowie zu schnelles Einspritzen in das Analysegerät kann eine Hämolyse verursachen und damit die Ergebnisse verfälschen. Deshalb beides langsam vornehmen

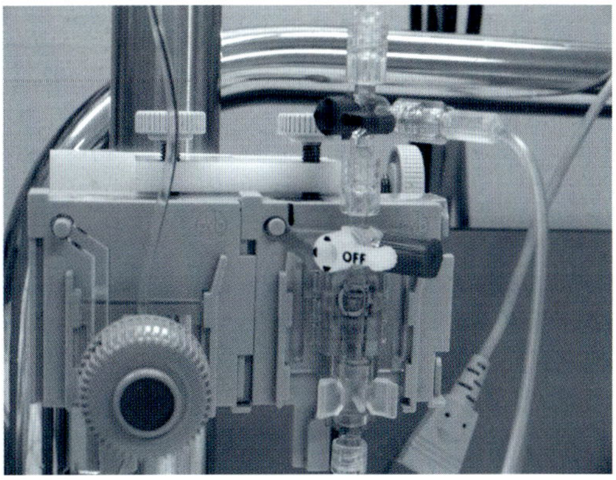

Abb. 8.2 Beispiel für ein arterielles Druckmesssystem mit Reservoir zur Blutentnahme (Eco Trans Monitoring Set® der Firma Smith Medical-PVB). [M251]

- Wenn die Körpertemperatur des Patienten von der Norm abweicht (sowohl Fieber als auch Untertemperatur), muss dies bei der Analyse berücksichtigt werden. Deshalb Entnahmeröhrchen ggf. entsprechend beschriften
- Wird die Analyse nicht auf der Station durchgeführt, die luftdicht verschlossene Monovette möglichst rasch ins Labor bringen. Eine kurzfristige Lagerung ist wie folgt möglich:
  - Maximal 10 Minuten ohne Kühlung
  - Bei 0 – 4°C für maximal 30 Minuten (in Eiswasser oder entsprechenden Kühlbehältnissen). Achtung: Eine Lagerung unter 0°C kann zur Hämolyse und somit zur Kalium- und Kalziumfreisetzung führen.

Die Normalwerte der BGA sind in Tab. 2.4 aufgeführt.

8

Pulsoxymetrie

Definition

Pulsoxymetrie: Kontinuierliche, nichtinvasive, photometrische Messung der peripheren arteriellen Sauerstoffsättigung (SaO_2) und der Pulsfrequenz.

SaO2 Normwerte ➤ Tab. 2.4

Sauerstoffbindungskurve (Sauerstoffdissoziationskurve) ➤ 1.2.3

Zur Pulsoxymetrie wird – je nach Gerät – ein Clip, eine flexible Sonde oder eine Manschette an einem Finger, einem Zeh, einem Ohrläppchen oder dem Nasenrücken des Patienten (bei Säuglingen alternativ auch die Hand) angeklemmt oder aufgeklebt.

Messprinzip

Clip, flexible Sonde oder Manschette bestehen jeweils aus einer Lichtquelle auf einer Seite und einer Photozelle auf der anderen Seite. Die Lichtquelle sendet Licht zweier definierter Wellenlängen (rot und infrarot) durch das Gewebe. Ein Teil des Lichts wird dabei absorbiert. Oxygeniertes (mit Sauerstoff gesättigtes) Hämoglobin und nicht-oxygeniertes Hämoglobin absorbieren das Licht unterschiedlich. Die Photozelle registriert das durchtretende Licht, vergleicht die Absorption von infrarotem Licht (für reduziertes und oxygeniertes Hb annähernd gleich) und von rotem Licht (für beide Anteile maximal unterschiedlich) und bestimmt daraus die arterielle Sauerstoffsättigung.

Erfasst wird nur die Absorption durch pulsierendes (arterielles) Blut, nicht aber die Absorption durch Gewebe, stehendes (venöses) Blut oder Pigmente (daher auch die Bezeichnung *Puls*oxymetrie).

Praxis der Pulsoxymetrie

Beim beatmeten Patienten ist die kontinuierliche Messung der Sauerstoffsättigung obligat (Normwerte ➤ Tab. 2.4), da sie es ermöglicht, eine Hypoxämie rasch zu erkennen (je nach Gerät werden ca. 20 – 30 Sek. benötigt, um eine Messwertänderung anzuzeigen). Zudem kann während kontinuierlicher Messung der Sauerstoffsättigung die Häufigkeit von BGA-Kontrollen (oben) meist verringert werden.

Wichtige Punkte für die praktische Anwendung sind:

- Klemmsensoren (Clips) können die Durchblutung des Gewebes an Finger, Ohr oder Zeh reduzieren und im schlimmsten Fall Drucknekrosen verursachen. Um dies zu verhindern setzen die Pflegenden die Clips regelmäßig um (etwa alle 2 Stunden). Aus rechtlichen Gründen wird das Umsetzen des Clips in der Patientenkurve dokumentiert
- Die Pulsoxymetrie funktioniert nur dann einwandfrei, wenn das Gewebe, an dem gemessen wird, gut durchblutet ist. Ist dies nicht der Fall, z. B. wegen Kreislaufzentralisation oder pAVK, kommt es zu Fehlmessungen (falsch niedrige Werte). Dann ggf. den Clip an einer anderen, besser durchbluteten Körperstelle anbringen
- Körperbewegungen können Artefakte bei der Messung verursachen.

Die Sättigungsmessung erfasst das gesamte, mit Gasen gesättigte Hämoglobin, also sowohl das mit Sauerstoff gesättigte Hämoglobin (*Oxyhämoglobin*, auch O_2Hb) als auch das sog. *Dyshämoglobin* (mit anderen Gasen als Sauerstoff gesättigtes Hb). **Falsch hohe Werte** können entstehen:

- Bei erhöhten Dyshämoglobinen, z. B. bei
  - CO-Hb (*Carboxy-Hämoglobin*). Mit Kohlenmonoxid statt mit Sauerstoff verbundenes Hämoglobin. Ist insbesondere erhöht bei Bränden mit Entstehung von Kohlenmonoxid sowie bei extrem starkem Rauchen. Dabei blockiert das CO die Bindungsstellen am Hb für Sauerstoff, da die Affinität ca. 250 mal höher als die von O_2 ist
  - *Methämoglobin*. Entsteht, wenn das Blut oxidierbaren Substanzen ausgesetzt ist, z. B. wenn zwei- zu dreiwertigem Eisen oxidiert
  - Hohen Dosen von Prilocain, Sulfonamiden. Antibiotika oder orale Antidiabetika können zur Entstehung von Sulfhämoglobin, kurz SHb, führen
  - Hohe Nitratdosen. Nitrate sind auch oxidierbar.
- Nach dem Einsatz von Farbstoffen wie Methylenblau oder Cardio-green (werden zur Gefäßdarstellung benutzt), bei sehr hohen Bilirubinwerten oder bei Verwendung von Nagellack.

Bei bestimmter Fragestellung kann zusätzlich die *gemischt-venöse Sauerstoffsättigung* sowie die *alveolo-arterielle Sauerstoffpartialdruckdifferenz* (kurz $AaDO_2$, ➤ 1.2.2) bestimmt werden.

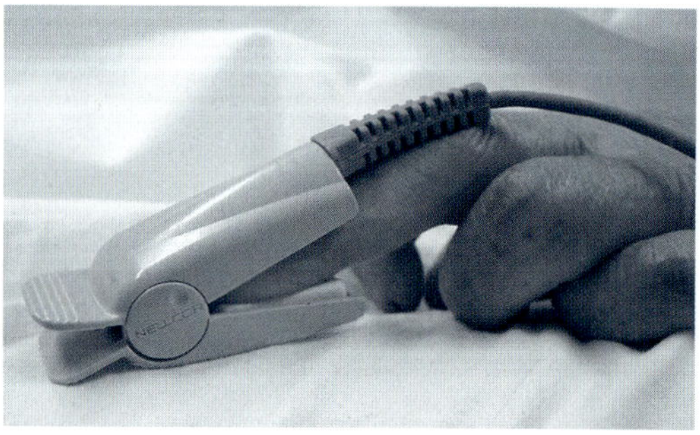

Abb. 8.3 Fingerclip zur Pulsoxymetrie. Spezielle Clips können alternativ auch an einem Zeh oder am Ohrläppchen befestigt werden. [M251]

Kapnometrie

Definition

Kapnometrie: Photometrische Messung des Kohlendioxid-Partialdrucks in der Ausatemluft, insbesondere der endexspiratorischen CO_2-Konzentration (F_ECO_2) bzw. des endtidalen CO_2 ($etCO_2$).

Der $etCO_2$-Wert wird numerisch auf dem Bildschirm des Monitors angezeigt.

Bei der **Kapnographie** wird zusätzlich der CO_2-Partialdruck in seinem zeitlichen Verlauf während des Atemzyklus als Kurve (Kapnogramm) dargestellt.

Messprinzip

Die Messung erfolgt durch Infrarot-Spektroskopie und beruht auf der Tatsache, dass Kohlendioxid Infrarotlicht absorbiert. Bei der Messung wird Infrarotlicht ausgesandt, die Absorption im Ausatemgas bestimmt und mit der Absorption eines Testgases (CO_2-frei) verglichen. Die Absorptionsdifferenz entspricht dem CO_2-Gehalt. Die Messung kann im *Seiten-* oder *Hauptstromverfahren* erfolgen:

- Beim *Seitenstromverfahren* (auch *Nebenstrom-* oder *side-stream-Verfahren*) wird über eine zwischen Endotrachealtubus bzw. Trachealkanüle und Y-Stück platzierte Zuleitung ständig eine geringe Menge Atemgas (ca. 20 – 200 ml pro Minute) abgesaugt und in die Messkammer geleitet. *Nachteile* des Verfahrens: Messung erfolgt verzögert (Luft muss zunächst in die Messkammer gesaugt werden) und kann die Messung des Atemminutenvolumens verfälschen, sofern die abgesaugte Luft dem System nicht wieder zugeführt wird. *Vorteil* gegenüber dem Hauptstromverfahren ist das geringere Gewicht in Tubusnähe
- Beim *Hauptstromverfahren* (*main-stream-Verfahren*) wird die Messkammer direkt zwischen Tubus bzw. Trachealkanüle oder Beatmungsmaske und Y-Stück platziert. Dieses Messverfahren ist genauer, da es patientennah erfolgt. *Nachteil* des Verfahrens ist das relativ hohe Gewicht der Messkammer (kann Zug auf den Tubus ausüben und dadurch die Extubationsgefahr erhöhen). Zudem muss die Messkammer immer aufrecht angebracht sein, um eine Flüssigkeitsansammlung auf den Fenstern des Adapters zu vermeiden, was die Messung stören würde.

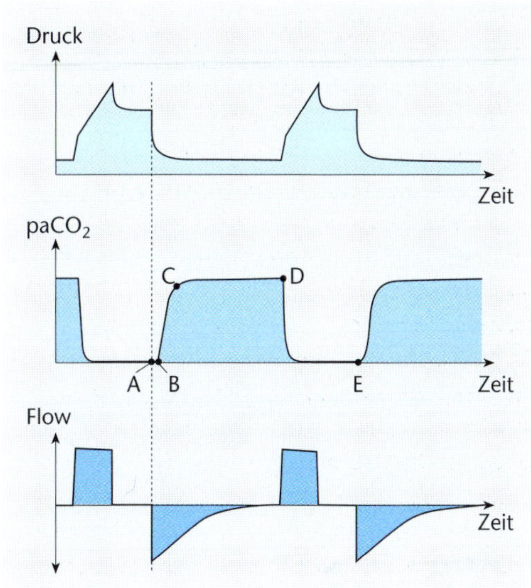

Abb. 8.4 Physiologische Kapnographiekurve (Erläuterungen zu den Phasen ➤ Text). Die darüberliegende Kurve zeigt den Beatmungsdruck, die untere Kurve den Flow.

> Die endtidale CO_2-Konzentration ($etCO_2$) hängt ab von der:
> - CO_2-Produktion (Stoffwechsel)
> - CO_2-Elimination. Diese wiederum ist abhängig von der *Perfusion* der Lunge und der *Ventilation* (➤ 1.2.1 und ➤ 1.2.3). Beim beatmeten Patienten ist außerdem die Respiratoreinstellung maßgeblich (Atemhubvolumen und Beatmungsfrequenz).

Das physiologische Kapnogramm

Der physiologische Kurvenverlauf des Kapnogramms gliedert sich in folgende Phasen (➤ Abb. 8.4):

- A – B: Beginn der Exspiration, das obere Totraumvolumen wird entleert. Da diese Luft nicht am Gasaustausch teilgenommen hat (Totraum ➤ 1.2.1), ist die CO_2-Konzentration praktisch Null
- B – C: Abatmung des unteren Totraumvolumens und alveolärer Luft (Mischung aus Totraum- und Alveolarluft), dadurch rasch zunehmende CO_2-Konzentration (steiler Anstieg der Kurve)
- C – D (alveoläres Plateau): Abatmung der CO_2 angereicherten Luft aus den Alveolen. Der leichte Anstieg des Plateaus ist durch die Mischung mit Luft aus Arealen mit reduziertem Gasaustausch bedingt

- D: entspricht dem endtidalen CO_2-Partialdruck ($etCO_2$ = endexspiratorischer CO_2-Partialdruck). Letzter Anteil der alveolären Luft. Unter bestimmten Voraussetzungen dem p_aCO_2 (CO_2-Gehalt des arteriellen Blutes ➤ 2.4.2) gleichzusetzen. **Normwert** des $etCO_2$: 38 – 40 mmHg
- D – E: Inspiration, d. h. frisches, CO_2-freies Gas strömt in die Lunge, daher steiler Abfall der Kurve auf die Grundlinie.

Differenz zwischen $etCO_2$ und p_aCO_2

Bei erhöhter alveolärer Totraumventilation (➤ 1.2.1) ist der $etCO_2$ deutlich niedriger als der p_aCO_2. Mögliche Ursachen dafür sind eine Minderdurchblutung der Lunge, z. B. wegen Lungenembolie (➤ 2.3.5), Schockgeschehen oder Herz-Kreislaufstillstand, oder eine Überblähung der Lunge, z. B. auf Grund einer COPD (➤ 2.3.2). Will man sicher gehen, muss bei jedem Patienten eine einmalige vergleichende Blutgasanalyse durchgeführt werden, die aber nur solange Gültigkeit hat, wie sich primär die Lungendurchblutung nicht ändert.

Veränderungen des Kapnogramms

Abweichungen des Kapnogramms vom physiologischen Kurvenverlauf können zum einen auf Veränderungen beim Patienten hinweisen (z. B. auf ein Schockgeschehen) oder beatmungsbedingt sein (z. B. Leckage im Beatmungssystem oder Sekretverlegung der Atemwege). Tab. 8.4 gibt einen Überblick über mögliche Ursachen für verschiedenartige Veränderungen des Kapnogramms.

Eine Fehlintubation (➤ 4.2.10) ist sicher ausgeschlossen, wenn der $etCO_2$-Wert über mehrere Atemzyklen über 15 – 20 mmHg liegt.

8.2.4 Klinische Überwachung der Beatmung

Zur klinischen Überwachung der Beatmungstherapie gehören neben der Inspektion des Patienten die Auskultation, Palpation und Perkussion des Thorax sowie die Überwachung von Compliance und Resistance von Thorax und Lunge. In vielen Kliniken sind die genannten Untersuchungen Aufgabe des Arztes; auf manchen Intensivstationen gehören sie zumindest teilweise zum Aufgabenbereich der Pflegenden. Häufig gibt es auch Überschneidungen zwischen pflegerischen und ärztlichen Aufgabenbereichen. So ist es z. B. oft üblich, dass der Arzt den beatmeten Patienten mindestens einmal täglich im Rahmen der körperlichen Untersuchung des Patienten auskultiert, während die Pflegenden mehrfach täglich eine Auskultation der Lunge vornehmen, z. B. nach Manipulationen am Tubus oder der Trachealkanüle.

Inspektion

Wichtige Aspekte der Inspektion des beatmeten Patienten sind:

- Die **Überwachung der Atemfrequenz.** Diese ist umso wichtiger, je höher der Spontanatemanteil der gewählten Beatmungsform ist (Überwachung der Beatmungsparameter, Beatmungsfrequenz ➤ 8.2.2). In aller Regel wird die Atemfrequenz auch über den Respirator überwacht (i. d. R. verfügen die Geräte über eine obere Alarmgrenze; an manchen Respiratoren gibt es auch eine untere Alarmgrenze. Obligat ist auch ein Apnoealarm)
- Die **Überwachung der Thoraxbeweglichkeit.** Dabei wird vor allem kontrolliert, ob sich die Brustwand atemsynchron auf beiden Seiten gleich stark bewegt. Eine einseitige Einschränkung der Thoraxbeweglichkeit kann beispielsweise bei einseitiger Intubation (➤ 4.2.10), Pneumothorax (➤ 2.3.4), Rippenserienfraktur (➤ 2.3.3), Atelektasen (➤ 2.2.4) oder einem Pleuraerguss auftreten. Bei instabilem Thorax ist evtl. eine paradoxe Atmung (➤ Abb. 2.6) zu beobachten (nur beim spontan atmenden Patienten)
- Die **Beobachtung der Haut** auf evtl. beatmungsbedingte Veränderungen, z. B. Kaltschweißigkeit als Zeichen der Hypoxämie.

Husten ist beim beatmeten Patienten meist ein Zeichen dafür, dass Atemwegssekret vorhanden ist, das abgesaugt werden muss (endotracheales Absaugen ➤ 8.7). Die Pflegenden beobachten das abgesaugte Atemwegssekret auf Menge, Farbe und Beschaffenheit. Eine gelbliche bis grünliche Farbe des Sekrets weist beispielsweise auf eine Infektion im

8

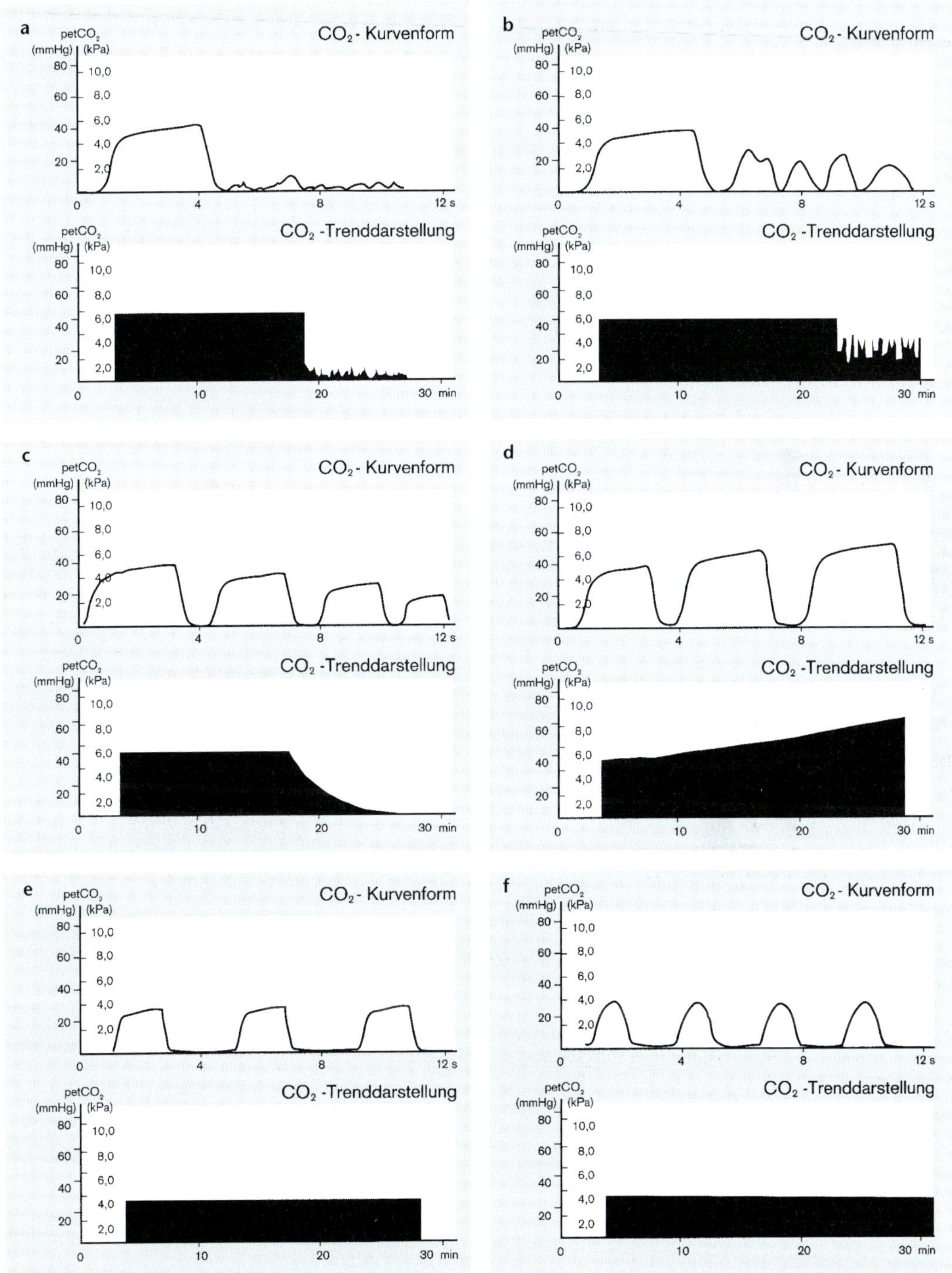
a
b
c
d
e
f
petCO2
(mmHg)
(kPa)
80
60
40
20
10,0
8,0
6,0
4,0
2,0
0
4
8
12 s
10
20
30 min
CO2 - Kurvenform
CO2 -Trenddarstellung

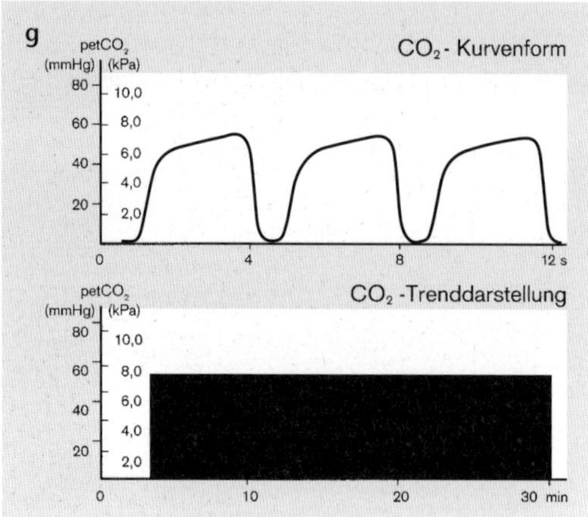

Abb. 8.5 a – g: Typische Veränderungen des Kapnogramms, jeweils mit Trenddarstellung.

Respirationstrakt hin. Insbesondere während der Entwöhnung beobachten die Pflegenden den Patienten auf Zeichen der respiratorischen Erschöpfung (➤ 5.11.3).

Auskultation

Auskultation der Lunge auf korrekte Tubuslage ➤ 4.2.5 und Abb. 4.22

Bei der **Auskultation** (Abhören) der Lunge ist beim lungengesunden Beatmungspatienten das so genannte *vesikuläre Atemgeräusch* zu hören. Es klingt über den peripheren Atemwegen *weich* und *säuselnd*, über der Trachea und den großen Atemwegen *laut* und *scharf*. Während der Inspiration ist das Geräusch lauter als während der Exspiration.

Tab. 8.4 Veränderungen des Kapnogramms und mögliche Ursachen.

Veränderung des $etCO_2$	Mögliche Ursachen
Plötzlicher Abfall des $etCO_2$ **gegen Null** (➤ Abb. 8.5 a)	• Diskonnektion des Beatmungssystems • Abgeknickter Endotrachealtubus oder Beatmungsschlauch • Komplette Atemwegsobstruktion, z. B. durch Sekretverlegung • Lageveränderung des Tubus (versehentliche Extubation) • Funktionsstörung des Beatmungsgerätes
Plötzlicher Abfall des $etCO_2$ auf **niedrige Werte** (➤ Abb. 8.5 b)	• Teilweise Verlegung der Atemwege, z. B. mit Sekret • Leckage im Beatmungsschlauchsystem
Exponentieller Abfall des $etCO_2$ (➤ Abb. 8.5 c)	• Lungenembolie • Plötzlicher Blutdruckabfall oder Schock • Herz-Kreislauf-Stillstand
Allmählicher Abfall des $etCO_2$	• Abfall der Körpertemperatur • Tiefe Analgosedierung • Hyperventilation
Anstieg des $etCO_2$ (➤ Abb. 8.5 d)	• Plötzliche oder allmähliche alveoläre Hypoventilation • Erhöhung des Stoffwechsels (z. B. bei hyperthyreoter Krise) • Fieber, maligne Hyperthermie • Abrupter Blutdruckanstieg (z. B. durch Vasopressoren) • Gabe von Bikarbonat • Ausschleichen einer tiefen Analgosedierung
Konstant niedriger $etCO_2$ (➤ Abb. 8.5 e)	• Hypothermie • Z. n. Schockgeschehen • Hyperventilation wegen zu hoch eingestelltem AMV
Konstant niedriger $etCO_2$ bei **Kurvenform ohne Plateau** (➤ Abb. 8.5 f)	• Unvollständige Entlüftung der Alveolen, COPD • Teilweiser Verschluss des Tubus bzw. der Trachealkanüle, z. B. wegen Abknickung • Bei Nebenstromverfahren: Zu hohe Probengasentnahme (speziell bei kleinen Kindern)
Konstant erhöhter $etCO_2$ (➤ Abb. 8.5 g)	• Atemdepression, z. B. durch Medikamentenwirkung • Zu geringes AMV • Respiratorisch kompensierte metabolische Alkalose (➤ 1.3.2)

8

Pathologische Atemgeräusche sind:

- **Rasselgeräusche (RGs),** diese werden differenziert in *trockene* und *feuchte Rasselgeräusche:*
  - *Trockene Rasselgeräusche* entstehen, wenn Schleimfäden in den Luftwegen schwingen. Sie treten vor allem auf bei chronisch obstruktiver Bronchitis und Asthma bronchiale. Je nach Klangqualität werden brummende, schnarchende, giemende, pfeifende oder zischende RGs unterschieden
  - *Feuchte Rasselgeräusche* sind auskultierbar, wenn sich Sekret oder Flüssigkeit in den Atemwegen oder der Lunge befindet. Unterschieden werden *feinblasige Rasselgeräusche* (klingen scharf und knackend und werden durch Flüssigkeit in den Alveolen verursacht) und *grobblasige Rasselgeräusche* (klingen laut und gurgelnd und entstehen durch Sekret in Trachea und Bronchien).
- Ein **Giemen** ist bei chronisch obstruktiven Lungenerkrankungen wie z. B. COPD oder Asthma bronchiale auskultierbar (➤ 2.3.2)
- Ein **Stridor** ist ein pfeifendes Atemgeräusch, das bei eingeengten Atemwegen zu hören ist. Der Stridor kann in- und/oder exspiratorisch auskultierbar sein. Ein *inspiratorischer Stridor* entsteht bei Verlegung oder Verengung der oberen Luftwege, ein *exspiratorischer Stridor* bei Einengungen der Bronchien, z. B. beim Bronchospasmus
- Ein **hauchendes Atemgeräusch** kann durch Minderbelüftung der Lunge z. B. wegen Atelektasen auftreten
- Ein **knarrendes Reibegeräusch** ist bei einer Pleuritis sicca durch entzündliche Veränderungen der Pleura zu hören.

Beim beatmeten Patienten sind die physiologischen Atemgeräusche meist deutlich abgeschwächt und zudem oft durch andere Geräusche überlagert (z. B. Nebengeräusche durch Kondenswasser in den Beatmungsschläuchen). Hilfreich ist dann oft die Auskultation unter manueller Beatmung mit dem Beatmungsbeutel, um die Atemgeräusche besser differenzieren zu können.
Mittels Auskultation der Lunge kann man den Erfolg einer endotrachealen Absaugung kontrollieren: Durch Sekret in den großen Atemwegen bedingte grobblasige Rasselgeräusche sind nach einer erfolgreichen Absaugung nicht mehr auskultierbar.

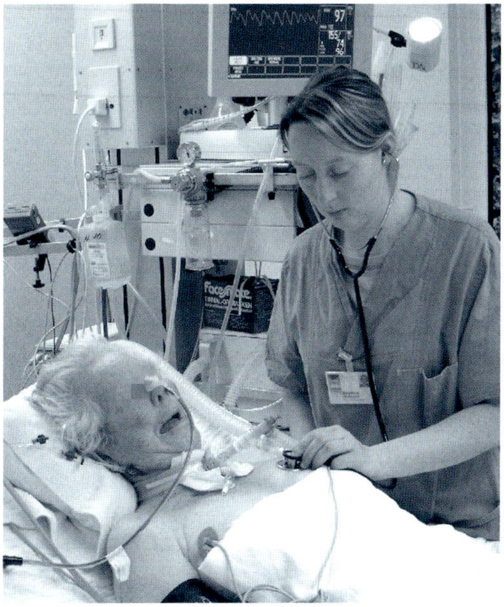

Abb. 8.6 Auskultation des Thorax bei einem beatmeten Patienten. [M251]

Palpation

Mittels **Palpation** (Abtasten) des Thorax ist es möglich, ein Hautemphysem (Luftansammlung in der Subkutis, z. B. bei Rippenfrakturen, Pneumothorax oder Bronchusruptur) zu erkennen. Hier ist ein Knistern in der Haut zu spüren („Schneeknirschen").

Zusätzlich kann man ungleichmäßige Thoraxbewegungen feststellen. Dazu die Hände parallel so auf den Thorax des auf dem Rücken liegenden Patienten legen, dass sich die Daumen berühren (jeweils eine Hand pro Thoraxseite, Daumen zum Sternum hin). Bei normalen, seitengleichen Thoraxexkursionen bewegen sich die Daumen gleichmäßig auseinander und wieder aufeinander zu.

Perkussion

Bei der **Perkussion** (Beklopfen) des Thorax wird die Brustwand über beiden Lungenflügeln beklopft. Der Klang des Schalls lässt Rückschlüsse auf Vorgänge in der Lunge zu. Der normale Klopfschall klingt dumpf und tief (sonor). Bei vermehrter Luftansammlung z. B. wegen Lungenemphysem oder Pneumothorax ist der Klopfschall laut und dröhnend. Er wird als

8

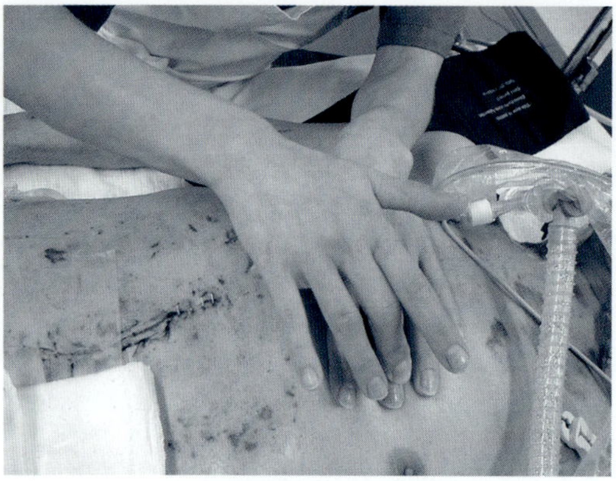

Abb. 8.7 Perkussion des Thorax bei einem beatmeten Patienten. [M251]

hypersonor oder „Schachtelton“ bezeichnet. Ein hoher, gedämpfter und kurzer Schall ist ein Hinweis auf einen Erguss oder Atelektasen (verminderter Luftgehalt). Zudem können mittels Perkussion die Lungengrenzen festgestellt werden.

Die Perkussion der Lunge beim beatmeten Patienten setzt sehr viel Übung und Erfahrung voraus.

Befunde der Auskultation und Perkussion ergänzen sich

- Auskultation und Perkussion jeweils auf beiden Thoraxseiten durchführen, um die Befunde miteinander vergleichen und somit den gesamten Verlauf besser beurteilen zu können
- Während z. B. das Atemgeräusch sowohl bei einem Pneumothorax als auch bei einer Atelektase abgeschwächt ist bzw. völlig fehlen kann, ist der Klopfschall beim Pneumothorax hypersonor und bei einer Atelektase gedämpft. Bei einem Erguss ist das Atemgeräusch abgeschwächt und der Klopfschall gedämpft.

8

Überwachen von Compliance und Resistance

Compliance, Resistance ➤ 1.2.1

Compliance und Resistance sind wichtige Parameter, die Rückschlüsse auf die pulmonale Situation des Patienten zulassen und – im Verlauf betrachtet – über den Erfolg der Therapie bzw. den Verlauf der pulmonalen Erkrankung informieren. Manche der modernen Respiratoren bieten die Möglichkeit, die Resistance und/oder die Compliance zu messen und darzustellen (➤ 5.10). Auf manchen Intensivstationen ist es üblich, dass die Pflegenden die Messwerte von Compliance und Resistance des beatmeten Patienten in regelmäßigen Abständen registrieren und die Werte in der Patientenkurve dokumentieren.

8.2.5 Allgemeine Patientenüberwachung

Beatmungspatienten werden auf der Intensivstation kontinuierlich überwacht, um Veränderungen und Komplikationen rasch erkennen und ggf. behandeln zu können. Art und Umfang dieser Überwachung hängen wesentlich vom Zustand des Patienten und seiner Erkrankung ab.

Auf den meisten Intensivstationen werden stündlich bis zweistündlich Herzfrequenz, Blutdruck, Sauerstoffsättigung und Urinausscheidung kontrolliert und dokumentiert. Körpertemperatur und ZVD werden i. d. R. mindestens alle 8 Stunden, je nach Zustand des Patienten auch öfter, gemessen.

Je nach Patient kommen weitere Überwachungsparameter dazu, z. B. der ICP (Hirndruck ➤ 5.8.2) oder pulmonalarterielle Drücke (PAP, PCWP).

Viele Messwerte und Beobachtungen, die sich aus der allgemeinen Überwachung eines Intensivpatienten ergeben, können auch wichtige Hinweise auf Veränderungen der pulmonalen Situation des Patienten oder Veränderungen der Beatmungstherapie geben. Wichtig sind vor allem die klinischen Zeichen der Hypoxie und der Hyperkapnie (➤ 2.4.1) sowie die Zeichen der respiratorischen Erschöpfung (➤ 5.11.3).

8.2.6 Röntgenkontrolle des Thorax

In den meisten Kliniken ist es üblich, beim beatmeten Patienten mehrmals wöchentlich eine Röntgenaufnahme des Thorax anzufertigen. Diese dient der Verlaufsbeobachtung pulmonaler Veränderungen (z. B. Atelektasen, Infiltrate, Erguss) sowie dem Ausschluss (beatmungsbedingter) pulmonaler Komplikationen, z. B. eines Pneumothorax. Zudem können die korrekte Lage von intrathorakal liegenden Kathetern (z. B. ZVKs), Drainagen, des Tubus bzw. der Trachealkanüle dokumentiert werden. Röntgenaufnahmen des Thorax beim beatmeten Patienten werden in aller Regel auf der Intensivstation vorgenommen. Bei spezieller Fragestellung ist evtl. zusätzlich ein CT des Thorax erforderlich. Manche Kliniken verfügen über fahrbare Computertomographen. Ist dies der Fall, kann die Untersuchung auf der Intensivstation vorgenommen werden. Ansonsten muss der beatmete Patient in die Röntgenableitung transportiert werden (Transport beatmeter Patienten ➤ 8.9).

> **Röntgen-Thorax beim beatmeten Patienten**
>
> - Geplante Untersuchung in den pflegerischen Arbeitsverlauf einplanen, so dass möglichst keine zusätzlichen Lagerungsmaßnahmen erforderlich sind (d. h. Röntgen-Untersuchung möglichst dann durchführen, wenn der Patient sowieso auf dem Rücken liegt)
> - Patienten über die anstehende Untersuchung informieren
> - Ggf. vor der Untersuchung Sedativa verabreichen (nach ärztlicher Anordnung bzw. Rücksprache)
> - Röntgenplatte vorsichtig unterlegen. Dazu den Patienten aufsetzen oder, wenn dies nicht möglich ist, z. B. wegen Wirbelsäulenfraktur, Patienten anheben oder drehen
> - Überwachung während der Untersuchung sicherstellen
> - Ggf. Strahlenschutz des Patienten (Bleischürze auf Unterleib) und Mitpatienten sowie für Pflegende, falls sie in der unmittelbaren Umgebung des Patienten bleiben müssen
> - Röntgenplatte wieder entfernen und Patienten lagern
> - Dokumentation der Maßnahme.

8.2.7 Dokumentation der Beatmungstherapie

Im Vergleich zum nicht beatmeten Intensivpatienten muss beim Beatmungspatienten auch die gesamte Beatmungstherapie dokumentiert werden:

- Die am Respirator eingestellte Beatmungsform, die Beatmungsparameter und Alarmgrenzen
- Die Beatmungsparameter, die sich aus der Respiratoreinstellung ergeben
- Art der Atemgasklimatisierung und ggf. Atemgastemperatur
- Beatmungsschlauchsystemwechsel.

Zudem dokumentieren die Pflegenden alle Maßnahmen im Zusammenhang mit Intubation, Tracheotomie bzw. nicht-invasiver Beatmung, z. B. Größe und Lage des Tubus, Cuffdruck, letzter Kanülenwechsel etc.

Handschriftliche Dokumentation

Die noch übliche handschriftliche Dokumentation der Beatmung erfolgt entweder in der **Patienten-Tageskurve** (meist ist hier ein Bereich für die Dokumentation der Beatmung vorgesehen) oder auf gesonderten **Beatmungsprotokollen**. Der Vorteil der Beatmungsprotokolle gegenüber der Dokumentation in der Patientenkurve liegt darin, dass evtl. notwendige häufige Änderungen der Respiratoreinstellung übersichtlicher dokumentiert werden können (auf der Patienten-Tageskurve reicht dafür der Platz oft nicht aus). Nachteilig ist, dass die Parameter der Beatmung nicht mit anderen Parametern (z. B. Herz-Kreislaufwerte, Medikamentenverabreichung etc.) aus einem Dokument und im zeitlichen Zusammenhang ersehen werden können.

> Auch Beatmungsprotokolle sind Dokumente im Sinne des Informationsmanagements und dienen im Schadensfall evtl. als Beweismittel. Daher müssen sie den Anforderungen an ein Dokumentationssystem genügen, d. h. die Dokumentation muss strukturiert, gut nachvollziehbar, sicher, eindeutig, authentisch und zeitnah erfolgen. Zudem muss der Datenschutz für den Patienten gewahrt werden.

EDV-gestützte Dokumentation

Auf zahlreichen Intensivstationen erfolgt die gesamte Dokumentation mittlerweile elektronisch in so genannten *Patienten Daten Management Systemen* (kurz *PDMS*), d. h. das Beatmungsprotokoll ist ein Teil der elektronischen Patientenakte. Auf eine handschriftliche Dokumentation kann dann völlig verzichtet werden.

Die Vorteile dieser zunächst sehr aufwändigen Umstellung sind vielfältig. So können beispielsweise über digitale Schnittstellen die eingestellten bzw. ermittelten Beatmungsparameter direkt in die Dokumentation einfließen (dies spart zeitintensive handschriftliche Eintragungen), zusätzlich notwendige Formulierungen (beispielsweise für besondere Maß-

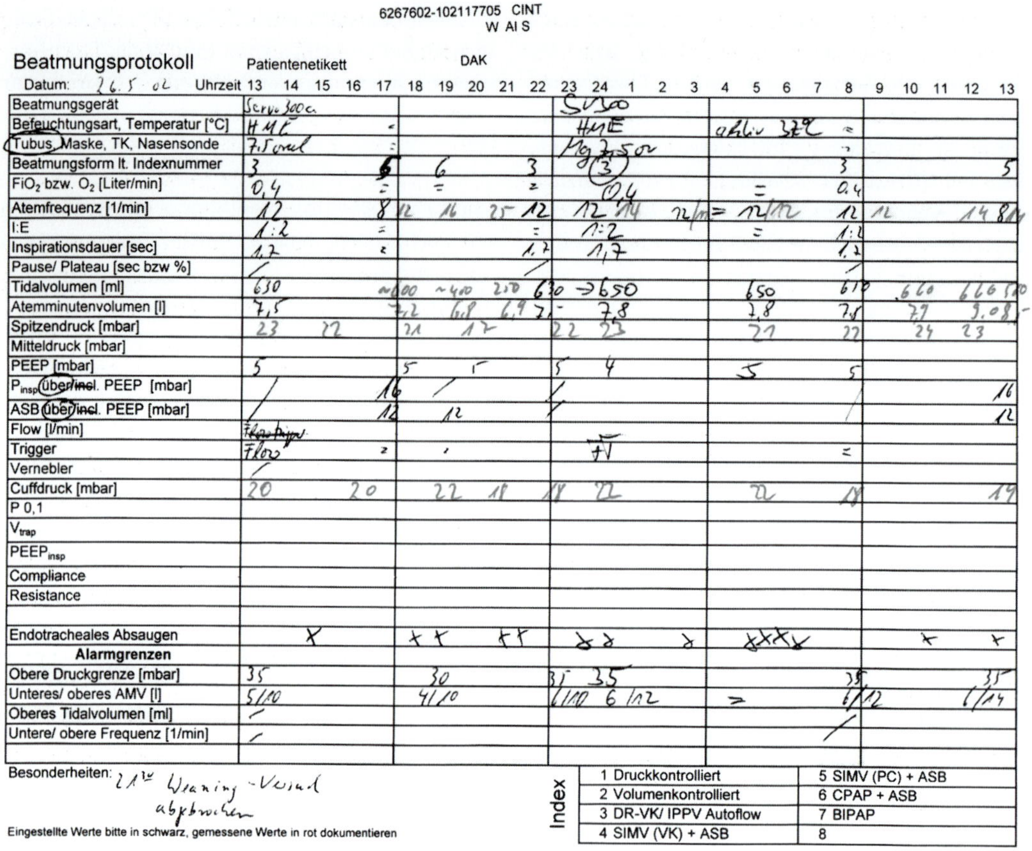

6267602-102117705 CINT
W AI S
DAK

Beatmungsprotokoll Patientenetikett

Datum: 26.5.02 Uhrzeit 13 14 15 16 17 18 19 20 21 22 23 24 1 2 3 4 5 6 7 8 9 10 11 12 13

Parameter	Einträge (13–13 Uhr)
Beatmungsgerät	Servo 300 c. · SV 300
Befeuchtungsart, Temperatur [°C]	HME · HME · aktiv 37 °C
Tubus, Maske, TK, Nasensonde	7,5 oral · Mag 7,5 oral
Beatmungsform lt. Indexnummer	3 · 6 · 6 · 3 · (3) · 3 · 5
FiO₂ bzw. O₂ [Liter/min]	0,4 · 0,4 · 0,4
Atemfrequenz [1/min]	12 · 8 · 12 · 16 · 25 · 12 · 12 · 14 · 12 · 12 · 12 · 12 · 14 · 8
I:E	1:2 · 1:2 · 1:2
Inspirationsdauer [sec]	1,2 · 1,7 · 1,7 · 1,2
Pause/ Plateau [sec bzw %]	
Tidalvolumen [ml]	630 · ~400 · ~400 · 250 · 630 · 650 · 650 · 610 · 660 · 660 · 680
Atemminutenvolumen [l]	7,5 · 7,2 · 6,8 · 6,9 · 7,8 · 7,8 · 7,8 · 7,7 · 9,08
Spitzendruck [mbar]	23 · 22 · 21 · 17 · 22 · 23 · 21 · 22 · 24 · 23
Mitteldruck [mbar]	
PEEP [mbar]	5 · 5 · 5 · 5 · 4 · 5 · 5
P_{insp} über/~~incl.~~ PEEP [mbar]	16 · 16
ASB über/~~incl.~~ PEEP [mbar]	12 · 12 · 12
Flow [l/min]	Flowtrigger
Trigger	Flow
Vernebler	
Cuffdruck [mbar]	20 · 20 · 22 · 18 · 18 · 22 · 22 · 18 · 19
P 0,1	
V_{trap}	
$PEEP_{insp}$	
Compliance	
Resistance	
Endotracheales Absaugen	x x x x x x x x x x x x x x x
Alarmgrenzen	
Obere Druckgrenze [mbar]	35 · 30 · 35 · 35 · 35 · 35
Unteres/ oberes AMV [l]	5/10 · 4/10 · 6/10 · 6/12 · 6/12 · 6/14
Oberes Tidalvolumen [ml]	
Untere/ obere Frequenz [1/min]	

Besonderheiten: 21[00] Weaning-Versuch abgebrochen

Eingestellte Werte bitte in schwarz, gemessene Werte in rot dokumentieren

Index		
	1 Druckkontrolliert	5 SIMV (PC) + ASB
	2 Volumenkontrolliert	6 CPAP + ASB
	3 DR-VK/ IPPV Autoflow	7 BIPAP
	4 SIMV (VK) + ASB	8

Abb. 8.8 Beispiel für ein Beatmungsprotokoll. [M251]

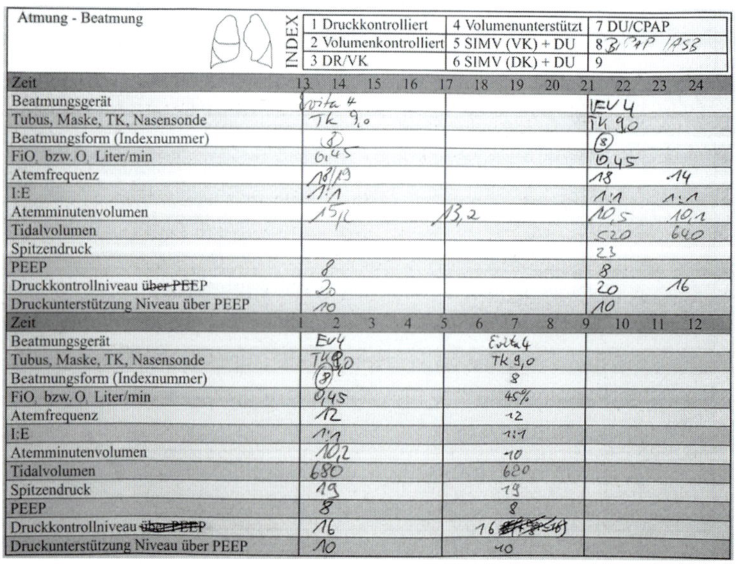

Atmung - Beatmung

INDEX		
1 Druckkontrolliert	4 Volumenunterstützt	7 DU/CPAP
2 Volumenkontrolliert	5 SIMV (VK) + DU	8 BIPAP/ASB
3 DR/VK	6 SIMV (DK) + DU	9

Zeit	13–24 Uhr
Beatmungsgerät	Evita 4 · EV 4
Tubus, Maske, TK, Nasensonde	TK 9,0 · TK 9,0
Beatmungsform (Indexnummer)	(8) · (8)
FiO₂ bzw. O₂ Liter/min	0,45 · 0,45
Atemfrequenz	18/19 · 18 · 14
I:E	1:1 · 1:1 · 1:1
Atemminutenvolumen	15,2 · 13,2 · 10,5 · 10,1
Tidalvolumen	520 · 640
Spitzendruck	23
PEEP	8 · 8
Druckkontrollniveau ~~über PEEP~~	20 · 20 · 16
Druckunterstützung Niveau über PEEP	10 · 10

Zeit	1–12 Uhr
Beatmungsgerät	EV 4 · Evita 4
Tubus, Maske, TK, Nasensonde	TK 9,0 · TK 9,0
Beatmungsform (Indexnummer)	(8) · 8
FiO₂ bzw. O₂ Liter/min	0,45 · 45%
Atemfrequenz	12 · 12
I:E	1:1 · 1:1
Atemminutenvolumen	10,2 · 10
Tidalvolumen	680 · 680
Spitzendruck	19 · 19
PEEP	8 · 8
Druckkontrollniveau ~~über PEEP~~	16 · 16
Druckunterstützung Niveau über PEEP	10 · 10

Abb. 8.9 Beispiel für die Dokumentation der Beatmung in der Patientenkurve. [M251]

nahmen im Zusammenhang mit der Beatmungstherapie) können aus einem Menü gewählt werden, die Beatmungsparameter sind zeitlich exakt dokumentiert und können so – beispielsweise bei akuten Verschlechterungen – im zeitlich korrekten Zusammenhang zu anderen Veränderungen bzw. vorgenommenen Maßnahmen und Laborwerten gesehen werden (dadurch sind abgelaufene Vorgänge besser rekonstruierbar).

8.3 Bewegungsförderung (Lagerung und Mobilisation)

Definition

In den letzten Jahren – insbesondere seit der Veröffentlichung des Expertenstandards „Dekubitusprophylaxe" (2. Aufl., 1999-2002) – werden die Begriffe „Lagerung/Umlagerung" zunehmend ersetzt durch „Position/Positionierung", da diese Begriffe zum einen weniger sachlich sind (Waren werden gelagert, aber nicht Menschen) und zum andern das „Unterstützende" mehr betonen (Positionieren = die Eigenbewegung des Patienten unterstützen).

Als Überbegriff hat sich „Bewegungsförderung" etabliert für alle pflegerischen Handlungen, die die Bewegungsfähigkeit des Patienten im Sinne der Gesundheitsentwicklung fördern.

Im klinischen Sprachgebrauch wird jedoch noch überwiegend der Begriff „Lagerung" verwendet.

Weitreichende Informationen zum Thema Lagerung des beatmeten Patienten enthält die Leitlinie „Lagerungstherapie zur Prophylaxe oder Therapie von pulmonalen Funktionsstörungen" (Leitlinie derzeit Entwicklungsstufe 2) der Deutschen Gesellschaft für Anästhesie und Intensivmedizin (DGAI), die unter *http://www.awmf-online.de* nachzulesen ist.

Bewegung ist ein zentrales Element des Lebens und hat Einfluss auf viele andere Lebensfunktionen. Während sich gesunde Menschen praktisch immer bewegen (auch im Tiefschlaf), ist der beatmete Patient in seiner Bewegungsfähigkeit und -möglichkeit oft sehr eingeschränkt, sei es durch die Grunderkrankung (z. B. Para- oder Tetraplegie), eine notwendige Analgosedierung oder ggf. auch Relaxierung sowie durch zahlreiche Zu- und Ableitungen (Elektrodenkabel, Sonden, Drainagen, Katheter etc.). Deshalb unterstützen die Pflegenden den Patienten bei der regelmäßigen Umlagerung und – sofern möglich – bei der Mobilisation.

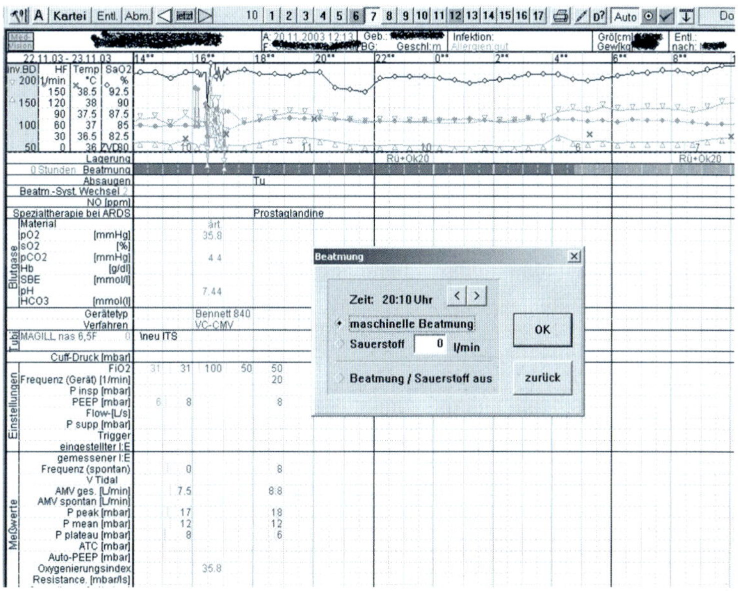

Abb. 8.10 Beispiel für eine EDV-gestützte Dokumentation der Beatmung. Hier ist das COPRA-System (computer organized patient report assistant) verwendet. [V367]

Im Bereich der Bewegungsförderung überschneidet sich der Arbeitsbereich der Pflegenden mit dem der Physiotherapeuten: Das (Um-)Lagern (Positionieren) fällt in den Verantwortungsbereich der Pflegenden, das aktive und passive Bewegen des Patienten gehört zum Aufgabenbereich der Physiotherapie. Auf vielen Intensivstationen ist es üblich, dass Pflegende und Physiotherapeuten bei der Mobilisation des Patienten zusammenarbeiten.

In den meisten Fällen ist die Lagerung eine rein pflegerische Tätigkeit. Bei manchen Patienten kann es jedoch erforderlich sein, dass der Arzt bei der Lagerung bzw. Mobilisation zugegen ist, etwa wenn ein kreislaufinstabiler Patient in Bauchlage gebracht wird.

Im Folgenden wird lediglich auf die Besonderheiten der Lagerung und Mobilisation beatmeter bzw. intubierter/tracheotomierter Patienten eingegangen; Grundlagenwissen zu Bewegungsförderung, Lagerung/Positionierung und Mobilisation eines Intensivpatienten entnehmen Sie bitte der entsprechenden Fachliteratur.

Einsatz von Spezialbetten zur kinetischen Therapie ➤ 8.6.4

8.3.1 Lagerung/Positionierung des beatmeten Patienten

Die regelmäßige Umlagerung des beatmeten Patienten dient in erster Linie dazu, die Belüftung und Durchblutung der Lunge zu optimieren (Ventilations-/Perfusionsverhältnis ➤ 1.2.4) und die Entstehung von Dekubiti (Druckulzera) zu verhindern. Außerdem kann sie den Patienten darin unterstützen, den eigenen Körper besser wahrzunehmen (eine Veränderung der Körperposition bewirkt, dass der Patient andere Körperregionen wahrnimmt als zuvor). Bestimmte Lagerungen wirken zudem schmerzlindernd, z. B. die Hochlagerung geschwollener Extremitäten. Lagerungsdrainagen können dazu beitragen, dass Bronchialsekret aus bestimmten Lungenbereichen in die großen Atemwege abfließen kann (Lagerungsdrainagen ➤ 8.6.4).

Jeder Mensch hat im Liegen eine oder mehrere Positionen, in denen er sich am wohlsten fühlt und in denen er am besten einschlafen kann. Dies gilt auch für beatmete Patienten. Im Pflegealltag kann es hilfreich sein, die „Lieblingslage" des Patienten zu kennen und einzusetzen – sofern die Lagerung aus therapeutischen Gründen nicht kontraindiziert ist – etwa wenn der Patient schlecht einschlafen kann. Deshalb informieren sich die Pflegenden über die bevorzugten Positionen des Patienten (Patienten selbst oder seine Angehörigen fragen).

Auch beim beatmeten Patienten gilt: Nur so wenig Lagerungshilfsmittel wie nötig verwenden (je mehr Lagerungshilfsmittel verwendet werden, desto immobiler wird der Patient).

Der einfache Lagerungswechsel (z. B. von Rücken- in Seitenlage oder umgekehrt) wird meistens von zwei Pflegenden durchgeführt. Zur 135°- oder Bauchlagerung sind in der Regel drei Pflegende (oder zwei Pflegende und ein Arzt) erforderlich. Eine der drei Personen ist für die Lagerung des Kopfes und die Sicherung von Tubus bzw. Trachealkanüle und Beatmungsschläuchen („lifelines") verantwortlich. Lagerungsmaßnahmen nach den Grundregeln der Kinästhetik können meist von einer Pflegenden alleine durchgeführt werden.

Einfache Wechsel der Körperposition (Rücken, Seiten- und sitzende Lagerung) führen die Pflegenden i. d. R. eigenverantwortlich durch. Spezielle Lagerungen wie z. B. 135°- oder Bauchlagerung werden mit dem Arzt besprochen bzw. angeordnet.

Welche Positionierungen oder Lagerungen beim Patienten jeweils durchgeführt werden sollen bzw. dürfen, hängt vom Zustand des Patienten, der Beatmungssituation sowie der Grunderkrankung und evtl. durchgeführten operativen Eingriffen ab. Bei den meisten beatmeten Patienten wird regelmäßig zwischen Rücken- und Seitenlagerung abgewechselt. Bei schwerwiegenden pulmonalen Erkrankungen, insbesondere beim ARDS (➤ 2.3.6) sowie der Notwendigkeit einer invasiven Beatmung wird vielfach auch die 135°-Seitenlage und die Bauchlagerung vorgenommen (unten).

Allgemeine Maßnahmen vor, während und nach einem Positionswechsel

Jeder Lagewechsel kann die Herz-Kreislauf-Situation sowie den Gasaustausch des beatmeten Patienten (vorübergehend) verschlechtern. Deshalb sorgen die Pflegenden dafür, dass auch während der Umlagerung eine kontinuierliche Überwachung sichergestellt ist und beobachten den Patienten während und unmittelbar nach dem Umlagern auf Zeichen einer Verschlechterung von Kreislauf und Atmung.

Maßnahmen vor dem Positionswechsel

- Zeitpunkt der Umlagerung von Rücken- in Seiten- oder Bauchlage mit anderen pflegerischen und therapeutischen Maßnahmen abstimmen, z. B. Gabe von Sondenkost, Atem- und Krankengymnastik, geplante Untersuchungen (z. B. Röntgen), notwendige Kontrollen, die in Rückenlage durchgeführt werden müssen (z. B. ZVD-Messung)
- In manchen Kliniken ist es üblich, bei Patienten die kontinuierlich Sondenkost verabreicht bekommen, vor jeder oder vor bestimmten Lagerungsmaßnahmen (z. B. 135°-Seiten- oder Bauchlagerung) die Sondenkost-Verabreichung zu stoppen und das Magensekret abzuleiten, um eine Regurgitation von Sondenkost mit der Gefahr einer nosokomialen Pneumonie zu vermeiden. In den entsprechenden Empfehlungen, z. B. des RKI (➤ 10.3.1) oder der European Society for Clinical Nutrition and Metabolism (2006) ist dies jedoch nicht enthalten
- Patienten über die Maßnahme informieren
- Bei oral intubierten Patienten, die in 135°- oder Bauchlagerung gebracht werden sollen, Endotrachealtubus in den Mundwinkel lagern, der nach Positionswechsel oben liegen wird (Tubus ist dann leichter zugänglich, verursacht weniger Druck im Mundwinkel und die Gefahr einer Abknickung ist geringer), also z. B. in den linken Mundwinkel, wenn der Patient in 135°-Seitenlage rechts gebracht wird (Tubus umlagern ➤ 8.4.2)
- Ggf. geschlossenes Absaugsystem (➤ 8.7.3) anbringen, insbesondere vor 135°- und Bauchlagerung; hygienisch einwandfreie offene endotracheale Absaugungen sind in dieser Lage i. d. R. nicht möglich
- Erforderliche Lagerungshilfsmittel bereitlegen
- Kontrollieren, ob sich Wasseransammlungen im Beatmungsschlauchsystem befinden und diese ggf. entfernen. Ansonsten besteht die Gefahr, dass die Flüssigkeit während des Umlagerns ins Tracheobronchialsystem gelangt
- Ggf. Kopfkissen entfernen bzw. vor Sekret schützen, saugfähige Unterlage im Gesichtsbereich unterlegen
- Patienten vor dem Wechsel der Position ggf. oral und/oder endotracheal absaugen
- Händedesinfektion durchführen, Bettenschürze (z. B. Einmalschürze) und bei Bedarf auch Schutzhandschuhe anziehen
- Absprechen, wer für was zuständig ist, insbesondere klären, wer die Sicherung der „lifelines“ übernimmt. Das „Kommando“ gibt die Person (nach Rückversicherung mit den anderen Beteiligten), die am Kopfende steht und für die Sicherung der Ventilation zuständig ist

Maßnahmen während des Positionswechsels

Beim Umlagern eines beatmeten Patienten achten die Pflegenden auf Folgendes:

- Tubus bzw. Trachealkanüle sowie die Beatmungsschläuche und weitere Zu- und Ableitungen, z. B. Urinkatheter, zentraler Venenkatheter, Drainagen oder Magensonde, dürfen nicht unter Zug geraten, unbemerkt abknicken bzw. schlimmstenfalls versehentlich herausgezogen werden. *Tipps:*
  - Beim Positionswechsel eines beatmeten Patienten zuerst den Kopf des Patienten mit Tubus bzw. Trachealkanüle und Beatmungsschläuchen annähernd in die neue Position bringen. Während des darauf folgenden Umlagerns des Körperstamms sind dann keine großen Bewegungen an Kopf und Beatmungsschläuchen mehr notwendig
  - Muss der Patient im Bett in Längsrichtung bewegt werden, also z. B. zum Kopfende des Bettes hin, die Beatmungsschläuche aus der Halterung nehmen und mit der Hand, die den Kopf des Patienten unterstützt, durch das Y-Stück des Beatmungsschlauches greifen. Das Y-Stück mit den beiden Beatmungsschläuchen auf der einen Seite und der Tubusverlängerung auf der anderen Seite liegt dadurch so auf dem Unterarm, dass bei der Lageveränderung kein Zug auf den Tubus ausgeübt wird

- Bei sedierten oder bewusstlosen und insbesondere bei relaxierten Patienten besteht durch den reduzierten bzw. aufgehobenen Muskeltonus beim Lagern die Gefahr der Luxation von Gelenken. Deshalb darauf achten, dass kein Zug auf einzelne Gelenke ausgeübt wird, z. B. Schultergelenk.

Maßnahmen nach dem Positionswechsel

Nachdem der Patient in die gewünschte Position gebracht wurde, führen die Pflegenden eine Reihe von Kontrollen durch, um lagerungsbedingte Komplikationen zu vermeiden. Dazu gehören:

- Tubus- bzw. Kanülenlage optisch (Lagemarkierung an der Zahnreihe bzw. Markierung an der Kanüle) und auskultatorisch überprüfen und die Beatmungsparameter kontrollieren. Beispielsweise kann sich bei druckkontrollierter Beatmung (➤ 5.3.1) durch die Lageveränderung (mit dadurch veränderter Compliance der Lunge) das Tidalvolumen verändern
- Besitzt der Patient eine Ernährungssonde, die den Schluckvorgang stören kann und das Aspirationsrisiko erhöht, wird er – sofern keine Kontraindikation besteht – mit dem Oberkörper 30 bis 45 Grad hochgelagert (Robert-Koch-Institut, 2007)
- Beatmungsschläuche sollten grundsätzlich nicht auf dem Patienten aufliegen. Falls dieses nicht zu umgehen ist, die Haut an der Auflagestelle polstern
- Wunden oder besonders gefährdete Körperbereiche müssen ggf. frei gelagert werden. Dazu die Umgebung so abpolstern, dass der gefährdete Bereich keinen Kontakt zur Auflagefläche hat (Aufheben des Auflagedrucks). Der Umgebungsbereich ist dadurch einem höheren Auflagedruck ausgesetzt und muss daher engmaschig auf Veränderungen kontrolliert werden. Vorsicht: Keine zirkuläre Freilagerung (z. B. durch Sitzring), da hierdurch ringförmige Läsionen sowie Kompressionen von Gefäßen und Nerven entstehen können
- Sicherstellen, dass der Patient nicht auf Leitungen, Schläuchen oder Drainagen liegt (Fehlfunktionen, Dekubitusgefahr)
- Bei hochgestelltem Kopfteil soll sich die Hüfte des Patienten am Übergang zum (höher gestellten) Kopfteil befinden. Dies vermeidet eine lagerungsbedingte Einschränkung der Atmung
- Liegt der Patient mit dem Gesicht vom Respirator abgewandt, kann es sinnvoll sein, die Beatmungsschläuche oberhalb seines Kopfes auf dem Bett liegend zu positionieren
- Kontrollieren, dass sich die Kondenswasserbehälter (Wasserfallen) am tiefsten Punkt des Beatmungssystems befinden
- Sicherstellen, dass alle Zu- und Ableitungen zugfrei positioniert sind und ungehinderter Zu- bzw. Abfluss gewährleistet ist.

Bei komplikationslosem Verlauf kann eine vorgenommene Position für 2 – 3 Stunden beibehalten werden, bevor der Patient erneut umgelagert wird (Ausnahme: 135°- und Bauchlagerungen werden bis zu 12 Stunden oder länger belassen, da der positive Effekt dieser Lagerungen teils erst nach längerer Zeit einsetzt). Auch beim Einsatz von Matratzenauflagen, Spezialmatratzen oder Spezialbetten zur Reduktion des Auflagedrucks wird der Patient – sofern keine Kontraindikationen bestehen – alle 2 – 3 Stunden umgelagert, um den positiven Effekt des Lagewechsels auf die Lunge zu nutzen.

Rücken-, Seiten- und sitzende Position

Rücken- und Seitenlagerung

Die Rücken- und Seitenlagerung sind die gebräuchlichsten Lagerungsarten beim beatmeten Patienten mit unkomplizierter Beatmungssituation zur Dekubitusprophylaxe und zur Verbesserung des pulmonalen Gasaustausches. Das Umlagern des beatmeten Patienten von Rücken- in Seitenlage bzw. umgekehrt entspricht vom Vorgehen her dem beim nicht beatmeten Intensivpatienten. Unterschiede bestehen lediglich in Bezug auf die Sicherung von Tubus bzw. Trachealkanüle sowie der Beatmungsschläuche. Die hier notwenigen Maßnahmen sind im Abschnitt „Maßnahmen vor, während und nach einer Umlagerung" ausgeführt (oben). Allgemeine Informationen zur Durchführung von Rücken-, 30°- bzw. 90°-Seitenlagerung beim Intensivpatienten sind der entsprechenden Fachliteratur zu entnehmen.

Sitzende Position

Auch die sitzende (Knie- und Hüftgelenke sind gebeugt) oder halbsitzende Position (der Oberkörper wird gegenüber der flach liegenden unteren Extremität angehoben) beim beatmeten Patienten ent-

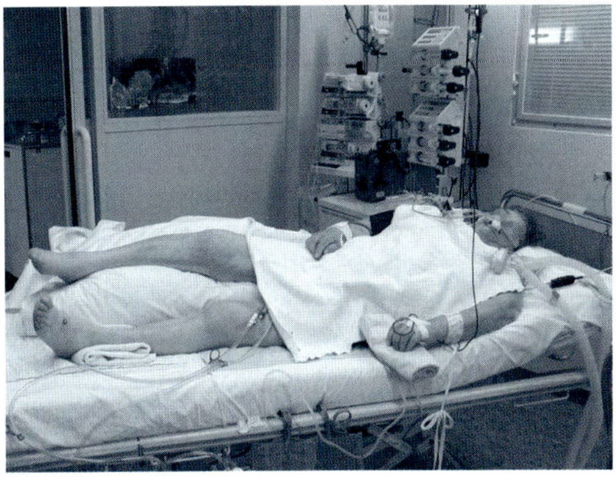

Abb. 8.11 Beatmete Patientin in Seitenlage. [M251]

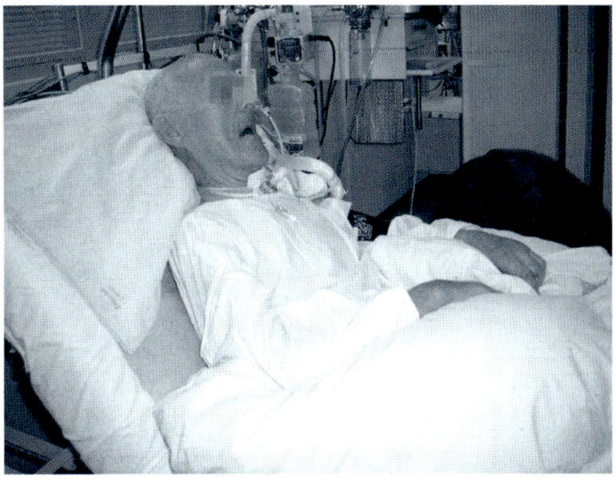

Abb. 8.12 Beatmeter Patient in sitzender Position. [M251]

spricht weitgehend der im Intensivbereich häufig eingesetzten Lagerung bei nicht beatmeten Patienten. Wichtig beim beatmeten Patienten ist die Lagerung des Kopfes. Dieser muss vor allem bei sedierten bzw. relaxierten Patienten gegen seitliches Abkippen gesichert werden, z. B. mittels Lagerungskissen. Besteht bei beatmeten Patienten eine Herzinsuffizienz, wird oft auch die Herzbettlage eingesetzt. Dabei ist dann im Unterschied zur einfachen sitzenden Lagerung das Beinteil des Bettes stark abgesenkt, wodurch dann gleichzeitig die Beatmung erleichtert und das Herz entlastet wird.

135°-Seitenlagerung und Bauchlagerung

Die **135°-Seitenlagerung** (auch *Near-Side-Prone-Position,* kurz *NSPP,* oder *Incomplete Prone Position,* kurz *IPP*) und die **Bauchlagerung** (auch 180°-Lage, *Face-Down-Prone-Position,* kurz *FDPP;* oder *Complete Prone Position,* kurz *CPP)* werden eingesetzt bei schweren, nicht kardial bedingten Lungenfunktionsstörungen (insbesondere Oxygenierungsstörungen), meist im Rahmen eines ARDS (➤ 2.3.6). Hierbei kommt es in Rückenlage häufig zu einer Minderbelüftung in den abhängigen Lungenabschnitten, die oftmals durch Sekretverhalt und/oder Störungen des Surfactant (➤ 1.1.2) gänzlich verschlossen sind und am Gasaustausch nicht mehr teilnehmen können (Atelektasen ➤ 2.2.4). Dadurch entsteht ein pulmonaler Rechts-Links-Shunt (➤ 2.2.4) und die Sauerstoffversorgung des Organismus verschlechtert sich. Die Durchblutung der abhängigen Lungenabschnitte ist, bedingt durch das Schwerkraftprinzip, weniger eingeschränkt, daher resultiert eine Störung des Ventilations-Perfusionsverhältnis (➤ 2.2.4).

Im Vergleich zur inkompletten Bauchlagerung scheint eine Verbesserung der Oxygenierung bei der kompletten Bauchlage schneller einzutreten. Fraglich ist jedoch, ob die Mortalität bei der Bauchlage im Vergleich zur Rückenlage signifikant verbessert werden kann.

Bei schwerem ARDS hat die komplette Bauchlagerung einen stärkeren Effekt im Vergleich zur inkompletten Bauchlagerung (135 Grad-Lagerung) (vgl. Leitlinie „Lagerungstherapie zur Prophylaxe oder Therapie von pulmonalen Funktionsstörungen" der Deutschen Gesellschaft für Anästhesiologie und Intensivmedizin [DGAI] 2007).

Wirkung der inkompletten (135°-Seiten-) und der kompletten Bauchlagerung (180°-Lagerung)

Sowohl die 135°-Seiten- als auch die Bauchlagerung können den gestörten Gasaustausch wesentlich verbessern. Wahrscheinlich tragen folgende Effekte der 135°-Seiten- bzw. Bauchlagerung zur Besserung bei:

- Verbesserung der Belüftung der zuvor abhängigen Lungenabschnitte und
- Sekretdrainage aus diesen Lungenbereichen.

Die abhängigen Lungenabschnitte können wieder am Gasaustausch teilnehmen (alveolar recruitment), das Ventilations-Perfusionsverhältnis bessert sich und der intrapulmonale Rechts-Links-Shunt nimmt ab.

Die Inzidenz beatmungs-assoziierter Pneumonien war in einer Studie signifikant niedriger bei den Patienten, welche wiederholt eine Bauchlagerung erfuhren (DGAI, Leitlinie „Lagerungstherapie zur Prophylaxe oder Therapie von pulmonalen Funktionsstörungen").

Nicht alle Patienten reagieren (prompt) positiv auf die Lagerungsmaßnahmen: Responder reagieren positiv, d. h. der Gasaustausch bessert sich. Dies dauert jedoch unterschiedlich lange. Bei manchen Patienten tritt der positive Effekt der Lagerung relativ schnell nach der Umlagerung ein (z. B. schon nach 30 Min.), bei anderen erst nach mehreren Stunden, teils kann es auch länger als 12 Stunden dauern, bis sich ein positiver Effekt zeigt. Non-Responder zeigen keinen positiven Effekt, d. h. der Gasaustausch bessert sich nicht. Es ist jedoch möglich, dass ein Non-Responder nach wiederholten Lagerungen zum Responder wird.

Kontraindiziert sind die 135°-Seiten- und die Bauchlagerung bei massiver Kreislaufinstabilität (manifestem Schock), dekompensierter Herzinsuffizienz oder instabiler Angina pectoris, bei erhöhtem Hirndruck (➤ 5.8.2) bzw. akutem Schädel-Hirn-Trauma sowie bei instabiler Wirbelsäule oder operativ nicht versorgtem Gesichtstrauma. Relative Kontraindikation sind Thoraxwandinstabilität (z. B. wegen Rippenserienfraktur), instabiles Becken (z. B. wegen Beckenringfraktur), Herzrhythmusstörungen und spezielle abdominelle Erkrankungen, z. B. Peritonitis mit offener Bauchbehandlung.

Eine Reanimation ist in überdrehter Seiten- bzw. Bauchlagerung nicht möglich, d. h. der Patient muss im Notfall so rasch wie möglich zurück auf den Rücken gedreht werden. Da dies relativ viel Zeit in Anspruch nimmt, ist eine 135°-Seiten- oder Bauchlagerung bei massiver Kreislaufinstabilität kontraindiziert. Im Zweifelsfall mit dem verantwortlichen Arzt besprechen, ob der Patient in überdrehte Seiten- oder Bauchlagerung gebracht werden soll oder nicht.

Komplikationen der 135°Seiten- und Bauchlagerung

Sowohl die überdrehte Seiten- als auch die Bauchlagerung sind mit zahlreichen Komplikationen behaftet, daher muss ihr Einsatz bei jedem Patienten immer sorgfältig gegen den Nutzen abgewogen werden. Insgesamt sind die Komplikationen bei reiner Bauchlagerung ausgeprägter als bei 135°-Seitenlagerung (geringere Variationsmöglichkeiten, erhöhte Dekubitusinzidenz am Kopfbereich, ausgeprägtere Gesichtsödeme und eingeschränktere Beobachtungsmöglichkeit bei der Bauchlagerung), daher wird auf vielen Intensivstationen primär die 135°-Seitenlagerung verwendet und nur in ausgewählten Fällen die Bauchlagerung. Die 135°-Seitenlagerung bietet zusätzlich den Vorteil, dass der Patient im Bedarfsfall rascher zurück auf den Rücken gelagert werden kann. Die Lagerung des Kopfes ist erleichtert, ebenso die Pupillenkontrolle und das endotracheale Absaugen, das Abdomen kann leichter entlastet werden.

Mögliche Komplikationen sind:

- Dislokation diverser Zu- und Ableitungen während der Umlagerung
- Druckläsionen an Mamillen, Kopf, Knie und Füßen
- Reflux oder Regurgitation von Mageninhalt
- Verlegung der Atemwege infolge der Sekretmobilisation
- Ausgeprägte Ödeme im Gesicht, insbesondere in der Augenregion.

Die Umlagerung in 135°-Seiten- oder Bauchlage kann beim beatmeten Patienten zu einer (vorübergehenden) Verschlechterung der Herz-Kreislaufverhältnisse sowie des Gasaustausches führen. Die Verschlechterung der Situation tritt meist unmittelbar nach der Umlagerung auf, ist von Patient zu Patient unterschiedlich ausgeprägt und hält unterschiedlich lange an (oft 15 – 20 Min., dann langsame kontinuierliche Verbesserung). Nicht selten ist die Zustandsverschlechterung so ausgeprägt, dass sie nicht mehr toleriert werden kann. Dann muss der Patient rasch zurück in die Ausgangsposition gebracht werden. Deshalb bei und unmittelbar nach der Umlagerung in 135°-Seiten- bzw. Bauchlage den Patienten genau überwachen und immer darauf gefasst sein, den Patienten notfalls rasch zurück zu drehen.

Sowohl die 135°-Seiten- als auch die Bauchlagerung erfordern i. d. R. eine gute Analgosedierung, da sie ansonsten vom Patienten kaum toleriert werden können.

Durchführung der 135°-Seitenlage

Im Folgenden ist die Umlagerung des Patienten vom Rücken in die 135°-Seitenlage links beschrieben (➤ Abb. 8.13a-i). Bei der 135°-Seitenlage rechts wird analog zur anderen Seite hin gearbeitet. Die Pflegenden gehen wie folgt vor (allgemeine vorbereitende Maßnahmen ➤ oben):

- Ggf. oralen Endotrachealtubus umlagern (allgemeine Maßnahmen vor einer Umlagerung ➤ oben)
- Lagerungshilfsmittel bereitlegen (Bettdecke, längs aufgerollt; alternativ 2 – 3 Lagerungskissen, ggf. Material zum Lagern und Polstern des Kopfes)
- Patienten in Rückenlage ganz an den Rand des Bettes legen (auf die Seite des Bettes, die der Seite gegenüberliegt, zu der hin der Patient gedreht werden soll, also im Beispiel an die rechte Bettkante zur 135°-Links-Seitenlage)
- Längs aufgerollte Bettdecke (bzw. Lagerungskissen) auf die frei gewordene Bettseite legen
- Patienten leicht zur Seite drehen (im Beispiel auf die rechte Seite) und den linken Arm unter den Körperstamm schieben. Liegt an diesem Arm eine Zu- oder Ableitung, z. B. eine arterielle Kanüle, für sichere Fixierung und zugfreie Lagerung während des Umlagerns sorgen. Ggf. vorher zusätzliche Infusionsverlängerung einbauen
- Patienten vorsichtig auf die linke Seite drehen
- Auf „halber Strecke", also in ca. 90°-Seitenlage, EKG-Elektroden auf dem Rücken anbringen, EKG-Kabel vom vorderen Brustkorb entfernen und auf den Elektroden am Rücken befestigen, Elektroden vom vorderen Brustkorb entfernen
- Patienten auf die aufgerollte Bettdecke drehen (diese stabilisiert den Patienten in der gewünschten Position). Dabei wird der unten liegende Arm wieder frei. Unten liegende Schulter etwas nach hinten lagern, so dass der Patient auf dem Brustkorb aufliegt. Ggf. auch das Becken etwas nach hinten ziehen. Unten liegenden Arm frei lagern
- Kopf zur oben liegenden Körperseite drehen. Ggf. kleines Kissen oder individuell angefertigtes Polstermaterial zum Lagern des Kopfes verwenden. Wichtig:
  - Auf das unten liegende Auge darf kein Druck ausgeübt werden
  - Kontrollieren, dass unten liegendes Ohr frei liegt bzw. nicht abgeknickt ist
- Oben liegenden Arm neben dem Gesicht und komplett unterpolstert lagern, Hand liegt neben dem Kopf. Unten liegenden Arm parallel zum Körperstamm lagern mit leichter Innenrotation ggf. polstern, z. B. bei peripheren Venenverweilkanülen am Handrücken
- Das oben liegende Bein in physiologischer Mittelstellung auf der aufgerollten Bettdecke bzw. einem Lagerungskissen lagern. Unten liegendes Bein kann gestreckt oder leicht angewinkelt gelagert werden. Die Fußgelenke im rechten Winkel lagern.

Durchführung der Bauchlagerung

Bei der Umlagerung in Bauchlage wird der Patient über die 90°-Seitenlage auf den Bauch gedreht. Meist ist es sinnvoll, den Patienten über die zum Respirator hin gewandte Seite auf den Bauch zu drehen, weil dabei weniger Zug auf die Beatmungsschläuche ausgeübt wird. Ist dies unerheblich, z. B. weil der Respirator am Kopfende des Bettes positioniert ist, drehen die Pflegenden den Patienten über die Seite mit weniger Verletzungen (z. B. bei traumatologischen Patienten) bzw. weniger Zu- und Ableitungen.

Beim Umlagern des Patienten von Rücken- in Bauchlage gehen die Pflegenden wie folgt vor (allgemeine Maßnahmen vor einer Umlagerung oben):

- Ggf. oralen Endotrachealtubus umlagern (➤ 8.4.2)
- Lagerungshilfsmittel bereitlegen (3 Lagerungskissen, jeweils eines für Thorax, Becken und Unterschenkel; zur Lagerung des Kopfes ein kleines Kissen, einen speziellen Kopfring oder individuell angefertigtes Lagerungsmaterial)
- Patienten in Rückenlage zunächst ganz auf eine Seite des Bettes legen

Durchführung der 135°-Seitenlage (Abb. 8.13 a–i)

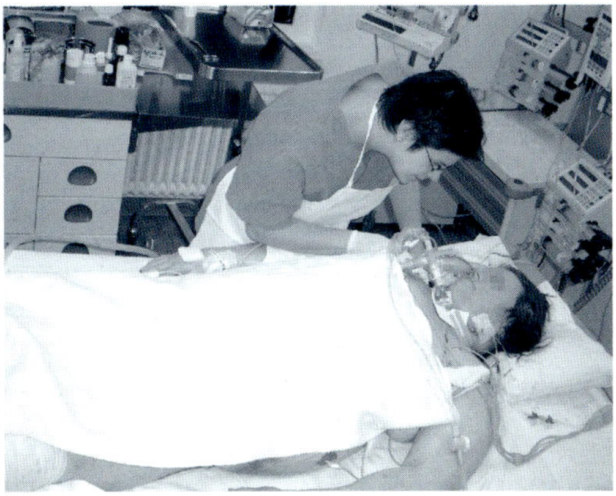

Abb. 8.13a Die Pflegende informiert die Patientin über die bevorstehende Lagerungsmaßnahme (hier 135°-Seitenlage links). [M251]

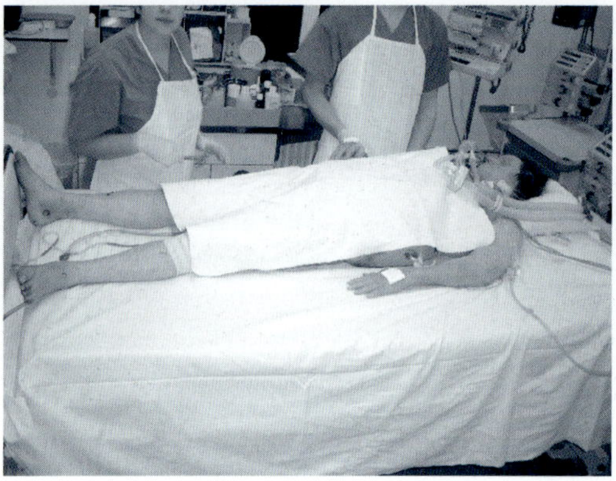

Abb. 8.13b Die Pflegenden lagern die auf dem Rücken liegende Patientin an den rechten Bettrand. [M251]

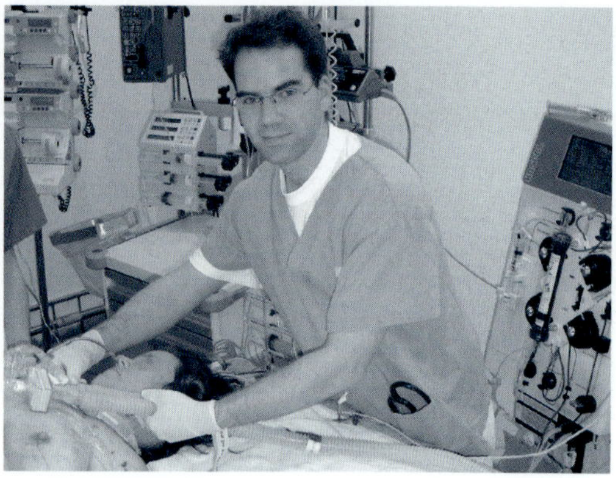

Abb. 8.13c Eine Person – hier der Arzt – steht am Kopfende und übernimmt die Sicherung der „lifelines" (insbesondere Trachealkanüle und Beatmungsschläuche). [M251]

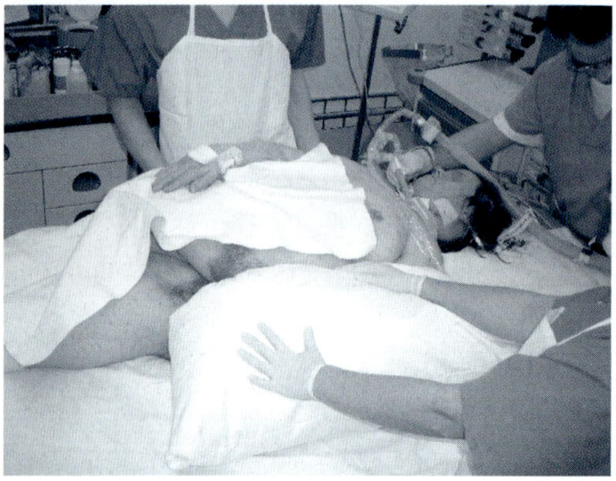

Abb. 8.13d Neben die Patientin wird ein Lagerungskissen gelegt. [M251]

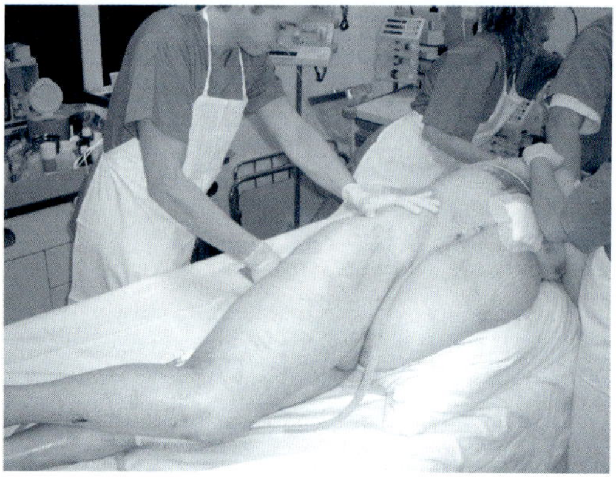

Abb. 8.13e Die Pflegenden bringen die Patientin in Seitenlage. … [M251]

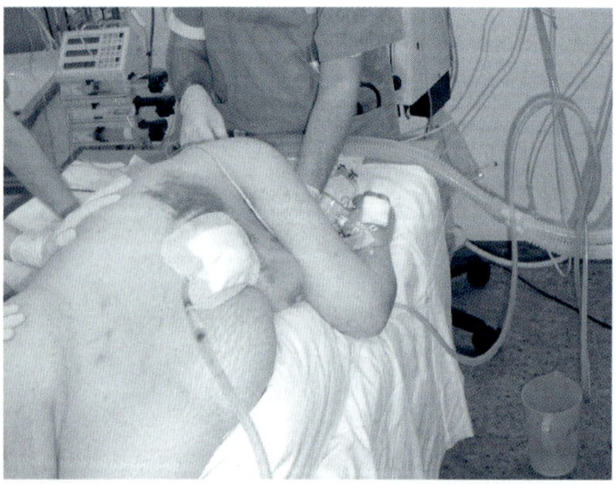

Abb. 8.13f … und drehen sie auf das Lagerungskissen. [M251]

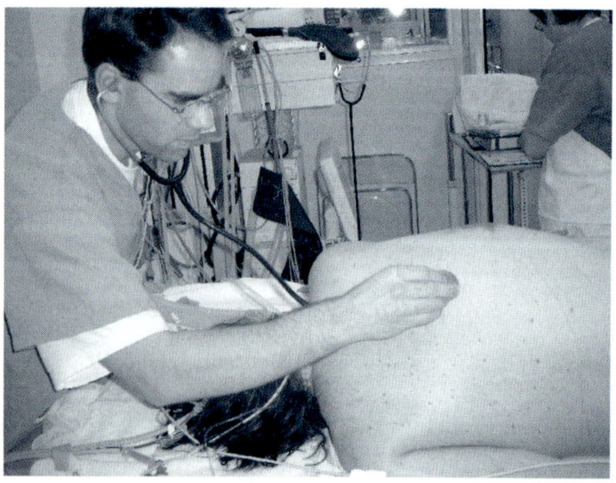

Abb. 8.13g Auskultation der Lunge (seitengleiche Belüftung?) [M251]

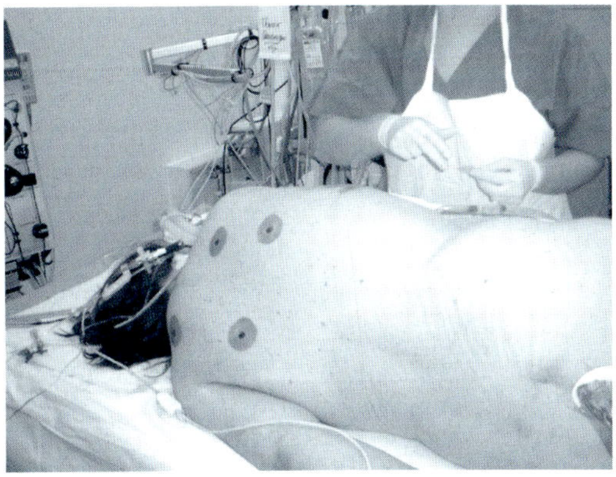

Abb. 8.13h EKG-Elektroden am Rücken neu anbringen, EKG-Kabel befestigen und Elektroden am Brustbereich entfernen. [M251]

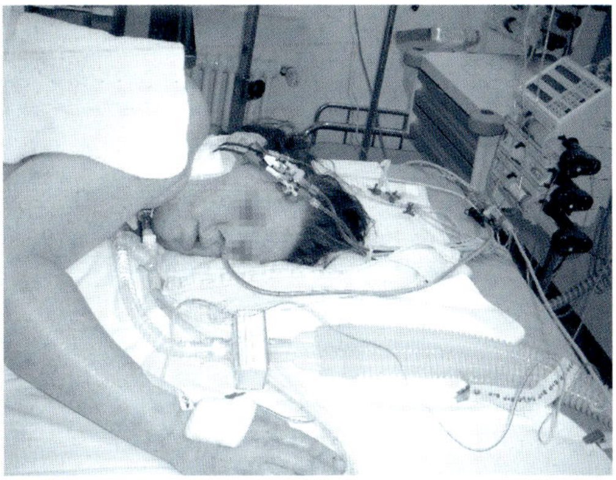

Abb. 8.13i Den Kopf so lagern, dass auch auf das untere Auge kein Druck ausgeübt wird. Sicherstellen, dass unten liegendes Ohr nicht geknickt ist und frei bzw. weich gepolstert liegt. [M251]

- Patienten leicht zur Seite drehen (von der Seite abgewandt, über die der Patient gedreht wird) und den Arm unter den Körperstamm schieben. Vorsicht: Befinden sich an diesem Arm Zu- oder Ableitungen, z. B. eine arterielle Kanüle, für sichere Fixierung und zugfreie Lage während der Umlagerung sorgen
- Lagerungskissen für Thorax- und Beckenbereich quer vor Brustkorb bzw. Becken legen
- Patienten zunächst in 90°-Seitenlage bringen. EKG-Elektroden auf dem Rücken anbringen, EKG-Kabel daran befestigen und EKG-Elektroden vom Brustkorb entfernen
- Patienten auf den Bauch und damit gleichzeitig auf die Lagerungskissen drehen. Diese sollen so liegen, dass Brustkorb und Becken etwas erhöht gelagert sind, so dass das Abdomen frei liegt. Dadurch soll verhindert werden, dass Druck auf das Abdomen ausgeübt und dadurch das Zwerchfell nach oben gedrückt wird, was die Beatmung erschweren würde
- **Kopf** so lagern, dass kein Druck auf Augen oder Nase ausgeübt wird. Möglichkeiten:
  - Lagerung des Kopfes wie bei der 135°-Seitenlagerung (oben)
  - Lagerung des Kopfes ohne Seitwärtsdrehung, d. h. mit dem Gesicht nach unten. Dabei dann mit entsprechendem Lagerungs- bzw. Polstermaterial das Gesicht frei lagern. Manche Spezialbetten (➤ 8.6.5) verfügen über spezielle Kissen im Kopfbereich (Kissen mit Aussparungen im Gesichtsbereich), die eine freie Lagerung des Gesichts ermöglichen, oder bieten die Möglichkeit, die oberen Luftkissen bzw. Matratzenteile zur Bauchlagerung zu entfernen bzw. zu entlüften
- Die **Arme** können entweder angewinkelt gelagert werden (Schultergelenk in physiologischer Mittelstellung, Ellenbogen angewinkelt, Hände liegen mit der Handfläche nach unten neben oder oberhalb des Kopfes) oder gestreckt parallel zum Körperstamm liegen (Handflächen liegen nach oben neben bzw. unterhalb des Beckens). Vielfach ist es üblich, bei Patienten deren Bauchlagerung längerfristig beibehalten wird (oft 6 – 10 Stunden) die Lagerung der Arme etwa alle 2 Stunden zu ändern
- Die **Beine** so lagern, dass kein Druck auf die Kniescheiben und die Zehen ausgeübt wird. Dazu Lagerungskissen keilförmig formen, mit der dünnen Seite zu den Knien und mit der dicken Seite zu den Füßen hin unter die Unterschenkel legen. Dadurch liegen Kniescheiben und Zehen frei. Während einer mehrstündigen Bauchlagerung empfiehlt es sich, die Position der Beine bzw. des Beckens etwa alle 2 Stunden zu variieren.

Eine Variante dieses Vorgehens ist die Bauchlagerung unter Zuhilfenahme von zwei Leintüchern **(„Zwei-Leintuch-Methode“).** Dabei wird wie oben beschrieben vorgegangen, Besonderheiten sind:

- Alle Drainagen, Katheter etc. längs des Patienten anordnen
- Das Leintuch, auf dem der Patient liegt, an den Längsseiten zum Patienten hin aufrollen

8

- Patienten mit einem zusätzlichen Leintuch, das von oben bis zu den Schultern des Patienten eingerollt ist, zudecken
- Die Pflegenden (2 – 3) stehen auf einer Seite des Bettes. Sie greifen jeweils mit einer Hand unter den Patienten (unter dem Leintuch) und einer über den Patienten (damit wird das zusätzliche Leintuch festgehalten). Dann ziehen sie den Patienten zu sich her und bringen ihn in 90°-Seitenlage
- Dann den Patienten auf das zusätzliche Leintuch kippen und mit Hilfe dessen den Patienten in Bauchlagerung bringen.

Während der 135°-Seiten- und der Bauchlagerung:
- Lagerung und insbesondere Position des Kopfes stündlich kontrollieren und auf Druckschädigungen hin inspizieren
- Arme umlagern (alle 1 – 2 Stunden)
- Beatmung engmaschig überwachen (vor allem zu Beginn der Lagerung).

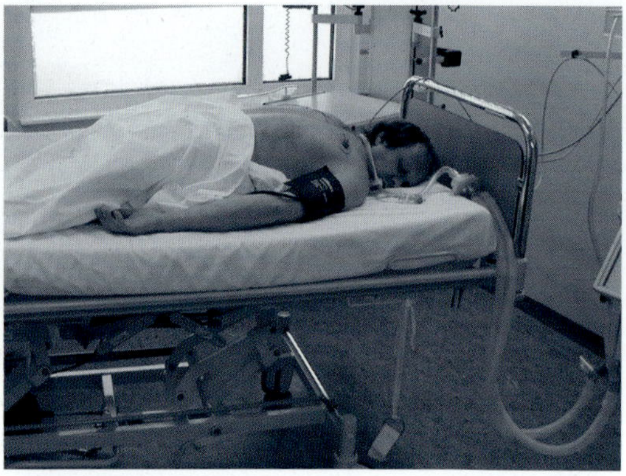

Abb. 8.14 Bauchlagerung. Lagerung mit seitwärts gedrehtem Kopf. [M251]

Weichlagerung: Matratzenauflagen, Spezialmatratzen und Spezialbetten zur Dekubitusprophylaxe bzw. -therapie

Ist der beatmete Patient besonders dekubitusgefährdet oder ist bereits ein Dekubitus entstanden und darf der Patient *nicht* regelmäßig umgelagert werden, z. B. wegen instabilem Thorax oder massiv erhöhtem Hirndruck (➤ 5.8.2), kommt eine **Weichlagerung** in Form von speziellen luftgefüllten Matratzenauflagen, Spezialmatratzen oder Spezialbetten zur Anwendung.

- Luftgefüllte **Matratzenauflagen**, z. B. First Step® Plus/HD von KCI-Mediscus, werden auf der Matratze des Bettes befestigt. Die Matratzenauflage wird über ein Gebläse mit Luft gefüllt und – bei manchen Modellen – auch kontinuierlich mit Luft durchströmt und erwärmt. Der Druck in der Matratze ist variabel einstellbar. Wirkungsweise: Druckgefährdete Körperareale sinken tiefer in die Matratzenauflage ein, dadurch verteilt sich der Auflagedruck gleichmäßig über die gesamte Aufliegefläche, d. h. Auflagedruck und damit Durchblutung der Haut sind an jeder Stelle der Aufliegefläche gleich. Damit kann einer Dekubitusentstehung vorgebeugt bzw. die Heilung eines bereits bestehenden Dekubitus gefördert werden. Matratzenauflagen können i. d. R. nur für Patienten bis ca. 90 kg Körpergewicht eingesetzt werden. Bei schwereren Patienten müssen spezielle Matratzenauflagen, z. B. First Step® Heavy Duty, oder Spezialmatratzen verwendet werden
- Luftgefüllte **Spezialmatratzen** werden anstelle der normalen Matratze ins Intensivpflegebett eingelegt. Ihre Wirkungsweise entspricht der von luftgefüllten Matratzenauflagen. Manche Spezialmatratzen bieten zusätzliche Optionen, z. B. eine vom unteren ans obere Bettende durchlaufende Pulsation zum Zweck der Thromboseprophylaxe (etwa TheraKair™ von KCI-Medical)
- **Spezialbetten** kommen zum Einsatz bei Patienten mit bereits entstandenen Dekubitalulzera sowie bei speziellen Krankheitsbildern, z. B. instabile Wirbelsäule, Z. n. Hauttransplantation oder großflächiger Verbrennung an Rücken und Gesäß. Unterschieden werden:
  - Einfache **Luftkissenbetten** (Low-Flow-Betten oder Low Air Loss Systeme), z. B. das Monarch® -Bett oder TheraPulse®. Diese bestehen aus Luftkissen, die in einen Bettrahmen eingesetzt sind. Jeweils 3 – 5 Luftkissen bilden ein farblich markiertes Segment, innerhalb dessen der Luftdruck variabel eingestellt werden kann
  - **Air-Fluidised-Betten**, z. B. das Clinitron®- oder das Redactron®-Bett. Diese bestehen aus einer Wanne mit lose eingespanntem Filtertuch, unter dem kontinuierlich oder im Intervall feiner Quarzsand bzw. Mikroglaskugeln aufgewirbelt wird

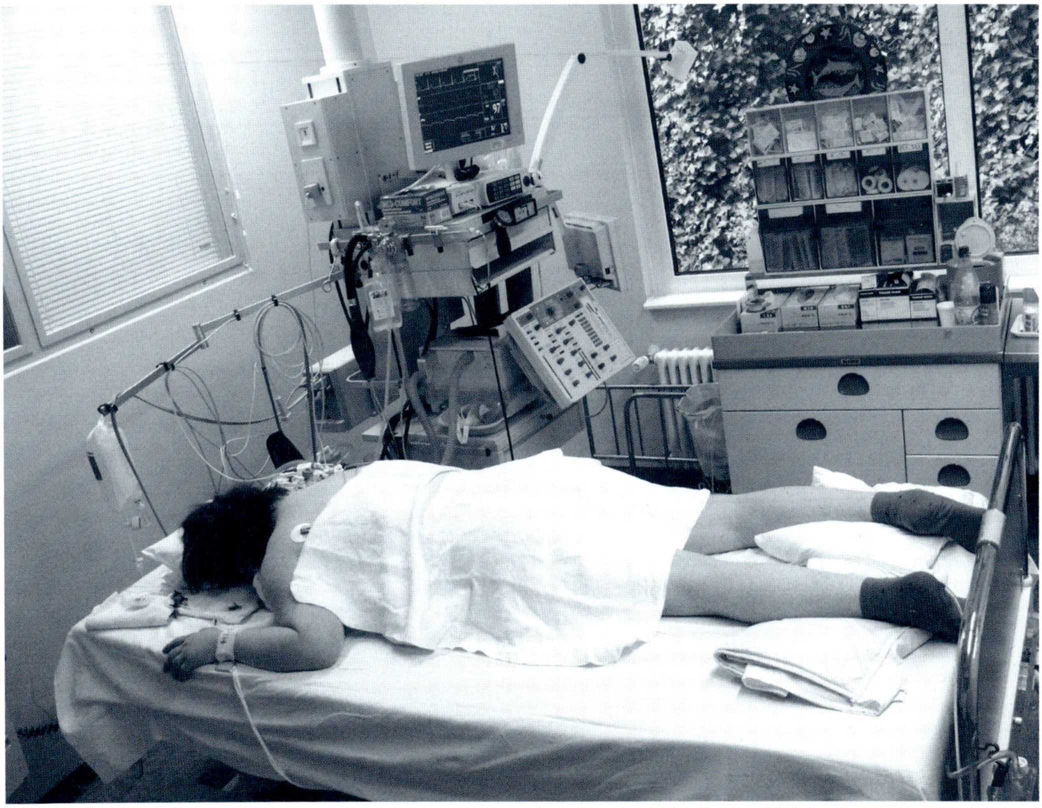

Abb. 8.15 Bauchlagerung. Lagerung mit Gesicht nach unten. [M251]

- **Betten zur kinetischen Therapie** (kontinuierliche laterale Rotationstherapie, KLRT), z. B. RotoRest®, Respicar®-, Pulmonair®- oder Century SS®-Bett. Details kinetische Therapie ➤ 8.6.5
- **Stryker-Betten** (Drehbetten). Dies sind spezielle Betten, die z. B. bei Patienten mit instabiler Wirbelsäule (z. B. wegen Wirbelfraktur) zum Einsatz kommen. Stryker-Betten ermöglichen den regelmäßigen und sehr schonenden Lagewechsel von Rücken- in Bauchlage bzw. umgekehrt.

Vor- und Nachteile der Weichlagerung

Vorteile, Nachteile und Komplikationen von Betten zur kinetischen Therapie ➤ 8.6.5

Dem **Hauptvorteil,** der sehr effizienten Druckentlastung (i. d. R. gleichzeitig Indikation zum Einsatz eines Spezialbettes), stehen zahlreiche **Nachteile** gegenüber:

- Spezialbetten sind in aller Regel sehr schwer und daher auch nur sehr eingeschränkt (Luftkissenbetten) bzw. gar nicht (Air-Fluidised-Betten) zu bewegen. Zu Transporten (➤ 8.9) muss der Patient daher meist in ein normales Intensivpflegebett umgelagert werden
- Der Patient befindet sich in den genannten Spezialbetten in einer Art „Schwebezustand“, da der normalerweise an einigen Körperstellen spürbare Aufliegedruck entfällt. Dadurch verändert sich das Empfinden für den eigenen Körper, d. h. der Patient spürt nicht mehr, wie er liegt und verliert dadurch die räumliche Orientierung, was auch zu Verwirrungszuständen führen kann
- Durch die Weichlagerung werden selbständige Bewegungen des Patienten eingeschränkt, zum einen durch die reduzierte Körperwahrnehmung (oben), zum andern dadurch, dass dem Patienten keine festen Flächen zum Abstützen zur Verfügung stehen

- Die Betten sind sowohl in der Anschaffung als auch im Gebrauch sehr teuer, deshalb werden sie von den Kliniken in aller Regel nicht gekauft, sondern im Bedarfsfall von der Herstellerfirma geliehen. Die Mitarbeiter der Firma übernehmen auch das Aufstellen des Bettes auf der Station sowie die Einstellung für den Patienten
- Bei manchen Spezialbetten ist die Oberkörperhochlagerung des Patienten schwierig (z. B. Clinitron®-Bett) und zusätzliche Lagerungshilfsmittel müssen zum Einsatz kommen. Auch die Mobilisation des Patienten ist bei manchen Modellen erschwert, vor allem wegen der relativ hohen und an manchen Betten kaum oder gar nicht verstellbaren Arbeitshöhe
- Das Gebläse erzeugt ein kontinuierliches Geräusch, das vielfach als sehr unangenehm empfunden wird
- Der ständige trockene Luftstrom kann ein Austrocknen der Haut bewirken.

Wegen der genannten Nachteile soll die Weichlagerung nur solange wie unbedingt nötig eingesetzt und baldmöglichst gegen eine feste Matratze ausgetauscht werden.

Die meisten Spezialbetten verfügen über einen integrierten Akku, der im Fall eines Stromausfalls bzw. der Notwendigkeit eines Transports den Weiterbetrieb des Bettes ermöglicht.

Reanimation in Luftkissen- oder Air-Fluidised-Betten

Luftkissenbetten verfügen über auffällig gekennzeichnete Hebel zur Notfallentlüftung. Werden diese betätigt, werden sämtliche Luftkissen schlagartig entlüftet und der Patient kommt auf der harten Unterlage des Bettes zu liegen. Vorsicht: Durch die Notfallentlüftung sinkt der Patient sehr rasch um ca. 30 – 50 cm (je nach Dicke und Füllungszustand der Luftkissen) ab. Dadurch können der Tubus bzw. die Trachealkanüle sowie andere Zu- oder Ableitungen (z. B. der ZVK) unter Zug geraten und schlimmstenfalls herausgezogen werden. Bei *Air-Fluidised-Betten* entsteht durch Abschalten des Gebläses eine feste Unterlage.

Pflegemaßnahmen beim Einsatz von Spezialbetten

Maßnahmen beim Einsatz von Spezialbetten zur kinetischen Therapie *➤ 8.6.5*

Beim Einsatz von Spezialbetten ist zu beachten:

- Sicherstellen, dass die verantwortliche Pflegende die Funktionen des Bettes kennt (Einweisung laut MPG ➤ 10.1) insbesondere im Fall einer Reanimation das Bett rasch so einstellen kann, dass der Patient flach und hart liegt
- Zwischen der Aufliegefläche des Bettes und dem Bettlaken dürfen keine Gummiunterlagen oder ähnliche, luftundurchlässige Materialien liegen, da dies die Funktion des Bettes beeinträchtigt. Aus diesem Grund können i. d. R. nicht die klinikühlichen wasserundurchlässigen Saugunterlagen verwendet werden. Die Hersteller versorgen den Anwender meist mit speziellen luftdurchlässigen und saugfähigen Unterlagen
- Orientierende Berührungen sowie basal stimulierende Einreibungen können dazu beitragen, das durch den „Schwebezustand" verminderte Empfinden für den eigenen Körper wieder herzustellen
- Ein Austrocknen der Haut insbesondere im Aufliegebereich kann durch den warmen trockenen Luftstrom bedingt sein. Ggf. Pflegemaßnahmen zum Schutz vor weiterer Austrocknung ergreifen, z. B. Haut mit Wasser-in-Öl-Emulsion eincremen.

Spezialbetten tragen durch die effiziente Druckentlastung wesentlich dazu bei, dass Druckulzera vermieden werden bzw. gut abheilen können. Andere Komplikationen der Immobilität, z. B. eine Pneumonie, Kontrakturen oder eine Thrombose, können dagegen auch bei Patienten, die in Spezialbetten gelagert sind, entstehen. Daher ist es sehr wichtig, dass alle Patienten, die gelagert werden dürfen, auch im Spezialbett regelmäßig umgelagert werden.

8.3.2 Mobilisation des beatmeten Patienten

Zur **Mobilisation** zählen alle Maßnahmen, die der körperlichen Aktivierung und Bewegungsförderung des Patienten dienen, also beispielsweise auch das Bewegen des Patienten im Bett vom Fuß- zum Kopfende des Bettes hin. Im Pflegealltag der Intensivstation wird i. d. R. jedoch erst dann von Mobilisation gesprochen, wenn der Patient aus seinem Bett heraus bewegt oder zumindest an den Bettrand gesetzt wird.

8

Die Mobilisation eines beatmeten Patienten dient folgenden Zielen:
- Verbesserung der Beatmungssituation durch Vertiefen der Atmung und Optimieren des Ventilations-Perfusionsverhältnis (ist am besten im Stehen und aufrechten Sitzen)
- Dekubitus-, Kontrakturen-, Obstipations- und Thromboseprophylaxe
- Anregung der Sinne und Förderung der Körperorientierung
- Vermeidung bzw. Verbesserung der Atrophie (Rückbildung) des Bewegungsapparates (insbesondere der Muskulatur)
- Verbesserung der Schlafqualität und Steigerung des Appetits (von Patient zu Patient unterschiedlich stark ausgeprägt).

Darüber hinaus kann sich die Mobilisation positiv auf die Psyche des beatmeten Patienten auswirken: Viele beatmete Patienten empfinden die Mobilisation als sichtbaren Fortschritt der Behandlung. Dies mindert das Krankheitsgefühl, hebt das Selbstwertgefühl und macht Mut für die weitere Behandlung. Zudem ist es dem Patienten möglich, seine Umgebung einmal aus einer neuen („normalen") Perspektive wahrzunehmen.

Ob und wie ein beatmeter Patient mobilisiert werden darf, hängt immer von seiner Grunderkrankung und dem aktuellen Zustand ab. In aller Regel besprechen die Pflegenden mit dem zuständigen Arzt, wann ein Patient erstmals mobilisiert wird. Verläuft diese erste Mobilisation problemlos, führen die Pflegenden weitere regelmäßige Mobilisationen eigenverantwortlich durch, sofern sich der Allgemeinzustand des Patienten nicht gravierend ändert.

Vorbereitung der Mobilisation

Grundvoraussetzung zur Mobilisation eines beatmeten Patienten sind stabile Herz-Kreislauf-Verhältnisse, d. h. die Pflegenden beobachten Puls und Blutdruck des Patienten vor einer geplanten Mobilisation und verschieben die Maßnahme ggf., wenn gravierende Veränderungen der Herz-Kreislauf-Situation eintreten. Die weitere Vorbereitung der Mobilisation umfasst:
- Mobilisation zeitlich planen, d. h. sinnvoll in den pflegerischen Ablauf integrieren, ggf. Rücksprache mit dem Arzt, um Überschneidungen mit geplanten diagnostischen oder therapeutischen Maßnahmen zu vermeiden
- Patienten informieren, ihm (insbesondere bei der ersten Mobilisation) Sinn und Ablauf der Maßnahme erklären, ggf. demonstrieren (ihm beispielsweise den Stuhl zeigen, auf dem er sitzen kann). Wenn möglich und sinnvoll auch den Zeitpunkt der Mobilisation mit dem Patienten besprechen, um die Maßnahme dann durchzuführen, wenn der Patient sich „fit" fühlt
- Rücksprache mit den Kollegen: Zur Mobilisation des beatmeten Patienten werden mindestens zwei, je nach Situation des Patienten auch mehr Pflegende benötigt
- Geeignete Mobilisations-Hilfsmittel (z. B. Krankenlifter, Halte- bzw. Transfergurt, Drehscheibe, Bettleiter) sowie Stuhl, Sessel o. Ä. für den Patienten auswählen und bereitstellen (i. d. R. werden spezielle fahrbare Mobilisationsstühle eingesetzt, die vielfältig verstellbar sind). Hilfsmittel ggf. zuvor auf Funktionsfähigkeit prüfen
- Ggf. Antithrombosestrümpfe anziehen oder Beine wickeln, eventuell auch weitere Kleidung, z. B. Schlafanzughose, anziehen. Hausschuhe des Patienten (feste Schuhe, in denen der Patient sicher steht) bereitstellen. Evtl. benötigte weitere Kleidungsstücke, z. B. Bademantel, bzw. eine leichte Decke bereitlegen
- Fixierung aller Zu- und Ableitungen sicherstellen (insbesondere Tubus bzw. Trachealkanüle). Nicht unbedingt benötigte Zu- oder Ableitungen können eventuell abgestöpselt werden, z. B. Magensonde oder peripher-venöser Zugang
- Wäsche zum Beziehen des Patientenbettes bereithalten.

Durchführung der Mobilisation

Zu Beginn besprechen die Pflegenden den Ablauf der Mobilisation und klären, wer für das Sichern von Tubus bzw. Trachealkanüle und Beatmungsschläuchen verantwortlich ist.

Vorgehen bei der **Mobilisation ohne Hilfsmittel** vom Bett auf einen Stuhl (➤ Abb. 8.17):
- Händedesinfektion und Anlegen von Einmalschürzen und ggf. auch Einmalhandschuhen
- Beatmungsschläuche aus der Halterung nehmen und sicherstellen, dass während der Mobilisation kein Zug auf die Beatmungsschläuche und damit auf Tubus bzw. Trachealkanüle ausgeübt wird.

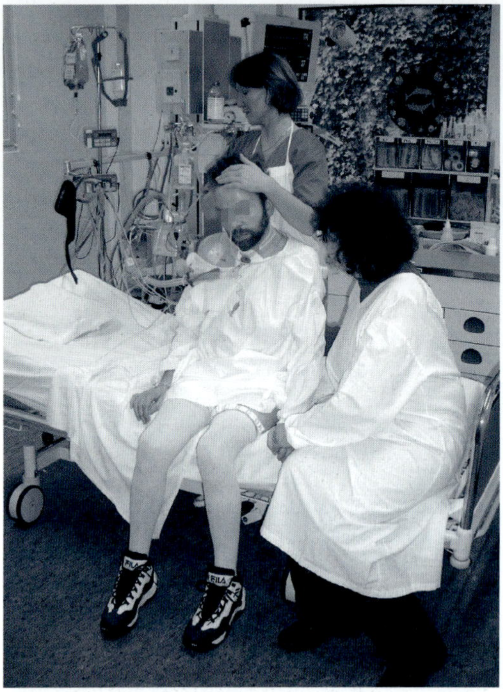

Abb. 8.16 Beatmeter Patient am Bettrand. [M251]

Tipp: Mit der Hand, die den Kopf des Patienten hält, zuerst durch das Y-Stück der Beatmungsschläuche greifen – diese liegen dann auf dem Unterarm – und mit der Hand den Kopf des Patienten stützen

- Patienten an die Bettkante setzen, nach den Regeln des rückenschonenden Arbeitens sowie kinästhetischen Gesichtspunkten. Wichtig: Der Patient sollte dabei festen Boden unter den Füßen haben (ggf. Betthöhe entsprechend verändern oder Schemel o. Ä. unterstellen). Falls nicht bereits geschehen, dem Patienten feste Schuhe anziehen
- Beobachten, wie der Patient den Lagewechsel verkraftet. Wenn möglich Patienten nach seinem Befinden fragen. Fühlt der Patient sich wohl und sind die Kreislaufverhältnisse stabil, kann weiter mobilisiert werden
- Dem Patienten helfen, sich kurz vor das Bett zu stellen, sich etwas zu drehen und in den bereitgestellten Stuhl zu setzen. Wurde der Patient bereits mehrfach mobilisiert bzw. fühlt er sich kräftig genug, kann er mit Unterstützung der Pflegenden einige Schritte auf der Stelle bzw. neben dem Bett gehen (dabei darauf achten, dass Zu- und Ableitungen nicht unter Zug geraten)
- Patienten im Stuhl bequem positionieren und sicherstellen, dass er nicht zur Seite oder nach vorn kippen kann. Alle Zu- und Ableitungen übersichtlich und zugfrei positionieren, insbesondere Beatmungsschläuche. Kontinuierliche Überwachung sicherstellen (mindestens EKG, Blutdruck, Beatmungsparameter und Sauerstoffsättigung) und – vor allem bei den ersten Mobilisationen – den Patienten während des Sitzens genau beobachten und öfters nach seinem Befinden fragen. Meist kann der Patient anfangs gerade so lange auf dem Stuhl sitzen, bis sein Bett frisch bezogen ist. Später können die Mobilisationsphasen je nach Zustand und Wunsch des Patienten auf 1–2 Stunden ausgedehnt werden. Dann sorgen die Pflegenden dafür, dass der Patient sich bei Bedarf melden (Klingel in Reichweite) und evtl. – entsprechend seinen Bedürfnissen und Möglichkeiten – beschäftigen kann, z. B. Lesen, Musik hören oder Fernsehen
- Bei problemlosem Ablauf erfolgt der Transfer zurück ins Bett in umgekehrter Reihenfolge.

Beim Einsatz von speziellen Mobilisationsstühlen, z. B. Mobilisations-Reharollstuhl Thekla II, kann der Patient in Rückenlage vom Bett auf den in Liegeposition eingestellten Mobilisationsstuhl umgelagert werden. Anschließend wird dann die gewünschte Sitz- oder Stehbrettposition eingestellt.

Den Patienten nicht überfordern

Treten während einer Mobilisation Zeichen einer Kreislaufschwäche oder eines drohenden Kreislaufkollaps auf, z. B. Schwindel, Übelkeit, Hypotonie, starkes Schwitzen, extrem blasse Haut oder Zyanose, helfen die Pflegenden dem Patienten, sich zügig zurück ins Bett zu legen.
Vor allem bei den ersten Mobilisationen überschätzen manche Patienten ihre Kraft. Sie reicht dann (trotz Unterstützung durch die Pflegenden) manchmal nicht mehr aus, um vom Stuhl aufzustehen und zurück ins Bett zu gelangen. Hier kann es dann hilfreich sein, für den Transfer zurück ins Bett Hilfsmittel einzusetzen, z. B. einen Patientenlifter. Damit kann vermieden werden, dass der Patient sich überanstrengt und Angst vor der nächsten Mobilisation hat bzw. diese ablehnt. Ist der Einsatz eines Patientenlifters zum Rücktransfer ins Bett absehbar, ist es – je nach Ausführung der Tragevorrichtung – evtl. sinnvoll, die entsprechenden Tragetücher schon auf dem Stuhl zu platzieren bevor der Patient hineingesetzt wird, dies erspart späteres mühsames Unterschieben der Tragetücher.

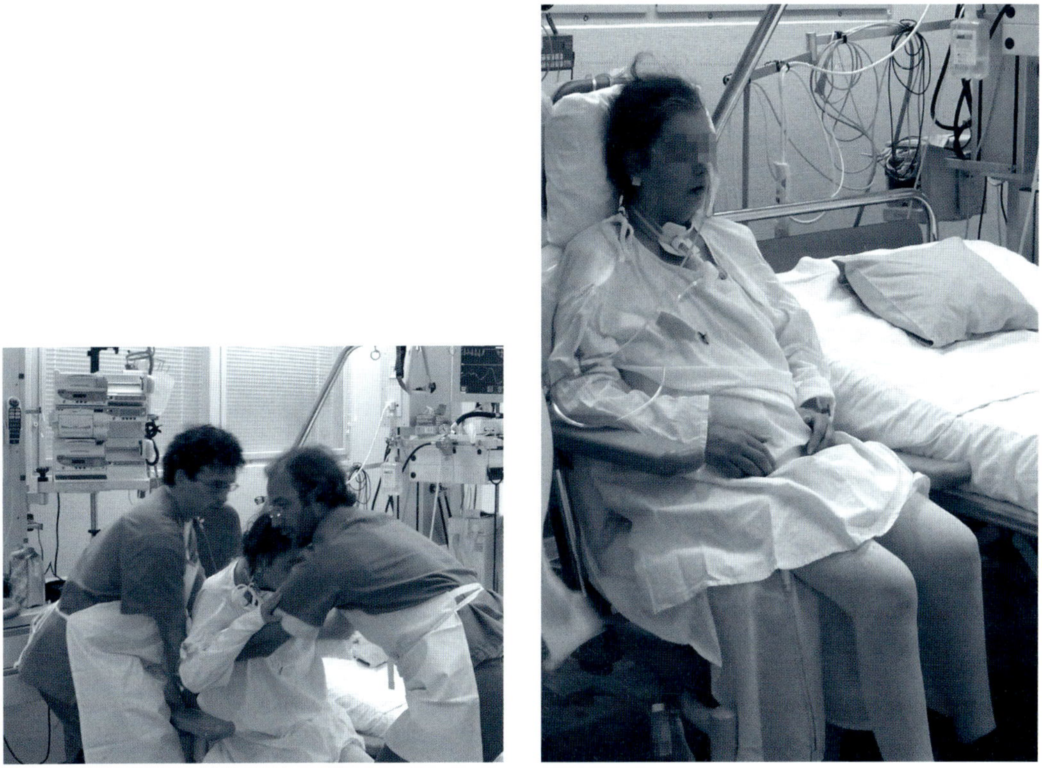

Abb. 8.17a links: Mobilisation einer beatmeten Patientin: Der Pfleger auf der rechten Seite stützt die Patientin von vorn (seine Arme sind unter den Achseln der Patientin durchgeführt und stützen ihren Rücken und die Schultern, seine Knie sind direkt vor denen der Patientin positioniert, dies stabilisiert ihre Beine), der Pfleger links stützt das Becken der Patientin von hinten ab. [M251]
Abb. 8.17b rechts: Neben vielen anderen Vorteilen verschafft die Mobilisation der beatmeten Patientin die Möglichkeit, ihre Umgebung aus einer neuen, „normalen" Perspektive zu betrachten. [M251]

Nach dem Transfer zurück ins Bett sorgen die Pflegenden dafür, dass der Patient bequem gelagert ist und sich ausruhen kann. Zudem kontrollieren sie die Lage und sichere Fixierung von Tubus bzw. Trachealkanüle und Beatmungsschläuchen, reaktivieren evtl. unterdrückte Alarme und schließen evtl. zuvor abgestöpselte Zu- oder Ableitungen wieder an.

8.4 Pflege bei oraler und nasaler Intubation

Sowohl die orale als auch die nasale Intubation erfordern besondere Pflegemaßnahmen, die dazu dienen, Schäden und Komplikationen durch den Tubus bzw. die Tubusfixierung zu vermeiden bzw. frühzeitig erkennen und behandeln zu können.

Manipulationen am Tubus können sehr unangenehm sein, Würge- und Hustenreiz auslösen. Daher bei Maßnahmen, die mit Manipulationen am Tubus verbunden sind, den Patienten angemessen informieren, vorsichtig aber zügig vorgehen und bei Bedarf nach Arztrücksprache Sedativa und/oder Analgetika verabreichen.

Endotracheales Absaugen ➤ 8.7

8.4.1 Cuffkontrolle

Cuff (Blockermanschette): Funktion, Formen, Cuffdruck ➤ 4.2.2

Beim intubierten Patienten wird der Cuff mehrmals täglich auf Dichtigkeit und Druck im Cuff kontrolliert, um sicherzustellen, dass der Cuff weder zu gering noch unnötig stark geblockt ist. Auf den meisten Intensivstationen ist es üblich den Cuffdruck jeweils zu Schichtbeginn zu prüfen.

Der Cuffdruck sollte grundsätzlich unter 25 cm H_2O gehalten werden. Ein anhaltend hoher Cuffdruck birgt die Gefahr von Schädigungen der Trachealschleimhaut und der Knorpelstrukturen der Trachea (auch ➤ 4.2.10).

Geräte zum Messen des Cuffdrucks

Zum Messen des Cuffdrucks stehen verschiedene Geräte zur Verfügung:

- *Manuelle Cuffdruckmesser* (➤ Abb. 8.18) werden überwiegend zur Cuffdruckkontrolle eingesetzt. Dabei handelt es sich um handliche Geräte, die über drei Funktionen verfügen:
  - Am Manometer kann der Cuffdruck abgelesen werden. An den meisten Geräten ist der Bereich, in dem der Cuffdruck nach Möglichkeit gehalten werden sollte („unproblematischer" Cuffdruck), grün, und der Bereich eines zu hohen Cuffdrucks rot gekennzeichnet
  - Über den Pumpballon kann der Cuff unter fortlaufender Cuffdruckkontrolle nachgeblockt werden
  - Ein seitlicher Hebel bzw. Schraubverschluss ermöglicht das Ablassen von Luft aus dem Cuff
- *Automatische Cuffdruckmesser* (z. B. Tracoe® cuff pressure control der Firma Servox oder Cuff Controller der Firma VBM, ➤ Abb. 8.18). Dies sind Geräte, die über einen Zuleitungsschlauch mit dem Cuff verbunden werden und den Cuffdruck kontinuierlich anzeigen. An den meisten Geräten wird der gewünschte Cuffdruck eingestellt, und das Gerät hält den gewünschten Cuffdruck automatisch aufrecht, ggf. durch Nachblocken bzw. Ablassen von Luft aus dem Cuff. Manche Geräte können auch atemsynchron blocken, d. h. einen höheren Druck in der Inspirationsphase und einen niedrigeren während der Exspiration erzeugen. Insgesamt sind diese Geräte wenig in Gebrauch, da sie vergleichsweise teuer sind und keine Auskunft über die Dichtigkeit des Cuffs geben.

Durchführung der Cuffkontrolle

Die Cuffkontrolle kann entweder mittels Einmalspritze und Cuffdruckmesser oder nur mit dem Cuffdruckmesser durchgeführt werden. Im Folgenden ist das Vorgehen mit Einmalspritze bzw. Cuffdruckmesser beschrieben:

- Patienten über die geplante Maßnahme informieren
- Falls nicht bereits im Rahmen vorhergehender Maßnahmen geschehen, Rachenraum gründlich absaugen
- Stethoskop etwa auf Höhe des Cuffs am Hals aufsetzen
- Cuffzuleitung abklemmen (bei Tuben ohne Ventil an Cuffzuleitung), Einmalspritze oder manuellen Cuffdruckmesser aufsetzen, Zuleitung öffnen
- Mittels Einmalspritze oder manuellem Cuffdruckmesser solange Luft aus dem Cuff ablassen bzw. aspirieren, bis der Cuff hörbar undicht ist (blubberndes Geräusch). Dann den Cuff vorsichtig blocken, bis das blubbernde Geräusch nicht mehr hörbar ist. Zur Sicherheit noch etwas Luft zugeben
- Cuffdruck messen. Beim Blocken mit Einmalspritze dazu die Cuffzuleitung abklemmen, Einmalspritze diskonnektieren, manuellen Cuffdruckmesser anschließen und Zuleitung öffnen. Cuffdruck ablesen
- Cuffzuleitung verschließen, manuellen Cuffdruckmesser entfernen
- Cuffdruck dokumentieren.

Dieses Vorgehen birgt die Gefahr einer Aspiration von über dem Cuff stehenden Sekret. Deshalb wird in vielen Kliniken der Cuff **nicht** bis zur hörbaren Undichtigkeit entblockt, sondern lediglich die Dichtigkeit und der Cuffdruck (muss im „grünen Bereich" sein) geprüft.

Spezielle Tuben mit Niederdruck-Cuff verfügen über eine integrierte Ausgleichsmöglichkeit für den Cuffdruck (z. B. Tuben mit Lanz-Ventil®, Brandt-Tubus®, Tubus mit Fome-Cuff®). Bei diesen Tuben muss jeweils nur die Dichtigkeit bzw. Funktionsfähigkeit des Cuffs, nicht jedoch der Cuffdruck kontrolliert werden (➤ 4.2.2).

Mögliche Ursachen eines hohen Cuffdrucks

Verschiedene Zustände können dazu führen, dass zum Blocken des Cuffs ein hoher Druck erforderlich (>25 cm H_2O) ist:

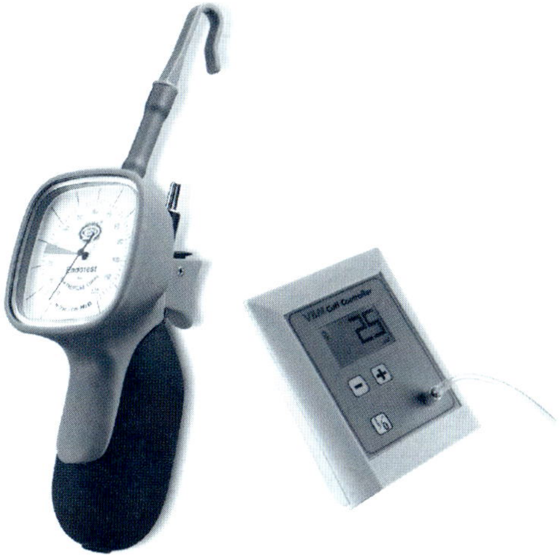

Abb. 8.18 Cuffdruck-Messgeräte. Links: Manueller Cuffdruckmesser Endotest (Fa. Rüsch). [U139] Rechts: Automatischer Cuffdruckmesser Cuff Controller (Fa. VBM). [V348]

- Der Tubus ist im Vergleich zur Trachea zu klein gewählt. Je geringer die Differenz zwischen Außendurchmesser des Tubus und Innendurchmesser der Trachea ist, um so geringer ist der notwendige Druck zum Blocken des Cuff
- Der Tubus ist nicht weit genug eingeführt bzw. ein Stück herausgerutscht und liegt mit dem Cuff in der Glottis. Notwendige Maßnahmen ➤ 4.2.10
- Die Trachea ist relativ groß, die Stimmritze verhältnismäßig eng, d. h. die Tubusgröße ist zwar richtig gewählt, zum Blocken des Cuffs ist jedoch ein relativ hoher Druck erforderlich.
- Wird bei einem Patienten postoperativ erstmals eine Cuffkontrolle durchgeführt, kann der Cuffdruck relativ hoch sein, weil im Rahmen einer Inhalationsanästhesie Lachgas in den Cuff diffundiert sein kann. Nach Entblocken und erneutem Blocken des Cuffs sollte der Cuff dann bei einem Cuffdruck < 25 cm H_2O dicht sein.

Mögliche Ursachen von Leckagen

Wird der Cuff, nachdem er korrekt geblockt wurde, im Verlauf immer wieder undicht (Respirator alarmiert dann meist untere AMV-Grenze oder untere Beatmungsdruckgrenze) oder lässt er sich gar nicht mehr abdichten, können folgende Störungen vorliegen:

- Der Kontrollballon (Pilotballon ➤ Abb. 4.5) oder die Cuffzuleitung ist undicht (Leckage). In diesem Fall muss der Tubus baldmöglichst ausgewechselt werden (Tubuswechsel ➤ 4.2.8). Um die Zeit bis zum Tubuswechsel zu überbrücken kann der Zuleitungsschlauch versuchsweise geschient werden. Dazu eine Plastikverweilkanüle (ohne Mandrin!) so in den Zuleitungsschlauch einführen, dass das defekte Schlauchstück abgedichtet ist. Ist ein vorübergehendes Abdichten auch damit nicht möglich, muss der Tubus bei beatmeten Patienten umgehend gewechselt werden
- Der Cuff (Blockermanschette) ist undicht. Auch in diesem Fall muss der Tubus beim beatmeten Patienten umgehend gewechselt werden (Tubuswechsel ➤ 4.2.8). Evtl. kann durch Erhöhung des Atemminutenvolumens oder Umstellen auf druckkontrollierte Beatmung eine kurzzeitige Leckagekompensation erreicht werden (Beatmungsmuster nur nach Rücksprache mit dem Arzt verändern)
- Kontrollballon, Cuffzuleitung und Cuff sind intakt, aber der Beatmungsdruck steigt kontinuierlich an. Dadurch kann Luft aus dem Tracheobronchialsystem am korrekt geblockten Cuff vorbei nach außen entweichen (typischerweise immer während der Inspiration). Ein Nachblocken des Cuffs dichtet diesen dann zunächst wieder ab. Steigt der Beatmungsdruck weiter an, kann es erneut zu Undichtigkeiten kommen. Ist der Anstieg des Beatmungsdrucks unabwendbar (beispielsweise durch die notwendige invasive Beatmung verursacht), muss der Cuff jeweils nachgeblockt, d. h. ein steigender Cuffdruck in Kauf genommen werden. Steigt der notwendige Cuffdruck dauerhaft über ca. 30 cmH_2O an, kann evtl. durch eine Änderung der Respiratoreinstellung Abhilfe geschaffen werden (z. B. Umstellen auf druckkontrollierte Beatmung).

Ein defekter Tubus muss so schnell wie möglich gewechselt werden, um den Patienten nicht unnötig zu gefährden!

8.4.2 Mundpflege bei oraler Intubation

Bei oraler Intubation ist die Mundpflege, bedingt durch den Tubus, zum einen deutlich erschwert und zum andern für den Patienten oft auch sehr unangenehm durch die mehr oder weniger starken Manipulationen am Tubus.

Wie bei anderen Schwerkranken so ist auch beim oral intubierten Patienten das Ziel der Mundpflege die Aufrechterhaltung bzw. Wiederherstellung einer physiologischen Mundflora, das Gesunderhalten von Zähnen und Zahnfleisch sowie die Soor- und Parotitisprophylaxe. Bereits entstandene Schädigungen, z. B. Infektionen der Mundschleimhaut, sollen behandelt werden.

Im Folgenden sind lediglich die speziellen Aspekte der Mundpflege beim oral intubierten Patienten beschrieben. Detaillierte Informationen zur Durchführung der Mundpflege sind der entsprechenden Pflegeliteratur zu entnehmen.

Die Mundpflege bei oraler Intubation umfasst das Absaugen von Sekret aus Mund und Rachen, die Inspektion und Reinigung der Mundhöhle (einschließlich Zahnpflege), die Spülung des subglottischen Raumes, die Umlagerung und Neufixierung des Tubus und die Lippenpflege. Diese „komplette“ Mundpflege wird auf den meisten Intensivstationen ca. zwei- bis dreimal täglich durchgeführt. Zwischendurch wird lediglich das Sekret aus dem Mund-Rachenraum abgesaugt und die Mundhöhle gereinigt (ohne Zähneputzen). Diese „kleine“ Mundpflege erfolgt auf den meisten Stationen etwa 2- bis 4-stündlich.

8

Im Folgenden sind Vorbereitung und Durchführung der „kompletten“ Mundpflege beschrieben.

Vorbereitung der Mundpflege

Die „komplette“ Mundpflege ist am einfachsten durchzuführen, wenn der Patient auf dem Rücken mit erhöhtem Oberkörper liegt. Die „kleine“ Mundpflege kann auch in Seitenlage vorgenommen werden.

- Insbesondere bei „kompletter“ Mundpflege Maßnahme mit anderen Pflegemaßnahmen abstimmen; Mundpflege beispielsweise nicht unmittelbar nach Verabreichung von Sondenkost durchführen, da Manipulationen am Tubus Würge- und Hustenreiz auslösen können und dadurch die Gefahr einer Regurgitation von Mageninhalt steigt
- Patienten informieren
- Materialien bereitlegen:
  - Einmalhandschuhe, evtl. saugfähige Unterlage
  - Mundpflegeutensilien, ggf. auch Zahnbürste des Patienten
  - Material zum Absaugen des Mund-Rachenraumes und zum endotrachealen Absaugen (➤ 8.7)
  - Material zum Entblocken und Neublocken des Cuff sowie zur Cuffdruckkontrolle: Einmalspritze oder (manueller) Cuffdruckmesser (➤ 8.4.1), Stethoskop
  - Material zum Fixieren des Tubus (➤ 8.4.4)
  - Abwurf in Reichweite stellen.

Durchführung der Mundpflege

Absaugen von Sekret aus Mund und Rachen

Beim intubierten Patienten sammelt sich häufig Sekret im Mund und im Rachenraum an. Dieses Sekret wird zunächst abgesaugt, um dann die Mundhöhle inspizieren und reinigen zu können. Dazu ggf. zunächst die Tubusfixierung so ändern, dass die Mundhöhle frei zugänglich ist (Vorsicht: Tubus muss dabei entweder sicher fixiert bleiben oder zweite Pflegeperson muss den Tubus halten, um versehentliche Extubation zu verhindern). Dann den Mund-Rachenraum mit Einmalabsaugkatheter gründlich absaugen. Insbesondere beim Absaugen des Rachenraumes Patienten genau überwachen, da Manipulationen im Rachen einen Vagusreiz (mit dadurch bedingter Bradykardie) auslösen können.

Inspektion der Mundhöhle

Zu Beginn inspizieren die Pflegenden die Mundschleimhaut, Zähne und Zahnfleisch – ggf. mit Hilfe einer Taschenlampe und eines Spatels – auf krankhafte Veränderungen.

Reinigung der Mundhöhle

Die Reinigung der Mundschleimhaut erfolgt meist mit einer Klemme, an deren Spitze mit Mundpflegelösung getränkte Kompressen befestigt sind. Alternativ können sich die Pflegenden die getränkten

Kompressen um den Zeigefinger wickeln und damit die Mundhöhle reinigen. Dies ist für den Patienten meist angenehmer, birgt jedoch die Gefahr, dass der Patient der Pflegeperson auf den Finger beißt. Deshalb nur anwenden, wenn diese Gefahr nicht besteht bzw. Beißschutz einlegen.

Zähne putzen. Hat der Patient noch eigene Zähne und bestehen keine Kontraindikationen (vor allem massive Blutgerinnungsstörungen), putzen die Pflegenden dem Patienten die Zähne mit Zahnbürste und Zahnpasta. Dabei wie folgt vorgehen:

- Sicherstellen, dass der Cuff dicht geblockt ist (➤ 8.4.1)
- Auf eine weiche oder mittelharte (Einmal-)Zahnbürste wenig Zahnpasta auftragen (Achtung: Anwendung von Zahncreme beim intubierten Patienten ist umstritten wegen der Gefahr, dass Zahncremereste im Rahmen von Mikroaspirationen in die Lunge gelangen. In manchen Kliniken wird daher bei intubierten Patienten grundsätzlich keine Zahnpasta verwendet). Zähne und Zahnfleischrand vorsichtig aber gründlich bürsten
- Anschließend Mundhöhle spülen. Dazu Absaugkatheter in die Mundhöhle einlegen und während laufender Absaugung die Zahnreihen mit z. B. Aqua dest. (z. B. in 10 ml-Spritze aufgezogen) gründlich spülen, bis keine Zahnpastareste mehr sichtbar sind
- Mundschleimhaut reinigen wie oben beschrieben
- Abschließend subglottischen Raum absaugen (➤ unten).

Zunge reinigen. Beläge auf der Zunge können am effektivsten mit Zungenreinigern entfernt werden. Dabei handelt es sich meist um spezielle, der Zungenform angepasste Schaber oder Bürsten mit relativ kurzen festen Borsten. Alternativ kann eine Zahnbürste benutzt werden, die Reinigung der Zunge ist dann jedoch wenig effektiv.

Reinigung des subglottischen Raumes

Sekret, das sich im subglottischen Raum (Raum direkt oberhalb des Cuffs, auch als „Jammerecke" bezeichnet ➤ Abb. 4.12), ansammelt, stellt ein besonderes Problem dar, da die hier enthaltenen Krankheitskeime über Mikroaspirationen in das Tracheobronchialsystem gelangen können. Gleichzeitig ist das Sekret in diesem Bereich besonders schwer zugänglich. Zur Entfernung dieses Sekrets gibt es neben der einfachen Absaugung des Rachenraumes verschiedene Möglichkeiten:

- **Nasen-Rachenraumspülung.** Dabei wird über einen dünnen, über die Nase in den oberen Rachenraum eingeführten Absaugkatheter spezielle Spüllösung in den Rachenraum eingebracht und über einen dickeren, oral eingeführten Absaugkatheter wieder abgesaugt. Dadurch wird auch der subglottische Raum gespült und das Sekret damit entfernt. Als Spüllösungen werden nur solche Flüssigkeiten verwendet, die bei evtl. Aspiration keine Lungenschädigung verursachen (z. B. Aqua dest.)
- **Spezielle Tuben** („Spültuben") mit Möglichkeit zur Spülung des subglottischen Raumes (➤ Abb. 4.12). Diese verfügen über eine Öffnung unmittelbar über dem Cuff, die über eine spezielle Zuleitung zugänglich ist. Über diese Zuleitung kann der subglottische Raum gespült werden. Auch hier gilt: Vor der Spülung Dichtigkeit des Cuffs sicherstellen. Dann Spüllösung (100 ml Aqua dest.) mit Infusionsleitung an die Zuleitung anschließen und einlaufen lassen. Währenddessen den Rachenraum sorgfältig absaugen. Studien haben gezeigt, dass das Pneumonierisiko durch die Verwendung dieser Tuben gesenkt bzw. die Entstehung einer ventilatorassoziierten Pneumonie herausgezögert werden können (intensiv 2006; 14). Es konnte aber keine Veränderung bezüglich der bakteriellen Besiedlung der Trachea sowie der Letalitätsraten festgestellt werden.

Unabhängig von der Art der Spülung muss der Patient abschließend endotracheal abgesaugt werden, um evtl. aspirierte Spüllösung umgehend wieder zu entfernen.

Tubus umlagern

Um durch den Tubus bedingte Druckschäden am Mundwinkel und in der Mundhöhle zu vermeiden, werden orale Tuben regelmäßig umgelagert (i. d. R. ein- bis dreimal täglich im Rahmen der „kompletten" Mundpflege). Meist wird der Tubus vom rechten in den linken Mundwinkel oder umgekehrt verlagert, selten wird er in der Mitte des Mundes fixiert. Dies ist für den Patienten meist unangenehmer und die Fixierung des Tubus ist hier schwieriger.

Beim Umlagern von einem Mundwinkel in den anderen wie folgt vorgehen:

- Material zum Fixieren des Tubus bereitlegen (➤ 8.4.4)
- Sekret aus dem Mund-Rachenraum absaugen (falls nicht bereits geschehen)
- Einmalhandschuhe anziehen
- Tubusfixierung lösen
- Intubationstiefe kontrollieren (cm-Markierung am Tubus in Höhe der Zahnreihe)
- Ggf. Pflasterreste etc. vorsichtig mit geeigneten Materialien entfernen, z. B. Waschbenzin
- Äußeres Ende des Tubus mit einer Hand festhalten. Mit zwei Fingern der anderen Hand (Zeige- und Mittelfinger) den Tubus in der Mundhöhle schienen, vorsichtig über den Zungengrund hinweg in den gegenüberliegenden Mundwinkel schieben, ohne dabei die Intubationstiefe zu verändern. *Vorsicht:* Zum Selbstschutz ggf. Beißschutz während der Maßnahme belassen
- Intubationstiefe kontrollieren (sollte der vorherigen entsprechen)
- Tubus neu fixieren (➤ 8.4.4)
- Ggf. Beißschutz einlegen (z. B. industriell vorgefertigte Materialien, Guedeltubus oder Mullbinde). Dieser verhindert eine Einengung oder den kompletten Verschluss des Tubuslumens sowie Verletzungen der Zunge durch das Zusammenbeißen der Zähne
- Tubuslagekontrolle durchführen (➤ 4.2.5 und ➤ Abb. 4.22).

In manchen Kliniken ist es üblich, abschließend den Cuff zu entblocken und neu zu blocken, um eine evtl. Faltenbildung am Cuff zu beheben. In jedem Fall wird abschließend der Cuffdruck kontrolliert, die Dichtigkeit des Cuffs überprüft und endotracheal abgesaugt.

Vorsicht: Zum Umlagern muss die Tubusfixierung komplett entfernt werden, d. h. es droht die Gefahr einer versehentlichen Extubation, insbesondere bei sehr unruhigen Patienten. Auf den meisten Intensivstationen ist es deshalb üblich, die Tubusumlagerung grundsätzlich zu zweit durchzuführen.

Lippenpflege

Abschließend die Lippen auf evtl. Druckschädigungen durch den Tubus hin inspizieren und mit geeigneter Creme einfetten, z. B. Panthenolsalbe.

8.4.3 Nasenpflege bei nasaler Intubation

Bei nasaler Intubation sind besondere Pflegemaßnahmen an der Seite der Nase erforderlich, durch die der Tubus eingeführt ist. Die Nasenpflege bei nasaler Intubation wird i. d. R. ein- bis zweimal täglich durchgeführt. Dabei wird wie folgt vorgegangen:

- Material bereitlegen: dünne Einmal-Absaugkatheter (z. B. Ch. 8), Einmalhandschuhe, mehrere dünne Watteträger, physiolog. NaCl-Lösung, Nasensalbe, Material zum Fixieren des Tubus (➤ 8.4.4)
- Patienten informieren
- Tubusfixierung lockern, so dass die Nasenöffnung gut einsehbar ist
- Sekrete um den Tubus herum vorsichtig mit dünnem Absaugkatheter entfernen
- Nasenschleimhaut mit Watteträger (mit physiolog. NaCl-Lösung getränkt) reinigen, dabei evtl. vorhandene Verkrustungen vorsichtig entfernen
- Nase auf Druckstellen hin inspizieren. Sind Druckstellen zu beobachten, Arzt informieren. Evtl. muss eine Umintubation (➤ 4.2.8) oder eine Tracheotomie (➤ 4.3) vorgenommen werden
- Nasensalbe auf einen Watteträger aufbringen und rings um den Tubus auf die Nasenschleimhaut auftragen
- Tubus neu fixieren (➤ 8.4.4).

Bei nasaler Intubation ist die Gefahr einer versehentlichen Extubation während der Nasenpflege sehr viel geringer als bei oraler Intubation während der Mundpflege. Daher kann die Nasenpflege bei nasaler Intubation in aller Regel von einer Pflegenden alleine vorgenommen werden. Ausnahme: Sehr unruhige Patienten.

Vorsicht bei Gerinnungsstörungen. Bei Patienten mit massiven Gerinnungsstörungen äußerst behutsam vorgehen, da auch kleine Verletzungen der sehr gut durchbluteten Nasenschleimhaut relativ starkes und lang anhaltendes Nasenbluten nach sich ziehen kann.

8.4.4 Tubusfixierung

Die Tubusfixierung dient dazu, Lageveränderungen des Tubus, insbesondere eine versehentliche Extubation, zu verhindern. Zudem soll die Tubusfixierung verhindern, dass Bewegungen an den Beatmungsschläuchen (z. B. durch Manipulationen, aber auch durch Kondenswasseransammlungen im Schlauchsystem) auf den Tubus und damit auf die Trachealschleimhaut übertragen werden.

Die Tubusfixierung wird i. d. R. mindestens einmal täglich und zusätzlich bei Bedarf (z. B. Durchfeuchtung des Fixierungsmaterials) gewechselt.

Methoden zur Tubusfixierung

Grundsätzlich sind sowohl bei oraler als auch bei nasaler Intubation die folgenden Methoden der Tubusfixierung möglich:

- **Pflasterfixierung.** Dabei werden Pflasterstreifen zirkulär am Tubus aufgeklebt, überkreuzt und auf der Gesichtshaut befestigt. Die Pflasterfixierung ist relativ fest und damit etwas sicherer als die Fixierung mit klebefreien Bändern. Daher ist sie besonders für sehr unruhige Patienten geeignet. Nachteilig ist die Gefahr von Hautschäden durch den relativ häufig notwendigen Wechsel der Pflasterstreifen. Diese Gefahr besteht besonders bei empfindlicher Haut und Ödemen im Gesichtsbereich (➤ Abb. 8.19)
- **Klebefreie Fixierbänder.** Hier werden verschiedene, teils industriell vorgefertigte Materialien verwendet. Insgesamt sind klebefreie Fixierbänder weniger sicher als die Pflasterfixierung, d. h. die Gefahr einer unbeabsichtigten Lageveränderung des Tubus ist etwas größer. Dem steht der Vorteil der Hautfreundlichkeit gegenüber. Häufig benutzt werden Schlauchverband und industriell vorgefertigte Fixierbänder:
  - *Schlauchverband* (eigentlicher Verwendungszweck dieses Materials sind Fingerverbände). Dazu wird am Tubus unmittelbar vor Eintritt in Mund oder Nase ein Pflasterstreifen zirkulär angebracht (dieser dient dazu, ein Verrutschen des TG-Schlauchverbands zu verhindern). Zum Befestigen den Schlauchmull doppelt legen, im Bereich des Pflasterstreifens um den Tubus führen, die beiden Enden durch die Schleife ziehen und festziehen. Dann die beiden Schlauchverbandstücke um den Kopf des Patienten führen (auf einer Seite über und auf der anderen Seite unter dem Ohr herum) und seitlich am Gesicht mittels fester Schleife verbinden
  - Industriell vorgefertigte *Fixierbänder* (➤ Abb. 8.20 und ➤ Abb. 8.21) z. B. TuBo-Clip® bzw. TuBo-Clip® S für unruhige Patienten. Diese bestehen aus hautfreundlichem Schaumstoff und sind meist mit einem Klettverschluss versehen. Am Tubus werden sie meist ebenfalls an einem zirkulär angebrachten Pflasterstreifen fixiert, der ein Abrutschen des Fixierbandes verhindern soll
- Zunehmend eingesetzt werden Fixierungsmaterialien, bei denen der Tubus mit speziellen Bändern fixiert wird, die an auf den Wangen des Patienten angebrachten Halteplatten mit Klettverschluss befestigt werden.

Fixierung oraler Tuben

Im Folgenden ist die Fixierung oraler Tuben mit Pflasterstreifen und mit klebefreien Klettbändern beschrieben:

- **Pflasterfixierung eines oralen Tubus:**
  - Zwei Pflasterstreifen zurechtschneiden (Länge: Pflasterstreifen soll über beide Wangen reichen)
  - Pflasterreste entfernen (z. B. mit Waschbenzin)
  - Schädigungen der Haut im Bereich der Wangen oder Lippen ggf. mit Hautschutzplatten abdecken (alternativ Pflasterstreifen an intakten Hautregionen aufkleben oder klebefreie Fixierbänder verwenden)
  - Ersten Pflasterstreifen an der Wange aufkleben, möglichst faltenfrei oberhalb der Oberlippe zum Tubus führen, zirkulär um den Tubus anbringen und auf der gegenüberliegenden

Wange befestigen. Wichtig: Dabei dürfen keine Hautfalten entstehen, sondern der Pflasterstreifen muss allen Hautfalten folgen
- Zweiten Pflasterstreifen *entweder* oberhalb des ersten Pflasterstreifens ebenfalls im Bereich über der Oberlippe befestigen (deckt dann den ersten Pflasterstreifen teilweise ab), zirkulär um den Tubus führen und auf derselben Wangenseite unterhalb der Unterlippe zurückführen *oder* Pflasterstreifen unterhalb der Unterlippe zum Tubus führen, diesen umwickeln und restlichen Pflasterstreifen auf der gegenüberliegenden Wangenseite anbringen
- Auf vielen Stationen ist es üblich das Pflaster am Ende des Pflasterstreifens umzuschlagen; dadurch bildet sich eine kleine Lasche, und die Fixierung kann im Notfall schneller entfernt werden

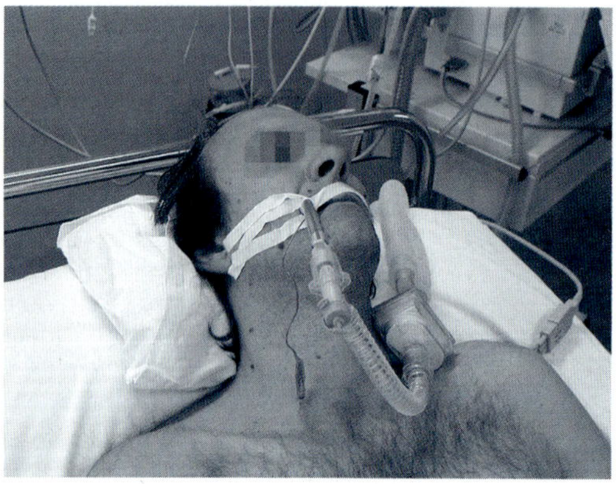

Abb. 8.19 Pflasterfixierung eines oralen Tubus. [M251]

- **Fixierung mit Klettband:**
  - Am Tubus unmittelbar vor Eintritt in den Mund zirkulären Pflasterstreifen anbringen
  - Fixierband im Bereich des Pflasterstreifens zirkulär fest um den Tubus wickeln
  - Band um den Kopf des Patienten führen (günstig: auf einer Seite oberhalb, auf der anderen Seite unterhalb des Ohres)
  - Fixierband mit Klettverschluss schließen.

Fixierung nasaler Tuben

Ein nasaler Tubus soll so fixiert sein, dass das Tubuslumen mittelständig in der Nasenöffnung liegt, d. h. der Tubus soll zu keiner Seite hin besonderen Druck ausüben. Auch nasale Tuben können sowohl mit Pflasterstreifen als auch mit Schlauchverband oder klebefreien Fixierbändern fixiert werden.

Bei beiden Methoden wird am Tubus ein zirkulärer Pflasterstreifen unmittelbar vor Eintritt des Tubus in die Nasenöffnung angebracht. Dieser dient gleichzeitig als Markierung für die Intubationstiefe.

- Zur **Pflasterfixierung eines nasalen Tubus** gibt es verschiedene Möglichkeiten:
  - Schmalen Pflasterstreifen (ca. 15 cm lang) halbschräg über die Nase bis zum Tubus führen, Tubus zirkulär umwickeln und Pflasterstreifen auf der gegenüberliegenden Nasenseite befestigen. Ggf. zweiten Pflasterstreifen etwas oberhalb des ersten in gleicher Weise fixieren
  - Breiten Pflasterstreifen (ca. 10 – 12 cm lang) längs ungefähr bis zur Mitte einschneiden. Nicht eingeschnittenen Teil des Pflasterstrei-

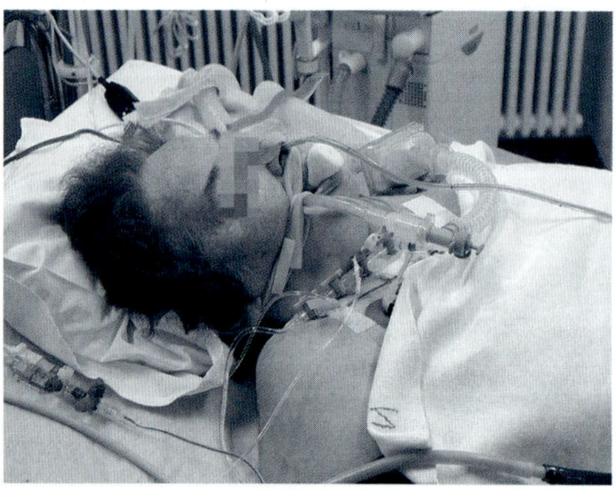

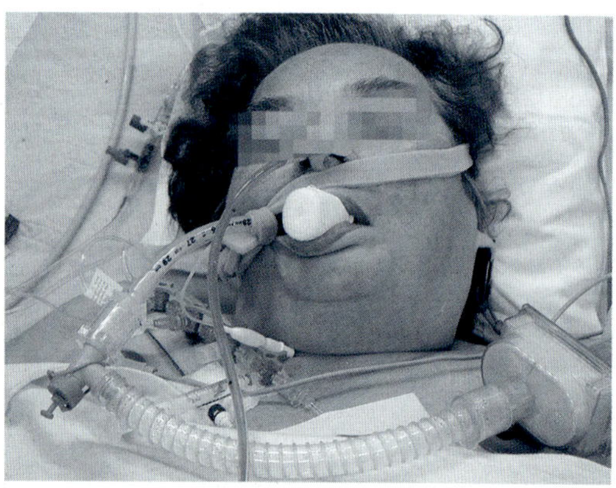

Abb. 8.20 Fixierung eines oralen Tubus mit klebefreiem Fixierband (Klettverschluss) in der seitlichen und in der frontalen Ansicht. Die als Beißschutz eingelegte Mullbinde soll Verletzungen der ödematös geschwollenen Zunge verhindern. [M251]

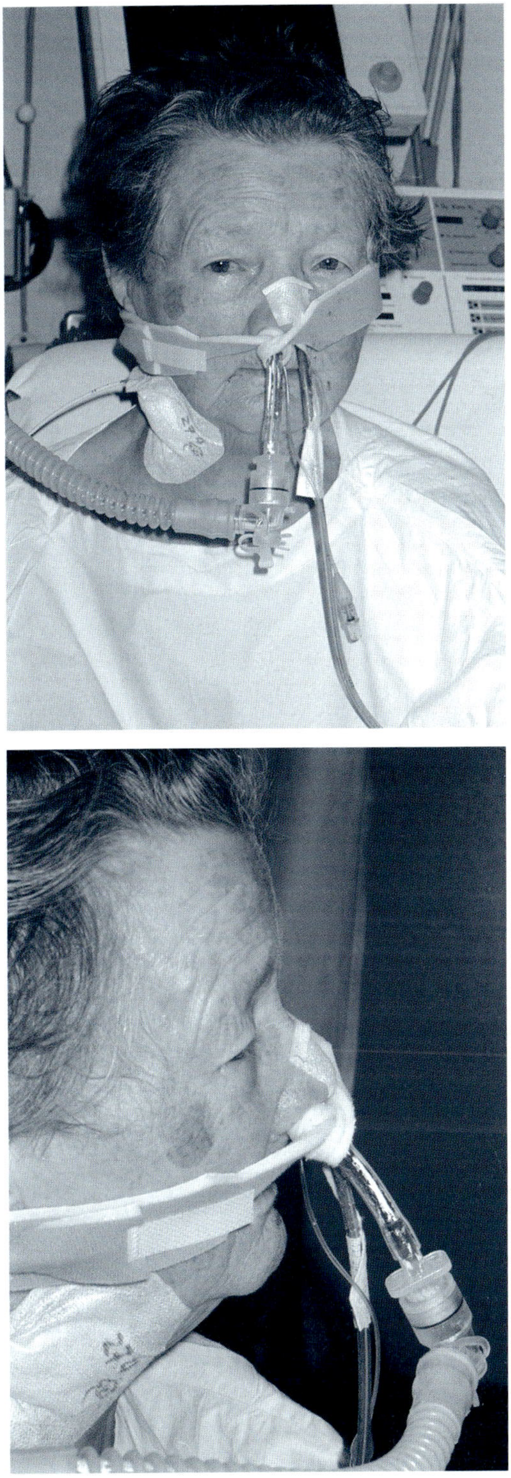

Abb. 8.21 Fixierung eines nasalen Tubus mit industriell vorgefertigtem klebefreiem Fixierband. [M161]

fens längs auf dem Nasenrücken befestigen, so dass der Tubus genau zwischen den beiden eingeschnittenen Teilen des Pflasterstreifens liegt. Zuerst den einen, dann den anderen Teil des eingeschnittenen Pflasterstreifens zirkulär um den Tubus führen und dann auf einem Nasenflügel aufkleben. Besonders empfindliche oder bereits geschädigte Haut im Bereich von Nasenrücken oder Nasenflügeln ggf. mit Hautschutzplatten abdecken und Pflasterstreifen darauf befestigen

- Bei der **Fixierung nasaler Tuben mit klebefreien Fixierbändern** wird entweder mit Schlauchverband oder speziellen Fixierbändern gearbeitet:
  - Schlauchverband in der erforderlichen Länge zuschneiden (muss ausreichen, um das Band einmal um den Tubus und den Kopf des Patienten zu führen und um es seitlich mit einer Schleife zu schließen). Schlauchverband am zirkulären Pflasterstreifen des Tubus befestigen (z. B. Schlinge legen, diese um den Tubus führen, Schlauchverbandenden durchziehen und festziehen)
  - Spezielles, industriell vorgefertigtes Fixierband über dem zirkulären Pflasterstreifen am Tubus fixieren, z. B. indem das Band einmal zirkulär um den Tubus geführt und festgezogen wird
  - Bei beiden Methoden anschließend das Band so am Kopf des Patienten befestigen, dass es auf einer Seite über und auf der anderen Seite unter dem Ohr um den Kopf herum geführt wird, dies verhindert ein Abrutschen des Bandes in den Nacken bzw. nach oben – beides hätte eine Lockerung der Fixierung zur Folge. Um Druckstellen am Ohr, insbesondere im oberen Bereich der Ohrmuschel, zu verhindern, beim nächsten Fixieren des Tubus die Seiten wechseln, d. h. auf der Seite, an der das Band oberhalb des Ohres befestigt war, das Band unterhalb des Ohres um den Kopf führen.

8.5 Pflege bei Tracheotomie

Punktions- und konventionelle Tracheotomie ➤ 4.3.3 und 4.3.4

Bei tracheotomierten Patienten sind spezielle Pflegemaßnahmen erforderlich, um die Schäden bzw. Komplikationen, die durch die Tracheotomie, die Trachealkanüle bzw. deren Fixierung bedingt sind, zu verhindern bzw. frühzeitig erkennen und behandeln zu können.

Zu den speziellen Pflegemaßnahmen bei tracheotomierten Patienten gehören die regelmäßige Cuffkontrolle, die Lagekontrolle und Fixierung der Trachealkanüle sowie der regelmäßige Verbandwechsel am Tracheostoma. Auf vielen Intensivstationen gehört außerdem der regelmäßige Trachealkanülenwechsel zu den Aufgaben der Pflegenden (➤ 4.3.7). Auf die spezielle Pflege bei Dauerkanülen (Trachealkanülen ohne Cuff, die aus Innen- und Außenkanüle bestehen) wird hier nicht näher eingegangen, da über diese Kanülen nicht beatmet werden kann.

Sprechaufsatz und Sprechkanüle ➤ 4.3.2

Komplikationen bei liegender Trachealkanüle ➤ 4.3.6

Entfernen der Trachealkanüle (Dekanülierung) ➤ 4.3.8

8

8.5.1 Cuffkontrolle bei Trachealkanülen

Auch beim tracheotomierten Patienten muss – wie beim intubierten Patienten auch – der Cuff der Kanüle regelmäßig auf Dichtigkeit und den Druck im Cuff kontrolliert werden. Die zur Cuffkontrolle eingesetzten Geräte sowie die Durchführung entsprechen denen bei intubierten Patienten (➤ 8.4.1).

In seltenen Fällen werden beim tracheotomierten Patienten Doppelcuffkanülen verwendet. Diese verfügen über zwei direkt untereinander liegende Cuffs, die abwechselnd geblockt werden. Damit sollen Schädigungen der Trachealschleimhaut vermieden werden. Sind Doppelcuffkanülen im Einsatz, sorgen die Pflegenden dafür, dass die Cuffs wechselweise in etwa 2-stündlichem Rhythmus ge- und entblockt werden. Jeweils zuerst den bisher entblockten Cuff blocken und erst danach den bisher geblockten Cuff entblocken. Wären beide Cuffs kurzzeitig entblockt, bestünde Aspirationsgefahr. Abschließend saugen sie den Patienten endotracheal ab und dokumentieren das „Umblocken" der Cuffs in der Patientenkurve.

Muss der tracheotomierte Patient nicht mehr beatmet werden, wird der Cuff gelegentlich zunächst entblockt, bevor die Trachealkanüle endgültig entfernt wird (Dekanülierung). Wie dabei vorgegangen wird, ist im Abschnitt ➤ 4.3.8 beschrieben. Muss der Patient auch nach der Beatmungstherapie tracheotomiert bleiben, wird anstelle der blockbaren Trachealkanüle eine Dauerkanüle eingesetzt.

8.5.2 Verbandwechsel am Tracheostoma

Auf den meisten Intensivstationen wird bei tracheotomierten Patienten der Verband am Tracheostoma mindestens einmal täglich und zusätzlich bei Bedarf, z. B. Durchfeuchtung der Kompressen, unter aseptischen Bedingungen gewechselt. Ziel ist es, das Tracheostoma und die unmittelbare Umgebung sauber und trocken zu halten, sowie Schäden der Haut um das Tracheostoma herum zu verhindern.

Vorbereitung des Verbandwechsels

- Benötigtes Material richten und so bereitlegen, dass es bequem mit einer Hand erreicht werden kann, während die andere Hand die Trachealkanüle fixiert:
  - Einmalhandschuhe (je nach Methode evtl. sterile)
  - Kompressen
  - Watteträger
  - NaCl-Lösung und/oder Hautdesinfektionslösung (je nach Methode bzw. Zustand des Tracheostomas)
  - Ggf. sterile Pinzette (je nach Methode)
  - Schlitzkompressen oder beschichtete Schlitzkompressen, z. B. Metalline®-Kompressen. Einfache Schlitzkompressen sind saugfähiger und werden daher vor allem in den ersten Tagen nach Anlage des Tracheostomas verwendet. Nachteilig ist, dass sie leichter mit dem Tracheostoma verkleben. Metalline®-Kompressen sind an der Unterseite mit einer

hauchdünnen Aluminiumschicht versehen, die ein Verkleben mit der Wunde verhindert und eine antibakterielle Wirkung hat. Sie werden bei geringer Sekretion des Tracheostomas verwendet. Nachteilig ist ihre geringere Saugleistung. Die Verwendung von selbst eingeschnittenen Kompressen ist nicht zu empfehlen, da sich Fäden lösen und in die Wunde gelangen können. Alternativ können zwei herkömmliche Kompressen verwendet werden, die – jeweils einmal gefaltet – rechts und links neben das Tracheostoma gelegt werden
  - Fixierband
  - Ggf. Mundschutz und Schutzkleidung (z. B. bei Patienten mit multiresistenten Keimen, massiver Sekretproduktion und starkem Husten)
- Patienten informieren und so lagern, dass das Tracheostoma gut zugänglich ist
- Bei unruhigen Patienten wegen der Gefahr einer Dekanülierung zu zweit arbeiten.

Durchführung des Verbandwechsels

Nachfolgend ist das Vorgehen beim Verbandwechsel durch eine Pflegeperson beschrieben. Bei unruhigen Patienten empfiehlt es sich, zu zweit zu arbeiten.

- Hände desinfizieren, Einmalhandschuhe anziehen
- Mit einer Hand die Trachealkanüle fixieren (so lange bis die Kanüle wieder mittels Halteband fixiert ist), mit der anderen das Halteband lösen, die benutzte Kompresse entfernen und mittels Watteträger (getränkt mit NaCl oder Hautdesinfektionsmittel, je nach klinikinterner Richtlinie) die Umgebung des Tracheostomas reinigen. Evtl. Blutkrusten mit NaCl-Lösung aufweichen und vorsichtig entfernen
- Haut um das Tracheostoma herum inspizieren. Bei unauffälliger Umgebung des Tracheostomas ist es in manchen Kliniken üblich, auf eine Hautdesinfektion zu verzichten. In anderen Kliniken wird grundsätzlich eine Hautdesinfektion durchgeführt. Bei Anzeichen für lokale Infektionen (z. B. Rötungen, Pustelbildung) ggf. Abstrich abnehmen und antiseptische Lösungen auftragen
- Neue Kompresse unterlegen. Auch hier werden klinikabhängig verschiedene Vorgehensweisen praktiziert. *Entweder* sterilen Handschuh anziehen, Kompresse damit fassen und unterlegen *oder* Kompresse mit steriler Pinzette fassen und unterlegen
- Halteband (bei Bedarf frisches) wieder an der Kanüle anbringen. Dabei darauf achten, dass das Band weder zu straff noch zu locker angebracht ist (➤ 8.5.3)
- Kontrolle der Trachealkanülenlage (➤ 8.5.3).

8.5.3 Lagekontrolle und Fixierung der Trachealkanüle

Lagekontrolle

Auch beim tracheotomierten Patienten muss regelmäßig (üblich z. B. jeweils zu Schichtbeginn) und immer nach Manipulationen an der Trachealkanüle die regelrechte Lage der Kanüle kontrolliert werden. Dies erfolgt wie beim intubierten Patienten durch
- Inspektion des Patienten auf seitengleiche Thoraxexkursionen
- Kontrolle der korrekten Kanülenfixierung (➤ unten)
- Auskultation der Lunge auf seitengleiche Atemgeräusche. Dazu den Patienten ggf. mit dem Beatmungsbeutel beatmen (Auskultationspunkte ➤ Abb. 4.22).

Fixierung von Trachealkanülen

Die Fixierung der Trachealkanüle soll unbeabsichtigte Lageveränderungen der Kanüle verhindern. Dazu dient die an der Trachealkanüle angebrachte Halteplatte, an der das Fixierband angebracht wird.

Viele Kanülen verfügen auch über eine Feststellschraube, mit der die Halteplatte auf einer bestimmten Höhe der Kanüle fixiert wird. Bei diesen Modellen wird nach dem Einsetzen der Trachealkanüle die Halteplatte so festgeschraubt, dass sie der Haut unmittelbar aufliegt und nicht verrutschen kann. In den meisten Kliniken ist es üblich, die Kanüle direkt oberhalb der Schraube mit einer Markierung zu versehen (z. B. mit wasserunlöslichem Filzstift), um Lageveränderungen der Kanüle rasch erfassen zu können.

Die Halteplatte weist an beiden Seiten Öffnungen zum Befestigen der Fixierbänder auf. Hautfreundliche Fixierbänder (überwiegend aus Schaumstoff) sind in den unterschiedlichsten Ausfertigungen auf dem Markt. Bei besonders empfindlicher oder ödematös geschwollener Haut sowie starker Schweißbildung am Hals kann es sinnvoll sein, das verwendete Fixierband mit saugfähigen Kompressen zu unterlegen, um Mazerationen der Haut zu verhindern.

Fixierung weder zu locker noch zu fest anbringen.

Eine zu lockere Fixierung birgt die Gefahr einer versehentlichen Dekanülierung (➤ 4.3.6), eine zu feste Fixierung kann Hautläsionen und venöse Abflussbehinderungen verursachen.
Als Richtlinie gilt: 1 – 2 Finger sollte die Pflegende zwischen Haut und Fixierband durchschieben können.

8.6 Maßnahmen zur Verbesserung des passiven Schleimtransports

Selbstreinigung der Atemwege (mukoziliäre Clearance) ➤ 1.1.1

Die Maßnahmen zur Verbesserung des passiven Schleimtransports dienen dazu, Sekret aus den unteren Atemwegen zu lösen und in die großen Atemwege zu transportieren, von wo es dann abgesaugt werden kann. Beim beatmeten Patienten werden dazu häufig die Inhalationstherapie sowie das Abklopfen (Perkussion) und/oder eine Vibrationsmassage eingesetzt, i. d. R. auch in der genannten Reihenfolge (Inhalation zur Verflüssigung und Perkussion/Vibrationsmassage zur Mobilisation des Sekrets). In ausgewählten Fällen kommen auch spezielle Abhusttechniken, Lagerungsdrainagen sowie die kinetische Therapie zur Anwendung.

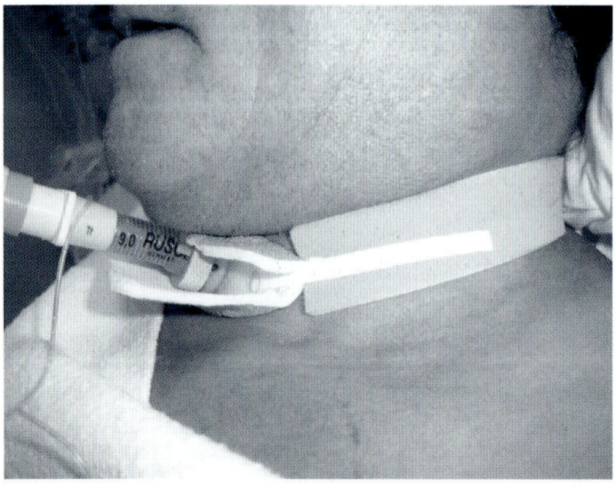

Abb. 8.22 Halteband für Trachealkanüle. [M251]

Insbesondere bei frisch extubierten bzw. dekanülierten Patienten wird zur Pneumonieprophylaxe häufig intermittierend CPAP-Atemtrainig durchgeführt (CPAP ➤ 5.3.5 und ➤ 5.4).

8.6.1 Inhalationstherapie

Die Inhalationstherapie beim beatmeten Patienten dient vorwiegend dazu, dickflüssiges, zähes Sekret in den Atemwegen zu verflüssigen (Sekretolyse), damit es leichter abgesaugt werden kann. Zu diesem Zweck werden meist physiologische Kochsalzlösung oder Sekretolytika (Mucolytika) inhaliert. Die Inhalation von Medikamenten zur Behandlung spezifischer Erkrankungen, etwa Bronchospasmolytika bei Asthma bronchiale, ist speziellen Indikationen vorbehalten und hier nicht näher beschrieben.

Aufbau und Funktion von Verneblern zur Inhalationstherapie

Beim beatmeten Patienten kommen zur Inhaltation spezielle **Vernebler** zum Einsatz (Beispiel ➤ Abb. 8.23), die – möglichst nahe an Tubus bzw. Trachealkanüle – im Inspirationsteil des Beatmungsschlauchsystems eingebaut und am Respirator angeschlossen werden. Diese bestehen aus einem:

- Adapterstück (i. d. R. aus transparentem Kunststoff), das in den Inspirationsschenkel des Beatmungssystems eingesetzt wird
- Verneblertopf, der am Adapterstück angebracht (meist angeschraubt) wird. In den Verneblertopf wird die Inhalationslösung eingefüllt
- Verbindungsschlauch, dessen eines Ende sich am Boden des Verneblertopfes befindet (aufgesteckt oder fest verbunden). Das andere Ende des Verbindungsschlauches wird am Respirator (spezieller Anschluss für die Inhalation) angeschlossen. Über den Verbindungsschlauch wird mit dem

Start des Inhalationsvorgangs ein Gasflow in den Verneblertopf geleitet, der die Inhalationslösung zerstäubt, die dann als feiner Nebel über das Adapterstück in den Inspirationsschlauch abgegeben und damit der Inspirationsluft zugesetzt wird.

Der Sauerstoffgehalt des Gasflows zur Vernebelung variiert abhängig vom einzelnen Respirator und der eingestellten inspiratorischen Sauerstoffkonzentration. Beim Bennett 7200 beispielsweise fließt entweder Raumluft oder reiner Sauerstoff (durch eine Korrektur der Sauerstoffkonzentration im Inspirationsgas bleibt die eingestellte FiO_2-Konzentration konstant. Allerdings sind während des Inhalationsvorganges diese Schwankungen an der F_iO_2-Überwachung sichtbar).

Das neuartige Inhalationssystem Aeroneb®Pro (Firma Dräger) funktioniert als Mikropumpen-Vernebler ohne Verwendung des oben beschriebenen Antriebsgases. Die Beatmungsparameter bleiben während der Inhalation und beim Nachfüllen unverändert. Weiter wird eine deutlich höhere Verneblerleistung beschrieben.

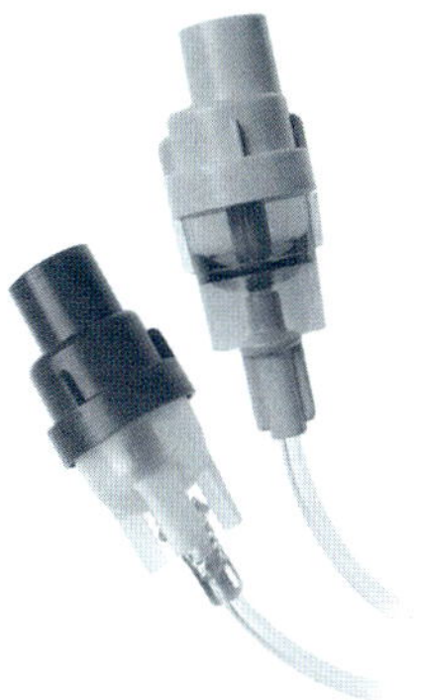

Abb. 8.23 Beispiel für Medikamentenvernebler zum Einsatz bei beatmeten Patienten. [V181]

Je feiner der Nebel (d. h. je kleiner die Partikel), desto effektiver die Inhalation:

- Partikel < 30 µm gelangen bis in die Trachea und die Bronchien,
- Partikel < 10 µm gelangen bis in die Alveolen.

Während des Inhalationsvorgangs darf kein HME-Filter zwischen Verneblertopf und Patient eingebaut sein, da dieser den Medikamentennebel nicht passieren lässt und es evtl. zu einem veränderten Luftwiderstand am HMEF kommen kann!

Um zu verhindern, dass das Inhalat mit der Ausatemluft in den Respirator gelangt (dies könnte Fehlmessungen und Funktionsstörungen verursachen), muss ein HME-Filter in den Exspirationsschenkel des Schlauchsystems eingebaut werden (Platzierung des Filters nach Herstellerangaben).

Zum Nachfüllen von Inhalationslösung entweder das gesamte Vernebelungssystem ausbauen oder lediglich den Verneblertopf abschrauben (Vorsicht: Leckage des Beatmungssystems und Gefahr der Kontamination der Umgebung).

Durchführung der Inhalation am Respirator

- Händedesinfektion
- Ggf. Patient über die geplante Maßnahme informieren
- Vernebler öffnen, Inhalationslösung (nach Arztanordnung) einfüllen. Dabei maximale Füllmenge nicht überschreiten (Markierungslinie am Vernebler bzw. Herstellerangaben)
- Verneblertopf senkrecht einbauen. Nur so ist gewährleistet, dass die Inhalationslösung im Behälter vollständig vernebelt werden kann und dass nicht versehentlich flüssige Inhalationslösung in den Inspirationsschlauch fließt
- Falls beim Patienten zur Atemgaskonditionierung ein HME-Filter eingesetzt ist, muss dieser für die Dauer der Inhalation entfernt werden (ggf. im Exspirationsteil des Beatmungsschlauchsystems platzieren). Die aktive Atemgasklimatisierung ist von der Inhalation nicht betroffen
- Inhalation starten, dazu ggf. (je nach Vernebler) Inhalationszeit wählen. Nach der Inhalationszeit schaltet der Vernebler ab. Ist noch ein Rest Inhalationslösung im Verneblertopf vorhanden, Inhalationsvorgang nochmals aktivieren

- Nach beendetem Inhalationsvorgang Verneblereinheit ausbauen und ggf. HME-Filter wieder korrekt platzieren.

Vernebler beinhalten grundsätzlich ein **Kontaminationsrisiko** für den Patienten. Das Robert-Koch-Institut (RKI [2000] Prävention der nosokomialen Pneumonie, Bundesgesundheitsblatt 43:302-309) empfiehlt folgende **Hygienemaßnahmen im Umgang mit Medikamentenverneblern:**

- Beim Einsatz von Medikamentenverneblern bei beatmeten Patienten besteht das Risiko einer Kontamination (Erreger können sich im Kondenswasser der Beatmungsschläuche evtl. vermehren oder beim Vernebeln mit hoher Keimdichte in die tiefen Atemwege gelangen)
- Vor dem Befüllen des Verneblers muss das Kondenswasser aus den Beatmungsschläuchen entfernt werden (dazu Einmalhandschuhe tragen, anschließend Händedesinfektion)
- Vor dem Einfüllen von Medikamenten in den Vernebler erfolgt eine Händedesinfektion
- Medikamente sollen aus Einzelampullen verwendet werden
- Nach Gebrauch der Medikamentenvernebler ist eine Desinfektion vorzunehmen (thermisch oder chemisch). Nach chemischer Desinfektion erfolgt ein Ausspülen mit sterilem Wasser. Die Vernebler werden trocken gelagert. Details regeln die Hygienerichtlinien der einzelnen Krankenhäuser (➤ 10.3).

8

Bei manchen Patienten zeigt die Inhalationstherapie rasch den gewünschten Erfolg: Gelöstes Bronchialsekret sammelt sich in den Atemwegen an, löst evtl. Hustenreiz aus, verändert die Atemgeräusche hörbar und bewirkt evtl. auch eine Veränderung der Beatmung (Anstieg des Beatmungsdrucks, Verringerung des Tidal- bzw. Atemminutenvolumens). Deshalb den Patienten während der Inhalation engmaschig überwachen und ggf. endotracheal absaugen.

Dosieraerosole

Mit Hilfe eines speziellen Aufsatzes (➤ Abb. 8.24) können auch bei beatmeten Patienten Dosieraerosole eingesetzt werden. Bei der Anwendung beachten:

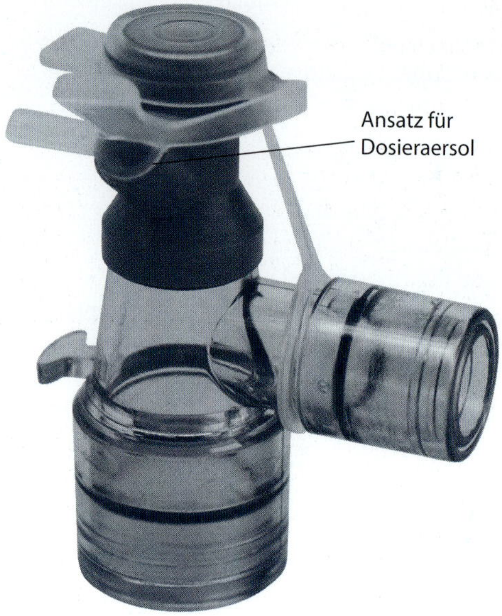

Abb. 8.24 Der Adapter ermöglicht die Verabreichung von Dosieraerosolen bei beatmeten Patienten. [V348]

- Dosieraerosol vor der Anwendung schütteln und beim Verabreichen aufrecht bzw. nach Herstellerangaben halten
- Verabreichung des Dosieraerosols mit Beginn der Inspiration.

8.6.2 Abklopfen und Vibrationsmassage

Sowohl das Abklopfen des Brustkorbs mit den Händen als auch die Vibrationsmassage versetzen den Brustkorb in Schwingungen. Diese Schwingungen übertragen sich auf die Wände der Atemwege, wodurch dort festsitzendes Sekret gelöst werden kann.

Während bei der Vibrationsmassage relativ feine, schüttelnde Schwingungen erzeugt werden, verursacht das Abklopfen vergleichsweise grobe Bewegungen. Daher existieren für das Abklopfen zahlreiche Kontraindikationen, während die Vibrationsmassage nur sehr selten kontraindiziert ist. In manchen Kliniken wird zur Prophylaxe einer Sekretretention daher nur noch die Vibrationsmassage, nicht mehr das Abklopfen des Thorax praktiziert.

Bei der Vibrationsmassage und beim Abklopfen beachten

- Der Lungenflügel bzw. der Lungenbereich, aus dem Sekret gelöst und abtransportiert werden soll, liegt oben (so kann das gelöste Sekret in Richtung der großen Atemwege ablaufen)
- Rücken und Brust grundsätzlich von unten nach oben und von peripher nach zentral (zum Lungenhilus hin) vibrieren bzw. abklopfen
- Nierengegend, Wirbelsäule und Sternum sowie die Region um Thoraxdrainagen herum aussparen (Verletzungsgefahr, zudem sind diese Bereiche schmerzempfindlich)
- Jeweils nur während der Exspiration vibrieren bzw. abklopfen (Sekret könnte ansonsten mit der Inspirationsluft in die tieferen Atemwege gelangen). In manchen Kliniken gilt diese Regel nur für die Vibrationsmassage
- Absaugung bereithalten und Vibrationsmassage bzw. Abklopfen ggf. unterbrechen, um gelöstes Sekret abzusaugen
- Patienten wenn möglich nach der Vibrationsmassage bzw. dem Abklopfen noch einige Zeit (ca. 15 – 30 Min.) in Seitenlage belassen. Häufig löst sich Sekret noch im Anschluss an die Behandlung.

Abklopfen

Vorbereitung

- Maßnahme zeitlich einplanen und mit anderen Pflegemaßnahmen (z. B. Umlagerung des Patienten) koordinieren. Wichtig: Abklopfen *nicht* unmittelbar nach Sondenkostgabe bzw. Nahrungsaufnahme durchführen (sollte mind. 30 Min. zurückliegen)
- Patienten über die Maßnahme informieren
- Patienten so lagern, dass der Lungenflügel bzw. Lungenbereich, aus dem Sekret gelöst und abtransportiert werden soll, oben liegt. Ggf. Lagerungsdrainage (➤ 8.6.4) durchführen
- Ggf. als Hautschutz dünnes Stoffhandtuch o. Ä. über die zu behandelnde Thoraxregion legen
- Ggf. Analgetikagabe vor Beginn des Abklopfens (nach Arztrücksprache).

Durchführung

Das eigentliche Abklopfen kann entweder mit der hohlen Hand, der Kleinfingerkante oder der Faust erfolgen. Am gebräuchlichsten ist das Abklopfen mit der hohlen Hand:

- Hände schüsselförmig wölben und während des Abklopfens geschlossen halten. Durch diese Handhaltung entsteht zwischen der gewölbten Hand und dem Thorax des Patienten beim Klopfen jeweils ein Luftkissen
- Vorsichtig aus dem Handgelenk heraus die betreffende Thoraxregion für ca. 3 – 5 Min. abklopfen
- Patienten währenddessen beobachten (Zeichen für Schmerzen? Hörbare Sekretansammlung in den Atemwegen, die abgesaugt werden muss?).

Als **Kontraindikationen** für das Abklopfen des Thorax gelten:

- Schädel-Hirn-Traumata
- Thoraxtraumen und Operationen im Thoraxbereich
- Frakturen, Tumoren oder Metastasen der Wirbelsäule sowie ausgeprägte Osteoporose (Gefahr von Spontanfrakturen)
- Akute Herz-Kreislaufstörungen, passagerer Herzschrittmacher (Gefahr der Dislokation)
- Lungenembolie
- Erhöhte Blutungsneigung und akute Blutungen (z. B. Ösophagusvarizenblutung).

Vibrationsmassage

Die Vibrationsmassage kann manuell (mit der Hand) oder mit dem Vibrationsgerät erfolgen.

Auf vielen Intensivstationen ist es üblich, beim beatmeten Patienten, sofern keine Kontraindikationen vorliegen, zur Prophylaxe einer Sekretretention einmal pro Schicht eine Vibrationsmassage des rechten und des linken Lungenflügels durchzuführen.

Vorbereitung

- Maßnahme zeitlich einplanen und mit anderen Pflegemaßnahmen (z. B. Umlagerung des Patienten) koordinieren. Wichtig: Vibrationsmassage *nicht* unmittelbar nach Sondenkostgabe bzw. Nahrungsaufnahme durchführen (sollte mind. 30 Min. zurückliegen)
- Patienten über die Maßnahme informieren
- Patienten so lagern, dass der Lungenflügel bzw. Lungenbereich, aus dem Sekret gelöst und abtransportiert werden soll, oben liegt. Ggf. Lagerungsdrainage (➤ 8.6.4) durchführen.

Durchführung

Durchführung der **Vibrationsmassage mit Vibrationsgerät:**

- Massageplatte des Vibrationsgerätes abdecken (z. B. mit Einmalüberschuh oder dünnem Tuch)
- Massagestufe einstellen. Die Geräte verfügen vielfach über zwei Stufen, eine mit schnelleren und eine mit langsameren Massageintervallen. Letztere soll besser auf die tiefer liegenden Lungenbereiche einwirken. Vielfach richten sich die Pflegenden bei der Einstellung nach dem Befinden des Patienten (Patienten fragen, welche Massagestufe angenehmer ist)
- Gerät jeweils mit Beginn der inspiratorischen Pause bzw. der Exspiration mit leichtem Druck auf die Thoraxwand aufsetzen und von unten nach oben sowie von peripher nach zentral führen. Während der Inspiration keinen Druck auf den Thorax ausüben.

Durchführung der **manuellen Vibrationsmassage:**

- Beide Hände flächig auf den Thorax auflegen (z. B. eine Hand Richtung Wirbelsäule und oben, eine Hand Richtung Sternum)
- (Be)Atmungsrhythmus erspüren
- Während der inspiratorischen Pause bzw. mit Beginn der Exspiration bis zum Beginn der nächsten Inspiration mit beiden Händen feine, schüttelnde Bewegungen durchführen, die den Brustkorb in Schwingungen versetzen
- Während der gesamten Dauer der Vibrationsmassage Hautkontakt halten.

8

Für beide Techniken gilt:

- Betroffene Thoraxseite jeweils für 3 – 5 Minuten behandeln
- Patienten während der Vibrationsmassage beobachten (Schmerzen? Endotracheale Absaugung notwendig?)
- Abschließend Patient b.B. endotracheal absaugen (➤ 8.7).

Kontraindikationen

Für die Vibrationsmassage gibt es bislang keine einheitlich gültigen Kontraindikationen. In vielen Kliniken wird eine Vibrationsmassage auch dann durchgeführt, wenn ein Abklopfen des Thorax kontraindiziert ist (vorne). In manchen Kliniken gelten für die Vibrationsmassage dieselben Kontraindikationen wie für das Abklopfen des Thorax. Im Zweifelsfall besprechen sich die Pflegenden mit dem zuständigen Arzt.

8.6.3 Hustentechniken bei beatmeten Patienten

Der physiologische Hustenvorgang setzt den kurzzeitigen Verschluss der Stimmritze voraus. Dies ist beim beatmeten Patienten nicht möglich, daher kann der intubierte bzw. tracheotomierte Patient i. d. R. nicht selbständig und effektiv husten (manchen Patienten gelingt es trotzdem mittels forcierter Ausatmung Sekret abzuhusten).

Früher verwendete Geräte zum Erzeugen von Hustenstößen werden bei beatmeten Patienten nicht mehr verwendet. Selten eingesetzt wird noch die Technik des Abhustens mit Hilfe eines Beatmungsbeutels.

Abhusten mit Hilfe eines Beatmungsbeutels

Dazu wird der Patient mit dem Beatmungsbeutel manuell beatmet (➤ 3.2). Nach einer tiefen Inspiration wird der Beatmungsbeutel schlagartig entlastet. Diese „Hustentechnik“ ahmt den physiologischen Hustenstoß nach: Aufbau eines intrathorakalen Überdruckes und schlagartiger Druckausgleich. Ggf. kann eine zweite Pflegende den Effekt der Maßnahme durch Vibrationsmassage während der schlagartigen Ausatmung fördern. Abschließend wird das gelöste Sekret endotracheal abgesaugt (➤ 8.7).

Das Erzeugen künstlicher Hustenstöße mit dem Beatmungsbeutel kann die Bildung von Atelektasen fördern. Deshalb ist es in vielen Kliniken üblich, im Anschluss an die Maßnahme die Lunge nochmals leicht zu blähen (umstritten wegen unkontrolliert hohem Beatmungsdruck mit Gefahr des pulmonalen Barotraumas).

8.6.4 Lagerungsdrainagen

Definition

Lagerungsdrainagen (auch *Drainagelagerung*) werden vorgenommen, wenn aus einem ganz bestimmten Lungenbereich (meist einem Lungenlappen) Sekret entfernt werden soll. Der Patient wird dazu so gelagert, dass der betroffene Lungenabschnitt oben liegt, d. h. so liegt, dass das darin be-

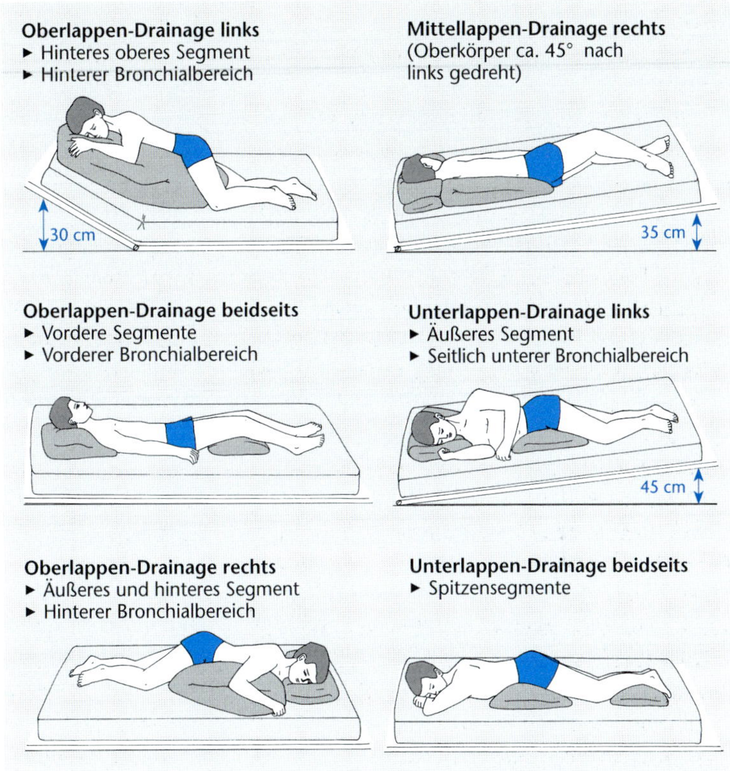

Abb. 8.25 Lagerungsdrainagen. [A400-215]

findliche Sekret entlang der Schwerkraft zu den großen Atemwegen hin ablaufen und dann abgehustet bzw. abgesaugt werden kann. ‖

Die Anwendung von Lagerungsdrainagen setzt differenzierte anatomische Kenntnisse des Tracheobronchialsystems voraus. In vielen Kliniken gehört die Anwendung von Lagerungsdrainagen in den Aufgabenbereich der Physiotherapeuten.

In der Regel ordnet der Arzt abhängig vom Befund des Röntgen-Thorax bestimmte Lagerungsdrainagen an. Diese werden dann meist 3- bis 4-mal täglich für jeweils 20 – 30 Minuten vorgenommen.

Grundsätzlich gelten auch bei Lagerungsdrainagen die in ➤ 8.3.1 dargestellten allgemeinen Maßnahmen vor, während und nach einer Umlagerung. Darüber hinaus beachten die Pflegenden:

- Bei sehr zähem Sekret oder Bronchospasmus kann vor bzw. während der Lagerungsdrainage eine Inhalationsbehandlung durchgeführt werden (➤ 8.6.1, Medikamente zur Inhalation nach ärztlicher Anordnung). Ggf. sind weitere Maßnahmen zur Verflüssigung des Sekrets indiziert, z. B. ausreichende Flüssigkeitszufuhr oder medikamentöse Behandlung. Die Pflegenden besprechen dies mit dem zuständigen Arzt bzw. setzen die Maßnahmen entsprechend den ärztlichen Anordnungen um
- Bevor der Patient erneut umgelagert wird, muss das drainierte Sekret abgesaugt werden.

Als „relative" **Kontraindikationen** für Lagerungsdrainagen gelten:

- Rippen- und Wirbelfrakturen
- Thoraxtraumen
- Akute Herz-Kreislaufstörungen
- Operationen im Thoraxbereich
- Schädel-Hirn-Traumata
- Akute Blutungen.

Diese Kontraindikationen sind „relativ", da einzelne Lagerungsdrainagen, z. B. die Oberlappen-Drainage beidseits, problemlos auch bei den genannten Zuständen eingesetzt werden können, während z. B. die Unterlappen-Drainage beidseits, die eine Bauchlagerung des Patienten erfordert, bei den genannten Zuständen i. d. R. nicht durchgeführt werden sollte.

8.6.5 Kinetische Therapie

Definition

Kinetische Therapie (kinetisch = die Bewegung bzw. Bewegungsabläufe betreffend, auch *kontinuierliche laterale Rotationstherapie*, kurz **KLRT**): Spezielle Lagerungstherapie, bei der der Patient in einem speziellen Bett kontinuierlich bzw. in sehr kurzen Intervallen in seiner Längsachse bewegt wird. Vorwiegend eingesetzt bei Patienten mit massiver, nicht-kardial bedingter respiratorischer Insuffizienz (meist im Rahmen eines ARDS ➤ 2.3.6), bei denen eine 135°-Seiten- oder Bauchlagerung kontraindiziert ist.

Manche Autoren zählen auch die intermittierende 135°-Seiten- bzw. Bauchlagerung zur kinetischen Therapie (➤ 8.3.1).

Betten zur kinetischen Therapie

Die zur KLRT eingesetzten Spezialbetten (auch *Rotationsbetten, Drehbetten* oder *Schwenkbetten* genannt) ermöglichen den automatischen axialen Lagewechsel des Patienten in Rücken- oder Bauchlage (unterschiedliche Modelle für Rücken- oder Bauchlage).

Die verschiedenen Modelle lassen eine unterschiedlich starke Seitwärtsneigung zu, z. B. 40° im Luftkissendrehbett Pulmonair® und bis zu 62° im Rotorest MK III®-Bett. Damit der Patient beim Seitwärtskippen des Bettes stabil in Rücken- bzw. Bauchlage bleibt, sind die Betten mit verschiedenen Haltevorrichtungen ausgestattet (➤ Abb. 8.26).

Am Bett kann eingestellt werden, wie stark der Neigungswinkel nach rechts bzw. links sein und in welchen Zeitintervallen der Lagewechsel erfolgen soll, d. h. wie lange der Patient jeweils auf der rechten bzw. linken Seite liegen soll. Die Einstellungen werden jeweils abhängig von der Situation des Patienten vorgenommen bzw. geändert. In der Regel nehmen die Pflegenden die Einstellungen nach Rücksprache bzw. zusammen mit dem zuständigen Arzt vor.

Bei der Auswahl des Bettes das jeweilige maximale Patientengewicht beachten (z. B. 120 kg beim Pulmonair®; 180 kg beim Rotorest MK III®-Bett und 380 kg beim BariAir®-Bett).

Effekte der kinetischen Therapie

Bei Patienten mit akuter respiratorischer Insuffizienz (➤ Kap.2) verbessert die KLRT den pulmonalen Gasaustausch durch folgende Effekte (Voraussetzung: Neigungswinkel > 40°):

- Verbesserung des Ventilations-Perfusionsverhältnis
- Verminderung des extravasalen Lungenwassers bei Patienten mit ALI/ARDS (➤ 2.3.6)
- Verbesserung der Oxygenierung (diese tritt langsamer ein als bei einer Bauchlagerung)
- Auflösung von Atelektasen.

Der genaue physiologische Mechanismus, der die genannten Effekte bewirkt, ist nicht vollständig geklärt (DGAI, Leitlinie „Lagerungstherapie zur Prophylaxe oder Therapie von pulmonalen Funktionsstörungen“).

Vorteile und Nachteile kinetischer Therapie

Hauptvorteil der kinetischen Therapie ist, dass sie oft auch dann durchgeführt werden kann, wenn die intermittierende 135°-Seiten- oder Bauchlagerung kontraindiziert ist (➤ 8.3.1). Zudem sind der Tubus bzw. die Trachealkanüle während der Therapie immer gut zugänglich. **Nachteile** sind:

- Transporte des Patienten sind nur sehr eingeschränkt möglich, da die Betten zur kinetischen Therapie sehr schwer zu bewegen sind
- Andere Lagerungen als die Rückenlage sind in Drehbetten kaum möglich bzw. nur sehr schwierig durchführbar
- Die Kontrakturgefahr steigt, da der Patient ständig flach auf dem Rücken liegt
- Ggf. ist eine Sedierung erforderlich, damit der Patient den kontinuierlichen Lagewechsel angstfrei tolerieren kann.

Kontraindiziert ist die KLRT bei Patienten mit instabiler Wirbelsäule sowie bei akutem Schocksyndrom.

Komplikationen

➤ Tab. 8.5 zeigt die möglichen Komplikationen beim Einsatz eines Drehbettes sowie die Maßnahmen zu deren Prävention.

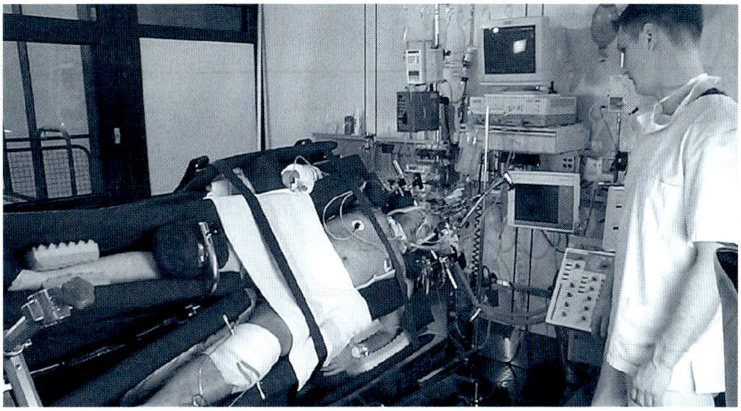

Abb. 8.26 Kinetische Therapie, hier ein beatmeter Patient im Rotorest®-Bett. [U133]

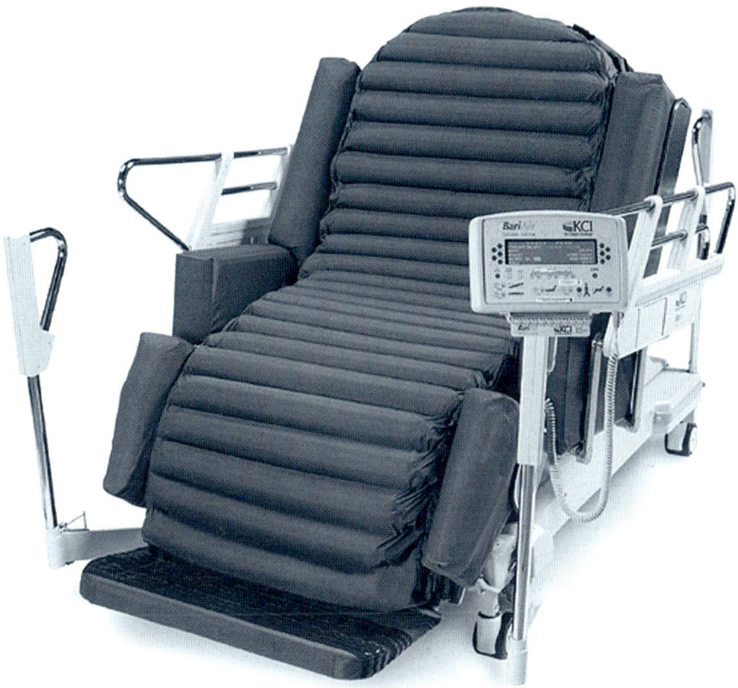

Abb. 8.27 Das BariAir®-Bett ist speziell für übergewichtige Patienten konzipiert. Es kann eingesetzt werden bei Patienten mit einem Körpergewicht von bis zu 380 kg. Der seitliche Drehwinkel des Bettes liegt bei maximal 20°. Zusätzliche Möglichkeiten des Bettes sind eine programmierbare Perkussionstherapie und ein Frontausstieg, d. h. bei der Mobilisation kann der Patient das Bett am Fußende verlassen (in der Abb. ist das Bett entsprechend eingestellt). [U133]

8.7 Bronchialtoilette

Definition,

Bronchialtoilette: Absaugen von Bronchialsekret bei Patienten, deren bronchiale Selbstreinigungsmechanismen (vor allem mukoziliäre Clearance und Husten) gestört sind. Kann blind erfolgen oder unter Sicht (bronchoskopisch). Beim blinden Absaugen intubierter oder tracheotomierter Patienten zwei Methoden:

- **Offene Absaugung.** Unterbrechung der Beatmung und Absaugen mit einem Einmalabsaugkatheter
- **Geschlossene Absaugung.** Platzieren eines geschlossenen Absaugsystems (Absaugkatheter in steriler Hülle) zwischen Beatmungsschläuchen und Tubus/Trachealkanüle. Absaugung durch Vorschieben und unter Sog setzen des Absaugkatheters während der Beatmung.

Tab. 8.5 Komplikationen während kinetischer Therapie und Maßnahmen zu deren Vorbeugung bzw. Früherkennung und Behandlung.

Mögliche Komplikationen	Maßnahmen zur Verhinderung bzw. frühen Erkennung und Behandlung von Komplikationen
• Dislokation des Tubus/der Trachealkanüle bzw. versehentliche Extubation/Dekanülierung • Reflux von Kondenswasser aus den Beatmungsschläuchen in die Atemwege • Abknicken des Tubus bzw. der Beatmungsschläuche	• Sichere Fixierung des Tubus/der Trachealkanüle • Beatmungsschläuche so am Bett fixieren, dass sie beim axialen Lagewechsel nicht unter Zug geraten (bei jeder Neueinstellung „Test", um zu prüfen, ob die Schläuche beim Seitwärtskippen zugfrei bleiben) • Kondenswasserabscheider regelmäßig entleeren und darauf achten, dass sie sich am tiefsten Punkt des Beatmungsschlauchsystems befinden • Auf Abfall oder Anstieg des Beatmungsdruckes bzw. des Atemminutenvolumens achten und Grenzwerteinstellungen kontrollieren
• Diskonnektion bzw. Dislokation von Gefäßzugängen • Abknicken und evtl. Verstopfen (durch Blutgerinnsel) von Gefäßzugängen (z. B. der CVVH) • Verschlechterung der Kreislaufsituation (Kreislaufinstabilität)	• Sichere Fixierung aller Zugänge • Grenzwerte für Herzfrequenz und Blutdruck so einstellen, dass Veränderungen rasch erkannt werden • Neigungswinkel des Bettes nach Kreislaufsituation einstellen
• Druckschäden durch die Haltevorrichtungen und Fixierbänder des eingesetzten Drehbettes	• Bei Verwendung von Luftkissenbetten Druck in den Luftkissen entsprechend den Gegebenheiten beim Patienten einstellen (Einstellung nimmt meist Firmenvertreter vor; Pflegende variieren den Druck in den Luftkissen bei Bedarf) • Hautstellen über oberflächlich verlaufenden Nerven, z. B. am Fibulaköpfchen, ggf. gesondert polstern • In Seitenlagerung prüfen, ob an gefährdeten Körperregionen besonders hoher Druck ausgeübt wird (diese ggf. gesondert polstern) und auf Einschnürungen durch die Fixierbänder achten (ggf. Fixierbänder gesondert unterpolstern oder anders platzieren)

In Kombination mit dem Einbringen von physiologischer Kochsalzlösung, z. B. zum Lösen von stark eingetrocknetem Bronchialsekret, auch als **Bronchiallavage** bezeichnet. ■

Beim nicht-intubierten oder -tracheotomierten Patienten kann zur Bronchialtoilette ein Absaugkatheter über Nase oder Mund (nasal bzw. oral) in die Trachea vorgeschoben werden. Auf dieses auch auf Allgemeinpflegestationen gebräuchliche Verfahren wird hier nicht eingegangen. Informationen hierzu entnehmen sie bitte der entsprechenden Pflegeliteratur.

Auf den meisten Intensivstationen ist die **offene Absaugung** die Methode der Wahl bei unkomplizierter Beatmung. Die **geschlossene Absaugung** wird insbesondere bei Patienten eingesetzt, bei denen die kurzfristige Unterbrechung der Beatmung eine Gefährdung für den Patienten darstellt oder eine offenen Absaugung wegen einer bestimmten Lagerung (z. B. überdrehte Seiten- oder Bauchlagerung ➤ 8.3.1) nicht durchgeführt werden kann.

8.7.1 Indikationen zur Bronchialtoilette beim intubierten/tracheotomierten Patienten

Der intubierte bzw. tracheotomierte Patient kann Bronchialsekret nicht abhusten, weil er den zum Hustenstoß notwendigen hohen intrathorakalen Druck nicht aufbauen kann, da durch den Tubus bzw. die Trachealkanüle ständig eine Öffnung des Tracheobronchialsystems zur Außenwelt hin besteht (Hustenstoß physiologisch: Nach dem Einatmen zunächst Ausatmen gegen die geschlossene Stimmritze. Dann plötzliche Öffnung der Stimmritze und Ausstoßen der Luft).

Hauptindikation für eine Bronchialtoilette ist die Notwendigkeit, angesammeltes Sekret aus den Atemwegen zu entfernen. Daneben kann eine endotracheale Absaugung erforderlich sein, um Bronchialsekret für Untersuchungszwecke zu gewinnen,

z. B. zur bakteriologischen Untersuchung im Rahmen des bakteriologischen Monitorings (➤ 8.10.1).

Häufigkeit der Bronchialtoilette

Wie häufig ein intubierter bzw. tracheotomierter Patient abgesaugt werden muss, ist von Patient zu Patient sehr verschieden. Eine endotracheale Absaugung ist notwendig bei:

- Rasselnden Atemgeräuschen bzw. sichtbarem Sekret
- Veränderungen der Beatmungsparameter, insbesondere Anstieg des Beatmungsdrucks (bei volumenkontrollierter Beatmung) oder Abfall des Tidalvolumens (bei druckkontrollierter Beatmung), die nicht auf offensichtlich andere Ursachen zurückzuführen sind, z. B. Abknickungen der Beatmungsschläuche oder Wasseransammlungen im Beatmungsschlauchsystem
- Klinische Zeichen der Hypoxie und Verschlechterung der Sauerstoffsättigung bzw. der Blutgasanalyse
- Verdacht auf Aspiration, sichtbare Zunahme der Atemarbeit bzw. entsprechender radiologischer Befund.

Zudem führen die Pflegenden eine endotracheale Absaugung durch, wenn der Patient dies wünscht (in manchen Fällen spürt der Patient eine Sekretansammlung, bevor diese klinische Auswirkungen wie z. B. rasselnde Atemgeräusche hervorruft).

Die Indikationsstellung zur endotrachealen Absaugung ist komplex. Es ist viel Erfahrung erforderlich, um den geeigneten Zeitpunkt zum endotrachealen Absaugen zu erkennen.

Soviel wie nötig – so wenig wie möglich!

Viele Patienten erleben das endotracheale Absaugen als äußerst bedrohlich, weil es für sie mit Schmerzen, massiver Atemnot und Erstickungsängsten verbunden ist. Besonders ausgeprägt sind diese Empfindungen, wenn die Absaugung mit einer Bronchiallavage verbunden ist. Die Pflegenden achten deshalb darauf, endotracheale Absaugungen so schonend wie möglich vorzunehmen.

In vielen Kliniken ist es üblich, Patienten die über längere Zeit keine Anzeichen für die Notwendigkeit einer Bronchialtoilette zeigen zumindest einmal pro Schicht abzusaugen. Damit soll verhindert werden, dass unbemerkte Sekretansammlungen im Tracheobronchialsystem des Patienten verbleiben.

Seit kurzem sind Geräte (z. B. das TBA Care®-System) auf dem Markt, die anhand der am Tubus gemessenen Atemgeräusche Sekret in den Atemwegen und damit die Notwendigkeit des endotrachealen Absaugens erkennen. Das TBA Care®-System ist ein Gerät, an dem über ein Kabel ein Verbindungsstück, in welchem das Mikrofon eingebaut ist, angeschlossen ist. Dieses Verbindungsstück wird möglichst tubusnah ins Beatmungsschlauchsystem eingebaut. Das Gerät registriert Atemgeräusche und deren Veränderungen und gibt beim Vorhandensein von Sekret ein akustisches und optisches Signal.

Der Einsatz des Gerätes soll es ermöglichen, den richtigen Zeitpunkt für die Absaugung objektiv erfassen zu können und dadurch unnötig häufiges Absaugen verhindern.

8.7.2 Offene endotracheale Absaugung

Bei der offenen Absaugung werden Einmal-Absaugkatheter verwendet. Die Pflegenden achten darauf, dass ein ausreichender Vorrat an passenden Absaugkathetern am Patientenbett vorhanden ist, um den Patienten im Bedarfsfall umgehend absaugen zu können.

Absaugkatheter

Bei den Einmal-Absaugkathetern wird unterschieden zwischen den konventionellen und den sog. „atraumatischen" Absaugkathetern. Die beiden Katheterarten unterscheiden sich im Aufbau und in der Anwendung:

- Die Katheterspitze konventioneller Absaugkatheter ist vorn geöffnet, seitlich davon befindet sich i. d. R. eine zusätzliche größere Öffnung (➤ Abb. 8.28)
- An der Katheterspitze atraumatischer Absaugkatheter befindet sich eine zentrale Öffnung, die von einem ringförmigen Wulst umgeben ist. Rings um diesen Wulst finden sich zusätzliche kleine Öffnungen, die dafür sorgen, dass sich – sobald der Katheter unter Sog steht – rings um die Katheterspitze ein Luftkissen bildet, das Schädigungen der Trachealschleimhaut verhindern soll.

Ob atraumatische Absaugkatheter Schleimhautläsionen tatsächlich verhindern können, wird derzeit kontrovers diskutiert. Wahrscheinlich entstehen Schleimhautschäden in erster Linie abhängig von der Häufigkeit und der Sogstärke der Absaugungen (je häufiger abgesaugt wird und je stärker der Sog, desto größer die Gefahr von Schleimhautschäden). Der Kathetertyp scheint eine untergeordnete Rolle zu spielen.

Faustregel für die Größe der Absaugkatheter: Der Außendurchmesser des Absaugkatheters soll etwa halb so groß sein wie der Innendurchmesser des Tubus bzw. der Trachealkanüle.
Bei zu groß gewähltem Absaugkatheter besteht die Gefahr, dass ein starker intrapulmonaler Sog entsteht, der die Entstehung von Atelektasen (➤ 2.2.4) begünstigen kann, zu kleine Absaugkatheter können das visköse Sekret nicht oder nur unzureichend entfernen.

Vorbereitung der Absaugung

- Patienten über die geplante Absaugung informieren
- Beatmungsbeutel (mit Sauerstoffanschluss und ggf. -Reservoir) bereithalten
- Zur akustischen Überwachung ggf. Herzfrequenzton am Überwachungsmonitor einstellen, dadurch kann z. B. eine Bradykardie infolge eines Vagusreiz beim Absaugen frühzeitig erkannt werden
- Hohe PEEP-Werte (> 6 mbar) vor der Absaugung ggf. schrittweise reduzieren. Dies ist in manchen Kliniken üblich, um eine schlagartige Erhöhung des venösen Rückstroms mit evtl. Rechtsherzbelastung sowie die Gefahr der Atelektasenbildung durch plötzliche Wegnahme eines hohen PEEP zu verhindern
- Patienten bei Bedarf präoxygenieren (FiO_2 1,0 für mind. 30 Sek.), um eine Hypoxie während des Absaugvorgangs zu vermeiden. An manchen Respiratoren gibt es dafür eine spezielle Einstellung (*Absaugroutine*, ➤ 6.3). Bei Aktivierung beatmet der Respirator für eine definierte Zeit mit 100% Sauerstoff. Ein Präoxygenieren vor dem Absaugen wird i. d. R. erst ab einem benötigten FiO_2 von > 0,6 oder bei Patienten, bei denen die Gefahr besteht, dass die Sauerstoffsättigung rasch abfällt, durchgeführt.

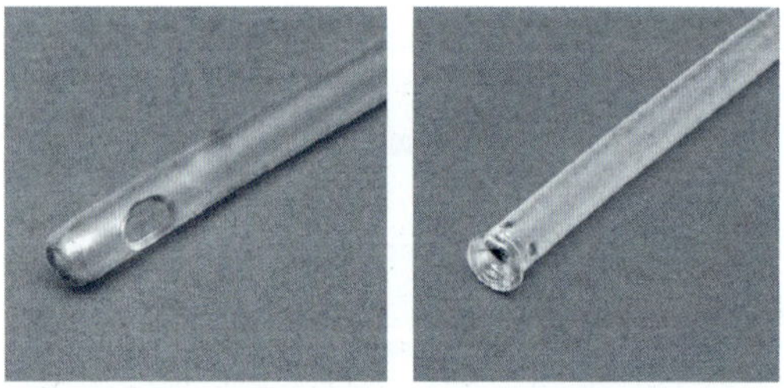

Abb. 8.28 Konventionelle (links) und atraumatische (rechts) Absaugkatheter unterscheiden sich im Aufbau der Katheterspitze. [K183]

Durchführung der Absaugung

- Hygienische Händedesinfektion, ggf. Mundschutz und Schutzbrille anlegen (je nach klinikinterner Regelung sowie Erkrankung des Patienten), keimarme Handschuhe anziehen (RKI 2001 ➤ 10.3)
- Verpackung des Absaugkatheters öffnen, Katheterende mit Fingertip des Absaugschlauches verbinden, Absauganlage einschalten (Sogstärke maximal 0,4 bar). Sogstärke sollte grundsätzlich so gering wie möglich eingestellt werden
- Ggf. den Beatmungsschlauchkonnektor am Tubus- bzw. Trachealkanülenansatz etwas lockern
- Ggf. sterilen Handschuh an die katheterführende Hand anziehen, steriles Handschuhpapier als Unterlage zum Ablegen des Beatmungschlauchs nutzen, dieses z. B. auf einer Freifläche des Bettes ablegen
- Alarm des Respirators inaktivieren
- Absaugkatheter mit der „sterilen" Hand aus der Verpackung nehmen, Katheterspitze ggf. mit etwas Gleitmittel versehen
- Mit der „unsterilen" Hand Beatmungsschlauch vom Tubus/Trachealkanüle diskonnektieren und Schlauchende entweder auf der sterilen Fläche (Handschuhpapier) ablegen oder so am Haltearm des Respirators aufhängen, dass der Beatmungsschlauchansatz steril bleibt. Dabei darauf achten, dass die Luft aus den Beatmungsschläuchen weder dem Patienten noch den Pflegenden direkt „ins Gesicht bläst" (Kontaminationsgefahr)
- Tubus bzw. Trachealkanüle mit der „unsterilen" Hand festhalten oder durch assistierende Pflegende halten lassen
- Absaugkatheter vorsichtig und zügig einführen bis leichter Widerstand spürbar wird:

Offene endotracheale Absaugung (Abb. 8.29 – 8.32)

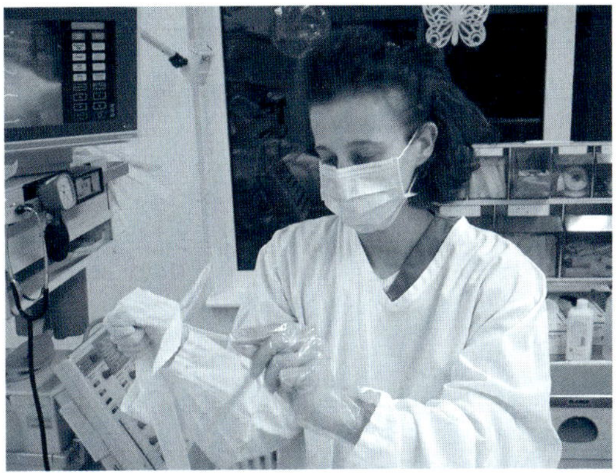

Abb. 8.29 Verpackung des Absaugkatheters öffnen, Absaugschlauch anschließen und Katheter mit der „sterilen" Hand entnehmen. Absaugung einschalten. [M251]

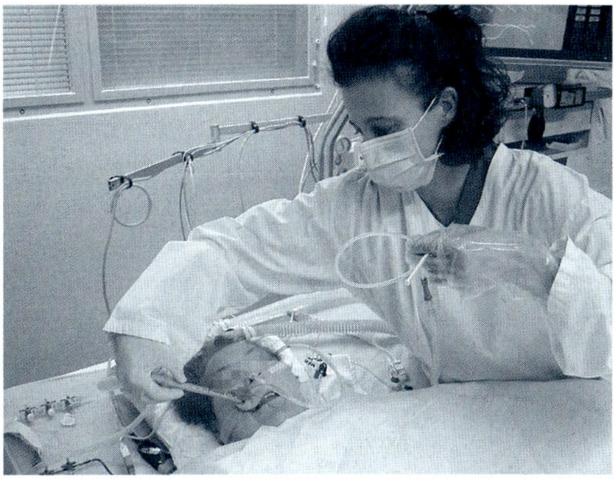

Abb. 8.30 Patienten mit der „unsterilen" Hand vom Respirator diskonnektieren und Beatmungsschlauchansatz auf steriler Fläche (Handschuhpapier) ablegen. Mit der „unsterilen" Hand den Tubus festhalten. [M251]

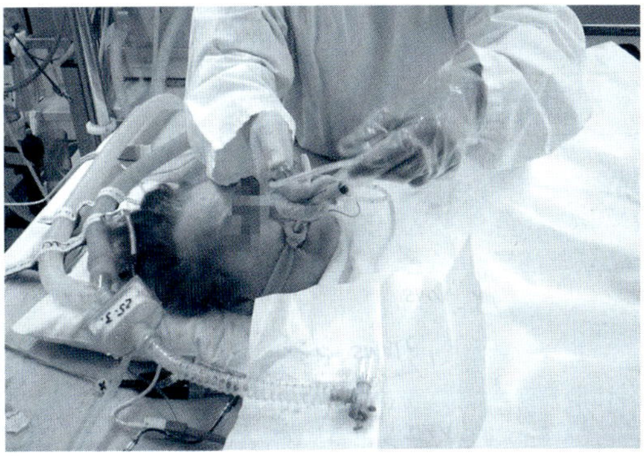

Abb. 8.31 Absaugkatheter (hier konventioneller Katheter ➤ Text) ohne Sog vorsichtig und zügig einführen bis leichter Widerstand spürbar ist. Dann den Absaugkatheter langsam unter Sog zurückziehen. [M251]

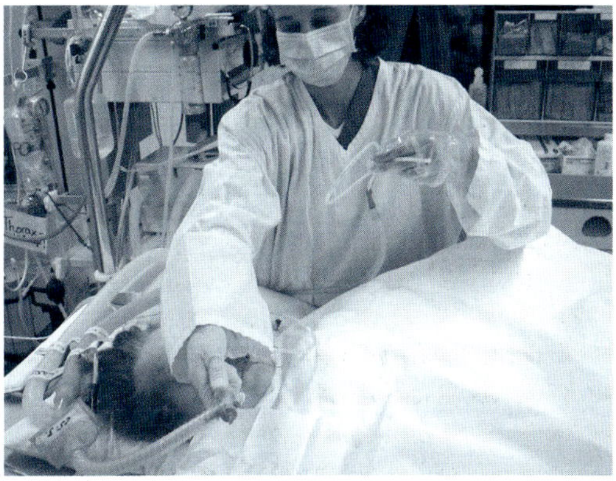

Abb. 8.32 Absaugkatheter aus dem Tubus entfernen und Patienten wieder an den Respirator anschließen. Gegebenenfalls (z. B. falls weiterhin deutliche Rasselgeräusche zu hören sind) nach kurzer Pause Vorgang mit frischem Absaugkatheter wiederholen. Ansonsten Absaugkatheter entsorgen und Absaugschlauch durchspülen. [M251]

  - Atraumatische Absaugkatheter (mit wulstförmiger Öffnung an der Katheterspitze und seitlichen Öffnungen, die ein „Luftkissen" um die Katheterspitze bilden) werden **mit Sog** eingeführt (nur so wird das „Luftkissen" wirksam)
  - Konventionelle Absaugkatheter werden **ohne Sog** eingeführt
- Katheter mit Sog zurückziehen (konventionelle Absaugkatheter ggf. mit langsam drehenden Bewegungen, atraumatische Absaugkatheter ohne Drehbewegungen)
- Patienten wieder an Respirator anschließen und ggf. für mindestens eine Minute mit 100% Sauerstoff beatmen
- Farbe, Menge, Konsistenz und evtl. Geruch des Trachealsekrets beobachten
- Absaugkatheter entsorgen (z. B. locker um die „sterile" Hand wickeln, Handschuh über den Absaugkatheter ziehen und beides verwerfen)

- Absaugschlauch mit Spüllösung (i. d. R. Leitungswasser oder Desinfektionslösung) durchspülen und in senkrechter Position aufhängen
- Alarme des Respirators wieder aktivieren, Herzfrequenzton wieder ausschalten
- Kontrollieren, ob die Maßnahme den gewünschten Erfolg gebracht hat (Atemgeräusche und Beatmungsparameter sind wieder unauffällig, Hypoxiezeichen sind rückläufig, Sauerstoffsättigung bessert sich). Ggf. Lunge auskultieren
- Ggf. nach kurzer Pause erneut absaugen (gesamten Vorgang wiederholen)
- Patient über das Ende der Maßnahme informieren
- Hände desinfizieren
- Maßnahme sowie besondere Vorkommnisse (z. B. Bradykardie während des Absaugens) dokumentieren.

> Der eigentliche Absaugvorgang (Zeit, in der der Patient nicht an den Respirator angeschlossen ist) sollte maximal 10 – 15 Sek. dauern. Um ein Gefühl dafür zu bekommen, wie lang diese kurze Zeit für den Patienten ist, empfiehlt es sich, einmal selbst für 15 Sekunden die Luft anzuhalten.

In manchen Kliniken ist es üblich, unmittelbar nach dem endotrachealen Absaugen die Lunge kurzzeitig zu „blähen“, um Atelektasen, die durch den Sog während des Absaugens entstanden sind, wieder zu eröffnen. Dies kann entweder durch manuelle Beatmung erfolgen (2 – 3 tiefe Atemzüge mit dem Beatmungsbeutel; Nachteil: Beatmungsdruck und -volumen können nicht überwacht werden, Patient muss anschließend vom Beatmungsbeutel diskonnektiert und an den Respirator angeschlossen werden. Dadurch entfällt der PEEP und die Alveolarwände können wieder kollabieren) oder durch 2 – 3 vertiefte Beatmungen durch den Respirator. Dem fraglichen Nutzen dieser Maßnahme steht die Gefahr einer kurzfristigen Überblähung der Lunge entgegen, daher wird sie in vielen Kliniken nicht mehr routinemäßig durchgeführt.

Bronchiallavage

Bei sehr zähem oder blutig-borkigem Bronchialsekret kann eine Bronchiallavage durchgeführt werden. Dabei werden vor dem Absaugen 5 – 10 ml sterile NaCl-Lösung in den Tubus bzw. die Trachealkanüle appliziert (Verabreichung möglichst mit der Inspiration des Patienten). Danach wird der Patient kurzzeitig mit dem Beatmungsbeutel beatmet. Während dieser Zeit soll das eingetrocknete Bronchialsekret durch die Spüllösung aufgeweicht und gelöst werden. Anschließend wird der Patient endotracheal abgesaugt.

Insbesondere wache Patienten empfinden die Bronchiallavage als sehr unangenehm, da sie mit massiver Atemnot, starkem Hustenreiz und Erstickungsgefühlen verbunden ist. Zudem besteht bei häufiger Bronchiallavage die Gefahr einer Auswaschung des Surfactant (➤ 1.2). Daher sollte diese Maßnahme nur wenn unbedingt nötig und ggf. nach vorheriger Sedierung des Patienten (Arztrücksprache) durchgeführt werden. Wenn möglich ist die gezielte bronchoskopische Absaugung (➤ 8.7.4) der ungezielten Bronchiallavage vorzuziehen.

> Eine kontinuierliche Atemgasklimatisierung (➤ 5.6) trägt wesentlich dazu bei, dass das Bronchialsekret nicht eintrocknet. Damit kann eine gute Atemgasklimatisierung dem Patienten eine Bronchiallavage in vielen Fällen ersparen.

8.7.3 Geschlossene endotracheale Absaugung

Zur geschlossenen Absaugung wird ein spezielles Absaugsystem zwischen die Beatmungsschläuche bzw. die Tubusverlängerung und den Tubus bzw. die Trachealkanüle eingebaut.

Geschlossene Absaugsysteme

Geschlossene Absaugsysteme bestehen aus:
- Einem Ansatzstück mit zwei Öffnungen (jeweils eine für Tubus/Trachealkanüle und Beatmungsschläuche)
- Einer Katheterschutzhülle, in der sich der sterile Absaugkatheter befindet
- Einem Saugventil mit Anschlussstutzen zum Anschluss des geschlossenen Absaugsystems an die Saugquelle.

Ein Zugang für Spülungen befindet sich meist am Ansatzstück oder beim Saugventil.

Tab. 8.6 Häufige Komplikationen der endotrachealen Absaugung, ihre Symptome und entsprechende Maßnahmen. Weitere mögliche Komplikationen sind eine *Hyper-* oder *Hypotonie*, ein *Anstieg des Hirndrucks* (besonders problematisch bei Patienten mit krankheitsbedingter Hirndrucksteigerung) und des *Augeninnendrucks* sowie ein *Bronchospasmus*. Bei der offenen endotrachealen Absaugung kommt die Infektionsgefahr für das Personal durch den häufig keimhaltigen „Sprühnebel" hinzu, der bis zu 2 m um den Tubus bzw. das Ansatzstück des Beatmungsschlauchsystems herum entstehen kann.

Komplikation	Symptome	(Sofort-)Maßnahmen
Vagusreiz	Bradykardie, Arrhythmie, im Extremfall Asystolie (optisch und akustisch am Überwachungsmonitor angezeigt)	• Absaugung sofort unterbrechen, Absaugkatheter aus der Trachea entfernen • Arzt benachrichtigen, falls sich die Störung nicht umgehend bessert • Ggf. (auf Arztanordnung) Medikamente verabreichen, z. B. Atropin®, Reanimation einleiten
Hypoxie	Symptome der Hypoxie ➤ 2.4.1	• Absaugung sofort unterbrechen, für ausreichende Beatmung sorgen • Ggf. FiO_2 vorübergehend erhöhen • Vor der Absaugung jeweils präoxygenieren, Absaugdauer kurz halten • Ggf. geschlossenes Absaugsystem verwenden
Schleimhautläsionen	• Blutiges Trachealsekret • Bronchoskopisch sichtbare Läsion	• Sehr vorsichtig und so wenig wie möglich absaugen • Bronchoskopie zur Kontrolle der Läsion

Geschlossenes Absaugsystem anschließen

- Absaugsystem aus der Verpackung nehmen, dabei darauf achten, dass die Anschlüsse für Tubus/Trachealkanüle und für das Beatmungssystem steril bleiben
- Patienten vom Respirator diskonnektieren, Beatmungsschläuche an den dafür vorgesehenen Anschluss des geschlossenen Absaugsystems anschließen

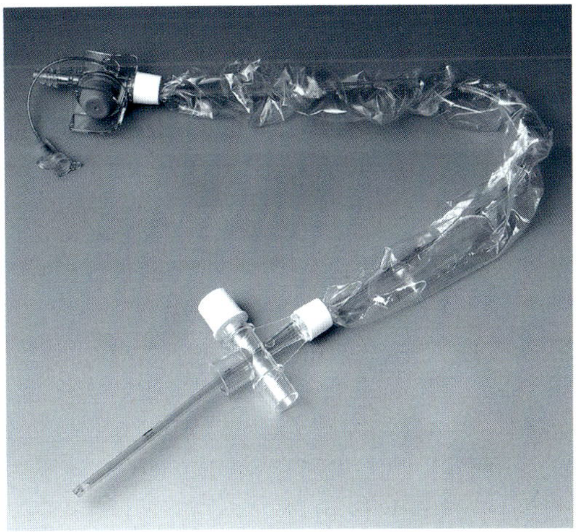

Abb. 8.33 Beispiel für ein geschlossenes Absaugsystem. [V090]

- Geschlossenes Absaugsystem an den Tubus/die Trachealkanüle anschließen
- Datum und Uhrzeit des Systemwechsels auf dem Absaugsystem und in der Patientenkurve vermerken.

Geschlossene Absaugsysteme können bis zu 24-72 Stunden benutzt werden (Herstellerangaben beachten).

Mit dem geschlossenen System absaugen

Vorbereitung

Die Vorbereitung entspricht der bei der offenen Absaugung, eine Reduktion des PEEP ist jedoch nicht erforderlich. Auch auf das Präoxygenieren kann i. d. R. verzichtet werden. Zum Durchspülen des Katheters nach dem Absaugen werden ca. 5 – 10 ml sterile NaCl-Lösung (in eine Spritze aufgezogen) benötigt.

Durchführung

- Absaugschlauch ggf. an das Verbindungsstück des geschlossenen Absaugsystems anschließen, Sog einstellen
- Konnektionsstelle Tubus/Trachealkanüle – Absaugsystem mit einer Hand festhalten

- Mit der anderen Hand den Absaugkatheter ohne Sog einführen bis ein leichter Widerstand spürbar ist
- Falls Bronchiallavage erforderlich ist etwas Spülflüssigkeit in den Spüleinsatz instillieren. Dabei nicht absaugen
- Saugventil drücken (dadurch wird der Katheter unter Sog gesetzt) und Absaugkatheter vorsichtig in die Ausgangsposition zurückziehen. Ggf. nur intermittierend Sog erzeugen, um zu verhindern, dass der PEEP zu stark absinkt. Durch den Absaugvorgang kann es – infolge der Druck- und Volumenänderungen – zum Auslösen des Triggers und damit zum Start einer Inspiration kommen. Um das abgesaugte Gasvolumen teilweise mit Frischgasflow zu kompensieren, wird empfohlen, den Absaugvorgang während der Inspirationsphase durchzuführen
- Absaugkatheter durchspülen. Dazu Spritze mit steriler NaCl-Lösung an den Spülzugang anschließen, NaCl langsam einspritzen und gleichzeitig Saugventil gedrückt halten
- Abschließend Spülzugang wieder verschließen, Absaugschlauch vom System diskonnektieren und Sog abschalten
- Maßnahme sowie besondere Vorkommnisse dokumentieren.

Indikationen, Vorteile und Nachteile der geschlossenen Absaugung

Vorteile und Nachteile

Hauptvorteil der geschlossenen Absaugsysteme ist die Tatsache, dass das Beatmungssystem nicht diskonnektiert werden muss, d. h. der positive Atemwegsdruck bleibt auch während des Absaugens aufrecht erhalten. Dadurch bleibt die Sauerstoffsättigung während des Absaugens weitgehend konstant (bei konventioneller Absaugung sinkt sie i. d. R. ab, und zwar umso mehr, je invasiver die Beatmung ist), Bradykardien treten seltener auf und der Patient erholt sich insgesamt schneller vom Absaugmanöver. Weitere Vorteile im Vergleich zur konventionellen Absaugung sind:

- Erleichtertes Absaugen bei speziellen Lagerungen, insbesondere bei überdrehter Seiten- und Bauchlagerung (hier ist nur mit dem geschlossenen Absaugsystem ein hygienisch einwandfreies Absaugen möglich)

Absaugen mit geschlossenem System (Abb. 8.34 – 8.36)

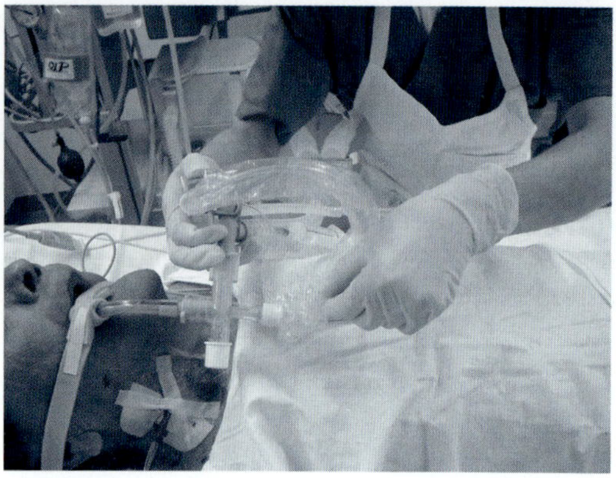

Abb. 8.34 Den Absaugkatheter in der Hülle vorschieben bis ein leichter Widerstand spürbar ist. [M251]

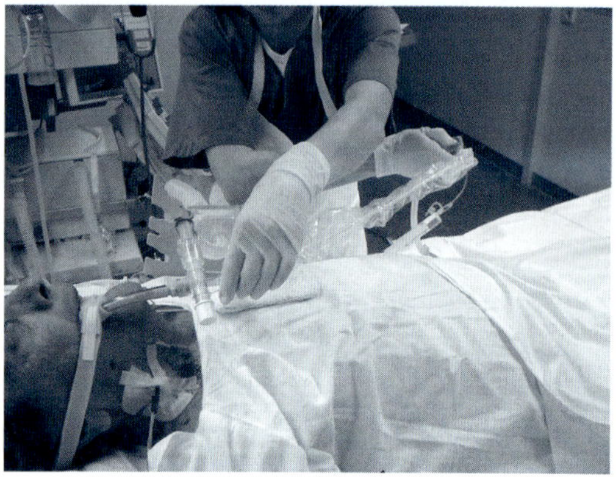

Abb. 8.35 Dann das Saugventil betätigen (Absaugkatheter wird dadurch unter Sog gesetzt) und den Katheter langsam zurückziehen. [M251]

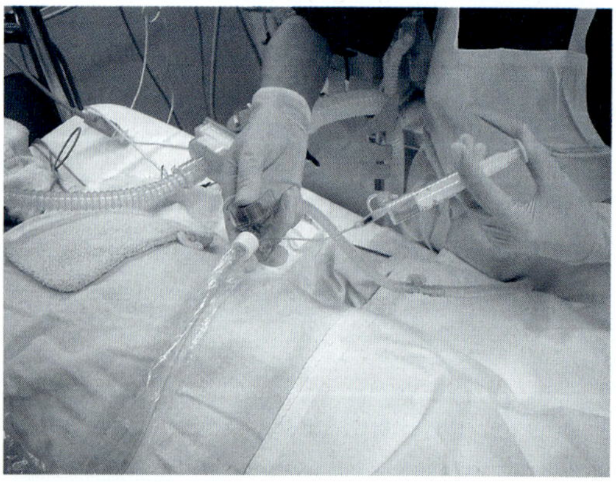

Abb. 8.36 Abschließend den Absaugkatheter mit sterilem NaCl 0,9% durchspülen. [M251]

- Schutz vor Kreuzinfektionen
- Schutz des Personals bei Infektionskrankheiten des Patienten (bei der offenen Absaugung können Keime weit in der Umgebung verbreitet werden, z. B. wenn der Patient während des Absaugens hustet)
- Bei häufig notwendiger Absaugung Reduktion der Müllmenge und der Kosten
- Schneller (weniger zeitaufwändig)
- Wird vom Patienten i. d. R. besser toleriert
- PEEP bleibt weitgehend aufrecht erhalten (nach konventioneller Absaugung kann es sehr lange dauern, bis der PEEP in allen Lungenbereichen wieder aufgebaut ist).

Nachteilig sind das relativ hohe Gewicht des Absaugsystems, das Zug auf den Tubus bzw. die Trachealkanüle verursachen kann, die Einschränkung der Beweglichkeit (System ist z. B. bei der Mobilisation des Patienten hinderlich) sowie die relativ hohen Kosten, falls der Patient nicht sehr häufig abgesaugt werden muss.

Eine Überlegenheit gegenüber dem offenen Absaugverfahren in Bezug auf die Pneumonieprävention konnte bisher nicht gezeigt werden (RKI 2001).

Indikationen

Aus den o. g. Vorteilen der geschlossenen Absaugsysteme ergeben sich die Indikationen:

- Massive respiratorische Insuffizienz und invasive Beatmung ($F_iO_2 > 0,5$, PEEP > 6 – 8 mbar, IRV mit Intrinsic-PEEP, Open-Lung-Konzept ➤ 5.8.1)
- Bradykardie und/oder massiver Abfall der Sauerstoffsättigung bzw. sehr langsame Erholung nach vorangegangenen Absaugungen
- Kreislaufinstabilität
- Bauchlagerung bzw. überdrehte Seitenlage
- Erhöhter Hirndruck
- Infektionen (z. B. HIV, Hepatitis C, Tuberkulose, multiresistente Keime), um Gefährdung des Personals zu reduzieren.

Zusätzlich wird teilweise empfohlen, das geschlossene Absaugsystem bei Patienten im akuten Lungenödem, bei einer Beatmungszeit über 48 Stunden, zur Selbstabsaugung oder bei immunsupprimierten Patienten einzusetzen.

8.7.4 Bronchoskopische Absaugung

Definition

Bei der **bronchoskopischen Absaugung** wird ein flexibles Bronchoskop (➤ 4.2.6) über den Tubus oder die Trachealkanüle in die unteren Atemwege des Patienten eingeführt und das Bronchialsekret unter Sicht abgesaugt.

Eine bronchoskopische Absaugung ist indiziert, wenn Bronchialsekret nicht durch eine offene oder geschlossene Absaugung entfernt werden kann, wenn gezielt Sekret aus bestimmten Lungenabschnitten entnommen werden soll, z. B. bei Atelektasen oder zu Untersuchungszwecken, sowie bei V. a. Aspiration von Fremdkörpern oder Mageninhalt (Aspiration von Mageninhalt ➤ 4.2.10). Müssen große Fremdkörper entfernt werden, ist evtl. der Einsatz eines starren Bronchoskops vorteilhaft.

Vorbereitung der bronchoskopischen Absaugung

Vorbereitung des Patienten

- Patienten über die geplante Maßnahme informieren und auf den Rücken mit leicht erhöhtem Oberkörper lagern
- Herzfrequenzton am Überwachungsmonitor einstellen
- Falls nicht bereits vorhanden Überwachung der Sauerstoffsättigung anschließen
- Ggf. Sedierung des Patienten nach Arztanordnung
- Anpassung der Beatmungsparameter nach Arztrücksprache. Ziel: Sicherung einer ausreichenden Oxygenierung während der Bronchoskopie, i. d. R. Beatmung mit 100% Sauerstoff (Häufig druckkontrollierte Beatmung. Bei volumenkontrollierter Beatmung evtl. Beatmungsfrequenz und obere Druckgrenze erhöhen). Alternativ Patienten ggf. manuell beatmen.

Insbesondere bei Tuben bzw. Trachealkanülen mit geringem Innendurchmesser füllt das Bronchoskop fast das gesamte Tubus- bzw. Trachealkanülenlumen, dadurch wird die Beatmung sehr schwierig. Eine Umintubation (➤ 4.2.8) auf einen größeren Tubus/Trachealkanüle kann vorteilhaft sein.

Material zur bronchoskopischen Absaugung

Die Pflegenden bereiten das notwendige Material vor und prüfen ggf. die Funktionstüchtigkeit der Materialien:

- Absauganlage mit Absaugschlauch
- Bronchoskop und Lichtquelle (➤ 4.2.6)
- Schutzkittel, Kopfhaube, Mundschutz
- Sterile Handschuhe, steriles Lochtuch
- Spezieller Tubuskonnektor (Swivel-Konnektor), der ein Einführen des Bronchoskops während der Beatmung ermöglicht
- Material für die Bronchiallavage: 100 ml physiologische Kochsalzlösung, Spritzen und Aufziehkanülen
- Steriles Aqua dest. oder sterile Kochsalzlösung zum Spülen des Bronchoskops während und nach der bronchoskopischen Absaugung
- Spezielles Gleitmittel sowie Antibeschlagmittel für das Bronchoskop
- Ggf. Medikamente, z. B. Sedativa, Analgetika, Muskelrelaxantien sowie Notfallmedikamente; Notfallwagen in Reichweite
- Ggf. Probengefäß für Trachealsekret das zu Untersuchungszwecken entnommen wird (spezielles Absaugset, wird zwischen Absauganschluss des Bronchoskops und Absaugschlauch eingefügt; ➤ Abb. 8.42).

Durchführung der bronchoskopischen Absaugung

Der Arzt führt das Bronchoskop ein, betrachtet die einzelnen Lungenabschnitte und saugt gezielt Bronchialsekret ab. Die Pflegenden assistieren dem Arzt (z. B. Injektion von Spüllösung oder Medikamenten) und überwachen den Patienten. Dabei achten sie insbesondere auf Puls, Blutdruck, Sauerstoffsättigung und Atemminutenvolumen des Patienten. Sobald gravierende Veränderungen auftreten, z. B. Herzrhythmusstörungen oder ein Abfall der Sauerstoffsättigung, informieren sie umgehend den bronchoskopierenden Arzt. Ggf. muss die bronchoskopische Absaugung unterbrochen (d. h. Bronchoskop weitgehend aus dem Tracheobronchialsystem zurückziehen und abwarten, bis sich der Patient erholt hat) oder im Extremfall abgebrochen werden.

Mögliche **Komplikationen** sind Bronchospasmus, Hyperkapnie und/oder Hypoxie, Bradykardie (infolge Vagusreiz), Verletzungen oder Infektionen der Lunge. Die Komplikationsrate ist erhöht bei Patienten mit schweren Gerinnungsstörungen, vorbestehender therapieresistenter Hypoxämie, schwerer COPD und instabilem hämodynamischem Zustand.

Nachsorge

Der Arzt oder die Pflegenden informieren den Patienten darüber, dass die Maßnahme beendet ist. Anschließend entsorgen die Pflegenden das benötigte Material, sorgen für den Transport entnommener Sekretproben ins Labor und für die Wiederaufbereitung des Bronchoskops. Arzt oder Pflegende stellen die Beatmungsparameter wieder auf die Ausgangswerte bzw. entsprechend der aktuellen Situation des Patienten ein. Sind die Vitalzeichen stabil, wird die Überwachung auf das übliche Maß reduziert.

8.8 Kommunikation mit dem beatmeten Patienten und seinen Angehörigen

Im Folgenden wird nur auf die speziellen Aspekte eingegangen, die die Kommunikation zwischen den Pflegenden und dem beatmeten Patienten betreffen. Grundlagen zu Kommunikationsarten, -modellen und -theorien etc. entnehmen sie bitte der entsprechenden Fachliteratur.

8.8.1 Mit dem beatmeten Patienten kommunizieren

Kommunikation, d. h. das In-Verbindung-treten von Mensch zu Mensch, ist ein Grundbedürfnis des Menschen. Der Wunsch zu kommunizieren ist besonders ausgeprägt bei Menschen, die sich in Extremsituationen befinden. Daher ist es nur allzu verständlich, dass das Kommunikationsbedürfnis des beatmeten Intensivpatienten enorm groß und sehr wichtig ist. Hier kann die Kommunikation der buchstäblich letzte Strohhalm sein, an den der Mensch sich klammert. Gleichzeitig gestaltet sich die Kommunikation mit dem beatmeten Patienten häufig durch vielfältige Einschränkungen und Hindernisse sehr schwierig.

> Kommunikation geschieht zwar überwiegend verbal, d. h. durch das gesprochene oder geschriebene Wort, aber auch ohne Worte kommunizieren wir v. a. mittels Mimik, Gestik und Körperhaltung bewusst oder unbewusst (nonverbale Kommunikation). Da beatmete Patienten oft nur eingeschränkt oder gar nicht verbal kommunizieren können, ist es sehr wichtig, dass die Pflegenden auf die „Körpersprache" des Patienten achten.

Situation des beatmeten Patienten auf der Intensivstation

Insbesondere Patienten, die unvorhergesehen auf einer Intensivstation behandelt und beatmet werden müssen, z. B. nach einem Unfallgeschehen oder einer akuten Erkrankung, wissen oft zunächst nicht, wo und in welcher Situation sie sich befinden. Die Intensivstation trägt viel dazu bei, die Orientierungslosigkeit des Patienten noch zu verstärken: Viele, dem Patienten völlig fremde und ständig aktive Menschen, die oft in einer ihm unverständlichen Fachsprache miteinander reden, eine gänzlich ungewohnte Geräuschkulisse, unbekannte Räumlichkeiten sowie ein mitunter kaum erkennbarer Tag-Nacht-Rhythmus u. v. m.

Wie bedrohlich diese Situation empfunden wird, zeigt sich darin, dass ein hoher Prozentsatz der Patienten (bis zu 20%) nach dem Aufenthalt auf einer Intensivstation unter einem **posttraumatischen Stresssyndrom (PTSS,** auch *PTSD*, d. h. ***p****ost* ***t****raumatic* ***s****tress* ***d****isorder*) leiden. Mögliche Ursachen dieses Krankheitsbildes sind Krieg, Katastrophen, sexueller Missbrauch, aber auch Unfälle, schwere Erkrankungen oder eine Deprivation. Dabei übersteigt die Stärke des Traumas die momentane Verarbeitungsfähigkeit des Menschen. Symptome sind z. B. Albträume, Schlafstörungen, Angstzustände, Depressionen, „Flashbacks" aber auch vermehrte Suizidversuche. Die Bedrohlichkeit der Situation kann durch fehlende Hilfsmittel verstärkt werden, deshalb sobald als möglich Hilfsmittel wie z. B. Brille oder Hörgerät zur Verfügung stellen.

Oft werden die Patienten im Lauf eines Tages von sehr vielen verschiedenen Menschen unangekündigt und auf unterschiedliche Art und Weise berührt. Dies kann beim Patienten Abwehrreaktionen hervorrufen und dazu führen, dass er sich mehr und mehr aus dieser „unangenehmen" und „feindlichen" Welt zurückzieht in eine Traumwelt, die für ihn dann „real" und „wirklich" ist. In dieser Situation versucht der Patient dann, seine Umgebung, also beispielsweise die Räumlichkeiten der Intensivstation, diverse Geräusche (z. B. auch Alarme) und Empfindungen in seine Traumwelt einzuweben.

In dieser Situation kommt den Pflegenden eine Schlüsselrolle zu. Sie verbringen i. d. R. die meiste Zeit am Patientenbett und haben damit mehr als Ärzte und Angehörige Gelegenheiten zur Kommunikation mit dem Patienten. Sie sind es, die ihm wieder Orientierungshilfen geben können. Häufig sind sie die Bezugsperson für den Kranken und damit auch diejenigen, die ihm erklären, was geplant ist bzw. gerade geschieht.

Basale Stimulation als Möglichkeit der Kommunikation mit dem bewusstlosen Patienten

Das Konzept der Basalen Stimulation (von A. Fröhlich entwickelt und von C. Bienstein in die Pflege übertragen) bietet insbesondere für die Pflege von Patienten, deren Fähigkeit zur Wahrnehmung, Bewegung und Kommunikation extrem beeinträchtigt ist, zahlreiche gute Möglichkeiten, um mit dem Patienten zu kommunizieren, seine Reaktionsfähigkeit zu fördern und ihn sanft aus seiner Bewusstseinseinschränkung heraus zu „locken". Das Konzept geht zum einen davon aus, dass es eine völlige Bewusstlosigkeit nicht gibt, sondern dass die Betroffenen vielmehr über ein zwar extrem eingeschränktes, aber dennoch gewisses Maß an Wahrnehmungsfähigkeit verfügen, und zum andern, dass Kommunikation, Wahrnehmung und Bewegung eng miteinander zusammenhängen: „Wahrnehmung ist nur durch Bewegung möglich und Kommunikation baut auf Wahrnehmung auf".

Es würde den Rahmen dieses Buches sprengen, das Konzept der Basalen Stimulation und die daraus abgeleiteten Möglichkeiten für die Intensivpflege umfassend darzustellen. Es sei auf das Buch *Nydahl, Bartoszek: „Basale Stimulation. Neue Wege in der Pflege Schwerstkranker"* verwiesen.

An dieser Stelle finden sich daher nur einige Hinweise auf wichtige Pflegemaßnahmen, die im Zusammenhang mit dem Gespräch mit dem beatmeten Patienten stehen (in aller Kürze und ohne Anspruch auf Vollständigkeit):

- Verbale Kommunikation, z. B. Information des Patienten über eine geplante Maßnahme, mit Berührung unterstützen (am besten am Körperstamm, also z. B. im Bereich der Schulter, da sich hier die Wahrnehmung konzentriert). Dies verstärkt bei Patienten das Gefühl „ich bin gemeint“
- Reaktion des Patienten beobachten: Wurde ich verstanden? Ggf. Information wiederholen, dabei evtl. Wortwahl verändern
- Pflegemaßnahmen mit einer deutlichen Berührung am Körperstamm beginnen (Initialberührung) und beenden.

Kommunikationshindernisse erkennen und einschätzen

Um mit dem beatmeten Patienten angemessen kommunizieren zu können, ist es sehr wichtig, dass die Pflegenden Kommunikationshindernisse erkennen, aber auch die Ressourcen des Patienten einschätzen können. Dies ermöglicht es den Pflegenden, geeignete Kommunikationshilfsmittel für den Patienten auszuwählen, die es ihm ermöglichen, sich auszudrücken.

> Die Kommunikationsfähigkeit beatmeter Patienten variiert stark. Während sich manche Patienten mit Hilfe von Kommunikationshilfsmitteln präzise ausdrücken können, ist anderen beispielsweise nur ein Stirnrunzeln als Zeichen des Missfallens oder ein entspannter Gesichtsausdruck als Zeichen des Wohlbefindens möglich.

Nicht sprechen können

Das wesentliche Kommunikationshindernis des beatmeten Patienten ist die Unfähigkeit zu sprechen, bedingt durch den Tubus bzw. die Trachealkanüle. Bei tracheotomierten Patienten kann der Einsatz einer Sprechkanüle oder eines Sprechaufsatzes (➤ 4.3.2) erwogen werden.

Viele Patienten versuchen trotz Intubation oder Tracheotomie zu sprechen, was nicht nur sehr anstrengend ist und der maschinellen Beatmung oft zuwider läuft, sondern für den Patienten auch sehr frustran sein kann, da er i. d. R. nicht verstanden wird. Insbesondere Patienten, die unvorhergesehen beatmet werden müssen, etwa nach einem Unfallgeschehen, müssen ggf. mehrfach erklärt bekommen, weshalb sie nicht sprechen können und wie sie sich alternativ verständlich machen können. Bei einer geplanten Intubation oder Tracheotomie kann dies schon im Vorfeld erfolgen (➤ 4.2.4).

Bewusstseinslage und Auffassungsgabe

Ein sehr häufiges Hindernis bei der Kommunikation mit dem beatmeten Patienten sind Veränderungen der Bewusstseinslage und/oder der Auffassungsfähigkeit des Patienten. Beide – Bewusstseinslage und Auffassungsfähigkeit – können sowohl erkrankungsbedingt (z. B. Schädel-Hirn-Trauma, vorbestehende neuro-psychiatrische Erkrankung) als auch durch eine evtl. notwendige medikamentöse Therapie (z. B. mit Sedativa oder Analgetika) beeinträchtigt sein. Dies kann sich im Verlauf der Beatmungstherapie ändern, daher ist es wichtig, dass die Pflegenden in regelmäßigen Abständen die Bewusstseinslage des Patienten kontrollieren und überprüfen, inwieweit er orientiert ist (zu Person und Situation, zeitlich und örtlich) und ob er auf Fragen/Ansprache angemessen reagiert. Wichtig dabei: Eventuelle Schwerhörigkeit ausschließen bzw. entsprechende Hilfsmittel, z. B. Hörgerät, einsetzen.

Sprache

Bei Patienten, deren Muttersprache nicht Deutsch ist, klären die Pflegenden, ob der Patient Deutsch sprechen oder verstehen kann (viele Patienten können zwar fast kein Deutsch sprechen, aber recht gut verstehen). Weiter klären sie ab, welches die Muttersprache des Patienten ist und welche weiteren Sprachen der Patient evtl. spricht. Günstig ist es, wenn sich ein Dolmetscher findet, der bei Bedarf zwischen dem Patienten und den Behandelnden übersetzen kann. Eventuell können dies Angehörige des Patienten übernehmen. Wichtig ist, dass der Dolmetscher eine sowohl für die Behandelnden als auch für den Patienten vertrauenswürdige Person ist, der unvoreingenommen handelt. Da der Dolmetscher i. d. R. nicht immer verfügbar ist, kann es sinnvoll sein, sich einzelne Worte oder Sätze übersetzten und aufschreiben zu lassen, so dass man dem Patienten im Bedarfsfall ein Minimum an Erklärung geben bzw.

ihn etwas fragen kann, z. B. „Wir werden sie jetzt auf die Seite lagern", „Haben sie Schmerzen?" oder „Ich bringe sie zu einer Untersuchung".

Lesen und Schreiben

Die wichtigste Kommunikationsmöglichkeit des Patienten, der nicht sprechen kann, ist das Schreiben. Deshalb ist es wichtig zunächst abzuklären, ob der Patient in der Lage ist, zu lesen und zu schreiben. Viele Patienten benötigen dazu Hilfsmittel, etwa eine Brille.

Die Fähigkeit zu lesen und zu schreiben kann zum einen unabhängig von der aktuellen Erkrankung beeinträchtigt sein, zum anderen können (Vor-) Erkrankungen ursächlich sein für eine Beeinträchtigung der Lese- oder Schreibfähigkeit, z. B. Lähmungen.

Motorik

Bei manchen Patienten reichen die feinmotorischen Fähigkeiten nicht aus, um schreiben zu können, die Grobmotorik ist jedoch soweit vorhanden, dass der Betroffenen z. B. auf bereits geschriebene Sätze oder Worte deuten kann oder dass ihm zumindest einfache Bewegungen möglich sind, die als Antworten auf Fragen verwendet werden können, z. B. Kopfnicken oder die Hand drücken bedeutet „ja", Kopfschütteln oder Hand ausstrecken bedeutet „nein".

Ziele der Kommunikation mit dem beatmeten Patienten

Die Kommunikation mit dem beatmeten Patienten hat zum einen das Ziel, dem Patienten etwas mitzuteilen, z. B. Informationen über geplante Maßnahmen, aber auch Emotionen wie z. B. Anteilnahme, Verständnis, zum anderen soll sie ihm die Möglichkeit geben, sich mitzuteilen, also z. B. Bedürfnisse auszudrücken oder Fragen zu stellen.

Manche Patienten scheinen selbst nicht mehr zur Kommunikation fähig, d. h. sie reagieren nicht auf Fragen oder Ansprache. Vieles spricht dafür, dass auch diese Patienten sowohl verbale als auch nonverbale Kommunikation wahrnehmen. Deshalb ist es auch dann, wenn der Patient keinerlei Reaktion zeigt, enorm wichtig, mit ihm zu kommunizieren. Die Grundregeln für das Gespräch mit dem beatmeten Patienten gelten daher ohne Einschränkung auch für diese Patienten.

In jedem Fall achten die Pflegenden darauf, die Kommunikation mit dem beatmeten Patienten so zu gestalten, dass sie:

- Dem Patienten Orientierung gibt und ihm Sicherheit und Geborgenheit vermittelt
- Dazu beiträgt, die Ängste des Patienten abzubauen
- Das Selbstwertgefühl des Patienten stärkt
- Dem Patienten Hoffnung vermittelt und ihm Mut macht.

Grundregeln für die Kommunikation mit dem beatmeten Patienten

Den Patienten mit seinem Namen ansprechen

„Wer mich mit meinem Namen anspricht, der kennt mich, der weiß was mir fehlt". Mit dem eigenen Namen angesprochen zu werden, kann dem Patienten sehr viel Sicherheit geben. Er fühlt sich dann nicht als „namenloser Fall" oder als „Nummer", sondern als Mensch, der den Behandelnden bekannt ist. Dies baut das Gefühl der Anonymität ab und bestärkt im Patienten das Gefühl, als Individuum wahrgenommen und behandelt zu werden. Nicht zuletzt nimmt ihm die namentliche Anrede die Angst, im häufig hektischen Alltag einer Intensivstation mit einem anderen Patienten verwechselt zu werden.

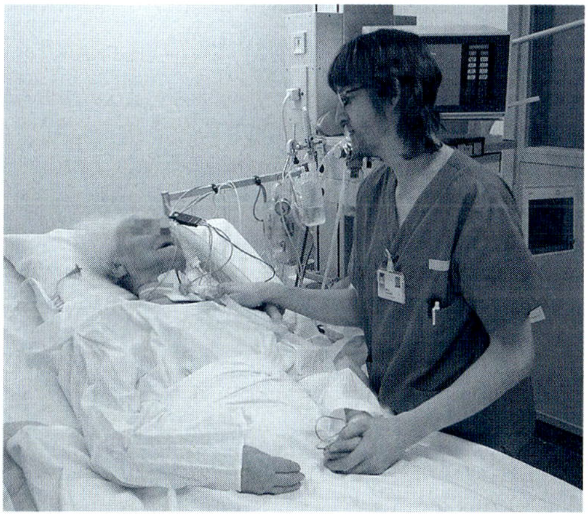

Abb. 8.37 Viele Patienten zeigen zwar keine deutlich wahrnehmbare Reaktion, können aber dennoch hören und spüren. Deshalb ist gerade für diese Patienten sowohl verbale als auch nonverbale Kommunikation sehr wichtig. [M251]

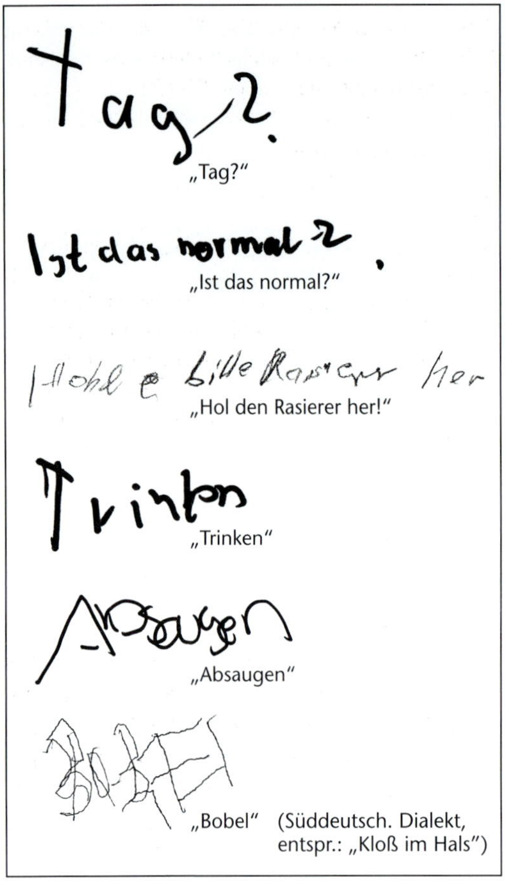

Abb. 8.38 Schriftliche Mitteilungen von verschiedenen beatmeten Patienten auf der Intensivstation. Das Aufschreiben gibt dem Patienten die Möglichkeit, differenziert und unmissverständlich auszudrücken, was er fragen oder mitteilen möchte.

Sich selbst vorstellen

Die Organisation einer Intensivstation bringt es mit sich, dass der Patient im Lauf eines Tages mit sehr vielen verschiedenen Menschen in Kontakt kommt. Dies kann ihm die meist ohnehin beeinträchtigte Orientierung zusätzlich erschweren. Hilfreich ist es, wenn die Behandelnden leicht lesbare Namenschilder tragen und sich jeweils mit Namen und Funktion vorstellen, die für den Patienten zuständigen Pflegenden z. B. jeweils zu Schichtbeginn. Dies hilft dem Patienten, sich zu orientieren und trägt wesentlich dazu bei, die Anonymität der Intensivstation bzw. der Klinik abzubauen.

Einfach und verständlich sprechen

Jede unverständliche oder missverständliche Information kann die Angst des Patienten verstärken, insbesondere dann, wenn sie in medizinischer Fachsprache gegeben wurde. Es ist deshalb sehr wichtig, mit dem Patienten in einer ihm verständlichen und einfachen Sprache zu reden. Dies ist besonders wichtig bei Patienten, deren Auffassungsgabe beeinträchtigt ist.

Ein Problem in diesem Zusammenhang stellen (Fach-)Gespräche am Patientenbett dar, z. B. Übergabegespräche (➤ 8.1.3). In manchen Fällen ist es sinnvoll, ein solches Gespräch am Patientenbett zu führen und es nicht in einen Bereich außerhalb der Hörweite des Patienten zu verlegen. In diesem Fall achten die Pflegenden darauf, dass der Patient die Gesprächsinhalte entweder verstehen und einordnen kann, oder sie informieren ihn über das, was jetzt in einer ihm weitgehend unverständlichen Sprache besprochen wird, z. B. „Ich erkläre Frau S. jetzt, wie bei Ihnen das Beatmungsgerät eingestellt ist“ oder „wir besprechen, wie ihre Wunde am Bein am besten versorgt werden kann“.

Dem Patienten Orientierungshilfen geben

Bei vielen beatmeten Patienten ist insbesondere zu Beginn der Respiratortherapie, also beispielsweise nach einem Unfallgeschehen oder einem umfangreichen chirurgischen Eingriff, das Zeitgefühl stark gestört. Die Atmosphäre einer Intensivstation, wo oft unabhängig vom Tag-Nacht-Rhythmus eine konstante Betriebsamkeit herrscht, trägt dazu bei, dass das Zeitgefühl oft lange gestört bleibt. Daher ist es insbesondere anfangs wichtig, den Patienten immer wieder über Ort, Tag und Zeit, ggf. auch die Ursache des Intensivaufenthalts, zu informieren. Wenn möglich sollte der Patient auf eine Uhr (z. B. eine gut sichtbare Wanduhr oder die eigene Uhr des Patienten) und einen Kalender schauen können, um sich bei Bedarf über die Tageszeit zu informieren. Evtl. informieren die Pflegenden den Patienten auch über den Zweck der Behandlung, die voraussichtliche Dauer der Beatmung und den Therapieverlauf (z. B. „Sie konnten wegen der Lungenverletzung anfangs nicht selbst atmen, inzwischen werden sie nur noch teilweise beatmet und atmen einen Teil selbst mit dem Beatmungsgerät. Wie lange sie noch beatmet werden müssen ist unklar, wir hoffen aber, dass es nur noch wenige Tage dauert"). Dabei achten die Pflegenden darauf, dass sie nur fachlich richtige und ehrliche Auskünfte geben (keine falschen Hoffnungen wecken) und nur solche Informationen geben, zu deren Weitergabe sie befugt sind, also z. B. *keine* Informationen über medizinische Diagnosen.

Erklären, was geplant ist bzw. was geschieht

Jede Maßnahme am oder in der unmittelbaren Umgebung des Patienten, auch „kleine" Pflegetätigkeiten wie z. B. Routinekontrollen am Monitor oder Respirator, sollte dem Patienten in einfacher Weise erklärt werden, um Missverständnissen (z. B. „irgendetwas stimmt nicht mit mir") und evtl. damit verbundenen Ängsten vorzubeugen. Vor und während pflegerischer Maßnahmen achten die Pflegenden darauf, dem Patienten zu erklären, wie er bei der entsprechenden Maßnahme mithelfen kann bzw. wie er sich verhalten soll.

Auf nonverbale Reaktionen des Patienten achten

Viele Patienten können sich präzise verbal ausdrücken, etwa indem sie etwas aufschreiben oder auf geschriebene Sätze oder Bilder deuten. Bei Patienten, die dazu nicht in der Lage sind, ist es besonders wichtig, auf nonverbale Reaktionen zu achten. Dies können neben Veränderungen der Mimik (z. B. Stirnrunzeln, ängstlicher oder schmerzverzerrter Gesichtsausdruck), der Körperhaltung (z. B. entspannte oder angespannte Körperhaltung) oder starkem Schwitzen auch Veränderungen der Vitalparameter sein, z. B. eine Tachykardie, Hypertonie oder Hyperventilation als Ausdruck des Unbehagens oder der Angst. Um derlei Reaktionen einschätzen zu können ist es wichtig, dass die Pflegenden sich möglichst umfassend über die Gewohnheiten, Vorlieben und Abneigungen des Patienten informieren und ihn sehr genau beobachten. Wichtig: Bei Veränderungen der Vitalparameter immer auch evtl. erkrankungsbedingte Ursachen berücksichtigen. So kann beispielsweise eine Tachykardie Ausdruck von Angst oder Schmerz sein, sie kann aber auch durch einen Abfall des pO_2 infolge einer Verschlechterung des Gasaustausches bedingt sein.

Hoffnung vermitteln

Kleinste Fortschritte können für den Patienten das sprichwörtliche „Licht am Horizont" sein. Deshalb ist es sehr wichtig, Verbesserungen – auch minimale – nicht nur zu registrieren, sondern den Patienten auch darüber zu informieren. Dies kann ihn bestärken, die weitere evtl. schmerzhafte oder langwierige Behandlung durchzustehen.

Kommunikation hat Auswirkung auf die Schmerzempfindung!

- Angst, Einsamkeit, Sorgen, Orientierungslosigkeit, Schlaflosigkeit und das Gefühl, die Kontrolle über das eigene Leben zu verlieren, **verstärken** die Schmerzen
- Zuwendung, Verständnis, Ablenkung und das Gefühl, gut informiert zu sein und sich zurechtzufinden, **lindern** die Schmerzen.

Hilfsmittel, die es dem beatmeten Patienten ermöglichen zu kommunizieren

Sprechkanülen und Sprechaufsätze ➤ *4.3.2*

Eine ganze Reihe unterschiedlicher Hilfsmittel können es dem Patienten, der nicht sprechen kann, ermöglichen, sich auszudrücken. Da sich die Fähigkeiten des Patienten im Behandlungsverlauf ändern können, achten die Pflegenden darauf, dem Patienten immer die für ihn geeigneten Hilfsmittel zur Verfügung zu stellen. Diese sollten jeweils am Patientenbett griffbereit liegen (z. B. neben der „Klingel"), da die Patienten oft rasch etwas mitteilen möchten, z. B. Übelkeit, Atemnot oder Schmerzen.

- **Papier und Stift** sind die am häufigsten verwendeten Hilfsmittel. Günstig sind eine feste Unterlage und Filzstifte (schreiben auch wenn sie nicht nach unten, sondern z. B. waagrecht gehalten werden; Patient muss zum Schreiben keinen großen Druck ausüben). *Vorteil:* Papier und Stifte sind praktisch überall verfügbar. Zudem sind schriftliche Informationen i. d. R. einfach zu verstehen. *Voraussetzung:* Patient muss lesen und schreiben können und über die notwendige körperliche Kraft und Feinmotorik verfügen
- **Buchstabentafel.** Dabei handelt es sich um Magnettafeln, auf denen aus einem gewissen Vorrat von Buchstaben Worte bzw. Sätze gebildet werden können. *Vorteil:* Patienten, denen das Schreiben sehr schwer fällt oder deren Handschrift extrem schlecht lesbar ist, können mit Hilfe solcher

Tafeln „schreiben“. *Voraussetzung:* Patient muss lesen und schreiben können

- **Kommunikationstafeln.** Diese beinhalten häufige Zustände oder Fragen, die der Patient ausdrücken möchte, z. B. Durst, Juckreiz, Atemnot, in einfachen Worten oder in Bildern
  - Kommunikationstafeln, auf denen Sachverhalte in Worten ausgedrückt sind (➤ Abb. 8.39), haben den *Vorteil,* dass sie auch relativ einfach individuell für den Patienten hergestellt werden können. *Voraussetzung:* Der Patient muss lesen und auf die jeweilige Aussage/Frage deuten können
  - Kommunikationstafeln, auf denen Sachverhalte in Bildern ausgedrückt sind, haben den *Vorteil,* dass sie auch benutzt werden können, wenn der Patient nicht lesen oder mit den Pflegenden nicht in einer gemeinsamen Sprache kommunizieren kann. *Voraussetzung:* Der Patient muss ausreichend gut sehen und die i. d. R. unmissverständliche Aussage der Bilder verstehen können
- **Elektronische Kommunikationshilfsmittel.** Durch Berühren von Buchstabentasten können hiermit Worte und Sätze aufgeschrieben werden. *Vorteil:* Mitteilung kann effektiv und rasch erfolgen. *Voraussetzung:* Patient kann lesen und schreiben und ist in der Lage, mit dem Hilfsmittel umzugehen. *Nachteil:* Elektronische Kommunikationshilfsmittel sind relativ teuer und i. d. R. nicht routinemäßig auf den Intensivstationen verfügbar
- **Körpersignale.** Mittels vereinbarter Körpersignale (z. B. Kopfnicken, Augenzwinkern) kann der Patient z. B. aus Kommunikations-Bildtafeln eine Mitteilung auswählen. Zudem können auf diese Weise Fragen geklärt werden, z. B. „Haben Sie Schmerzen?“, nachdem zuvor Signale für „ja“ und für „nein“ vereinbart wurden. *Vorteil:* Ohne Hilfsmittel einsetzbar. *Voraussetzung:* Patient muss einfachste Bewegungen kontrolliert durchführen können. *Nachteil:* Erfordert häufig viel Geduld und Zeit, bis der Patient die gewünschte Mitteilung machen kann. Die Kommunikation über Körpersignale scheint anfänglich schwierig und sehr zeitaufwändig. Einmal geduldig eingeübt, eröffnet sie dem Patienten jedoch die Möglichkeit, sich ganz präzise und auch umfangreich mitzuteilen. So hat beispielsweise der Autor Jean-Dominique Bauby das Buch *Schmetterling und Taucherglocke* „geschrieben“, obwohl er sich lediglich durch Augenzwinkern verständlich machen konnte.

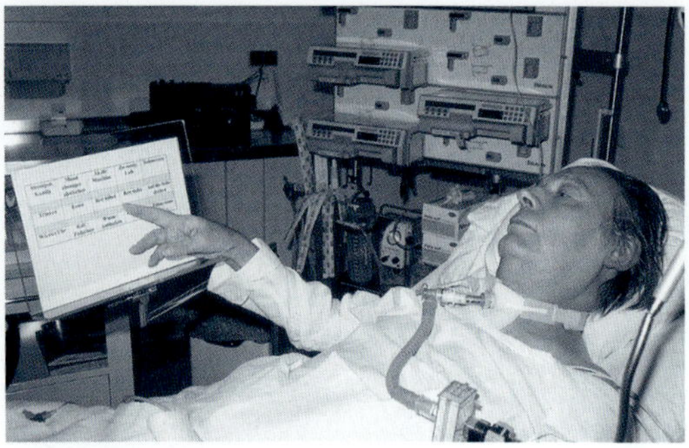

Abb. 8.39 Kommunikationstafeln enthalten häufige (evtl. individuell für den Patienten zugeschnittene) Fragen und Wünsche. Durch Deuten auf die entsprechende Mitteilung kann sich der Patient rasch verständlich machen. [M161]

8.8.2 Umgang mit Angehörigen

Situation der Angehörigen

Für die meisten Angehörigen ist allein die Tatsache, dass der Patient auf der Intensivstation behandelt werden muss, enorm belastend. Eine notwendige maschinelle Beatmung steigert dies i. d. R., insbesondere wenn die Intensivbehandlung bzw. die Beatmungstherapie unvorhergesehen notwendig wurden. Meist sind Angst, Hilflosigkeit, Unsicherheit und Trauer vorherrschende Gefühle der Angehörigen. Abhängig davon, in welcher Beziehung der Angehörige zum Patienten steht, kommen in manchen Fällen auch Vorwürfe gegen den Patienten („Wärst du früher schon zum Arzt gegangen“) oder gegen sich selbst („Hätte ich besser auf meine Mutter achten müssen?“) dazu. Nicht selten sind die Gefühle der Angehörigen mit geprägt vom überwiegend negativen Bild der Intensivmedizin in der Öffentlichkeit („seelenlose Apparatemedizin“) und in den Medien (hier wird häufig die „totale Machbarkeit“ suggeriert oder aber von Patiententötungen berichtet).

Nicht zuletzt sind viele Angehörige physisch stark belastet, etwa weil sie ein völlig verändertes Familienleben, häufige Krankenbesuche und den Berufsalltag miteinander vereinbaren müssen und kaum mehr Zeit für sich und die eigene Erholung haben. So sind insbesondere Angehörige von langzeitbeatmeten Patienten nicht selten nach einer gewissen Zeit „am Ende ihrer Kraft". Ggf. ermutigen die Pflegenden die Angehörigen dazu, sich auch Pausen zu gönnen, um „aufzutanken".

Bedeutung der Angehörigen für den Patienten

Für den Patienten sind die Angehörigen enorm wichtig. Sie leisten einen durch nichts zu ersetzenden emotionalen Beistand und stellen die Brücke dar zwischen der aktuellen Situation des Patienten und seinem bisherigen Leben. Oft sind es auch die Angehörigen, die das bisherige Lebensumfeld des Patienten „organisieren" etwa indem sie Ehepartner und/oder Kinder des Patienten versorgen, seine Wohnung sauber halten oder einen Umzug organisieren. Viele Intensivpatienten schätzen es als existenziell wichtig ein, von ihren Angehörigen besucht zu werden. Um dem Rechnung zu tragen, achten die Pflegenden darauf, dass die Angehörigen so häufig und lange wie möglich beim Patienten sein können.

Häufig sind es die Angehörigen, die dem Patienten Mut zusprechen, ihm während der gesamten Behandlung zur Seite stehen und ihm Perspektiven für sein weiteres Leben aufzeigen. Abhängig davon, wie die Angehörigen die Behandlung des Patienten empfinden und einschätzen, können sie den Behandlungsverlauf sowohl positiv als auch negativ beeinflussen: Haben die Angehörigen das Gefühl, dass der Patient gut behandelt wird, haben sie Vertrauen zu den Pflegenden und den Ärzten, überträgt sich das i. d. R. auch auf den Patienten, dessen Angst dadurch verringert wird. Umgekehrt können Angehörige, die das Gefühl haben, dass der Patient nicht ausreichend oder gar fehlerhaft behandelt wird die Unsicherheit und Angst des Patienten verstärken.

Hilfen im Umgang mit den Angehörigen

Häufig ist der erste Kontakt mit dem Patienten emotional sehr belastend für den Angehörigen. Oft erkennt er seinen Angehörigen kaum wegen erkrankungs- oder verletzungsbedingter Veränderungen sowie all den Kabeln und Schläuchen. Auch die vielen technischen Geräte rund um den Patienten wirken meist zunächst sehr beängstigend auf die Angehörigen. Deshalb ist es sehr wichtig, die Angehörigen insbesondere vor dem ersten Kontakt mit dem Patienten sorgfältig und einfühlsam in einer verständlichen Art und Weise auf das evtl. stark veränderte Aussehen des Kranken und über seine unmittelbare Umgebung zu informieren. Sinnvoll ist es auch, dass die Pflegenden in den ersten Minuten, nachdem sie die Angehörigen zum Patienten begleitet haben, im Zimmer bleiben, um eventuell sofort auftretende Fragen beantworten zu können. Nicht selten bekommen Angehörige auch trotz umfassender Vorinformation beim ersten Kontakt mit dem Patienten Beschwerden, etwa Kreislaufprobleme. Dann achten die Pflegenden darauf, den Angehörigen geeignete Hilfen anzubieten, z. B. einen bequemen Stuhl oder einen Platz an frischer Luft.

Im Verlauf der Behandlung kann es für den Angehörigen hilfreich sein, bei einzelnen Pflegemaßnahmen mitzuhelfen, z. B. eincremen des Patienten im Rahmen der Körperpflege. Dies ist für den Patienten meist sehr angenehm und gibt den Angehörigen das Gefühl, noch mehr am Genesungsprozess beteiligt zu sein. Wichtig: Nur in Betracht ziehen, wenn die Angehörigen und der Patient dies wünschen und nur klar beschriebene Tätigkeiten (anfangs im Beisein der Pflegenden).

> Wird ein Patient in der Akutphase einer Erkrankung, z. B. in den ersten Stunden nach einem schweren Polytrauma oder unmittelbar nach einer Reanimation, intensivmedizinisch versorgt, haben i. d. R. weder die Pflegenden noch die Ärzte Zeit für ausführliche Gespräche mit den Angehörigen. Gleichzeitig benötigen die Angehörigen des Patienten oft gerade in diesen „bangen Stunden" der Angst und Ungewissheit menschlichen Beistand, Zuspruch, Hilfe, Trost oder einfach nur einen Menschen, der für sie da ist und ihnen zuhört. Hier kann es hilfreich sein, professionelle Hilfe in Anspruch zu nehmen. Die Pflegenden informieren die Angehörigen darüber, dass sie selbst momentan wegen der aufwändigen Versorgung des Patienten kaum Zeit zu Gesprächen haben und bieten ihnen an, z. B. den zuständigen Klinikseelsorger oder den Seelsorger der Heimatgemeinde zu benachrichtigen.
> Auch im weiteren Verlauf kann es hilfreich sein, Seelsorger, Psychologen oder den Sozialdienst hinzuzuziehen, etwa wenn der Patient langfristig auf der Intensivstation behandelt werden muss oder wenn absehbar ist, dass die Erkrankung unheilbar ist und der Patient in absehbarer Zeit sterben wird.

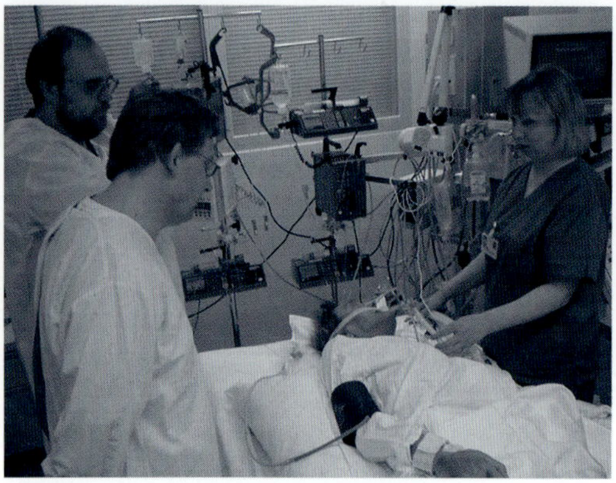

Abb. 8.40 Der erste Kontakt mit dem beatmeten Patienten ist für die Angehörigen oft schockierend. Um dies zu mildern informieren die Pflegenden den Angehörigen in einer ihm verständlichen Weise über den Zustand des Patienten, bevor sie ihn ins Patientenzimmer begleiten, und bleiben nach Möglichkeit in der Anfangszeit des ersten Besuches bei ihnen. [M251]

Im weiteren Verlauf achten die Pflegenden darauf, dass die Angehörigen regelmäßig und angemessen über die Situation des Patienten informiert sind. Wichtig dabei: Die Information über medizinische Sachverhalte, z. B. Therapieverlauf, Untersuchungsergebnisse oder geplante diagnostische oder therapeutische Maßnahmen ist Aufgabe des Arztes. Ggf. vermitteln die Pflegenden Gespräche mit dem zuständigen Arzt.

Im Alltag einer Intensivstation kommt es immer wieder vor, dass sich Angehörige mit Fragen, die erst nach dem Gespräch mit dem Arzt aufgekommen sind, an die Pflegenden wenden (z. B. „Was bedeutet diese Diagnose?" oder „Ist der Luftröhrenschnitt wirklich notwendig?"). Dies bringt die Pflegenden in eine rechtlich schwierige Situation, da sie lediglich dazu berechtigt sind, die Informationen des Arztes in anderen Worten wiederzugeben. Ist dies für die Angehörigen nicht ausreichend, sorgen die Pflegenden für ein neuerliches Gespräch der Angehörigen mit dem Arzt.

Um die Angehörigen auf einem gleichbleibend guten Informationsstand halten zu können, sind i. d. R. Absprachen zwischen den Pflegenden und den Ärzten erforderlich (Wer informiert wen über was?). Keinesfalls sollten die Angehörigen sich widersprechende Informationen erhalten, da dies Unsicherheit und Angst auslösen kann.

Hat ein Patient mehrere Angehörige, die regelmäßig informiert werden möchten, ist es sinnvoll, einen Hauptansprechpartner unter den Angehörigen zu benennen, der dann jeweils die weiteren Angehörigen informiert. Dadurch sind alle Angehörigen auf demselben Informationsstand, und Verunsicherungen in Folge ungleicher Informationen werden vermieden.

8.9 Transport beatmeter Patienten

Inner- und außerklinische Transporte, geplante und Notfalltransporte

Nicht selten müssen beatmete Patienten **innerhalb der Klinik** transportiert werden, etwa zu Untersuchungen oder therapeutischen Eingriffen, z. B. zum CT oder in den Operationssaal. Gelegentlich sind auch Transporte **in ein anderes Krankenhaus** erforderlich, z. B. in eine Spezialklinik bei bestimmten Verletzungen oder zur Früh-Reha.

Bei innerklinischen Transporten sind die Pflegenden i. d. R. sowohl für die Vorbereitung des Transportes als auch (zusammen mit dem Arzt) für die Durchführung zuständig. Wird der Patient in eine andere Klinik transportiert, bereiten die Pflegenden lediglich den Transport vor. Durchgeführt wird er dann i. d. R. vom zuständigen Rettungsdienst.

Der Transport eines beatmeten Patienten kann sowohl **geplant** erfolgen, etwa zu einem vorhersehbaren operativen Eingriff (z. B. Etappenlavage bei Peritonitis) oder **notfallmäßig** notwendig werden, etwa wenn bei massivem Hirndruckanstieg ein Kontroll-CT angefertigt werden muss.

Vor jedem Transport eines beatmeten Patienten muss der verantwortliche Arzt das Risiko gegen den Nutzen für den Patienten abwägen. Ggf. muss eine Untersuchung oder ein Eingriff verschoben werden, weil allein der Transport des Patienten ein – im Verhältnis zum Nutzen – unvertretbar hohes Risiko darstellen würde.

Im Folgenden ist das Vorgehen bei einem geplanten innerklinischen Transport beschrieben. Im Notfall muss die Vorbereitung des Transportes so rasch wie möglich erfolgen, daher entfallen in diesem Fall dann nicht unbedingt lebensnotwendige Maßnahmen, etwa die Information der Angehörigen des Patienten. Was im Einzelfall entfallen kann, hängt von der Dringlichkeit des Transports ab und wird vom Arzt abhängig von der Patientensituation entschieden.

Wird der beatmete Patient zur Weiterbehandlung in eine andere Klinik verlegt, verfassen die Pflegenden einen Pflegeverlegungsbericht und bereiten die persönlichen Dinge des Patienten (z. B. Kleidung, Schuhe, Utensilien zur Körperpflege, Wertgegenstände) vor. Die Krankenunterlagen (ärztlicher und pflegerischer Verlegungsbericht, i. d. R. auch eine Kopie der Krankenakte) werden den Transport-Begleitpersonen übergeben. Die persönlichen Dinge des Patienten können ebenfalls den Transport-Begleitpersonen oder den Angehörigen mitgegeben werden.

8.9.1 Vorbereitung des Transports

Die Pflegenden oder der Arzt informieren den Patienten und ggf. auch seine Angehörigen über den bevorstehenden Transport. Die Aufklärung und evtl. das Einholen einer Einverständniserklärung zur geplanten Untersuchung bzw. zum geplanten Eingriff ist Aufgabe des Arztes.

Den Transport so vorbereiten, dass während des Transports
- Die notwendige Therapie (z. B. Beatmung, medikamentöse Behandlung) weitergeführt werden kann
- Die Überwachung des Patienten sichergestellt ist
- Auftretende Probleme und Komplikationen sicher beherrscht werden können.

Zunächst klären die Pflegenden ab, wann der Patient am Untersuchungs- bzw. Behandlungsort sein soll. Sind genaue Zeitangaben nicht möglich, etwa bei einem geplanten operativen Eingriff, vereinbaren sie mit den zuständigen Klinikmitarbeitern, z. B. den Pflegenden im OP oder in der Anästhesie, eine genügend lange Vorlaufzeit für die Organisation des Transports (z. B. Pflegende im OP bitten, den Patienten ca. 30 Minuten früher abzurufen). Um die zur Vorbereitung des Transports notwendige Zeit abschätzen zu können benötigen die Pflegenden viel Erfahrung im Umgang mit dem Transport beatmeter Patienten. Pflegende, die über diese Erfahrung noch nicht verfügen, sollten sich mit erfahrenen Pflegenden beraten bzw. diese um Mithilfe bitten. Sinnvoll ist es, einen kleinen „Zeitpuffer“ einzuplanen, da die Vorbereitung oft längere Zeit in Anspruch nimmt, als anfangs abzusehen war.

Die weiteren Vorbereitungen umfassen die Vorbereitung der Beatmung, der Überwachung und der weiteren Therapie während des Transports.

Beatmung während des Transports

Die Pflegenden klären mit dem Arzt, wie der Patient während des Transportes beatmet werden soll (welcher Respirator? Welche Beatmungsform?).

Beatmung mit Transportrespirator

Bei unkomplizierter Beatmungssituation kann der Patient i. d. R. während des Transports mit einem **Transportrespirator** (➤ 6.6) beatmet werden. Diese Geräte bieten eine mehr oder weniger geringe Auswahl an möglichen Beatmungsformen (bei manchen ist z. B. nur volumenkontrollierte Beatmung möglich). Ihr **Vorteil** liegt darin, dass sie relativ klein sind und daher bequem am Patientenbett angebracht werden können, und meist pneumatisch angetrieben werden, d. h. unabhängig von einer Stromquelle arbeiten (➤ 6.1.2). Wegen dieser Vorteile wird der Patient wenn möglich mit einem Transportrespirator beatmet, da dies den gesamten Transport wesentlich vereinfacht.

Die Pflegenden bereiten den Transportrespirator wie folgt vor:
- Falls nicht bereits geschehen: Beatmungsschläuche und ggf. passiven Atemgasanfeuchter am Transportrespirator anschließen
- Funktionskontrolle des Transportrespirators (nach Herstellerangaben bzw. klinikinternen Standards) durchführen
- Sauerstoffvorrat kontrollieren (Flascheninhalt errechnen: Flascheninhalt = Flaschenvolumen x Druck)
- Sauerstoffbedarf errechnen (Frischgasbedarf/Minute = Atemminutenvolumen des Patienten plus

8

Frischgasbedarf, der zum Betreiben des Gerätes benötigt wird). Wichtig: Muss der Patient auch während der Untersuchung/Behandlung mit dem an die Sauerstoffflaschen angeschlossenen Transportrespirator beatmet werden oder ist es möglich, den Transportrespirator am Untersuchungs-/Behandlungsort an die zentrale Gasversorgung anzuschließen? Abhängig davon variiert der Frischgasbedarf enorm

- Ggf. Sauerstoffflasche vor dem Transport austauschen (wenn nur noch sehr wenig Frischgas enthalten ist) oder zusätzliche Sauerstoffflasche mitnehmen und bei Bedarf während des Transports austauschen
- Transportrespirator am Patientenbett befestigen, i. d. R. am Kopfende (Arzt oder Pflegender, der das Bett am Kopfende schiebt, hat dadurch immer die Sicht auf den Respirator)
- Beatmungsform und -parameter sowie Sauerstoffkonzentration einstellen (Arztrücksprache), Alarmgrenzen einstellen.

Berechnung von Sauerstoffvorrat und Sauerstoffbedarf (Beispiel)

Berechnungsgrundlage: Betriebszeit Beatmung [Min] = Sauerstoffvorrat [l] / Sauerstoffbedarf (l/Min., entspr. Minutenvolumen [l/min] x Sauerstoffkonzentration)

Beispiel: Der Patient wird mit dem Transportrespirator Medumat Standard (Weinmann) beatmet. Einstellung: Air-mix (entspr. F_iO_2 0,6), AMV 6,0 l/Min. Die angeschlossene Sauerstoffflasche (5 l Rauminhalt) zeigt einen Flaschendruck von 80 bar.

Der *Sauerstoffvorrat* beträgt 5 l x 80 bar = 400 l

Der *Sauerstoffbedarf* beträgt 6,0 l/Min. x 0,6 = 3,6 l/Min., d. h. der Patient kann 111 Min. bzw. 1,8 Std. (400 : 3,6) beatmet werden. Wird der Respirator auf No-Air-Mix (F_iO_2 1,0) umgestellt, reicht der Sauerstoffvorrat nur für 66 Min. bzw. 1,1 Stunden.

Die Sauerstoffmenge, die das Gerät zum Antrieb benötigt (laut Herstellerangaben), muss jeweils dazugerechnet werden.

Ältere Transportrespiratoren verfügen nur über sehr geringe Überwachungsmöglichkeiten und haben i. d. R. keine Alarmfunktion. Daher ist beim Einsatz von Transportrespiratoren eine sehr genaue Überwachung des Patienten während des Transports erforderlich.

Beatmung mit Intensivrespirator

Ist es wegen der Notwendigkeit einer speziellen Beatmungsform (z. B. druckkontrollierte Beatmung) nicht möglich einen Transportrespirator zu verwenden, muss der Patient mit einem entsprechend ausgerüsteten Intensivrespirator transportiert werden (geeignet sind z. B. Evita 4® ➤ 6.4.1, Servo 300 oder Servo i® ➤ 6.4.5). Dazu wird der entsprechende Respirator an einen Akku sowie an Druckluft- und Sauerstoffflaschen angeschlossen. Auch hier müssen der Frischgasvorrat und der Frischgasbedarf errechnet werden (zum Berechnen des Frischgasbedarfs klären, ob der Respirator am Untersuchungs-/Behandlungsort an die zentrale Gasversorgung angeschlossen werden kann).

Beim Transport eines beatmeten Patienten immer einen Beatmungsbeutel mitführen, um den Patienten bei Bedarf, z. B. technischer Defekt am Respirator, manuell beatmen zu können. Den Beatmungsbeutel ggf. mit einem Sauerstoffreservoirbeutel versehen (abhängig von der bisher benötigten Sauerstoffkonzentration). In vielen Kliniken ist es auch üblich, eine Beatmungsmaske und Intubationszubehör mitzuführen, um bei versehentlicher Extubation oder Dekanülierung eine Masken-Beutel-Beatmung vornehmen bzw. sofort wieder intubieren zu können.

Überwachung während des Transports

Für die Überwachung während des Transports sind verschiedene Überwachungsmonitore verfügbar, die die Überwachung verschiedener Parameter ermöglichen. Welche Parameter überwacht werden müssen ist von Patient zu Patient sehr verschieden. So kann es beispielsweise bei einem Patienten mit schwerem Schädel-Hirn-Trauma notwendig sein, während des Transports neben der Herzfrequenz und dem arteriellen Blutdruck auch den ICP (Hirndruck), die Sauerstoffsättigung, die exspiratorische CO_2-Konzentration (Kapnographie) und die Körpertemperatur zu überwachen, während bei anderen Patienten eine Überwachung von EKG, Blutdruck und Sauerstoffsättigung ausreichend ist. Die Pflegenden klären, welche Parameter beim Patienten überwacht werden müssen, und bereiten den Transportmonitor entsprechend vor (Grenzwerte für den jeweiligen Überwachungsparameter einstellen).

Außerdem sorgen sie dafür, dass ein Stethoskop verfügbar ist, damit der Patient vor, während (z. B. nach Umlagerungen) und nach dem Transport auskultiert werden kann.

Weiterführen der Therapie während des Transports

Zum Transport sollte die Infusionstherapie sowie die kontinuierliche Verabreichung von Medikamenten über Infusionsspritzenpumpen auf ein Minimum reduziert werden, um während des Transports die Übersicht zu wahren. Die Pflegenden besprechen mit dem Arzt, welche Infusionen bzw. Medikamente weiter gegeben werden müssen und welche für die Dauer des Transports pausiert werden können. Werden kontinuierlich verabreichte Infusionen oder Medikamente für die Dauer des Transports abgesetzt, empfiehlt es sich, diese rechtzeitig vor Transportbeginn abzuschalten. Dadurch ist es möglich, gravierende Veränderungen des Zustands des Patienten (z. B. Blutdruckabfall nach Reduktion der Katecholaminzufuhr) vor Beginn des Transports bemerken und behandeln zu können.

Wenn geklärt ist, wie viele Infusions- und Infusionsspritzenpumpen mitgeführt werden müssen, sorgen die Pflegenden dafür, dass geeignete Halterungen am Patientenbett angebracht werden, und befestigen die Geräte daran. Außerdem prüfen sie, ob die Infusions- bzw. Medikamentenlösungen für die voraussichtliche Dauer des Transports ausreichen und wechseln sie ggf. vor dem Transport.

Außerdem kontrollieren die Pflegenden alle Drainagen und Ableitungen des Patienten und wechseln bzw. entleeren die Drainagebeutel ggf. vor dem Transport. Saugdrainagen, z. B. Thoraxdrainagen, müssen ggf. für die Dauer des Transports mit einer transportablen Saugeinrichtung verbunden werden.

Materialien für den Notfall

Welche Materialien für einen eventuellen Notfall mitgenommen werden, ist von Klinik zu Klinik und oft auch von Fall zu Fall verschieden. Häufig werden die gängigen Notfallmedikamente (z. B. Adrenalin) sowie Sedativa, Opioide und Relaxantien gerichtet und mitgenommen. In manchen Kliniken ist es auch üblich, Intubationsbesteck mitzuführen. Alternativ bietet sich das Mitführen eines Notfallkoffers an, der alle Materialien für den Notfall enthält.

Transportable Absauganlage

Transportable Absauganlagen arbeiten meist nach dem Venturi-Prinzip, d. h. Druckluft erzeugt einen Sog, indem sie umgebende Luft „mitreißt“. In vielen Kliniken sind transportable Absauganlagen mit dem Transportrespirator kombiniert, d. h. eine Sauerstoffflasche speist beide Geräte. Wichtig: Das Absaugen mit diesen Systemen verbraucht sehr viel Frischgas! Deshalb darauf achten, den Patienten nur wenn unbedingt nötig mit der transportablen Absauganlage abzusaugen und nach Möglichkeit eine an die zentrale Gasversorgung angeschlossene Absauganlage zu benutzen.

Transportwagen

Verschiedene Hersteller bieten Transportwagen (Transportvorrichtungen, ➤ Abb. 8.41) für Intensivpatienten an. Am bzw. auf dem Transportwagen können sämtliche für den Transport notwendigen Geräte und Materialien - insbesondere der Respirator, das Absauggerät, der Monitor, diverse Infusionsspritzenpumpen und Infusionsbehälter – ergonomisch, sicher und übersichtlich platziert werden. Der Transportwagen wird am Kopfende des Patientenbettes befestigt (eingeklinkt) und verlängert dadurch das Bett um die Länge des Transportwagens (wichtig: Sicherstellen, dass auch das so verlängerte Bett in den Aufzug passt!).

8.9.2 Durchführung des Transports

Der Transport eines beatmeten Patienten sollte immer von mindestens einem Arzt und einer Pflegenden (idealerweise die für den Patienten zuständige Pflegende) durchgeführt werden. Soll der Patient unterwegs und am Bestimmungsort mit einem Intensivrespirator beatmet werden, ist meist eine zusätzliche Person für den Transport des Respirators erforderlich.

Unmittelbar vor Beginn des Transports stellen die Pflegenden sicher, dass am Bestimmungsort alles bereit ist für den sofortigen Beginn der Untersuchung bzw. des Eingriffs. Keinesfalls sollten Warte-

Tab. 8.7 Checkliste Ausrüstungsgegenstände für den Transport beatmeter Patienten. Zusätzlich wird i. d. R. auch die Krankenakte des Patienten mitgeführt sowie ggf. Hilfsmittel zur Umlagerung des Patienten auf den Untersuchungs- oder Behandlungstisch.

Beatmung	• Material zur Sicherung der Atemwege, z. B. Material zur Intubation oder zum Trachealkanülenwechsel • Transportrespirator oder transportabler Intensivrespirator (Beatmungsform, -parameter und Alarme einstellen), ausreichende Sauerstoffversorgung (voraussichtlicher Bedarf plus Reserve) • Beatmungsbeutel mit Sauerstoffanschluss ggf. mit Reservoir, Beatmungsmaske(n) • Transportables Absauggerät, Absaugkatheter, (sterile) Handschuhe • Stethoskop
Überwachung	• Transportmonitor zur Überwachung von EKG, Beatmungsparametern, Blutdruck sowie ggf. weiteren Druckmessungen, z. B. Pulmonalisdruck oder Hirndruck (Alarmgrenzen der einzelnen Überwachungsparameter einstellen) • Protokoll o. Ä. zur Dokumentation der Überwachung während des Transports (evtl. Ausdruck aus Überwachungsmonitor) • Evtl. Taschenlampe zur Pupillenkontrolle • Stethoskop
Therapie	• Infusionspumpen, Infusionsspritzenpumpen in ausreichender Anzahl (ggf. mit Verlängerung der Infusionsleitungen) • Infusionslösungen (kristalline, kolloidale), ggf. auch Blut oder Blutprodukte • Evtl. Druckinfusionsbeutel
Materialien für den Notfall	• Medikamente (z. B. Notfallmedikamente, Sedativa, Analgetika, Muskelrelaxantien) • Evtl. Defibrillator • Evtl. Notfallkoffer
Sonstiges	• Handschuhe, Pflaster • Pflegerische und medizinische Unterlagen des Patienten • Ggf. transportable Stromquelle

zeiten entstehen, etwa in der OP-Schleuse. Anschließend wird wie folgt vorgegangen:

- Infusionspumpen und -spritzenpumpen auf Akkubetrieb umstellen
- Patient an Transportmonitor anschließen
- Patient an Transportrespirator anschließen oder entsprechend umgerüsteten Intensivrespirator auf Transportbetrieb umstellen (Anschluss an externe Stromquelle sowie Sauerstoff- und ggf. auch Druckluftflaschen). Auf vielen Stationen ist es üblich, den Patienten eine gewisse Zeit mit dem Transportrespirator zu beatmen und dann eine BGA-Kontrolle durchzuführen. Sind die BGA-Werte akzeptabel, kann der Transport weiter vorbereitet bzw. durchgeführt werden. Bei dieser Vorgehensweise erfolgt dann der Anschluss des Patienten an den Transportrespirator als erstes (vor Umstellen der Infusionspumpen etc.)
- Kurze Phase der Beobachtung. Dabei prüfen, ob die Beatmung wie gewünscht erfolgt und die Kreislaufparameter weiter stabil sind (Ausnahme: Oft muss ein Patient trotz oder wegen instabilem Allgemeinzustand transportiert werden, etwa ein Patient mit Schädel-Hirn-Trauma oder massiver Blutung. In diesem Fall entscheidet der Arzt, ob der Patient trotz instabilem Zustand transportiert wird oder ob zunächst versucht wird, den Zustand des Patienten zu stabilisieren; gelegentlich müssen Patienten auch unter Reanimationsbedingungen transportiert werden)
- Wird zum Transport ein Aufzug benötigt, diesen von einem Helfer bereithalten lassen
- Patienten über den Beginn des Transports informieren
- Patient zum Bestimmungsort transportieren, dabei Beatmung und Kreislaufparameter engmaschig überwachen
- Patienten am Bestimmungsort ggf. umlagern, z. B. auf Untersuchungstisch
- Wenn möglich Respirator, Infusionspumpen und -spritzenpumpen und Monitor an Stromversorgung und zentrale Gasversorgung anschließen

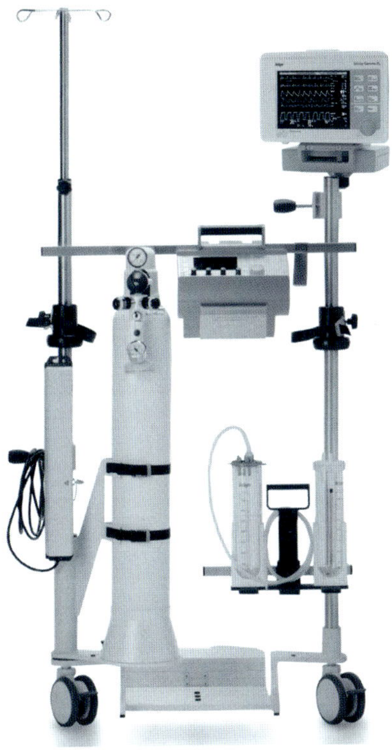

Abb. 8.41 Transportvorrichtung der Firma Dräger. [V162]

- Abhängig davon, ob der Patient zu einer Untersuchung oder zu einem therapeutischen Eingriff gebracht wurde
  - Patienten an die Mitarbeiter der weiterbehandelnden Abteilung übergeben, z. B. an die Pflegenden der Anästhesie
  - Während der Untersuchung beim oder in der Nähe des Patienten bleiben, um bei Bedarf intervenieren zu können. Ob der Arzt oder die Pflegenden beim Patienten bleiben, hängt vor allem von der Situation des Patienten ab
- Während der Untersuchung oder Behandlung ggf. das Bett des Patienten richten oder frisches Bett bereitstellen
- Nach der Untersuchung bzw. dem Eingriff den Patienten ggf. zurück ins Bett umlagern
- Sämtliche Transportgeräte wieder auf Transportbetrieb umstellen (z. B. Transportrespirator wieder von der zentralen Gasversorgung nehmen und an die Sauerstoffflasche anschließen)
- Patienten zurück auf die Station oder zu einer weiteren Untersuchung/Behandlung (z. B. OP) transportieren
- Auf der Station alle Geräte wieder ans Netz bzw. die zentrale Gasversorgung anschließen. Bei Verwendung eines Transportrespirators den Patienten wieder an den stationären Intensivrespirator anschließen
- Patientencheck durchführen (erforderliche Punkte aus Tab. 8.1)
- Transport dokumentieren: Zustand des Patienten vor und nach Transport, Beatmung und Vitalparameter während des Transports, besondere Ereignisse und ggf. entsprechende Maßnahmen.

8.10 Maßnahmen zur Infektionsprophylaxe

Patienten auf der Intensivstation und hier insbesondere beatmete Patienten sind besonders gefährdet für nosokomiale Infektionen (Krankenhausinfektionen).

Definition

Nosokomiale Infektionen (kurz *NI*, auch *Krankenhausinfektion*, kurz *KI*) sind Infektionen mit lokalen oder systemischen Infektionszeichen als Reaktion auf vorhandene Erreger oder deren Toxine, die im kausalen Zusammenhang mit einem Krankenhausaufenthalt stehen (die Infektion bestand vor dem Krankenhausaufenthalt nicht).

Eine *epidemische Krankenhausinfektion* liegt dann vor, wenn Krankenhausinfektionen eines einheitlichen Erregertypus örtlich gehäuft auftreten.

Die Gründe für die besondere Gefährdung beatmeter Patienten sind vielfältig: Zum einen ist die Immunabwehr des Patienten häufig auf Grund seiner schweren Erkrankung geschwächt, zahlreiche künstliche Zu- und Ableitungen, allen voran der Endotrachealtubus bzw. die Trachealkanüle, aber auch beispielsweise ZVKs, arterielle Kanülen, suprapubische Blasenkatheter, Magensonden, Wund- und Thoraxdrainagen etc. stellen mögliche Eintrittspforten für

8

Keime dar. Darüber hinaus ist das Risiko einer direkten Keimübertragung über kontaminierte Hände sehr hoch wegen der sehr häufigen Kontakte des Patienten mit Pflegenden und Ärzten (zahlreiche Untersuchungen und Behandlungen, sehr viele Pflegehandlungen).

Um nosokomiale Infektionen beim beatmeten Patienten zu verhindern bzw. frühzeitig erkennen und behandeln zu können, sind besondere Maßnahmen erforderlich. Dazu zählen das bakteriologische Monitoring und Hygienemaßnahmen im Zusammenhang mit der Beatmungstherapie.

Wichtige Gesetze und Richtlinien zur Hygiene bei Beatmungspatienten in ➤ Kap. 10.

8.10.1 Bakteriologisches Monitoring

Das bakteriologische Monitoring stellt eine Art „Frühwarnsystem" dar. Es dient dazu, mögliche Infektionsquellen und -verbreitungswege rasch zu erkennen und ggf. entsprechende Maßnahmen einzuleiten.

Um dies zu ermöglichen werden beim beatmeten Patienten in festgelegten Zeitabständen bestimmte bakteriologische Untersuchungen vorgenommen. Dazu gehören die mikrobiologische Untersuchung von:

- Trachealsekret
- Urin
- Stuhl
- Katheter- bzw. Drainagespitzen
- Ggf. Wundsekret, Blut, Liquor sowie sonstige Körpersekrete.

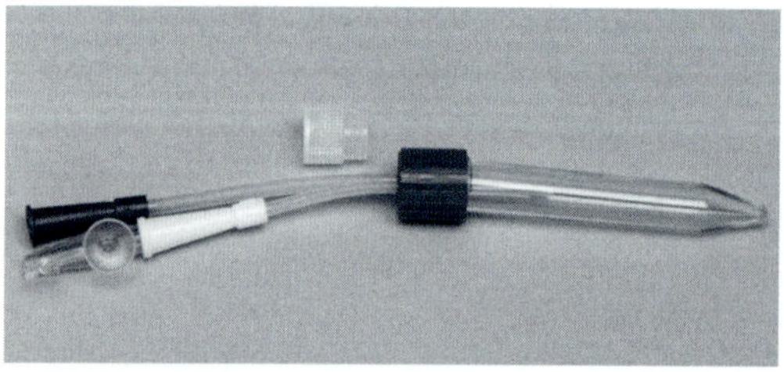

Abb. 8.42 Das Probengefäß zur bakteriologischen Untersuchung von Trachealsekret wird unter aseptischen Bedingungen zwischen den Absaugkatheter und den Absaugschlauch platziert. Beim Absaugvorgang wird das Trachealsekret dann in den Behälter gesaugt. [K183]

Welche Untersuchungen in welchen Zeitabständen vorgenommen werden, legt die zuständige Hygienefachkraft der Klinik zusammen mit dem Krankenhaushygieniker und dem verantwortlichen Arzt der Intensivstation fest.

Die Durchführung der einzelnen Untersuchungen muss standardisiert ablaufen, damit die Ergebnisse vergleichbar sind.

Bei der Durchführung bakteriologischer Untersuchungen beachten:
- Zum Eigenschutz bei der Probenentnahme Einmalhandschuhe tragen
- Das jeweilige Untersuchungsmaterial in ein geeignetes steriles Gefäß geben und dieses sofort verschließen
- Zeitpunkt bzw. Häufigkeit entsprechend der klinikinternen Richtlinien
- Untersuchungsmaterial korrekt lagern (z. B. Kühlschrank oder Brutschank) bzw. ins Labor transportieren.

Tab. 8.8 zeigt die Besonderheiten bei den einzelnen Untersuchungen.

8.10.2 Hygieneaspekte bei der Beatmungstherapie

Nachfolgend sind wichtige Aspekte der Hygiene im Zusammenhang mit der Beatmungstherapie aufgeführt. Grundlagenwissen in Bezug auf hygienisch einwandfreies Arbeiten ist dabei vorausgesetzt bzw. der entsprechenden Fachliteratur zu entnehmen.

Hygienerichtlinien bei Beatmungstherapie ➤ 10.3

Intubation und Tracheotomie

- Vor der Intubation/Tracheotomie sollte eine sorgfältige Reinigung des Mund-Nasen-Rachen-Raumes erfolgen (falls genügend Zeit zur Verfügung steht)
- Zur Intubation immer Einmalhandschuhe tragen (Durchführung Intubation ➤ 4.2.5)
- Eine Tracheotomie erfolgt unter sterilen Bedingungen (Durchführung Tracheotomie ➤ 4.3.3 und 4.3.4)

Tab. 8.8 Beispiel für ein bakteriologisches Monitoring beim beatmeten Patienten.

Untersuchungsmaterial	Zeitpunkt, Häufigkeit und Besonderheiten bei der Entnahme	Lagerung des Untersuchungsmaterials
Trachealsekret	• Möglichst in den frühen Morgenstunden, vor der nächsten Antibiotikagabe entnehmen • Spezielles Probengefäß (➤ Abb. 8.42) zwischen Absaugkatheter und Absaugschlauch platzieren, Absaugung vornehmen (ggf. mit steriler NaCl-Lösung spülen, um Sekret in Auffangbehälter zu spülen) und Gefäß steril verschließen • Ggf. gezielte bronchoskopische Probenentnahme aus röntgenologisch auffälligen Lungenarealen (➤ 8.7.4) • Häufigkeit: Nach der Intubation, danach i. d. R. zweimal wöchentlich sowie bei unklarem Fieber und V. a. pulmonale Infektionen	Wenn möglich sofort ins Labor, ansonsten für max. 4 – 6 Stunden im Kühlschrank bei + 4 °C lagern
Urin	• Urin unter sterilen Bedingungen aus dem Ableitungssystem des transurethralen bzw. suprapubischen Blasenkatheters entnehmen (Entnahmestelle desinfizieren, Urin mittels Spritze und Kanüle aspirieren, unter aseptischen Bedingungen in das Probengefäß füllen). Bei Patienten mit geringer Urinproduktion ggf. zuvor Urinableitung kurzzeitig abklemmen • Häufigkeit: Nach Legen des Blasenkatheters, dann nach klinikinterner Regelung	
Stuhl	• Etwa erbsengroße Menge (bevorzugt aus eitrigen, schleimigen oder blutigen Stuhlanteilen) in Untersuchungsgefäß geben • Häufigkeit: Bei Bedarf, vor allem bei unklarer Diarrhö oder bei V. a. auf bestimmte Erkrankungen	Im Kühlschrank bei +4 °C (bei Verdacht auf Viren, Wurmeier), sonst Raumtemperatur. Zum Direktnachweis beweglicher Parasiten sofort ins Labor bringen.
Wundsekret	• Vor der Materialentnahme keine antiseptische Wundspülung durchführen • Bei tiefen Wunden das oberflächliche Sekret entfernen und das Material für die Diagnostik aus tieferen Regionen entnehmen • Wundabstrich mit sterilem Watteträger bzw. bei Abszessen durch Punktion (vorher Hautdesinfektion) entnehmen und sofort in das Transportmedium einbringen • Häufigkeit: Bei V. a. Kontamination bzw. Infektion einer Wunde. Bei manifester Wundinfektion ggf. zweimal wöchentlich	Im Kühlschrank bei +4 °C für max. 48 Stunden

Tab. 8.8 Beispiel für ein bakteriologisches Monitoring beim beatmeten Patienten. *(Fortsetzung)*

Untersuchungsmaterial	Zeitpunkt, Häufigkeit und Besonderheiten bei der Entnahme	Lagerung des Untersuchungsmaterials
Blut	• Unter sterilen Kautelen werden jeweils 10 - 20 ml (aerob und/oder anaerob) entnommen, i. d. R. mittels peripher-venöser Punktion, in Ausnahmefällen aus einem neu gelegten Gefäßzugang (z. B. ZVK) • Entnahme: – Vor Beginn einer Antibiotikatherapie bzw. vor der nächsten Antibiotikagabe – Zu Beginn eines Fieberschubes, da die Bakteriämie dem Fieber meist eine Stunde vorausgeht • Häufigkeit: Bei Bedarf, z. B. bei unklarem Fieber, V. a. Infektionserkrankung (z. B. Meningitis, Pneumonie, Endokarditis) • *Wichtig:* Bei bereits begonnener Antibiotikabehandlung ist die Wahrscheinlichkeit, Erreger im Blut zu erfassen, größer, wenn innerhalb von 48 Stunden ca. 4 – 6 Proben aus unterschiedlichen Stellen entnommen werden	Umgehender Transport ins Labor, dort Lagerung im Brutschrank bei +37 °C
Katheter- und Drainagespitzen	• In vielen Kliniken ist es üblich, beim beatmeten Patienten Spitzen von Kathetern, Sonden, Drainagen etc., die entfernt werden, grundsätzlich mikrobiologisch untersuchen zu lassen • Vor Entfernung des Katheters das umgebende Hautareal desinfizieren und trocknen lassen. Die Katheterspitze (ca. 4 - 6 cm) unter sterilen Bedingungen in die Nährbouillon geben (um aseptisches Vorgehen zu gewährleisten am besten zu zweit arbeiten) • *Wichtig:* Bei Untersuchungen einer ZVK-Spitze erschweren Reste einer Fettlösung die Diagnostik, deshalb Katheter ggf. zuvor mit fettfreier Infusionslösung spülen	Umgehender Transport ins Labor, dort Lagerung im Brutschrank bei +37 °C
Sekret aus Thoraxdrainagen	• Entnahme des Sekrets an der vorgesehenen Stelle des Drainagensystems • Desinfektion der Punktionsstelle • Ca. 5 ml Sekret aspirieren und in das Untersuchungsgefäß geben • Häufigkeit: Solange Sekret über die Drainage gefördert wird i. d. R. zweimal wöchentlich	Umgehender Transport ins Labor und Lagerung im Brutschrank bei +37 °C

- Vor Manipulationen am Tubus/Tracheostoma bzw. vor einer Diskonnektion des Beatmungsschlauchsystems hygienische Händedesinfektion durchführen und Einmalhandschuhe anziehen
- Die Pflege des Tracheostomas entspricht einer Wundbehandlung. Der Verband am Tracheostoma sollte mindestens einmal täglich und zusätzlich bei Bedarf gewechselt werden (Verbandwechsel am Tracheostoma ➢ 8.5.2)
- Das Intervall von Tubus-/Kanülenwechsel hängt u. a. von der Materialbeschaffenheit (siehe Herstellerangaben) und der jeweiligen Anlage des Tubus/der Trachealkanüle und klinikinterner Regelungen ab. In vielen Kliniken ist der routinemäßige Wechsel z. B. nach einer Woche üblich.

Endotracheales Absaugen

Bronchialtoilette ➢ 8.7

- Eine Absaugeinheit darf nur für einen Patienten verwendet werden
- Für jeden Absaugvorgang einen keimarmen Handschuh anziehen und einen neuen sterilen Absaugkatheter verwenden

8

- Intubierte/tracheotomierte Patienten mindestens einmal pro Schicht und zusätzlich bei Bedarf endotracheal absaugen
- Während Absaugung Tubuskonnektor kontaminationsgeschützt ablegen
- Zur Verflüssigung von Trachealsekret nur sterile NaCl-Lösung aus Einmalampullen verwenden
- Nach Entfernen des Absaugkatheters das Schlauchsystem der Absaugvorrichtung mit einer eiweißlösenden Desinfektionslösung, Aqua dest. oder mit Leitungswasser durchspülen
- Bei Verwendung einer Desinfektionslösung muss gewährleistet sein, dass kein Reflux der Lösung über den Absaugschlauch in den Absaugkatheter erfolgen kann (z. B. durch erhöhte Fixierung des Absaugschlauchendes an einer Schiene)
- Ein Wechsel des Absaugsystems sollte mindestens einmal täglich erfolgen. Bei Verwendung von Einmalbehältnissen (z. B. Receptal®-Absaugbehälter) kann das Wechselintervall verlängert werden (dann mindestens alle 14 Tage). Der Vakuummeter mit Verbindungsschlauch zum Sekretsammelgefäß wird einmal wöchentlich gewechselt
- Bei infektiösen Patienten empfiehlt sich der Einsatz von geschlossenen Absaugsystemen (➤ 8.7.3).

Beatmungsschlauchsystem

- Bei der Atemgasklimatisierung mit aktiven Befeuchtern (➤ 5.6.2) wird der Einsatz von Einmal-Sterilwassersystemen empfohlen
- Das Kondenswasser in den Beatmungsschläuchen sollte ungehindert in die Wasserfallen abfließen können. Die Wasserfallen befinden sich am tiefsten Punkt des Beatmungsschlauchsystems, um die Bildung von Wasseransammlungen in den Schläuchen zu verhindern (Gefahr, dass Wasseransammlungen ins Tracheobronchialsystem fließen)
- Wasserfallen mehrmals täglich entleeren. Flüssigkeit gilt als kontaminiert und muss unmittelbar entsorgt werden
- Beatmungsschlauchsystem regelmäßig wechseln (Wechselintervalle abhängig von Art der Atemgasbefeuchtung ➤ 5.6 und klinikinternen Richtlinien; RKI empfiehlt wöchentlichen Wechsel ➤ 10.3.1)
- Aus hygienischen Gründen ist der Einsatz von integrierten Schlauchheizungen wegen deutlich geringerer Kondenswasserentwicklung von Vorteil
- Die Oberflächen der Respiratoren inklusive der Bedienungsarmaturen werden zwangsläufig häufig von den Pflegenden und Ärzten berührt und sollten deshalb mindestens einmal täglich mit einer geeigneten Desinfektionslösung gereinigt werden.

Das konsequente hygienegerechte Verhalten der Pflegenden auf der Intensivstation kann lebensentscheidend für den beatmeten Patienten sein. Insbesondere der Händehygiene kommt hier eine tragende Bedeutung zu, da die Übertragung von Erregern über kontaminierte Hände nach wie vor einen Hauptübertragungsweg darstellt. Eine hygienische Händedesinfektion muss auch dann erfolgen, wenn zu einzelnen Tätigkeiten Einmalhandschuhe getragen werden, da die Handschuhe während der Tätigkeit beschädigt und damit durchlässig für Erreger werden können.

KAPITEL

9 Heimbeatmung

Definition

Eine **Heimbeatmung** *(außerklinische Beatmung)* ist die vorübergehende oder dauerhafte Beatmung eines Patienten außerhalb einer Klinik, also im „Zuhause" des Patienten. Dies kann die Wohnung des Patienten, aber beispielsweise auch ein Pflegeheim sein.

Intermittierende und permanente Heimbeatmung

In vielen Fällen ist eine Heimbeatmung nur intermittierend erforderlich, meist während der Nacht. Dies gilt insbesondere für Patienten mit **S**chlaf**a**pnoe**s**yndrom (kurz SAS), aber auch für Patienten mit drohender Erschöpfung der Atempumpe. Diese Patienten können die Heimbeatmung oftmals selbständig durchführen (daher auch die Bezeichnung intermittierende Selbstbeatmung, kurz ISB). Die intermittierende Heimbeatmung ist in aller Regel als nichtinvasive Beatmung (➤ 5.4) über Nasen- oder Gesichtsmasken möglich.

Seltener sind dagegen Heimbeatmungen, bei denen der Patient permanent, d. h. „rund um die Uhr" beatmet wird. Die permanente Heimbeatmung erfolgt meist über ein Tracheostoma (➤ 4.3).

Indiziert ist eine Heimbeatmung bei chronischer respiratorischer Insuffizienz (➤ 2.1), z. B. infolge einer neuromuskulären Erkrankung, einer COPD oder ausgeprägter Thoraxdeformitäten, die anderweitig nicht kompensiert werden kann.

Die Heimbeatmung ermöglicht es dem Patienten, so „normal" wie möglich zu leben, d. h. die Lebensqualität wird durch die Heimbeatmung optimiert. Der Patient ist in aller Regel wesentlich mobiler als in der Klinik; gelegentlich ist es dem beatmeten Patienten sogar möglich, Reisen zu unternehmen.
Nicht zuletzt ist das Infektionsrisiko bei Heimbeatmungen erheblich geringer als bei Beatmungen in der Klinik, zudem ist die Heimbeatmung erheblich preiswerter als eine Beatmungstherapie auf einer Intensivstation.

Aus Kostengründen unterstützen die Kostenträger verstärkt die Heimbeatmung von Patienten. Derzeit werden in Deutschland mehrere tausend Patienten außerhalb von Kliniken beatmet (Mosbauer, A., 2007:13). Dadurch ist in den letzten Jahren ein umfangreiches neues und interessantes Arbeitsgebiet für Pflegende entstanden.

Abb. 9.1 Dieser 30-jährige, mittlerweile verstorbene Patient war wegen einer hohen Querschnittslähmung dauerhaft beatmungspflichtig. Die Heimbeatmung verschaffte ihm eine weitgehende Unabhängigkeit: Das Foto ist während eines Urlaubsaufenthaltes entstanden. Weitere Informationen zur Heimbeatmung finden sich auf der weiter bestehenden Homepage des Betroffenen unter www.beatmet.de. [0418]

9.1 Praxis der Patientenheimbeatmung

9.1.1 Einleitung einer Patientenheimbeatmung

Ist bei einem Patienten mit Schlafapnoesyndrom eine intermittierende Heimbeatmung während der Nacht erforderlich, wird die Einstellung der Beatmung sowie die Einweisung des Patienten bzw. seiner Angehörigen in den Umgang mit dem Heimbeatmungsgerät meist in einem Schlaflabor vorgenommen. Detaillierte Informationen zur Symptomatik, Diagnostik und Therapie des Schlafapnoesyndrom sind der entsprechenden Fachliteratur sowie den Veröffentlichungen diverser Schlaflabors zu entnehmen.

Im Folgenden wird lediglich auf die Einleitung einer Heimbeatmung bei zuvor (langzeit-)beatmeten Patienten auf der Intensivstation eingegangen.

Voraussetzungen

Soll ein beatmeter Patient nach Hause bzw. in ein Pflegeheim verlegt werden, müssen zahlreiche Voraussetzungen seitens des Patienten sowie des häuslichen Umfeldes erfüllt sein.

Patientenbezogene Voraussetzungen

- Die Grunderkrankung, die die Beatmungstherapie notwendig gemacht hat, muss ausreichend diagnostiziert und therapiert sein (keine weitere Diagnostik und Therapie erforderlich bzw. möglich)
- Eine weitere Intensivpflege bzw. intensive Überwachung des Patienten ist nicht mehr notwendig
- Der Patient ist mit der Heimbeatmung einverstanden.

Voraussetzungen im häuslichen Umfeld bzw. in der Pflegeeinrichtung

- Die Pflegenden der aufnehmenden Einrichtung bzw. des ambulanten Pflegedienstes sowie ggf. die pflegenden Angehörigen sind in allen Belangen der Heimbeatmung gut geschult (Umgang mit dem Heimbeatmungsgerät, endotracheales Absaugen, Tracheostomapflege, Umgang mit der Trachealkanüle). Wird der Patient nach Hause (in seine Privatwohnung) verlegt, muss geklärt sein, welcher ambulante Pflegedienst und welcher Arzt den Patienten versorgt, den Verlauf der Beatmung regelmäßig kontrolliert sowie bei Komplikationen zur Verfügung steht
- Die erforderlichen *Geräte* (Heimbeatmungsgerät, Ersatzschlauchsystem, ggf. aktiver Atemgasbefeuchter, Cuffdruckmesser, Absauggerät (elektrisch betriebenes Gerät plus mechanisch betriebenes als Ersatz), Beatmungsbeutel mit passender Maske um im Fall eines technischen Defekts am Respirator eine Beutel-Masken-Beatmung vornehmen zu können, ggf. Sauerstoffflaschen, externe Batterie und Pulsoxymeter) und *Verbrauchsmaterialien* (Ersatz-Trachealkanülen, ggf. Verbandmaterial für Tracheostomaversorgung, Absaugkatheter, ggf. passive Atemgasbefeuchter, Desinfektions- und Reinigungsmittel für Respirator und Zubehör) sind verordnet und stehen in ausreichender Menge zur Verfügung.

Ist eine permanente Beatmung erforderlich, kann es sinnvoll sein, dass dem Patienten für den Fall eines technischen Defekts am Respirator ein zweites Heimbeatmungsgerät bereitgestellt wird. Häufig ist es darüber hinaus erforderlich, dass dem Patienten ein Pflegebett sowie ggf. Umbett- bzw. Mobilisationshilfen (z. B. ein Rollstuhl) zur Verfügung gestellt werden. In manchen Fällen sind auch Umbaumaßnahmen notwendig, z. B. Verbreiterung von Türrahmen oder eine rollstuhlgerechte Einrichtung des Badezimmers.

Organisation

Bei der Einleitung einer Patientenheimbeatmung arbeitet der Sozialdienst der Klinik (alternativ Überleitungs- oder Brückenpflege) nach Möglichkeit mit einem *Heimbeatmungskoordinator* oder einem speziellen *Casemanager* zusammen. Gemeinsam klären sie die Finanzierung der Heimbeatmung, prüfen die räumlichen Gegebenheiten, den Materialbedarf sowie den Schulungs- und Unterstützungsbedarf der Angehörigen und Mitarbeiter. Wird ein ambulanter Pflegedienst beauftragt, sollte er möglichst frühzeitig in die Organisation eingebunden werden. Kann die Versorgung des Patienten in seiner gewohnten Umgebung nicht gewährleistet werden, sollte frühzeitig mit der Suche nach einer geeigneten Pflegeeinrichtung begonnen werden.

Zeitlichen Vorlauf einplanen

In der Praxis ist es oft schwierig, einen geeigneten Pflegedienst bzw. eine Pflegeeinrichtung sowie einen Arzt mit Kenntnissen in der Heimbeatmung zu finden. Häufig liegen mehrere Wochen zwischen der Entscheidung zur Heimbeatmung und der tatsächlichen Entlassung des Patienten aus der Klinik.

Überleitmanagement

Mit der steigenden Anzahl der Heimbeatmungen in den letzten Jahren ist die Notwendigkeit entstanden, den Übergang des Patienten von der Klinik ins häusliche Umfeld sowie seine dortige Weiterversorgung zu organisieren.

Diese Aufgabe wird vielerorts von sog. Heimbeamtungskoordinatoren oder Casemanagern (dies sind jeweils keine geschützten Berufsbezeichnungen) übernommen. Dabei handelt es sich meist um Ärzte oder Pflegende, die über umfangreiche Erfahrung in allen Belangen der Heimbeatmung verfügen und i. d. R. entweder in einer Klinik oder bei einem ambulanten Pflegedienst angestellt sind. Alternativ übernimmt an manchen Orten die Brückenpflege oder der Sozialdienst das Überleitungsmanagement.

Nach den Empfehlungen der bayrischen Muskelzentren in der Deutschen Gesellschaft für Muskelkranke (DGM) umfassen die Aufgaben des Heimbeatmungskoordinators/Casemanagers:

- Schulung der Pflegenden in
  - Anatomie und (Patho-)Physiologie
  - Der speziellen Pflege des Patienten (z. B. endotracheales Absaugen, Tracheostomapflege)
  - Beatmungstherapie und Überwachung der Beatmung
  - Der Funktionsweise und Bedienung des Heimbeatmungsgerätes. Wichtig: Die Geräteeinweisung muss auch bei Heimbeatmungen nach den Richtlinien des MPG erfolgen (➤ 10.1), also durch den Hersteller selbst oder eine beauftragte Person
  - Der Pflege des Respirators sowie des Zubehörs
  - Vorgehen im Notfall (insbesondere manuelle Beatmung mit dem Beatmungsbeutel). Hierzu werden z. B. Weiterbildungen angeboten, die gemäß den Richtlinien des „Arbeitskreises Heimbeatmung e. V." konzipiert sind und Pflegende speziell für die Pflege beatmeter Menschen außerhalb der Intensivstationen schulen (Mosbauer, A., 2007:14).
- Schulung der Angehörigen und (sofern möglich) des Patienten in
  - Art der Erkrankungen und Besonderheiten
  - Bewältigungsstrategien
  - Ggf. Schulungen am Patientenbett
  - Beatmungstherapie
  - Verhalten im Notfall
- Verantwortung für die Grundausstattung des Heimbeatmungsplatzes mit entsprechender Hardware und ausreichend Verbrauchsmaterial. Beurteilung der häuslichen Verhältnisse und der Hygiene
- Ermittlung des Pflegebedarfs und Sicherstellung einer ausreichenden pflegerischen Versorgung des Patienten sowie Schaffen hinreichender Entlastungsmöglichkeiten für die pflegenden Angehörigen abhängig von
  - Grad der Hilfebedürftigkeit
  - Beatmungsdauer pro Tag und Fähigkeit der Spontanatmung
  - Grad der Gefährdung durch Grunderkrankung
  - Vorhandener Mobilität des Patienten
  - Umfang der Pflegeleistungen durch das häusliche Umfeld (i. d. R. Familienangehörige)
- Sicherstellung einer ausreichenden ärztlichen Versorgung (durch Hausarzt und evtl. zusätzlichen Spezialisten vor Ort). Einweisung des Hausarztes in die medizinisch-technische Versorgung des Patienten
- Sicherstellung der medizintechnischen Versorgung durch entsprechende Abmachungen mit einer in der Heimbeatmung erfahrenen Medizintechnikfirma
- Medizinische und psychologische Betreuung des Patienten und der Angehörigen
- Krisenintervention und 3-monatige Check-ups der genannten Punkte im Rahmen eines Hausbesuchs oder ambulant in der Klinik.

9.1.2 Durchführung der Heimbeatmung

Einstellung der Beatmung

Die Beatmung muss bereits in der Klinik so eingestellt werden, dass der Gasaustausch des Patienten ausreichend sicher gestellt ist, ohne dass im weiteren Verlauf ständig Änderungen der Beatmungsparameter vorgenommen werden müssen. Mittels BGA-Kontrollen wird überprüft, ob die Beatmung adäquat ist. Nicht zuletzt ist das Wohlbefinden des Patienten ausschlaggebend für die Einstellung der Beatmung.

> In Kliniken, die sich auf die Entwöhnung langzeitbeatmeter Patienten spezialisiert haben, sind i. d. R. verschiedene Heimbeatmungsgeräte zum „Austesten" verfügbar. So kann das für den Patienten und ggf. die pflegenden Angehörigen am besten geeignete Gerät ausgewählt werden.

Im Verlauf der Heimbeatmung dürfen Änderungen der Beatmungsparameter nur unter der Verantwortung eines lt. MPG eingewiesenen Arztes erfolgen.

Günstig ist es, wenn eine qualifizierte Pflegende den Transport des Patienten von der Klinik in die Pflegeeinrichtung bzw. die Wohnung des Patienten begleitet und dann in den ersten Stunden permanent und in den folgenden Tagen und Wochen häufig anwesend ist. Insbesondere zu Beginn der Heimbeatmung ist die Unsicherheit des Patienten und seiner Angehörigen besonders groß und es tauchen die meisten Fragen auf.

Wird die Pflege des Patienten überwiegend von den Angehörigen des Patienten übernommen, sollten im weiteren Verlauf regelmäßige Hausbesuche durch einen Pflegedienst erfolgen, der auch im Notfall von den Angehörigen rasch herbeigerufen werden kann. Ist eine permanente (24-Stunden) Betreuung erforderlich, muss ein geeigneter Pflegedienst beauftragt werden.

Maskenbeatmung

Nichtinvasive Beatmung ➤ 5.4

Eine Heimbeatmung über eine Beatmungsmaske (Masken zur nichtinvasiven Beatmung ➤ 5.4.1) ist möglich, wenn der Patient nicht länger als ca. 12 – 15 Stunden täglich beatmet werden muss und wenn keine Kontraindikationen für eine Maskenbeatmung (➤ 5.4.3) vorliegen. Die Beatmung erfolgt dann vorwiegend nachts sowie in Ruhephasen während des Tages. Die Vorteile, Nachteile und Komplikationen der Maskenbeatmung sind in ➤ 5.4.2 beschrieben.

In der Heimbeatmung werden häufig individuell angefertigte Beatmungsmasken verwendet, z. B. die „Münchner Maske", die aus einem Mund-Nasenteil und einem vom Zahnarzt angefertigten Bissteil besteht. Dies soll die Dichtigkeit und den Tragekomfort der Maske erhöhen.

Selten wird die Beatmung über *Nasenoliven* durchgeführt. Diese sind aus Silikon gefertigt und werden dicht in die Nase eingeführt. Bei hohem Beatmungsdruck und hohem Flow ist die Beatmung über Nasenoliven sehr unangenehm. Sie werden deshalb oft nur übergangsweise verwendet, z. B. bei (vorübergehenden) Problemen mit der Beatmungsmaske.

Beatmung über ein Tracheostoma

Muss der Patient länger als ca. 12 – 15 Stunden täglich beatmet werden, erfolgt die Beatmung i. d. R. über ein Tracheostoma (➤ 4.3). Dazu wird eine konventionelle Tracheotomie durchgeführt, d. h. der Patient erhält ein operativ angelegtes Tracheostoma (➤ 4.3.4).

Tab. 9.1 Komplikationen bei der Heimbeatmung über eine Beatmungsmaske und entsprechende Maßnahmen.

Komplikationen	Maßnahmen zur Prophylaxe bzw. Behandlung
Undichtigkeit der Maske mit ineffizienter Beatmung	• Ggf. individuell angefertigte Maske einsetzen • Ggf. Hilfsmittel verwenden, z. B. spezielles Band, dass den Unterkiefer dicht gegen den Oberkiefer drückt • Je nach Beatmungsgerät und Beatmungsform kann die Undichtigkeit evtl. vom Respirator kompensiert werden (automatisch oder durch entsprechende Einstellung)
Druckstellen im Gesicht im Auflagebereich der Maske	• Wechselweise verschiedene Masken benutzen • Gefährdete Areale unterpolstern, z. B. mit Hydrogelplatten
Bindehautentzündung (bei undichter Maske und ständigem Luftstrom Richtung Auge)	• Für korrekten dichten Sitz der Maske sorgen • Ggf. Behandlung durch Augenarzt
Verstopfte Nase (insbesondere zu Beginn der Maskenbeatmung)	• Symptomatische Behandlung mit Nasensalbe oder -spray
Komplikationen durch die Beatmung ➤ 5.4.2	

Zur Überdruckbeatmung können nur Trachealkanülen mit Cuff verwendet werden (➤ 4.3.2). Bei der Auswahl der Trachealkanüle maßgeblich sind vor allem ein ausreichend großes Lumen der Kanüle (reduziert den Atemwiderstand), eine möglichst gute Verträglichkeit des Materials sowie ggf. Vorrichtungen, die dem Patienten das Sprechen ermöglichen (Sprechkanülen und Sprechaufsätze ➤ 4.3.2). Häufig werden bei der Heimbeatmung blockbare Trachealkanülen mit Innenlumen (genannt „Seele") verwendet. Diese ermöglichen ein Reinigen bzw. den Wechsel des Innenlumens ohne Irritation der Trachea.

Bei Patienten, die im häuslichen Bereich beatmet werden, wird der regelmäßige Wechsel der Trachealkanüle (nach Herstellerangaben und zusätzlich bei

Bedarf) in aller Regel vom Arzt oder vom ambulanten Pflegedienst durchgeführt. Für den Notfall sollten die pflegenden Angehörigen jedoch in der Durchführung des Trachealkanülenwechsels geschult sein.

Weitere Betreuung

Während der Heimbeatmung sind regelmäßige ärztliche Kontrollen durch den Hausarzt des Patienten sowie ggf. durch einen Facharzt erforderlich. Im Fall einer akuten Verschlechterung der Beatmungssituation entscheidet der Haus- oder Facharzt über eine evtl. Klinikeinweisung. Auch Routineuntersuchungen (z. B. Überprüfung der Indikation, des Therapieeffektes und der korrekten Einstellung des Beatmungsgerätes, i. d. R. alle drei Monate) führen Haus- oder Facharzt durch bzw. weisen den Patienten dazu in die Klinik ein.

Angehörige, die einen beatmeten Patienten zu Hause pflegen, setzen sich sowohl physisch als auch psychisch einer großen Belastung aus und geraten im Lauf der oft langwierigen Pflege häufig an ihre Grenzen. Hilfreich können hier Selbsthilfegruppen sein sowie eine Entlastung durch einen ambulanten Pflegedienst. Evtl. ist auch eine zwischenzeitliche Kurzzeitpflege in einer stationären Pflegeeinrichtung sinnvoll, die dem Angehörigen die Möglichkeit verschafft, für eine gewisse Zeit aus dem Pflegealltag herauszukommen und neue Kraft zu tanken. Kontakte vermittelt der behandelnde Arzt oder das ambulante Pflegeteam.

9.2 Geräte zur Heimbeatmung

In der Anfangszeit wurden zur Heimbeatmung vor allem Geräte eingesetzt, bei denen der Patient mittels Unterdruck beatmet wird. Bei diesen Geräten handelt es sich vorwiegend um Weiterentwicklungen der „eisernen Lunge" (➤ 5.1.2), z. B. den *Beatmungsponcho* (auch *Jacket-* oder *Pneumowrap*) oder den *Cuirass-Ventilator* (dieser besteht aus einer harten Kunststoffschale, die für Patienten mit Thoraxdeformitäten maßgefertigt werden kann). Nachteil dieser Geräte ist die Möglichkeit einer Obstruktion der oberen Atemwege.

Heute werden auch zur Heimbeatmung überwiegend Respiratoren eingesetzt, die eine Überdruckbeatmung (➤ 5.1.2) bewirken. Diese Geräte sind kleiner, leichter und handlicher, und ermöglichen dem Patienten ein größeres Maß an Mobilität.

Der Pneumobelt ist ein breiter, aufblasbarer Gürtel, der um das Abdomen herumgelegt wird und atemsynchron aufgeblasen bzw. entlüftet wird. Während der Exspiration füllt er sich mit Luft, dadurch erhöht sich der intraabdominelle Druck und die Ausatmung wird unterstützt. Der Pneumobelt ist kein Gerät zur Heimbeatmung, er kann lediglich den Beginn der Beatmungspflicht hinauszögern.

9.2.1 Besonderheiten von Heimbeatmungsgeräten

Anforderungen an ein Heimbeatmungsgerät

So verschieden wie die Krankheitsbilder, die eine Heimbeatmung notwendig machen, so unterschiedlich sind auch die Heimbeatmungsgeräte, d. h. die beatmungstechnischen Möglichkeiten sind an den verschiedenen Geräten sehr unterschiedlich.

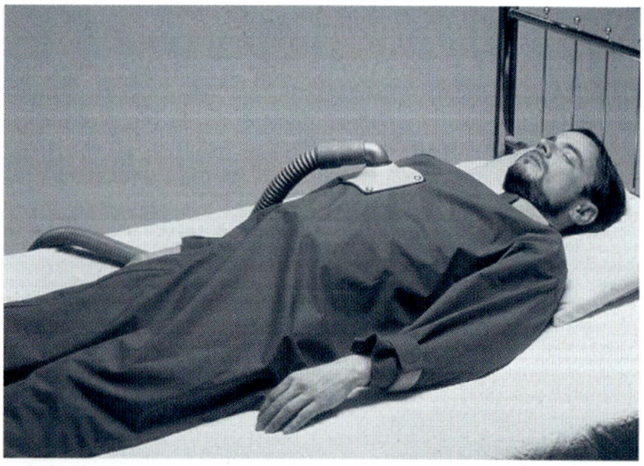

Abb. 9.2 Der Beatmungsponcho, eine Weiterentwicklung der eisernen Lunge (➤ 5.1.2), umschließt lediglich den Körperstamm und erzeugt hier einen Unterdruck, der bewirkt, dass sich die Lunge mit Luft füllt. Auch im Bereich der Heimbeatmung wurde die Unterdruckbeatmung weitgehend verlassen, da die Geräte relativ groß und unflexibel sind, eine erschöpfte Atempumpe weniger effizient entlasten können als Überdruckbeatmungsgeräte und eine vergleichsweise große Immobilität des Patienten mit sich bringen. [T095]

Grundsätzlich sollte ein Heimbeatmungsgerät:

- Klein und kompakt sein, um im häuslichen Bereich problemlos untergebracht werden zu können
- Übersichtlich aufgebaut und einfach zu bedienen sein (der Patient selbst bzw. seine Angehörigen sollten die Funktionsweise des Geräts verstehen und Einstellungen selbständig vornehmen können)
- Eine Sicherung gegen unbeabsichtigtes Verstellen der Parameter besitzen
- Eine geringstmögliche Geräuschbelästigung verursachen.

Je mobiler ein Patient ist, desto wichtiger sind Größe, Gewicht und Flexibilität des Respirators: Geräte für diese Patienten sollten möglichst leicht und handlich sein und problemlos mitgeführt werden können, also beispielsweise sicher am Rollstuhl fixiert werden können und über eine ausreichende Batteriekapazität verfügen.

Technische Besonderheiten

Gas- und Stromversorgung

Da sowohl Privatwohnungen als auch Pflegeheime in aller Regel keine zentrale Gasversorgung zur Verfügung haben, sind Heimbeatmungsgeräte so aufgebaut, dass sie die benötigte Druckluft selbst generieren. Um eine Sauerstoffkonzentration der Inspirationsluft über 21% verabreichen zu können, werden zusätzlich zum Heimbeatmungsgerät sog. *Sauerstoffkonzentratoren* benötigt. Diese entziehen der Raumluft Sauerstoff und führen ihn dem Patienten zu.

Die meisten Heimbeatmungsgeräte sind elektrisch betrieben, d. h. sie arbeiten netzabhängig. Für notwendige Transporte des Patienten bzw. für den Fall eines Stromausfalls müssen sie auch mittels eines Akkus betrieben werden können. Wird über 21% Sauerstoff benötigt, ist für diese Fälle eine mobile Sauerstoffeinheit (Sauerstoffflaschen) bereit zu halten.

Bedienteil

Um versehentliche Änderungen der Einstellungen am Respirator zu verhindern, verfügen viele Heimbeatmungsgeräte über entsprechende Sicherheitsfunktionen am Bedienteil des Respirators, z. B. eine einstellbare Sperrfunktion, ein verschließbares Bedienfeld oder ein vom Gerät trennbares Bedienteil.

Sonderfunktionen

An vielen Heimbeatmungsgeräten kann eine **Rampenzeit** (auch *Softstart*, *Smartstart* oder *Vent Ramp* genannt) eingestellt werden. Dann wird der eingestellte Beatmungsdruck nicht sofort, sondern innerhalb einer bestimmten Zeitdauer aufgebaut. Diese Funktion ist vor allem für intermittierende Beatmungen während der Nacht konzipiert. Sie soll dem Patienten das Einschlafen erleichtern.

Für den Fall einer Apnoe (Atemstillstand) bieten manche Geräte einen S/T® Modus, bei dem das Gerät aus dem Spontanatmungsmodus in einen kontrollierten Modus wechselt oder eine **Apnoeventilation** (backup-ventilation ➤ 5.3.8) startet.

Beatmungsschlauchsystem und Atemgasbefeuchtung

Bei vielen Heimbeatmungsgeräten wird die Exspirationsluft nicht durch das Gerät geleitet. Bei diesen Geräten wird lediglich ein Inspirationsschlauch am Respirator angeschlossen. An der Konnektionsstelle vom Inspirationsschlauch zur Maske bzw. zur Trachealkanüle befindet sich ein Exspirationsventil, durch das die Ausatemluft abgegeben wird. Ein evtl. notwendiger PEEP wird über ein am Exspirationsventil angebrachtes PEEP-Ventil aufrechterhalten.

Bei Bedarf, insbesondere bei permanenter Heimbeatmung, erfolgt eine aktive oder passive Atemgasklimatisierung (➤ 5.6).

Da das Heimbeatmungsgerät sowie das Gerätezubehör immer vom selben Patienten verwendet werden, unterscheidet sich die Aufbereitung der Beatmungsschläuche und der aktiven Atemgasbefeuchter bei der Heimbeatmung oft erheblich von der Aufbereitung des Gerätezubehörs in der Klinik. So empfehlen manche Gerätehersteller beispielsweise, die Beatmungsschläuche bzw. aktiven Atemgasbefeuchter in Spülwasser zu reinigen. Detaillierte Informationen zur Aufbereitung des Gerätezubehörs sind den jeweiligen Gebrauchsanweisungen zu entnehmen.

9.2.2 Geräte der Firma Breas

www.breas.de

Breas iSleep 20+

Das Gerät Breas iSleep 20+ wurde speziell zur Therapie der obstruktiven Schlafapnoe konzipiert.

Beatmungsformen
- CPAP

Besonderheiten
- Mikroprozessor gesteuert
- Anwendung: Klinik, Heim
- Speichert diverse Beatmungs- bzw. Patientendaten
- Rampenzeit wählbar (Snooze Funktion)
- Externe Batterie
- Integrierter Warmluftbefeuchter
- Gewicht: 2,0 kg
- Maße: 17,3 × 17,2 × 20,1 cm.

Breas PV 102

Der Respirator Breas PV 102 (auch Breas BiLevel CPAP) ermöglicht lediglich die Einstellung von Inspirations- und Exspirationsdruck.

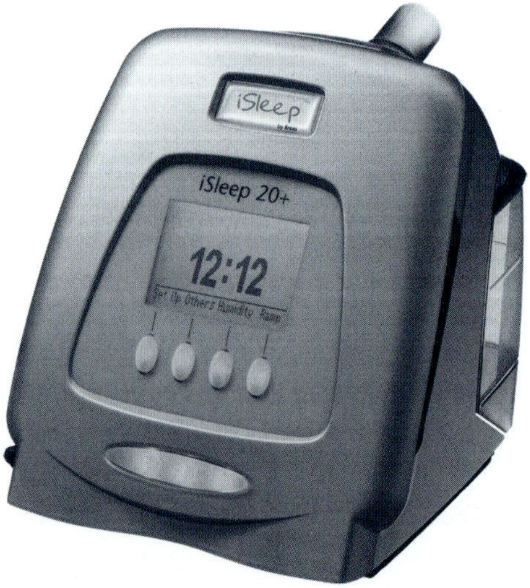

Abb. 9.3 Breas iSleep 20+. [V082]

Beatmungsformen
- Bilevel CPAP (entspr. inspiratorische Druckunterstützung plus PEEP)

Besonderheiten
- Back-up Atemfrequenz einstellbar
- Rampenzeit 5 bis 30 Minuten
- Analysesoftware
- Fernbedienung
- Externe Batterie
- Gewicht: 3,2 kg
- Maße: 29 × 14 × 22 cm.

Breas PV 403/403 PEEP

Der Respirator Breas PV 403 ermöglicht vier (teils kontrollierte, teils assistierte) Beatmungsformen. Beim Breas PV 403 PEEP kann zusätzlich ein PEEP eingestellt werden.

Beatmungsformen
- Druckkontrollierte Beatmung (PCV)
- Volumenkontrollierte Beatmung (VCV)
- SIMV
- Inspiratorische Druckunterstützung (PSV).

Besonderheiten
- Interne und externe Batterie optional
- Optional PEEP bis 10 cm H_2O (bei Breas PV 403 PEEP)
- Fernbedienung

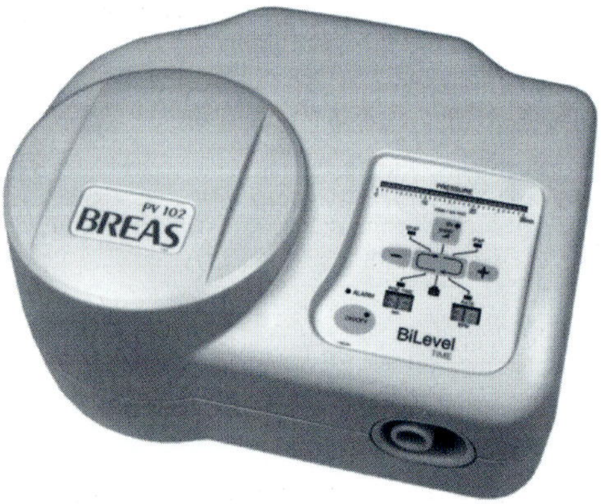

Abb. 9.4 Breas PV 102. [V082]

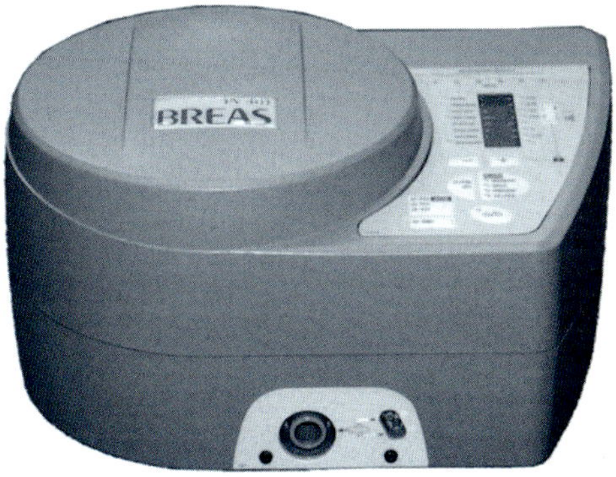

Abb. 9.5 Breas PV 403. [V082]

- Druck- und Flowtrigger einstellbar
- Analysesoftware
- Gewicht: 5,5 kg
- Maße: 35 × 17,5 × 26 cm.

Breas PV 501-2

Der Respirator Breas PV 501-2 ermöglicht die volumenkontrollierte Beatmung in relativ hohen Druckbereichen (bis 60 mbar).

Beatmungsformen
- Volumenkontrolliert (CMV)
- CMV assistiert/kontrolliert (entspr. volumenkontrollierte Beatmung mit Trigger, ➤ 5.3.2)

Besonderheiten
- Interne (3 Stunden) und externe Batterie
- Gewicht: 9,8 kg
- Maße: 36 × 24 × 29 cm.

Abb. 9.6 Breas PV 501-2. [V082]

Beatmungsformen
- CPAP
- Inspiratorische Druckunterstützung plus PEEP (CPAP/ASB)
- CPAP/ASB mit Apnoe-Ventilation, d. h. im Fall einer Apnoe zeitgesteuerte Beatmung bis Patient wieder atmet (nach maximal 1 Minute prüft das Gerät die Atemzüge des Patienten)
- Druckkontrollierte Beatmung (PCV, wahlweise assistiert/kontrolliert oder kontrolliert).

Besonderheiten
- Interne Batterie bei Netzausfall, mit externer Batterie zu betreiben
- Softstart: Rampenzeit bis 30 Minuten einstellbar
- Flowtrigger
- Inspiratorische Anstiegszeit
- Gewicht: 3,7 kg (Grundgerät)
- Maße: 25.5 × 21.7 × 28,8 cm.

9.2.3 Geräte der Firma Dräger Medical

www.draeger-medical.com

RespiCare® CV

Beim Respirator RespiCare® CV sind das Grundgerät und das Bedienmodul (RespiControl) voneinander trennbar. Dies schützt den Patienten vor unbeabsichtigten Änderungen der Einstellungen.

9.2.4 Geräte der Firma Heinen und Löwenstein

www.hul.de

BiPAP® Synchrony

Das Heimbeatmungsgerät BiPAP® Synchrony ermöglicht diverse druckregulierte Beatmungsformen.

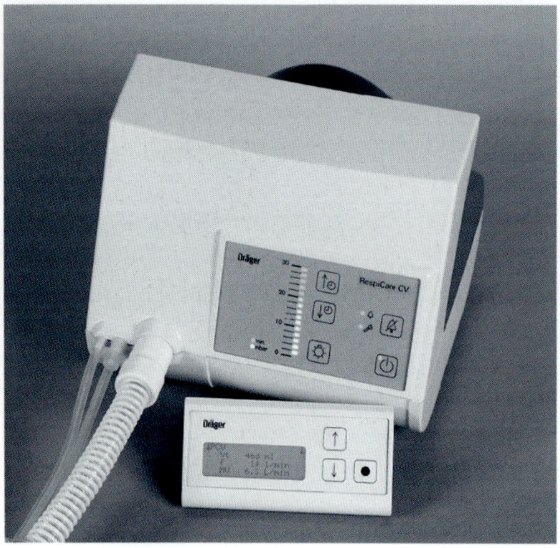

Abb. 9.7 RespiCare® CV. [V162]

Beatmungsformen
- Inspiratorische Druckunterstützung plus PEEP (BiPAP spontan)
- BiPAP spontan/zeitgesteuert, entspr. S/T-Modus, d. h. Atemhübe werden in einer vorgegebenen Frequenz verabreicht, falls der Patient nicht spontan atmet
- BiPAP zeitgesteuert
- Druckkontrollierte Beatmung (PCV)
- CPAP.

Besonderheiten
- Langsamer Druckanstieg über mehrere Atemzüge (½, 1, 2, oder 3 cm H_2O pro Atemzug)
- Inspiratorische Anstiegszeit (➤ 5.2.2)
- Speicherung von Patienten- und Gerätedaten
- Gewicht 3 kg
- Maße 15 × 31 × 18 cm.

9

9.2.5 Geräte der Tyco Healthcare

www.tycohealth.de

Achieva PS (Puritan Bennett)

Der Respirator Achieva PS ist auch als *Achieva* und *Achieva X* erhältlich. Diese beiden Modelle verfügen jeweils über geringere Spezifikationen. Achieva PS kann zur Beatmung von Erwachsenen und Kindern eingesetzt werden (Tidalvolumen mindestens 50 ml).

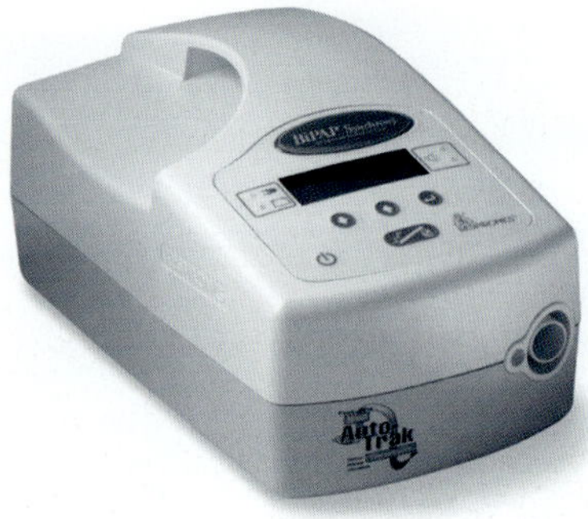

Abb. 9.8 BiPAP Synchrony. [V084]

Beatmungsformen
- Druckkontrollierte Beatmung (PVC, [S]-PCV)
- Volumenkontrollierte Beatmung (CMV, (S)-CMV)
- SIMV, wahlweise plus inspiratorische Druckunterstützung (SIMV/ASB)
- CPAP
- Druckunterstützte Beatmung
- Spontanatmung.

Besonderheiten
- Flow- oder Drucktrigger
- PEEP-Einstellung am Gerät
- Interner Datenspeicher zur Dokumentation der Beatmungsparameter
- Interne Batterie ca. 4,5 Stunden (Netzausfallsicherung), externe Batterie 20 Stunden
- Gewicht: < 14,5 kg
- Maße: 27,3 × 33,8 × 39,6 cm.

O'NYX Plus (Hersteller Fa. Mallinckrodt)

O`NYX Plus wurde speziell für die invasive und nichtinvasive druckunterstützte Beatmung entwickelt.

Beatmungsformen
- Spontanatmung mit Druckunterstützung
- Spontanatmung mit Druckunterstützung und Mindestatemfrequenz mit Option des garantierten minimalen Atemzugvolumens. Die Druckun-

Abb. 9.9 Achieva™. [U140]

terstützung berechnet sich aus dem eingestellten Tidalvolumen
- Assistiert-kontrollierte druckunterstützte Beatmung mit Option des garantierten minimalen Atemzugvolumens. Die Druckunterstützung berechnet sich aus dem eingestellten Tidalvolumen
- Assistiert-kontrollierte PCV.

Besonderheiten
- Einstellung der Inspirationsanstiegszeit
- Gewicht: 9,5 kg
- Maße: 31 × 31 × 22,7 cm.

REM+duo (Hersteller Fa. Mallinckrodt)

Der Respirator REM+duo wurde speziell für die Therapie des obstruktiven Schlafapnoesyndroms entwickelt.

Beatmungsformen
- Bilevel, d. h. CPAP mit inspiratorischer Druckunterstützung (der Inspirationsdruck ist maximal 10 mbar höher als das CPAP-Niveau)

Besonderheiten
- Mindestatemfrequenz und Inspirationszeit können vorgeben werden (Backup-rate)
- Einstellung wahlweise am Gerät, an der Fernbedienung oder mittels angeschlossenem Computer

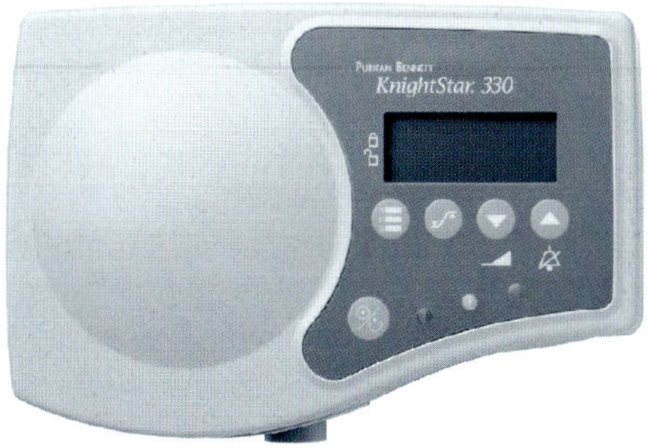

Abb. 9.10 KnightStar 330. [U140]

- Rampenzeit bis 30 Minuten einstellbar
- Auswertung der Beatmungs- und Patientendaten über PC möglich
- Gewicht: 3,7 kg
- Maße: 30 × 22 × 15 cm.

KnightStar 330

Druckgesteuertes Bi-Level Gerät zur nichtinvasiven Beatmung.

Beatmungsformen
- I/E-PAP, d. h. CPAP mit inspiratorischer Druckunterstützung (Inspirationsdruck 3 – 30 mbar)
- A/C-Modus 3 – 30 cm H_2O zeitgesteuert
- CPAP 3 – 30 cm H_2O.

Besonderheiten
- Überwachung von Druck, Tidalvolumen, Atemfrequenz, Leckagen, Peak-Flow und I:E-Verhältnis. Mindestatemfrequenz und Inspirationszeit können vorgeben werden (Backup-rate)
- Maximaler Beatmungsdruck bis 30 cm H_2O
- Leise (30 dB bei 10 cm H_2O)
- 12 Volt Batterieanschluss möglich
- Sauerstoffzufuhr über Adapter
- Inspiratorischer und exspiratorischer Trigger einstellbar
- Gewicht: 1,25 kg
- Maße: 21 × 14 × 9 cm.

9

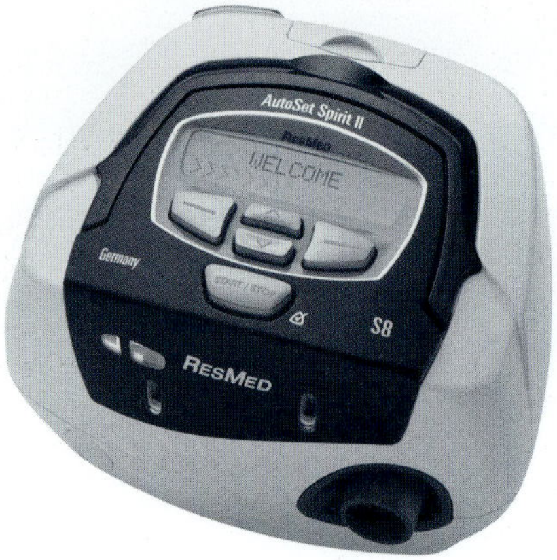

Abb. 9.11 S8 AutoSet Spirit™ [V081]

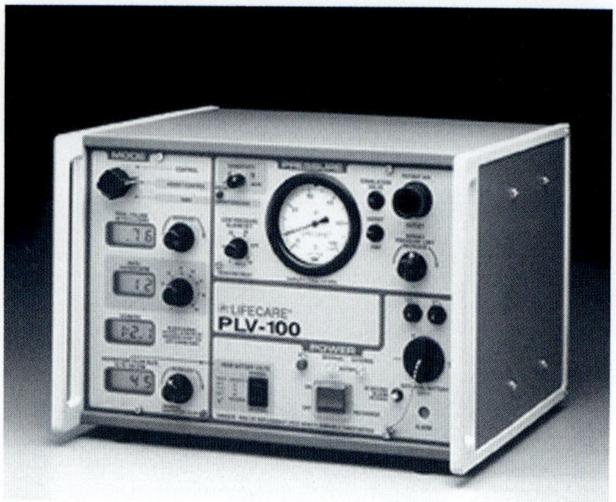

Abb. 9.12 Lifecare PLV 100. [V080]

9.2.6 Geräte der Firma ResMed

www.resmed.de

S8 AutoSet Spirit™

Auch der Respirator S8 AutoSet Spirit™ wurde für die Behandlung von Patienten mit Schlafapnoesyndrom entwickelt.

Beatmungsformen
- CPAP

Besonderheiten
- Rampenzeit einstellbar (5, 10 oder 20 Minuten)
- Speicherung diverser Daten bis zu 365 Tage
- Gewicht: ca. 1,3 kg
- Maße: 11,2 × 16,4 × 14,5 cm.

9.2.7 Geräte der Firma VitalAire

www.respironics.com

Lifecare PLV 100 (Hersteller Fa. Respironics)

Der Respirator Lifecare PLV 100 kommt bei Erwachsenen und Kindern zum Einsatz (Tidalvolumen mindestens 50 ml).

Beatmungsformen
- CMV (kontrolliert/assistiert oder kontrolliert)
- SIMV volumenkontrolliert.

Besonderheiten
- Kann mit interner Batterie für 1 Stunde, mit externer Batterie 24 Stunden betrieben werden
- Gewicht: 12,8 kg
- Maße: 31 × 23 × 31 cm.

Hélia 2 (Hersteller Fa. Saime)

www.saime.fr

Das Heimbeatmungsgerät Hélia 2 kann sowohl für Erwachsene als auch für Kinder benutzt werden.

Beatmungsformen
- PCV (assistiert/ kontrolliert oder kontrolliert)
- CMV (kontrolliert oder assistiert/kontrolliert)
- Inspiratorische Druckunterstützung (PSV)
- PS.Tv (inspiratorische Druckunterstützung mit Volumensicherung, d. h. ein eingestelltes Hubvolumen wird bei jedem Atemzug verabreicht).

Besonderheiten
- Ein- oder Zweischlauchbetrieb
- Druck- oder Flowtrigger
- Heliascope-Software (PC) zur Darstellung der Beatmungskurven sowie zur Speicherung eingestellter und gemessener Werte

- Interne und externe Batterie
- Gewicht: 10 kg
- Maße: 21 × 34 × 26,5 cm.

Hélia S (Hersteller Fa. Saime)

Der Respirator Hélia S kann zur Beatmung von Erwachsenen und Kindern eingesetzt werden.

Beatmungsformen

- PCV (assistiert/kontrolliert oder kontrolliert)
- Inspiratorische Druckunterstützung (PSV), wahlweise mit einstellbarer Minimalfrequenz.

Besonderheiten

- Externe Batterie möglich
- Spitzenflow bis 240 Liter/Minute
- Gewicht: 7 kg
- Maße: 21 × 34 × 26,5 cm.

VS-Bipop/-Integra/-Ultra (Hersteller Fa. Saime)

Die Respiratoren der VS Serie können zur Beatmung von Erwachsenen und Kindern eingesetzt werden. Das einfache Modell Bipop ist für die nichtinvasive Beatmung mit Leckagekompensation konzipiert, beim Modell Ultra stehen verschiedene Modi für die invasive und nichtinvasive Beatmung zur Verfügung. Die aufgeführten Informationen beziehen sich auf das Gerät VS-Ultra.

Beatmungsformen

- PCV (assistiert/ kontrolliert oder kontrolliert)
- CMV (kontrolliert oder assistiert/kontrolliert)
- Inspiratorische Druckunterstützung (PSV)
- CPAP
- BIPAP (Bi-Level)
- PS.Tv (inspiratorische Druckunterstützung mit Volumensicherung, d. h. ein eingestelltes Hubvolumen wird bei jedem Atemzug verabreicht).

Besonderheiten

- Integriertes Logbuch für Einstellungen und gemessene Werte
- PEEP
- Ein- oder Zweischlauchbetrieb
- Flow- und Drucktrigger einstellbar
- Batteriekapazität intern 2 – 4 Stunden, extern max. 8 Stunden
- Externer Alarm (d. h. Alarm nicht nur am Gerät, sondern z. B. in einem anderen Raum der Wohnung)
- Alarme einstellbar, Messung verschiedener Parameter
- Gewicht: 3,5 kg
- Maße: 20 × 29 × 14 cm.

9.2.8 Geräte der Firma Weinmann

www.weinmann.de

SOMNOvent®S

Der Respirator SOMNOvent®S wurde insbesondere zur Behandlung der Schlafapnoe entwickelt.

Beatmungsformen

- CPAP
- BiLevel (CPAP plus inspiratorische Druckunterstützung).

Besonderheiten

- Backup-Ventilation bei Apnoe
- Softstartautomatik: Rampenzeit bis 30 Minuten
- Gewicht: ca. 4 kg
- Maße: 18 × 9 × 32 cm.

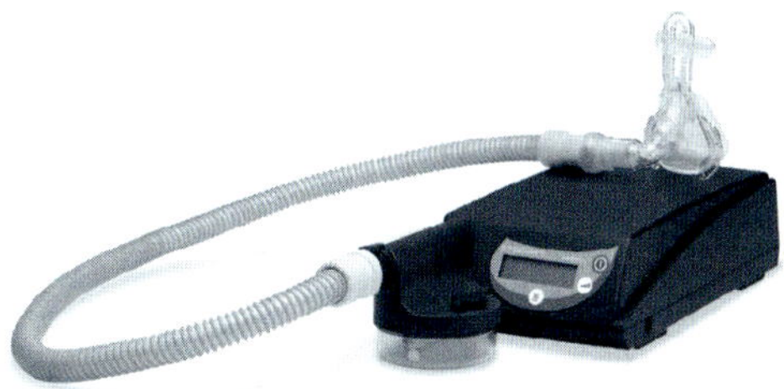

Abb. 9.13 SOMNOvent® S. [V083]

9.2.9 Geräte der Firma Airox

www.airox.fr

Legendair®

Der Respirator Legendair® kann zur kontrollierten und assistierten Beatmung bei Kindern und Erwachsenen eingesetzt werden.

Beatmungsformen
- PCV (assistiert/ kontrolliert oder kontrolliert)
- CMV (kontrolliert oder assistiert/kontrolliert)
- PRVC
- SIMV (VC)
- inspiratorische Druckunterstützung (PSV)
- CPAP / DU
- VS, hier PAfTV (**P***ressure* **a***dapted* **f***or* **t***arget* **v***olume*, d. h. automatische Anpassung der Druckunterstützung, um ein Zieltidalvolumen zu erreichen.

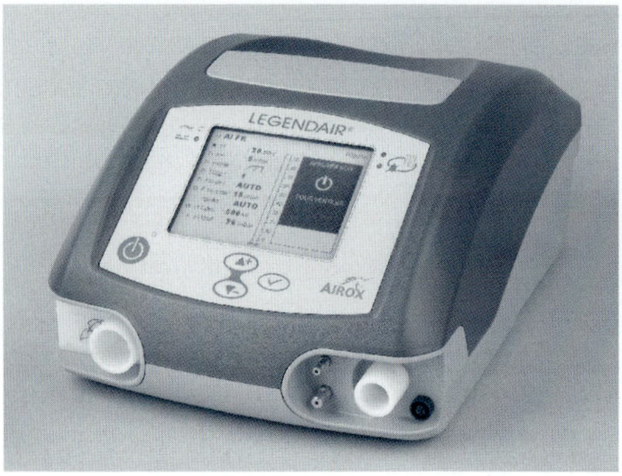

Abb. 9.14 Legendair®. [V375]

Besonderheiten
- Interne Batterie bis 11 Stunden, externe Batterie anschließbar
- Flowtrigger einstellbar
- Seufzer einstellbar
- Mit einem oder zwei Schläuchen zu benutzen
- Gewicht: 4,5 kg
- Maße: 15 × 23 × 32 cm.

KAPITEL

10 Rechtliche Grundlagen und Richtlinien

Für alle pflegerischen und therapeutischen Maßnahmen sind die hier aufgeführten und aktuell gültigen Gesetze, Leitlinien, Standards und Richtlinien verbindlich und einzuhalten.

Zu beachten sind zudem Empfehlungen von Instituten (z. B. Empfehlungen für die Krankenhaushygiene vom Robert Koch-Institut, kurz RKI) und Verbänden (z. B. Arbeitsgemeinschaft der Wissenschaftlichen Medizinischen Fachgesellschaften, kurz AWMF), da diese als allgemein verbindliche Standards gelten.

Die Verantwortlichen der Klinik müssen die Voraussetzungen zur Umsetzung der Gesetze, Leitlinien, Standards und Richtlinien schaffen, z. B. indem sie regelmäßig Fortbildungen anbieten, in denen die Mitarbeiterinnen und Mitarbeiter über den aktuellen Stand informiert und geschult werden. Für die Pflegenden ist es unerlässlich, sich durch Teilnahme an Schulungen, Fort- und Weiterbildungen und durch regelmäßiges Informieren mittels Fachliteratur, Zeitschriften etc. auf dem aktuellem Wissensstand zu halten, um die Patienten auf hohem Niveau versorgen zu können und sich selbst im rechtlich einwandfreien Rahmen zu bewegen. Da im Bereich der Intensivtherapie besonders viele Geräte (Respirator, Defibrillator, Monitor, Spritzen- und Infusionspumpen, Dialysegeräte, etc.) zum Einsatz kommen und viele unterschiedliche Therapiemaßnahmen durchgeführt werden, müssen bei allen Tätigkeiten die entsprechenden Vorgaben eingehalten werden.

Wichtige Gesetze, Standards, Leit- und Richtlinien sind:

- Medizinproduktegesetz und Medizinprodukte-Betreiberverordnung
- Berufsgenossenschaftliche Vorschriften und Regeln für Sicherheit und Gesundheit bei der Arbeit (u. a. Unfallverhütungsvorschriften, Technische Regeln für Gefahrstoffe – TRGS)
- Hygienerichtlinien zur Beatmung (Empfehlungen für die Krankenhaushygiene vom Robert Koch-Institut)
- Leitlinien zur Intubation und Beatmung (u. a. *Leitlinie Apparative Beatmung* aus Leitlinien der Deutschen Interdisziplinären Vereinigung für Intensiv- und Notfallmedizin – DIVI ➤ Abb. 10.2)
- Expertenstandards des deutschen Netzwerkes für Qualitätsentwicklung in der Pflege
- Infektionsschutzgesetz
- DIN-Normen und Bestimmungen des Verbandes deutscher Elektrotechniker (VDE-Bestimmungen)
- Normen der EU (z. B. CE-Kennzeichen, ein europaweit gültiges Gütesiegel)
- Eichgesetz
- Arzneimittelgesetz
- Gesetz über technische Arbeitsmittel
- Arbeitsschutzgesetz
- Arbeitsstättenverordnung.

In den folgenden Ausführungen wird nur jeweils ein Überblick der wichtigsten praktisch relevanten Gesetze und Richtlinien der ersten vier der oben genannten Bereiche gegeben, die insbesondere für die Betreuung von intubierten bzw. tracheotomierten und beatmeten Patienten relevant sind. Ausführlichere Details können in der vorhandenen Grundlagenliteratur nachgelesen werden.

10.1 Medizinproduktegesetz und Medizinprodukte-Betreiberverordnung.

Definition

Das **Medizinproduktegesetz** (kurz **MPG**) von 1995 und die **Medizinprodukte-Betreiberverordnung** (**MPBetreibV**) von 1998 haben die Medizingeräteverordnung (MedGV) abgelöst. Das MPG regelt den Verkehr mit Medizinprodukten (MP) und sorgt dadurch für Sicherheit, Eignung und Leistung sowie Schutz von Patienten, Anwendern und Dritten. Die MPBetreibV hingegen regelt das Errichten, Betreiben und Anwenden von Medizinprodukten.

Das MPG und die angegliederte MPBetreibV gelten für das Produzieren, Inverkehrbringen, Inbetriebnehmen, Ausstellen, Errichten, Betreiben und Anwenden von Medizinprodukten sowie deren Zubehör, das auch als Medizinprodukt behandelt wird. Zweck dieses Gesetzes ist es, für die Sicherheit, die Eignung und die Leistung der Medizinprodukte sowie die Gesundheit und den erforderlichen Schutz aller Beteiligten zu sorgen. Zusätzlich sind hier die Verpflichtungen der Hersteller, Betreiber und Anwender zur Einhaltung der Sorgfaltspflichten festgelegt.

Die Pflegenden müssen wissen, welche Verantwortung sie im Rahmen des MPG und der MPBetreibV haben und welche Sanktionen bei Zuwiderhandlungen zu erwarten sind.

10.1.1 Medizinprodukte im Sinne des MPG

Unter Medizinprodukten wird folgendes zusammengefasst:

- Alle Produkte und deren Kombinationen, die zu Zwecken der Prävention, Diagnostik, Therapie oder Rehabilitation an Menschen angewendet werden, z. B. vom Pflaster bis zum Kernspintomographen
- Sie erzielen ihre Hauptwirkung primär physikalisch, nicht pharmakologisch, immunologisch oder metabolisch
- Zu den Medizinprodukten gehört auch die zum einwandfreien Funktionieren der Produkte eingesetzte Software.

Keine Medizinprodukte sind

- Arzneimittel
- Kosmetische Mittel
- Blut oder Blutbestandteile
- Transplantate, Gewebe oder Zellen menschlichen oder tierischen Ursprungs
- Persönliche Schutzausrüstungen.

Unterscheidung von aktiven und passiven Medizinprodukten

Aktive Medizinprodukte (nach § 3 MPG) sind Geräte, deren Betrieb auf eine Strom- oder eine andere Energiequelle (z. B. Druckluft) als die unmittelbar durch den menschlichen Körper oder die Schwerkraft erzeugte Energie angewiesen ist.

Passive Medizinprodukte dienen zur Übertragung von Energie, Stoffen oder Parametern zwischen einem aktiven MP und dem Patienten. Dabei tritt keine wesentliche Änderung von Energie, Stoffen oder Parametern ein, z. B. Infusionsbestecke oder Katheter.

10.1.2 Begriffsdefinitionen zum MPG

Die Pflegenden sollten die folgenden Begriffe zum MPG kennen und differenzieren können.

Hersteller

Die Hersteller sind diejenigen, die ein Medizinprodukt (MP) herstellen. Sie müssen den Nachweis liefern (z. B. eine Gebrauchsanweisung), wozu ein Produkt geeignet ist und zu welcher Zweckbestimmung es eingesetzt werden darf.

Wenn z. B. ein Einmalartikel vom Betreiber/Anwender aufbereitet wird, wird dieser zum Hersteller mit allen Pflichten.

Anwender

Anwender sind die Personen, die ein Medizinprodukt berufsmäßig nutzen (ist noch nicht klar im MPG definiert), vor allem Pflegende, Ärzte, medizintechnische Assistenten, Mitarbeiter von Gesundheitsberufen etc.

Die Anwender müssen durch eine für das jeweilige MP vorgesehene Einweisung vor dem Einsatz des Medizinproduktes geschult werden. Eine Einweisung darf nur der Hersteller oder eine vom Betreiber „beauftragte Person" durchführen (➤ unten).

Betreiber

Wer vom Hersteller ein Medizinprodukt erwirbt und in seinem Betrieb einsetzt, ist Betreiber im Sinne der MPBetreibV (Besitzer).

Der Betreiber ist z. B. der Inhaber einer Praxis (natürliche Person) oder der Träger eines Krankenhauses, vertreten durch den Verwaltungsdirektor (juristische Person). Er ist verantwortlich dafür, dass die Vorschriften des MPG und der MPBetreibV über das Errichten, Betreiben und Anwenden von Medizinprodukten richtig umgesetzt werden.

„Beauftragte Person"

Die vom Betreiber „beauftragte Person" (auch Produkte- oder Geräteverantwortlicher) muss anhand der Gebrauchsanweisung sowie beigefügter sicherheitsbezogener Informationen und Instandhaltungshinweise vom Hersteller in die sachgerechte Handhabung, Anwendung und den Betrieb des Medizinproduktes sowie in die zulässige Verbindung mit anderen Medizinprodukten, Gegenständen und Zubehör eingewiesen sein.

Die Aufgaben der „beauftragten Person" können, je nach Festlegung der Einrichtung, folgende Verantwortungsbereiche umfassen:

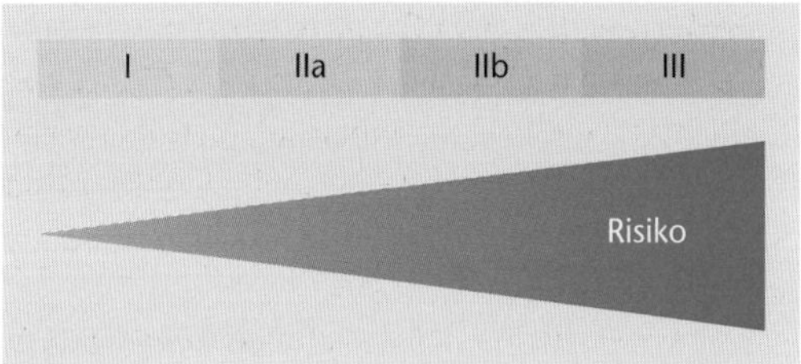

Abb. 10.1 Klassifizierung von Medizinprodukten in vier Risikogruppen.

- Sicherstellen der gesetzlich vorgeschriebenen Regelungen
- Einweisungsbedarf ermitteln
- Neu eingeführte Geräte bzw. MP einweisen und die Einweisungen weitermelden
- Für ordnungsgemäßen Zustand und regelmäßige Wartung (in Zusammenarbeit mit der Medizingeräteabteilung der jeweiligen Klinik) sorgen
- Den ordnungsgemäßen Umgang mit Gerätebüchern sichern
- Geräte-Funktionssicherheit, Warneinrichtung und Gerätekennzeichnung überwachen
- Für Auffrischungseinweisungen sorgen
- Den Einsatz von Geräten nicht gestatten, wenn gravierende Gründe vorliegen
- Schadensfälle bzw. „Vorkommnisse" (➤ 10.1.6) mit Personenschäden an die Verantwortlichen bzw. an die zuständige Behörde melden.

Es empfiehlt sich, die Verantwortung für spezielle aufwändige Geräte (Respiratoren, Dialysegeräte, etc.) auf mehrere „beauftragte Personen" zu übertragen, damit es auch bei dem Ausfall einer Person immer einen Ansprechpartner gibt.

Klassifizierung von Medizinprodukten

Medizinprodukte werden in vier Risikoklassen eingeteilt. Risikoklasse I (niedrigste Klasse, z. B. Stethoskop), II a, II b und III (höchste Klasse, z. B. Herzschrittmacher). Das Risiko liegt im erhöhten Gefährdungspotential für den Patienten, der mit dem Gerät in Kontakt kommt. Je höher die Risikoklasse, desto potentiell gefährlicher ist das eingesetzte Gerät.

Der Hersteller teilt seine Produkte einer Risikoklasse zu, wobei er sich an von der EU aufgestellten Regelsätzen orientiert. Eine autorisierte Einrichtung des jeweiligen EU-Landes überprüft dann die korrekte Klassifizierung des tatsächlichen Risikos.

Die in der Anlage 1 (➤ Tab. 10.1) aufgeführten Geräte bedürfen eines besonders intensiven Aufwands in Einweisung und Wartung, da von diesen MP (durch den invasiven Einsatz) eine erhöhte Ge-

Tab. 10.1 Sachverhaltsgruppen von Medizinprodukten nach MPBetreibV (Anlage 1).

Sachverhaltsgruppen	Definition
Nr. 1	Medizinprodukte (MP) zur Erzeugung und Anwendung elektrischer Energie zur unmittelbaren Beeinflussung der Funktion von Nerven und/oder Muskeln bzw. der Herztätigkeit (z. B. Defibrillatoren, batteriebetriebene Reizstromgeräte)
Nr. 2	MP zur intrakardialen Messung elektrischer Größen oder Messung anderer Größen unter Verwendung elektrisch betriebener Messsonden in Blutgefäßen bzw. an freigelegten Blutgefäßen (z. B. Hirndrucksonden, invasive Blutdruckmessung)
Nr. 3	MP zur Erzeugung und Anwendung jeglicher Energie zur unmittelbaren Koagulation, Gewebezerstörung oder Zertrümmerung von Ablagerungen in den Organen (z. B. Lithotripsie-Geräte, HF-Chirurgiegerät, Photo- und Laserkoagulatoren)
Nr. 4	MP zur unmittelbaren Einbringung von Substanzen und Flüssigkeiten in den Blutkreislauf unter potentiellem Druckaufbau, wobei die Substanzen und Flüssigkeiten auch aufbereitete oder speziell behandelte körpereigene Substanzen sein können, deren Einbringung mit einer Entnahmefunktion direkt gekoppelt ist (z. B. Spritzenpumpen, Infusionspumpen, Dialysegerät)
Nr. 5	MP zur maschinellen Beatmung mit oder ohne Anästhesie; damit sind alle Beatmungsgeräte erfasst, die zur Erhaltung, Unterstützung und Wiederherstellung der Spontanatmung dienen
Nr. 6	MP zur Diagnose mit bildgebenden Verfahren nach dem Prinzip der Kernspinresonanz
Nr. 7	MP zur Therapie mit Druckkammern
Nr. 8	MP zur Therapie mit Hypothermie

fahr für die Patienten ausgeht. Es sind entgegen der MedGV nicht die einzelnen Geräte bzw. Produkte aufgeführt, sondern es werden Sachverhaltskomplexe gebildet.

Eine Anwendung von Medizinprodukten der Anlage 1 (➤ Tab. 10.1) darf nur nach einer Einweisung durch den Hersteller oder die vom Betreiber „beauftragte Person" erfolgen.

10.1.3 Sachgerechte Handhabung von Medizinprodukten

Die Pflegenden müssen die verlangten Voraussetzungen für die sachgerechte Handhabung von Medizinprodukten beachten. Folgende Kenntnisse werden vom Anwender zum jeweiligen MP erwartet:

- Theoretische Grundlagen
- Alle Bedienungselemente und dazugehörige Funktionen
- Alarmeinrichtungen
- Ordnungsgemäßer Zustand und Wartungsintervalle
- Vorgeschriebene Funktionsprüfung
- Anwendungsregeln
- Bedienung
- Patientengerechte Einstellung
- Alarmbeseitigung und Notfallmaßnahmen
- Reinigung und Aufbereitung
- Gerätespezifische Fehlerquellen
- Erkennen von Anwendungsverboten (bei Vorliegen von sicherheitsrelevanten Mängeln).

Hier wird deutlich, dass der Anwendereinweisung und -schulung sehr große Bedeutung zukommt. Für den Anwender reicht es nicht aus, z. B. nur den einzelnen Bedienungsknopf der SIMV-Beatmung zu kennen, sondern er muss auch über die SIMV-Funktion informiert sein und darüber, wie der Wechsel von Eigenatmung mit der Beatmung funktioniert.

Zusätzlich ist es erforderlich, dass die Pflegenden die „Zweckbestimmung" bzw. den „bestimmungsgemäßen Gebrauch" der MP beachten. Diese ist in der Gebrauchsanweisung des Herstellers definiert. So muss z. B. bei verschiedenen Respiratoren beachtet werden, ab welchem Körpergewicht das Gerät eingesetzt werden darf.

Die Verwendung von Fremdzubehör ist nur dann zulässig, wenn dafür eine Bescheinigung über die **s**icherheitstechnisch **u**nbedenkliche **V**erwendbarkeit (**SUV**- oder Kompatibilitätsbescheinigung) vorliegt oder das Grundgerät und das Zubehör mit einem CE-Kennzeichen versehen sind.

Seit dem 14.6.1998 dürfen nur noch Medizinprodukte erstmalig in den Verkehr gebracht werden, die grundlegende Anforderungen erfüllen. Vom europäischen Gesetzgeber sind hierfür Richtlinien für verschiedene Klassen definiert worden. Der Hersteller von Medizinprodukten ist zum Anbringen des so genannten CE-Kennzeichens verpflichtet. Dadurch ist ein freier, einheitlicher Warenverkehr in Europa gewährleistet.

Bei allen Zubehörteilen bei MP und insbesondere bei Einmalprodukten muss strikt auf das Verfalldatum geachtet werden. Es ist zudem nicht erlaubt, sterile Einmalartikel aus beschädigten Verpackungen zu verwenden oder sie zwecks erneuter Verwendung wieder aufzubereiten.

Einkauf von Medizinprodukten

Schon bei Auswahl und Einkauf von MP werden die Weichen für einen effektiven und kostengünstigen Geräteeinsatz gestellt. Besonders wichtig für den Betreiber und Anwender ist es, festzulegen, welche Kriterien das neue Gerät erfüllen muss. Die zukünftigen Anwender müssen in die Beschaffung von MP entscheidend einbezogen werden, damit evtl. Anwendungsprobleme vor dem Kauf geklärt werden können.

Folgende Fragen sollten vor dem Kauf von neuen MP (z. B. Respiratoren, Geräte zur Nierenersatztherapie) geklärt werden:

- Ist das MP bzw. Gerät leicht zu bedienen bzw. leicht zu erlernen?
- Entspricht das MP hinsichtlich der Zweckbestimmung den aktuellen und zukünftigen Erfordernissen?
- Ist das MP auf dem aktuellen technischen Stand und können leicht Updates erfolgen?
- Führt der Hersteller auch nach der vorgeschriebenen Ersteinweisung weitere Schulungen und Einweisungen durch?
- Ist der technische Service innerhalb kurzer Zeit erreichbar und zuverlässig?

- Wer kann die geforderten sicherheitstechnischen Kontrollen (STK) und Wartungsmaßnahmen durchführen und welche Kosten entstehen dadurch?
- Kann das MP mit vorhandenen MP kombiniert werden?
- Sind ähnliche MP schon vorhanden und somit das neue leicht einzuführen?
- Können Ersatzteile rasch beschafft werden und sind sie über einen längeren Zeitraum beziehbar?

Da neue komplizierte Medizinprodukte aufwändig bei der Einführung auf der Intensivstation sind, sollten die genannten Fragen sorgfältig geprüft werden. So müssen z. B. die erforderlichen Einweisungen frühzeitig für die „beauftragte Person" und alle Anwender systematisch geplant werden.

10.1.4 Medizinproduktebuch

Bei bestimmten Medizinprodukten (z. B. Anlage 1-MP) muss der Betreiber ein Medizinproduktebuch führen. Folgendes ist ins Medizinproduktebuch einzutragen:

- Bezeichnung zur Identifikation des MP
- Standort und betriebliche Zuordnung des MP
- Beleg über Funktionsprüfung vor erstmaliger Inbetriebnahme
- Beleg über die Einweisung der vom Betreiber „beauftragten Person"
- Zeitpunkt der Einweisung sowie Namen der eingewiesenen Personen
- Fristen und Datum der Durchführung sowie das Ergebnis von vorgeschriebenen sicherheits- und messtechnischen Kontrollen und Datum von Instandhaltungen sowie der Name der verantwortlichen Person oder der Firma, die diese Maßnahme durchgeführt hat
- Datum, Art und Folgen von Funktionsstörungen und wiederholten gleichartigen Bedienungsfehlern
- Meldungen von Funktionsausfällen und -störungen an Geräten, die zu einem Personenschaden geführt haben bzw. hätten führen können, an Behörden und Hersteller.

Für die Aufbewahrung von Gebrauchsanweisungen und Medizinproduktebüchern sowie für die Dokumentation bestehen u. a. folgende Regelungen:

- Gebrauchsanweisungen und die dem MP beigefügten Hinweise sind so aufzubewahren, dass die für die Anwendung des Medizinproduktes erforderlichen Angaben dem Anwender jederzeit zugänglich sind
- Nach der Außerbetriebnahme des MP ist das Medizinproduktebuch noch 5 Jahre aufzubewahren
- Dokumentationspflicht besteht für alle Einweisungen von Personen mit Daten der Einweisung und Namen der eingewiesenen Personen.

10.1.5 Ordnungswidrigkeiten und Straftaten

Die Anwenderpflichten sind im MPG und der MP-BetreibV festgelegt. Im Vergleich zur vorher gültigen MedGV sind sie deutlich erweitert worden. Die mit der Verletzung der Anwenderpflichten einhergehenden Ordnungswidrigkeiten und Straftatbestände sind verschärft worden bzw. neu hinzugekommen.

Beispiele für Ordnungswidrigkeiten

- Verwendung trotz abgelaufenen Verfalldatums
- Anwendung ohne Gewähr für eine sachgerechte Handhabung
- Anwendung ohne Einweisung
- Anwendung trotz Überschreitung der Fehlergrenzen
- Reinigung, Desinfektion und Sterilisation entgegen den Herstellerempfehlungen.

Ordnungswidrigkeiten können mit Geldstrafen bis 25.000 € geahndet werden.

Beispiele für Straftatbestände

- Anwendung bei Verdacht auf Gefährdung
- Anwendung mit sicherheitsrelevanten Mängeln
- Handlungen, die die Gesundheit einer großen Zahl von Menschen gefährden
- Handlungen, die einen anderen in die Gefahr des Todes oder einer schweren Schädigung an Körper oder Gesundheit bringt.

Verstöße gegen Straftatbestände können mit Freiheitsstrafen bis zu 5 Jahren geahndet werden.

Ein Betriebsverbot von Medizinprodukten ist einzuhalten, wenn folgende sicherheitsrelevante Mängel erkennbar sind:

- Defekte Wandanschlüsse

- Defekte Netzstecker und Netzkabel
- Sichtbare und unsichtbare Sturzschäden
- Nicht funktionierende Alarm- und Sicherheitseinrichtungen
- Fehlende Zubehörteile
- Fehlende Zusatzgeräte
- Fehlfunktionen des Gerätes.

10.1.6 Empfehlung zur Vorgehensweise bei „Vorkommnissen"

„Vorkommnisse" sind Funktionsausfälle und -störungen an Geräten, die zu einem Personenschaden geführt haben.

Auch bei sorgfältigem Vorgehen kann es durch Medizinprodukte insbesondere durch Anlage 1-Geräte (➤ Tab. 10.1) zu unterschiedlich schwerwiegenden Schädigungen des Patienten oder gar zum Tod des Patienten kommen. Bei derart beschriebenen Vorkommnissen muss sofort der zuständige Arzt hinzugezogen werden.

Weitere Maßnahmen, die nach einem „Vorkommnis" geschehen müssen:

- Versorgung des Patienten
- Dokumentation der räumlichen Situation (kann z. B. fotographisch erfolgen)
- Feststellung der beteiligten Personen
- Sicherstellen der Medizinprodukte (Geräte und vollständiges Zubehör) bis Gutachter kommt (der Hersteller darf erst nach dem Gutachter an das betroffene Gerät und zudem darf das Gerät nicht vorher aufbereitet werden)
- Anfertigen einer persönlichen Aktennotiz (an den Dienstvorgesetzten weiterleiten)
- Meldung entsprechend der klinikinternen Dienstanweisung
- Einhaltung der Schweigepflicht gegenüber Dritten
- Einhaltung des Datenschutzes
- Abwarten der Entscheidung der örtlich zuständigen Behörde.

Es sollte nichts unternommen werden, was als Vertuschung der Ereignisse bzw. Vorkommnisse gewertet werden könnte, z. B. Absprachen der Betroffenen oder gemeinsames Erstellen einer Aktennotiz.

10.2 Berufsgenossenschaftliche Vorschriften

Die Berufsgenossenschaft für Gesundheitsdienst und Wohlfahrtspflege hat zum Schutz von Mitarbeitern **U**nfall**v**erhütungs**v**orschriften (kurz **UVV**) und zusätzlich berufsgenossenschaftliche Richtlinien, Grundsätze, Sicherheitsregeln und Merkblätter erarbeitet.

Die Ausführungen der genannten Vorschriften sind als Rechte und Pflichten von Mitarbeitern und der jeweiligen Einrichtungen zu sehen. Alle Mitarbeiter sind verpflichtet, die geltenden Vorschriften einzuhalten. Über diese Regelungen wird indirekt auch ein zusätzlicher Patientenschutz erzielt.

10.2.1 UVV für den Gesundheitsdienst

Wichtige Unfallverhütungsvorschriften für Arbeitnehmer sind in den **B**erufs**g**enossenschaftlichen **V**orschriften für Sicherheit und Gesundheit bei der Arbeit (**BGV**) zusammengefasst.

Am 1. Januar 2004 ist bei den gewerblichen Berufsgenossenschaften die Unfallverhütungsvorschrift (UVV) „Grundsätze der Prävention" (BGV A1) einheitlich und flächendeckend in Kraft getreten.

Das neue Konzept der BGV A1 kommt ohne Detailvorschriften aus und stärkt damit die von Politik und Verbänden aktuell geforderte höhere Eigenverantwortung des Unternehmers für den betrieblichen Arbeitsschutz. Auch die Versicherten werden unmittelbar in die Pflicht genommen, den Unternehmer bei seinen Vorkehrungen für Sicherheit und Gesundheitsschutz am Arbeitsplatz zu unterstützen.

Gleichzeitig mit der Inkraftsetzung der BGV A1 wurden bundesweit insgesamt 47 andere Unfallverhütungsvorschriften der gewerblichen Berufsgenossenschaften außer Kraft gesetzt.

Einige der bisher gültigen Unfallverhütungsvorschriften der Berufsgenossenschaft wurden Anfang 2007 außer Kraft gesetzt, da sie bereits in anderen Gesetzen, z. B. dem Medizinproduktegesetz bzw. der Medizinprodukte-Betreiberverordnung, oder EU-Normen geregelt sind.

Führungskräfte in Betrieben haben die Pflicht, für den wirtschaftlichen Erfolg des Unternehmens zu sorgen. Der wirtschaftliche Erfolg wird unterstützt durch Maßnahmen zur Arbeitssicherheit und zum Gesundheitsschutz. Dies gilt auch, wenn die Pflicht zur Durchführung der Maßnahmen nicht im Arbeitsvertrag enthalten sein sollte. Diese Pflicht ergibt sich z. B. aus dem Arbeitsschutzgesetz.

10.2.2 Umgang mit Sauerstoff

Sauerstoffanreicherung der Luft, auch wenn es nur wenige Prozent sind, erhöht die Brandgefahr erheblich. Zudem können Materialien, die sonst in der Luft nicht brennen, spontan in mit Sauerstoff angereicherter Luft entflammen (einschließlich feuerhemmend imprägnierter Stoffe). Die Flammen sind wesentlich heißer und breiten sich mit großer Geschwindigkeit aus.

Empfehlungen für den Umgang mit Sauerstoff sind von der Berufsgenossenschaftlichen Information (BGI 617) im Merkblatt M034 (12/2005) veröffentlicht.

Folgende Punkte sollten beim Umgang mit Sauerstoff beachtet werden:

- Leitungen für Sauerstoff, Anschluss- sowie Entnahmestellen müssen als sauerstoffführend farblich gekennzeichnet sein (Farbkodierung Gasanschlüsse ➤ 6.1.1)
- Öl und Fett sind in Gegenwart von Sauerstoff besonders gefährlich, weil sie mit explosiver Heftigkeit brennen können. Sie dürfen niemals zum Schmieren von Geräten für Sauerstoff und in Räumen mit angereicherter Luft verwendet werden
- In mit Sauerstoff angereicherten Räumen und im Freien – falls in unmittelbarer Nähe mit Sauerstoff gearbeitet wird – darf nicht geraucht und nicht mit offenem Feuer umgegangen werden
- Wartungs- und Instandsetzungsmaßnahmen werden von erfahrenem und geschultem Personal ausgeführt
- Anschlüsse für die Sauerstoffversorgung werden vor ihrer Inbetriebnahme und in regelmäßigen Abständen einer Dichtigkeitsprüfung unterzogen
- Nach einem Aufenthalt in möglicherweise mit Sauerstoff angereicherter Atmosphäre ist die Kleidung sehr sorgfältig zu lüften, denn Sauerstoff haftet sehr gut in der Kleidung. Eine Zündquelle (z. B. eine Zigarette) könnte dann einen Kleiderbrand verursachen
- Gasflaschen müssen vor dem Transport gesichert werden. Das Flaschenventil muss geschlossen und dicht sein.

Der sichere Umgang mit Sauerstoff ist nur möglich, wenn seine spezifischen Eigenschaften bekannt sind und bewusst genutzt werden. Unsachgemäß angewandter Sauerstoff kann zu Unfällen führen.

10.3 Hygienerichtlinien zur Beatmung

Die Empfehlungen für die Krankenhaushygiene vom **R**obert **K**och-**I**nstitut **(RKI)** sind maßgeblich für die korrekte Durchführung aller pflegerischen und therapeutischen Maßnahmen. Sie dienen u. a. der allgemeinen Qualitätssicherung.

> Die Empfehlungen des RKI gelten allgemein als Standard, von dem nur im begründeten Einzelfall abgewichen werden darf.

Entsprechend der RKI-Empfehlungen legen die Hygienekomissionen der einzelnen Kliniken die Richtlinien für die jeweilige Klinik fest und formulieren die Hygienepläne für die einzelnen Klinikbereiche. Diese Pläne sind verbindlich für eine korrekte und standardisierte Durchführung von Hygienemaßnahmen. Ergeben sich rechtlich nicht geklärte Fragestellungen, muss der Krankenhausbetreiber die Abweichungen zu den Empfehlungen des Robert Koch-Institutes begründen.

Nachfolgend sind die wichtigsten Punkte zur Prävention der beatmungsassoziierten Pneumonie aufgeführt. Diese Empfehlungen wurden im Auftrag der Kommission für Krankenhaushygiene und In-

fektionsprävention am Robert Koch-Institutes von K. Unertl, Leiter der Arbeitsgruppe (Tübingen), A. Heininger (Tübingen) und G. Unger (RKI) erarbeitet. Sie sind mit Kategorisierungen versehen, die sich an die **CDC**-Kategorien (**C**enters for **D**isease **C**ontrol Zentrum für Gesundheitsüberwachung) I A, I B, II und III anlehnen und durch die Kategorie IV erweitert wurde (➤ Tab. 10.2).

Die Grundlagen für die Kategorisierung sind:

- Wissenschaftlich abgesicherte Beweiskraft
- Theoretisch nachvollziehbare Begründung
- Praktische Anwendbarkeit
- Ökonomische Auswirkungen.

Zudem werden geltende Gesetze, Richtlinien und Verordnungen beachtet.

10.3.1 Prävention der beatmungsassoziierten Pneumonie nach der RKI-Empfehlung

Die hygienische Händedesinfektion ist nach wie vor die wichtigste Präventivmaßnahme zur Verhütung von Beatmungspneumonien.

Eine hygienische Händedesinfektion ist durchzuführen:

- Vor und nach jedem Kontakt mit Trachealtubus, Tracheostoma oder Beatmungszubehör **(IA)**
- Nach jedem Kontakt mit Schleimhäuten, respiratorischem Sekret oder Gegenständen, die mit respiratorischem Sekret kontaminiert sind **(IA)**

Bei Kontakt mit Schleimhäuten, respiratorischem Sekret oder Gegenständen, die mit respiratorischem Sekret kontaminiert sind, sind keimarme Einmalhandschuhe zu tragen **(IV).**

Intubation

Auswahl des Endotrachealtubus

Eine Empfehlung für oder gegen die Verwendung eines Trachealtubus mit der Möglichkeit zur subglottischen Sekretabsaugung kann nicht gegeben werden **(III).**

Die meisten derzeit im Handel erhältlichen Trachealtuben bieten nicht die Möglichkeit einer subglottischen Sekretabsaugung oberhalb des Cuffs, obwohl der Mikroaspiration von kontaminiertem subglottischem Sekret eine wesentliche Rolle für die Pathogenese der Beatmungspneumonie zugeschrieben wird. In einer Studie konnte durch kontinuierliche subglottische Sekretabsaugung eine signifikante Reduktion der frühzeitig erworbenen Beatmungspneumonien durch Pneumokokken und Hämophilus influenzae erzielt werden. Im Gegenzug nahmen die Pneumonien mit Pseudomonas aeruginosa und Enterobacteriaceae zu, so dass die Letalität unverändert blieb.

Tab. 10.2 Kategorien von RKI-Empfehlungen.

Kategorie	Empfehlung zur Umsetzung	Besonderheiten
Kategorie IA	Nachdrückliche Empfehlung für alle Krankenhäuser	Empfehlungen basieren auf gut konzipierten experimentellen oder epidemiologischen Studien
Kategorie IB	Nachdrückliche Empfehlung für alle Krankenhäuser	Empfehlungen werden von Experten und aufgrund eines Konsens-Beschlusses der Kommission für Krankenhaushygiene und Infektionsprävention am RKI als effektiv angesehen und basieren auf gut begründeten Hinweisen für deren Wirksamkeit (evtl. auch, wenn keine wissenschaftlichen Studien vorliegen)
Kategorie II	Zur Einführung/Umsetzung in vielen Kliniken	Empfehlungen basieren teils auf hinweisenden klinischen oder epidemiologischen Studien, teils auf nachvollziehbaren theoretischen Begründungen oder Studien, die in einigen, aber nicht in allen Kliniken anzuwenden sind
Kategorie III	Keine Empfehlungen oder ungelöste Fragen	Maßnahmen, über deren Wirksamkeit nur unzureichende Hinweise vorliegen oder bislang kein Konsens besteht
Kategorie IV		Anforderungen, Maßnahmen und Verfahrensweisen in Krankenhäusern, die aufgrund gesetzlicher Bestimmungen, durch autonomes Recht oder Verwaltungsvorschriften geregelt sind

Intubationsvorgang

- Bei der Narkoseeinleitung sind die erforderlichen Maßnahmen zur Vermeidung einer Aspiration zu ergreifen **(IA)**
- Eine hygienische Händedesinfektion ist vor und nach Intubation vorzunehmen **(IA)**
- Zur Intubation sind keimarme Einmalhandschuhe zu tragen **(IA/IV)**
- Der Trachealtubus ist unter aseptischen Kautelen anzureichen **(IA).**

Intubationsweg

Wenn klinisch-anästhesiologische Gründe nicht dagegen sprechen, ist die orale Intubation zu bevorzugen, auch wenn der präventive Effekt dieser Maßnahme für die Beatmungspneumonie bisher noch nicht eindeutig belegt ist **(II);** die Tracheotomie und das Auswechseln der Trachealkanüle muss unter aseptischen Bedingungen erfolgen. Es sind desinfizierte oder sterile Trachealkanülen zu verwenden **(IB).**

Üblicherweise wird zunächst der orale Zugangsweg gewählt, um die Irritation der Patienten durch den Tubus gering zu halten. Später wird jedoch häufig auf nasalem Weg umintubiert (➤ Konsensuskonferenz Kap. 4.1). Im Fall der Langzeitbeatmung kommt oft die Tracheotomie zur Anwendung. Die Zeitdauer der nasalen Intubation korreliert mit der Häufigkeit der Sinusitis maxillaris. Die am häufigsten aus dem Sinus maxillaris isolierten Erreger wie Pseudomonas aeruginosa, Acinetobacter spp. und Staphylococcus aureus sind gleichzeitig die maßgeblichen Verursacher der Beatmungspneumonie. Bei oral intubierten, langzeitbeatmeten Patienten wurde in einer Studie eine Reduktion der Pneumonierate nachgewiesen, doch fehlt bisher eine Bestätigung dieser Ergebnisse durch weitere Untersuchungen.

Beatmungszubehör

Beatmungsfilter

Eine Empfehlung für oder gegen die Verwendung von Beatmungsfiltern kann nicht gegeben werden **(III).**

In einer kürzlich veröffentlichten Studie konnte die Rate der Beatmungspneumonien durch Verwendung von HME-Filtern im Vergleich zu konventionellen Atemgasbefeuchtungssystemen gesenkt werden. Die Anzahl der Beatmungspneumonien wurde jedoch nicht wie üblich auf die Beatmungsdauer bezogen (beatmungsabhängige Inzidenzdichte), und es fehlen Angaben zur Charakterisierung der endogenen Risikofaktoren in beiden Gruppen; die Wirksamkeit von Beatmungsfiltern (HME-Filter, Bakterienfilter) zur Prävention der Beatmungspneumonie ist also nicht eindeutig belegt.

Das Wechselintervall von Beatmungsschläuchen (➤ unten) kann durch die Anwendung von Beatmungsfiltern nicht verlängert werden. Beatmungsfilter sind jedoch geeignet, die Bildung von Kondenswasser in den Beatmungsschläuchen und damit das Risiko der Aspiration von kontaminiertem Kondenswasser zu minimieren.

Beatmungsschläuche

Der Einsatz von beheizten Beatmungsschläuchen ist nicht obligat **(III).**

Kondenswasser sollte regelmäßig aus den Schläuchen und Wasserfallen entfernt werden; auf das Tragen von Einmalhandschuhen und strikte Händehygiene ist zu achten **(IB/IV).**

Eine Verlängerung des Wechselintervalls von Beatmungsschläuchen und Kaskadenbefeuchtern von 48 Stunden auf sieben Tage ist auch ohne Einsatz von Beatmungsfiltern möglich **(IB).**

Beheizte Beatmungsschläuche verhindern weitgehend die Bildung von Kondenswasser, das häufig mit Keimen in hoher Zahl kontaminiert ist, und die damit verbundene Gefahr einer Kondenswasseraspiration. Bisher gibt es jedoch keine Studien, die zeigen, dass durch den Einsatz von beheizten Beatmungsschläuchen die Pneumonierate gesenkt werden kann.

Ein täglicher Wechsel der Beatmungsschläuche im Vergleich zu einem zweitägigen Wechselintervall ist mit einer höheren Pneumonierate verbunden, so dass in der Vergangenheit ein Wechsel frühestens nach 48 Stunden empfohlen wurde. Weitere Untersuchungen konnten zeigen, dass die Pneumonierate nicht ansteigt, wenn der Wechsel der Schläuche erst nach sieben Tagen vorgenommen wird. Hinsichtlich einer Verlängerung des Wechselintervalls über sieben Tage hinaus bedarf es weiterer Untersuchungen.

Absaugsysteme

Zum Absaugen von endotrachealem Sekret existieren das sogenannte geschlossene Verfahren mit einem wiederverwendbaren Absaugkatheter, der in das Beatmungssystem integriert wird, und das konventionelle offene Absaugverfahren mit sterilen Einwegkathetern. Folgende Punkte sind zu beachten:

- Hygienische Händedesinfektion und das Tragen von keimarmen Handschuhen sind bei beiden Verfahren zu beachten **(IA)**
- Bei Verwendung eines geschlossenen Systems kann der Absaugvorgang mehrfach mit demselben Katheter wiederholt werden **(IA)**
- Zur Entfernung von Sekret muss ausschließlich sterile Spüllösung verwendet werden **(IA)**
- Empfehlungen für eine maximale Verwendungsdauer der Systeme können anhand der vorliegenden Daten nicht gegeben werden
- Bei Anwendung des offenen Absaugverfahrens sind sterile Einmalkatheter zu verwenden **(IB)**
- Das Absaugsystem ist nach Gebrauch mit Leitungswasser durchzuspülen **(IB)**
- Um eine Umgebungskontamination durch das Ansatzstück des Absaugschlauches zu vermeiden, ist dieser in senkrechter Position aufzuhängen **(IB)**
- Tägliche thermische Desinfektion von Absaugschlauch und Sekretauffangbehälter **(II)**
- Der Absaugschlauch und der Sekretauffangbehälter sind patientenbezogen zu verwenden **(IB).**

Eine Überlegenheit eines der beiden Verfahren hinsichtlich der Pneumonieprävention konnte bisher nicht gezeigt werden. Hinsichtlich der maximalen Verwendungsdauer eines geschlossenen Absaugsystems liegt bisher eine Studie vor; diese erbrachte bei Verzicht auf einen routinemäßigen Wechsel des geschlossenen Absaugsystems keinen Anstieg der Pneumonierate.

Medikamentenvernebler

Zur Inhalationsbehandlung werden beim beatmeten Patienten Medikamentenvernebler in den Inspirationsschenkel des Beatmungssystems eingesetzt; dabei besteht das Risiko einer Kontamination mit Bakterien, die sich rasch in evtl. in den Beatmungsschläuchen stehendem Kondenswasser vermehren. Folgende Punkte sind zu beachten:

- Vor dem Befüllen des Verneblers ist das Kondenswasser aus den Beatmungsschläuchen zu entfernen **(IA/IV)**
- Eine hygienische Händedesinfektion und das Tragen von Einmalhandschuhen sind erforderlich **(IA)**
- Eine hygienische Händedesinfektion ist vor Einfüllen von Medikamenten in den Vernebler durchzuführen **(IA)**
- Medikamente sollten aus Einzelampullen verwendet werden **(II)**
- Nach Gebrauch der In-line-Medikamentenvernebler ist entweder eine thermische oder chemische Desinfektion vorzunehmen **(IA)**
- Nach einer chemischen Desinfektion ist der Vernebler mit sterilem Wasser zur Beseitigung von Desinfektionsmittelrückständen auszuspülen und trocken zu lagern **(IB).**

Wiederaufbereitung von Beatmungszubehör

Zwischen dem Gebrauch bei verschiedenen Patienten ist das Beatmungszubehör wieder aufzubereiten:

- Zur Wiederaufbereitung sind alle Gegenstände vor Desinfektion gründlich zu reinigen **(IA).** Sofern von den zu reinigenden Gegenständen eine Verletzungsgefahr ausgeht, ist vor der mechanischen Reinigung eine Vordesinfektion angezeigt **(IV)**
- Gegenstände, die direkt oder indirekt mit den Schleimhäuten des Respirationstrakts in Berührung kommen, sind zu desinfizieren **(IB)**
- Thermische Desinfektionsverfahren sind zu bevorzugen **(IB)**
- Nach chemischer Desinfektion muss mit sterilem Wasser zur Beseitigung von Desinfektionsmittelrückständen nachgespült werden **(IB)**
- Die Lagerung von desinfizierten und sterilisierten Gegenständen muss trocken erfolgen **(IB).**

Lagerung des Patienten

Die Hochlagerung des Oberkörpers um 30 bis 45° ist zu empfehlen, wenn keine Kontraindikationen bestehen **(IB).**

Durch Oberkörperhochlagerung um 30 bis 45° kann einer Aspiration des Mageninhalts entgegengewirkt und damit eine Reduktion der Pneumonierate erzielt werden. Die Bedeutung des gastropulmonalen Refluxes für die Pathogenese der Beatmungspneumonie ist jedoch nicht eindeutig geklärt.
Der routinemäßige Einsatz kinetischer Betten ist nicht erforderlich, kann jedoch bei schwerstkranken oder polytraumatisierten Patienten sinnvoll sein **(III).**
Ein positiver Effekt auf die Inzidenz pulmonaler Komplikationen inklusive tiefer Atemwegsinfektionen konnte in zwei Studien durch den Einsatz kinetischer Betten bei schwerkranken Patienten erzielt werden.

Ernährung

Folgende Punkte sind zu beachten:

- Es ist möglichst frühzeitig die enterale Ernährung anzustreben **(II)**
- Die vorliegenden Daten genügen nicht, um die Platzierung von Ernährungssonden distal des Pylorus zu fordern **(III).**

Unter enteraler Ernährung über eine Jejunostomie wurde in einer Studie eine niedrigere Sepsis- und Pneumonierate gefunden als unter totaler parenteraler Ernährung. Das distale Ende von Ernährungssonden wird üblicherweise im Magen platziert. In einer Studie wurde versucht, durch eine Platzierung der Sonden im Jejunum die Pneumonierate zu reduzieren. Eine Beeinflussung der Pneumonierate durch kontinuierliche oder intermittierende Zufuhr der Nahrung konnte bislang nicht gezeigt werden.

Nichtinvasive Beatmungsverfahren

Bei einer nichtinvasiven Beatmung handelt es sich um ein alternatives Beatmungsverfahren, bei dem die Beatmung ohne endotrachealen Tubus durchgeführt wird (➤ 5.4). Es konnte in verschiedenen Untersuchungen verdeutlicht werden, dass ein Pneumonierisiko im Vergleich zur konventionellen mechanischen Beatmung deutlich reduziert war.

10

10.3.2 Hygieneplan

Jede Einrichtung des Gesundheitswesens hat für die verschiedenen Arbeitsbereiche Maßnahmen zur Desinfektion, Reinigung und Sterilisation sowie die Ver- und Entsorgung schriftlich zu fixieren und deren Durchführung zu überwachen.

Näheres dazu ist im Infektionsschutzgesetz (§ 36 Einhaltung der Infektionshygiene) und in den Unfallverhütungsvorschriften nachzulesen.

In den Kliniken sind für die Erstellung und Einhaltung der Hygienepläne der Krankenhaushygieniker, die Hygienefachkraft und die Hygienekommission zuständig.

> Von jeder Mitarbeiterin und jedem Mitarbeiter der Klinik sind die Hygienepläne verbindlich einzuhalten.

10.4 Leitlinien zur Intubation und Beatmung

Leitlinien sind ein bedeutendes Instrument der evidenzbasierten (durch Studien begründeten) Medizin und Pflege. Die **A**rbeitsgemeinschaft der **W**issenschaftlichen **M**edizinischen **F**achgesellschaften (AWMF) definiert Leitlinien als systematisch entwickelte Darstellungen und Empfehlungen mit dem Zweck, Ärzte und Patienten bei der Entscheidung über zweckdienliche Maßnahmen der Krankenversorgung (Prävention, Diagnostik, Therapie und Nachsorge) unter spezifischen klinischen Situationen zu unterstützen. Sie beruhen auf aktuellen wissenschaftlichen Erkenntnissen und in der Praxis bewährten Verfahren, und sorgen für mehr Sicherheit in der Medizin, sollen aber auch ökonomische Aspekte berücksichtigen.

Leitlinien dienen dazu:

- Den „outcome“ zu verbessern und damit die Morbidität und Mortalität zu senken
- Die Lebensqualität und Zufriedenheit des Patienten in den Mittelpunkt des Interesses zu rücken.

Leitlinien müssen regelmäßig überprüft und aktualisiert werden.

Richtlinien sind nach der Definition der AWMF Handlungsregeln einer gesetzlich, berufs- oder satzungsrechtlich legitimierten Institution, die für den Rechtsraum dieser Institution verbindlich sind und deren Nichteinhaltung definierte Sanktionen nach sich ziehen kann.

Pflegende von Beatmungspatienten sollten über die relevanten Vorgaben zur Beatmung Bescheid wissen. Folgende Leitlinien und Algorithmen sind zu beachten:

- Leitlinie Apparative Beatmung (Leitlinien der Deutschen Interdisziplinären Vereinigung für Intensiv- und Notfallmedizin – DIVI; 1996)
- Leitlinie zur sedierenden und analgetischen Therapie im Rahmen der Intensivmedizin (veröffentlicht von der AWMF 2005)
- Leitlinie Sedierung und Analgesie (Analgosedierung) von Patienten durch Nicht-Anästhesisten (veröffentlicht von der AWMF; 2002)
- Leitlinien 2005 für die kardio-pulmonale Reanimation (die am 28.11.2005 veröffentlichten neuen Empfehlungen zur kardiopulmonalen Reanimation des European Resuscitation Council [ERC] sowie auch die am 13.12.2005 publizierten neuen Empfehlungen der American Heart Association [AHA] bringen eine Reihe von Neuerungen, die die bisher geübte Praxis der kardiopulmonalen Reanimation [CPR] in einzelnen Therapieschritten erheblich verändern)
- Algorithmus schwierige Atemwege.

www.leitlinien.net

Im Folgenden werden *die Leitlinie Apparative Beatmung* und der *Algorithmus schwierige Atemwege* kurz vorgestellt.

10.4.1 Leitlinie Apparative Beatmung

Die Leitlinie Apparative Beatmung wurde von einer interdisziplinären Kommission der DIVI federführend von Prof. Dr. H. Burchardi entworfen (Zentrum Anästhesiologie, Universität Göttingen). In dieser Leitlinie ist der klinische Algorithmus für die Auswahl und Einstellung der Beatmungsparameter für restriktive und obstruktive Atemwegserkrankungen dargestellt. Zudem werden Besonderheiten für die Beatmung bei COPD aufgeführt.

10.4.2 Algorithmus schwierige Atemwege

Das Vorgehen bei schwieriger Intubation bzw. schwierigem Atemweg hängt davon ab, ob die Schwierigkeit unerwartet auftritt oder aufgrund diagnostischer Maßnahmen schon bekannt ist bzw. vorhergesagt werden kann. Für beide Situationen sind Algorithmen entwickelt worden, nach denen vorgegangen werden kann. Jeder Fachbereich sollte entsprechend seiner personellen und materiellen Möglichkeiten einen speziell für den eigenen Bereich geltenden Algorithmus als Standard entwickeln und seine Mitarbeiter darin trainieren, um im Bedarfsfall zielgerichtet vorgehen zu können. Hierzu bietet der Algorithmus „Schwierige Atemwege“ eine gute Grundlage.

Apparative Beatmung: Auswahl und Einstellung

1. Differenzierung der Grundstörung (Zwischenformen möglich)

Restriktion: Verminderung der Gasaustauschfläche	**Obstruktion :** erhöhter Strömungswiderstand in den Atemwegen
z.B.: Atelektase, Pneumonie, akutes Lungenversagen (ARDS)	z.B.: Status asthmaticus, chronisch obstrusive Atemwegserkrankung (COPD)

2. Einstellung der Beatmung

Grundregeln:
- Begrenzung des endinspiratorischen Beatmungsdrucks auf 35–40 cm H_20
- daher: Hubvolumen entsprechend begrenzen (*cave:* Barotrauma/Volutrauma!)
- FiO_2 nicht höher als nötig (Zielwert bei normalen Hb: arterielle O_2-Sättigung ca 90%)

Einstellung bei Restriktion:
- ***Essentiell:* end-inspiratorischer Druck max. 35–40 cm H_20!**
- vorzugsweise druck-kontrollierte Beatmung, sonst Drucklimitierung
- Hubvolumen entsprechend niedrig (bis 350 ml und niedriger)
- Beatmungsfrequenz kann entsprechend erhöht werden (≤ 25/min)
- Sofern adäquate CO_2-Elimination nicht erreicht werden kann:
  permissive Hyperkapnie erwägen
- PEEP zur Eröffnung der Alveolen und Verbesserung der Oxygenierung individuell anpassen (< 15 cmH_20).
  cave: Beeinträchtigung der Kreislauffunktion (ggfls. Volumen auffüllen, Katecholamin-Therapie)
- FiO_2 so niedrig wie möglich:
  SaO_2 ≈ 90% in der Regel ausreichend (ohne Anämie) (Ausnahme: Hirnschädigung)

Einstellung bei Obstruktion:
- ***Essentiell:* Unbedingt weitere dynamische Lungenüberblähung vermeiden!**
  end-inspirator. Druck max. 35–40 cmH_20!
- vorzugsweise druck-kontrollierte Beatmung, sonst Drucklimitierung
  (Gefahr der unbemerkten dynamischen Lungenüberblähung!)
- ausreichende Exspirationsdauer
  Gefahr der dynamischen Lungenüberblähung)
  I:E-Verhältnis = 1:2 bis 1:1,5
- daher:
  hohe initiale inspirator. Strömungsgeschwindigkeit
- intrinsischen PEEP überwachen:
  (z.B.: besteht end-exspiratorischer Restflow?)
  weiteres Ansteigen des intrinsischen PEEP vermeiden

Besonderheiten bei Status asthmaticus:
- ***Essentiell:***
  end-inspiratorischer Druck max. 35–40 cmH_20!
- „Gegenatmen" ggfls. mit tiefer Analgo-Sedierung unterbinden (Muskelrelaxantien selten nötig)
- Sofern adäquate CO_2-Elimination nicht erreicht werden kann: vorübergehend
  permissive Hyperkapnie zulassen

Besonderheiten für die Beatmung bei COPD:
- Weitere dynamische Lungenüberblähung vermeiden (s. oben!)
  Gefahr durch mangelhafte Anpassung assistierender Beatmung (insbes. bei SIMV)
- Ein niedriger externer PEEP (≈ 5 cmH_20) kann gelegentlich den intrinsinschen PEEP kompensieren und die Atemarbeit des Patienten vermindern.
  Vorsicht: end-insp. Druck sollte nicht ansteigen (Zeichen für Zunahme der Überblähung)
- Bei bestehender *„respiratory muscle fatigue":*
– Reduktion der Atemarbeit: Atemwegswiderstände minimieren (auch externe Widerstände, z.B. Tubus)
– intermittierende Erholung: nachts kontrollierte Beatmung/tags Entwöhnungstraining, Spontanatmung; ggfls. als ***nicht-invasive Beatmung*** (über dichtschließende Maske)

Literatur:

1. Slutsky A S: Consensus conference on mechanical ventilation – January 28-30, 1993 at Northbrook, Illinois, USA Part I. Intensive Care Med 1994; 20: 64–79
2. Slutsky A S: Consensus conference on mechanical ventilation – January 28-30, 1993 at Northbrook, Illinois, USA Part II. Intensive Care Med 1994; 20: 150–162

Abb. 10.2 Leitlinie apparative Beatmung der DIVI.

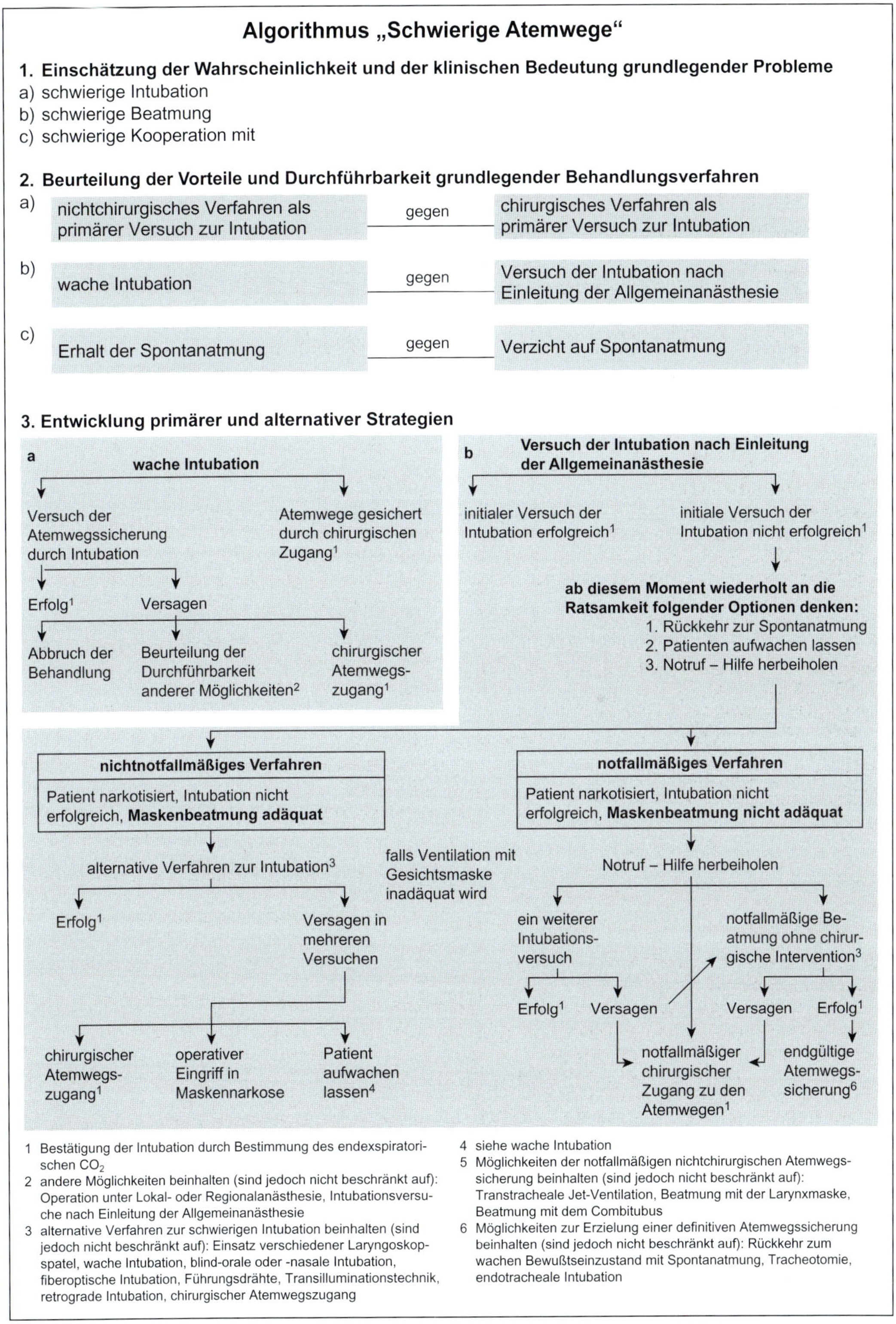

Abb. 10.3 Algorithmus „Schwierige Atemwege“ (deutsche Übersetzung des ASA Task Force Algorithmus „Difficult airway“).

Abkürzungsverzeichnis

A_aDO_2	Alveoloarterielle Sauerstoffpartialdruck-Differenz
AD	Außendurchmesser
ALA	Artifical lung assist, künstliche Lungenunterstützung
ALI	Acute lung injury, akute Lungenschädigung
AMV	Atemminutenvolumen, auch assisted mandatory ventilation
ANF	Atrialer natriuretischer Faktor
ANP	Atriales natriuretisches Peptid
APRV	Airway pressure release ventilation
APV	Adaptive pressure ventilation
ARDS	Acute oder adult respiratory distress syndrome, akutes Lungenversagen oder Atemnotsyndrom des Erwachsenen
ARI	Akute respiratorische Insuffizienz
ASA	American Society of Anesthesiologists
ASB	Assisted spontaneous breathing, druckunterstützte Beatmung
ASV	Adaptive support ventilation
ATC	Automatic tube compensation, automatische Tubuskompensation
$AVCO_2R$	Arterio-venous CO_2 removal, arterio-venöse CO_2-Elimination
AWMF	Arbeitsgemeinschaft wissenschaftlicher und medizinischer Fachgesellschaften
AZV	Atemzugvolumen
BAP	Beatmungsassoziierte Pneumonie
BE	Base excess, Basen-Überschuss
BGA	Blutgasanalyse
BGV	Berufsgenossenschaftliche Vorschriften für Sicherheit und Gesundheit
BiPAP	Bilevel positive airway pressure
BIPAP	Biphasic positive airway pressure
BIS	Bispektraler Index
BPS	Behavorial pain scale
BSG	Blutsenkungsgeschwindigkeit
BURP	backward, upward and rightward pressure
Bz	Blutzucker
C	Compliance
C_aO_2	Content of arterial oxygen, arterieller Sauerstoffgehalt
CBF	cerebral bloodflow, zerebraler Blutfluss
CDC	Center for diseases control and prevention
Ch	Charrière, Maßeinheit, 3 Ch = 1mm Durchmesser
cmH_2O	Zentimeter Wassersäule, Maßeinheit für den Druck
CMV	Continuous/controlled mandatory/mechanical ventilation
CO_2	Kohlendioxid
CO-Hb	Carboxy- Hämoglobin
COLD	Chronic obstructive lung disease, chronisch obstruktive Lungenerkrankung
COPD	Chronic obstructive pulmonary disease, chronisch obstruktive Lungenerkrankungen
CPAP	Continuous positive airway pressure, kontinuierlicher positiver Atemwegsdruck
CPP	Complete prone position, komplette Bauchlagerung, auch cerebral perfusion pressure, zerebraler Perfusionsdruck
CPPB	Continuous positive pressure breathing
CPPV	Continuous positive pressure ventilation
CRP	C-reaktives Protein
CT	Computertomographie
CVVH	Continuous veno- venous hemofiltration, kontinuierliche veno- venöse Hämofiltration
C_vO_2	Content of venous oxygen, venöser Sauerstoffgehalt
DRVK	Druckreguliert-volumenkontrollierte Beatmung
DU	Druckunterstützte Beatmung
$ECCO_2$-R	Extracorporeal CO_2-removal, extrakorporale CO_2- Elimination
E(C)LA	Extracorporeal lung assist

ECLS	Extracorporeal lung support
ECMO	Extracorporeal membrane oxygenation, Extrakorporale Membranoxygenierung
EKG	Elektrokardiogramm
ELS	Extracorporeal lung support
ERV	Exspiratorisches Reservevolumen
$etCO_2$	Endtidale CO_2-Konzentration
f	Frequenz
FDPP	face down prone position, komplette Bauchlagerung
F_ECO_2	Endexspiratorisches CO_2
FEV_1	Exspiratorische Einsekundenkapazität
F_iO_2	Inspiratorische O_2- Fraktion
FRC	Funktionelle Residualkapazität
FVC	Forcierte Vitalkapazität
GefStoffV	Gefahrstoffverordnung
Hb	Hämoglobin
HD	Hilfsdruck
HFJV	High frequency jet ventilation
HFO(V)	High frequency oscillation (ventilation)
HFPPV	High frequency positive pressure ventilation
HFV	High frequency ventilation
HIT	Heparininduzierte Thrombozytopenie
Hk	Hämatokrit
HME	Heat and moisture exchanger
HPV	Hypoxische pulmonale Vasokonstriktion
Hz	Hertz, Einheit für Schwingungen/ Sekunde
HZV	Herzzeitvolumen
I:E	Verhältnis von Inspiration zu Exspiration, Atemzeitverhältnis
I. T.	Implantation tested
IC	Inspiratorische Kapazität
ICP	Intracranial pressure, intrakranieller Druck
ID	Innerer Durchmesser
IFA	Inspiratory flow assistance
I-help	Inspiratoy help
IHS	Inspiratory help system
ILA	Interventionel lung assist
ILM(A)	Intubating laryngeal mask (Airway), Intubations-Larynxmaske
ILV	Independent lung ventilation, seitengetrennte Beatmung
iNO	Inhalatives Stickstoffmonoxid
IPP	Incomplete prone position, 135° Seitenlagerung
IPPV	Intermittend positive pressure ventilation
IPS	Inspiratory pressure support
IRDS	Infant respiratory distress syndrom, Atemnotsyndrom des Neugeborenen
IRV	Inspiratorisches Reservevolumen
IRV	Inversed ratio ventilation, Beatmung mit umgekehrten Zeitverhältnissen
ISB	Intermittierende Selbstbeatmung
IVOX	intravaskuläre(-venöse) Oxygenierung
kg	Kilogramm
KG	Körpergewicht
KI	Krankenhausinfektion
KLRT	Kontinuierliche laterale Rotationstherapie
l	Liter
LFPPV	low frequency positive pressure ventilation
LM(A)	Laryngeal mask (airway), Larynxmaske
LT (S)	Larynxtubus (suction = Absaugung)
MAD	Mittlerer arterieller Druck
MAK	Maximale Arbeitsplatzkonzentration
MAP	mean airway pressure, mittlerer Atemwegsdruck, auch mean arterial pressure, mittlerer arterieller Blutdruck
mbar	Millibar, Einheit für Druck
min	Minute
MIP	maximal inspiratory pressure
ml	Milliliter
mmHg	Millimeter Quecksilbersäule
MMV	mandatory minute ventilation oder minimum minute volume
MP	Medizinprodukte
MPBetrbV	Medizinprodukte- Betreiberverordnung
MPG	Medizinproduktegesetz
N.	Nervus, lateinische Bezeichnung für Nerv
NBP	Nicht Bicarbonat Puffer
NEEP	Negativ end exspiratory pressure, negativer endexspiratorischer Druck (Sog!)
NI	Nosokomiale Infektionen
NIF	Negative inspiratory force index

NINPV	Non invasive negative pressure ventilation (Unterdruckbeatmung)
NIPPV	Non invasive positive pressure ventilation
NIV	Non invasive ventilation, nicht invasive Beatmung
NO	Nitric oxyde, Stickstoffmonoxid
NRS	Numerische Rating Skala
NSPP	Near side prone position, 135° Seitenlagerung
OLEM	Optimal external laryngeal manipulation
P	Pressure, Druck
$P_{0,1}$	Okklusionsdruck
p_aCO_2	CO_2- Partialdruck im arteriellen Blut
p_ACO_2	CO_2- Partialdruck in der Alveolarluft
p_aO_2	O_2- Partialdruck im arteriellen Blut
p_AO_2	O_2- Partialdruck in der Alveolarluft
PAP	Pulmonal arterial pressure, pulmonal arterieller Druck
PAV	Proportional assist ventilation
PC-CMV	Pressure controlled CMV
pCO_2	CO_2 Partialdruck
PCWP	Pulmonary capillary wedge pressure, pulmonal- kapillärer Verschlussdruck
PDMS	Patientendaten Management System
PECLA	Pumpless extracorporeal lung assist, pumpenfreie extrakorporale Lungenunterstützung
p_ECO_2	CO_2-Partialdruck in der Exspirationsluft
PEEP	Positiv end exspiratory pressure, positiver endexspiratorischer Druck
p_EO_2	O_2-Partialdruck in der Exspirationsluft
PFC	Perfluorcarbone
PGI_2	Inhaliertes Prostazyklin
PHC	Permissive Hyperkapnie
p_ICO_2	CO_2-Partialdruck in der Inspirationsluft
p_IO_2	O_2-Partialdruck in der Inspirationsluft
PLV	Partial liquid ventilation, partielle Flüssigkeitsbeatmung, auch pressure limited ventilation, druckbegrenzte Beatmung
pO_2	O_2-Partialdruck
p_{peak}	Spitzendruck
$p_{plateau}$	Plateaudruck
PPS	Proportional pressure support
PPV	Proportional pressure ventilation
PRVC	Pressure regulated volume controlled
PSV	Pressure support ventilation
PTSD	Posttraumatic stress disorder, posttraumatisches Stresssyndrom
PTSS	posttraumatisches Stresssyndrom
p_vCO_2	CO_2-Partialdruck im venösen Blut
p_vO_2	O_2-Partialdruck im venösen Blut
R	Resistance
RASS	Richmond agitation-sedation scale
RKI	Robert Koch Institut
RSB	Rapid shallow breathing Index
RV	Residualvolumen
s	Sekunde
SaO_2	Arterielle Sauerstoffsättigung
SAS	Schlafapnoe Syndrom, auch Riker sedation-agitation scale
SBC	Standard Bicarbonat
S-CMV	Synchronized CMV, assistierte Beatmung
S-CPPV	Synchronized continuous positive pressure ventilation
S-CPPV	Synchronized CPPV, assistierte Beatmung
S-IPPV	Synchronized IPPV, assistierte Beatmung
sec.	Second, englisch Sekunde
SeSAM	Sequentielles Sedierungs- und Analgesie Management
SHb	Sulfhämoglobin
SIMV	Synchronized intermittend mandatory ventilation, synchronisierte intermittierende maschinelle Beatmung
S-IPPV	Synchronized IPPV, assistierte Beatmung
SIRS	Systematic inflammatory response syndrome
S_jO_2	Jugularvenöse Sauerstoffsättigung
SLM(A)	Standard laryngeal mask airway, Standard Larynx Masken
SO_2	Sauerstoffsättigung
S_pO_2	Pulsoxymetrisch gemessene Sauerstoffsättigung
$StHCO_3$	Standard Bicarbonat
STK	Sicherheitstechnische Kontrolle
SUV	Sicherheitstechnisch unbedenkliche Verwendbarkeit
S_vO_2	Venöse Sauerstoffsättigung
t	Time, Zeit

t_{exsp}	Exspirationszeit
t_{insp}	Inspirationszeit
TEE	Transesophageal echocardiography, transösophageale Echokardiographie
TLC	Totale Lungenkapazität
TLV	Total liquid ventilation, totale Flüssigkeitsbeatmung
tPA	Tissue plasminogen activator, Gewebe- Plasminogen Aktivator
tpO_2	Transkutane Sauerstoffsättigung
TRGS	Technische Regeln für Gefahrstoffe
UVV	Unfallverhütungsvorschriften
$\dot{V}$	Flow
V/Q	Ventilations/ Perfusionsverhältnis
VAP	Ventilatorassoziierte Pneumonie
VAS	Visuelle analog Skala
VC	Vitalkapazität
VC-CMV	Volume controlled CMV
VD	Volume deadspace, funktioneller bzw. physiologischer Totraum
VILI	Ventilator induced lung injury, beatmungsbedingte Lungenschädigung
VS	Volume support
V_t	Volume tidal, Tidalvolumen
V_T	Volume tidal, Tidalvolumen
V_{trap}	Trapped volume
WOB	Work of breathing
ZEEP	Zero end exspiratory pressure, atmosphärischer endexspiratorischer Druck
ZNS	Zentrales Nervensystem
ZVD	Zentraler Venendruck
ZVK	Zentraler Venenkatheter

Abbildungsnachweis

Der Verweis auf die jeweilige Abbildungsquelle befindet sich bei allen Abbildungen im Buch am Ende des Legendentextes in eckigen Klammern. Alle nicht besonders gekennzeichneten Grafiken und Abbildungen © Elsevier GmbH, München.

A300-106: H. Rintelen, Velbert in Verbindung mit der Reihe Klinik- und Praxisleitfaden, Elsevier GmbH, Urban & Fischer Verlag, München

A300-157: S. Adler, Lübeck in Verbindung mit der Reihe Klinik- und Praxisleitfaden, Elsevier GmbH, Urban & Fischer Verlag, München

A300-190: G. Raichle, Ulm in Verbindung mit der Reihe Klinik- und Praxisleitfaden, Elsevier GmbH, Urban & Fischer Verlag, München

A400: Reihe Pflege konkret, Elsevier GmbH, Urban & Fischer Verlag

A400-157: S. Adler, Lübeck in Verbindung mit der Reihe Pflege konkret, Elsevier GmbH, Urban & Fischer Verlag

A400-190: G. Raichle, Ulm in Verbindung mit der Reihe Pflege konkret, Elsevier GmbH, Urban & Fischer Verlag

A400-215: S. Weinert-Spieß, Neu-Ulm in Verbindung mit der Reihe Pflege konkret, Elsevier GmbH, Urban & Fischer Verlag

K183: E. Weimer, Würselen

L157: S. Adler, Lübeck

L190: G. Raichle, Ulm

M115: G. Geldner, Ulm

M161: M. Zimmer, Bammental

M251: F. Kirsch, Schwäbisch Hall

O173: D. Born, D. Quintel, Mannheim

O417: R. Kuhlen, Aachen

O418: E. Frasch

R103: L. Latasch, K. Ruck, W. Seiz: Anästhesie-Intensivmedizin-Intensivpflege, 2. Aufl., Elsevier GmbH, Urban & Fischer Verlag, München 2004

R197: R. Larsen: Anästhesie, 8. Aufl., Elsevier GmbH, Urban & Fischer Verlag, München 2006

S103: R. Berchtold (Hrsg.): Chirurgie, 6. Aufl., Elsevier GmbH, Urban & Fischer Verlag, München 2008

S121: R. Larsen: Anästhesie, 6. Aufl., Urban & Schwarzenberg, München 1999

T094: Alexi, dhzb, Berlin

T095: M. Wiebel, Thoraxklinik-Heidelberg gGmbH, Heidelberg

U133: KCI Medizinprodukte GmbH, Höchstadt/Eich

U137: Ambu Deutschland GmbH, Friedberg

U139: Teleflex Medical GmbH, Kernen

U140: Tyco healthcare Deutschland GmbH, Neustadt/Donau

U154: bess Medizintechnik GmbH, Berlin

V080: Respironics Deutschland GmbH & Co. KG, Herrsching

V081: ResMed GmbH & Co. KG, Mönchengladbach

V082: Breas Medical AB, Mölnlycke, Schweden

V083: Weinmann Geräte für Medizin und Arbeitsschutz GmbH & Co. KG, Hamburg

V084: Heinen + Löwenstein GmbH, Bad Ems

V085: Datex-Ohmeda GmbH, Duisburg

V086: Hamilton Medical AG, Bonaduz, Schweiz

V088: Fisher & Paykel, Panmure Auckland, Neuseeland

V089: Laerdal Medical GmbH, München

V090: Smiths Medical International Ltd., Hythe, UK

V137: Siemens AG, Erlangen

V162: Dräger Medical AG & Co. KG, Lübeck

V171: Mallinckrodt Medical GmbH, Hennef

V181: B + P Beatmungsprodukte GmbH, Neunkirchen-Seelscheid

V210-1: Tyco, div. Mallinckrodt, Neustadt/Donau

V214: Cook Medical Deutschland GmbH, Mönchengladbach

V218: Olympus Optical Co. (Europa) GmbH, Hamburg

V346: LMA Deutschland GmbH, Bonn

V348: VBM Medizintechnik GmbH, Sulz a. N.

V351: easy breath GmbH, Bremen

V352: Inspiration medical, Bochum

V375: MPV TRUMA Gesellschaft für medizintechnische Produkte, Putzbrunn
V376: COPRA System GmbH, Sasbachwalden
V409: GE Healthcare, Freiburg
V448: Novalung GmbH, Hechingen
V452: Cardinal Health GmbH, Deutschland
V453: Gyrus ACMI-ENT Division, Bartlett, USA
V454: Lohmeier AG, Perchting
V455: ESKA medical GmbH, Lübeck

Verwendete Literatur

AARC Clinical Practice Guideline: Endotracheal Suctioning of Mechanically Ventilated Adults and Children with Artificial Airways. In: Respiratory Care 1993; 38: 500-504

AARC Clinical Practice Guideline: Fiberoptic Bronchoscopy Assisting. In: Respiratory Care 1993; 38: 1173–1178

AARC Clinical Practice Guideline: Humidification during Mechanical Ventilation. Reprinted from Respiratory Care 1992; 37:887–890

AARC Clinical Practice Guideline: In-Hospital Transport of the Mechanically Ventilated Patient. In: Respiratory Care, June 2002 Vol 47 No 6:721–723

AGA Linde Healthcare ,Gebrauchsanweisung Oxeane; 10/2001

Allgeier, M.: Anästhesie und Intensivpflege in Theorie und Praxis. Urban und Fischer Verlag, 1995

American Heart Association Guidelines for Cardiopulmonary Resuscitation (CPR) and Emergency Cardiovascular Care (ECC) 2005. Circulation, 2005. 112 (Suppl. I)

Anästhesiologie und Intensivmedizin. Suppl. Nr. 1/2005, S. 1–20

American Society of Anesthesiologists (ASA): Task Force on Management of the Difficult Airway, Practice guidelines for management of the difficult airway – update; Oktober 2002

Anästhesie-Intensivmedizin 2006/47; DIOmed-Verlags GmbH

Arbeitskreis „Krankenhaushygiene" der AWMF (Hrsg.): Hygiene in Klinik und Praxis. 3. Aufl., mhp-Verlag, Wiesbaden 2004

Bamgbade OA., Rutter TW., Nafiu OO, Dorje P.: Postoperative Complications in Obese and Nonobese Patients. World J Surg. 2006 Aug 30, 1–5

Bauby, J.-D.: Schmetterling und Taucherglocke. DTV, München 1998

Baumgartner, L.; Kirstein, R.; Möllmann, R.: Häusliche Pflege heute. Urban & Fischer Verlag, München, 2003

Becker HF, Jerrentrup: Beatmungstherapie bei akuter respiratorischer Insuffizienz – gegenwärtiger Stand. In: Der Internist, 2001, 42, 342–348

Beyer, S.; Ragaller, M.: Akutes Lungenversagen, Pathophysiologie/ Therapie. Auf: http://www.tu-dresden.de/medkai/989908.pdf Mittwoch, 15. September 2004

BGR A1 – Grundsätze der Prävention; Berufsgenossenschaftliche Vorschrift für Sicherheit und Gesundheit bei der Arbeit (BG-Vorschrift) Stand 03/2006

BGV A1 Unfallverhütungsvorschrift; BGW-Mitteilungen – Ausgabe 2/2004

Bingold, T., Byhahn, C.: Atemwegsmanagement in der Intensivmedizin. Journal für Anästhesie und Intensivbehandlung, Nr. 1-2007

Böbel, M., Dürner, P., Lederer, S., Domres B.: Kapnometrie in der präklinischen Notfallmedizin. Rettungsdienst (4): 24–28, 1996

Braun, J.; Preuss, R.: Klinikleitfaden Intensivmedizin, 6. A. Urban & Fischer Verlag, München 2005

British Thoracic Society Standards of Care Committee: BTS Guideline Non-invasive ventilation in acute respiratory failure. In: Thorax 2002; 57: 192–211

Busch, T.: Die Behandlung des schweren akuten Lungenversagens in Intensivmedizin up2date 3, Thieme-Verlag, Stuttgart 2007

Claussen, P.: Herzwechsel. Ein Erfahrungsbericht. Carl Hanser, München 1996

Copnell, B.; Fergusson, D.: Endotracheal suctioning: timeworn ritual or timely intervention? In: American Journal of Critical Care, Vol 4, Iss 2, 100–105

Dellweg, D., Appelhans, P., Barchfeld, T., Haidl, P., Köhler D.: Vom Tracheostoma zum Platzhalter, eine differenzielle Messreihe der Atemarbeit verschiedener Systeme; Thieme connect; Thieme Verlag Stuttgart New York; 2005/59

Der Anästhesist. Heft 2004. Springer Verlag, Heidelberg

Deutsche Gesellschaft für Anästhesiologie und Intensivmedizin (DGAI): Leitlinie „Airway Management" Anästhesie Intensivmedizin 45 (2004). http://www.dgai.de

Deutsche Gesellschaft für Anästhesiologie und Intensivmedizin (DGAI): Leitlinie „Lagerungstherapie zur Prophylaxe oder Therapie von pulmonalen Funktionsstörungen"; www.leitlinien.net (5.3.2008)

Deutsche Gesellschaft für Neurologie: Leitlinie schweres Schädel- Hirn- Traum. Auf: http://www.dgn.org/128.0.html, 29.10.2004 12:22

Deutsche Gesellschaft für Pneumologie in Zusammenarbeit mit der Deutschen Gesellschaft für Schlafforschung und

Schlafmedizin: Leitlinien Diagnostik und Therapie schlafbezogener Atmungsstörungen beim Erwachsenen (SBAS). http://www.uni-duesseldorf.de/WWW/AWMF/ll/index.html

Deutsche Interdisziplinäre Vereinigung für Intensiv- und Notfallmedizin (DIVI), Leitlinie Nr. 040/010; Stand Oktober 1996

Deutsche Sepsis-Gesellschaft e.V. zusammen mit der Deutschen Interdisziplinären Vereinigung für Intensiv- und Notfallmedizin (DIVI): Leitlinie „Diagnostik und Therapie der Sepsis" unter http://www.uni-duesseldorf.de/awmf/ll/079-001.htm, 13.4.2007

Deutsches Netzwerk für Qualitätsentwicklung in der Pflege (DNQP) (Hrsg.): Expertenstandard Schmerzmanagement in der Pflege, einschl. Kommentierung und Literaturanalyse 2004

Döring, M.; Rittner, F.: Kurven und Loops in der Beatmung, Dräger Bibliothek

Dollner, R., Wallner, F., Verch, M., Dietz, A.: Erfassung laryngotrachealer Spätschäden nach Intubation und Tracheotomie zur Abschätzung des optimalen Zeitfensters der Tracheotomie. Thieme connect; Thieme Verlag Stuttgart New York; 2005

Dubb, R.; Hekler, M.; Kaltwasser, A.: Bauchlagerung von Intensivpatienten – gibt es neue Trends? In: Intensiv 2004; 12: 4–8

European Society for Clinical Nutrition and Metabolism (2006) ESPEN Guidelines on Enteral Nutrition: Intensive care, Clinical Nutrition 25, 210–223

Ely, E.W. et al.: Effect on the duration of mechanical ventilation of identifying patients capable of breathing spontaneously. In: N. Engl. J. Med. 335:1864–1869, 1996

Fajac,I., Texereau, J., Rivoal, V., Dessanges, J-F., Dinh-Xuan, A.T., Dall'Ava-Santucci, J.; Blood gas measurement during exercise: a comparative study between arterialized earlobe ampling and direct arterial puncture in adults; Eur Respir J 1998; 11: 712–715

Frey, P. et al: Anästhesie und Intensivmedizin Band 2; Verlag Hans Huber 1999

Gattinoni, L.; Tognoni, G.; Pesenti, A, et al.: Effect of Prone Positioning on the Survival of patients with Acute Respiratory Failure. In N Engl J Med 2001, 345 (8); 568–573

Gattinoni, L. et al.: Lung Recruitment in Patients with the Acute Respiratory Distress Syndrome. New England Journal of Medicine 2006, Volume 354: 1775-1786

Gebrauchsanweisung Evita 4, 4.n; Dräger GmbH

Gebrauchsanweisung Evita XL; Dräger GmbH

Gebrauchsanweisung Oxeane; AGA Linde Healthcare; 10/2001

Gille, A., Komar, K., Schmidt, E., Alexander, T.: Die Transilluminationstechnik bei der schwierigen Intubation in der Herzanästhesie; Anästhesiol. Intensivmed. Notfallmed. Schmerzther. 2002; 37: 604–608; Thieme-Verlag

Gottschalck, T. et al.; Empfehlungen für eine Evidenz-basierte Mundpflege bei Patienten in Gesundheits- und Pflegeeinrichtungen; Pflege 2004

Gottschall, R.: Laryngoskopie nach Bullard, Bonfils und „Notrohr"; Fort- und Weiterbildungs- Journal „Anästhesie-CME"; 2006

Hartl, S. et al.: Die Ausstattung des langzeitbeatmeten Patienten. Konsensusbericht. In: Wiener klinische Wochenzeitschrift (2004) 116 (suppl 3) 1–20, Springer-Verlag 2004

Hartmann, M. et al.: Kongressbericht: In somno securitas. In: Deutsches Ärzteblatt 99, Ausgabe 48 vom 29.11.2002, Seite A-3272 / B-2755 / C-2567 MEDIZIN

Henze, D.; Menzel, M.; Radke, J.: [Artificial humidification of inspired gas-status of knowledge and technique] Die artifizielle Atemgasklimatisierung – Stand der Wissenschaft und Technik. Anaesthesiol Reanim 1997; 22(6): 153–8 Klinik für Anästhesiologie und operative Intensivmedizin, Medizinischen Fakultät der Martin-Luther-Universität Halle-Wittenberg

v. Hintzenstern, U. (Hrsg): Lightfaden Beatmung. Urban & Fischer Verlag, München 1998

v. Hintzenstern, U.: Notarztleitfaden, 4. Aufl. Urban & Fischer Verlag, München 2004

Hofer, S. et al: Postoperative pulmonale Komplikationen, Anaesthesist 2006 / 55: 473–484

Hülsdünker, J.: Atemtherapeutische Maßnahmen zur Unterstützung intensivpflichtiger Patienten; In: Intensiv 11; 271–275, Thieme-Verlag Stuttgart – New York, 2003

Intensiv; Fachzeitschrift für Intensivpflege und Anästhesie, Georg Thieme Verlag; intensiv 2006/14

Kappstein, I.: Nosokomiale Infektionen. medco Verlagsgesellschaft GmbH, München 2000

Kaltwasser, A.; Dubb, R.; Hekler, M.: Endotracheales Absaugen. In: Meyer, Friesacher, Lange (Hrg.) Handbuch der Intensivpflege. Ecomed Verlagsgesellschaft, Landsberg, 10. Erg.Lfg 07.2001

Keifert, H.: Das Beatmungsbuch; WK-Fachbücher, Elchingen; 2005

Kemps, C.: Dosisabhängige Effekte von Almitrindimesilat auf Hämodynamik und pulmonalen Gasaustausch beim experimentell induzierten akuten Lungenversagen am Schwein. Zur Erlangung des akademischen Grades - doctor medicinae (Dr.med.). Vorgelegt der Medizinischen Fakultät Charité der Humboldt-Universität zu Berlin. Auf: http://edoc.hu-berlin.de/dissertationen/kemps-christoph-2000-06-18/HTML/ 29.10.2004 11: 26

Kleemann, P.; Schickel, B., Jantzen, J.P.: Heated breathing tubes affect humidity output of circle absorber systems. In: J Clin Anesth. 5, 463-467 (1993)

Koch, F.: Klinikleitfaden Intensivpflege, 3. A. Urban & Fischer Verlag, München 2003

Krafft, P.; Hartmann, T.: Aktuelle Therapieoptionen zur Behandlung von ALI und ARDS. In: Journal für Anästhesie und Intensivbehandlung, Nr. 1-2004, S 145–146

Kraft, G.: Heimbeatmung in der ambulanten Pflege. Eine Information für Betroffene und deren Angehörige; Schriftliche Abschlussarbeit. http://www.mkgpflegezentrum.de/heimbeatmung.htm

Kramp, B., Kallert, A., Dommerichs, S., Pau, H.W.: Ist die Anlage eines epithelisierten Tracheostomas heute noch zeitgemäß?; Universität Rostock; 2007

Krier, C., Georgi, R.: Airway-Management: Die Sicherung des Atemweges, 1. Aufl. Thieme Verlag, Stuttgart 2001

Kuhlen, R., Rossaint, R.: Evidenzbasierte Medizin in Anästhesie und Intensivmedizin; Springer Verlag 2007

Larsen, R.: Anästhesie, 8. Auflage. Elsevier GmbH, Urban & Fischer Verlag, München 2006

Larsen, R.: Anästhesie und Intensivmedizin für die Fachpflege, 7. A. Springer Verlag, Berlin 2007

Larsen, R.; Ziegenfuß, T.: Beatmung: Grundlagen und Praxis, 3. Aufl., Springer-Verlag 2004

Latasch, L.; Knipfer, E.: Anästhesie, Intensivmedizin, Intensivpflege, 2. A. Elsevier GmbH, Urban & Fischer Verlag, München 2004

Laube, I.; Bloch, K.E.: Peer reviewed article. Schweiz. In: Med. Wochenschr. 1999; 129: 1013–45

Leitlinie Intensivmedizin: Apparative Beatmung. Aus: www.awmf.de

Lightowler, J.V. et al.: Non-invasive positive pressure ventilation to treat respiratory failure resulting from exacerbations of chronic obstructive pulmonary disease: Cochrane systematic review and meta-analysis. In: BMJ 2003 Jan 25; 326: 185–7.

Lungenliga Schweiz/Schweizerische Gesellschaft für Pneumonologie: Richtlinien für die mechanische Heimventilation, Richtlinien für die Diagnose und Betreuung von Patienten mit obstruktivem Schlafapnoe-Syndrom (OSAS), Empfehlungen für die Diagnose und die Betreuung des Schlafapnoe-Syndroms (SAS), 4. Auflage

Martin, J. et al: Anästhesiologie & Intensivmedizin, Januar/Februar 2005, Suppl. Nr. 1/2005, S1–20

Martin, J. et al.: Multimodulares sequenzielles Sedierungs- und Analgesie- Management in der Intensivmedizin. Zuckschwerdt Verlag, München 2003

Mazen, A. et al: Is Routine Endotracheal Intubation as Safe as We Think or Wish?; Editorial Views; Anaesthesiology 2003; 99: 247–8

Medizinbetreiberverordnung, BGBI 1998

Medizinproduktegesetz 1994 und folgende Änderungsgesetze. Aktuelle Fassung: Art. 1 G vom 14. Juni 2007; BGBl. I S. 1066)

Meyer, G.; Friesacher, H.; Lange, R.: Handbuch der Intensivpflege. Verlag Ecomed, Landsberg, 6. Erg. Lfg. 5/99

Meyer, G.; Friesacher, H.; Lange, R.: Handbuch der Intensivpflege. Verlag Ecomed, Landsberg, Erweiterungslieferung 12/01

Meyer, G.; Friesacher, H.; Lange, R.: Handbuch der Intensivpflege. Verlag Ecomed, Landsberg, 18. Erg.Lfg. 06/05

Moesmand/Kjollesdal: Pflege von Akutkranken – Psychosoziale Betreuung von Notfall- und Intensivpatienten, Patienten vor und nach OP und ihrer Angehörigen. Verlag Urban & Fischer, München 2002

Mosbauer, Anne: Den Schritt aus der Klinik vorbereiten In: Gepflegt durchatmen, Heimbeatmungsservice Brambring/Jaschke (Hrsg.), 5. 2007.

Müller, E. (Hrsg.): Beatmung: wissenschaftliche Grundlagen, aktuelle Konzepte, Perspektiven. Thieme, Stuttgart 2000

Müller, T. et al.: Hochfrequenzoszillationsventilation beim akuten Lungenversagen des Erwachsenen. In: Deutsches Ärzteblatt 101, Ausgabe 14 vom 02.04.2004, Seite A-928 / B-772 / C-752 MEDIZIN

Neander, K.-D., Rathke, St., Hesse, F.: Mundpflege mit Zungenreinigern. Orthopädie-Technik 12/03

Neubert, T.R.; Baacke, M.: Analyse der dorsoventralen Wechsellagerung in variabler Position (Neiar-Side-Prone-Position) im Vergleich mit anderen kinetischen Therapieformen bei chirurgischen Patienten aus pflegetherapeutischer Sicht. In: Intensiv 2005; 13: 4–11

Nolan, J.P., European Resuscitation Council (ERC) – Guidelines for Resuscitation 2005. Resuscitation, 2005. 67 (Suppl. 1)

Nydahl, P.; Bartoszek, G.: Basale Stimulation. Neue Wege in der Pflege Schwerstkranker. Verlag Urban & Fischer, München 2003

Pankin, H.; Trautmann, M.: Was gilt als gesichert in der Prävention der beatmungsassoziierten Pneumonie. In: Intensiv 2004; 12: 217- 228

Pneumologie. Heft 01, 54. Jahrgang Januar 2000, Thieme Verlag

Oczenski, W. et al.: Atmen – Atemhilfen. 7. Aufl., Thieme Verlag, Stuttgart 2005

Obermayer, A.: „Die Anwendervorschriften des Medizinproduktegesetzes" in: Die Schwester/Der Pflege, 10/1997

Obermayer, A.: Geräteschulung in Anästhesie und Intensivmedizin; Verlag TÜV Rheinland, 1993

Obermayer, A.: Medizinproduktegesetz - vom Regen in die Traufe! Vortrag beim Deutschen Anästhesiekongress 03/1995 in Hamburg

Robert Koch-Institut (RKI): Empfehlungen für die Krankenhaushygiene, 1999/2000

Robert Koch-Institut (RKI): Empfehlungen – Prävention der nosokomialen Pneumonie, Bundesgesundheitsblatt 43: 302–309 (2000)

Robert-Koch-Institut (RKI): Mitteilung der Kommission für Krankenhaushygiene und Infektionsprävention am Robert-Koch-Institut, Händehygiene. In: Die Schwester Der Pfleger (2001) 39; (12) 999–1005

Robert-Koch-Institut (RKI): Schwerpunktbericht der Gesundheitsberichterstattung des Bundes Pflege; Berlin 2004

Rothaug, O.: Aspekte der Prophylaxe beatmungsassoziierter Pneumonien durch Mikroaspirationen bei beatmeten Patienten, Intensiv 2006; 14: 56–62

Rothaug, O., Kaltwasser, A.: Atemtherapeutische Maßnahmen beim spontanatmenden Intensivpatienten; Intensiv 15; 4–13, Thieme-Verlag Stuttgart – New York, 2007

Rudolph, H., Müller, W. und Arbeitskreis „Krankenhaushygiene" der AWMF (Hrsg.): Hygiene in Klinik und Praxis. 3. Aufl., mhp-Verlag, Wiesbaden 2004
Sabel K, Bein T, Scherer A et al.: Komplette und inkomplette Bauchlage beim akuten Lungenversagen. Pflegerische Aspekte beim Vergleich der Effekte auf pulmonalen Gasaustausch und Nebenwirkungsrate. In: Intensiv 2004, 12: 68–74.
Sangeeta, M., Nicholas, S.: Noninvasive Ventilation. Am. J. Respir. Crit. Care Med., Volume 163, Number 2, February 2001
Schäfer, R.; Eberhardt, M.: Klinikleitfaden Anästhesie, 4. A. Urban & Fischer Verlag, München 2002
Schmidt, D.; Zimmer, M.: Pflege konkret Chirurgie, Orthopädie, Urologie, 2. Aufl. Elsevier GmbH, Urban & Fischer Verlag, München 2005
Schmitt, S.: Erklärungsbedürftige Applikationsformen – Teil 2: Dosieraerosole; Die Schwester/Der Pfleger, 38. Jahrg., 1; 43–46 (1999)
Schönhofer, B.: Langzeitbeatmung und Entwöhnung vom Beatmungsgerät, Intensivmedizin up2date, Thieme-Verlag 2006
Schwabbauer, N.: HME versus Aktivbefeuchtung: die unendliche Kontroverse. In: Intensiv 2004; 12: 106–110
Schweiz. Med Wochenschr 1999; 129: 1013–24. Peer reviewed article, I. Laube, K. E. Bloch
Sessler, C.N. et al: The Richmond Agitation-Sedation Scale: validity and liability in adult intensive care unit patients. In: Am J Respir Crit Care Med. 2002 Nov 15; 166(10): 1338–44.
Sitzmann, F.: Hygiene in der Intensivpflege -Sinnvolle und nicht sinnvolle Präventionsmaßnahmen von Pneumonien. In: Intensiv, Georg Thieme Verlag, 8/2000
Tonner, P.H: Die S2-Leitlinien der DGAI zur Analgosedierung in der Intensivmedizin. Journal für Anästhesie und Intensivbehandlung Nr. 3-2005
Ullrich, L., Stolecki, D., Grünewald, M.: Intensivpflege und Anästhesie, Thieme Verlag, 2005
Weilhammer, C.; Keifert, H.: Das Beatmungsbuch. WK-Fachbücher GbR Ulm, Neu-Ulm 1998
Tavalaro, J.; Tayson, R.: Bis auf den Grund des Ozeans. Herder, Freiburg 2000
Vogelmaier, E. et al. (2007) Leitlinie der Deutschen Atemwegsliga und der Deutschen Gesellschaft für Pneumologie und Beatmungsmedizin zur Diagnostik und Therapie von Patienten mit chronisch obstruktiver Bronchitis und Lungenemphysem (COPD); Online-Publikation www.atemwegsliga.de, 13.04.2007
Welte, T.: Nicht-invasive Beatmung auf der Intensivstation – geht es noch ohne? In: Intensiv-News 2/02, Verlag Medicom
Wigger, T.; Knipfer, E.: Pflegeleitfaden Anästhesie/Intensivpflege. Urban & Schwarzenberg Verlag, München 1998
Wilhelm, W.; Kreuer, S.: Das interpretierte EEG als Überwachungsverfahren in der Anästhesiologie. In: Anästhesiologie & Intensivmedizin 2003, 44: 8–15
Wimpress S, Vara DD, Brightling CE: Improving the sampling technique of arterialized capillary samples to obtain more accurate PaO2 measurements. Chron Respir Dis 2005; 2: 47–50
Winterholler, M.: Empfehlungen der bayrischen Muskelzentren in der DGM zur Heimbeatmung bei neuromuskulären Erkrankungen Erwachsener, Nervenarzt; 1997. 68: 351–357, Springer-Verlag
Zernikow, B.: Erkennen – begleiten – behandeln. Schmerztherapie bei Kindern. In: ÖAZ aktuell, Ausgabe 8/2004
Zwissler, B.: Inhalierte Prostanoide bei pulmonaler Hypertension – Eine Alternative zu inhaliertem NO ? In: Journal für Anästhesie und Intensivbehandlung Nr. 1-2004 S. 280–283
http://uuhome.de/rainer.schaefer/ESIA/0200/ESIA0002.2.html
http://www.charite.de/mediamed/00/33_00.htm (Liquid ventilation)
http://www.guideline.gov/summary/summary.aspx?ss=15&doc_id=3171&nbr=2397, 30/10/2004 19:15, Skalen
http://www.icudelirium.org/delirium/patient%20orientseda.html, 30.10.2004 19:06 (RASS:; SAS)
http://www.juris.de; Infektionsschutzgesetz vom 20. Juli 2000 (BGBl. I S. 1045), zuletzt geändert durch die Bekanntmachung vom 1. Oktober 2007 (BGBl. 2007)
http://www.med4you.at/laborbefunde, 28.10.2004 15:30:00
http://www.talessin.de/scripte/medizin/beatmung4.html#_Toc468076311
http://www.talessin.de/download/scripte/evita4.pdf Mittwoch, 15. September 2004
http://www.uni-duesseldorf.de/WWW/AWMF/ll/divi0010.htm
http://www.uni-leipzig.de/~ch/chits/beatmung.htm#behandlung; 27.10.2004 13:05:23

Sachregister